“十二五”普通高等教育本科国家级规划教材

教育部高等学校建筑环境与能源应用工程专业
教学指导分委员会规划推荐教材

建筑冷热源

（第三版）

姚　杨　主编
姚　杨　倪　龙　王　威　编著
陆亚俊　马最良　主审

中国建筑工业出版社

图书在版编目（CIP）数据

建筑冷热源/姚杨主编；姚杨，倪龙，王威编著.—3版.—北京：中国建筑工业出版社，2023.1（2024.6重印）
“十二五”普通高等教育本科国家级规划教材　教育部高等学校建筑环境与能源应用工程专业教学指导分委员会规划推荐教材
ISBN 978-7-112-28155-8

Ⅰ.①建…　Ⅱ.①姚…②倪…③王…　Ⅲ.①制冷系统-高等学校-教材②热源-供热系统-高等学校-教材
Ⅳ.①TU831.6②TU833

中国版本图书馆CIP数据核字（2022）第218386号

本次修订是在前两版的基础上，结合多年的教学与工程实践，并参考最新版专业规范对建筑冷热源部分知识单元、知识点的要求，进行了适当调整与增删。

本书共15章，主要内容包括：绪论，蒸气压缩式制冷与热泵的热力学原理，蒸气压缩式制冷机和热泵中的主要设备，制冷剂、冷媒和热媒，蒸气压缩式制冷机组和热泵机组，溴化锂吸收式冷热水机组，热泵系统，燃料及燃烧计算，供热锅炉，冷热电联供，可再生能源和余热利用，冷热源的燃料系统和烟风系统，冷热源的水、蒸汽系统，冷热源系统的监测、控制与运行，冷热源机房设计要点。

本书可作为高校建筑环境与能源应用工程专业的教材使用，也可供相关技术人员参考。

为了更好地支持相应课程的教学，我们向采用本书作为教材的教师提供课件，有需要者可与出版社联系。

建工书院：http://edu.cabplink.com
邮箱：jckj@cabp.com.cn　电话：（010）58337285

责任编辑：齐庆梅
责任校对：张　颖

“十二五”普通高等教育本科国家级规划教材
教育部高等学校建筑环境与能源应用工程专业教学指导分委员会规划推荐教材
建筑冷热源
（第三版）
姚　杨　主编
姚　杨　倪　龙　王　威　编著
陆亚俊　马最良　主审
*
中国建筑工业出版社出版、发行（北京海淀三里河路9号）
各地新华书店、建筑书店经销
霸州市顺浩图文科技发展有限公司制版
北京圣夫亚美印刷有限公司印刷
*
开本：787毫米×1092毫米　1/16　印张：25¼　字数：626千字
2023年5月第三版　2024年6月第二次印刷
定价：**65.00**元（赠教师课件）
ISBN 978-7-112-28155-8
（40281）

第三版前言

近几年，建筑冷热源技术及相关企业的产品发展迅速，特别是“碳达峰、碳中和”目标提出以后，对建筑能源系统，特别是冷热源设备及系统提出更高的要求。建筑冷热源是建筑环境与能源应用工程专业的核心知识内容，2009 年出版了《建筑冷热源》第一版教材，2015 年进行了修订。本次修订在前两版的基础上，结合多年的教学与工程实践，并参考最新版专业规范对建筑冷热源部分知识单元、知识点的要求，进行了适当调整与增删。

根据原编著者陆亚俊、马世君、王威的建议，并征求出版社意见，《建筑冷热源》（第三版）的编著者更换为姚杨、倪龙、王威。

《建筑冷热源》（第三版）的主要特点有：（1）保留并完善了第二版教材的知识体系；（2）新增一章“热泵系统”（第 7 章），系统地阐述了在暖通空调领域中应用广泛、技术成熟的蒸气压缩式热泵系统（包括空气源、地源、污水源热泵系统及水环热泵等）；（3）可再生能源部分，增加 11.6 节余热利用——吸收式热泵；（4）弱化了煤燃料的内容，增加了可再生燃料——生物质颗粒、生物柴油、乙醇、沼气的内容，删除了工业分析灰分的测定内容；（5）原第 7 章与第 8 章合并，重新整合了内容顺序，删除了部分燃煤锅炉内容；（6）第 10 章删除原 10.1 节、10.6 节，增加 10.5 冷热电联供系统应用的可行性；（7）第 12 章删除了燃煤锅炉房燃料系统和烟风系统，第 14 章删除了煤燃烧系统控制内容，增加了燃气燃烧系统控制示例，第 15 章删除了燃煤系统内容。

本书由姚杨主编，并编写了第 1 章～第 3 章、第 6 章、第 11 章和 13.3 节～13.10 节、15.1 节、15.2 节；倪龙编写了第 4 章、第 5 章、第 7 章、第 10 章和 14.1 节、14.2 节、14.4 节；王威和王芃共同编写了第 8、9、12 章和 13.1 节、13.2 节、13.11 节、13.12 节、14.3 节、15.3 节。全书由姚杨统稿，由陆亚俊、马最良主审，对本书的完善提供了许多宝贵意见，谨致谢意。

本书的出版凝聚了编辑的辛勤工作，在此表示敬意和感谢。

限于作者的水平所限，难免存在缺点和不妥之处，恳请批评指正。

哈尔滨工业大学
姚杨　倪龙　王威
2022 年 6 月于哈尔滨

第二版前言

“建筑冷热源”是建筑环境与能源应用工程专业的一门主要专业课程。2009年出版的《建筑冷热源》是这门课程的第一本教材。本次修订是在原教材的基础上进行了调整与增删，并改正了已发现的讹误。

《建筑冷热源》（第二版）的主要特点有：(1) 保留并完善了第一版教材的课程体系。(2) 新增一章“冷热电联供”（第10章），以阐明如何科学合理地利用能源。本章重点介绍了燃气冷热电联供系统，这是国家鼓励发展的能源系统。(3) 第6章中新增一节“烟气型和烟气热水型溴化锂吸收式冷热水机组”（6.6节），这是燃气冷热电联供系统中的重要设备。(4) 把原第7章中的锅炉热效率与热平衡的内容移到第8章中锅炉的组成与结构内容之后，更符合接受知识循序渐进的原则。(5) 在第7章中增加了燃油及燃气成分分析、发热量和燃烧计算的内容。

本书由陆亚俊主编，并编写了第1～6章、第10、11、15章和9.3、9.5、13.3～13.10、14.1、14.2、14.4节；马世君编写了第7、8章和9.1、9.2、9.4、14.3节；王威编写了第12章和13.1、13.2、13.11、13.12节。本书由马最良教授主审，对本书的完善提出了许多宝贵意见，谨致谢意。

限于作者的水平，难免有错误和不妥之处，恳请批评指正。

哈尔滨工业大学

陆亚俊　马世君　王威

2015年7月于哈尔滨

第一版前言

“建筑冷热源”是建筑环境与设备工程专业的一门主要专业课程。它涵盖了制冷、热泵、锅炉技术等内容。但并非原来的专业课“空气调节用制冷技术”与“锅炉及锅炉房设备”的叠加。而是根据专业教学计划课程设置和专业当前发展的状况进行了增删。例如，增加了目前在建筑应用中逐渐增多的热泵、燃气燃油锅炉等内容，而删去了有关换热设备的热工计算、各种管路系统的水力计算、锅炉本体设计计算等内容。

燃煤、燃油和燃气锅炉是将燃料的化学能转变为热能的设备，而建筑中广为应用的制冷机和热泵是消耗机械能获得冷量和热量的设备。因此，锅炉与制冷机（热泵）的学科基础和体系不尽相同。但它们同时为建筑服务，其系统又交织在一起，在为建筑选择冷热源时又必须同时对它们进行比较和协调。为此，本书的体系是将制冷机（热泵）与锅炉的原理和设备分章阐述，自成系统，而各种系统又合在一起分章阐述。全部内容基本上可分为两大部分：第一部分的基本内容是制冷、热泵、锅炉等制冷、制热设备及其基本原理（第2～10章）；第二部分的基本内容是以制冷、制热设备为核心组成的各种系统（第11～14章）。本书的特点有：(1) 制冷与热泵的原理与设备融合在一起阐述；(2) 采暖、通风与空调是能源消耗大户，而其中大部分能量消耗在冷热源中，本书在各章节中充分贯彻节约能源、保护环境的理念；(3) 冷热源设备品种很多，本书剖析了这些设备的结构特点，着重阐明它们的工作原理、功能和特性，培养学生具有正确选用和应用这些设备的初步能力；(4) 本书集中数章分类讨论了以冷、热源机组为核心的各种系统，培养学生具有根据具体条件选择、规划合理的冷热源系统的初步能力。(5) 本书对目前常用的设备和系统进行比较详细的叙述，同时也介绍了学科当前的新进展与新技术；(6) 全书符号统一，符号及注释性下脚标采用英文名词的缩写字母，凡是符号上有“·”的均表示该符号是单位时间的物理量。

本书由陆亚俊主编，并编写了第1～6章、第10章、第14章和9.3节、9.5节、12.3～12.10节、13.1节、13.2节、13.4节；马世君编写了第7、8章和9.1、9.2、9.4、13.3节；王威编写了第11章和12.1、12.2、12.11、12.12节。本书由哈尔滨工业大学马最良教授主审，对本书的完善提出了许多宝贵意见，谨致谢意。

本书在编写过程中，研究生张学文、马志先、吴斋烨、李爽同学为本书成稿做了很多辅助性工作，谨致谢意。

为方便任课教师制作电子课件，我们制作了包括本书中公式、图表等内容的素材库，可发送邮件至 jiangongshe@163.com 免费索取。

由于本书涉及的内容量大面广，限于作者的水平，难免有错误和不妥之处，敬请读者提出宝贵意见，以使本教材不断得到完善。

编　者

2009年3月

目　　录

第 1 章　绪　　论

1.1　建筑与冷热源

人类大部分时间是在建筑中度过的。随着时代的发展，人们对工作、生活的环境要求愈来愈高，要求室内有适宜的温度、湿度，清新和有利于健康的空气品质。实现对建筑环境控制的技术是供暖通风与空气调节（简称暖通空调）。暖通空调系统在对建筑环境进行控制时，有时需要从建筑内移出多余的热量和湿量，有时需要向建筑内部供入热量和湿量。图 1-1 示意了建筑物热量和湿量的传递过程。在夏季，有以下几项热量或湿量进入建筑物内：1）透过玻璃的太阳辐射热量 Q_1；2）室外温度高于室内温度时，通过墙、屋顶、窗等围护结构传入的热量 Q_2；3）灯光散热量 Q_3；4）人员散热量 Q_4 和散湿量 W；5）设备散热量 Q_5。这时要维持室内的温度和湿度，必须通过空调设备将建筑内多余的热量、湿量移出去。在冬季，由于室外温度低于室内温度，建筑物通过墙、屋顶、窗、门等向室外传出热量 Q_6，当室内获得的热量（设备、人员等散热量）不足以抵消传出的热量时，室内温度会降低。因此，冬季为维持室内一定温度必须通过设备（如散热器）向建筑内输入热量。

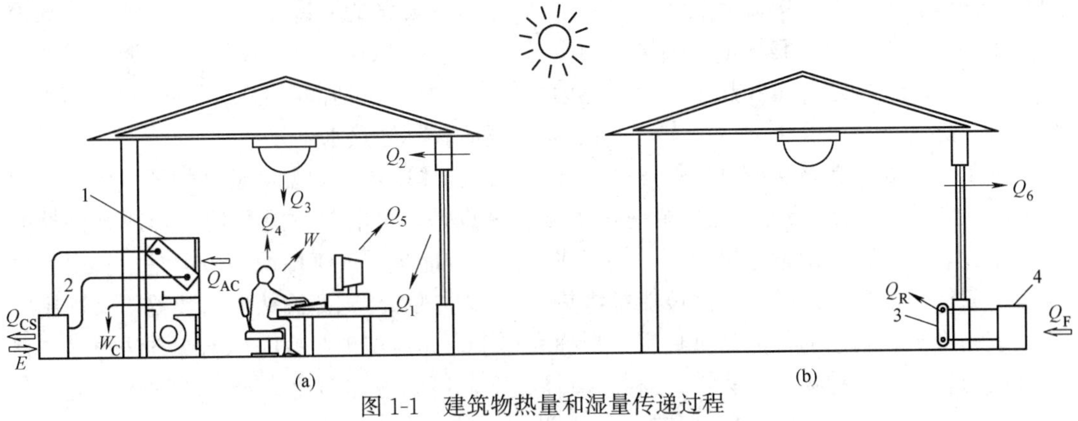

图 1-1　建筑物热量和湿量传递过程

（a）夏季；（b）冬季

1—空调设备；2—冷水机组（冷源）；3—散热器；4—热水锅炉（热源）；

Q_1—透过玻璃窗进入的太阳辐射热量；Q_2—由温差通过围护结构传入的热量；Q_3—灯光散热量；Q_4—人员散热量；Q_5—设备散热量；W—人员散湿量；Q_6—通过围护结构传出的热量；

Q_{AC}—空调设备从房间吸取的热量；Q_{CS}—冷源向环境排出热量；

E—输入冷源的高品位能量；Q_R—散热器的散热量；Q_F—燃料热量；W_C—除湿量

如何从建筑内移出热量、湿量呢？需要有一种温度较低的介质，通过换热器对室内空气进行冷却、除湿（从建筑内移出热量和湿量）。低温介质可以从自然界中获得，如温度较低的地下水，在冬季制造或储存的天然冰融化得到的低温水等。这类在自然界中存在的低温物质称之为天然冷源。然而，天然冷源受地理、气候条件等因素的限制不可多得，大多需要依靠人工的办法来制取低温介质。这种人工制取低温介质的装置称为人工冷源。由此可见，对于室内有多余热量或湿量的建筑物，必须有冷源（人工的或天然的）提供低温介质，以移出建筑内多余的热量或湿量，从而维持室内的温度和湿度。这个过程能量是守恒的，建筑中的热量被空调设备吸收后，最后经冷源排到环境中去。图 1-1（a）中的人工冷源是冷水机组，制取低温介质（冷水），供应空调设备，吸取室内多余的热量和湿量，并通过冷源排到环境中去。同时冷水机组需消耗高品位的能量。

如何向建筑输入热量呢？需要有一种温度较高的介质，通过换热器（如图 1-1 中的散热器）与室内空气进行换热，从而向建筑内提供热量。自然界中天然存在的热介质有地热水，我们称它为天然热源，但它不可多得。建筑中普遍应用的热介质是人工制备的，它可以利用其他能源转换获得，这类以供热为目的，制取高温介质的装置称为人工热源。在自然界中还存在许多低品位（温度较低）的天然热源，如江河湖水、地下水、海水等均含有大量的热能，但它温度偏低而无法直接利用，这时可以利用热泵将这些热能转移到温度较高的建筑中，因此热泵也是建筑中的热源之一。作为热源的还有工艺过程中产生的本是废弃的温度较高的余热。图 1-1（b）中的人工热源是热水锅炉，制取热水，供给散热器，向室内供热。同时，锅炉需消耗燃料。

人工冷源从被冷却的房间或物体中提取热量，称为“制冷”，所提取的热量称之为制冷量，工程中常简称为冷量。制冷量与热量都是有温差的两个物体间传递的能量，只是方向不同。对某一建筑或物体来说，通过温差传递获得的能量称之为供热量或热量；而向外传递的能量就称为制冷量或冷量。对装置来说，由温差向外传递出的能量称为该装置的供热量、制热量或热量；由温差传递进入的能量称为该装置的制冷量或冷量。如无特殊说明，本书中的供热量、制热量、热量、制冷量的单位为“kW”或“W”。在冷源、热源和暖通空调系统中传递冷量和热量的介质称为冷媒和热媒。水是常用的冷媒和热媒，当水做冷媒时，称为冷水（又称为冷冻水）；当水做热媒时，称为热水。

人工冷源要把热量从温度较低的被冷却房间或物体中传递到温度较高的环境中去（图 1-1a），这种从低位热源向高位热源的热量传递过程是不可能自发进行的，必须有另外的补偿条件，如消耗一定量的机械功、热能或其他高位能量。人工冷源实质上是一套由各种设备组成的，消耗一定量的高品位能量将热量由低温热源传到高温热源的装置，又称制冷装置或制冷机；若它的目标为供热用，则称为热泵。如何实现制冷呢？制冷方法很多，目前常用的有以下几种物理方法：1）利用液体相变制冷，液体转化为蒸气的汽化过程，具有吸热效应。利用此原理可实现制冷，本书中阐述的就是以此效应实现制冷的装置。2）气体绝热膨胀制冷，一定状态下的气体通过节流阀或膨胀机绝热膨胀，温度降低，从而达到制冷目的。目前飞机机舱空气调节的冷源常用此原理制冷（空气压缩式制冷）。3）温差电制冷（热电制冷）。两种不同金属组成的闭合环路中接上一个直流电源后，则在一结合点变冷（吸热），另一结合点变热（放热），这种现象称为帕尔贴效应。此效应很弱，无实用价值。但采用两种不同的半导体材料组合以后，就有明显的帕尔贴效应，有了实用价值，因此温差电制冷又称半导体制冷。现已有小型的半导体制冷器具，但市场上尚无用于建筑空调的产品。

制冷技术按其温度来分，有普通制冷（高于－120℃），深度制冷（－120℃至20K），低温和超低温（20K以下）。在建筑中冷源的制冷温度也就是0℃上下，用作热泵时，制冷温度有可能低到－15℃左右。因此本书将主要讲述普通制冷温度范围的制冷装置，其所用的制冷方法是利用液体相变实现制冷。按所采用的补偿措施与消耗能量不同可分为蒸气压缩式（消耗机械功）制冷和吸收式（消耗热能）制冷。

建筑热源除了为建筑的暖通空调提供热量外，还有其他用途，主要有：

（1）热水供应用热

旅馆、宿舍、医院、疗养院、幼儿园、体育场馆、公共浴室、公共食堂等场所都需要热水供应，用于洗浴、盥洗、饮用（开水）。

（2）工厂的工艺过程用热

食品厂、制药厂、纺织厂、造纸厂、卷烟厂等的工艺过程需要大量热量。工艺用热通常要求供应蒸汽。

（3）其他

如游泳池需要热量对池水加热；洗衣房中洗衣机、烘干机、烫平机、干洗机等设备需要蒸汽。

在建筑中各种用热（包括暖通空调用热）可能用同一热源，也可能分别设置热源。

1.2 冷源与热源的种类

1.2.1 建筑冷源的种类

建筑空调用冷源有两大类——天然冷源和人工冷源。天然冷源有天然冰、深井水、深湖水、水库的底层水等。人工冷源按消耗的能量分为以下两类：

1.2.1.1 消耗机械功实现制冷的冷源

蒸气压缩式制冷机（蒸气压缩式制冷装置）是消耗机械功实现制冷的建筑冷源。机械功可以由电机提供，实质上是消耗电能，也可称为电动制冷机；机械功可以由发动机（燃气机、柴油机等）来提供，这类制冷机目前应用很少。制冷机从被冷却物体中吸取热量，并得到了机械功，按热力学第一定律，必须有等量的能量排出，也就是说制冷机必须有冷却介质将这些能量带走。因此按冷却介质来分类，在空调中应用的制冷机有两类：1）水冷式制冷机——利用水（称为冷却水）带走热量；2）风冷式制冷机——利用室外空气带走热量。按供冷方式不同，空调中应用的制冷机又可分为两类：1）冷水机组——制冷机制取冷水，通过冷水把冷量传递给空调系统的空气处理设备，见图1-1（a）中的2；2）空调机（器）——制冷机的冷量直接用于对室内空气进行冷却、除湿处理，这实质上是冷源与空调一体化设备，或是说自带冷源的空调设备。

1.2.1.2 消耗热能实现制冷的冷源

吸收式制冷机是消耗热能实现制冷的冷源，在空调中吸收式制冷机常用溴化锂水溶液作工质对，因此称为溴化锂吸收式制冷机。按携带热能的介质不同可分为：

（1）蒸汽型溴化锂吸收式制冷机——利用一定压力的蒸汽驱动的吸收式制冷机。

（2）热水型溴化锂吸收式制冷机——利用一定温度的热水驱动的吸收式制冷机。

（3）直燃型溴化锂吸收式冷热水机组——直接利用燃油或燃气的燃烧获得的热量驱动

的吸收式制冷机；机组中的带有燃油或燃气的制热的设备，相当于燃油或燃气锅炉，因此可以作热源，即这个装置既可作冷源，又可作热源，故称“冷热水机组”。

（4）烟气型溴化锂吸收式冷热水机组——利用工业中300～500℃的废气、烟气驱动的吸收式制冷机，也有供热功能。

（5）烟气热水型溴化锂吸收式冷热水机组——同时利用烟气和热水驱动的吸收式制冷机，也有供热功能。

1.2.2 建筑热源的种类

地热水是可以直接利用的天然热源。在建筑中大量应用的热源都需要用其他能源直接转换或采用制冷的方法获取热能的人工热源。按获取热能的原理不同可分为以下几类：

1.2.2.1 通过燃料燃烧将化学能转换为热能的热源

通过燃料燃烧将化学能转换为热能的热源按消耗燃料的品种可分为：

（1）固体燃料型热源

有以下两种类型：

锅炉——以燃料燃烧制备热水或蒸汽的装置，是目前应用较广泛的一种热源。

热风炉——以燃烧燃料制备热风（加热的空气）的装置，通常用作生产工艺过程的热源，如用于粮食烘干。这类设备本书不再介绍。

（2）燃油型热源

以燃油（轻油或重油）为燃料的热源，有以下三种类型：

燃油锅炉——以燃油为燃料制备热水或蒸汽的装置，是目前建筑中应用较多的一种热源，通常用轻油作燃料。

燃油暖风机——以燃油的燃烧直接加热空气的装置，可直接置于厂房、养猪场、养鸡场等处作供暖用，也可以用于工艺过程中。

燃油直燃型溴化锂吸收式冷热水机组——它既是热源又是冷源（见1.2.1.2）。

（3）燃气型热源

以燃气（天然气、人工气、液化石油气等）为燃料的热源，有以下几种类型：

燃气锅炉——以燃气为燃料制备热水或蒸汽的装置，是建筑中应用较多的一种热源。

燃气暖风机——以燃气的燃烧直接加热空气的装置，它可直接用于厂房、养猪场、养鸡场等处的供暖，也可在工艺过程中应用。

燃气辐射器——用于工业厂房辐射供暖的器具，实际上是热源与供暖设备组合成一体的设备[1]。

燃气热水器——以燃气为燃料制备热水的小型装置，用于单户供暖或热水供应。

燃气直燃型溴化锂吸收式冷热水机组——它既是热源又是冷源（见1.2.1.2）。

1.2.2.2 太阳能热源

利用太阳能生产热能的热源，以作为建筑供暖、热水供应和用热制冷设备的热源。

1.2.2.3 利用低位能量的热源——热泵

在上节中已经指出，制冷机在制冷的同时伴随着热量排出，因此可用作热源。当用作热源时，制冷机（制冷装置）称为热泵机组，或简称热泵。热泵是一种利用高位能使热量从低位热源流向高位源的节能装置[2]。根据热泵驱动的能量不同，可分为蒸气压缩式热泵和吸收式热泵。蒸气压缩式热泵又可分为两类：

(1) 电动热泵——消耗电能，以电机驱动的热泵。

(2) 热力驱动的热泵——以燃气机或柴油机驱动的热泵。

1.2.2.4 电能直接转换为热能的热源

由电能直接转换为热能的热源，或称电热设备，目前应用的有以下几种：

(1) 电热水锅炉和电蒸汽锅炉——可用于建筑中空调、供暖的热源。

(2) 电热水器——可用于单户的供暖或热水供应。

(3) 电热风器、电暖气等，通常用于房间补充加热或临时性供暖用，这类器具实际上是带热源的供暖设备。

电能是高品位能量，一般不宜直接转换为热能来应用。它的应用条件将在第 9.7 节中详细叙述。

1.2.2.5 余热热源

余热（又称废热）是指生产过程被废弃掉的热能。余热的种类有：烟气、热废气或排气、废热水、废蒸汽、被加热的金属、焦炭等固体余热和被加热的流体等。只有无有害物质的、温度适宜的热水才能直接作热源应用。大部分的余热需要采用余热锅炉等换热设备进行热回收才能作为热源应用。

1.2.3 人工冷、热源按供冷、供热方式分类

根据人工冷源和热源向所控制的建筑环境供冷和供热方式不同而分为以下两类：

(1) 冷、热源通过冷媒或热媒将冷量或热量传递给环境控制系统（暖通空调系统），实现对室内环境温、湿度控制。例如冷水机组、溴化锂吸收式制冷机、燃气锅炉等就是这类设备，它们通常用于供暖空调的集中式系统中[1]。这种集中式的冷、热源系统可以为多个房间、一幢建筑、多幢建筑提供冷量或热量。

(2) 冷、热源直接向室内供冷或供热，实质上是冷、热源与供暖空调组合成一体的设备，或是说自带冷、热源的供暖空调设备，如上面介绍的空调机（器）、燃气暖风机、燃气辐射器、电暖暖风器等。这类设备通常直接置于室内或邻室内应用。

冷热源的种类很多，本书中将重点阐述建筑中常用于集中式系统中的冷热源——蒸汽压缩式制冷机、溴化锂吸收式制冷机、热泵、各种燃料型锅炉及其组成的系统；也介绍其他的冷热源设备及其系统，尤其是可再生能源的应用。

1.3 建筑冷热源系统基本组成

用于集中式系统的冷源或热源，除了生产冷量或热量的制冷装置、锅炉、热泵或其他冷热源设备外，还必须配套各种子系统，才能向建筑供冷或供热。例如一套电动制冷设备，必须有向用户输送冷量的系统，还需有向环境排放冷凝热量的冷却系统以及配电系统，这样才能向建筑提供冷量。又如，一台燃料型锅炉，还需配套有向用户输送热量的系统、燃料供给系统、烟气系统、燃烧用空气供应系统、补水系统、配电系统，这样才能向建筑提供热量。上述所举的各子系统中除了管线外，还有必要的设备（如水泵、风机、烟囱等）。建筑冷热源系统是指由制冷机、锅炉等冷热源设备与相配套的各种子系统共同组合成的一个综合系统，实现供冷与供热的目的。由于冷热源设备的种类不同，因此系统的组成各不相同，下面分别介绍 5 类冷热源设备的系统组成。

1.3.1 冷源系统

图1-2示例了以电动制冷机、蒸汽型或热水型溴化锂吸收式制冷机、直燃型溴化锂吸收式冷热水机组（简称直燃机）为核心组成的冷热源系统（图1-2中点画线所围的区域）。图1-2中虚线所围的是生产冷量的设备及系统。冷源系统中都有将热量排出的冷却系统，图中所示的是采用冷却塔的冷却系统；任何冷源都有动力电系统，电动制冷机靠电力拖动，且需较大的电功率；吸收式制冷机中有溶液泵、直燃机中的风机都需要配电；另外冷却塔、各种水路系统中的水泵（图中均未标出）等都需配电。有关冷热源系统中的电力系统不属本书范畴，请参阅其他书籍。蒸汽或热水型的溴化锂吸收式制冷机（图1-2b）还需要由外部热源供应蒸汽或热水，因此有相应的蒸汽供应及凝结水回收系统或热水供回水系统。直燃型溴化锂吸收式冷热水机组（图1-2c）有燃气或燃油供应系统和烟气排出系统。机组自己带有供应空气的系统。冷源生产的冷量通过冷媒供给建筑冷用户（空调设备），因此在冷源与冷用户之间需要有冷媒系统。冷媒系统中冷量的应用不属本书的范畴，请参阅《暖通空调》[1] 等有关书籍。冷媒系统上附设有补水系统相应的水处理设备。图1-2（c）中的机组也可以供热，因此该系统实质上是冷热源系统。

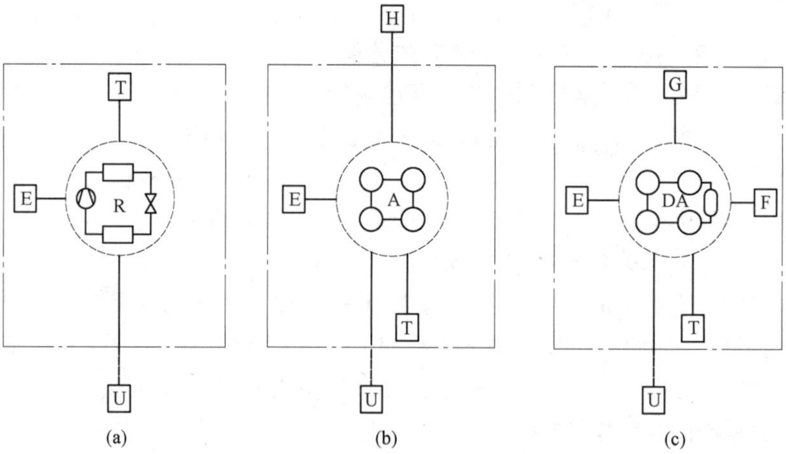

图1-2 典型制冷机组成的冷热源系统

（a）电动制冷机冷源系统；（b）蒸汽或热水型溴化锂吸收式制冷机冷源系统；（c）直燃型溴化锂吸收式冷热水机组的冷热源系统

U—建筑冷热用户；R—电动制冷机；A—蒸汽或热水型溴化锂吸收式制冷机；DA—直燃型溴化锂吸收式制冷机；E—电源；T—冷却塔；H—外部热源；G—烟气；F—燃料

1.3.2 热源系统

图1-3示例了以锅炉和电动热泵为核心组成的热源系统（图1-3中点画线所围区域）。图1-3（a）是以锅炉为核心的热源系统。该系统中除锅炉本体外（图中虚线所围设备），还有燃料供给系统、燃烧用空气供应系统、排烟系统、汽水系统、控制系统等5个子系统，汽水系统包括相应的水处理设备。

图1-3（b）是以电动热泵机组（图虚线所围设备及系统）为核心的热源系统。该系统的组成与图1-2（a）中的电动制冷机的热源系统类似。不同点是原排热用的冷却系统，现为向热用户供热的热媒系统；而原供给用户的冷媒系统现为从低位热源（如地下水、河

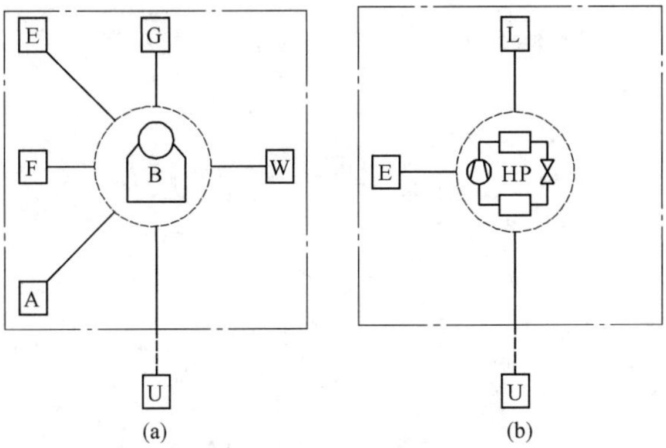

图 1-3 典型热源组成的热源系统

(a) 锅炉热源系统；(b) 电动热泵热源系统

B—锅炉；HP—电动热泵；A—供空气；W—汽水；

L—低位热源；其他符号同图 1-2

水、湖水、海水、空气等）取热的系统。对于以热泵为核心的热源系统，经常是在冬季供热，而在夏季供冷，这时以热泵为核心的系统实质上是冷热源系统。

上述给出的 5 种冷热源系统是目前经常应用的系统。其他形式的冷热源设备所组成的冷热源系统都大同小异，将在今后相关章节中叙述。本书将主要叙述图中点画线方框内所涉及的设备与各子系统（除动力电系统）。

本章参考文献

[1] 陆亚俊，马最良，邹平华. 暖通空调（第三版）[M]. 北京：中国建筑工业出版社，2015.

[2] 姚杨，姜益强，倪龙. 暖通空调热泵技术（第二版）[M]. 北京：中国建筑工业出版社，2019.

第2章　蒸气压缩式制冷与热泵的热力学原理

2.1　蒸气压缩式制冷与热泵的工作原理

蒸气压缩式制冷是利用液体汽化吸热这一物理现象进行制冷的。液体在饱和状态下汽化时的温度与其压力有关。例如水在1个标准大气压（101.325kPa）下的饱和温度为100℃，显然在100℃条件下汽化无法进行制冷。但如果将压力降到0.9252kPa，则饱和温度为6℃，汽化时可以吸取温度比它高的介质（空气或水）的热量，从而使这些介质温度降低，实现了制冷的目的。图2-1所示为一最简单的利用液体汽化吸热实现制冷的制冷机原理图。在制冷机中充注易挥发的工质，例如充注四氟乙烷（CH_2FCF_3，代号R134a），它在1个标准大气压下的饱和温度为−26.2℃，如果压力为337.65kPa，对应的饱和温度为4℃，很适宜用在空调中。图2-1中E为蒸发器，在它的壳体内、传热管外充有R134a液体，而管内通过冷媒（若为水，称为冷水，也称为冷冻水）。当壳体内维持压力337.65kPa时，R134a在4℃条件下汽化成为蒸气，同时吸取冷水的热量，使冷水冷却，譬如冷却到7℃。这7℃的冷水经冷水系统（冷媒系统）送到空调设备中应用。使用过后的冷水温度升高了，譬如升高到了12℃，温度为12℃的冷水又回到蒸发器中被冷却到7℃，如此周而复始地工作。由此可见，蒸发器是一换热设备，工质在其中吸热汽化，产生制冷效应。蒸发器中的汽化过程实质上是在饱和压力下的沸腾过程，是一等压过程。确切地说，该设备应称为沸腾器，但制冷工程中习惯称它为蒸发器。蒸发器内工质沸腾时的压力称为蒸发压力，用p_e表示；相对应的饱和温度（沸点）称为蒸发温度，用t_e表示。

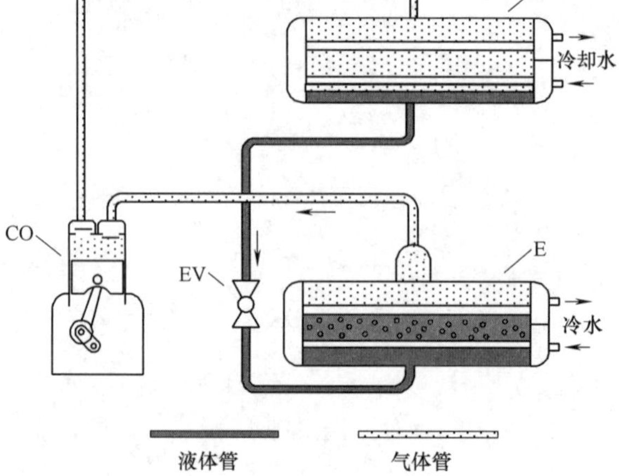

图2-1　最简单的蒸气压缩式制冷机原理图

E—蒸发器；CO—压缩机；C—冷凝器；EV—节流阀（膨胀阀）

如何保证蒸发器内的蒸发温度呢？如图 2-1 所示，利用压缩机 CO 连续地把汽化的蒸气吸出，维持蒸发器内一定的压力，从而就维持了蒸发温度。然后，压缩机对吸入的蒸气进行压缩，提高了蒸气的压力，即提高了饱和温度，从而创造了可以利用环境温度相近的空气或水将蒸气冷却并凝结成液体的条件，工质得以循环利用。例如压缩后的压力为 1016.4kPa，这时的饱和温度为 40℃，因此就可能利用 32℃左右与环境相近的冷却水将饱和温度为 40℃的蒸气冷却并凝结成液体。压缩机除了从蒸发器中吸气、提高蒸气压力外，还有使工质在装置内进行循环的作用。

提高压力后的 R134a 蒸气进入冷凝器的壳体内、传热管外的空间，被管内流动的冷却介质——水（称为冷却水）冷却而凝结成液体。冷却水被加热，温度升高，譬如温度升高到 37℃。由此可见，冷凝器是一个换热设备，工质在其间凝结放热，产生制热效应。冷凝器中的凝结过程是等压过程，其中的压力称为冷凝压力，用 p_c 表示，对应的饱和温度称冷凝温度，用 t_c 表示。

高压的 R134a 液体经节流机构（图 2-1 中为节流阀，又称膨胀阀）节流，压力降低到蒸发压力，然后进入蒸发器，补充蒸发的液体。节流阀同时调节蒸发器的供液量，使进入蒸发器的液体量与汽化量相等。

工质经上述 4 个设备不断进行循环，经历着汽化—压缩—凝结—节流—汽化的状态循环变化，从而把热量从低温的被冷却介质（例如 7/12℃的冷水）传递到高温的冷却介质（例如 32/37℃的冷却水）中去。实现这种热量由低温到高温传递的代价是压缩机中消耗了功。这种利用液体汽化实现制冷，并借助压缩机对蒸气压缩而使工质循环的系统称为蒸气压缩式制冷系统。按上述工作原理实现制冷效应的，由各部件组成的成套装置称为蒸气压缩式制冷机。

制冷机把热量从低温处传递到高温处，好似水泵把水从低水位处“泵”到高水位处，因此制冷机相当于“热泵”。只有当制冷机具有供热目的时，把制冷机称为热泵，蒸气压缩式制冷机就称为蒸气压缩式热泵。

蒸气压缩式制冷机必须有四大部件——压缩机、蒸发器、冷凝器和节流机构。但实际制冷机（热泵）中，为保证制冷机安全、可靠、高效运转，还有其他一些辅助设备。这将在本书的后续章节中介绍。

制冷机（或热泵）中循环的工质称为制冷剂。制冷机或热泵就是借助制冷剂状态交替变化实现制冷（或制热）目的，它的特性将对制冷机（或热泵）的制冷（或制热）效果起着关键的作用。这将在后续章节中进行分析。

制冷机的制冷量是指单位时间内蒸发器从被冷却介质中提取的热量，它是度量制冷机制冷能力的物理量。制冷量用 $\dot{Q}_e$ 表示（下标 e——蒸发器 evaporator 的第一个字母）。制冷量的单位为瓦（W）或千瓦（kW）；非法定工程制单位——公制为千卡/小时（kcal/h），英制为英热单位/小时（Btu/h）。非法定单位在设备样本中经常见到，它们与法定单位的换算如下：

$$1W=0.86kcal/h \qquad 1kW=860kcal/h$$

$$1kcal/h=1.163W \qquad 1W=3.412Btu/h$$

在一些制冷空调书籍、制冷设备样本中，还经常会看到“冷吨”（Ton of Refrigeration）的制冷量单位。1 冷吨是指 1t 0℃的水在 24h 内凝成 0℃冰所需提取出的热量，冷吨的符号有 TR、RT 或 ton。由于各国的质量单位 t（吨）的大小是不一样的，如美国 1t=2000 磅，英国 1t=2240 磅，SI 制单位 1t=1000kg，因此 1RT 所表示的制冷量大小也就不一样。不过大多采用美国冷吨，它与其他单位的换算关系为：

$$1RT=3517W=3024kcal/h=12000Btu/h$$

热泵的制热量是指单位时间内冷凝器供出的热量，也称供热量，是度量热泵制热能力的物理量。制热量用 $\dot{Q}_c$ 表示（下标 c——冷凝器 condenser 的第一个字母）。制热量的单位为瓦（W）或千瓦（kW）。对于制冷机来说，$\dot{Q}_c$ 表示制冷机中冷凝器排出的冷凝热量，或称冷凝器负荷。

制冷机（热泵）制冷（制热）的代价是在压缩机中消耗功。压缩机在单位时间内消耗的功称为压缩机消耗功率，用 $\dot{W}$ 表示，单位为瓦（W）或千瓦（kW）。衡量制冷机（热泵）能量消耗的指标是性能系数。制冷机和热泵的性能系数分别定义为

制冷机
$$COP=\frac{\dot{Q}_e}{\dot{W}} \tag{2-1}$$

热泵
$$COP_h=\frac{\dot{Q}_c}{\dot{W}} \tag{2-2}$$

COP（Coefficient of Performance 的缩写）为制冷机的制冷性能系数，表示制冷机单位功耗的制冷量（无因次）；制冷性能系数也称制冷系数，也有用 ε 表示。COP_h 为热泵的制热性能系数，表示热泵单位功耗的制热量（无因次量），制热性能系数又称制热系数，也有用 ε_h 表示。显然，*COP*、COP_h 愈大，表明制冷机或热泵的能量指标愈优。性能系数中的消耗功率 $\dot{W}$，可以指压缩机的理论消耗功率、轴功率、驱动压缩机的电机的输入功率或制冷机（热泵）总输入功率（含制冷机或热泵中的风机、泵的电机功率）。用不同的功率，其性能系数的值也不一样，因此，比较制冷机或热泵性能优劣应当用同一含义的“消耗功率”。

2.2　制冷剂及其热力性质图表

制冷的温度范围很宽，它的用途遍及民用、工农业的各个部门、科学研究等领域。不同的温度区域、不同的用途所采用的制冷剂也不尽相同。自 1834 年发明第一台制冷机后 180 多年历史中相继开发了几十种制冷剂。但有的被陆续淘汰，目前在空调冷源、冷藏等行业中应用的制冷剂也就十几种。制冷剂都有一特定的编号，我国《制冷剂编号方法和安全性分类》GB 7778 规定了各种通用制冷剂的编号法则，以替代化学名称、化学式和商品名称。该标准等效采用了美国 ANST/ASHRAE 标准中的同名标准[1]。

2.2.1　制冷剂的种类及编号法

2.2.1.1　卤代烷烃

烃是碳氢化合物的总称，其中饱和碳氢化合物称烷烃，不饱和碳氢化合物称烯烃。烃的一个或多个卤族元素（氟、氯、溴）的衍生物称为卤代烃，其中氢原子可能有或没有。或是说卤代烃是氟、氯、溴（一种或多种）全部或部分置换碳氢化物中氢原子所得的化合

物。卤代烷烃是饱和碳氢化合物（烷烃）的一个或多个卤族元素的衍生物。烷烃的化学通式为 C_mH_{2m+2}，卤代烷烃的化学通式为

$$C_mH_nCl_pF_qBr_r \tag{2-3}$$

其编号为

$$\mathrm{R}abc\mathrm{B}d$$

其中 R 为 Refrigerant（制冷剂）的第一个字母；B 代表化合物中的溴原子；a、b、c、d 为整数，分别为

a 等于碳原子数减去 1（$a=m-1$），当 $a=0$ 时，编号中省略；

b 等于氢原子数加 1（$b=n+1$）；

c 等于氟原子数（$c=q$）；

d 等于溴原子数（$d=r$），当 $r=0$ 时，编号中 B、d 都省略。氯原子数 p 在编号中不表示，可以按下式推算出：

$$n+p+q+r=2m+2 \tag{2-4}$$

例如 R22，首位 $a=0$，即表示碳原子数 $m=a+1=1$；第 2 位 $b=2$，即表示氢原子数 $n=b-1=1$；第 3 位 $c=2$，表示氟原子数 $q=c=2$；氯原子数 $p=2m+2-n-q-r=2\times1+2-1-2-0=1$；故它的化学式为 $CHClF_2$（二氟一氯甲烷），这是目前应用的一种制冷剂，它是甲烷的衍生物。又如 CCl_2F_2（二氟二氯甲烷），也是甲烷衍生物，它的编号中的第 1 位 $a=m-1=0$；第 2 位 $b=n+1=0+1=1$；第 3 位 $c=q=2$，因此其编号为 R12，这是以前在空调、冰箱中应用很普遍的一种制冷剂，由于环保问题已被禁用。

习惯上，R12、R22 又称为氟利昂 12、氟利昂 22，代号写成 F12、F22。氟利昂（Freon）是美国某些企业对这类制冷剂起的商品名。国外其他厂商冠以其他名称，如阿克敦（Arcton）等。

乙烷衍生物有同分异构体，如 CHF_2CHF_2 和 CH_2FCF_3 都是四氟乙烷，分子量相同，结构不同，它们的编号根据碳原子团的原子量不对称性进行区分。前者两个碳原子团对称，则用 R134 代号，而后者不对称性大，则用 R134a 表示。

卤代烷烃还有一种表示方法可以清楚表示出其中所含的元素，即用 H（氢）、C（氯）、F（氟）、C（碳）4 个字母的不同组合表示其中所含的元素。例 CFC（氯氟烃）代表含有氯、氟和碳的卤代烷烃。编号同前，R12 可写成 CFC12，R22 可写成 HCFC22。由于 C 既代表氯，又代表碳，因此规定最后一位 C 代表碳；第一位或第二位代表氯。

卤代烷烃衍生物有以下几类：

（1）氟烃（FC），氢原子全部被氟原子取代，如 CF_4(R14)；

（2）氯氟烃（CFC），氢原子被氯和氟所取代，如 CCl_2F_2(R12)；

（3）氢氯氟烃（HCFC），氢原子部分被氯和氟取代，如 $CHClF_2$(R22)；

（4）氢氟烃（HFC），氢原子部分被氟所取代，如 CH_2FCF_3(R134a)；

（5）氢氯烃（HCC），氢原子部分被氯原子所取代，如 CH_3Cl(R40)；

（6）全氯代烃，氢原子完全被氯原子所取代，如 CCl_4。

由此可见，卤代烷烃的种类很多，但只有其中一部分被用作制冷剂。凡是含有氯原子的卤代烷烃，对环境都有负面影响，成为受控物质或禁用物质（详见 4.2.5 节）。

2.2.1.2　卤代烯烃

烯烃是不饱和碳氢化合物，其分子通式为 C_mH_{2m}。卤代烯烃是卤族原子置换烯烃中的氢原子所得的化合物。这类化合物是新研发的制冷剂，以取代对环境有负面影响的制冷剂（详见 4.2.5 节）。其编号法则，在 R 后面用 4 位数表示，左起第 2 位～第 4 位的编号法则同卤代烷烃，首位表示不饱和碳氢化合物衍生物中碳-碳键数。对于卤代丙烯的同分异构体，在数字后附加英文字母进行识别。第 1 个小写英文字母 x、y、z 分别表示中间碳原子置换的元素－CCl、－CF、CH；第 2 个小写英文字母 a、b、c、d、e、f 分别表示末端甲基碳上置换的元素＝CCl_2、＝CClF、＝CF_2、＝CHCl、＝CHF、＝CH_2。例如 R1234yf，右起第 1 位数表示氟原子数为 4；右起第 2 位数表示氢原子数 3－1＝2；右起第 3 位数表示碳原子数为 2＋1＝3；右起第 4 位数表示有 1 个碳-碳键；英文字母 y 表示中间碳原子上置换的元素为 F，英文字母 f 表示＝CH_2；因此它的分子式为 $CF_3CF{=}CH_2$，它是卤代丙烯同分异构体。

卤代烯烃也可用元素字母组合来表示，把卤代烷烃中末尾的“碳”的 C 用 O 来替代，如 R1234yf 可写成 HFO1234yf。

2.2.1.3　饱和碳氢化合物

饱和碳氢化合物（C_mH_{2m+2}），有甲烷、乙烷、丙烷等。对这些制冷剂的编号法则是：甲烷、乙烷、丙烷同卤代烷烃；其他按序号 600 依次编号。例如甲烷（CH_4）的编号为 R50；丁烷有同分异构体，正丁烷 $CH_3(CH_2)_2CH_2$ 为 R600，异丁烷 $CH(CH_3)_2CH_3$ 为 R600a；戊烷为 R601。

2.2.1.4　环状有机化合物

分子结构呈环状的有机化合物，如八氟丁烷（C_4F_8），编号法则是在 R 后加 C，其余同卤代烃法则，如 C_4F_8 的编号为 RC318。

2.2.1.5　共沸混合制冷剂

由两种或多种制冷剂按一定比例混合在一起的制冷剂，在一定压力下平衡的液相和气相的组分相同，且保持恒定的沸点，这样的混合物称为共沸混合制冷剂。共沸混合制冷剂由组成制冷剂的编号和质量百分比来表示。例如 R125/134a（50/50）表示由质量为 50％的 R125 和 50％的 R134a 所组成。已经商品化的共沸制冷剂给予新的编号，从序号 500 开始，上例的共沸混合制冷剂编号为 R507A。但 R500、R501、R503、R504、R505、R506 均因含有 CFC 而被禁用。

2.2.1.6　非共沸混合制冷剂

由两种或多种制冷剂按一定比例混合在一起的制冷剂，在一定压力下平衡的液相和气相组分不同（低沸点的组分在气相中的成分高于液相中的成分），且沸点并不恒定。开始凝结的露点与开始沸腾的泡点的温度是不相等的，露点与泡点的温度差称为温度滑移。对于已商品化的非共沸制冷剂给予 3 位数的编号，首位是 4。例如 R407C 为 R32/125/134a（23/25/52），R410A 为 R32/125（50/50），这些制冷剂用于取代 R22。

2.2.1.7　无机化合物

无机化合物的制冷剂有氨（NH_3）、二氧化碳（CO_2）、水（H_2O）等。其中氨是冷藏中常用的制冷剂，水在吸收式制冷中作制冷剂。无机化合物的编号法则是 700 加化合物的分子量。如氨为 R717，二氧化碳为 R744。

本书附录 2-1 给出了在空调、冷藏等制冷或热泵中常用的制冷剂编号、分子式及主要热力性质。

2.2.2　制冷剂的热力参数图表

在 2.1 节中分析了蒸气压缩式制冷机（热泵）的工作过程，它借助循环的制冷剂状态的变化实现了制冷与制热。显然蒸发器中制冷剂的汽化过程吸取的热量与制冷剂在蒸发压力下的汽化潜热有密切的关系，冷凝器释放出的热量也与冷凝压力下的汽化潜热有关，而消耗的功也与压缩机中制冷剂蒸气的状态变化有关。因此，要了解制冷机或热泵的制冷量是多少，制热量是多少，性能系数多大，都离不开制冷剂的热力性质。为便于计算，人们将制冷剂的热力性质制成图或表。在制冷中常用的表有制冷剂饱和状态的热力性质表和过热蒸气热力性质表。热力性质图有压-焓图（$\lg p$-h 图）。

制冷剂饱和状态下的热力性质表（参见附录 2-2～附录 2-7）是在饱和状态下列出了不同温度下的 8 个参数：压力 p(kPa)、液体比容 v_f(L/kg)、蒸气比容 v_g(m^3/kg)、液体比焓 h_f(kJ/kg)、蒸气比焓 h_g(kJ/kg)、汽化潜热 h_{fg}(kJ/kg)、液体比熵 s_f(kJ/(kg·K))、蒸气比熵 s_g(kJ/(kg·K))。

制冷剂过热蒸气的热力性质可由 $\lg p$-h 图确定，或采用相关软件进行计算。

制冷剂的压-焓图（$\lg p$-h 图）是制冷机或热泵热力计算中常用的热力性质图。图 2-2 为 R134a 的 $\lg p$-h 图（简图）。纵坐标为压力，横坐标为比焓。为了清楚表示低压区的参数，压力坐标采用对数坐标。图中饱和液体线（干度 $x=0$）和饱和蒸气线（$x=1$）将制冷剂的状态分为三个区，$x=0$ 的左边是过冷液体区，$x=1$ 的右边是过热蒸气区，$x=0$ 与 $x=1$ 之间是湿蒸气区（两相区）。湿蒸气区有等干度线 $x=0.1$、0.2、0.3……。在过热蒸气区还有：等熵线（$s=$常数），与横坐标成一定角度大致平行的斜线；等比容线（$v=$常数），比较平坦的斜线；等温线（$t=$常数），接近垂直的线。湿蒸气区的等温线与横坐标平行，图中未表示；过冷液体区的等温线与垂直横轴的直线相接近，在图中也经常不予表示。湿蒸气区中的等熵线和等比容线也未标出。在制冷机和热泵的热工计算中，主要用 $\lg p$-h 图的过热蒸气区。因此常主要表示过热蒸气区，而把其他区舍去，参见附录 2-8～附录 2-13。

[例 2-1]　将蒸发温度为 0℃相对应的饱和压力、温度为 15℃的 R134a 过热蒸气等熵压缩到冷凝温度 40℃相对应的压力，求压缩开始和终了时的比焓和压缩后的温度。

[解]　从 R134a 饱和状态的热力性质表（附录 2-4）上查得 0℃时的饱和压力为 292.82kPa，40℃时的饱和压力为 1016.4kPa。再从 R134a 的 $\lg p$-h 图（附录 2-10）由压力 292.82kPa、温度 15℃可查出压缩前的比焓 $h_1=410.983$kJ/kg、比熵 1.77107kJ/(kg·K)；再由压力 1016.4kPa、比熵 1.77107kJ/(kg·K) 查得压缩终了的比焓 $h_2=438.853$kJ/kg，温度 $t_2=58.04$℃。

温-熵图（T-s 图）常在工程热力学、制冷技术中分析问题时应用，它图上的面积代表热量或功量，比较直观，但实际应用于热工计算并不方便，因此常用制冷剂没有可使用的 T-s 图。本书在进行分析时，也会应用 T-s 图。图 2-3 示意了 T-s 图上各种等参数线的走向。饱和液体线（$x=0$）和饱和蒸气线（$x=1$）将制冷剂状态分成三个区：$x=0$ 左侧为过冷液体区，$x=1$ 右侧为过热蒸气区；$x=0$ 与 $x=1$ 之间为湿蒸气区。图中给出了 p、h、v、x 为常数的线。等温线平行横坐标轴，等比熵线为垂直线，均未表示。液体区等

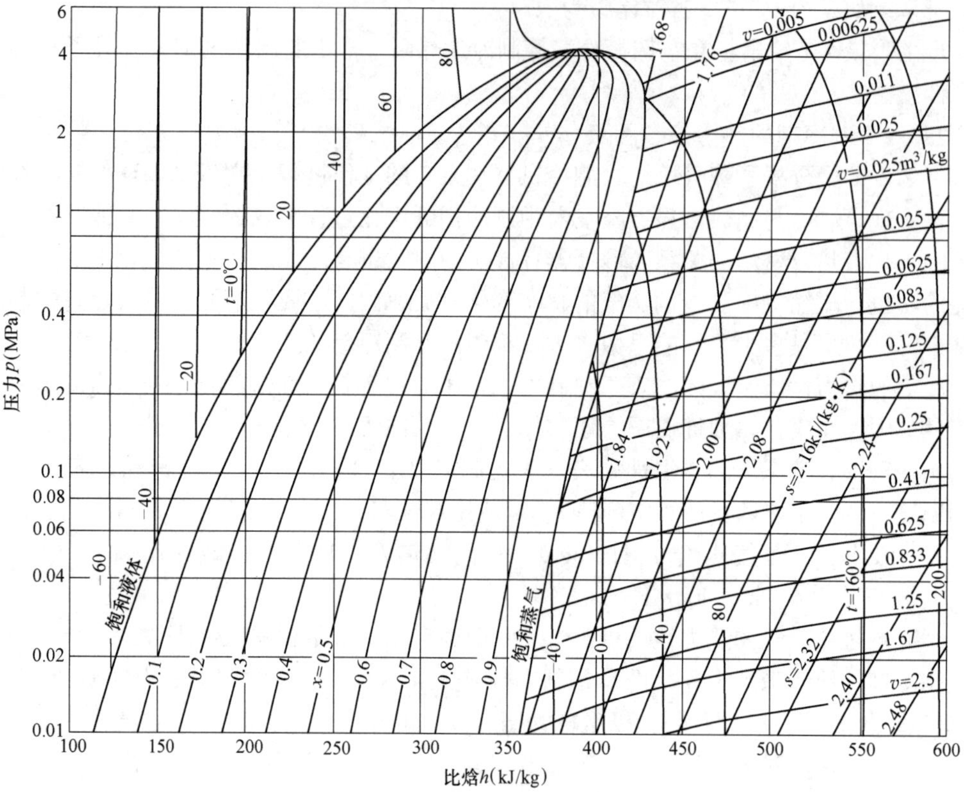

图 2-2　R134a 的 $\lg p$-h 图（简图）

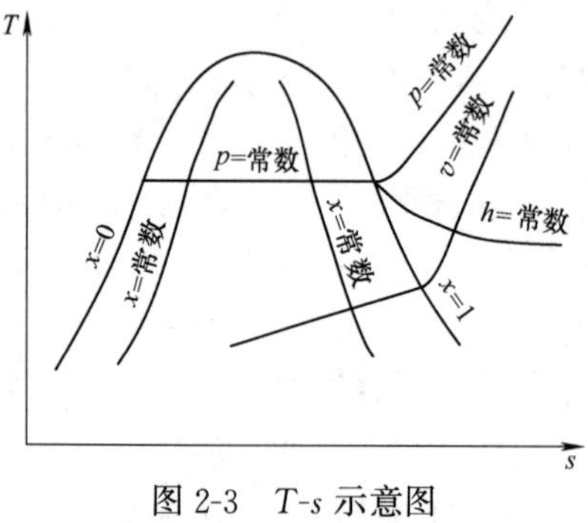

图 2-3　T-s 示意图

x—干度；h—比焓；p—压力；

T—绝对温度；s—比熵；v—比容

压线近似地认为与 $x=0$ 重合，图中未表示。

热力性质图和表中的 h、s 都是相对值，即假定某点为基准点，定一个值，其余状态点都是基准点的相对值。在混用不同图表时，必须注意它们的基准点是否一致，基准点定的值是否相同。尤其是不同单位时，不能简单换算。例如，R22 国际单位制图表规定 0℃ 饱和液体的 $h_f=200$kJ/kg，$s_f=1.0$kJ/(kg·K)；而工程制单位的图和表规定 0℃ 饱和液体的 $h_f=100$kcal/kg，$s_f=1.00$kcal/(kg·K)。SI 制与工程制不成换算关系，但 Δh、Δs 可以进行单位换算。

2.3　蒸气压缩式制冷（热泵）理想循环和饱和循环

在 2.1 节中提出了一个最简单的蒸气压缩式制冷机（热泵）的系统。这台制冷机（热泵）按什么样的热力循环才能获得更大的制冷量（制热量）而又消耗更小的功呢？性能系数的提高有没有限制呢？如有，极限最大的性能系数多大？在工程热力学中关于把热量从低温热源传递到高温热源问题的论述中已经回答了上述这些问题。工程热力学中指出，若

低温热源的温度为 T_1(K)，高温热源的温度为 T_2(K)，将热量从低温热源传递到高温热源的理想循环是逆卡诺循环，它具有最大的性能系数[2,3]。所谓逆卡诺循环是由四个热力过程组成，其中两个等温过程，两个等熵过程，逆卡诺循环在 T-s 图上的表示见图 2-4。由图可看到：

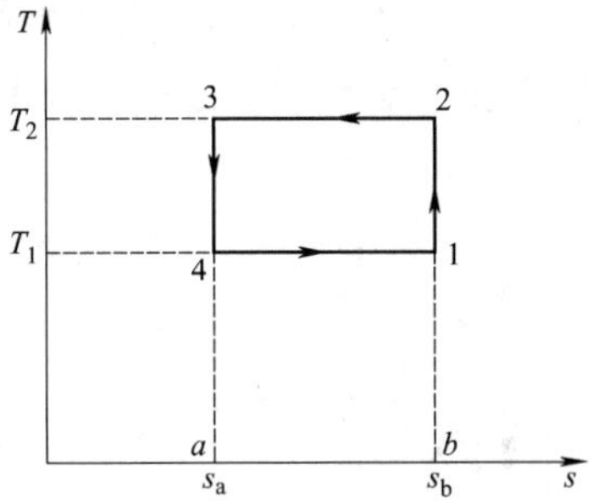

图 2-4 逆卡诺循环在 T-s 图上的表示

1-2 过程是等熵压缩过程（可逆绝热压缩过程），压缩消耗了功，工质的温度由 T_1 升高到 T_2，熵不变。

2-3 过程是等温压缩过程，压缩消耗功，且向高温热源放出热，熵减少。

3-4 过程是等熵膨胀过程（可逆的绝热膨胀过程），工质对外做功，温度由 T_2 下降到 T_1，熵不变。

4-1 过程是等温膨胀过程，工质从低温热源 T_1 中吸热，工质对外做功，熵增加。

在 T-s 图上，热力过程线下与横轴所围的面积就是过程的放热量或吸热量。面积 a-b-1-4-a 表示了从低温热源吸的热量（制冷量），面积 a-b-2-3-a 表示了向高温热源排放的热量（热泵的制热量）。若质量为 M(kg) 的工质在系统内循环一周，则有

$$Q_1=T_1(s_b-s_a)M \tag{2-5}$$

$$Q_2=T_2(s_b-s_a)M \tag{2-6}$$

式中 Q_1——工质从低温热源吸取的热量，即制冷机的制冷量，kJ；

Q_2——工质向高温热源排出的热量，即热泵的制热量，kJ；

s_a、s_b——分别为状态 3（或 4）和 1（或 2）的比熵，kJ/(kg·K)；

T_1、T_2——分别为低温和高温热源的温度，K。

根据热力学第一定律，循环消耗的净功（压缩功与膨胀功的代数和）应为

$$W=Q_2-Q_1=(T_2-T_1)(s_b-s_a)M \tag{2-7}$$

若为逆卡诺循环制冷机，其制冷性能系数为

$$COP_c=\frac{Q_1}{W}=\frac{T_1}{T_2-T_1} \tag{2-8}$$

若为逆卡诺循环热泵，其制热性系数为：

$$COP_{h,c}=\frac{Q_2}{W}=\frac{Q_1+W}{W}=\frac{Q_1}{W}+1=\frac{T_1}{T_2-T_1}+1=\frac{T_2}{T_2-T_1} \tag{2-9}$$

上述逆卡诺循环有以下特点：

（1）逆卡诺循环的性能系数只与高温热源和低温热源的温度有关，与工质的性质无关。

（2）逆卡诺循环的性能系数随着低温热源的温度 T_1 的升高而增加，随着高温热源的温度 T_2 的升高而降低，并可证明 T_1 对性能系数的影响比 T_2 大。

（3）热泵的逆卡诺循环的制热性能系数总是大于 1；制冷机的逆卡诺循环的制冷性能系数实际上也都大于 1。

（4）在高低温热源间的所有循环中，逆卡诺循环的性能系数最大，证明过程请参阅其他书籍[2,3]。

(5) 所有热力过程都是可逆的，即传热时没有温差（热源温度与工质温度相同），工质在压缩、膨胀、流动等过程中均无摩擦、涡流或扰动。

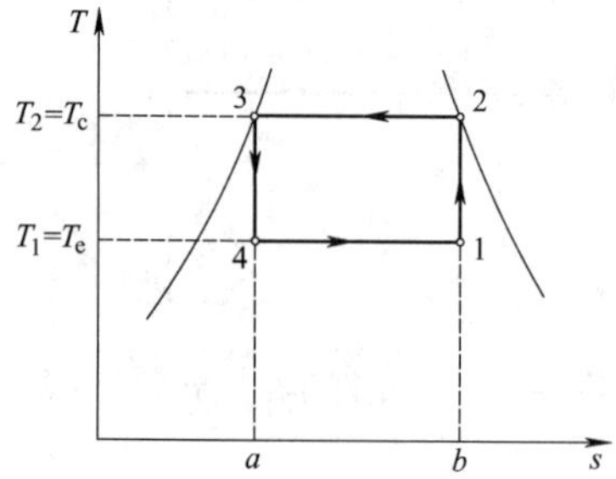

图 2-5　在湿蒸气区中的逆卡诺循环在 T-s 图上的表示

在 2.1 节所提出的制冷机（热泵）有两个过程是等温过程，即在湿蒸气区中蒸发器的等压沸腾过程和冷凝器中的等压凝结过程，因此可以设想使蒸气压缩制冷（热泵）循环在湿蒸气区中按逆卡诺循环进行工作，如图 2-5 所示。制冷剂在蒸发器中的蒸发温度 T_e 等于低温热源（被冷却物）的温度 T_1；制冷剂在冷凝器中的冷凝温度 T_c 等于高温热源（被加热物）的温度 T_2。显然这时的制冷或制热性能系数同样可按式（2-8）、式（2-9）计算。这个循环就是蒸气压缩式的理想循环。这个循环能否实现呢？回答是否定的，其原因是：

(1) 制冷剂与低温热源或高温热源间无温差传热，这意味着有无限大的传热面积和无限长的传热时间，但实际中这样是行不通的。因此，必然是 $T_c>T_2$，$T_e<T_1$。

(2) 等熵压缩过程 1-2 在湿蒸气区进行的危害性很大。因为液体的不可压缩性，在湿蒸气区压缩（称湿压缩）可能引起液击而损坏机器。

(3) 等熵膨胀过程 3-4 所用的膨胀机尺寸很小，制造不易。这是因为状态 3 的比容 v_3 比状态 1 的比容 v_1 小很多。例如制冷剂为 R134a 的制冷系统，若冷凝温度 $t_c=40$℃，蒸发温度 $t_e=0$℃，则 $v_3:v_1\approx1:79$，这就意味着膨胀机的体积比压缩机的体积小 70 多倍，制造上就困难很多。

(4) 蒸发器中到状态 1 点实际也很难控制，因为在湿蒸气区中所有状态的温度和压力均相等，区别只在干度，干度很难检测，也就不易控制。

因此，若将膨胀机取消而用节流阀来取代，另外使状态点 1 改为饱和蒸气，并使 $T_e<T_1$、$T_c>T_2$，这样的循环就很容易实现，设备也简单得多，这即是 2.1 节所提出的系统，这样改造后的循环在 T-s 图上的表示如图 2-6 所示。

1-2 是在过热蒸气区的绝热压缩过程，压力由蒸发压力 p_e 提高到冷凝压力 p_c，压缩机的排气温度 $T_2>T_c$；压缩机消耗功率。

2-3 是制冷剂蒸气在冷凝器中等压冷却（2-2′）和凝结（2′-3）过程，简称冷凝过程；冷凝过程排出热量；冷凝器出口为饱和液体。

3-4 是节流阀的绝热节流过程，只表明节流阀前后焓值相等，即 $h_3=h_4$，但不是等焓过程，为此经常将 3-4 画成虚线。本书中仍画为实线，但不能理解为等焓过程。经节流后压力由 p_c 降到 p_e，温度由 T_c 降低到 T_e。

4-1 是制冷剂在蒸发器中等压沸腾汽化过程（称蒸发过程）；蒸发过程吸收热量；蒸发器出口为饱和蒸气。

由于这个循环将离开蒸发器进入压缩机的蒸气和离开冷凝器的液体控制在饱和状态，故称该循环为蒸气压缩式饱和循环。为便于计算这个循环的制冷量（或制热量）、压缩消耗功率、性能系数，将蒸气压缩式饱和循环各个热力过程表示在 $\lg p$-h 图上（见图 2-7）。其中 1-2、2-3、3-4、4-1 与 T-s 图相对应。设制冷剂在系统内稳定流动，制冷剂质量流量

为 $\dot{M}_{\mathrm{r}}$（kg/s）。制冷剂在各设备中与外界的热量和功量交换如下：

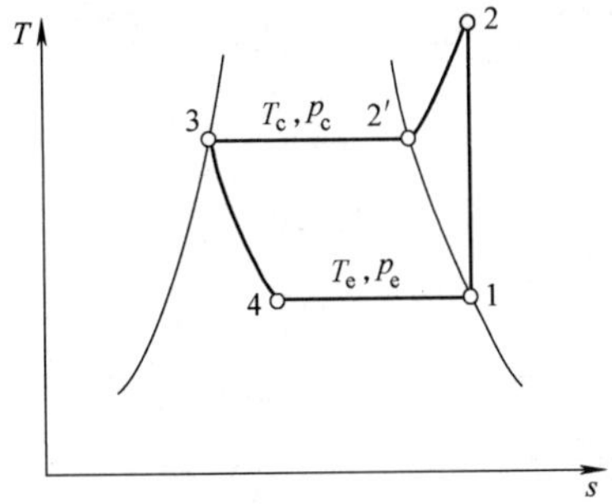

图 2-6 蒸气压缩式制冷饱和循环在 T-s 图上的表示

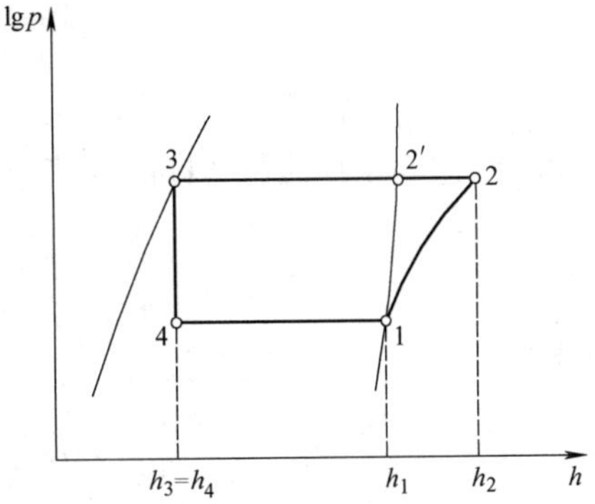

图 2-7 lgp-h 图上的饱和循环

（1）蒸发器

蒸发器是热交换设备，根据稳定流动能量方程有

$$\dot{Q}_{\mathrm{e}}=\dot{M}_{\mathrm{r}}(h_1-h_4) \tag{2-10}$$

式中 $\dot{Q}_{\mathrm{e}}$——蒸发器吸取的热量，制冷量，kW；

h_1、h_4——蒸发器出口和入口制冷剂的比焓，kJ/kg。

单位质量制冷剂的制冷量（简称单位质量制冷量或单位制冷量）q_{e}（kJ/kg）为

$$q_{\mathrm{e}}=\frac{\dot{Q}_{\mathrm{e}}}{\dot{M}_{\mathrm{r}}}=h_1-h_4 \tag{2-11}$$

q_{e} 在 lg*p*-*h* 图上就是 1-4 线段投影在横坐标轴的长度。

（2）冷凝器

冷凝器也是换热设备，根据稳定流动能量方程有

$$\dot{Q}_{\mathrm{c}}=\dot{M}_{\mathrm{r}}(h_2-h_3) \tag{2-12}$$

式中 h_2、h_3——分别为冷凝器进、出口制冷剂的比焓，kJ/kg；

$\dot{Q}_{\mathrm{c}}$——冷凝器的冷凝热量，热泵的制热量，kW。

单位质量冷凝热量（热泵的单位质量制热量或简称为单位冷凝热量、单位制热量）q_{c}（kJ/kg）为

$$q_{\mathrm{c}}=\frac{\dot{Q}_{\mathrm{c}}}{\dot{M}_{\mathrm{r}}}=h_2-h_3 \tag{2-13}$$

q_{c} 在 lg*p*-*h* 图上就是 2-3 线段投影在横坐标轴上的长度。

（3）压缩机

压缩机对蒸气进行等熵压缩，对外界无热交换，根据稳定流动能量方程有

$$\dot{W}=\dot{M}_{\mathrm{r}}(h_2-h_1) \tag{2-14}$$

式中 $\dot{W}$——压缩机消耗的功率，kW。

单位质量制冷剂消耗的功（简称单位压缩功）w（kJ/kg）为

$$w=\frac{\dot{W}}{\dot{M}_{\mathrm{r}}}=h_2-h_1 \tag{2-15}$$

w 在 $\lg p$-h 图上就是 1-2 线段投影在横坐标轴上的长度。

根据热力学第一定律，有

$$\dot{Q}_c=\dot{Q}_e+\dot{W} \tag{2-16}$$

$$q_c=q_e+w \tag{2-17}$$

蒸气压缩式饱和循环的制冷性能系数为

$$COP=\frac{\dot{Q}_e}{\dot{W}}=\frac{q_e}{w}=\frac{h_1-h_4}{h_2-h_1} \tag{2-18}$$

当为热泵时，其制热性能系数为

$$COP_h=\frac{\dot{Q}_c}{\dot{W}}=\frac{q_c}{w}=\frac{h_2-h_3}{h_2-h_1} \tag{2-19}$$

根据式（2-16）、式（2-18）、式（2-19）可推出

$$COP_h=1+COP \tag{2-20}$$

上式表明，制热性能系数等于制冷性能系数加 1，因此，制热性能系数总是大于 1。

制热性能系数大于 1 是否意味着热泵供热总是节能的呢？回答是不一定。它相对于电供暖来说是节能的，但电能是高品位能源，是由其他一次能源转换过来的，转换过程有能量损失。目前我国大部分的电能是火力发电，全国的平均发电效率约为 37.7%，输配电损失 6.69%，用户的电能以一次能源计的效率约为 35.17%。如果热泵的制热性能系数 $COP_h=2.3$，则热泵的一次能源性能系数为 $2.3\times0.3517=0.81$。已小于一般燃油、燃气锅炉的效率（一般大于 85%），即是说相对于燃油、燃气锅炉供热并不节能。热泵一次能源性能系数也称为一次能源效率。

对于制冷机（或热泵）中制冷剂循环的质量流量取决于压缩机的吸气容积和比容 v_1（或密度）。例如，当压缩机吸气容积（如气缸容积）一定，吸气比容 v_1 愈大（密度愈小），则吸入的质量愈少；当制冷剂质量流量一定，吸气比容 v_1 愈大，就要求压缩机的吸气容积（如气缸容积）愈大。因此，蒸发器出口和压缩机入口的容积流量是一个很重要的物理量，它的大小决定了压缩机的大小。压缩机吸入口的容积流量 $\dot{V}_r$（m^3/s）应为

$$\dot{V}_r=\dot{M}_r v_1 \tag{2-21}$$

注意：制冷机（热泵）的制冷剂质量流量在稳定条件下是处处一样的，但由于各处的比容不同，因此容积流量各处不一定相等。今后如无特殊说明，容积流量指压缩机吸气口的容积流量。

用式（2-10）除以式（2-21）得

$$q_v=\frac{\dot{Q}_e}{\dot{V}_r}=\frac{h_1-h_4}{v_1}=\frac{q_e}{v_1} \tag{2-22}$$

式中 q_v 称为单位容积制冷量，kJ/m^3。它是制冷剂性质中一个重要性质。在同样工况下，相同容积流量（即同一压缩机），q_v 大的制冷剂其制冷量就大；或相同制冷量，q_v 大的制冷剂，要求的容积流量小，压缩机的尺寸就小。

蒸发温度与冷凝温度的变化对饱和循环中的 q_e、q_v、w、COP、COP_h 都有影响。图 2-8 表示了蒸发温度变化的影响，从图中可以看到，当蒸发温度由 T_e 升到 T'_e，则 q_e

增大了，w 和 q_c 减小了，吸气比容 v_1 减小了，因此 q_v 增大；制冷性能系数 COP 增大了；因制热性能系数 $COP_h = COP + 1$，因此 COP_h 也增大了。

图 2-9 表示了冷凝温度变化的影响。从图中可以看到，当冷凝温度 T_c 降低到 T'_c，则 q_e 和 $q_v = q_e / v_1$ 增大了；w 减小了；制冷性能系数 COP 增大了；制热性能系数 COP_h 也增加了。至于 q_c 的变化在图上无法判断，它与制冷剂的性质有关，一般 q_c 是增加的。

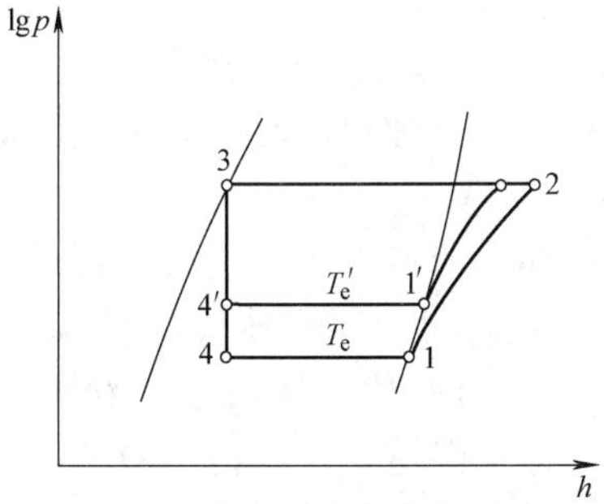

图 2-8 蒸发温度变化的影响

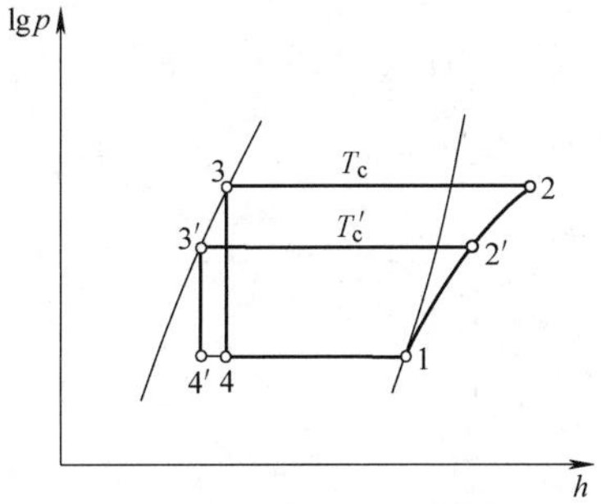

图 2-9 冷凝温度变化的影响

［例 2-2］ 设 R134a 蒸气压缩式制冷机按饱和循环工作，$t_e = 0℃$，$t_c = 40℃$。求单位质量制冷量、单位容积制冷量、单位压缩功和制冷性能系数。

［解］ （1）把循环表示在 lg$p$-h 图上，如图 2-7 所示。

（2）查 R134a 的饱和状态下的热力性质表（附录 2-4），得：

$h_1 = 397.216$kJ/kg，$v_1 = 0.068891$m^3/kg，$s_1 = 1.722$kJ/(kg·K)

$h_3 = h_4 = 256.171$kJ/kg，$p_c = 1016.4$kPa

（3）根据 p_c 和 s_1，由 R134a 的 lg$p$-h 图查得 $h_2 = 422.919$kJ/kg。

（4）单位质量制冷量 $q_e = 397.216 - 256.171 = 141.045$kJ/kg

（5）单位容积制冷量 $q_v = 141.045/0.068891 = 2047.36$kJ/m^3

（6）单位压缩功 $w = 422.919 - 397.216 = 25.703$kJ/kg

（7）制冷性能系数 $COP = 141.045/25.703 = 5.487$

［例 2-3］ 有一台热泵机组，制冷剂为 R134a，制冷剂容积流量为 0.1m^3/s，按饱和循环工作，$t_c = 50℃$，$t_e = 0℃$，求热泵机组的制热量和制热性能系数。

［解］ （1）把循环表示在 lg$p$-h 图上，如图 2-7 所示。

（2）查 R134a 的饱和状态下的热力性质表（附录 2-4），得：

$h_1 = 397.216$kJ/kg，$v_1 = 0.068891$m^3/kg，$s_1 = 1.722$kJ/(kg·K)

$h_3 = h_4 = 271.429$kJ/kg，$p_c = 1317.6$kPa

（3）根据 p_c 和 s_1，由 R134a 的 lg$p$-h 图查得 $h_2 = 428.348$kJ/kg。

（4）单位质量制热量

$$q_c = h_2 - h_3 = 428.348 - 271.429 = 156.919\text{kJ/kg}$$

（5）热泵机组制热量

$$\dot{Q}_c = \frac{\dot{V}_r}{v_1} q_c = \frac{0.1}{0.068891} \times 156.919 = 227.78\text{kW}$$

（6）单位压缩功 $w = 428.348 - 397.216 = 31.132$kJ/kg

（7）制热性能系数

$$COP_h=\frac{q_c}{w}=\frac{156.919}{31.132}=5.04$$

2.4　饱和循环和理想循环的比较

蒸气压缩制冷（热泵）饱和循环是一个可行的最简单的热力循环。但它的制冷性能系数（制热性能系数）比理想循环（湿蒸气区的逆卡诺循环）要小。引起差异的原因有三点：1）用干压缩取代了湿压缩，所谓干压缩是指压缩过程在过热蒸气区进行。从而避免了湿压缩的弊病。2）取消膨胀机，用节流阀取代，从而使系统简化。3）在蒸发器和冷凝器中保持一定的传热温差，且都是等压过程，当然在湿蒸气区是等温过程。由于上述原因导致性能系数下降。下面我们讨论与理想循环的性能系数差多大。蒸发器、冷凝器传热温差大小是一个技术经济指标。传热温差小，传热面积大，设备造价高，好处是性能系数提高，运行时耗电少，运行费用低。下面的分析暂不考虑传热温差对性能系数的影响。假设理想循环（逆卡诺循环）在冷凝温度（T_c）和蒸发温度（T_e）下实现循环。图 2-10 在 T-s 图上表示了在 T_c/T_e 温度区间饱和循环和逆卡诺循环的比较。循环 1-2-3-4-1 是饱和循环；循环 1-5-3-6-1 是理想循环（逆卡诺循环）。

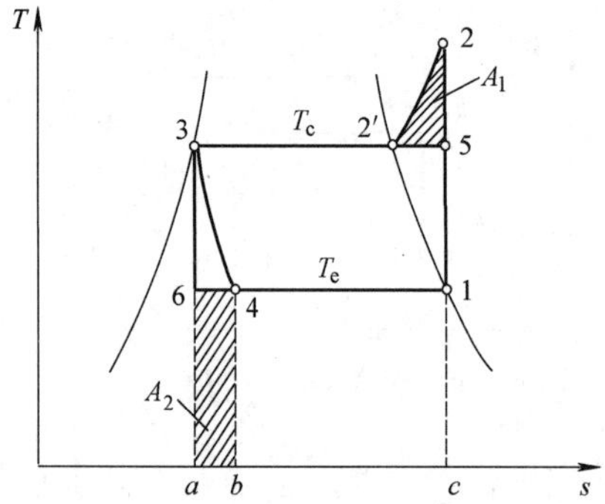

图 2-10　饱和循环和逆卡诺循环在 T-s 上的比较

从图 2-10 可以看到：

（1）采用干压缩，且压缩到冷凝压力，压缩终了的排气温度 $T_2>T_c$；压缩多消耗了功。

（2）取消膨胀机后，损失了膨胀功，而且单位质量制冷量减少了。

T-s 图过程线下的面积代表过程的热量。表 2-1 中用面积表示了饱和循环与逆卡诺循环的差异。表中差值指饱和循环值减逆卡诺循环值，从表中可以看到，饱和循环的单位质量制冷量 q_e 减少了 A_2，这是采用节流阀代替膨胀机造成的；单位压缩功 w 增加了（A_1+A_2），A_1 为采用干压缩代替湿压缩，并压缩到冷凝压力 p_c 造成的，A_2 为由于节流阀代替膨胀机而未能回收膨胀功造成的。制冷技术中，把由于采用干压缩，并压缩到 p_c 造成的 w 增加称为过热损失；把由于节流阀取代膨胀机而使 w 增加和 q_e 减少称为节流损失。由于有过热损失和节流损失，导致性能系数下降。通常用制冷循环效率来衡量各种制冷循环接近逆卡诺循环的程度，制冷循环效率定义为

$$\eta_R=\frac{COP}{COP_c} \tag{2-23}$$

饱和循环与逆卡诺循环的比较　　**表 2-1**

	逆卡诺循环	饱和循环	差　值
单位质量制冷量 q_e	面积 6-1-c-a-6	面积 4-1-c-b-4	$-A_2$
单位冷凝热量 q_c	面积 5-3-a-c-5	面积 2-2′-3-a-c-2	$+A_1$
单位压缩功 w	面积 1-5-3-6-1	面积 1-2-2′-3-a-b-4-1	A_1+A_2

注：w 的面积按 $w=q_c-q_e$ 确定。

对于饱和循环，它的制冷循环效率为

$$\eta_{\mathrm{R}}=\left(\frac{q_{\mathrm{e,c}}-A_2}{w_{\mathrm{c}}+A_1+A_2}\right)\Big/\left(\frac{q_{\mathrm{e,c}}}{w_{\mathrm{c}}}\right)=\frac{1-(A_2/q_{\mathrm{e,c}})}{1+(A_1+A_2)/w_{\mathrm{c}}} \tag{2-24}$$

式中 $q_{\mathrm{e,c}}$、w_{c}——分别为逆卡诺循环的单位质量制冷量和单位压缩功，kJ/kg；

A_1、A_2——如图 2-10 所示，单位为 kJ/kg。

由式（2-24）可见，过热损失和节流损失的大小直接影响制冷循环效率。不同制冷剂的过热损失和节流损失都不同，有的制冷剂过热损失大，有的节流损失大。表 2-2 为 4 种制冷剂在 $t_{\mathrm{e}}=0$℃、$t_{\mathrm{c}}=40$℃时的节流损失、过热损失、排气温度 t_2、*COP* 及循环效率 η_{R}。从表 2-2 中可以看到，4 种制冷剂中，R717(NH_3）过热损失最大（相对值），排气温度也最高。R134a 的节流损失最大（相对值），其次为 R22，最小为 R123。R123 的制冷循环效率最大，R134a 最小。R123、R134a、R22 的两项损失中，都是节流损失大于过热损失；而 R717 的过热损失与节流损失相接近。R123 的过热损失为 0，实际上压缩的终点在湿蒸气区，即出现了湿压缩，因此使用这种制冷剂必须使压缩机吸入过热蒸气（详见 2.5 节）。

4 种制冷剂的节流损失、过热损失（$t_{\mathrm{e}}/t_{\mathrm{c}}$=0℃/40℃）等参数 **表 2-2**

制冷剂	节流损失			过热损失		t_2 (℃)	*COP*	η_{R} (%)
	A_2 (kJ/kg)	$\frac{A_2}{w_{\mathrm{c}}}$ (%)	$\frac{A_2}{q_{\mathrm{e.c}}}$ (%)	A_1 (kJ/kg)	$\frac{A_1}{w_{\mathrm{c}}}$ (%)			
R134a	4.292	20.16	2.95	0.116	0.55	44	5.487	80.4
R22	4.084	17.45	2.56	0.576	2.5	58.4	5.546	81.2
R717	13.803	8.72	1.28	13.58	8.57	95.7	5.745	84.2
R123	1.723	8.2	1.2	0	0	40	6.232	91.3

由于热泵的制热性能系数等于制冷性能系数加 1，因此，热泵循环效率 $\eta_{\mathrm{H}}=COP_{\mathrm{h}}/COP_{\mathrm{h,c}}$ 可以根据制冷循环效率推算出。在 $t_{\mathrm{e}}=0$℃、$t_{\mathrm{c}}=40$℃工况下，R134a、R22、R717 和 R123 的饱和循环的热泵循环效率分别为 82.8%、83.7%、86.2%和 92.4%。

2.5 饱和循环的改进措施

2.5.1 节流前过冷

节流损失、过热损失是饱和循环的性能系数偏离逆卡诺循环的主要原因。要提高循环效率，必须从减少节流损失和过热损失着手。对高压的制冷剂冷凝液体在节流以前冷却成过冷液体是减少节流损失的有效措施，简称为节流前过冷。如何实现节流前过冷呢？一是在冷凝器中增加传热面积，例如图 2-1 中制冷机的冷凝器，在筒体的下部增加传热管，可使底部积存的冷凝液体过冷，这种过冷方法获得的过冷度（过冷后液体温度与饱和温度差）不大；二是在冷凝器出液管上安装过冷器，利用冷却介质进行冷却，由于冷却介质的温度受气象条件的限制，过冷度也不大；三是在冷凝器的出口上安装回热器，利用蒸发器排出的低压制冷剂蒸发进行冷却，可以获得较大的过冷度，但这种方法的应用有一定条件（详见 2.5.2 节）。

过冷后有何好处呢？我们通过 lg*p*-*h* 图进行分析。图 2-11 为饱和循环节流前实现过

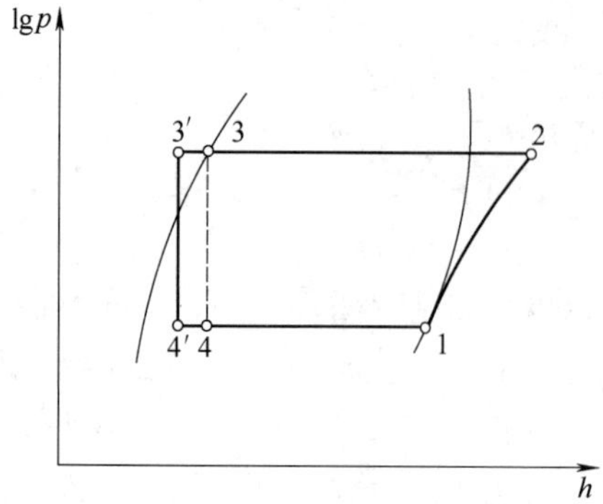

图 2-11　节流前过冷在 lg$p$-h 图上的表示

冷后在 lg$p$-h 图上的表示。图中 1-2-3-4-1 为饱和循环，1-2-3′-4′-1 为饱和循环节流前实现过冷的循环，过冷是一等压过程 3→3′。比较两个循环不难看到，实现节流前过冷却后，单位质量制冷量 q_e 增加了，增加的量为 $\Delta q_e = h_4 - h_{4'} = h_3 - h_{3'}$，单位容积制冷量 q_v 和制冷性能系数 COP 也增加了。对于热泵，若过冷在冷凝器中实现，则单位质量制热量（单位质量冷凝热量）q_c 也增加了。

各种制冷剂节流前过冷所获得的好处是不相等的，表 2-3 为 4 种制冷剂在 t_e=0℃、t_c=40℃，过冷度为 5℃时，q_e、q_v、COP 每过冷 1℃的增加百分数。从表中可以看到，节流损失大的制冷剂节流前过冷所得的好处一般比较大，如 R134a。

q_e、q_v、COP 每过冷 1℃的增加百分数（t_e/t_c=0℃/40℃）　　**表 2-3**

制冷剂	R134a	R22	R717	R123
q_e、q_v、COP 增加百分率(%)	1.05	0.84	0.44	0.72

2.5.2　回热循环

制冷循环节流前过冷可使 q_e、q_v、COP 增加，采用蒸发器蒸发的蒸气在压缩机吸入前对节流以前的液体过冷，可以获得较大的过冷度。显然 q_e 是增加了，但由于压缩机吸入的是过热蒸气，单位压缩功 w 和压缩机吸气比容也增加了，那么 COP（q_e/w）和 q_v（q_e/v_1）究竟增加了还是降低了？如果增加，显然采用这种增大过冷度的方案是可行的。

图 2-12（a）为采用压缩机吸气对节流前液体进行过冷的制冷（热泵）系统原理图，这样系统所实现的循环称为回热循环。图 2-12（b）为回热循环在 lg$p$-h 图上的表示。图中 1-2-3-4-1 是回热循环，1′-2′-3′-4′-1′是饱和循环。在回热器中冷凝液体过冷（3′→3）放出热量 Δq_e(kJ/kg)，这些热量传递给了压缩机的吸气，使之过热（1′→1）。这时回热循环的单位质量制冷量为

$$q_e = h_{1'} - h_4 = h_1 - h_{4'} \tag{2-25}$$

单位容积制冷量

$$q_v = q_e/v_1 = (h_1 - h_{4'})/v_1 \tag{2-26}$$

单位压缩功

$$w = h_2 - h_1 \tag{2-27}$$

单位质量冷凝热量（单位质量制热量）

$$q_c = h_2 - h_{3'} \tag{2-28}$$

制冷或热泵的性能系数分别为

$$COP = q_e/w \tag{2-29}$$

$$COP_h = q_c/w \tag{2-30}$$

仍用 R134a、R22、R717、R123 按回热循环（t_e=0℃、t_c=40℃、t_1=20℃）进行计算，并与饱和循环相应量进行比较。计算结果列于表 2-4 中。从表中可以看到，采用回

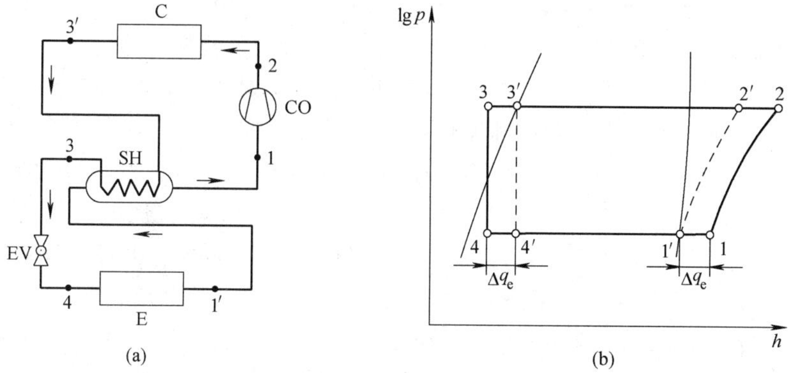

图 2-12 回热循环

(a) 回热循环的制冷（热泵）系统原理图；(b) lg*p*-*h* 图上的回热循环；

SH—回热器，其他符号同图 2-1

热循环后，*COP*、COP_h、q_v、t_2 的变化与制冷剂性质有密切的关系。节流损失大的制冷剂，如 R134a，采用回热循环后 *COP* 明显增大，q_v 也有所增大；R717 采用回热循环后，*COP*、COP_h 和 q_v 均有较大的减小，且排气温度上升很多，这对压缩机的运行不利（详见第 3 章），故 R717 系统中不宜采用回热循环。R22 采用回热循环后，*COP*、COP_h 和 q_v 均略有减小，但排气温度升高不多，为运行安全起见（防止湿压缩），也经常采用回热循环。R123 采用回热循环后，*COP*、COP_h 减小了，但 q_v 略有增加。这种制冷剂如采用饱和循环会出现湿压缩，因此从运行安全起见，必须采用回热循环，但应控制过热温度。表 2-4 是在给定工况下的计算结果，不同的工况，增减率都会变化。在采用回热循环时，宜按实际情况进行核算。

4 种制冷剂采用回热循环后 *COP*、COP_h、q_v 增减百分比及 t_2[①] **表 2-4**

制冷剂	R134a	R22	R717	R123
COP 增减百分比(%)	13.9	−1.14	−4.21	−3.2
COP_h 增减百分比(%)	11.8	−0.97	−3.6	−2.8
q_v 增减百分比(%)	2.49	−1.03	−4.53	1.5
排气温度 t_2(℃)	62.8	77.9	120	59.8

注：① 工况为 t_e=0℃，t_c=40℃，吸气温度 t_1=20℃。

如果在蒸发器中使制冷剂在等压下过热，使压缩机的吸气是过热蒸气。蒸发器中过热吸取冷媒的热量实际上是制冷量，因此 q_e 增加了，但吸气比容也增加了，其 *COP* 和 q_v 的相对于饱和循环的增减百分率与回热循环一样。压缩机吸气过热可保证压缩机的干压缩，因此，有些吸气过热有害的制冷剂（如 R717），也允许稍有过热（如过热 5℃）。

2.6 双级压缩制冷（热泵）循环

2.6.1 压力比增加对循环的影响

蒸发温度、冷凝温度取决于被冷却介质和被加热介质的温度。例如，热泵要求供应 67℃的热水，设采用冷凝温度 t_c=70℃；而热泵的低温热源采用室外空气（10℃），设热

泵的蒸发温度 $t_e=0℃$，若制冷剂采用 R134a，则相应的冷凝压力 $p_c=2116.2\text{kPa}$，蒸发压力 $p_e=292.82\text{kPa}$。压力比 $p_c/p_e=7.23$。在 2.4 节中，我们曾假定 R134a 的制冷（热泵）循环的 $t_e=0℃$，$t_c=40℃$，相应的压力 $p_c=1016.4\text{kPa}$，$p_e=292.82\ \text{kPa}$，压力比为 3.47。那么，压力比增大后对饱和循环有多大影响呢？图 2-13 表示了上述两种不同压力比的饱和循环在 lg$p$-h 图上的比较。图中 1-2-3-4-1 是压力比为 3.47 的饱和循环；1-2′-3′-4′-1 是压力比为 7.23 的饱和循环。比较两个循环可以看到，大压力比的循环，其 q_e、q_c、q_v 都减小了；w 和排气温度增加了；热泵的制热性能系数或制冷性能系数减小了。单位容积制冷量 q_v 的减小，就要求压缩机规格加大；性能系数降低，导致能耗增加。有些制冷剂（如 R134a），排气温度升高后仍接近冷凝温度；而有些制冷剂就会远高于冷凝温度（如 R717）。过高的排气温度将导致压缩机润滑恶化，压缩机的效率下降（详见第 3 章）。压力比增大，还会影响压缩机实际吸气量下降，导致系统的制冷量减小（详见 3.3 节）。压力比增大后造成饱和循环各项性能指标下降的原因仍然是节流损失和过热损失。由于制冷剂的性质不同，导致性能指标下降的主要因素也就不同。下面用 R134a 和 R717 两种制冷剂作比较进行说明。

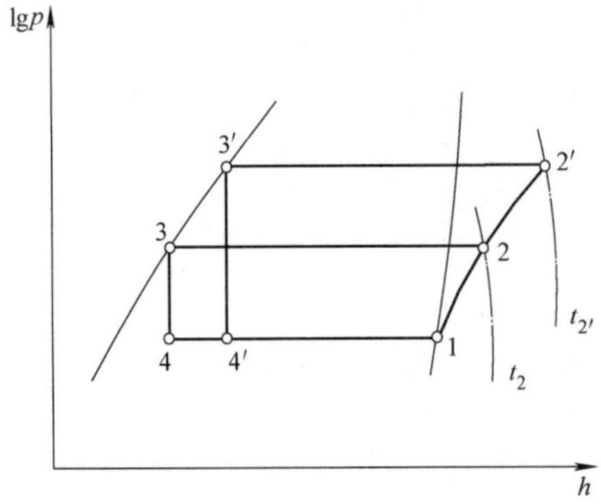

图 2-13　不同压力比的饱和循环在 lg$p$-h 图上的比较

表 2-5 给出了 R134a 和 R717 两种制冷剂在 $t_e/t_c=0℃/70℃$的工况下饱和循环的节流和过热损失相对值、排气温度、热泵制热性能系数及热泵循环的效率。$t_e/t_c=0℃/70℃$工况下的压力比，R134a 为 7.23，R717 为 7.69。对比表 2-2（工况为 $t_e/t_c=0℃/40℃$，对应压力比 R134a 为 3.47，R717 为 3.62）可以看到：R134a 是节流损失很大而过热损失很小的制冷剂，当压力比增大后，节流损失成倍增长，而过热损失相对值没有变化；排气温度仍接近冷凝温度；制热性能系数 COP_h 由 6.487 降到 3.79，减少了 40%多；热泵循环效率 η_H 由 82.8%降到 77.3%；这些性能的下降主要是由节流损失造成的。R717 是过热损失和节流损失相当的制冷剂，当压力比增大后，节流损失和过热损失均有较大的增加，而且排气温度（159.1℃）远远高于冷凝温度；热泵性能系数 COP_h 由 6.745 降到 3.93，也减少了 40%多；热泵循环效率 η_H 由 86.2%下降到 80.2%，但这些性能的下降是两项损失共同造成的。R717 在 70℃时饱和压力已达 3.3MPa，要求设备的承压能力大幅度提高。

$t_e/t_c=0℃/70℃$工况下两种制冷剂的比较　　　**表 2-5**

制冷剂	节流损失		过热损失	$t_{2'}$	COP_h	η_H(%)
	A_2/w_c(%)	A_1/q_{ec}(%)	A_1/w_c(%)	(℃)		
R134a	48.7	12.5	0.55	71.1	3.79	77.3
R717	16.1	4.1	11.5	159.1	3.93	80.2

如何改善大压力比对制冷（热泵）循环带来的不利影响呢？采用双级或多级循环是有效的措施。

2.6.2　两级节流完全中间冷却的双级压缩制冷（热泵）循环

图 2-14 为两级节流完全中间冷却的双级压缩制冷（热泵）循环的系统原理图和在 $\lg p$-h 图上的表示。循环的流程如下：制冷剂在蒸发器中吸热（制冷）蒸发成低压蒸气（在 $\lg p$-h 图上为点 1）；低压蒸气被低压级压缩机吸入并被压缩到中间压力 p_m（过程 1-2）。低压级压缩机的排气进入闪发式中间冷却器中，被完全冷却到饱和状态（过程 2-3），这部分被冷却的蒸气与中间冷却器中闪发的蒸气一起被高压级压缩机压缩到冷凝压力 p_c（过程 3-4）。高压级的排气进入冷凝器中冷凝成饱和液体（过程 4-5），并排出冷凝热量，即热泵中的制热量。高压液体经节流阀（或称膨胀阀）第一次节流，压力降到 p_m，温度降到中间温度 t_m，然后进入闪发式中间冷却器。在中间冷却器中气液分离，并有一部分液体蒸发吸热，冷却低压级的排气；蒸发的蒸气、节流闪发的蒸气连同低压级压缩机的排气一起被高压级压缩机吸入；大部分饱和液体（状态 6）经节流阀第二次节流到压力为 p_e 的低压液体（状态 7）。低压液体进入蒸发器中吸热制冷并蒸发成低压蒸气（过程 7-1）。如此周而复始地循环。这个循环相对于原饱和循环（单级压缩）节流损失和过热损失都减少了；q_e、q_v 增加了，排气温度降低了，制冷（热泵）性能系数提高了，适宜用于过热损失与节流损失均较大的制冷剂的制冷（热泵）系统中。

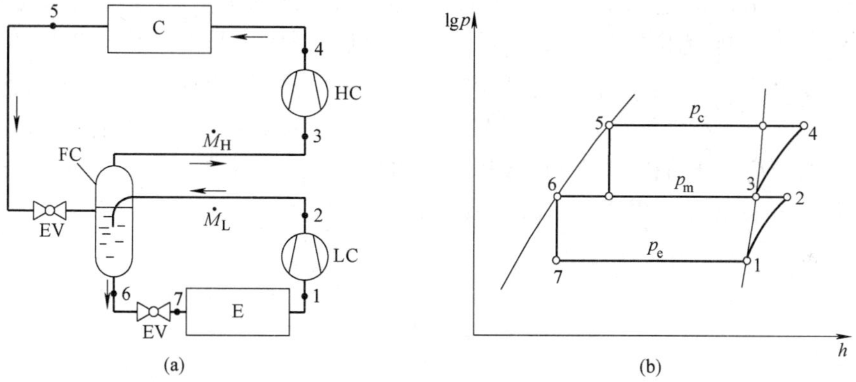

图 2-14　两级节流完全中间冷却的双级压缩制冷（热泵）循环

（a）系统原理图；（b）在 $\lg p$-h 图上的表示

HC—高压级压缩机；LC—低压级压缩机；FC—闪发式中间冷却器；其他符号同图 2-1

2.6.3　两级节流不完全中间冷却的双级压缩制冷（热泵）循环

图 2-15 为两级节流不完全中间冷却的双级压缩制冷（热泵）循环系统原理图和在 $\lg p$-h 图上的表示。与图 2-14 相比较，不同点是低压级压缩机的排气（状态点 2）直接与高压液体经一次节流闪发的蒸气混合（状态点 8），使低压级压缩机的排气冷却（未被冷却到饱和状态，故称不完全冷却）。其余过程同图 2-14。这种循环由于采用了不完全冷却，对减少过热损失的作用不大，因此适用于节流损失大而过热损失小的制冷剂的制冷（热泵）系统中。气液分离器 F 没有对低压级排气的冷却作用，只起到节流后闪发的蒸气与液体分离作用。

2.6.4　一级节流不完全中间冷却的双级压缩制冷（热泵）循环

图 2-16 为一级节流不完全中间冷却的双级压缩制冷（热泵）循环系统原理图和在 $\lg p$-h 图上的表示。与图 2-15 的循环的区别在于前者是二级节流，后者是一级节流。一

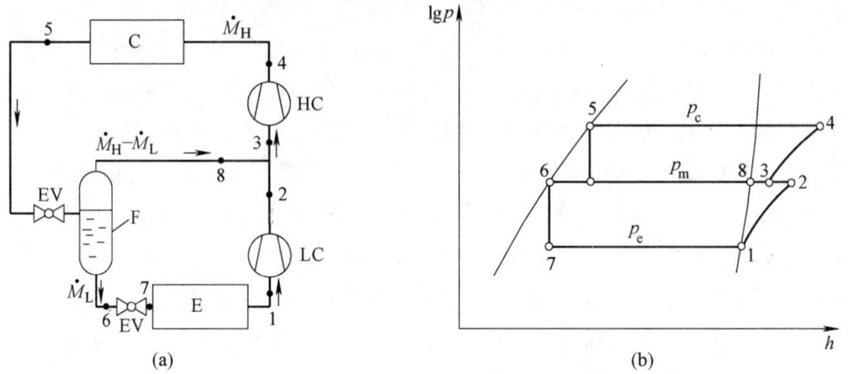

图 2-15　两级节流不完全中间冷却的双级压缩制冷（热泵）循环

（a）系统原理图；（b）在 lg$p$-h 图上的表示

F—气液分离器；其他符号同图 2-14

级节流是指冷凝器供给蒸发器的液体只经过一级节流，但在节流以前进行过冷。从图中可以看到，冷凝器出来的液体，大部分通过盘管式中间冷却器进行过冷（过程 5-6），一小部分液体经节流后进入盘管式中间冷却器中用于冷却另一部分液体，汽化后的蒸气与低压级压缩机排气混合，冷却了低压级压缩机的排气。其他过程同图 2-15。

采用一级节流的系统，液体过冷却所能达到的温度高于中间压力相对应的饱和温度，即在同样的中间压力条件下，它比二级节流蒸发器的供液温度（节流以前）要高。对于节流损失大的制冷剂，还可以利用低压级压缩机的吸气继续对状态 6 的液体进行冷却，即像图 2-12 一样增设回热器，以进一步减少节流损失。

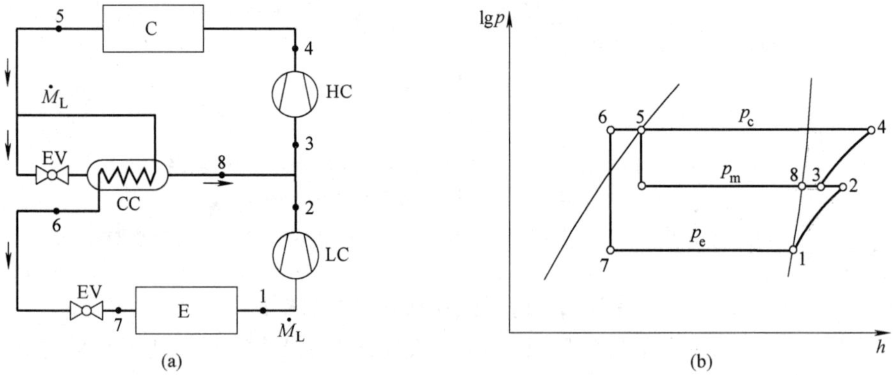

图 2-16　一级节流不完全中间冷却的双级压缩制冷（热泵）循环

（a）系统原理图；（b）在 lg$p$-h 图上的表示

CC—盘管式中间冷却器；其他符号同图 2-14

2.6.5　准双级压缩制冷（热泵）循环

采用上述几种双级压缩制冷（热泵）循环可以提高制冷机（热泵）的性能，但需 2 台压缩机。对于离心式压缩机（参见 3.7 节），一台压缩机可以有多级叶轮。这样就可以把气液分离器或中间冷却器排出的中级压力蒸气引入第一级和第二级叶轮之间，就很容易实现上述的双级循环。对于螺杆式压缩机（参见 3.4 节），其压缩蒸气的工作容积是旋转移动的，可以在适当的位置开一中间补气口，将气液分离器或中间冷却器中的蒸气引入，与压缩的蒸气混合后再继续进行压缩。这样在同一台压缩机的工作容积中进行了两段压缩，称之为“准双级压缩”。由于补气口与工作容积从连通到离开有一过程，在刚连通时，工作容积内的压力低于中间压力，而后逐渐升高。因此补入蒸气与工作容积内原被压缩的蒸气混合过程并不是等压过程，即图 2-15（b）中 8-3-2 并不在 p_m 的等压线上。在准双级制冷（热泵）循环所设的气液分离器或盘管式中间冷却器通常称为经济器。

2.6.6　双级压缩制冷（热泵）循环的热力计算

对于图 2-14～图 2-16 三种双级压缩制冷（热泵）循环都有以下关系式：

（1）单位质量制冷量

$$q_e = h_1 - h_7 \tag{2-31}$$

（2）低压级压缩机单位压缩功

$$w_L = h_2 - h_1 \tag{2-32}$$

（3）高压级压缩机单位压缩功

$$w_H = h_4 - h_3 \tag{2-33}$$

（4）低压级压缩机的质量流量及容积流量

$$\dot{M}_L = \dot{Q}_e / q_e = \dot{Q}_e / (h_1 - h_7) \tag{2-34}$$

$$\dot{V}_L = \dot{M}_L v_1 \tag{2-35}$$

（5）高压级压缩机的质量流量及容积流量

对于完全中间冷却的循环，通过建立中间冷却器的热力平衡式可求得：

$$\dot{M}_H = \dot{M}_L (h_2 - h_6) / (h_3 - h_5) \tag{2-36}$$

$$\dot{V}_H = \dot{M}_L v_3 (h_2 - h_6) / (h_3 - h_5) \tag{2-37}$$

对于不完全中间冷却的循环，通过建立气液分离器或经济器的热力平衡式可求得：

$$\dot{M}_H = \dot{M}_L (h_8 - h_6) / (h_8 - h_5) \tag{2-38}$$

$$\dot{V}_H = \dot{M}_L v_3 (h_8 - h_6) / (h_8 - h_5) \tag{2-39}$$

（6）低压级压缩机消耗功率

$$\dot{W}_L = \dot{M}_L (h_2 - h_1) \tag{2-40}$$

（7）高压级压缩消耗功率

$$\dot{W}_H = \dot{M}_H (h_4 - h_3) \tag{2-41}$$

（8）冷凝器的冷凝热量或热泵制热量

$$\dot{Q}_c = \dot{M}_H (h_4 - h_5) \tag{2-42}$$

（9）盘管式中间冷却器负荷

$$\dot{Q}_{cc} = \dot{M}_L (h_5 - h_6) \tag{2-43}$$

（10）制冷性能系数

$$COP = \dot{M}_L (h_1 - h_7) / [\dot{M}_L (h_2 - h_1) + \dot{M}_H (h_4 - h_3)] \tag{2-44}$$

上述各式中，比焓单位为 kJ/kg，质量流量单位为 kg/s，容积流量单位为 m^3/s，功率、制冷量、制热量单位为 kW，比容单位为 m^3/kg。

［例 2-4］ 设 $t_c = 70℃$，$t_e = 0℃$，$t_m = 30℃$，采用两级节流不完全中间冷却的双级压缩热泵循环，制冷剂为 R134a，试求热泵的制热性能系数。

[解]（1）将循环绘在 lg$p$-h 图上，如图 2-15（b）所示。

（2）查 R134a 的饱和状态下的热力性质表（附录 2-4），得：

$h_1=397.216\text{kJ/kg}$，$s_1=1.722\text{kJ/(kg·K)}$，$h_6=241.474\text{kJ/kg}$

$h_8=413.478\text{kJ/kg}$，$s_8=1.71001\text{kJ/(kg·K)}$，$h_5=304.325\text{kJ/kg}$

$p_c=2116.2\text{kPa}$，$p_m=770.06\text{kPa}$

（3）设低压级压缩机的制冷剂质量流量 $\dot{M}_L=1\text{kg/s}$，根据式（2-38）可求得高压级压缩机的制冷剂流量为

$$\dot{M}_H=(413.478-241.474)/(413.478-304.325)=1.576\text{kg/s}$$

（4）根据 p_m 和 s_1，由 R134a 的 lg$p$-h 图查得 $h_2=417.205\text{kJ/kg}$。

（5）求状态点 3 的比焓及比熵

该点是饱和蒸气（状态 8 和过热蒸气）（状态 2）的混合物，因此有

$$h_3=\frac{\dot{M}_L h_2+(\dot{M}_H-\dot{M}_L)h_8}{\dot{M}_H}$$

由此可以算得 $h_3=415.843\text{kJ/kg}$。用同样的方法可求得 $s_3=1.71762\text{kJ/(kg·K)}$。

（6）根据 p_c 和 s_3，由 R134a 的 lg$p$-h 图查得 $h_4=436.302\text{kJ/kg}$。

（7）根据式（2-45）有

$$COP=\frac{397.216-241.474}{(417.205-397.216)+1.576\times(436.302-415.843)}=2.98$$

因此，热泵的制热性能系数 $COP_h=COP+1=3.98$。并可算得热泵循环效率 $\eta_H=81.2\%$。相对于单级饱和循环，制热性能系数与热泵循环效率都提高了（见表 2-5）。即使压力比并不太大的工况，采用双级循环同样对提高制冷（或制热）性能系数有利。例如在 $t_c/t_e=40℃/0℃$ 和 $t_m=20℃$ 的工况下，R134a 的两级节流不完全中间冷却的双级压缩制冷循环的制冷性能系数为 6.07，相对单级压缩饱和循环也增加了 10.8%。因此，目前市场上的制冷机或热泵机组产品有不少采用了有补气口的压缩机并带有经济器（即气液分离器或中间冷却器）；对离心式制冷机或热泵机组采用了多级叶轮和经济器。

在既定的 t_c、t_e 条件下，中间压力（中间温度）不同时，其性能系数也不一样。在设计循环时，宜确定最佳中间压力。高压级和低压级压缩机容积流量直接影响中间压力。因此，当高低压级压缩机容积流量比一定时，对于已知的 t_c、t_e 工况下，就可以确定中间压力。有关决定中间压力的问题可参阅相关制冷技术书籍[4]。

2.7 实际循环与理论循环的差异

上面几节中我们讨论的循环是不考虑任何损失的理论循环，即认为除了节流过程以外，其他过程都是可逆的。其实一个实际的制冷机的各个设备、管路中均有流动阻力、与外界的传热等不可逆过程发生。因此实际循环必然会与理论循环有差异。下面就对简单的饱和循环分析它的实际过程。图 2-17 夸张地表示了实际循环与理论循环的差异，图中 1-2-3-4-1 为理论的饱和循环；1′-1°-2°-2′-3-3′-4′-1′为实际循环。造成实际循环与理论循环差

异的原因是：

（1）蒸发器中的实际过程并非等压过程，这是由于蒸发器内有流动阻力。为保持蒸发器内平均温度与理论循环的蒸发温度相等，蒸发器中的实际过程如图 2-17 中的 4′-1′所示。

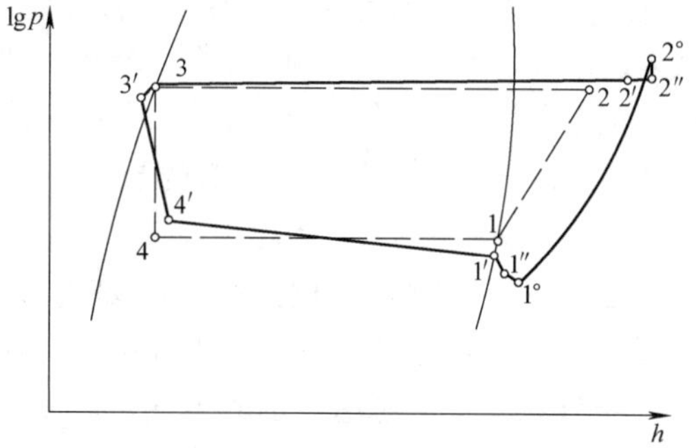

图 2-17 在 lg*p*-*h* 图上实际循环与理论循环的差异

（2）压缩机实际吸气点偏离饱和状态点。这是由于蒸气经过吸气管路（蒸发器到压缩机的管路）及管件有流动阻力和该管段上吸取环境传入的热量（通常环境温度高于蒸发温度），即在吸气管路上有一降压加热过程 1′-1″；而后经过压缩机的电机（全封闭和半封闭压缩机的电机与压缩机连成一体，见第 3 章）和吸气孔后进入工作容积，也有流动阻力和传热，即有降压和加热过程 1″-1°。因此，实际进入压缩机工作容积蒸气的状态点为 1°。

（3）压缩过程并非可逆的绝热压缩过程。刚进入压缩机工作容积的蒸气温度低于机件的温度，蒸气在压缩过程中同时又被加热，熵增加；而后蒸气温度高于机件温度，蒸气向外传出热量（尤其是螺杆式压缩机，压缩过程还进行了喷油冷却，详见第 3 章），熵减少。因此，实际压缩过程为 1°-2°。

（4）进入冷凝器的蒸气状态并非压缩终点状态。这是由于高压蒸气经过排气孔排出压缩机，有流动阻力和对机体加热，即有降压降温过程 2°-2″；而后又经过排气管路（冷凝器与压缩机间的管路）和管件进入冷凝器，也有流动阻力和传热（通常向环境传出热量），即有降压降温过程 2″-2′。

（5）冷凝器中的实际过程并非等压过程。这是由于冷凝器中的流动阻力，实际过程为 2′-3，这里认为实际循环冷凝器排出液体的状态与饱和循环一样。

（6）高压冷凝液体经高压液体管路（冷凝器与节流阀间的管路）与管件，有流动阻力和传热，即有 3-3′的降压过冷的过程（这里认为环境温度低于管内的液体温度）。

（7）节流阀及低压液体管路（节流阀与蒸发器间的管路）中并非绝热节流。液体经过节流阀孔口的节流和管路的节流（流动阻力）时伴随着与外界进行热交换。由于低压液体管内的温度通常低于环境温度，制冷剂吸热，实际进入蒸发器的焓值高于绝热节流前的焓值，即状态 4′。

除了上述原因造成实际循环与理论的饱和循环有差异外，还有一些差异并不能表示在 lg*p*-*h* 图上。例如蒸发器外壳的温度通常低于环境温度，环境向蒸发器传热，实际上损失了制冷量（对制冷机而言）；冷凝器外壳的温度通常高于环境温度，向外传热，实际上损失了制热量（对热泵机组而言）。上述多种差异有的是有害的，有的是有益的，这需要进行具体分析。例如排气管路向环境传热，对热泵机组而言，损失了制热量是有害的；而对于制冷机来说，减少了冷凝器的负荷，并无有害影响；蒸发器与冷凝器与外界热交换，对制冷机与热泵的影响也刚好相反。又如高压液体管中液体被过冷，实际上对循环是有益的；压缩过程开始压缩点的压力降低和压缩终了点压力升高都会引起压缩功的增加，显然是有害的。另外，由于压缩机吸气过热并有压降，吸气比容增大了，导致压缩机吸气量减少，又使制冷机的制冷量减少。总体来说，实际循环偏离理论循环，使系统的制冷量减少，性能系数下降。

上面分析的实际循环与理论循环的各种差异，对于不同的系统，不同的压缩机、冷凝器、蒸发器的形式，不同的制冷剂，不同的环境条件等都不相同，有的差异会大一些，有的会小一些，甚至方向相反。例如，全封闭或半封闭压缩机，吸气经过电机，因此吸气的过热度远大于开启式压缩机（电机外置）；又如有的制冷系统的蒸发器远离压缩机，相对于组装成一体的制冷机，吸气管路和高压液体管路长得多，显然，吸气过热及压降的影响要大得多。

为了表明实际循环与理论循环的差异，图 2-17 进行了夸张，真正画在 lg$p$-h 图上，有的差异可能看不出来。在实际工程中为简便计算，蒸发器、冷凝器中的过程都假设是等压的；吸气状态点可考虑一定的吸气过热度；压缩过程偏离理论过程通常用效率来估计。

吸气管路压降导致制冷机制冷量减少的特性有时也可用来调节制冷机的制冷量。下面通过例题来说明。

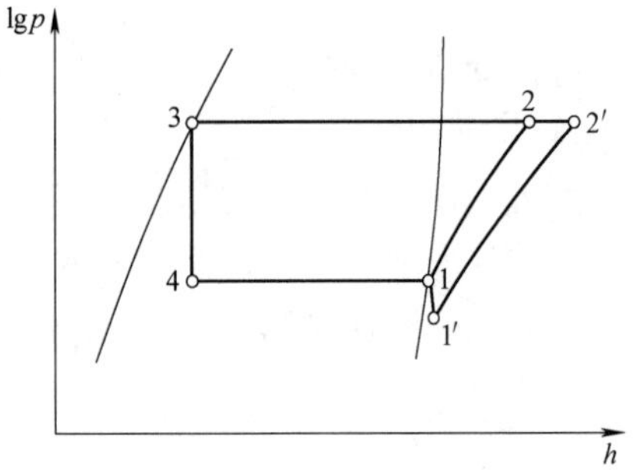

图 2-18　循环在 lg$p$-h 图上的表示

［例 2-5］　有一制冷剂为 R134a 的制冷机，t_c=40℃，t_e=0℃，按饱和循环进行工作；该制冷机的吸气管路上装有调节阀，使吸气压力节流到相当于−5℃的饱和压力，求该制冷机有吸气节流和无节流的制冷量比及消耗功率比。

［解］（1）把吸气有节流和无节流的循环绘在 lg$p$-h 图上，如图 2-18 所示，其中 1-2-3-4-1 为吸气无节流的循环；1-1′-2′-3-4-1 为吸气有节流的循环。

（2）求有关的热力参数

从 R134a 的饱和状态下的热力性质表（附录 2-4）上查得：

h_1=397.216kJ/kg，v_1=0.068891m^3/kg，s_1=1.722kJ/(kg·K)，p_c=1016.4kPa，$p_{1'}$=243.41 kPa

由 R134a 的 lg$p$-h 图查得：

h_2 = 422.919kJ/kg，$v_{1'}$ = 0.084367m^3/kg，$s_{1'}$ = 1.74094kJ/(kg·K)，$h_{2'}$ = 428.975kJ/kg

（3）求有吸气节流和无节流的制冷量比

设有吸气节流和无节流时压缩机容积流量相等（实际不等，详见第 3 章），均为 $\dot{V}$，两种工况的单位制冷量 q_e 相等（见图 2-18），则有吸气节流和无节流的制冷量比为

$$\frac{\dot{Q}'_e}{\dot{Q}_e}=\frac{q_e\dot{V}/v_{1'}}{q_e\dot{V}/v_1}=\frac{v_1}{v_{1'}}=\frac{0.068891}{0.084367}=0.817$$

因此，吸气节流后制冷机的制冷量减少了 18.3%。

（4）求有吸气节流和无节流的制消耗功率比

$$\frac{\dot{W}'}{\dot{W}}=\frac{(h_{2'}-h_{1'})\dot{V}/v_{1'}}{(h_2-h_1)\dot{V}/v_1}=\frac{(h_{2'}-h_{1'})v_1}{(h_2-h_1)v_{1'}}=\frac{(428.975-397.216)\times0.068891}{(422.919-397.216)\times0.084367}=1.01$$

因此，吸气节流后，压缩机理论消耗功率略有增加，且由于制冷量的减小，显然这种调节制冷量的方法会导致制冷性能系数减小。

思考题与习题

2-1 蒸气压缩式制冷机的压缩机、冷凝器、蒸发器 、节流机构各有什么功能?

2-2 制冷机与热泵有何异同?

2-3 1 台美国产的制冷机，铭牌上标明的名义制冷量为 150 冷吨，试换算成法定单位和工程制单位。

2-4 试写出制冷剂 R123、R32、R50、R717 的化学式。

2-5 试写出制冷剂 $CClF_3$、$CHCl_2CF_3$、C_3H_8、$CHClF_2$、CO_2 的编号。

2-6 题 2-4、题 2-5 中哪些制冷剂是 CFC、HCFC 和 HFC?

2-7 对 R22 蒸气进行等熵压缩，压缩开始的压力为相当于 5℃的饱和压力，温度为 15℃；压缩终点的压力为相当于 40℃的饱和压力。求压缩开始和终了时的比焓和压缩终了时的温度。

2-8 逆卡诺循环消耗的功等于绝热压缩和膨胀功的代数和，这种说法对吗？为什么?

2-9 为什么说实际上无法实现逆卡诺制冷循环?

2-10 逆卡诺循环的高温热源温度为 40℃，低温热源温度为 5℃，求制冷性能系数和制热性能系数。

2-11 题 2-10 中，当低温热源温度升高 5℃或高温热源温度降低 5℃，制冷系数增减的百分比相等吗?

2-12 设蒸气压缩式饱和循环的 $t_c=35$℃，$t_e=5$℃，试比较 R134a、R22、R717 三种制冷剂工作时的单位制冷量、单位容积制冷量、单位压缩功和制冷、制热性能系数。

2-13 试计算上题中氨饱和循环用节流阀取代膨胀机后，损失了多少单位质量等熵膨胀功，并与压缩功进行比较。

2-14 R22 制冷机，按饱和循环进行工作，已知 $t_c=40$℃，$t_e=5$℃，容积流量为 $0.15m^3/s$，求制冷机制冷量、消耗功率、冷凝热量和制冷系数。

2-15 R22 制冷机，按以下两种工况的饱和循环工作：(1) $t_c=40$℃，$t_e=5$℃；(2) $t_c=30$℃，$t_e=0$℃，试比较两种工况下的制冷量和性能系数。

2-16 R134a 热泵机组，按饱和循环进行工作，已知 $t_c=50$℃，$t_e=0$℃，制冷剂质量流量为 1.5kg/s，求制热量、消耗功率、制热性能系数和制冷剂容积流量。

2-17 热泵的制热性能系数总是大于 1，这是不是说明热泵总是节能的？为什么?

2-18 制冷工程所谓的“节流损失”“过热损失”是什么含义?

2-19 相对而言，R134a、R123、R22、R717 四种制冷剂在同一工况下，哪种制冷剂的节流损失大，哪种制冷剂的过热损失大?

2-20 R134a 制冷机，$t_c=40$℃，$t_e=0$℃，节流前温度为 25℃，蒸发器出口为饱和状态，求单位质量制冷量 q_e、单位容积制冷量 q_v 和制冷性能系数 COP；并与饱和循环相比，求 q_e、q_v、COP 的增加百分率。

2-21 R134a 制冷机，采用回热循环，已知 $t_c=40$℃，$t_e=0$℃，节流前液体温度为 25℃，压缩机容积流量为 $0.1m^3/s$，求制冷机制冷量、消耗功率、制冷性能系数、回热交换器负荷、压缩机吸气温度与排气温度。

2-22 题 2-21 条件，求回热循环的制冷量、制冷性能系数比饱和循环增减的百分率。

2-23 同题 2-21 条件，但制冷剂为 R717，并与饱和循环相比，求制冷量和制冷性能系数增减百分率。

2-24 R717 制冷系统，运行工况为 $t_c=30$℃，$t_e=-5$℃，按饱和循环进行工作，但由于吸气管路保温不善，导致吸气温度升高了 10℃，求系统制冷量、消耗功率、制冷性能系数增减百分率（设压缩机的容积流量不变），并确定其排气温度。

2-25　题 2-24 的计算结果，给我们什么启示。

2-26　图 2-19 为氨制冷系统常见的一种流程图，已知 t_c=35℃，t_e=−15℃，蒸发器、冷凝器出口均为饱和状态，系统制冷量为 100kW，求压缩机的容积流量、消耗功率、蒸发器质量流量。

2-27　题 2-26 条件，已知压缩机容积流量为 0.2m^3/s，求系统的制冷量、冷凝热量和蒸发器的质量流量。

2-28　有人提出，为减少 R134a 制冷机的节流损失，在系统内增加一过冷器，利用一小部分液体汽化吸热对节流前的液体进行过冷，如图 2-20 所示，设 t_c=40℃，t_e=5℃，过冷后的液体为 20℃。冷凝器、蒸发器出口和压缩机入口均为饱和状态，问该流程有多大收益？

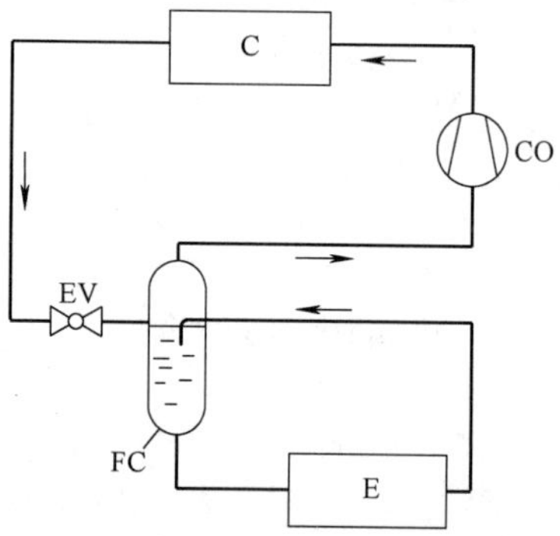

图 2-19　题 2-26 图

FC—液体分离器；其他符号同图 2-1

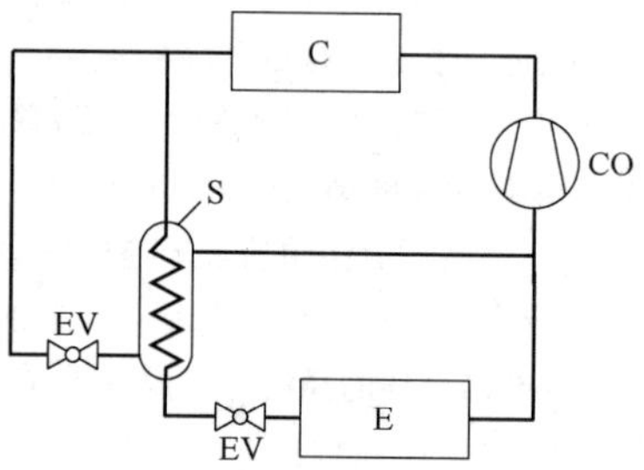

图 2-20　题 2-28 图

S—过冷器；其余符号同上图

2-29　压力比增大对循环有什么影响？

2-30　双级压缩制冷（热泵）循环中完全中间冷却和不完全中间冷却有什么区别，各适宜用哪些类型的制冷剂？

2-31　一 R134a 热泵系统，制热量为 900kW，采用两级节流不完全中间冷却的双级热泵循环工作（见图 2-15），已知 t_c=65℃，t_e=5℃，t_m=30℃，求高、低压级压缩机的容积流量、消耗功率、蒸发器负荷和制热性能系数。

2-32　两级节流不完全中间冷却的 R123 双级热泵循环，已知 t_c=80℃，t_e=0℃，t_m=35℃，低压级压缩机的质量流量为 6kg/s，设有回热器，使二次节流前的液体过冷，低压级吸气过热，吸气温度为 20℃，求该系统的制热量、高低压级容积流量、消耗功率、蒸发器热负荷和制热性能系数。

2-33　R134a 制冷机，采用准双级压缩制冷循环，运行工况为 t_c=40℃，t_e=0℃，t_m=20℃，采用回热循环，压缩机吸气温度为 15℃，经济器为气液分离器，并认为中间补气口压力恒定，求制冷机的性能系数，并与单级压缩制冷循环（工况相同的回热循环）相比较。

2-34　实际循环与理论循环有哪些差异？

2-35　一 R22 制冷机，在 t_c=45℃，t_e=5℃工况下的制冷量为 100kW（按饱和循环工作），由于吸气管上阀门而使吸气压力下降，其吸气压力相当于 0℃的饱和压力，求此时制冷机的制冷量、消耗功率、制冷性能系数。

2-36　题 2-35 制冷机，由于排气管上有阀门而使排气压力升高，其排气压力相当于 50℃的饱和压力，求此时制冷机的制冷量、消耗功率、制冷性能系数；并与上题进行比较，可得到什么启示。

本章参考文献

[1]　ANSI/ASHRAE. Standard 34-2010. Number of designation and safety classification of refrigerants.

[2]　谭羽非. 工程热力学（第六版）[M]. 北京：中国建筑工业出版社，2016.

[3]　陆亚俊，马最良，姚杨. 空调工程中的制冷技术（第二版）[M]. 哈尔滨：哈尔滨工程大学出版社，2001.

[4]　吴业正，韩宝琦. 制冷原理与设备 [M]. 西安：西安交通大学出版社，1987.

第 3 章　蒸气压缩式制冷机和热泵中的主要设备

2.1 节中指出，压缩机、冷凝器、蒸发器、节流机构是蒸气压缩式制冷机或热泵中必不可少的设备。除此之外，为保证机组安全、可靠、高效运行，制冷机和热泵中还设有其他一些辅助设备和自动控制设备。本章将介绍除自动控制设备外的各种设备。

3.1　制冷压缩机的种类

制冷机或热泵中用于压缩和输送制冷剂的设备称为制冷压缩机，常简称为压缩机。制冷工程中通常把制冷压缩机称为制冷机（制冷装置、制冷系统）的主机；而其他设备统称为辅助设备。压缩机在制冷机或热泵中的作用是：1）从蒸发器中吸出制冷剂蒸气，以维持蒸发器内有一定压力，从而维持一定温度；2）对蒸气进行压缩，提高蒸气压力，从而创造在较高温度下冷凝成液体的条件；3）输送制冷剂，使其完成制冷或热泵循环。

制冷压缩机的种类很多，根据工作原理可分为两大类：容积型和速度型压缩机。容积型制冷压缩机是靠工作容积的变化实现吸气、压缩、排气过程。它有两种结构形式：往复活塞式（简称往复式或活塞式）和回转式。往复式按传动方式不同，又分为曲轴连杆式（这是最常用的一种结构，本章将重点介绍）、曲柄滑管式、斜盘式、电磁式。回转式压缩机根据结构特征又可分为：滚动转子式、滑片式、双螺杆式、单螺杆式和涡旋式。速度型压缩机是利用高速旋转的工作叶轮使吸入的蒸气获得一定的高速（动能），然后使其动能转化为压力能。速度型又可分为离心式和轴流式；在制冷和热泵中常用的是离心式压缩机。上述分类及空调用制冷机、热泵中压缩机主要机种的结构示意见图 3-1。各类压缩机进一步分类将在以后各节中介绍。

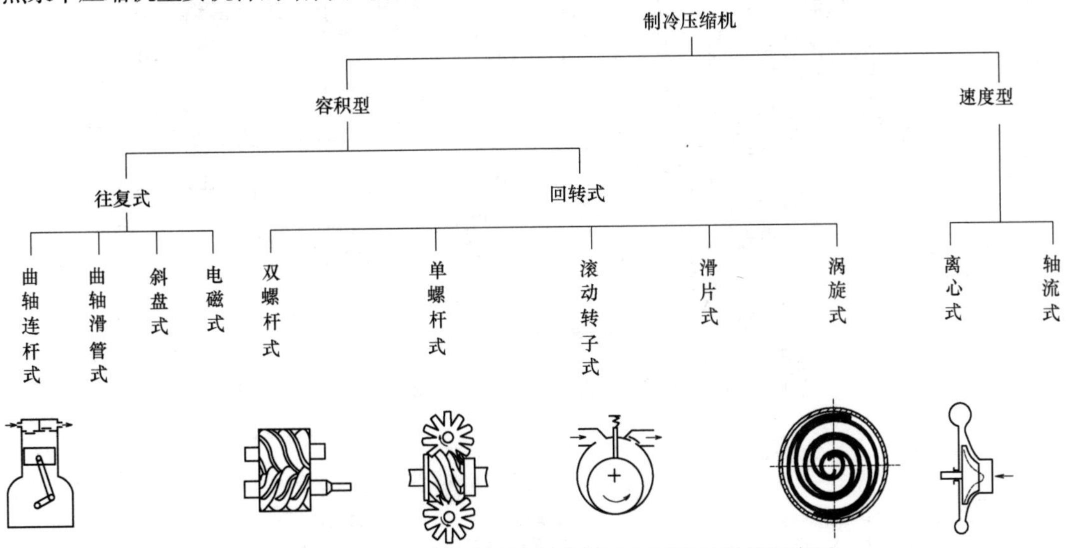

图 3-1　制冷机和热泵中压缩机分类及主要机种结构示意图

用于制冷机和热泵中的各种制冷压缩机的工作原理都是一样的，结构也大部分都一样。但是，制冷机与热泵运行的工况、工作条件并不完全相同，对压缩机的要求也不相同。例如：热泵运行时，冷凝温度（压力）通常比空调制冷机的高，蒸发温度（压力）通常比空调制冷机的低，因此要求热泵系统中的压缩机在大压力比条件下有较高的效率；热泵中压缩机通常冬夏季都运行，要求无故障运行时间长，寿命长；很多热泵在制冷运行与制热运行转换时，冷凝器与蒸发器的功能也相互转换，很易发生吸气夹带液体，因此希望热泵压缩机吸入少量液滴不致发生危害；高压高温排气所携带的热量是热泵的有用热量，因此要求热泵压缩机的散热量少……

3.2　往复式压缩机的结构与种类

3.2.1　开启式往复压缩机

往复式压缩机是最早出现的制冷压缩机，在空调中主要用于小冷量的制冷机或热泵中。往复式压缩机的种类很多，结构不同，但它们也有很多共同之处，我们通过剖析一种压缩机来了解这类压缩机的构造特点。图 3-2 是 8SF10 开启式压缩机的剖面图[1]。这台压缩机有 8 个气缸，缸径 100mm，活塞行程 70mm，采用 R22 制冷剂。压缩机可分为机

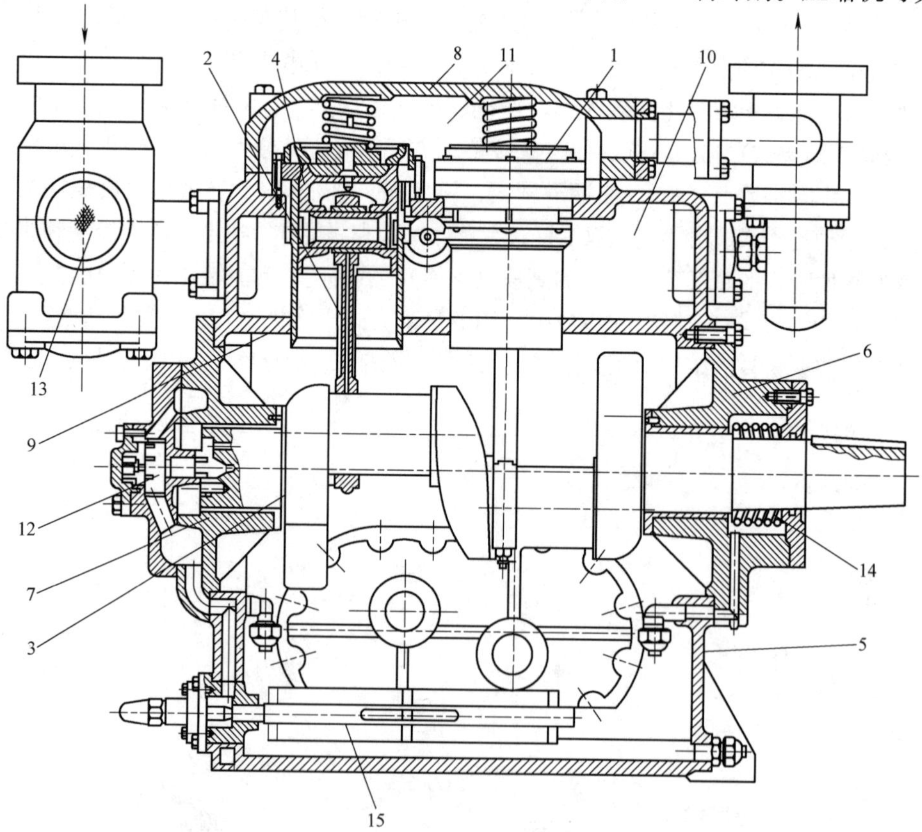

图 3-2　8SF10 开启式压缩机的剖面图

1—气缸套及气阀组合件；2—连杆；3—曲轴；4—活塞；5—机体；6—前轴承盖；7—后轴承盖；8—气缸盖；9—隔板；10—吸气腔；11—排气腔；12—油泵；13—吸气滤网；14—轴封；15—油过滤器

体组、气缸套及气阀组合件、活塞和曲轴连杆机构、轴封、能量调节装置和润滑系统6个部分。

3.2.1.1　机体组

机体组由机体、气缸盖、侧盖板、前后轴承盖所组成。机体由隔板分成上、下两部分，上部分为气缸体，下部分为曲轴箱。曲轴箱内安装曲轴并盛润滑油。曲轴箱的两侧开有窗孔（接近椭圆形开口），供拆装内部零件，窗孔用侧盖板密封；曲轴箱的前后侧开有轴承孔，安装前、后轴承盖（装有曲轴的轴承）。曲轴从前轴承盖处穿出，穿出处装有轴封；后轴承盖上装有油泵。气缸体开有气缸孔，安装气缸套（即气缸），气缸体的内部空间为吸气腔。采用隔板可防止大量润滑油溅入吸气腔。隔板上开有均压孔，使曲轴箱隔板上下压力一致。均压孔也是回油孔。气缸体上部用气缸盖封闭，组成排气腔。对于排气温度高的制冷剂（如氨）的压缩机，气缸盖是中空的，可以通冷却水进行冷却。侧盖板，气缸套，前、后轴承盖均用螺栓与机体紧固连接。

3.2.1.2　气缸套与气阀组合件

气缸套是压缩机的工作腔，它与活塞、气阀组成一个可变的工作容积。图3-3为气缸套与气阀组合件的装配图。气缸套1是上部带凸缘的圆筒。凸缘是吸气阀座。凸缘上沿圆周开有小孔——吸气孔。吸气孔上方是环形吸气阀片2，坐在吸气阀座上。为使阀片关闭严密，在阀座上有两圈凸起的阀线。在凸缘的最外周有若干个螺栓孔，用螺栓将气缸套固定在气缸体上。

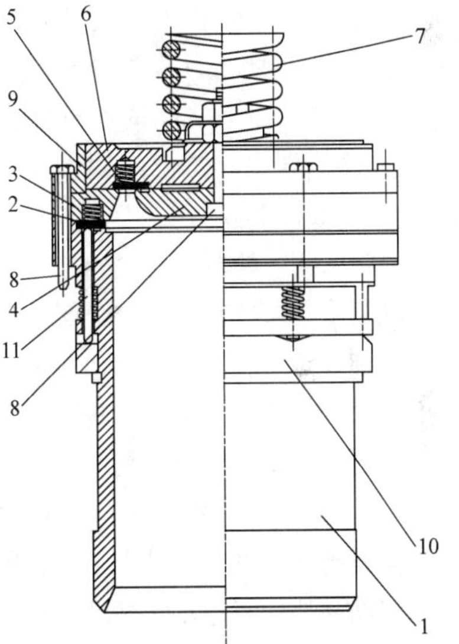

图3-3　气缸套与气阀组合件
1—气缸套；2—吸气阀片；3—排气外阀座；4—排气内阀座；5—排气阀片；6—假盖；7—假盖弹簧；8—螺栓；9—导向环；10—转动环；11—顶杆

气缸套的上一层是排气外阀座3和内阀座4，两者组成排气阀座，两者之间的环形开口即为排气孔。环形排气孔的形状与活塞顶部的形状相吻合，以减小余隙（活塞运动到最上端时与气缸上端部件之间的间隙）容积。余隙对压缩机的工作是不利的（参见3.3.2节），但为避免活塞与气缸上端部件碰撞，它是不能取消的，只能尽量减小。环形排气孔的上方是环形排气阀片5，在排气阀座上。为使阀片与阀座贴合严密，在内、外阀座上各有一圈凸起的阀线。吸、排气阀片上各有6只小弹簧，以使阀片关闭迅速。吸、排气阀片的启闭是靠气缸内外压差实现的。当阀片的下面和上面压差产生的力大于阀片的重力和弹簧力时，阀片升起，反之下落。吸、排气阀片升起的高度受升程限制器的限制。排气外阀座是吸气阀片的升程限制器；假盖6是排气阀片的升程限制器。

假盖在排气内、外阀座的上方，外形似齿轮（6齿），齿间是排气通道。排气内阀座与假盖用螺栓固定在一起。假盖用假盖弹簧7紧压在排气外阀座上。当液体进入气缸，气缸内压力突然升高时，假盖连同排气内阀座一起被顶起，使气、液迅速排出，防止酿成损坏压缩机的事故。为使假盖落下时正确就位，假盖外周有导向环9。导向环、排气外阀座、气缸套一起用螺栓固定在机体上。

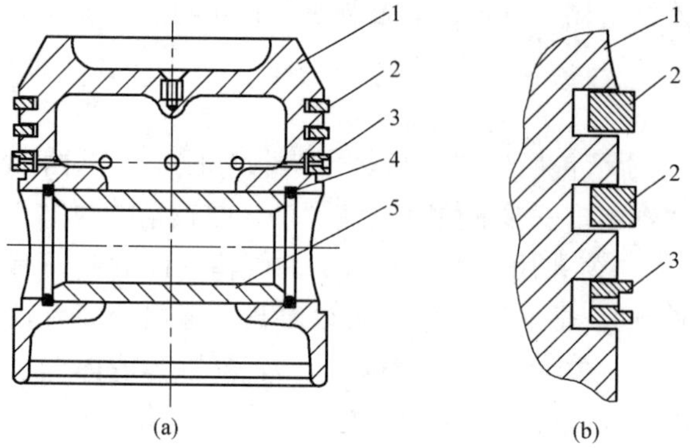

图 3-4　活塞

(a) 活塞剖面图；(b) 局部放大图

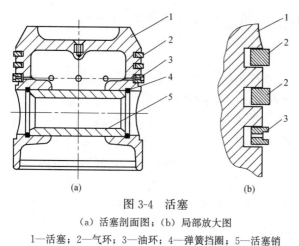

1—活塞；2—气环；3—油环；4—弹簧挡圈；5—活塞销

3.2.1.3　活塞和曲轴连杆机构

活塞和曲轴连杆机构是往复式压缩机中的运动部件。活塞如图 3-4 所示，活塞顶部的形状与排气的环形排气孔相吻合。气环 2（又称密封环）起密封作用，减少气缸内气体渗入吸气侧。气环是断面为矩形的开口圆环，自由状态下，圆环的外径大于气缸的内径，装配在槽内时，靠环的弹力与气缸壁紧贴。油环（又称刮油环）3 的作用是刮去气缸壁上多余的润滑油。油环也是开口的圆环，它的断面如图 3-4 中 3 所示。活塞销 5 用于连接活塞与连杆用。活塞销两端有弹簧挡圈 4，防止活塞销滑出。

曲轴连杆机构将电机的旋转运动转变为活塞在气缸内的往复运动，同时将电机的功率传递给活塞，通过活塞对蒸气做功。连杆（见图 3-2 中 2）的小头与活塞相连，大头与曲轴相连；大、小头之间的连杆体内钻有油孔。图 3-2 所示压缩机的曲轴是双曲拐曲轴，两个曲拐 180°对置，每个曲拐带 4 个连杆与活塞工作。曲轴中也钻有油孔，作为润滑油的通道，详见 3.2.1.6 节。

3.2.1.4　轴封

轴封是开启式压缩机特有的部件，它是曲轴伸出曲轴箱的密封机构，其作用是防止制冷剂外泄或空气被吸入（当压缩机工作时吸气压力低于大气压时）。图 3-5 为摩擦环式轴封，是广泛采用的一种结构形式。动摩擦环 3、密封橡胶圈 6 等随曲轴一起旋转。动摩擦环与轴封盖（定摩擦环）2 形成一对摩擦面（它们之间靠弹簧压紧），这是曲轴一个径向动密封面。动摩擦环与密封橡胶圈端面（靠弹簧 7 压紧）是曲轴的一个径向静密封面。曲轴在转动过程中难免会发生轴向窜动，因此允许曲轴的主轴颈与密封橡胶圈有相对的轴向移动，这是一轴向的动密封面。橡胶圈用紧箍圈 5 箍紧。箍紧的程度要适中，箍得太紧，轴与橡胶圈不能相对移动，则径向密封面会失效；箍得太松，轴向动密封面会失效。

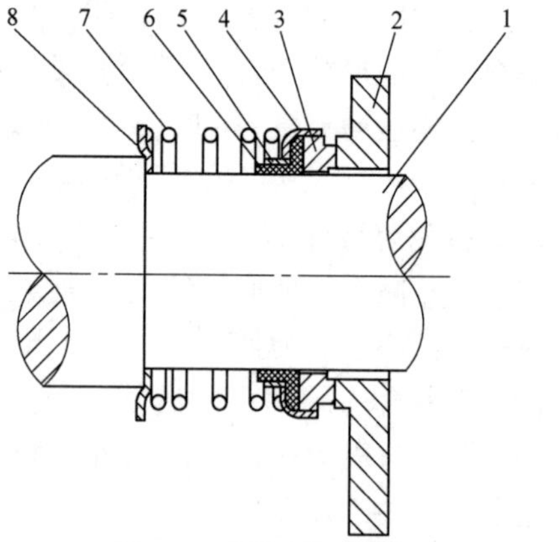

图 3-5　摩擦环式轴封

1—曲轴；2—轴封压盖；3—动摩擦环；4—钢壳；5—紧箍圈；6—密封橡胶圈；7—弹簧；8—托板

3.2.1.5　能量调节装置

压缩机能量调节就是调节压缩机排气量（压缩机在单位时间内排出的按吸气状态计的容积）。调节压缩机的排气量实际上也是调节系统制冷量或供热量；同时也可实现在无负荷或小负荷时启动压缩机。排气量调节方法有：1）气缸卸载法，在多缸压缩机中使部分气缸不排气，详见下文；2）改变压缩机转速；3）旁通法，使部分排气量返回吸气侧；

4）吸气节流，用节流阀对压缩机吸入蒸气进行节流，比容增大，减少制冷剂质量流量，参见例 2-5；5）气缸上附加余隙，由于残留在余隙中高压气体的膨胀，减小吸气量。图 3-2 所示压缩机是采用气缸卸载法进行能量调节的。它的工作原理是，用顶杆将吸气阀片顶起，使吸气阀常开，在活塞进行压缩行程时，压力不升高，所吸入的气体又返回吸气侧，该气缸无实际排气量。气缸卸载法的能量调节机构由三部分组成，即顶杆机构、油压推杆机构和油分配机构。

图 3-6 为顶杆机构与油压推杆机构工作原理图，图 3-6（a）为气缸在卸载状态，此时顶杆 2 升起，吸气阀片 1 被顶离吸气阀座，吸气孔是常开状态，该气缸排气量为零；图 3-6（b）为气缸在正常工作状态，此时顶杆下落，吸气阀片可以在吸气阀座上自由起落。顶杆的起落，受转动环 4 控制，转动环由油压推杆机构操纵。当油缸 6 中供入有压的润滑

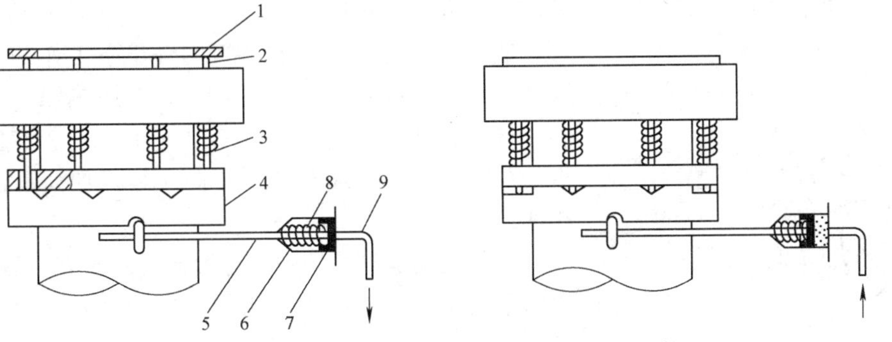

图 3-6　顶杆机构和油压推杆机构

（a）气缸为卸载状态；（b）气缸为正常工作状态

1—吸气阀片；2—顶杆；3—顶杆弹簧；4—转动环；5—推杆；6—油缸；7—油活塞；8—弹簧；9—油管

油时，油活塞 7 左移，推杆推动转动环转一角度，此时顶杆在顶杆弹簧 3 作用下滑入转动环斜槽底部，顶杆下降。当油缸中不供有压油时，油活塞在弹簧的作用下向右移动，油返回曲轴箱；此时推杆带动转动环转一角度，顶杆从转动环斜槽底部滑到上平面，顶杆升起。

油缸中的油通过油分配机构来控制。油分配机构分自动和手动两类，自动式的有：压力控制器—电磁滑阀控制的能量调节（参见 14.2.1 节），油压比例式调节器的能量调节[2] 等。手动式的用手动油分配阀控制（参见图 3-7 的润滑油系统）。

压缩机停机后，无有压油，气缸呈卸载状态，从而保证了压缩机在无负荷下启动。当压缩机启动后，油泵转动，油压建立，手动或自动控制使有压油供入油缸、气缸，投入正常工作。

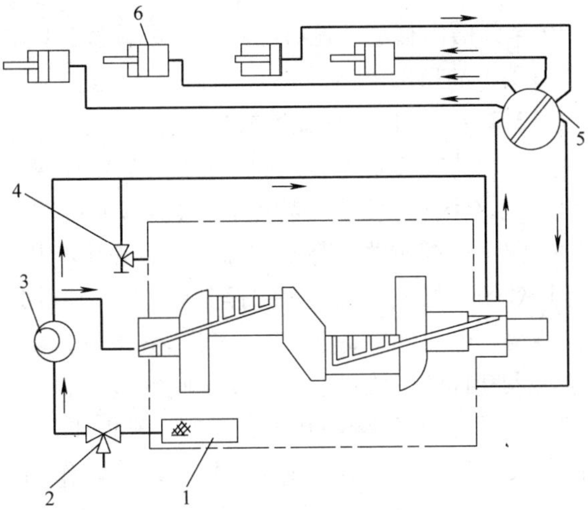

图 3-7　润滑油系统

1—油过滤器；2—油三通阀；3—油泵；4—油压调节阀；5—油分配阀；6—油缸

3.2.1.6　润滑系统

润滑系统的作用是使各个摩擦面完全被油膜隔开，降低摩擦消耗的功，带走摩擦热和减少机件的磨损。在多缸压缩机中向能量调节机构供有压油。图 3-7 是 8SF10 的润滑油系统。图中点画线内表示曲轴箱中的部件。曲轴箱中的润滑油经油过滤器 1 进入油泵 3，提高压力。由油泵出来的有压润滑油分两路：一路从曲轴后端进入曲轴内部油道，润滑后主轴承及连杆大小头，返回曲轴箱。另一路直接送到轴封，润滑轴封，然后一部分进入曲轴中油道，润滑前主轴承及连杆大小头，返回曲轴箱；另一部分送到油分配阀 5，供到工作气缸的油缸，卸载气缸的油缸（图中左起第 3 个油缸）中润滑油经油分配阀返回曲轴箱，每个油缸控制 2 只气缸。气缸与活塞间的摩擦面靠连杆大小头喷溅出的油进行润滑。油压通过油压调节阀 4 调节，一般比吸气压力高 0.15～0.3MPa。润滑油吸收摩擦热后，温度升高，靠曲轴箱壁面自然散热冷却；对于较大的压缩机，曲轴箱中设有油冷却器，用水冷却，使油温不高于 70℃。在低温环境下工作的、与油溶解制冷剂的压缩机，曲轴箱中设有电加热器，加热润滑油，减少制冷剂的溶解量，以保证压缩机润滑良好。润滑油系统中的油三通阀 2 用于向压缩机加润滑油或向外排油。

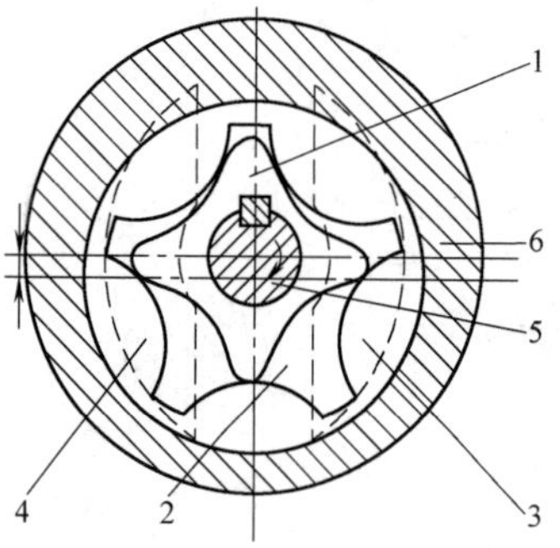

图 3-8　转子式内齿轮油泵
1—内转子；2—外转子；3—进油口；4—排油口；5—泵轴；6—壳体

油泵是润滑油系统中的主要部件。装在曲轴的一端，由曲轴驱动。压缩机中常用的是内啮合齿轮油泵（内齿轮油泵），它正反转都能正常供油。内齿轮油泵有两种：月牙形和转子式。图 3-8 为转子式内齿轮油泵。内转子 1 有 4 齿，外转子 2 有 5 齿。内转子与外转子偏心安装。图中所示外转子的轴心在内转子轴心下方。内转子是主动齿轮，带动外传子一起转动。随着内、外转子顺时针啮合运动，齿空间的容积不断变化并移动，从而把油从轴向的进油口 3 运到轴向的排油口 4。当曲轴逆时针转动时，与内转子同心的壳体 6 会一起转动，但定位销只能在泵盖的 180°半圆槽内移动，这时外转子轴心转换到内转子轴心的上方，从而保证了润滑油仍从进油口到出油口的流向。

3.2.2　封闭式往复压缩机

封闭式往复压缩机分半封闭和全封闭两种。图 3-9 为半封闭往复式压缩机的剖面图[3]。这类压缩机主要特点有：1）压缩机与电机在同一机体内，曲轴与电机轴是同一根轴（图示压缩机的轴是偏心轴，与曲轴功能相同），取消了轴封，密封性能好。2）机体上开口处的盖板或气缸盖用螺栓紧固，便于拆卸、维修和更换零件。3）吸入的蒸气先经电机绕组，电机的冷却条件好；气体被预热，避免了气缸吸入液体产生液击的可能性；但由于吸入气缸的气体过热，减少了吸气量。4）气缸一般在机体上直接加工而成，不用气缸套。5）电机绕组接触制冷剂与油，要求漆包线耐制冷剂和耐油。6）吸、排气阀采用簧片阀，阀片用有弹性的薄钢片制成，在气流作用下，阀片通过弹性变形而启闭。此类气阀形式很多，图 3-10 为两种结构的吸排气阀片。图 3-10（a）的排气阀片为马蹄形，吸气阀片是舌形的，它们均是一端固定，一端自由翘曲；图 3-10（b）的吸排气阀片均为蝶形，它们中间固定，四周可以自由翘曲。为防止阀片变形过大，都有升程限制器进行限制。这类

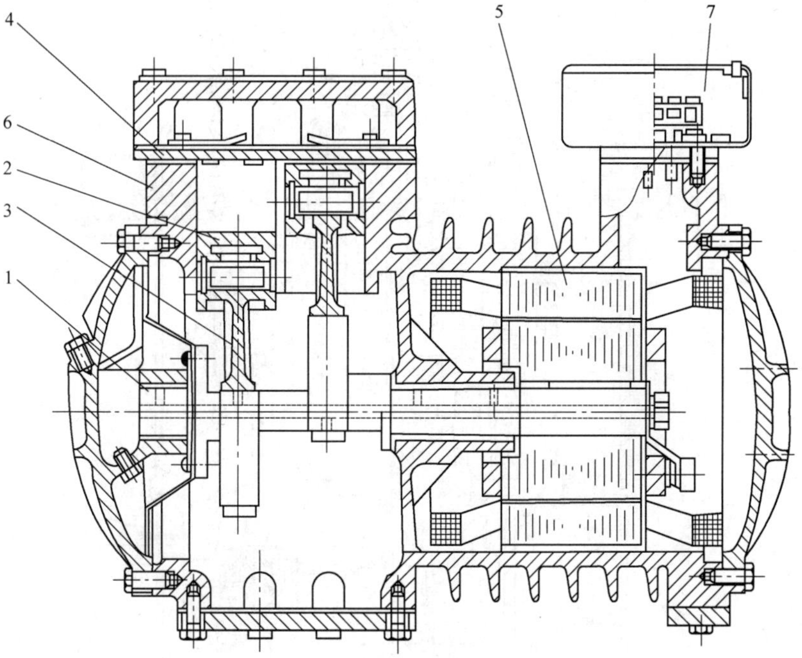

图 3-9 半封闭往复式压缩机

1—偏心轴；2—活塞；3—连杆；4—阀板组；5—内置电机；6—气缸体；7—接线盒

气阀惯性小，噪声低，启闭迅速。7）结构紧凑，质量轻，是空调中常用的机型之一。

图 3-11 为全封闭往复式压缩机的剖面图。这类压缩机的主要特点有：1）压缩机和电机组成一体，坐在弹簧基础上，全部密封在钢壳内，比半封闭的密封性能更好。2）压缩机与电机同轴，垂直安装，气缸水平放置。3）在主轴中有偏心油道，利用离心力的作用将润滑油供到摩擦面。4）具有半封闭式压缩机的 3)～6）特点；且结构更紧凑，质量更轻，振动、噪声小，是空调中常用机型之一。

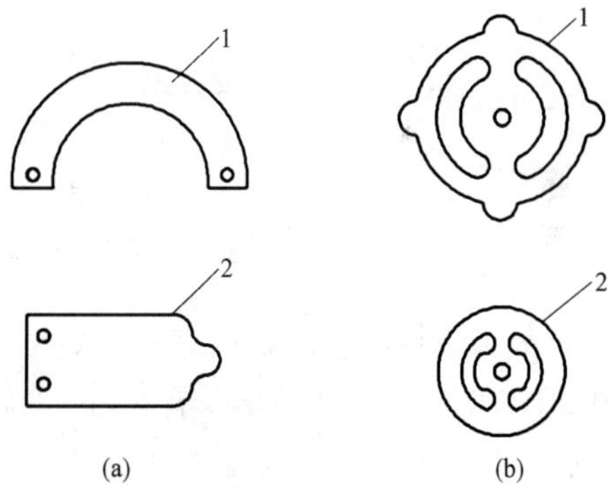

图 3-10 簧片式吸、排气阀片

（a）马蹄形与舌形（b）碟形

1—排气阀片；2—吸气阀片

3.2.3 往复式压缩机的种类

往复式压缩机除了按密封程度分为开启式、半封闭式和全封闭式外，还可以按其他特征进行分类。下面简单介绍各种往复式压缩机。

按使用的制冷剂可分为氨压缩机、氟利昂压缩机（指使用卤代烃类制冷剂）、多工质压缩机、二氧化碳压缩机等。不同制冷剂有不同的性质，因此其压缩机也有不同的特点。例如，氨压缩后的排气温度高，气缸盖中有冷却水套，通冷却水进行冷却；常用的卤代烃类制冷剂，排气温度较低，气缸盖不设水套，只用肋片散热。又如制冷剂对材料的腐蚀性不同，选用材料时需有针对性。

按气缸的轴线布置方式分类：开启式和半封闭式压缩机可分为：立式，气缸轴线垂

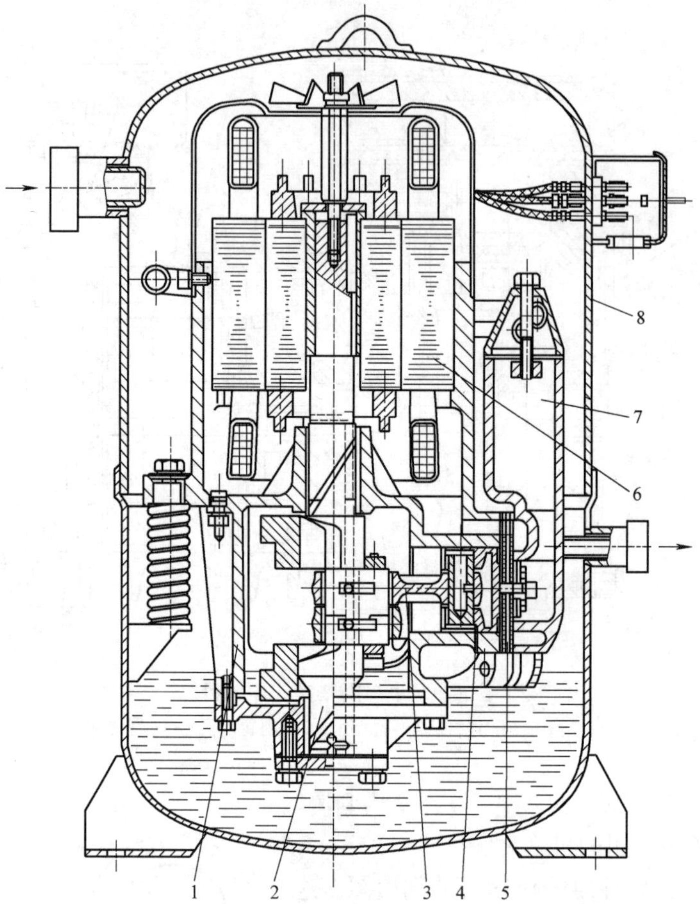

图 3-11　全封闭往复式压缩机

1—机体；2—曲轴；3—连杆；4—活塞；5—气阀；6—电机；7—排气消声部件；8—机壳

直，只用于单缸或双缸压缩机；V 形，两个气缸的轴线成一夹角，有 2 缸、4 缸压缩机；W 形，气缸轴线呈⩗形，有 3 缸、6 缸压缩机；S（扇）形，气缸轴线呈⩗形，有 4 缸、8 缸压缩机。全封闭压缩机可分为，单列式（1 缸）、并列式（2 缸对置）、V 式（2 缸）、Y 式（3 缸）和 X 式（4 缸）。

3.3　往复式压缩机的制冷量与功率

3.3.1　往复式压缩机的工作过程

往复式压缩机的曲轴旋转一周，活塞在气缸内往复一次，有 4 个过程，如图 3-12 所示。左上图是吸气过程，活塞向下运动，蒸气经吸气阀进入气缸，直到活塞下移到最低点（称活塞下死点）时，吸气完成；右上图是压缩过程，活塞从下死点转而向上运动，气缸容积减小，蒸气被压缩，一直压缩到气缸内压力稍大于排气腔内压力为止；右下图为排气过程，排气阀打开，蒸气排出气缸，直到活塞上移到最上点（活塞上死点）为止，排气结束；左下图是余隙蒸气膨胀过程，活塞从上死点转而向下运动，残留在余隙内的蒸气膨胀，压力下降，直到压力降到稍小于吸气腔的压力时，吸气阀开启，又开始下一周期的吸气过程。如此周而复始地循环，蒸气不断地吸入压缩机，经压缩后排出压缩机。

3.3.2 往复式压缩机的容积效率与制冷量

3.3.2.1 往复式压缩机的容积效率

曲轴旋转一周，一个气缸在理想状态（无余隙、无任何损失）下可吸入的蒸气容积就等于活塞在气缸内从上死点到下死点所扫过的容积，即

$$V_{cy}=\frac{\pi}{4}D^2S \tag{3-1}$$

式中 V_{cy}——气缸工作容积，m^3；

D——气缸直径，m；

S——活塞行程，即从上死点到下死点的距离，m。

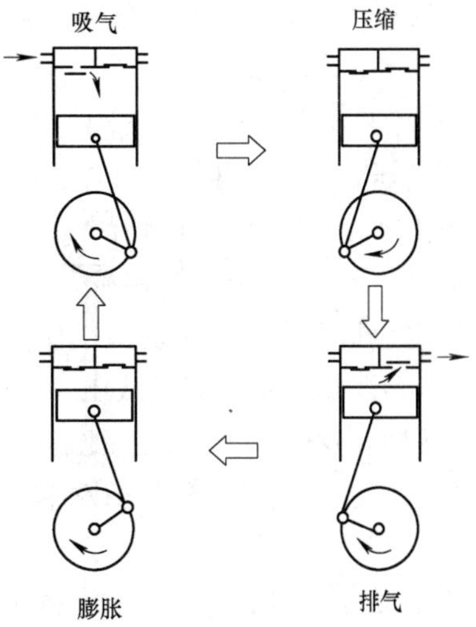

图 3-12 往复式压缩机的工作过程

一台压缩机有多个气缸，设气缸数为 Z，曲轴的转速为 n(r/min)，则压缩机在理想状态下单位时间吸入的蒸气容积为

$$\dot{V}_{th}=\frac{1}{60}V_{cy}Zn=\frac{\pi}{240}D^2SZn \tag{3-2}$$

式中 $\dot{V}_{th}$——往复式压缩机的理论排气量，又称活塞排量，m^3/s。

理论排气量也就是压缩机理论容积流量。若压缩机吸入口处蒸气状态（称吸气状态）的比容为 v_1(m^3/kg)，则压缩机的理论质量流量 $\dot{M}_{r,th}$ (kg/s) 为

$$\dot{M}_{r,th}=\dot{V}_{th}/v_1 \tag{3-3}$$

压缩机在实际状态下工作的质量流量或排气量小于理论质量流量或排气量，这种质量流量或排气量的减小称为质量损失或容积损失。衡量压缩机质量损失或容积损失的指标称为容积效率 η_v，又称输气系数，其定义为

$$\eta_v=\dot{M}_r/\dot{M}_{r,th}=\dot{M}_r v_1/\dot{V}_{th} \tag{3-4}$$

或

$$\eta_v=\dot{V}_r/\dot{V}_{th} \tag{3-5}$$

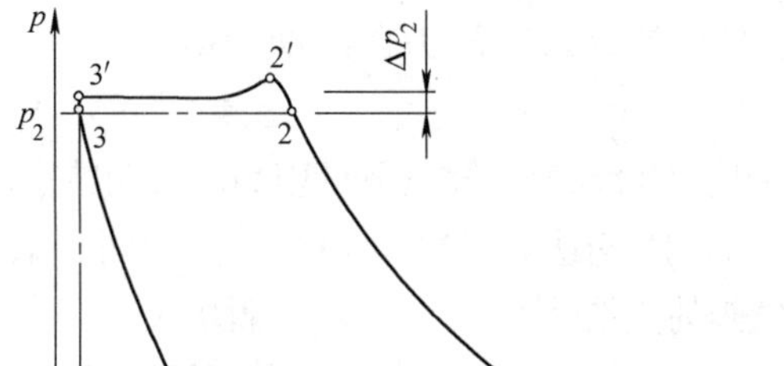

图 3-13 往复式压缩机的示功图

式中 $\dot{M}_r$——压缩机实际质量流量，kg/s；

$\dot{V}_r$——压缩机实际排气量，即压缩机实际容积流量，m^3/s；

注意：排气量（或容积流量）均指吸入口比容（v_1）的容积。

利用往复式压缩机的示功图（p-V 图）可以分析压缩机的容积效率。示功图可以利用指示器（示功器）直接从压缩机上录取[2]。图 3-13 为往复式压缩机示功图的形式。图中纵坐标为压力 p(kPa)；横坐标为容积 V，

m^3；V_c 为气缸的余隙容积，m^3。由于余隙的膨胀，实际吸入蒸气的容积并不是气缸的工作容积 V_{cy}，而是（$V_{1'}-V_{4'}$）。还应指出，由于气体通过吸、排气阀片有压力损失（阻力），并要克服吸、排气阀的弹簧力，因此，吸气时气缸的压力总是低于压缩机的吸入口处的压力（吸气压力 p_1）；排气时气缸内的压力总是大于压缩机的排出口处的压力（排气压力 p_2）。这样气缸所吸入的蒸气比容 $v_{1'}>v_1$。当吸气完成后，活塞从下死点转而向上运动，容积减小到 V_1，压力升高到 p_1，则可近似地认为气缸内的蒸气比容恢复到 v_1，当然也包括余隙中残留的蒸气比容也恢复到 v_1。这样以吸气比容 v_1 计的吸入蒸气为（V_1-V_4）。严格地说，蒸气从压缩机吸入口进入气缸的过程是节流过程，焓值不变。而由 $1'$ 压缩到 1，这时焓值增大，比容也比原来的 v_1 要大，即并不恢复到原来的比容 v_1。在示功图上，近似地可计算容积效率为

$$\eta_{v,i}=(V_1-V_4)/V_{cy} \tag{3-6}$$

式中 $\eta_{v,i}$ 称指示容积效率。将 $1'$-1 过程近似地看成等温过程，按 pV=常数，则有

$$V_1=(p_1-\Delta p_1)(V_{cy}+V_c)/p_1 \tag{3-7}$$

式中　Δp_1——吸气阀流动阻力，kPa；对于氨压缩机，$\Delta p_1=(0.03\sim0.05)p_1$；对于氟利昂类压缩机 $\Delta p_1=(0.05\sim0.1)p_1$。

余隙蒸气按多变过程进行膨胀，根据 pV^m=常数，有

$$V_4=\left(\frac{p_2+\Delta p_2}{p_1}\right)^{\frac{1}{m}}V_c \tag{3-8}$$

式中　m、Δp_2——分别为多变指数和排气阀流动阻力，kPa；对于氨压缩机，m 一般为 1.10～1.05，$\Delta p_2=(0.05\sim0.07)p_2$；对于氟利昂压缩机，$m$ 一般为 1.0～1.05，$\Delta p_2=(0.1\sim0.15)p_2$。

将式（3-7）、式（3-8）代入式（3-6），整理可得

$$\eta_{v,i}=\frac{p_1-\Delta p_1}{p_1}-C\left[\left(\frac{p_2+\Delta p_2}{p_1}\right)^{\frac{1}{m}}-\frac{p_1-\Delta p_1}{p_1}\right] \tag{3-9}$$

式中　C——称相对余隙容积，$C=V_c/V_{cy}$。

从式（3-9）不难看到，指示容积效率的影响因素有：

（1）相对余隙容积 C——指示容积效率随着 C 的增大而减小。用于蒸发温度高于 -5℃的压缩机，相对余隙容积一般约为 0.04～0.05。

（2）压力比（p_2/p_1，又称压力比）——指示容积效率随着压力比的增大而减小，当 p_2/p_1 增大到一定值时，$\eta_{v,i}$ 趋于零。

（3）吸、排气阀阻力（Δp_1、Δp_2）——指示容积效率随着吸、排气阀的阻力增大而减小，尤其是吸气阀的阻力影响更为显著。影响 Δp_1、Δp_2 的因素有吸、排气阀结构、开口大小、转速、制冷剂性质等。例如当转速增加，通过吸、排气阀的流量就大，Δp_1、Δp_2 就增大。

（4）多变指数 m——指示容积效率随着 m 的减小而减小。余隙气体在膨胀过程中，温度不断降低，当低于气缸的温度时，气体被加热，容积增大（即 V_4 增大）。这种加热作用愈大（即 m 愈小），容积损失就愈大。影响 m 的因素有气缸温度、气体性质、转速等。气缸有水套，气缸温度低，m 增大；转速高，气体与气缸接触时间短，m 增大；压缩终点温度高的制冷剂，气缸温度高，m 减小。

指示容积效率是在示功图上表示出来的容积损失状况。它主要考虑了余隙膨胀的容积损失和吸、排气阀节流的容积损失。实际上还有的损失未能反映在示功图上，主要有吸入蒸气被预热和蒸气泄漏引起的容积损失，它们分别用预热系数 λ_p 和气密性系数 λ_l 来衡量，因此，实际容积效率为：

$$\eta_v = \eta_{v,i}\lambda_p\lambda_l \tag{3-10}$$

预热系数 λ_p 是考虑吸入蒸气接触温度较高的气缸、活塞等部件而被加热，比容增大，导致实际吸入的蒸气质量减少。理论计算预热系数是困难的，因为吸入蒸气与气缸之间的换热过程是复杂的，它与压缩机的构造（有无冷却水套、气缸面积、吸排气在气缸内流动方向等)、转速、制冷剂性质、工况（压力比、吸气状态）等诸多因素有关。目前都采用经验公式估算 λ_p。对于开启式往复压缩机[4]

$$\lambda_p = 1-(t_1-t_2)/740 \tag{3-11}$$

式中 t_1、t_2——分别为压缩机吸气和排气温度，℃。

对于封闭压缩机[4]

$$\lambda_p = T_1/(aT_c+b\theta) \tag{3-12}$$

式中 T_1——吸气温度，K；

θ——吸气过热度，(T_1-T_e)，K；

a——压缩机温度随冷凝温度变化的系数，a 值随压缩机的尺寸减小而增大，$a=1.10\sim1.15$；

b——压缩机散热系数，$b=0.25\sim0.8$，压缩机在强迫流动的空气中、压缩机小的散热条件好，b 值小；具体数值查阅文献 [4]、[5]。

气密性系数 λ_l 是考虑压缩机的吸、排气阀、活塞与气缸之间从高压到低压的泄漏，导致实际排气量的减少。泄漏有两种：静态泄漏和动态泄漏。静态泄漏指从不严密的间隙泄漏；动态泄漏指由于吸、排气阀关闭延迟引起的泄漏。气密性系数与压缩机的构造、制造质量、压差（p_2-p_1)、润滑状态、转速、磨损程度等有关。开启式压缩机 $\lambda_l=0.97\sim0.99$；封闭式压缩机，高温工况 $\lambda_l=0.95$，中温工况 $\lambda_l=0.90$[5]。

从上面分析可以看到，压缩机的容积效率 η_v 的主要影响因素可归纳为三个方面：1）压缩机运行工况，如压力比、吸气过热程度等；2）压缩机构造与质量，如余隙大小、气阀结构、转速、气缸冷却方式、制造质量、磨损程度等；3）制冷剂性质，如密度、排气温度、导热系数等。利用上述方法计算比较麻烦，而且也只是估算。一般估算可用下面比较简单的经验公式。对于高速、多缸往复式压缩机（转速≥720r/min，$C=0.03\sim0.04$）

$$\eta_v = 0.94-0.085\left[(p_2/p_1)^{\frac{1}{n}}-1\right] \tag{3-13}$$

对于双级压缩制冷系统中的低压级往复式压缩机

$$\eta_v = 0.94-0.085\left[\left(\frac{p_2}{p_1-0.01}\right)^{\frac{1}{n}}-1\right] \tag{3-14}$$

式中的指数 n，氨压缩机取 1.28，R22 压缩机取 1.18；p_1、p_2 为压缩前后的压力，MPa。

对于小型全封闭压缩机，其容积效率可从图 3-14 上根据压力比（p_2/p_1）和相对余隙容积查得。该图是十多种小型压缩机试验所得结果的综合值[6]。

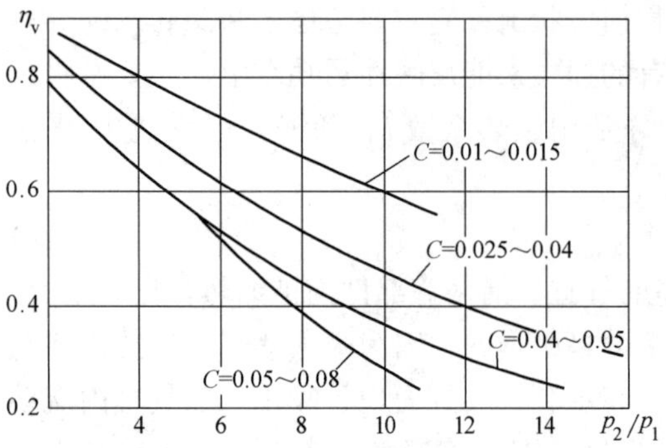

图 3-14　小型全封闭压缩机的容积效率

压缩机实际的容积效率或实际容积流量（实际排气量）应用实验确定。目前市上的定型压缩机产品，都已经权威机构进行了测定，通常直接给出了该压缩机在名义工况或各种工况下的制冷量。

3.3.2.2　往复式压缩机的制冷量

压缩机的质量流量实质上即是该压缩机所在系统的质量流量。在某一工况下，质量流量乘以单位质量制冷量即为该系统的制冷量。在制冷工程中，用压缩机所在的制冷系统的制冷量来表征压缩机的容量，称为压缩机的制冷量。根据式（3-4），在某一工况下，压缩机的制冷量

$$\dot{Q}_e = \dot{M}_r q_e = \eta_v \dot{V}_{th} q_e / v_1 \tag{3-15}$$

或

$$\dot{Q}_e = \eta_v \dot{V}_{th} q_v \tag{3-16}$$

式中　q_e——单位质量制冷量，kJ/kg；

q_v——单位容积制冷量，kJ/m^3。

3.3.3　往复式压缩机的能量效率与功率

电机传递到压缩机主轴上的功率称为压缩机的轴功率 $\dot{W}_s$，它主要用于对制冷剂做功，克服机件摩擦和驱动油泵。压缩机对制冷剂做功所耗的功率称指示功率 $\dot{W}_i$；克服机件摩擦消耗的功率称为摩擦功率 $\dot{W}_f$；驱动油泵的功率不单独表示，通常包含在摩擦功率中。因此有

$$\dot{W}_s = \dot{W}_i + \dot{W}_f \tag{3-17}$$

式中　$\dot{W}_s$、$\dot{W}_i$、$\dot{W}_f$ 的单位一般用 kW，小型压缩机用 W。

指示功率可以从实测到的示功图上进行确定。图 3-13 中，1′-2′-3′-4′-1′所围的面积就是曲轴旋转一周对吸入蒸气所做的功，包括蒸气流动摩擦、通过吸排气阀门等损失所消耗的功，称指示功。将指示功除以一个气缸的吸气质量，即为单位质量指示功（简称单位指示功）w_i（kJ/kg 或 J/kg）。压缩机的单位指示功 w_i 总是大于理想绝热压缩过程的单位绝热功 w_{ad}（kJ/kg 或 J/kg）。我们把单位绝热功 w_{ad} 与单位指示功 w_i 之比称为指示效率 η_i，即

$$\eta_i = \frac{w_{ad}}{w_i} \tag{3-18}$$

指示效率 η_i 表示了实际压缩过程与理想压缩过程的接近程度，是衡量压缩机内部热力过程能量损失的一个指标。压缩机指示效率的影响因素与容积效率一样，有压缩机的工况（如压力比等），压缩机构造与质量（如余隙大小、吸排气阀结构、制造质量等），制冷剂性质（如密度、排气温度等）。图 3-15 表示了指示效率与压力比

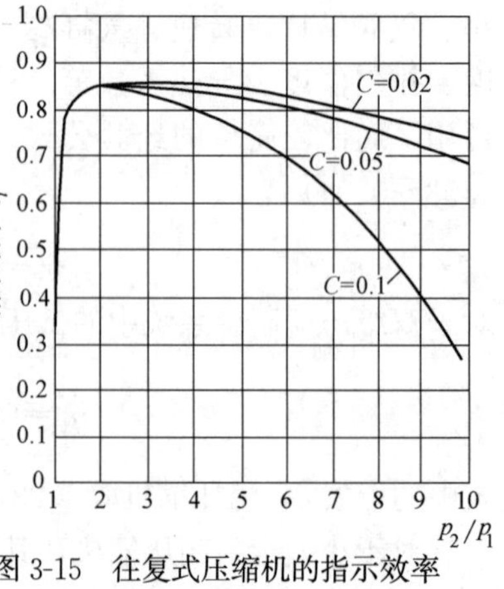

图 3-15　往复式压缩机的指示效率与压力比、相对余隙容积的关系

(p_2/p_1)、相对余隙容积 C 的变化关系[1]。

压缩机的指示功率 $\dot{W}_i$ 可以利用指示效率来确定，即

$$\dot{W}_i=\dot{M}_r w_i=\frac{\dot{M}_r w_{ad}}{\eta_i}=\eta_v \dot{V}_{th}\frac{(h_2-h_1)_s}{\eta_i v_1} \tag{3-19}$$

式中　$(h_2-h_1)_s$——理想的等熵压缩过程压缩前后的比焓差，kJ/kg 或 J/kg。

上式中把 $\dot{M}_r w_{ad}$ 称为压缩机理论绝热功率，记作 $\dot{W}_{ad}$（kW 或 W），即

$$\dot{W}_{ad}=\dot{M}_r w_{ad}=\eta_v \dot{V}_{th}(h_2-h_1)_s/v_1 \tag{3-20}$$

摩擦功率用于克服各运动部件摩擦面之间（如活塞与气缸、轴颈与轴承、曲轴与连杆、轴封的摩擦面等）的摩擦阻力和驱动油泵。摩擦功率通常用机械效率 η_m 来估计，定义为

$$\eta_m=\frac{\dot{W}_i}{\dot{W}_s} \tag{3-21}$$

机械效率 η_m 与压缩机的结构、制造质量、运行时润滑油状况、工况等有关，一般约为 0.85～0.95。

将式（3-19）代入式（3-21），整理后得压缩机的轴功率为

$$\dot{W}_s=\eta_v \dot{V}_{th}(h_2-h_1)_s/(\eta_i\eta_m v_1) \tag{3-22}$$

或

$$\dot{W}_s=\dot{W}_{ad}/(\eta_i\eta_m)=\dot{W}_{ad}/(\eta_s) \tag{3-23}$$

其中

$$\eta_s=\eta_i\eta_m$$

称 η_s 为轴效率，又称等熵效率，是评价开启式压缩机输入主轴功率利用的完善程度。活塞式压缩机的 η_s 一般为 0.65～0.78[1]。

压缩机配用电机的功率还应考虑传动损失和一定的裕量，因此电机功率应为

$$\dot{W}=(1.10\sim1.15)\dot{W}_s/\eta_d \tag{3-24}$$

式中　1.10～1.15——裕量，小电机取大值；

η_d——传动效率，三角皮带传动 $\eta_d=0.9\sim0.95$，直接传动 $\eta_d=1$。

以电机驱动的压缩机，压缩机实际消耗的能量，应考虑电机效率后的输入功率 $\dot{W}_{in}$（kW 或 W），它为

$$\dot{W}_{in}=\dot{W}_s/(\eta_d\eta_{mo})=\dot{W}_{ad}/(\eta_i\eta_m\eta_d\eta_{mo}) \tag{3-25}$$

式中　η_{mo}——电机效率，它与电机的类型、额定功率、负载功率等有关，小型单相电机一般约为 0.6～0.85，三相电机一般约为 0.8～0.9。

对于封闭式压缩机，$\eta_d=1$，故它的输入功率为

$$\dot{W}_{in}=\dot{W}_{ad}/(\eta_i\eta_m\eta_{mo}) \tag{3-26}$$

在上式中令 $\eta_e=\eta_i\eta_m\eta_{mo}$，称压缩机的电能效率。对封闭式压缩机，电能效率评价了封闭式压缩机输入电功率利用的完善程度，也可称为封闭式压缩机的等熵效率 η_s。对于全封闭压缩机，压力比 p_2/p_1 在 3～6 范围内，名义制冷量 $\dot{Q}_e=5000$W，$\eta_e=0.48\sim0.49$；$\dot{Q}_e=600\sim3000$W，$\eta_e=0.45\sim0.47$；$\dot{Q}_e=200$W，$\eta_e=0.28\sim0.30$[5]。

3.3.4　往复式压缩机的制热量

压缩机的制热量即是压缩机所在的热泵系统冷凝器所释放出的冷凝热量 $\dot{Q}_c$。根据能

量守恒原理，开启式压缩机的制热量应为

$$\dot{Q}_c=\dot{Q}_e+f\dot{W}_i \tag{3-27}$$

封闭式压缩机的制热量应为

$$\dot{Q}_c=\dot{Q}_e+f\dot{W}_{in} \tag{3-28}$$

系数 f 是考虑压缩机向环境散热的热量损失，$f<1$；压缩机容量愈小，f 愈小，小型的全封闭压缩机可低至 0.75；大型压缩机的 f 可达 0.9 以上。

3.3.5 往复式压缩机的性能系数

压缩机运行的经济性与能量转换效率用性能系数作评价指标。制冷压缩机性能系数的定义为压缩机的制冷量与消耗功率之比。压缩机消耗功率可以是轴功率 $\dot{W}_s$ 或输入功率 $\dot{W}_{in}$。在制冷工程中，以压缩机轴功率计算的性能系数也称为单位轴功率制冷量，利用式（3-15）和式（3-22）有

$$COP=\frac{\dot{Q}_e}{\dot{W}_s}=\frac{q_e}{(h_2-h_1)_s}\eta_i\eta_m=\eta_i\eta_m COP_{th} \tag{3-29}$$

式中 COP_{th}——压缩机进行绝热压缩时的理论性能系数 $COP_{th}=q_e/(h_2-h_1)_s$。

以压缩机输入功率计算的性能系数，应为

$$COP=\frac{Q_e}{\dot{W}_{in}}=\eta_i\eta_m\eta_d\eta_{mo}COP_{th} \tag{3-30}$$

以输入功率计算的性能系数又称为能效比 EER（Energy Efficiency Ratio）[1]。对于封闭式压缩机，能效比可写成

$$EER=\eta_e COP_{th}$$

衡量压缩机在热泵中制热的经济性和能量转换效率用制热性能系数，即

$$COP_h=\frac{\dot{Q}_c}{\dot{W}_s} \tag{3-31}$$

或

$$COP_h=\frac{\dot{Q}_c}{\dot{W}_{in}} \tag{3-32}$$

将式（3-27）、式（3-28）分别代入上两式，即得以输入功率计的制热性能系数

$$COP_h=COP+f \tag{3-33}$$

3.3.6 往复式压缩机的性能曲线

从式（3-15）、式（3-22）、式（3-27）、式（3-29）可以看到，对于同一台往复式压缩机，其制冷量、制热量、轴功率和性能系数（或能效比）都随着工况的变化而变化。当蒸发温度 t_e 升高或（和）冷凝温度 t_c 降低时，q_e/v_1 增大；同时因压力比的减小使 η_v 增大。因此，压缩机的制冷量 $\dot{Q}_e$ 将随着蒸发温度的升高而增大，随着冷凝温度的降低而增加，前者的影响更为显著。如果将制冷量 $\dot{Q}_e$ 随 t_e、t_c 的变化规律表示在以 $\dot{Q}_e$ 为纵坐标、

---

[1] 工程制单位中，性能系数 COP 与能效比 EER 有区别的。工程制中制冷量与功率的单位不同，COP 定义为无因次量，制冷量与功率需换算到同一单位；而 EER 中制冷量与功率保持原单位，因此，EER 英制中的单位是 Btu/(Wh)，目前美国仍用此单位，COP 与英制 EER 之间的关系是 $COP=EER/3.413$。

t_e 为横坐标的图上，即为压缩机的制冷量性能曲线，如图 3-16 的上半部分。

当蒸发温度 t_e 不变，冷凝温度 t_c 下降时，$(h_2-h_1)_s$ 减小，吸气比容不变；同时由于压力比减小，η_v 和 $(\eta_i\eta_m)$ 都增加，近似地认为 $\eta_v/(\eta_i\eta_m)$ 基本不变，由式（3-22）可见，轴功率 $\dot{W}_s$ 将随着冷凝温度的降低而减小。当冷凝温度 t_c 不变，而蒸发温度 t_e 升高时，$(h_2-h_1)_s$ 和 v_1 减小；同时由于压力比减小，η_v 和 $(\eta_i\eta_m)$ 增加。从式（3-22）已无法判断轴功率的变化趋势。从物理意义上分析，当 t_e 升高，压缩机的质量流量 $\dot{M}_r=\eta_v\dot{V}_{th}/v_1$ 增加了，而单位压缩功 $(h_2-h_1)_s/(\eta_i\eta_m)$ 减少了，轴功率 $\dot{W}_s$ 的变化取决于这两个量中变化速率大的一个。根据理论分析和实测表明，一般情况下压缩机的流量变化起着主导作用，即 $\dot{W}_s$ 随 t_e 的升高而增加；但达到一定值后，单位压缩功的减小起着主导作用，即 $\dot{W}_s$ 达到最大值后，转而随着 t_e 的升高而减小。将轴功率 $\dot{W}_s$ 随 t_e、t_c 的变化规律表示在以 $\dot{W}_s$ 为纵坐标、t_e 为横坐标的图上，即是压缩机轴功率的性能曲线，如图 3-16 的下半部分。

同样，根据式（3-27）或式（3-28）可以分析压缩机制热量的变化规律。图 3-17 表示了某往复式压缩机制热量性能曲线。

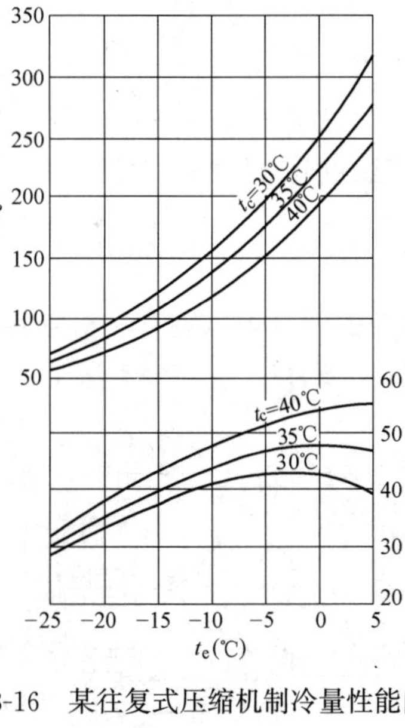

图 3-16 某往复式压缩机制冷量性能曲线

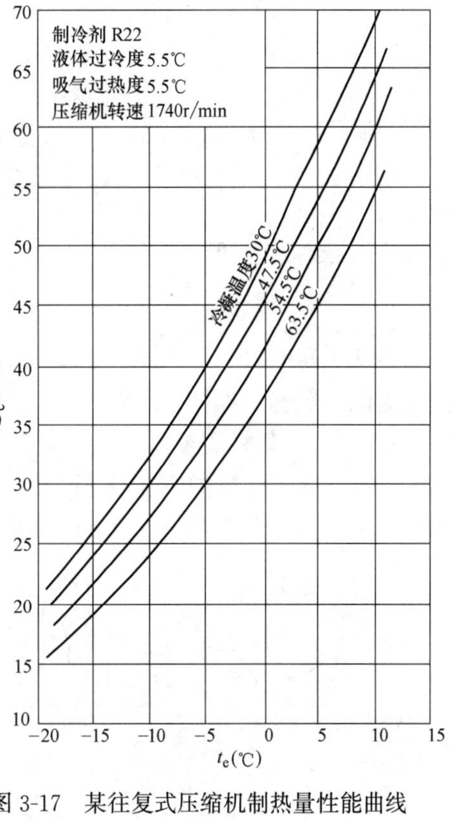

图 3-17 某往复式压缩机制热量性能曲线

根据式（3-29）或式（3-30）或式（3-33），压缩机性能系数的变化规律与理论性能系数一致（参见 2.3 节），即随着 t_e 升高或（和）t_c 的降低，制冷或制热性能系数增加了。

3.3.7　名义工况

如果有两台压缩机，其制冷量一台为 50kW，另一台为 30kW，问哪一台压缩机的容量大？回答只能是“不知道”。因为压缩机的制冷量与工况有关，只给出制冷量而不给出工况就无法判别压缩机的容量大小。因此，各国都有标准规定了几组名义工况，作为压缩机容量、性能的比较基础。表 3-1 和表 3-2 为我国标准规定的名义工况[7]，其中表 3-1 数据采用了美国制冷学会的同类标准中的数值。表 3-1 是有机制冷剂（R22、R404A、R134a、R407C、R410A 等）活塞式压缩机的名义工况；表 3-2 是无机制冷剂（R717）活塞式压缩机的名义工况。表中的蒸发温度指压缩机吸气压力的对应的饱和温度，冷凝温度指压缩机排气压力对应的饱和温度。

有机制冷剂活塞式压缩机名义工况　　**表 3-1**

类型	蒸发温度(℃)	冷凝温度(℃)	吸气温度(℃)	过冷度(℃)	环境温度(℃)
高温	7.2	54.4①	18.3	0	35
		48.9②			
中温	−6.7	48.9	18.3	0	35
低温	−31.7	40.6	18.3	0	35

注：① 高冷凝压力工况。
② 低冷凝压力工况。

无机制冷剂活塞式压缩机名义工况　　**表 3-2**

类型	蒸发温度(℃)	冷凝温度(℃)	吸气温度(℃)	过冷度(℃)	环境温度(℃)
中低温	−15	30	−10	5	32

3.4　螺杆式压缩机

螺杆式压缩机是回转式的容积式压缩机。螺杆式压缩机分双螺杆和单螺杆两类，双螺杆压缩机一般称为螺杆式压缩机。

3.4.1　双螺杆压缩机

双螺杆式压缩机如图 3-18 所示。在断面为两圆相交的气缸内，装有一对互相啮合的螺旋齿转子（如图 3-19 所示）；凸形齿为阳转子（又称阳螺杆），是主动转子，由电机驱

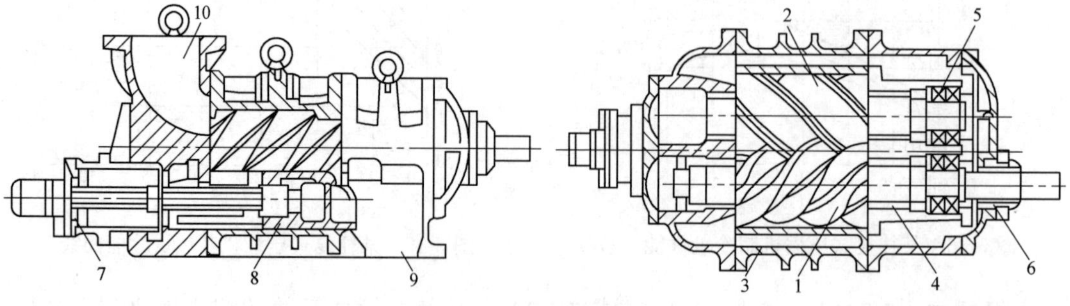

图 3-18　双螺杆式压缩机
1—阳转子；2—阴转子；3—机体；4—滑动轴承；5—止推轴承；
6—轴封；7—卸载油活塞；8—滑阀；9—排气口；10—吸气口

动转动；凹形齿转子为阴转子（又称阴螺杆），是从动转子，被主动转子带动旋转。阴、阳转子的齿数比传统的是 6∶4（即阴转子 6 齿，阳转子 4 齿）。通过对线形的不断改进，现在有 6∶5，7∶5 和 7∶6 的齿数比。阴转子的转速小于阳转子，当齿数比为 6∶4 时，阴阳转子的转速比为 4∶6。

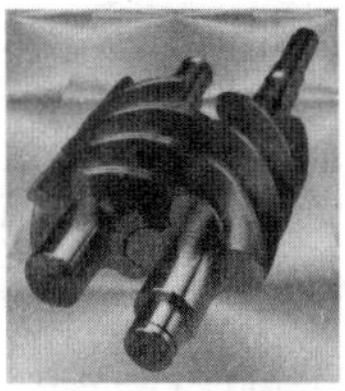

图 3-19 螺杆式压缩机的转子

图 3-20 是螺杆式压缩机从吸气到排气的工作过程。此图是把压缩机翻身后的透视图。在气缸的吸气侧端盖上开有吸气口，当齿槽与吸气口相通时，该齿槽就开始吸气，随着转子的旋转，齿槽脱离吸气口时，一对齿槽吸满了蒸气，如图 3-20（a）所示；转子继续旋转，两转子的齿与齿槽互相啮合，由气缸壁、转子的啮合线与排气端面所组成的齿槽空间（工作容积）不断变小，而且位置向排气端移动，从而实现了对蒸气的压缩和向排气侧输送的任务，如图 3-20（b）所示；当这对齿槽空间与由端盖和滑阀组成的排气口（轴向和径向排气口）相通时，蒸气被排出，如图 3-20（c）所示；直到该对齿槽空间脱离端面排气口，排气结束。每对齿槽空间都依次经历了吸气、压缩和排气三个过程。同一时刻同时存在着这三个过程，不过它们发生在不同的齿槽空间中。对压缩机来说，吸气和排气几乎是连续的。

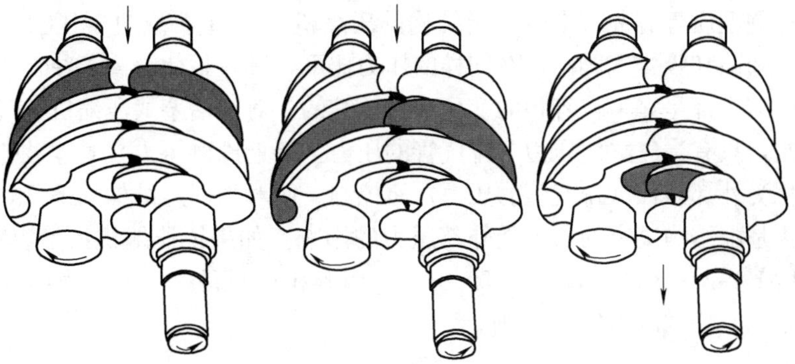

(a) (b) (c)

图 3-20 螺杆式压缩机的工作过程

（a）吸气；（b）压缩；（c）排气

在压力比较大的工况（如热泵工况）运行时，为提高性能系数，螺杆式压缩机可采用带经济器的准双级压缩制冷循环，参见 2.6.5 节。这时需在压缩机上齿槽空间变化到某一容积的位置开一补气口，吸入经济器中的闪发蒸气。为充分发挥经济器的作用，现在已有补气口位置可调节的压缩机，以便有合理的中间压力。螺杆式压缩机在运行时，需要将压力油喷射到气缸内的压缩部位，其作用有：

（1）冷却　吸收压缩热，降低排气温度，可改善压缩机的容积效率和指示效率。

（2）密封　喷入的润滑油在转子和气缸表面形成一油膜，使齿顶与气缸、转子与端面密封线等部位间隙减小，减少泄漏。

（3）润滑　对轴承、主动转子与从动转子啮合传动进行润滑，降低啮合噪声。

（4）推动油活塞　利用有压的润滑油推动油活塞使滑阀移动，以调节排气量，即调节制冷量（参见图3-23）。

螺杆式压缩机根据密封程度可以分为开启式、半封闭式和全封闭式三种。开启式压缩机的电机与压缩机是两个机体，电机排出的热量不进入制冷系统，制冷性能系数、容积效率都比同样结构的半封闭式压缩机高，但泄漏的可能性也较大。半封闭式压缩机与电机在一个机体内，电机与压缩机可串联布置（同一根主轴），也可以并联布置（通过增速齿轮传动）。半封闭式压缩机中电机利用吸气或喷液进行冷却，电机工作可靠。有的半封闭式压缩机中装有高效油分离器，当排气温度升高而使油温过高时，直接对正在压缩的齿槽空间喷制冷剂液体对排气进行冷却，而不用另设油冷却器；另外可不设油泵，利用排气压力供油。半封闭式压缩机有用螺栓连接的拆卸口，便于对机内部件维修。全封闭式压缩机的电机与压缩机包在一个钢壳内，不能拆卸。某些公司生产的全封闭式压缩机的转子是立式布置的；电机主轴与阴转子直联，以提高压缩机转速。

螺杆式压缩机的制冷量也按式（3-15）或式（3-16）确定，其中压缩机的理论排气量可根据齿槽的容积与转速计算得到。压缩机吸气时有吸气口的节流、吸入蒸气被温度较高的转子所预热及蒸气通过密封线等的泄漏，导致实际排气量小于理论排气量。与往复式压缩机一样，用容积效率 η_v 来衡量螺杆式压缩机的质量损失（排气量减小）。η_v 与压缩机的工况（如压力比等）、转速、喷油量及油温、压缩机结构与尺寸、压缩机制造质量、磨损程度、制冷剂性质等有关。对于一定结构的压缩机，η_v 主要取决于压力比。螺杆式压缩机由于没有余隙和吸排气阀门，在同样的压力比下，其容积效率高于往复式压缩机。

容积式压缩机都是靠工作容积的变化实现压缩的。对于活塞式压缩机，气缸容积变化受排气阀控制，只有当气缸内压力＞排气管的压力（接近冷凝压力）时才被打开，因此气缸容积的变化受外部条件（排气管的压力）所控制。而对于一定结构的螺杆式压缩机，齿槽容积的变化是由结构决定的，不受外部压力的影响。如果说压缩机齿槽容积压缩前 V_1 变化到压缩后 V_2 是一定的，即 $V_1/V_2=\varphi$（称内容积比）是一定的。由内容积比决定了压缩机的压力比，称内压力比 Π，则

$$\Pi=\varphi^n \tag{3-34}$$

式中　n——压缩指数。

由内压力比决定的压缩后的内压力 Πp_1（p_1 为吸气压力）可能与排气管的压力 p_2（接近冷凝压力 p_c）相等，也可能不等。因此，在排气时，可能会发生等容膨胀或等容压缩。图3-21为螺杆式压缩机的 p-V 图，表示了同一台压缩机在不同工况（$\Pi p_1=p_2$、$\Pi p_1>p_2$、$\Pi p_1<p_2$）时的示功图。当内压力 $\Pi p_1=p_2$ 时，面积12341即为主动转子旋转一周所耗的功（图3-21a）。图3-21（b）为内压力 $\Pi p_1>p_2$ 的工况，在排气时，由内容积比决定的内压力 Πp_1 等容膨胀到 p_2，则这时旋转一周所消耗的功为面积 $12'22''341$。如果此时减小压缩机的内容积比，使内压力 Πp_1 与 p_2 相等，则消耗功为面积 $12'341$，因此由于有等容膨胀而多耗了功，即面积 $2'22''2'$。同理，当 $\Pi p_1<p_2$ 时，由于有等容压缩，而多消耗了功，即面积 $22'2''2$（图3-21c）。根据理论分析，$\Pi p_1>p_2$（即内容积比偏大时）比 $\Pi p_1<p_2$ 功耗增加得多。因此，当选择不到内容积比合适的压缩机，宁可选用内容积比稍小的压缩机。为提高压缩机的运行效率，螺杆式压缩机可做成内容积比可调的。通过改变径向排气口的位置，实现内容积比的改变，从而可以使内容积比与系统的压力比相适应。

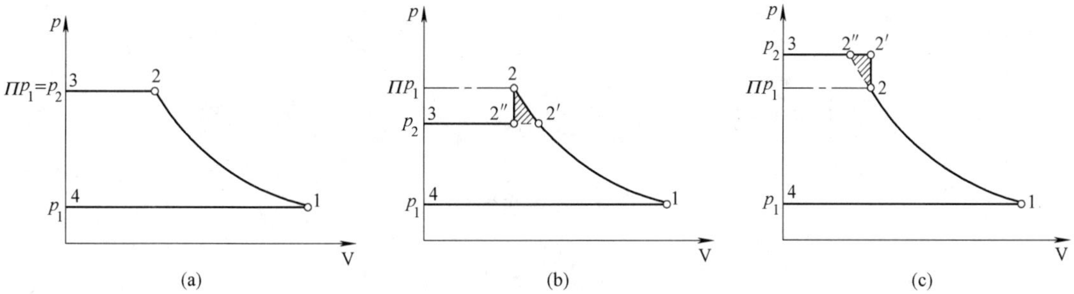

图 3-21 螺杆式压缩机的 p-V 图

(a) $\Pi p_1=p_2$；(b) $\Pi p_1>p_2$；(c) $\Pi p_1<p_2$

压缩机除了在排气时由于压力突然下降或升高而有附加功耗外，还有其他能量损失。这些能量损失有：1）气体在压缩机内高速流动产生的能量损失；2）内泄漏引起的能量损失；3）喷油使气体扰动引起的能量损失；4）吸气过热引起的能量损失；5）机械摩擦损失等。影响上述能量损失的因素有：压力比，压缩机结构与转速，喷油量大小及油温，制冷剂的黏度与密度等。对于结构、转速、制冷剂都一定的压缩机，能量损失主要取决于压力比。通常用轴效率（绝热功率与轴功率之比，又称等熵效率）来表示能量损失。图 3-22 为一 R22 螺杆式压缩机的等熵效率与容积效率，其中实线表示固定内容积比；虚线表示可变内容积比。当已知螺杆压缩机在某工况下的轴效率和理论绝热功率时，可根据式（3-23）与式（3-22）确定压缩机在该工况下的轴功率。

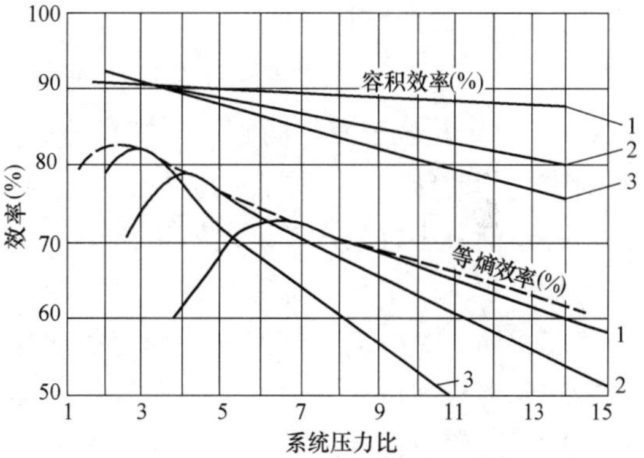

图 3-22 R22 螺杆式压缩机的等熵效率与容积效率

1—内容积比为 4.8；2—内容积比为 3.5；

3—内容积比为 2.6

螺杆式压缩机最常用的能量调节方式是滑阀调节，即在气缸下部两转子间设置一个轴向可移动的滑阀（参见图 3-18）。图 3-23 是滑阀能量调节原理示意图。当滑阀与固定端贴合在一起时，齿槽空间的容积 V 所吸的蒸气全部被压缩并排出，压缩机全负荷运行，如图 3-23（a）所示。图 3-23（b）为压缩机在部分负荷下运行，这时滑阀在油活塞推动下向右运动，滑阀与固定端之间形成一旁通口，部分被吸入齿槽空间的蒸气回流到吸气侧，直到齿槽空间离开旁通口时，齿槽空间重新被封闭，才开始压缩，此时转子的有效工作长度缩小了，即开始压缩的齿槽容积减小到 V_p，从而使排气量减小了。滑阀离固定端越远，旁通口越大，转子的有效工作长度越小，即 V_p 越小，排气量就越少。

螺杆式压缩机与往复式压缩机相比，其特点是：1）旋转运动比往复运动的平衡性好，振动小。2）结构简单、紧凑、质量轻，无吸、排气阀，易损件减少，工作可靠。3）在低蒸发温度或高压力比工况下，具有良好的性能；而且可采用中间补气的准双级压缩制冷循环来提高性能。4）由于没有余隙和吸、排气阀，并有喷油冷却，因此容积效率高。5）少量制冷剂液滴进入气缸内，无液击危险。6）可实现能量无级调节。7）噪声较大。8）油

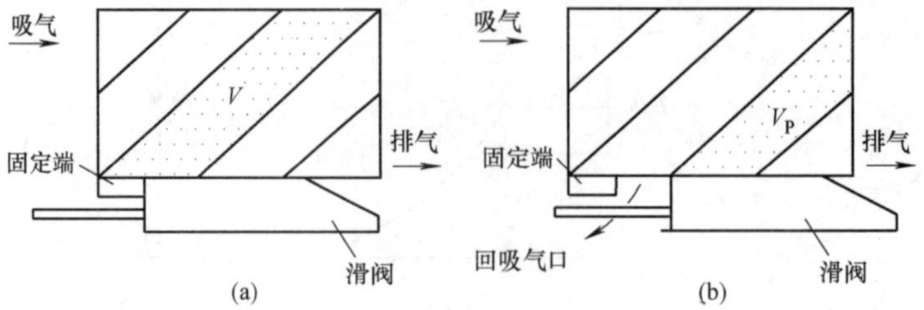

图 3-23　滑阀能量调节原理示意图

（a）全负荷；（b）部分负荷

系统比往复式压缩机庞大。

3.4.2　单螺杆压缩机

图 3-24 是半封闭单螺杆式压缩机结构图[8]。气缸内只有一根螺杆和一对星轮（又称门转子）。星轮位于螺杆两侧，将螺杆分成上下两个空间。螺杆转动时，带动与之啮合的一对星轮同时转动；由螺杆的齿槽、气缸壁和星轮组成的工作容积，从吸气端向排气端移动，并逐渐缩小容积，实现对制冷剂蒸气的压缩。图 3-25 表示了半封闭单螺杆式压缩机一工作容积（图中阴影部分）的吸气、压缩和排气过程。图 3-25（a）表示了工作容积与吸气腔相通，制冷剂蒸气充满工作容积，并即将脱离吸气口的状态；随着螺杆的转动，工作容积脱离吸气口，容积缩小，蒸气被压缩，如图 3-25（b）所示；当工作容积与排气口相通时，随着螺杆继续转动，工作容积缩小，蒸气被排出，如图 3-25（c）所示。在螺杆的另一侧，由螺杆的齿槽、气缸壁和星轮组成的工作容积也进行着吸气、压缩和排气的工作过程。因此，螺杆转一周，一个工作容积实现了两次吸气、压缩和排气的工作过程。单螺杆压缩机也是一个由内部容积比决定的内压缩过程，即有一定的内压力比，不需设吸、

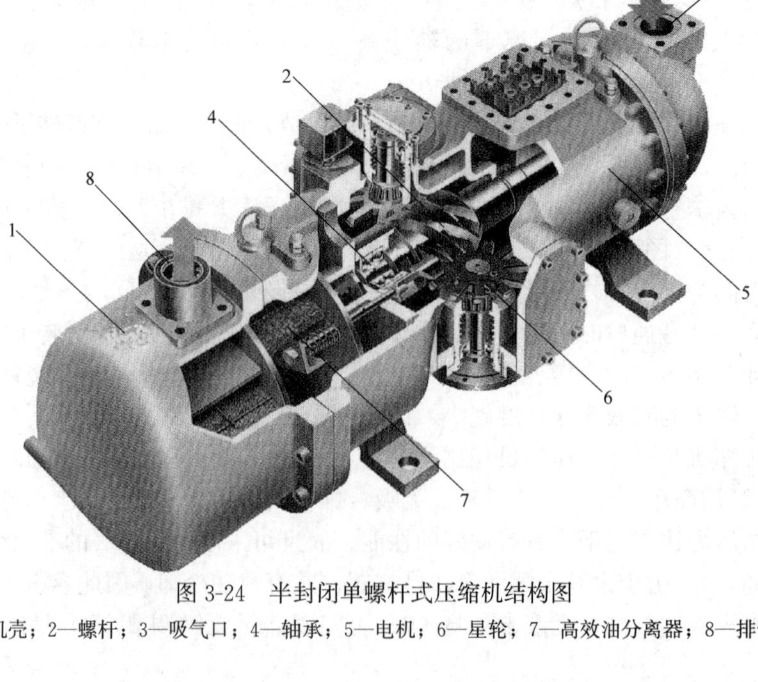

图 3-24　半封闭单螺杆式压缩机结构图

1—机壳；2—螺杆；3—吸气口；4—轴承；5—电机；6—星轮；7—高效油分离器；8—排气口

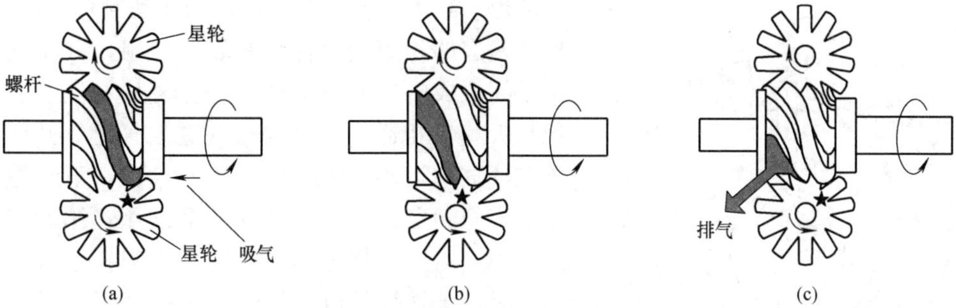

图 3-25　半封闭单螺杆式压缩机工作过程

(a) 吸气；(b) 压缩；(c) 排气

排气阀门。压缩机工作过程的 p-V 图如图 3-21 一样。单螺杆压缩机排气量调节采用滑阀或转动环，其实质是调节工作容积的大小。

图 3-24 所示的半封闭单螺杆压缩机一端还带有高效油分离器。使高压蒸气经油分离器分离润滑油后，排出压缩机。压缩机组更为紧凑。通常还向气缸内喷液体制冷剂，降低排气温度，使压缩机可在更高的压力比下工作。与双螺杆压缩机一样，单螺杆压缩机也可以增设补气口，使制冷系统采用带经济器的准双级压缩制冷循环，参见 2.6.5 节。

单螺杆压缩机除具有双螺杆压缩机的特点外，它与双螺杆压缩机相比的特点有：1）螺杆上下两侧同时进行着吸气、压缩和排气过程，受力平衡，振动更小，轴承寿命长；2）噪声比双螺杆压缩机小；3）轴效率（等熵效率）在相同工况下比双螺杆压缩机低。

3.4.3　名义工况

表 3-3 为我国标准规定的螺杆式制冷压缩机（包括双螺杆和单螺杆）的名义工况[9]，标准规定压缩机适用的制冷剂有 R717、R22、R134a、R404A、R407C、R410A。

螺杆式制冷压缩机名义工况①　　**表 3-3**

类型	蒸发温度(℃)	冷凝温度(℃)	吸气温度(℃)	过冷度(℃)
高温	5	50	15	0
		40		
中温	−15	45	−5 或−10②	0
		40		
低温	−35	40	−5 或−10②	0

注：① 高温、中温工况分高冷凝压力和低冷凝压力两种工况。

② 吸气温度−10℃用于 R717 制冷剂。

3.5　滚动转子式压缩机

3.5.1　滚动转子式压缩机的结构与工作原理

滚动转子式压缩机属于容积式、回转式压缩机，也称滚动活塞式压缩机。图 3-26 为这种压缩机的结构示意图。O 为圆形气缸的中心，也是偏心轴旋转的中心；转子的中心为 P，与气缸中心有一偏心距。当偏心轴以 O 为中心顺时针旋转时，带动偏心的转子绕 O

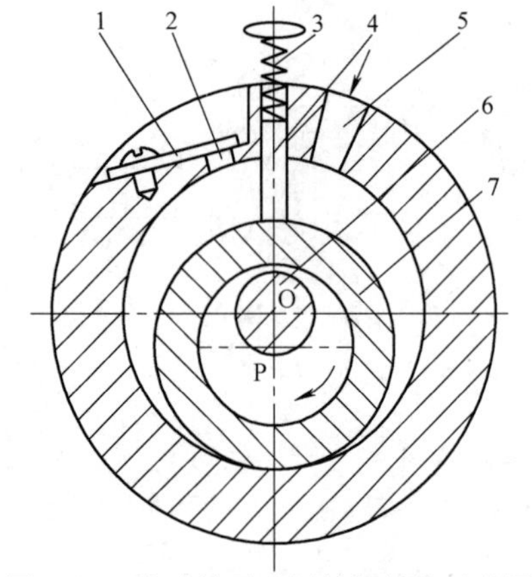

图 3-26　滚动转子式压缩机结构示意图
1—排气阀；2—排气口；3—弹簧；4—滑片；5—吸气口；6—偏心轴；7—转子

在圆形气缸内滚动。滑片在转子转动时可上下移动，靠弹簧力的作用始终保持与转子接触，并将气缸与转子间形成的容积分成两部分。滑片右侧月牙形容积与吸气口相通，制冷剂蒸气进入气缸，并随着转子在气缸内运动，吸气容积不断增大，滑片左侧月牙形容积随着转子的运动而逐渐缩小，制冷剂蒸气被压缩；当压力超过排气管内压力和排气阀弹簧力之和时，排气阀开启，开始排气；直到转子与气缸的啮合线脱离排气口时，排气结束，而此时吸气仍在进行，直到转子与气缸的啮合线脱离吸气口时，吸气结束，开始进行压缩，而同时进行着下一循环的吸气过程。由此可见，当主轴旋转一周，完成了一个吸气过程和上一循环的压缩—排气过程。对于吸入气缸的蒸气而言，主轴旋转两周才完成吸气、压缩和排气三个过程。

全封闭滚动转子式压缩机是目前常用的一种机型，主要用于房间空调器（一种用于房间的小型空调设备）和冰箱中。图 3-27 为全封闭立式滚动转子式压缩机。压缩机与电机立置（主轴立置）于密闭的钢壳中。润滑油贮存于机壳的下部，利用离心力的作用通过偏心轴的油道供油，润滑摩擦面。全封闭立式滚动转子式压缩机还可以做成双缸的。两个气缸上下叠置，两个转子由同一偏心轴驱动；在同一时刻，转子在气缸内的相位差 180°，即当一个气缸中转子位于图 3-26 所示位置时，另一个气缸中转子的中心 P 位于气缸中心 O 之上。这样，双缸压缩机的振动和噪声比单缸大为改善。

为了降低机组的高度而发展了全封闭卧式滚动转子式压缩机。卧式压缩机中的油位离轴较远，无法利用轴内的偏心油道离心供油。一般可利用吸、排气压差供油，也有利用滑片的往复运动设计成柱塞泵供油，其供油能力几乎与吸、排气压差无关，适宜在工况变化很大（如热泵）的条件下应用。滚动转子式压缩机的制冷量和轴功率也按式（3-16）、式（3-23）计算。其理论排气量为

$$\dot{V}_{th}=\frac{\pi}{4}(D_1^2-D_2^2)Ln/60 \tag{3-35}$$

式中　$\dot{V}_{th}$——滚动转子式压缩机的理论排气量，m^3/s；

D_1、D_2——分别为气缸和转子的直径，m；

L——转子长度，m；

n——转子转速，r/min。

实际排气量则为

$$\dot{V}_r=\eta_v\dot{V}_{th} \tag{3-36}$$

式中，η_v 为滚动转子式压缩机的容积效率，主要有下述三项容积损失：

（1）余隙损失　由于排气口与滑片间有一定距离，所以压缩后的蒸气不能被排净，即存在余隙。余隙中的残留物主要是润滑油，故余隙蒸气膨胀引起的容积损失较小。另外，

吸气口与滑片间也有一定距离，因此也有一小部分吸入的蒸气未被压缩。总体来说，滚动转子式压缩机余隙引起的容积损失比往复式压缩机小得多。

（2）预热损失 吸入的低压蒸气与温度较高的气缸、转子接触而被预热，比容增大，使吸入蒸气的质量减小。滚动转子式压缩机的月牙形工作容积的单位容积表面积比往复式压缩机气缸（圆筒形）的大，即接触面积大，且接触时间稍长，故预热损失引起的容积损失比往复式的大，是这类压缩机容积损失的主要部分。

（3）泄漏损失 滑片与转子的接触面、转子与气缸的啮合线、转子两端与气缸盖之间都可能产生泄漏。总的密封线长度比往复式压缩机要长，因此，这类压缩机对密封要求很高，现代高精度的工艺设备已确保了这类压缩机有良好的密封性能。

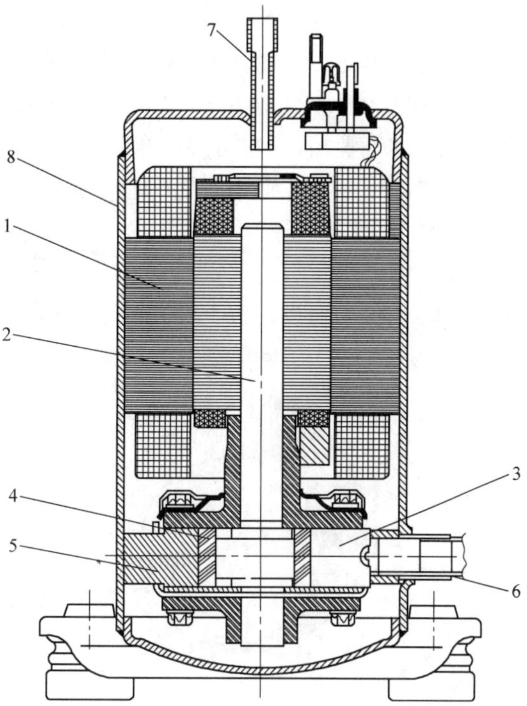

图 3-27 全封闭立式滚动转子式压缩机

1—电机；2—偏心轴；3—滑片；4—转子；5—气缸体；6—吸气口；7—排气口；8—机壳

滚动转子式压缩机没有吸气阀，故气缸吸气阻力小，对 η_v 的影响很小。总体说，滚动转子式压缩机的 η_v 比往复式压缩机的高，其值约为 0.7～0.9。影响上述三项容积损失的因素很多，有压缩机结构、转速、润滑状态、加工质量、磨损程度、压力比等。对于一定的压缩机，主要与压力比有关，压力比大，η_v 就小。滚动转子式压缩机没有吸气阀，而且蒸气从吸入、压缩到排出经偏心轴旋转 2 周才完成，使气体在气缸内流动速度减小，从而减少了蒸气流动阻力引起的能量损失。因此，等熵效率（轴效率）η_s 比往复式压缩机高 30%左右。

3.5.2 滚动转子式压缩机的能量调节

滚动转子式压缩机的排气量调节（能量调节）有两种方法：电机变速调节和旁通调节。电机变速调节又有两种方法：交流变频调速和直流调速。交流变频调速是利用异步电机与电源频率成正比的原理，采用变频器改变电源的频率而实现对异步电机的转速的调节。交流变频调速可实现无级调节，使压缩机始终保持合适的转速，控制的精度高，变频器的能量损失少。但变频时存在高次谐波对电网的污染，使电网电压的波形畸变，电源变压器能量损失增加，另外还产生高频电磁波，对仪表、通信设备产生干扰等。通常变频器中采取了抑制高次谐波的措施，不同的措施效果不一样，但都不能完全消除高次谐波的产生。直流调速的压缩机采用直流电机驱动。直流电机的定子与交流异步电机一样，是一个三相星形连接的绕组，但转子是由 4 块永久磁铁组成的 4 极转子。工作时定子绕组通以脉冲的直流电，产生旋转磁场，与转子的永久磁铁的磁场相互作用，使转子转动。转速的调节靠改变输入的直流电压实现。直流调速的原理是把 50Hz 的交流电转换为直流电，并送到功率模块主电路；功率模块输出电压可变的直流电，从而使直流电机变速。与交流变频调速相比，元器件大为减少，功率损耗也减少，而且电机无转子中的铜损和铁损，电机效率也较高。因此，采用直流无刷电机调速的压缩机，其能效比比变频调速高 10%～20%。

排气量旁通调节是在气缸端开一旁通孔（见图 3-28），旁通孔启闭由阀片控制。旁通管与吸、排气管相连，并有自动阀控制。当与排气管相连通时，旁通孔被关闭，压缩机全负荷工作；当与吸气管相连通时，旁通孔开启，气缸内部分气体将通过旁通孔和旁通管返回吸气侧，直到转子的侧面遮住旁通孔，转子才开始对气缸内气体进行压缩。从图 3-28 中可以看到，部分负荷比例与孔的位置有关。孔的位置距排气口愈近，压缩机排气量愈小。对同一台压缩机，由于开孔的位置是固定的，部分负荷的比例是一定的。

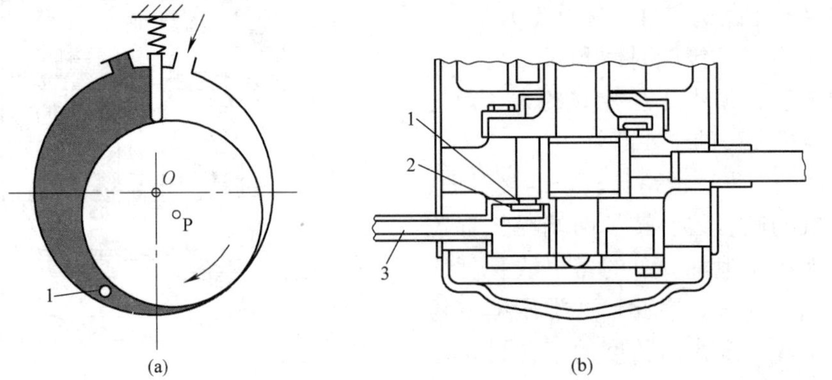

图 3-28　全封闭滚动转子式压缩机旁通调节

(a) 旁通孔位置示意图；(b) 旁通调节结构

1—旁通孔；2—阀片；3—旁通管

图 3-29 为双缸滚动转子式压缩机旁通调节原理图，在上下缸之间设一装有自动阀门的旁通管，当自动阀开启时，正进行压缩行程的下缸月牙形容积中部分气体将通过旁通管排入上缸正在进行吸气的月牙形容积中，直到下缸的转子遮住旁通口时，才开始对气体进行压缩，如图 3-29（a）所示；而图 3-29（b）表示了上缸月牙形容积中正进行压缩行程时，部分气体排入了下缸正进行吸气的月牙形容积中。因此，当主轴旋转一周时，上下缸轮流卸载。当自动阀门关闭时，上、下气缸不连通，压缩机全负荷工作。

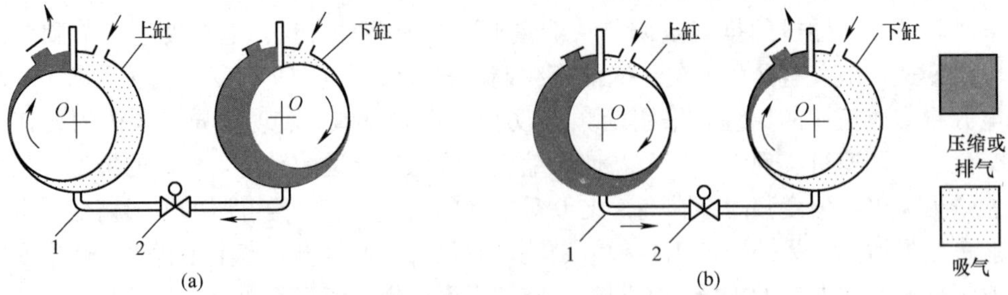

图 3-29　双缸滚动转子式压缩机旁通调节原理图

(a) 下缸卸载；(b) 上缸卸载

1—旁通管；2—自动阀门

3.5.3　滚动转子式压缩机的特点

滚动转子式压缩机的特点有：1）压缩机结构紧凑、零件少、质量轻；与同样制冷量的全封闭往复式压缩机相比，零件数量约为往复式的 60%，质量约为 50%～60%，体积约为 50%～60%[10]。2）容积效率和等熵效率都比往复式压缩机高（详见 3.5.1 节）。3）结构比较简单，运动部件少，可靠性高。4）运动平稳，噪声低。5）要求加工精度和装配精度高。

滚动转子式压缩机广泛应用于小型制冷装置中，如房间空调器、多联式空调机组、冰箱、冰柜等。最大的双缸全封闭滚动转子式压缩机的功率（配用电机）已达到 5kW 左右，制冷量约为 14kW（高温工况）。

3.6 涡旋式压缩机

3.6.1 涡旋式压缩机的结构与工作原理

涡旋式压缩机是容积型回转式压缩机中的一种。图 3-30 为一全封闭涡旋式压缩机的结构图。压缩机与电机直立放置。压缩机的定涡盘涡旋叶片与动涡盘的涡旋叶片组成月牙形工作容积（图 3-31）。涡旋叶片一般为圆的渐开线，定涡盘与动涡盘的渐开线是相同

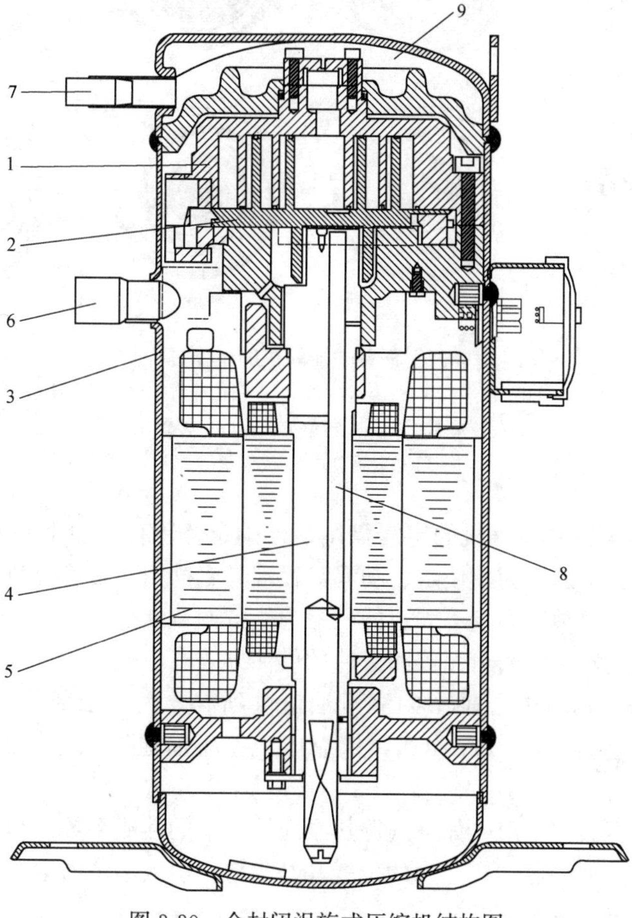

图 3-30 全封闭涡旋式压缩机结构图

1—定涡盘；2—动涡盘；3—壳体；4—偏心轴；5—电机；6—吸气口；7—排气口；8—润滑油道；9—排气腔

的，但相位差 180°，配合时有偏心距 e。当偏心轴旋转时带动动涡盘中心，以 e 为半径绕定涡盘的中心作公转（无自转的平移运动）。在动涡盘公转过程中，由定、动涡盘的涡旋叶片相互啮合形成的多个封闭工作容积从外向里移动，且容积不断缩小，实现了吸气—压缩—排气的过程，图 3-31 表示了涡旋式压缩机的工作过程。图 3-31 中（a)，最外层的 2 个对称的月牙形工作容积（阴影部分）被封闭，开始了压缩过程；随着偏心轴的旋转，阴影部分不断缩小，压力升高，且位置向中心靠近，直到两空间合而为一，压缩终了；并与定涡盘上开的排气孔相通，开始排气（见图 3-31g)，持续到阴影空间消失，排气结束。压缩后的气体经排气腔、排气口排出压缩机。在同一时刻，不同月牙形工作容积内的压力是不一样的，由外到里逐渐升高。涡旋式压缩机无吸、排气阀门，由工作容积压缩前后的内容积比决定了压缩前后的压力比，因此在排气时可能会有像螺杆式压缩机中的等容膨胀或等容压缩过程（参见 3.4.1 节）。

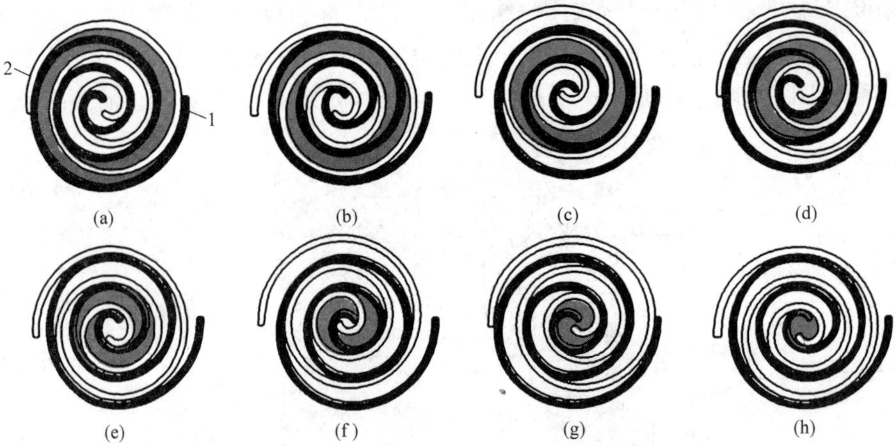

图 3-31　涡旋式压缩机的工作过程

(a) 转角 0°；(b) 转角 120°；(c) 转角 240°；(d) 转角 360°；(e) 转角 480°；

(f) 转角 600°；(g) 转角 720°；(h) 转角 840°

1—定涡盘；2—动涡盘

图 3-30 所示的涡旋式压缩机的定涡盘用螺栓固定。还有一种压缩机，定涡盘是不固定的，它靠定涡盘上下的压力差使定、动涡盘顶端与底槽相互紧密接触，使这些接触面密封，称为柔性密封。这种定涡盘不固定的压缩为能量调节创造了条件（参见 3.6.2 节）。

涡旋式压缩机的轴承、密封面等润滑油的供油方式有两种：一种方式如图 3-30 所示，依靠轴旋转的离心力通过偏心轴中的润滑油道供到需要润滑的部位；另一种方式是使底部的润滑油面上空间与排气腔连通，依靠压力差将油通过偏心轴油道供到需要润滑的部位。

为了提高在大压力比工况（如空气源热泵应用）下的性能系数，利用涡旋式压缩机在不同位置有不同压力的特点，在适当的位置开补气口，引入经济器中的闪发蒸气，实现准双级压缩制冷循环（参见 2.6.5 节）。

涡旋式压缩机除全封闭式外，还有半封闭式，即在压缩机上面部分的外壳采用螺栓连接，可拆开进行维修。还有在一个钢外壳内装 2 台涡旋式压缩机，其中一台是定速，另一台可变频调速。为降低压缩机的高度，也有卧式的涡旋式压缩机。

全封闭涡旋式制冷压缩机的名义工况见表 3-4。

全封闭涡旋式制冷压缩机名义工况 **表 3-4**

类型	蒸发温度(℃)	冷凝温度(℃)	吸气温度(℃)	过冷度(℃)	环境温度(℃)
高温	7.2	54.4	18.3	8.3	35
中温	−6.7	48.9	4.4	0	35
低温	−31.7	40.6	4.4	0	35

3.6.2 涡旋式压缩机的能量调节

涡旋式压缩机的能量调节（排气量调节）有以下几种方法：变速调节、脉冲宽度调节和旁通调节。变速调节可采用交流变频调速和直流调速（参见 3.5.2 节）。脉冲宽度调节的原理如图 3-32[11] 所示。这种调节方式是某公司的专利技术。它利用柔性密封的涡旋式压缩机定涡盘可上移的特点，使相邻的不同压力的月牙形工作容积连通，实现压缩机卸载。电磁阀关闭时，活塞上的小孔 5 使压力室 4 与排气腔 2 相通，活塞上、下压力均为排气压力，定涡盘在活塞重力、上方的排气压力共同作用下与动涡盘紧密接触，压缩机正常工作，即负载运行。当电磁阀开启，压力室与吸气管连通，活塞在下部的排气压力作用下往上移 1mm，导致不同压力的相邻的月牙形工作容积连通，压缩机无气体排出，即卸载运行。采用数字控制器控制电磁阀电信号的脉冲宽度，即可控制压缩机部分负荷的百分率。例如，若一个控制周期为 20s，电信号脉冲宽度为 6s，则 20s 中有 6s 是卸载运行，14s 为负载运行，在这一周期内，其平均的排气量为 14/20＝0.7，即压缩机的容量（排气量）为 70％；如脉冲宽度为 10s，则压缩机的容量为 50％。当然，在卸载运行中，虽然无压缩蒸气消耗的能量，但仍需消耗摩擦等能量。卸载时的耗功率约为满载时的 10％。压缩机的控制周期通常采用 10～20s。由于电磁阀频繁启动，要求其寿命长。目前该阀的寿命可达 40×10^6 次，大约可使用 30 年。这种采用数字控制器的脉冲宽度能量调节的涡旋式压缩机称为数码涡旋式压缩机。

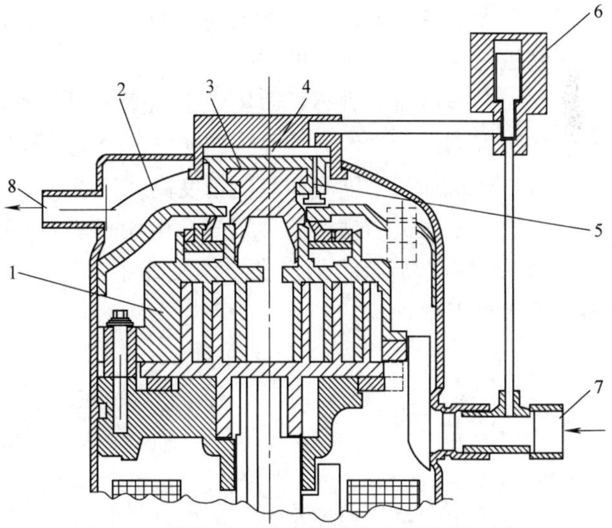

图 3-32 涡旋式压缩机脉冲宽度调节原理图

1—定涡盘；2—排气腔；3—活塞；4—压力室；5—小孔；6—电磁阀；7—吸气管；8—排气管

旁通调节是在定涡盘端面某一中间压力处开一对回流孔，使部分蒸气经轻微压缩后返回吸气侧，从而实现能量调节。

3.6.3 涡旋式压缩机的特点

涡旋式压缩机的特点有：

(1) 容积效率高。由于压缩机无吸、排气阀，节流的容积损失小；无余隙的容积损失；且相邻的两个工作容积压差小，泄漏量很小；另外涡旋叶片的外侧部分始终与吸入蒸气接触，壁面温度低，预热的容积损失很小。因此，这类压缩机的压力比在3.5～5.5范围内，其容积效率要比往复式高20%～24%。

(2) 等熵效率高。由于压缩机吸、排气阻力小，而且气体从吸入到排出需经多次平移转动才完成，气体在机内的移动速度小，因此流动的能量损失少；另外，有利于容积效率的因素也有利于能量效率。这类压缩机的等熵效率比往复式和滚动转子式压缩机都要高。

(3) 能效比高。由于这类压缩机容积效率和等熵效率都很高，因此它的 *EER* 高，全封闭式的 *EER* 一般在3.3以上（高温工况）。

(4) 振动小，噪声低。气体的压缩过程在互相对称的工作容积内完成，平衡性好；且吸气—压缩—排气的过程基本上同时和连续进行，偏心轴承受的力矩比较均衡，因此，这类压缩机的振动小，噪声低。

(5) 对湿压缩不敏感，适用于工况变化很大的热泵机组中。

(6) 零部件少，约为往复式的40%；质量轻，约比往复式轻15%。

(7) 要求加工精度高和装配精度高。

涡旋式压缩机的规格品种很多，电源有单相和三相。制冷剂有R22和R407C。最大容量为92kW（高温工况）。在空调工程中，这类压缩机通常用在多联式空调（热泵）机组、冷水机组中。

3.7 离心式压缩机

离心式压缩机是速度型压缩机。它最早出现在20世纪初，到1921年才用到制冷工程中。离心式压缩机一般用在大、中型制冷系统。

3.7.1 离心式压缩机的结构

图3-33为一台半封闭离心式压缩机的剖面图。蒸气轴向进入高速旋转的叶轮。在离心力的作用下，蒸气经叶轮中由叶片组成的流道从中心流向周边，速度增大，压力升高。然后进入扩压器中，蒸气减速，压力增加。经压缩后蒸气汇集到蜗壳中，再排出压缩机。离心式压缩机叶轮旋转速度很高，一般在3000～25000r/min。当转速超过3000r/min时需设置增速齿轮。

离心式压缩机有单级和多级之分。图3-33所示的是单级离心式压缩机，主轴上只有一个叶轮。多级离心式压缩机主轴上串联多个叶轮，蒸气经第一级叶轮压缩后进入第二级叶轮，再依次进入下一级叶轮。这种多级离心式压缩机可获得较大的压力比；并可在级间增加经济器，以提高性能系数。目前空调用的离心式压缩机有2级和3级叶轮的，工业中低温制冷的离心式压缩机的级数更多。

离心式压缩机的扩压器有两种：无叶和有叶扩压器。无叶扩压器是一个结构简单的环形空间；有叶扩压器中设有叶片，引导气体流动。图3-33中进口导叶用于压缩机能量调节（参见3.7.4节），导叶电机用于转动导叶，可实现自动调节。离心式压缩机有开启式和半封闭式之分，图 3-33 为半封闭式，电机与离心式压缩机置于封闭壳体中。电机需要冷却，通常用直接喷液进行冷却。这种冷却方式温度均匀，冷却效果好，可使用体积较小的电机，但需损失一些制冷量。开启式离心压缩机的轴伸出机壳，需设置机械密封装置，以防止制冷剂泄漏。开启式压缩机的增速齿轮可以在压缩机的机壳内，也可以在机壳外。开启式与半封闭式相比，各有优缺点。半封闭式的优点是结构紧凑，体积小；密封性能好；噪声低。开启式的优点是电机用空气冷却，能耗低；可采用多种动力驱动，如中压电力、蒸汽透平、燃气机等。

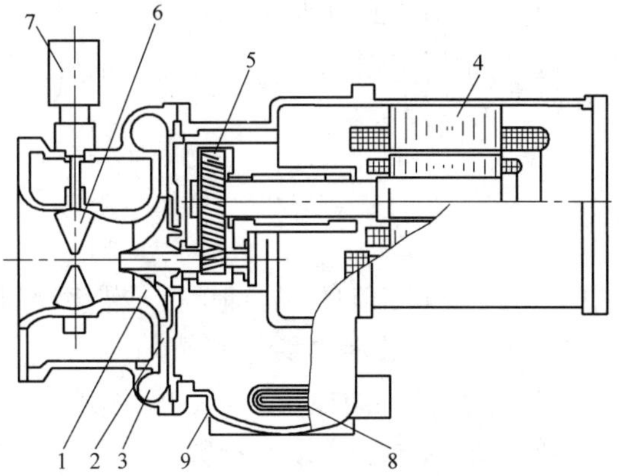

图 3-33 半封闭离心式压缩机剖面图

1—叶轮；2—扩压器；3—涡壳；4—电机；5—增速齿轮；6—进口导叶；7—导叶电机；8—电加热器；9—油箱

离心式压缩机中设有油泵（图 3-33 中未表示），将润滑油供到增速齿轮及各轴承。为防止在停机时油温低而有过多的制冷剂溶解于油中（降低润滑油的黏度），机组底部的油箱中设有电加热管，由温度控制器控制其工作。

3.7.2 离心式压缩机的工作原理

在离心式压缩机中通常把单位质量制冷剂的功（或能量）称为“能量头”，其单位为 J/kg(kJ/kg) 或 m^2/s^2。了解离心式压缩机的工作过程，需从制冷剂压缩需要的能量和叶轮提供给制冷剂的能量两个方面进行讨论。

3.7.2.1 离心式压缩机压缩制冷剂需要的能量头和功率

离心式压缩机中进行的是一个连续的压缩过程。压力的升高是靠气体高速圆周运动产生的离心力实现的。一个实际的压缩过程除了提高压力（压缩）消耗功外，还需克服气体在机内高速流动的摩擦阻力和局部阻力而消耗一些功，以及叶轮外圆周与周围气体摩擦和高压气体向低压侧的内泄漏而消耗一些功，这些摩擦、泄漏等额外消耗的功又转变为热能进入气体中，使气体的熵增加，压缩过程是一个熵增的多变压缩过程，多变指数 $n>k$（绝热指数）。图 3-34 是在 $\lg p$-h 图上的单级离心式压缩机的压缩过程，其中 1-2 为实际压缩过程，1-2s 为理想的等熵压缩过程。离心式压缩机的流量都很大，机体向周围的散热相对于流量来说可以忽略不计。另外，忽略压缩机进出口势能与动能的差异，则根据稳定流动能量方程式有

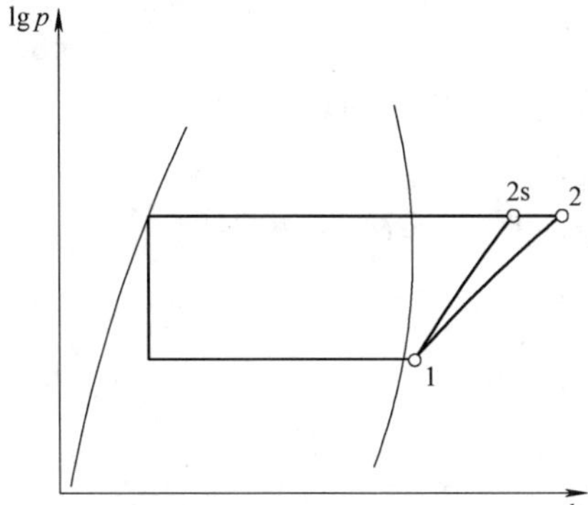

图 3-34 $\lg p$-h 图上单级离心式压缩机压缩过程

$$\dot{W}_i=\dot{M}_r(h_2-h_1) \tag{3-37}$$

式中 $\dot{W}_i$——离心式压缩机的内功率，W（或 kW）；

h_1、h_2——制冷剂蒸气进出口的比焓，J/kg（或 kJ/kg）；

$\dot{M}_r$——压缩机的制冷剂质量流量，kg/s。

离心式压缩机的内功率可以看作由两部分组成：多变压缩消耗的功率和内部损失消耗的功率，通常用多变效率 η_p 来衡量压缩机内部的多项损失，它定义为

$$\eta_p=\frac{1}{(h_2-h_1)}\left(\int_{p_1}^{p_2} v\mathrm{d}p\right)_p \tag{3-38}$$

并令

$$w_p=\left(\int_{p_1}^{p_2} v\mathrm{d}p\right)_p \tag{3-39}$$

式中　w_p——多变能量头，即单位质量多变压缩功，J/kg（或 kJ/kg）；

右下角"p"表示"多变（polytropic）"。

多变效率 η_p 大约在 0.7～0.84 之间。对大型压缩机及分子量大的制冷剂，η_p 要高些，一般可取 0.76。当多变指数 n 已知时，多变能量头可根据式（3-39）的积分确定，有关多变指数的确定请参阅文献［12］。

利用制冷剂热力图表比较容易确定等熵压缩消耗的功，因此也可以根据等熵压缩功来计算离心式压缩机消耗的功。定义等熵效率 η_s 为

$$\eta_s=\frac{1}{(h_2-h_1)}\left(\int_{p_1}^{p_2} v\mathrm{d}p\right)_s=\frac{h_{2s}-h_1}{h_2-h_1} \tag{3-40}$$

式中　h_{2s}——等熵压缩终了的比焓，即图 3-34 上点 2s 的比焓，J/kg（或 kJ/kg）；

右下角的"s"表示"等熵"。

等熵效率 η_s 比 η_p 小，大约在 0.62～0.83 之间。多变能量头与单位质量等熵压缩消耗的功之间的关系为

$$w_p=(h_{2s}-h_1)\eta_p/\eta_s \tag{3-41}$$

离心式压缩机的轴功率还需要考虑增速齿轮、轴承等摩擦消耗的功率，这部分功率通常用机械效率 η_m 来衡量，η_m 一般为 0.95～0.98 之间。因此，压缩机的轴功率为

$$\dot{W}_s=\dot{W}_i/\eta_m \tag{3-42}$$

3.7.2.2　离心式压缩机叶轮提供的能量头

上面分析了对制冷剂蒸气进行多变压缩需要的能量。这些能量是通过高速旋转的叶轮传递给蒸气的。那么，什么样的叶轮才能传递这些能量呢？下面讨论这个问题。

图 3-35 为一后弯叶片叶轮中的速度图，根据欧拉方程有

$$w_{th}=u_2c_{2u}-u_1c_{1u} \tag{3-43}$$

式中　w_{th}——叶轮理论能量头，即叶轮理论上给予单位质量制冷剂的功，J/kg；

u_1、u_2、c_{1u}、c_{2u} 见图 3-35 所注，单位均为 m/s。

一般离心式压缩机中，蒸气通常近似径向进入叶轮，即 $c_{1u}\approx 0$，并根据图 3-35，上式可写成

$$w_{th}=u_2c_{2u}=u_2^2\left(1-\frac{c_{2r}}{u_2}\mathrm{ctan}\beta_2\right)=\psi u_2^2 \tag{3-44}$$

式中　ψ——周速系数；

其他符号见图 3-35。

周速系数 ψ 的大小表示了压缩机提供的能量头达到最大值 u_2^2 的程度。叶轮提供的理论能量头中，主要用于提高蒸气压力的多变能量头，还有一部分消耗于摩擦与涡流等的损

失，用水力效率 η_h 来衡量这部分能量损失，即有

$$w_p=\eta_h\psi u_2^2=\mu u_2^2 \tag{3-45}$$

式中，$\mu=\eta_h\psi$ 称为多变功系数，约为 0.42～0.74，估算时可取 0.55[12]。

从式（3-45）可以看到，叶轮提供的能量头在很大程度上取决于圆周速度 u_2，u_2 愈大，提供的多变能量头愈大。但 u_2 的提高受材料强度和气体动力特性的限制。从叶轮的强度考虑，u_2 一般不超过 300m/s，大约可提供 50kJ/kg 多变能量头。气体动力特性的限制是指叶轮流道内的流速不能超过声速。如果超过声速就会出现冲击波和气体脱离叶片的现象，流动阻力急剧增加（η_h 下降），叶轮供应的多变能量头急剧下降。为此，要求马赫数（$M_{u2}=u_2/a_1$）不要太大，一般为 1.3～1.5。其中叶轮入口处的声速 a_1（m/s）为

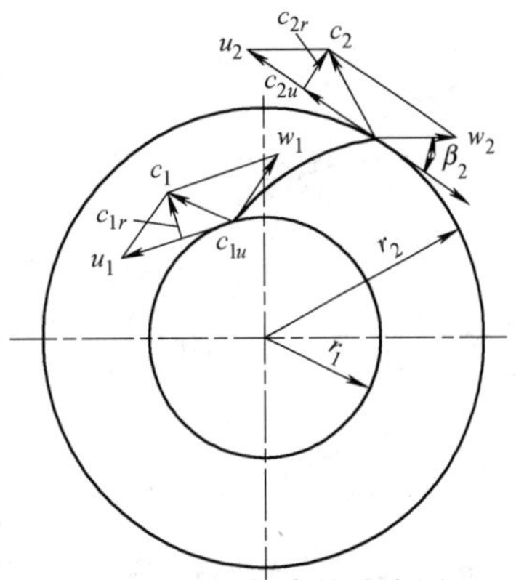

图 3-35 叶轮中的速度图

c_1、c_2—进、出口绝对速度；u_1、u_2—进、出口圆周速度；w_1、w_2—进、出口的相对速度，与叶片相切；c_{1r}、c_{2r}—进、出口处 c_1、c_2 在径向的分速度；c_{1u}、c_{2u}—进、出口处 c_1、c_2 在圆周切线方向的分速度；β_2—叶片出口角

$$a_1=\sqrt{kRT_1} \tag{3-46}$$

式中 k——蒸气的绝热指数；

T_1——叶轮入口处蒸气温度，K；

R——蒸气的气体常数，$R=8314/\mu$，μ 为分子量。

由式（3-46）可见，分子量小的制冷剂（如 R717），a_1 就大，即允许有较大的 u_2；u_2 的限制主要受材料强度的限制；而分子量大的制冷剂（如 R123、R134a 等卤代烃类制冷剂），a_1 小，u_2 的提高主要受气体动力特性限制。例如，R123 在的 $t_1=10$℃的 $a_1=123$m/s，若 $M_{u2}=1.5$，则 $u_2=184.5$m/s，远小于强度允许的 u_2。

3.7.3 离心式压缩机的特性曲线

式（3-44）中叶轮出口处的径向分速度 c_{2r} 应为

$$c_{2r}=\frac{\dot{V}_r}{A_2}\frac{v_2}{v_1} \tag{3-47}$$

式中 $\dot{V}_r$——离心式压缩机吸入状态下的容积流量，m^3/s；

v_1、v_2——分别为叶轮吸入口和出口的蒸气比容，m^3/kg；

A_2——叶轮出口（外圆周）面积，m^2。

将式（3-47）代入式（3-44）中，有

$$w_{th}=u_2^2\left(1-\frac{\dot{V}_r v_2}{A_2 v_1 u_2}\mathrm{ctan}\beta_2\right) \tag{3-48}$$

上式表示了理论能量头与流量的关系。对于一定结构、转速的压缩机，式中 u_2，A_2，β_2 都是常数，v_2/v_1 的变化也不大，则理论能量头与容积流量成直线关系。对于后弯叶片（$\beta<90°$），w_{th} 随着 $\dot{V}_r$ 增加而减少，在 w-$\dot{V}_r$（能量头-流量）坐标图上是一条斜

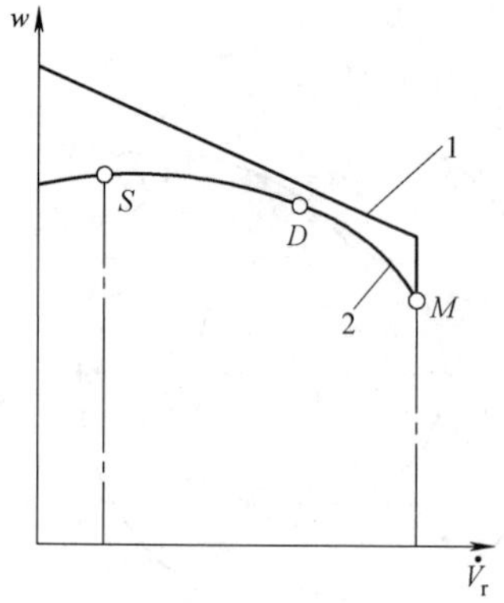

图 3-36　离心式压缩机特性曲线
1—理论能量头曲线（式（3-48））；
2—多变能量头

率为负的直线，如图 3-36 上直线 1。图上曲线 2 是考虑水力损失后的多变能量头。曲线上 D 点为设计状态点，该点效率最高。M 点是最大的流量点，大于 M 点的流量，叶轮入口处的流速将会达到声速，流动损失急剧增加，大量涡流阻塞该处；流量不再增加，效率急剧下降，该点的工况称滞止工况。S 点为喘振点，小于该点的流量，蒸气在叶轮流道内分配不均匀，气流发生严重脱离叶片的现象，叶轮输出的能量头急剧下降导致气体倒流；此时冷凝器内压力下降，叶轮又恢复排气，而后又发生倒流。如此周期性地反复进行，这种现象称为“喘振”。发生喘振时，产生很大的噪声和振动，甚至导致压缩机损坏。S 点与 M 点之间才是压缩机的稳定工作区。

3.7.4　离心式压缩机的调节

在离心式压缩机中常用的能量调节（排气量 $\dot{V}_r$ 调节）的方法有三种：导叶调节、转速调节和热气旁通调节。

3.7.4.1　导叶调节

离心式压缩机调节叶轮入口导叶角度的特性曲线参见图 3-37。图中给出了叶轮入口导叶不同角度的特性曲线，全开（100%）相当于引导气流垂直进入叶轮；当不同导叶预旋角度后，根据式（3-43），叶轮输出的能量头将减小，同时进入叶轮的蒸气流量亦减小（c_{1r} 减小）。图中 A-B-C-D-E 为系统的特性。在制冷系统中，冷凝器与蒸发器的面积是不变的，若制冷要求的温度和冷却水温度不变，在部分负荷（$\dot{V}_r$ 减小）时，必然导致蒸发温度（压力）上升，冷凝温度（压力）下降，即压缩蒸气需要的能量头减小。在空调系统中，在部分负荷时，室外温度也降低了，即冷却水的温度下降，最终导致冷凝温度（即压缩需要的能量头）减小。故系统特性一般是一条斜率为正的直线。从图中可以看到，该压缩机在图示的系统特性条件下，仅能在 B-D 区间稳定工作，若再继续减少流量，则可能产生喘振。图内 η 表示额定工况下压缩机的效率；在 B-D 区间的部分负荷下压缩机的效率在 $0.74\eta \sim \eta$ 间变化。

导叶调节是应用最为普遍的调节方法。它的优点是控制简单，可实现无级能量调节，投资少。但随着负荷的降低，压缩机的效率也有所下降；另外也应注意在低负荷出现喘振的可能。

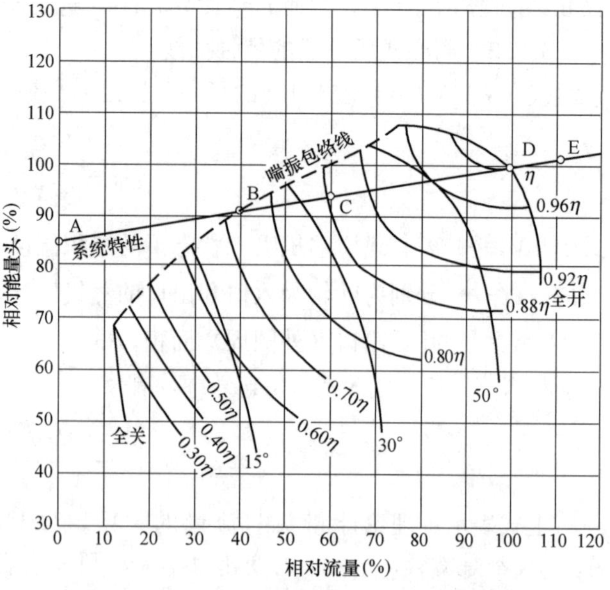

图 3-37　离心式压缩机导叶调节的特性曲线

3.7.4.2 转速调节

图 3-38 为离心式压缩机转速调节的特性曲线。图 3-37 与图 3-38 是同一台压缩机两种调节方法的特性曲线。图 3-37 中导叶全开的特性曲线即是图 3-38 中额定转速为 n 的特性曲线。在图 3-38 中分别给出了转速为 $1.1n$、$0.9n$、$0.8n$、$0.7n$ 时的特性曲线；系统特性 A-B-C-D-E 也与图 3-37 相同。不难看到，转速调节稳定工作范围为 C-E。与导叶调节相比，调节范围较窄，图 3-37 中稳定工作点 B 已在图 3-38 中的喘振区了，但它可以超负荷运行。转速调节的方法有多种，当采用汽轮机驱动时，可直接改变汽轮机转速。若采用电机驱动，可用电磁离合器调速、串级调速、变频调速等。电磁离合器调速，投资较少，但效率低些。

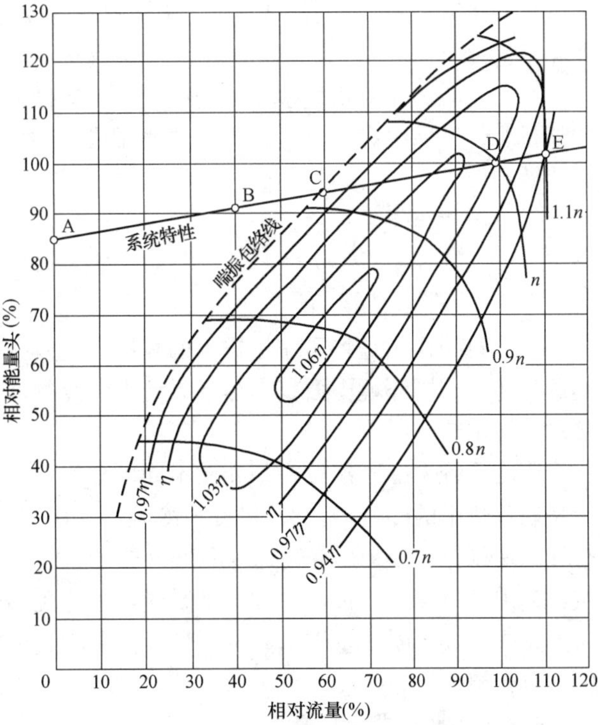

图 3-38 离心式压缩机转速调节的特性曲线

3.7.4.3 热气旁通调节及其他调节

热气旁通调节是指从压缩机出口引出一部分蒸气，经节流后旁通到压缩机吸入口，从而减少了排气量。为防止吸入蒸气过热度太大，有时需喷液体制冷剂进行冷却。这种调节方法能量损失大，不能作为常规的调节。但由于它不会发生喘振，因此可作为导叶调节或转速调节在低负荷（喘振包络线左侧）区域中的辅助调节手段。

除了上述调节方法外，还有吸气节流调节、调节有叶扩压器叶片角度或无叶扩压器的宽度等的调节方法；也有将转速调节与导叶调节两者相结合的调节方法等。

3.7.5 离心式压缩机的特点

离心式压缩机有较高的转速，因此排气量大，适用于大制冷量的制冷系统中。它的主要优缺点有：

（1）结构紧凑，质量轻，占地面积小。

（2）易损件少，工作可靠，维护费用低。

（3）运行平稳，振动小，噪声小，基础简单。

（4）制冷系数高，性能好的离心式冷水机组在名义工况下的性能系数 *COP*（制冷量/输入功率）已大于 6（参见 5.2.1 节），一般的 *COP* 都大于 5[3]。

（5）能经济合理地使用多种能源，如使用工业废气的汽轮机来驱动，或用燃气轮机驱动；大型的电机驱动的离心式压缩机可用 6kV 的高压电源。

（6）离心式压缩机适用的工况范围比较窄。即一台结构一定的压缩机只能适应一种制冷剂在某一比较窄的工况范围内工作。因此，不宜用于冬夏季都用且工况差异较大（压缩需要的能量头相差大）的热泵系统中，它只宜用于或夏季制冷或冬季制热的系统中。

（7）离心式压缩机转速高，对材料的强度要求高，加工精度和制造质量要求严格。

（8）离心式压缩机大多是大型机组，不宜做成小型机。因为离心式压缩机为获得需要的能量头，转速很高，流量很大，如要做成小型机，要求流量小，则流道狭窄，能量损失大，效率低。

3.8 冷 凝 器

冷凝器的作用是将压缩机排出的高压蒸气冷凝成液体。在制冷系统中，冷凝器将冷凝热量传递到周围环境中去；在热泵系统中，冷凝器是供热设备，或对热媒进行加热，或直接对房间供热。

制冷系统中冷凝器按冷却介质不同可分为：1）水冷式，用水作冷却介质；热泵系统中是制备热水的冷凝器。2）风冷式冷凝器，用空气作冷却介质；热泵系统中是直接加热空气的冷凝器。3）水-空气式冷凝器（热泵系统不用此类冷凝器），用水和空气作冷却介质，其中又可分为两种，一种为淋激式，其冷凝热量靠水的温升和水蒸发所带走；另一种为蒸发式，其冷凝热量靠水蒸发所带走。淋激式冷凝器在建筑冷源系统中没有应用，本书中不再介绍。

3.8.1 水冷式冷凝器

按结构形式可分为以下三种：

3.8.1.1 壳管式冷凝器

图 3-39 为卧式壳管式冷凝器结构示意图。在钢板卷制成的圆筒形壳体的两端焊接有管板，在管板上胀接或焊接传热管簇；两端用端盖封闭。端盖内有分隔板，将传热管簇分成几个管组。冷却水（热泵中为热水回水）从右端盖下部进入，依次经每个管组（或称几个流程）后，从同一端盖上部流出，图 3-39 所示的冷凝器为两流程。采用多流程后，可提高管内流速，增强换热。卤代烃类制冷剂冷凝器的传热管采用管外有低肋的铜管，管内水流速度一般为 1.7～2.5m/s。氨冷凝器的传热管采用无缝钢管，管内水流速度一般为 0.8～1.2m/s。氨冷凝器的底部还经常设有集油罐，以定期放出不溶于氨的润滑油。

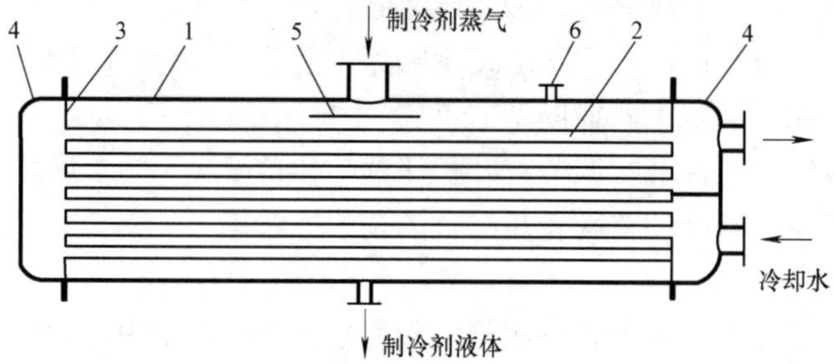

图 3-39 卧式壳管式冷凝器结构示意图

1—壳体；2—传热管簇；3—管板；4—端盖；5—挡板；6—压力表接口

制冷剂蒸气从外壳的上部进入，在入口处设钻有小孔的挡板，以使蒸气在壳体内向左、右扩散后比较均匀地分布在管簇上。此外，根据系统的情况和制冷剂的特点，在冷凝器上还可能有一些其他接口，如安全阀接口、平衡管接口（与储液器组成连通器时用）、放空气管接口、放油接口等。

卧式壳管式冷凝器的传热性能好，管理维护方便，是应用比较普遍的一种冷凝器，可用于3～35000kW的小、中、大型系统中。在制造厂组装成整机的水冷式制冷机组（如冷水机组、空调机组等）中经常使用这类冷凝器。

壳管式冷凝器的另外一种形式是立式，与卧式的区别是圆筒立置；上部无端盖，而是敞开的配水箱，把冷却水分配到传热管内；下部也无端盖，使经传热管吸热后的冷却水流入下部的水池。立式冷凝器只用于大中型氨制冷系统中；通常安装在室外，占地面积少，详细结构参阅文献[5]。

3.8.1.2 套管式冷凝器

图3-40为套管式冷凝器的结构示意图，其结构特点是在一根大直径的金属管（一般为无缝钢管）内装一根或数根小直径的铜管（光管或低肋铜管）；然后再盘成圆形或椭圆形。冷却水在小管内自下而上流动，制冷剂在大管内、小管外自上而下流动。冷却水与制冷剂呈理想的逆流换热。这种冷凝器总长不宜过大，否则，不仅冷却水流动阻力大，而且由于下部集聚较多的冷凝液而使得传热管面积不能充分利用。

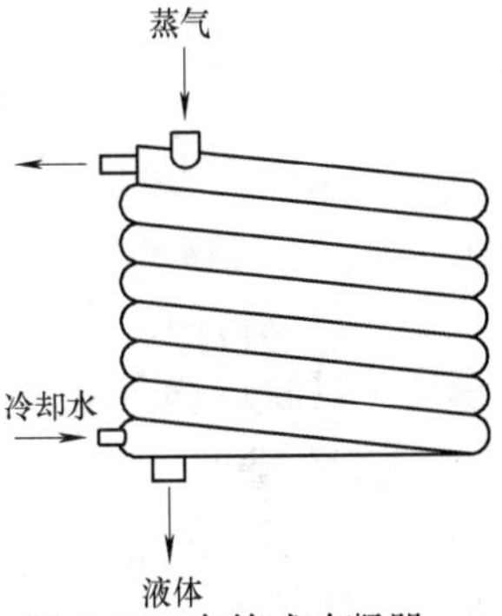

图3-40 套管式冷凝器结构示意

套管式冷凝器与卧式壳管式冷凝器相比的优点是结构简单、紧凑，易于制造，占地少，传热性能好，可获得较大的过冷度。它的缺点是冷却水的流动阻力大，金属耗量大。这类冷凝器适用于1～180kW范围内的小型系统中。

3.8.1.3 焊接板式冷凝器

焊接板式冷凝器由若干张波纹板片组成，板间距一般为2～5mm，板的两侧分别是制冷剂和冷却水的流道。板与板之间全部采用焊接连接，称全焊接板式冷凝器；或两张一组焊接在一起（其间的通道走高压的制冷剂），然后将各组紧压组合在一起，彼此之间用密封垫片密封（其间通道走冷却水），称半焊接板式冷凝器。图3-41为焊接板式冷凝器。在冷凝器的一侧有四个接口，制冷剂蒸气从上部右侧接口进入，冷凝液从同侧的下部排出；冷却水从下部的左侧进入，从同侧的上部排出；制冷剂与冷却水呈理想的逆流换热。当制冷剂系统中含有不凝性气体时，会大大降低传热系数，通常尽量降低冷凝器内的液位，以使不凝性气体随液体排出。降低液位的办法是在系统内设储液器。降低液位还可以避免冷凝液淹没部分传热面积而降低换热能力。

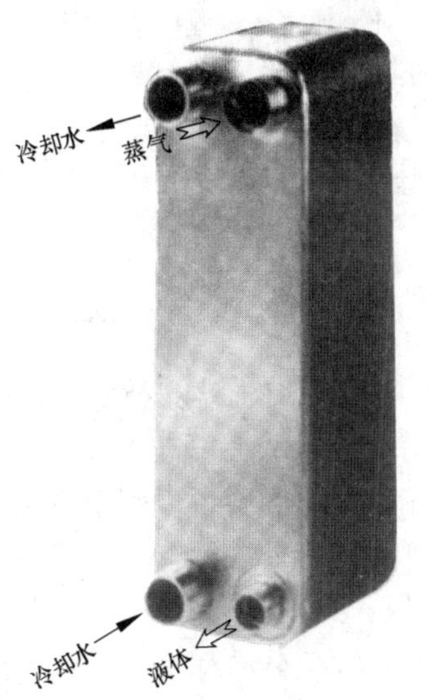

图3-41 焊接板式冷凝器

焊接板式冷凝器与卧式壳管式冷凝器相比的优点有：结构紧凑，质量轻，传热性能好，由于内部空间小，故制冷剂充注量少。缺点有：内部渗漏不易发现，如有漏点，焊接板式冷凝器就无法修复；由于板间距小，冷却水中有杂质时易堵塞，板间的水垢不易清除，因此焊接板式冷凝器对水质要求高。焊接板式冷凝器常用于1.2～350kW范围内的系统中。

3.8.2 风冷式冷凝器

风冷式冷凝器按空气侧的换热方式分，有自然对流式和强迫对流式两类。自然对流式的风冷式冷凝器的传热系数低，一般仅用于小型制冷机中，如电冰箱、冷藏柜等。

强迫对流换热的风冷式冷凝器是空调机、冷水机组、热泵等机组常用的冷凝器，其结构如图 3-42 所示。在卤代烃制冷剂的制冷系统中都采用在铜管上套整张铝肋片结构。制冷剂在管内冷凝，空气在风机动力作用下从管外肋片间流过，带走冷凝热量。铝片厚度一般为 0.12～0.2mm，片距为 1.5～3.5mm；为增强铝片的刚度和增加对气流的扰动，铝片都冲压成波纹片或条缝片。沿空气流动方向的管排数一般为 2～6 排。管簇可以是顺排或叉排，叉排的传热系数高于顺排。铜管有光管和内螺纹管两类，后者的传热系数（以管外计）比前者约增加 10%～20%。风冷式冷凝器可以是直立布置（见图 3-42）、V 形布置或水平布置。直立布置有平直形（见图 3-42）和 L 形、U 形（俯视图上呈 L 形、U 形）。直立布置用于小型制冷或热泵机组中。风冷式冷凝器与水冷式冷凝器相比的优点有：它组成的制冷或热泵机组，系统比较简单；一般不会被腐蚀，尤其在空气有污染的工厂区，空气中的污染物通过冷却塔溶入冷却水中，进而腐蚀管路与设备，而风冷式冷凝器就不受其影响。其缺点有：风冷式冷凝器的传热系数小，为减小传热面积，通常采用较大的传热温差，因此它的冷凝温度比水冷式冷凝器（用冷却塔的冷却水）高，在同一地区约高 7～16℃（与地区的室外干、湿球温度有关）；因此，同一制冷量所需匹配的制冷压缩机的容量，风冷式大于水冷式的；风冷式机组的运行费用及设备费用均高于水冷式机组。风冷式冷凝器适宜用于缺水地区或用水冷不适合的场所（如家用空调器），以及空气源热泵机组中，适用于 2～1800kW 的系统中。

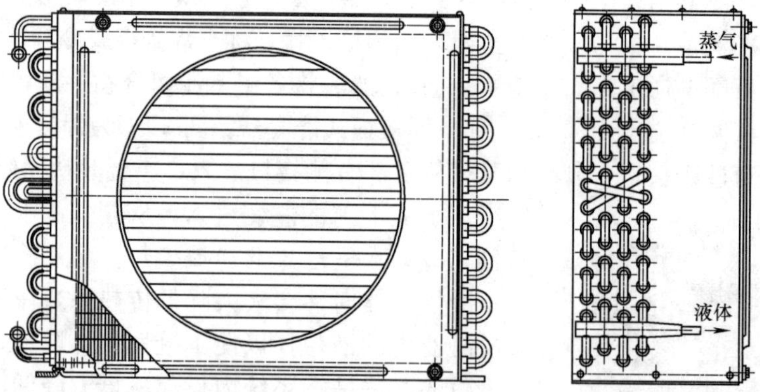

图 3-42　风冷式冷凝器

3.8.3　蒸发式冷凝器

蒸发式冷凝器按风机的位置不同有吸入式和压送式两种类型，如图 3-43 所示。冷凝器的传热面是由钢管、铜管或不锈钢管制成的蛇形盘管。制冷剂蒸气从上部进入管内，冷凝后的液态制冷剂从盘管的下部排出。所有管都稍向制冷剂流动方向倾斜，以利于冷凝液排出。冷却水由水泵从水盘吸出，经淋水装置的喷嘴均匀喷洒于盘管外表面上。盘管表面的水膜吸收由管内传出的冷凝热量；而后与逆流而上的空气进行热质交换，冷凝热量随部分水的蒸发而迁移到空气中去，热湿空气从上部排到环境中去，大部分冷却水又落入下部水盘。为防止空气带走蒸发的水滴，上部装有挡水板。挡水板通常用聚氯乙烯（PVC）板制成。风机装在上部，盘管位于风机吸入端，称吸入式，由于其气流均匀通过盘管，传热效果好，但风机电机在高温、高湿环境下工作，易发生故障。风机装在下部，盘管位于风机的压出端，称压送式，其优缺点与吸入式相反。

有时在挡水板上部安装1排或2排翅片管，对过热蒸气进行预冷，去除过热度，如图3-43（a）所示。其作用有：使进入盘管的制冷剂温度降低到接近饱和温度，可减轻盘管外表面结垢；充分利用排出空气及所夹带的雾状水滴的冷却作用。

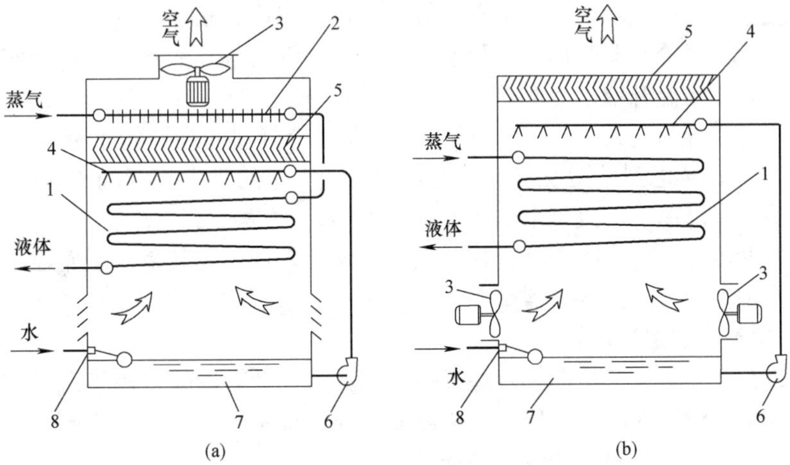

图3-43　蒸发式冷凝器结构示意图

（a）吸入式；（b）压送式

1—盘管；2—预冷翅片管；3—风机；4—淋水装置；5—挡水板；6—水泵；7—水盘；8—浮球补水阀

为使下降的水进一步蒸发冷却，有的蒸发式冷凝器盘管下面增加一层冷却塔的填料层，它的作用是降低喷淋水的温度。图3-44为改进型的蒸发式冷凝器：盘管/填料型蒸发式冷凝器[12]，国内已有多家公司生产这种冷凝器。它是在吸入式蒸发冷凝器中加入一组冷却塔的填料层，它由PVC波纹板组成。冷凝器的上部相当于吸入式的蒸发冷凝器，下部相当于冷却塔。在风机作用下，室外空气向下掠过盘管（与喷淋水顺流），然后经挡水板进入右侧的静压箱。冷却水经盘管后流入下部的冷却塔填料层中被另一股空气流冷却。因此，喷淋在盘管上冷却水的水温比常规蒸发式冷凝器的要低；可以比常规蒸发冷凝器获得较低的冷凝温度。

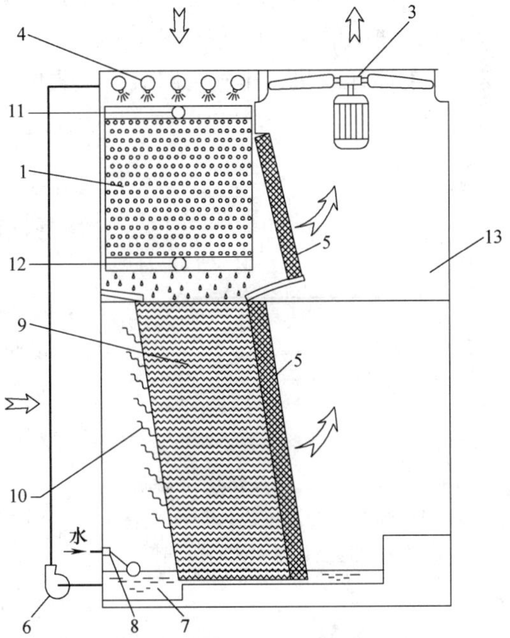

图3-44　盘管/填料型蒸发式冷凝器

1、3～8同图3-43；9—填料层；10—进风导向叶片；11—制冷剂蒸气入口；12—制冷剂液体出口；13—静压箱

蒸发式冷凝器的盘管大多用不带翅片的光管制成，因光管不易结垢，而且易于清除外表面污垢。为提高换热性能，有些公司生产的冷凝器采用椭圆管或波节管。

盘管的材质是碳钢时，需对表面进行热镀锌防腐。

蒸发式冷凝器的循环水由于水不断蒸发，水中的矿物质和其他各种杂质的含量增加，因此必须定期检查水质，定期排污和清洗水盘，这样才能较好地控制水质和减缓结垢。水质太差的地区，应考虑软化处理（参见 13.12 节）。

蒸发式冷凝器与水冷式冷凝器加冷却塔组合相比的优点是结构紧凑；冷却水循环水泵的流量、扬程小，因此耗功率小；可获得较低的冷凝温度。缺点是制冷剂管路长，制冷剂充注量较多。蒸发式冷凝器与用直流供水（江、河、湖水等）的水冷式冷凝器相比，耗水量少。因为后者靠水温升带走冷凝热量，1kg 水温升 6～8℃，只能带走 25～35.5kJ 的热量；而 1kg 水蒸发能带走约 2450kJ 的热量。蒸发式冷凝器的理论耗水量仅为水冷式冷凝器的 1/98～1/68，考虑到排污及飘水损失，实际耗水量约为水冷式的 1/50～1/40。蒸发式冷凝器的冷凝温度高于直流供水的水冷式冷凝器。

蒸发式冷凝器与风冷式冷凝器相比，其冷凝温度较低，尤其是在干燥地区更明显，但运行管理、维护不如风冷式冷凝器简单。

3.8.4　冷凝器的选择计算

冷凝器选择计算的任务是选择合适的冷凝器类型和计算冷凝器传热面积，确定定型产品的型号与规格。对于水冷式和风冷式冷凝器，还需确定冷却介质的流量。

水冷式和风冷式冷凝器的传热面积计算公式为

$$\dot{Q}_c = KA\Delta t_m \tag{3-49}$$

式中　$\dot{Q}_c$——冷凝器的热负荷（冷凝热量），W；

K——冷凝器的传热系数，W/(m^2 · ℃)；

Δt_m——冷凝器的平均传热温差，℃；

A——冷凝器的传热面积，m^2。

如果忽略压缩机、排气管路表面散失的热量，冷凝器的热负荷（冷凝热量）应为

$$\dot{Q}_c = \dot{Q}_e + \dot{W}_i \tag{3-50}$$

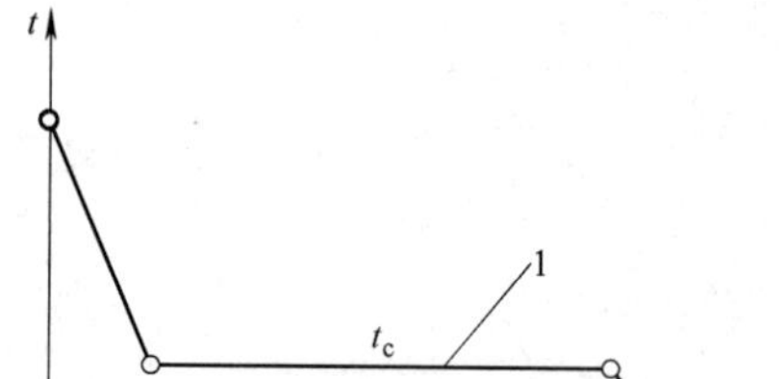

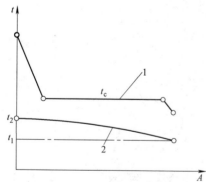

图 3-45　水冷式、风冷式冷凝器制冷剂和冷却介质的温度沿传热面变化
1—制冷剂温度；2—冷却介质温度

式中，$\dot{Q}_e$ 和 $\dot{W}_i$ 分别是制冷或热泵系统的制冷量和指示功率，W。对于封闭式压缩机还应计入电机的发热量（参见式（3-26）、式（3-28））。

传热系数 K 与冷凝器传热表面形式、两侧的换热系数、污垢热阻等因素有关，详细计算参见本章参考文献［5］、［13］。表 3-5 中列出了常用冷凝器传热系数的推荐值。

对于水冷式或风冷式冷凝器，制冷剂和冷却介质（水或空气）的温度在冷凝器内沿传热面的变化如图 3-45 所示。制冷剂在冷凝器内由过热蒸气→饱和液体→过冷液体，制冷剂的温度是变化的。但是，由于过热蒸气的散热量所占比重不大和冷凝器内的过冷度很小，为简化计算，认为冷凝器内制冷剂的温度等于冷凝温度 t_c。因此，冷凝器内对数平均传热温差为

$$\Delta t_m = \frac{t_2 - t_1}{\ln\dfrac{t_c - t_1}{t_c - t_2}} \tag{3-51}$$

式中 t_1、t_2——分别为冷却介质进、出冷凝器的温度，℃。

制冷系统中冷凝器的冷却介质进口温度 t_1 取决于当地气象条件或水源条件。如果冷却介质是冷却塔的冷却水，t_1 一般取当地夏季空调室外湿球温度加 3.5～5℃；如果冷却介质是空气，t_1 可取夏季空调室外计算干球温度。冷却计算介质的出口温度 t_2 与冷却介质的流量有如下关系：

$$\dot{Q}_c = \dot{M}_c c(t_2 - t_1) \tag{3-52}$$

式中 $\dot{M}_c$——冷却介质（水或空气）的流量，kg/s；

c——冷却介质的定压比热，J/(kg·℃)。

t_c、t_2 的取值的高低各有利弊，它关系到能耗、设备费用、运行费用。如果 t_c 取得很高，则制冷系统的制冷量、性能系数减小，压缩机的功耗增加，运行费用增大；而这时传热温差 Δt_m 将增大，所需的传热面积可减小，降低了冷凝器的设备费用。如果冷却介质出口温度取得高，则冷却介质的流量小，则相应风机、水泵流量小，功耗小；这时若冷凝温度不变，则冷凝器的传热面积需增大；若不加大冷凝器的传热面积，则需提高冷凝温度，从而带来冷凝温度升高的弊端。有关传热温差 Δt_m、冷却介质温升（$t_2 - t_1$）的推荐值列于表 3-5 中。

热泵系统中的冷凝器，t_2、t_1 与供热用途有关。例如用于地板辐射供暖时，热水温度可低一些（如 40℃），用于空调中加热空气时，热水温度宜高一些（如≥45℃）。因此应综合考虑供热要求、热泵的 *COP*、系统的经济性等因素，确定 t_2、t_1 和 t_c。

对于蒸发式冷凝器，制冷剂与冷却介质的温度在冷凝器内的变化规律如图 3-46 所示[12]。图中曲线 2 是喷淋冷却水的温度变化过程，其中 *a-b* 和 *c-d* 分别是盘管的上方和下方区间水被蒸发冷却的水温变化；*b-c* 是盘管区间的水温变化。图中曲线 1 和曲线 3 分别为制冷剂温度和空气湿球温度的变化。有关冷凝温度的取值见表 3-5。蒸发式冷凝器的传热、传质计算比较复杂。为便于计算，冷凝面积的计算用如下公式[12]

$$\dot{Q}_c = K_{ev} A(h_c - h_{a,i}) \tag{3-53}$$

式中 h_c、$h_{a,i}$——分别为相对于冷凝温度 t_c 的饱和空气比焓和入口空气的比焓，kJ/kg；

K_{ev}——以焓差为推动势的传热系数，kg/(m²·s)；

其他符号同式（3-49）。

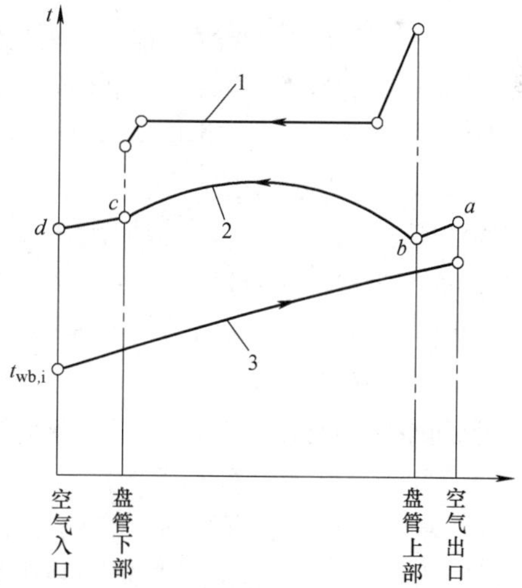

图 3-46 蒸发式冷凝器制冷剂和冷却介质的温度变化

1—制冷剂温度；2—冷却水温度；3—空气湿球温度

K_{ev} 通过试验来确定，其值范围列于表 3-5 中，一般来说，t_c 降低或湿球温度降低，其 K_{ev} 增大。式（3-53）中 $h_{a,i}$ 可取当地夏季空调室外计算湿球温度对应的空气比焓。目前生产企业通常在产品样本中给出了各种规格的蒸发式冷凝器名义工况下的冷凝热量和不同制冷剂在不同进口湿球温度、冷凝温度下的修正系数。用户只需将已知冷凝热量乘以查得的修正系数，换算成名义工况的冷凝热量，即可选得适宜的蒸发式冷凝器。

冷凝器传热系数、冷却介质温差、传热温差推荐值④　　表 3-5

冷凝器形式	制冷剂	K 或 K_{ev}	t_2-t_1	Δt_m	t_c-t_1	备注
卧式壳管式	氨	800～1000	4～6①			
	卤代烃	700～900	5②	5～7		低肋管
		1000～1500	5	5～7		高效管
	R22	约 5000	5	5～7		Turbo-C 高效传热管
立式壳管式	氨	700～800	1.5～3①	5～7		
套管式	卤代烃	1000～1200	5	5～7		
焊接板式	卤代烃	1650～2300	5	5～7		
风冷式	卤代烃,氨	25～35	5～10		14～17 8～11	蒸发温度 7℃系统 蒸发温度－7℃系统
蒸发式	氨 R22,R134a	约 55③ 约 49			10～15	t_c-t_1 中 t_1 指进口空气湿球温度
盘管/填料蒸发式	R22,R134a,氨				8～12	t_c-t_1 中 t_1 指进口空气湿球温度

注：①《冷库设计标准》GB 50072—2021 推荐值。
②《民用建筑供暖通风与空气调节设计规范》GB 50736—2012 推荐值。
③ 根据文献［13］的数据按式（3-53）计算得到的值。
④ 表中各参数的意义和单位见式（3-49）、式（3-51）和式（3-53）。

3.9　蒸　发　器

蒸发器的作用是制冷剂液体吸取外界的热量汽化。在制冷系统中蒸发器冷却空气或其他介质，实现制冷的目的；在热泵系统中，蒸发器从低位热源中吸取热量。蒸发器按所冷却的介质分为两类：冷却液体（水、盐水或乙二醇水溶液）用的液体冷却器（Liquid Coolers）和冷却空气用的蒸发器。冷却空气的蒸发器按空气流动的方式分有自然对流式和强迫对流式两类。前者直接把盘管挂于被冷却空间的墙上、顶棚上，冷却被冷却空间的空气。这类盘管都用于冷库、冷藏车、冰箱、冷藏柜等处，有关它们的结构请参阅文献［5］。在空调中应用广泛的是空气强迫对流的直接蒸发空气冷却器。

3.9.1　液体冷却器

目前空调中常用的液体冷却器按结构方式分有：壳管式、水箱式、焊接板式。

3.9.1.1　*壳管式蒸发器*

图 3-47 为两种类型的壳管式蒸发器的结构示意图。它们都是在平放的圆筒内，放置传热管簇。图 3-47（a）所示蒸发器的制冷剂从下部进入筒内（管外空间），淹没传热管束；管内走冷水（或盐水、乙二醇水溶液等冷媒）。制冷工程中，把充满液态制冷剂的蒸发器称为满液（Flooded）式蒸发器，因此图 3-47（a）的蒸发器称为满液式壳管蒸发器。为防止未蒸发的液滴随回汽进入压缩机，在蒸发器上部留有一定空间或设一液体分离器，以分离回汽中夹带的液体。卤代烃制冷剂的满液式壳管蒸发器的传热管采用低肋铜管或内外都带肋的高效传热管。氨用壳管式蒸发器传热管簇采用无缝钢管，这种蒸发器的底部都有集油罐，以定期放出带入蒸发器的润滑油。满液式壳管蒸发器适用的制冷量范围为 90～7000kW。

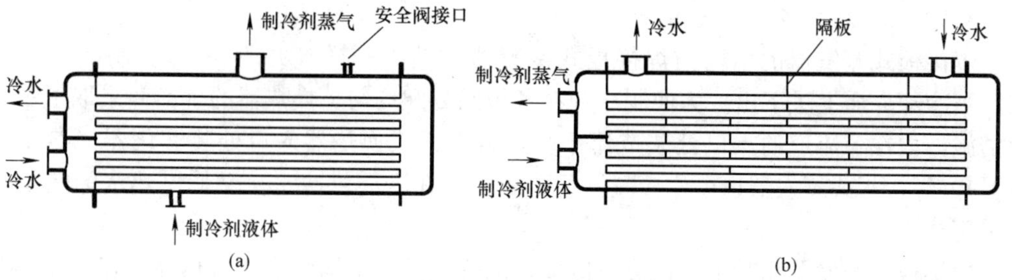

图 3-47 壳管式蒸发器结构示意图

(a) 满液式壳管蒸发器；(b) 干式壳管蒸发器

图 3-47（b）所示蒸发器的制冷剂在管内流动并蒸发，而冷水（或盐水、乙二醇水溶液）在管外流动并被冷却。在制冷工程中，把制冷剂在管内随着流动而蒸发的蒸发器称为直接膨胀式（Direct-expansion）蒸发器，图 3-47（b）所示的蒸发器习惯上称为干式壳管蒸发器。这种蒸发器的传热管簇是光管、内螺纹管、内肋片管或波纹管等。干式壳管蒸发器适用的制冷量范围为 7～3500kW。

满液式和干式壳管蒸发器相比，前者由于传热管与液体充分接触，传热性能优于后者。但前者制冷剂充注量多；受液柱的影响，下部蒸发温度略高一些；当润滑油与制冷剂溶解时，润滑油难以返回压缩机；水容量小，冻结危险性大。干式壳管蒸发器还具有可作冷凝器的特点，因此经常用在既可供冷又可供热的热泵机组中。

3.9.1.2 水箱式蒸发器

水箱式蒸发器由在水箱中放置蒸发器管组组成。水箱中通过被冷却的水、盐水或乙二醇水溶液等，制冷剂在蒸发管组内蒸发。蒸发管组有多种形式，可分两类：管组内充满制冷剂液体的满液式和随流动而蒸发的直接膨胀式。图 3-48 所示水箱式蒸发器属直接膨胀式，它是在水箱中并列放置若干排蛇形管所组成，制冷剂经分液器分配到每排蛇形管内，汽化后的蒸气汇集到下部集管后再排出。分液器的作用与构造见 3.9.2 节。为增强管外水侧的换热，在水箱纵向分成两部分，用搅拌器强制水顺管子流动，如图 3-48（b）所示。直接膨胀式的蒸发管组也可以是盘管式的。这类直接膨胀式蒸发器通常用于小型卤代烃类制冷剂制冷系统中，制冷量范围为 5～35kW。有关满液式水箱蒸发器的结构及特点请参阅文献 [5]。

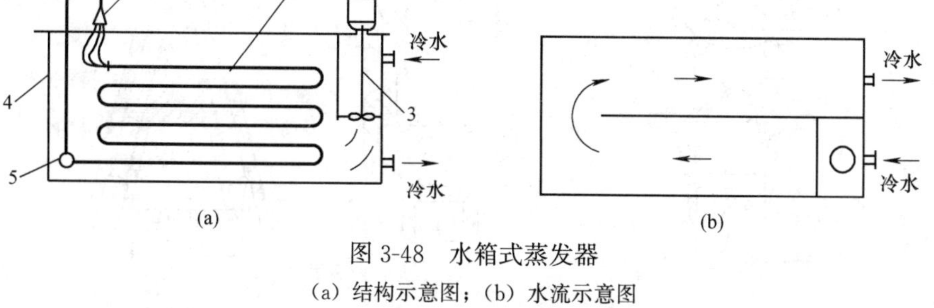

图 3-48 水箱式蒸发器

(a) 结构示意图；(b) 水流示意图

1—蒸发管组；2—分液器；3—搅拌器；4—水箱；5—集管

水箱式蒸发器的水容量大，冻结危险性小。但水箱是开式的，易腐蚀，通常只用于开式的水系统中。

3.9.1.3　焊接板式蒸发器

焊接板式蒸发器的结构与焊接板式冷凝器的结构一样（见图 3-41）。制冷剂下进上出，被冷却介质上进下出。为使制冷剂在各板间分配均匀，换热器的生产商采取了一些技术措施，如在各流道的入口处装节流小孔，或在板式换热器入口处装雾化器（参见文献[1]）。焊接板式蒸发器也可作冷凝器用，因此可在既能供冷水，又能供热水的热泵机组中采用。

焊接板式蒸发器相对于其他液体冷却器的优点是：结构紧凑；传热性能好；传热温差小，可提高蒸发温度。缺点是：渗漏不易发现；当由于某种原因（如水侧堵塞，流量减小），导致蒸发器温度下降到 0℃以下时，会导致板间水结冰，使蒸发器冻裂；全焊接板式蒸发器无法维修。这种蒸发器适用的制冷量范围为 2～7000kW[12]。

3.9.2　直接蒸发式空气冷却器

直接蒸发式空气冷却器的构造与风冷式冷凝器类似。一般都采用肋片管作传热面。被冷却空气在风机的作用下强迫从管外肋片间流过而被冷却，制冷剂在管内流动并蒸发吸热，因此也称为直接膨胀式盘管（Direct-expansion Coils）。在空调中广泛应用的直接蒸发式空气冷却器都采用在铜管上套整张铝肋片结构，如图 3-49 所示。管排数一般为 3～8 排。空调用蒸发器的片距通常为 2～3mm；蒸发温度低于 0℃时，为避免因肋片结霜堵塞空气流动，片距需加大，一般为 6～12mm。蒸发器的迎面风速通常为 2～3m/s。

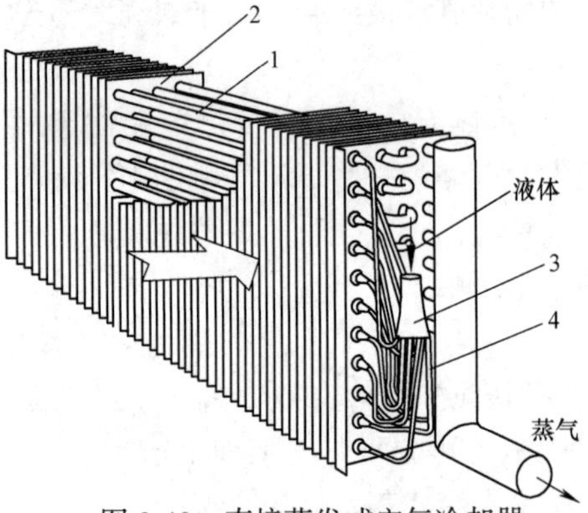

图 3-49　直接蒸发式空气冷却器
1—铜管；2—肋片；3—分液器；4—毛细管

直接蒸发式空气冷却器中制冷剂都分若干个通路，每一通路制冷剂分配是否均匀直接关系到冷却器的换热效果。所谓制冷剂分配均匀是指每一通路的质量流量相等、气液比例相同。因此，为保证每路制冷剂分配均匀，经节流后的制冷剂气液混合物需通过分液器和毛细管分配到每一路中去。图 3-50 为 3 种典型分液器

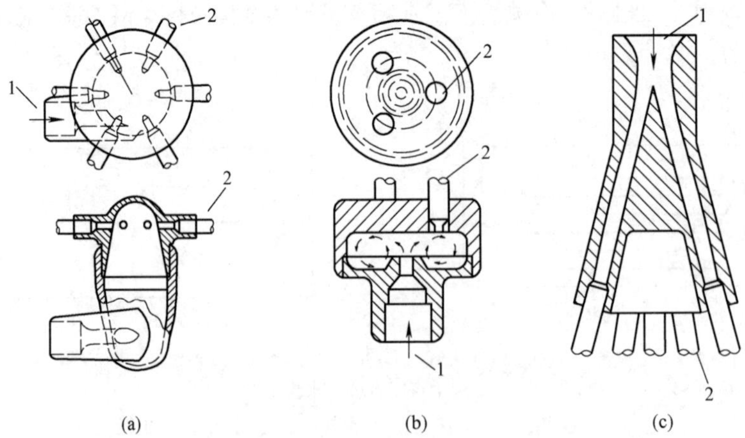

图 3-50　3 种典型分液器结构示意图
（a）离心式分液器；（b）碰撞式分液器；（c）降压式分液器
1—制冷剂入口；2—毛细管

的结构示意图。其中图 3-50（a）是离心式分液器，来自节流阀的制冷剂气液混合物沿切线进入小室，混合均匀后从上部径向送出，经毛细管分别送到蒸发器的各通路中去。分液器保证了气液混合均匀；毛细管有较大阻力，且它们长短相等，弯曲度近似，从而保证了各路的制冷剂流量相等。图 3-50（b）为碰撞式分液器，靠制冷剂与壁面撞击使气液混合均匀；图 3-50（c）为降压式分液器，它利用制冷剂通过窄通道（文丘里管）使气液混合均匀。

3.9.3 蒸发器的选择计算

蒸发器选择计算的任务是选择合适的蒸发器类型和计算蒸发器的传热面积，确定定型产品的型号与规格。蒸发器的传热面积计算公式为

$$\dot{Q}_e = KA\Delta t_m \tag{3-54}$$

式中 $\dot{Q}_e$——蒸发器的制冷量，W；

K——蒸发器的传热系数，W/(m^2 · ℃)；

A——蒸发器的传热面积，m^2；

Δt_m——蒸发器的平均传热温差，℃。

对于冷却液体或空气的蒸发器，蒸发器的制冷量应为

$$\dot{Q}_e = \dot{M}c(t_1 - t_2) \tag{3-55}$$

$$\dot{Q}_e = \dot{M}(h_1 - h_2) \tag{3-56}$$

式中 $\dot{M}$——被冷却液体（水、乙二醇水溶液）或空气的质量流量，kg/s；

c——被冷却液体的比热，J/(kg · ℃)；

t_1、t_2——被冷却液体进、出蒸发器的温度，℃；

h_1、h_2——被冷却空气进、出蒸发器的比焓，J/kg。

对于制冷系统，$\dot{M}$、c、t_1、t_2 通常是已知的。例如，为空调系统制备冷水，其流量、要求供出的冷水温度（t_2）及回蒸发器的冷水温度（t_1）都是已知的。因此，蒸发器的热负荷 $\dot{Q}_e$ 是已知的。对于热泵系统，进蒸发器的温度 t_1 与热泵的低位热源有关。例如，水作低位热源时，t_1 决定于水体（河水、湖水、地下水、海水等）的温度。而 t_2、$\dot{M}$ 的确定需综合考虑热泵的 COP_h、经济性等因素确定。

蒸发器内制冷剂出口可能有一定的过热度，但过热所吸收的热量比例很小，因此在计算传热温差时，制冷剂的温度就认为是蒸发温度 t_e，平均传热温差应为

$$\Delta t_m = \frac{t_1 - t_2}{\ln \dfrac{t_1 - t_e}{t_2 - t_e}} \tag{3-57}$$

Δt_m 和 t_e 的确定影响到系统的运行能耗、设备费用、运行费用等。如果 t_e 取得低，则 Δt_m 增大，传热面积减少，降低了蒸发器设备费用；而系统的制冷量、性能系数减小，压缩机的功耗增加，运行费用增大。如果取得高，则与之相反。用于制取冷水的满液式蒸发器 t_e 一般不低于 2℃。关于 Δt_m 或（t_2-t_e）的推荐值列于表 3-6 中。蒸发器的传热系数 K 与管内、外的放热系数、污垢热阻等因素有关，详细计算请参阅文献 [5]。表 3-6 中还列出了常用蒸发器传热系数 K 的推荐值。

蒸发器传热系数、传热温差推荐值　　　　**表 3-6**

蒸发器形式		制冷剂	K [W/(m^2·℃)]	Δt_m (℃)	t_2-t_e (℃)	备　注
液体冷却器	满液式壳管	氨	550～650	4～6		
		R134a	约 4000	4～6		Turbo-B 高效传热管[13]
	干式壳管(波纹管)	R22	1700	4～6		实验数据[1]
	干式壳管(内螺纹管)	R22	3000	4～6		实验数据[1]
	干式壳管(5 肋内肋管)	R22	2400	4～6		实验数据[1]
直接蒸发空气冷却器		卤代烃	30～45	15～17	>3.5	空调用 t_e>0℃,空气迎面风速 2～3m/s

3.10　节流机构

节流机构是蒸气压缩式制冷系统中四大部件之一，它的作用是把高压液态制冷剂节流降压，创造蒸发器内低压低温的汽化条件，调节蒸发器的供液量。常用的节流机构有手动节流阀（也称手动膨胀阀）、浮球膨胀阀、热力膨胀阀、电子膨胀阀、毛细管、孔板等。

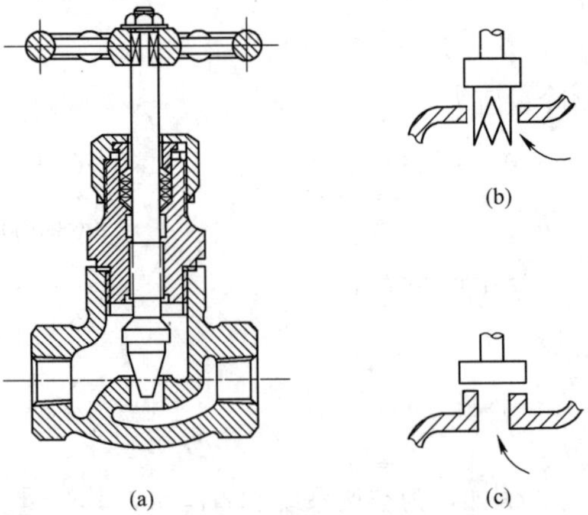

图 3-51　手动膨胀阀和阀芯形式
(a) 手动膨胀阀；(b) V 形缺口阀芯；(c) 平板阀芯

3.10.1　手动膨胀阀

图 3-51 是手动膨胀阀和阀芯形式。图 3-51（a）为氨用手动膨胀阀的剖面图，它与普通阀门相类似，不同点是阀杆采用细牙螺纹，以使阀杆每转一圈上、下行程小；阀芯上、下移动时，开度变化小，从而使阀门随开启度的变化，流量逐渐增减，具有良好的流量调节性能。阀芯的形状有：针形阀芯（见图 3-51a）；V 形缺口阀芯（见图 3-51b），即在圆筒上开 V 形缺口；平板阀芯（见图 3-51c）。

手动膨胀阀由管理人员根据负荷的变化调节开度，管理麻烦，而且全凭管理人员的经验，一旦疏忽，会导致系统运行失常，甚至发生事故。因此，目前手动膨胀阀已很少单独使用，它可安装在自动膨胀阀的旁通管上，作备用调节机构或在试验系统中应用。

3.10.2　浮球膨胀阀

浮球膨胀阀是一种自动调节蒸发器供液量的膨胀阀，它根据液位的变化调节流量。按所控制的液位分为两类：低压浮球膨胀阀和高压浮球膨胀阀。图 3-52 为氨用低压浮球膨胀阀的结构及安装示意图。液体、气体连通管使浮球阀内的液位与满液式蒸发器的液位保持一致，液位的下降或上升使阀门开大或关小。图示的浮球阀，供给蒸发器的液体与浮球阀内的液体是分隔开的，称为非直通式浮球膨胀阀；还有一种直通式浮球膨胀阀，它的液体平衡管就是蒸发器的供液管，供给蒸发器的液体经过浮球阀的浮球室再进入蒸发器。直通式浮球膨胀阀结构简单，但浮球室内液位波动大，容易使浮球失灵。为防止污物堵塞阀孔和方便对浮球阀维修，通常在浮球阀前的供液管上装液体过滤器和并联一手动膨胀阀。

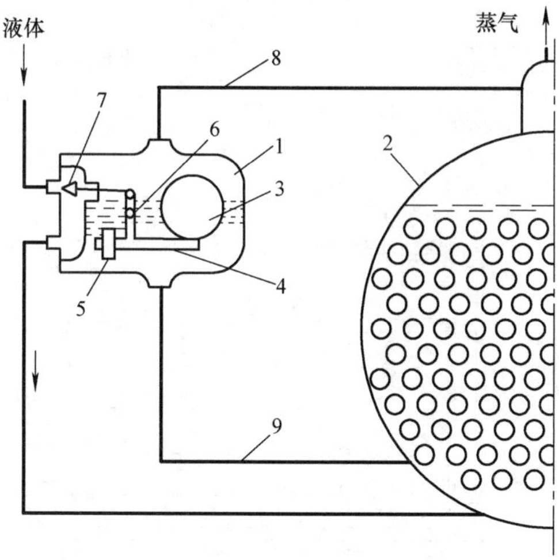

图 3-52 氨用低压浮球膨胀阀的结构及安装示意图

1—低压浮球膨胀阀；2—满液式壳管蒸发器；3—浮球；4—杠杆；5—平衡块；6—轴心；7—阀芯与阀座；8—气体平衡管；9—液体平衡管

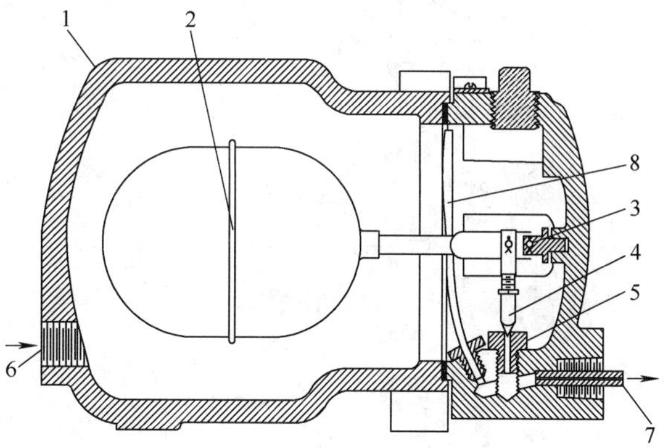

图 3-53 高压浮球膨胀阀结构示意图

1—阀体；2—浮球；3—轴心；4—阀芯；5—阀座；6—制冷剂入口；7—制冷剂出口；8—排气管

低压浮球膨胀阀用于满液式蒸发器、双级压缩制冷系统的中间冷却器等处调节供液量和对制冷剂液体进行节流。

图 3-53 为高压浮球膨胀阀结构示意图，这种浮球阀是根据高压侧设备（如冷凝器）的液位控制蒸发器的供液量，阀门随液位的开闭动作刚好与低压浮球阀动作相反，液面高时，阀门开大，反之关小。当用于蒸发器供液的节流与流量调节时，系统中只能有一台压缩机、一台冷凝器和一台满液式蒸发器（如冷水机组）。这时系统中制冷剂充注量是一定的，冷凝器液位高，就表示蒸发器液面低，需开大阀门，增加供液量。浮球阀内排气管的作用是防止发生气封。尤其是在浮球室内进入不凝性气体后，压力升高，阻碍了液体制冷剂进入浮球室，排气管可将气体导入蒸发器内，从而避免了气封。

高压浮球膨胀阀结构形式多样。有的直接在冷凝器中间的底部设浮球室，与冷凝器组成一体。在有中间补气口的压缩机所组成的系统中（参见 2.6.5 节），经济器也采用高压浮球阀作节流和流量调节设备，参见 3.11.5 节。

3.10.3 热力膨胀阀

热力膨胀阀是根据蒸发器出口制冷剂的过热度控制蒸发器供液量的自动调节膨胀阀。热力膨胀阀有内平衡式和外平衡式两类。图 3-54 为外平衡式热力膨胀阀的结构与工作原理图。膨胀阀的温包内充注与系统相同的制冷剂液体，从图上看到，弹性金属膜片上、下移动使阀门关小或开大。膜片的动作受膜片上、下的作用力控制。膜片下的作用力有由外平衡管导入的出口压力 p_1 和弹簧力所对应的压力 p_2，膜片上为感温包内压力 p_3，如图 3-54（b）所示。若该阀用于 R134a 制冷系统，设膨胀阀出口的蒸发温度为 5℃，对应的压力为 349.6kPa，到 B 点制冷剂全部汽化，从 B→C 是过热区；蒸发器内有流动阻力 35kPa，即在 C 点压力为 314.6kPa（对应的饱和温度为 2℃），此压力由外平衡管导入膜片下部，即膜片下有 p_1=314.6kPa 的压力作用。假如 B→C 过热区有 5℃过热度（相对

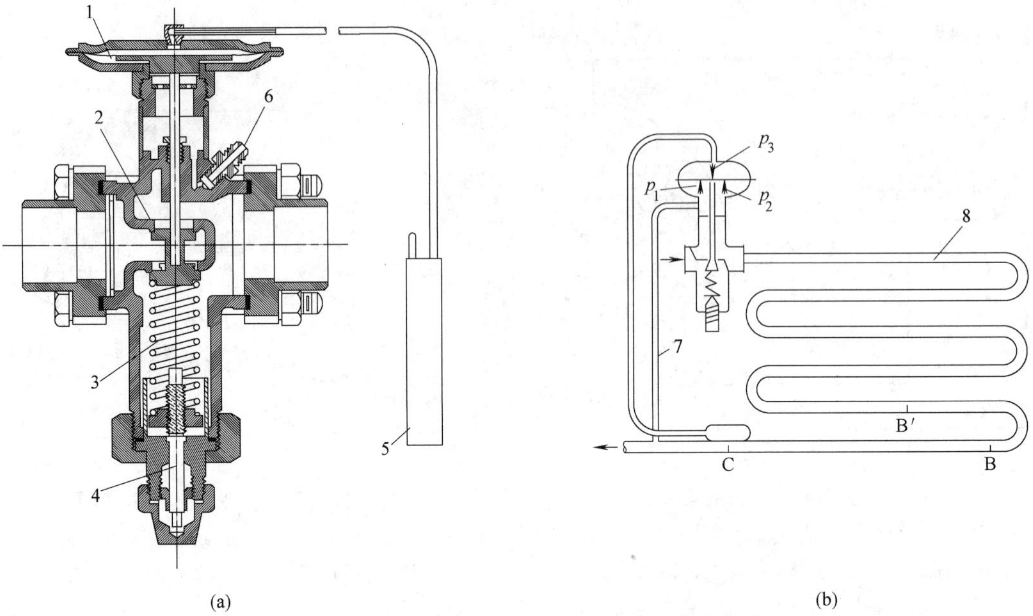

图3-54　外平衡式热力膨胀阀的结构与工作原理图

（a）外平衡式热力膨胀阀结构图；（b）热力膨胀阀工作原理图

1—弹性金属膜片；2—阀芯与阀座；3—弹簧；4—调节螺杆；5—感温包；

6—外平衡管接口；7—外平衡管；8—干式蒸发器

于出口的蒸发温度），即出口温度 t_C=7℃，此时感温包内的温度为7℃，相应的饱和压力为374.6kPa，此压力传递到薄片上方，即膜片上有压力 p_3=374.6kPa。如果上述工况稳定，膜片和阀芯必处于某一平衡位置，膜片下弹簧力应调整到 p_2=60kPa，这时膜片上下压力均为374.6kPa。不难看到，过热度（7－2＝5℃）相对应的饱和压力差（374.6－314.6＝60kPa）就是弹簧力所对应的压力 p_2，因此，调整弹簧力（用阀下部调节螺杆）就可以调整蒸发器出口的过热度。

当蒸发器负荷改变时，上述的平衡状态就被打破。若负荷增大，这时的供液量相对于负荷来说显得不足，制冷剂到B′点将全部汽化，过热区增大，出口温度（t_C）增加，感温包内压力 p_3 增加，则 $p_3>p_1+p_2$，阀门稍开大，使供液量增大。这时弹簧压缩，p_2 增大。膜片又在新的状态下达到平衡。由于弹簧稍有压缩，过热度略有增加。反之，当蒸发器负荷减小，阀门稍关小，使供液量减少，过热度因弹簧松弛而略有减小。

内平衡式热力膨胀阀无外平衡管接口，在阀的内部设内平衡通道，使膜片下方与阀门出口侧连通，膜片下感受蒸发器入口（膨胀阀出口）的压力（p_1=349.6kPa）。这里仍以上述数据说明其工作原理，在相同弹簧力下，只有在膜片上的压力 p_3（感温包内压力）为409.6kPa（对应的饱和温度约9.6℃）才能达到平衡，即出口的过热度（约为9.6－2=7.6℃）增加了。要求蒸发器内过热区增大，使得蒸发器传热面积不能充分发挥作用。但如果蒸发器内的压力损失很小，即出口的饱和压力对应的饱和温度接近5℃，则仍可保持5℃的过热度。当蒸发器压力损失增大，出口过热度就愈大。当然，可以用减小弹簧力来减小过热度。但是减小弹簧力有一定的限度，弹簧力太小时会导致停机时关闭不严，开始运行时流量过大，工作性能不稳定等。因此，内平衡式热力膨胀阀不宜用于蒸发器压力损失大的系统。

3.10.4 电子膨胀阀

电子膨胀阀由阀门、控制器和传感器所组成。由传感器测得被调参数的变化，经控制器转化为电压或电流信号，控制阀门的开大或关小，进而实现供液量的调节。电子膨胀阀按工作原理分有：电动式（步进电机驱动）、电磁式、脉冲宽度调节式和热动力式。电动式膨胀阀又可分为直动型和减速型两类，如图 3-55 所示。其中图 3-55（a）为直动型，线圈通电后，转子旋转，由导向螺纹将旋转运动变换成阀杆上、下直线运动；图 3-55（b）是减速型，步进电机的速度较高的旋转通过减速齿轮组减速，再带动阀杆沿导向螺纹上、下移动。

图 3-56 是电磁式和脉冲宽度调节式膨胀阀的工作原理示意图。图 3-56（a）为电磁式膨胀阀，当线圈通电后，产生磁场，铁芯受向上的电磁力作用而被吸起。施加的电流愈大，电磁力就愈大；铁芯又受向下的铁芯的重力和铁芯弹簧力（随铁芯的上升而增大）作用。因此，铁芯随不同的电流而停留在不同位置，使阀门呈一定开启度。当电流减小时，在铁芯弹簧力作用下使阀的开启度增大。此阀门也可设计成电流增加，阀的开启度减小的形式。图 3-56（b）实质上是一普通的电磁阀，线圈通电后开启，失电后关闭，利用数字控制器控制电信号的脉冲宽度。例如控制阀门开启时间为 40%，从而使阀门的流量等于全开流量的 40%（参见 3.6.2 节关于脉冲宽度调节的论述）。

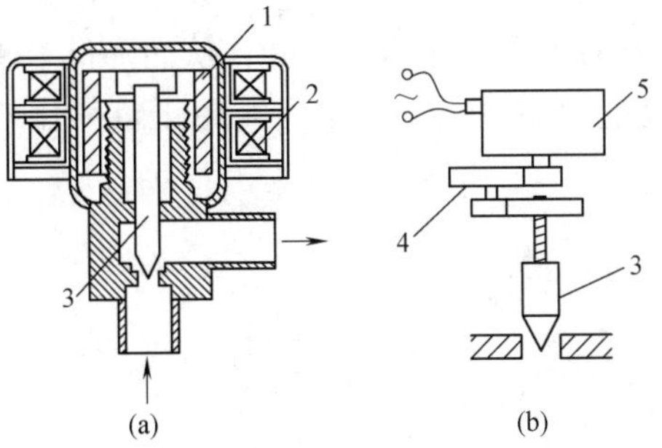

图 3-55 电动式膨胀阀工作原理图

（a）直动型；（b）减速型

1—转子；2—线圈；3—阀杆；4—减速齿轮组；5—步进电机

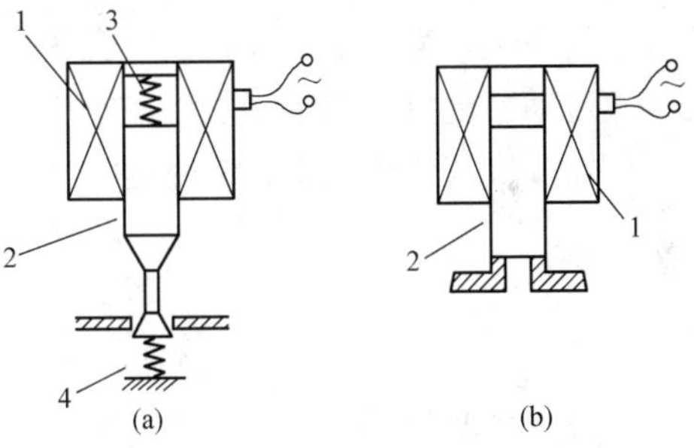

图 3-56 电磁式和脉冲宽度调节式膨胀阀工作原理图

（a）电磁式；（b）脉冲宽度调节式

1—线圈；2—铁芯；3—铁芯弹簧；4—弹簧

热动力式电子膨胀阀是利用被调参数的电信号转变成电热量控制阀门的开启度，如加热双金属片，用双金属片变形产生的力使阀杆移动；或加热可挥发液体（例如在膨胀阀膜片上方空间内设电加热器）产生的压力与膜片下的压力和弹簧力相互作用，从而使阀杆上下移动，控制阀门的开启度。

电子膨胀阀的优点是调节精度高，过热度可控制得很小，即使在压力波动的情况下，也能控制出口过热度不变；可逆向流动，且两个方向的流动特性相差很小；由于将被调参数转化成电信号对阀门进行控制，因此既可根据蒸发器出口过热度控制供液量而用于干式蒸发器中，也可根据液位控制供液量而用于满液式蒸发器中。

3.10.5　毛细管

毛细管是一根内径约为0.6～2.5mm，长度约为0.5～5m左右的细长紫铜管，是流通断面不变的节流构件。通常用在小型制冷、热泵机组中，如冰箱、窗式空调器等。过冷液体进入毛细管后，压力呈线性逐渐下降，达到饱和压力后，随着压力的下降而闪发蒸气，比容增大，压力急剧下降，而后进入蒸发器。液体过冷度变化会使毛细管供液量变化。当液体过冷度大，产生闪发气体点后移，毛细管阻力减小，供液量就增大；反之，液体过冷度小，流量就减小。毛细管两端压差的变化，将使流量发生变化。当冷凝压力升高或蒸发压力下降，会引起毛细管的流量增加。但流量增大，阻力同时也增大，导致闪发蒸气增多，从而又抑制了流量过分增加；反之，当压差减小时，会使流量减小，但又抑制了流量过分减少。因此，毛细管不会因冷凝压力、蒸发压力的变化而过多地影响流量的变化。

毛细管流量调节的作用是借助负荷变化时压力变化及制冷剂在机组内分布状况的变化实现的。当负荷增大时，蒸发器内汽化增强，蒸发压力升高，压缩机排气量增加，而毛细管因压差下降而供液量下降；由于机组内充液量是一定的，这就导致有一部分制冷剂滞留在冷凝器中，一部分冷凝器传热面积被液体占去，制冷剂过冷度增加；冷凝传热面积减少又导致冷凝压力增高。毛细管入口制冷剂过冷度增加和冷凝压力升高都导致毛细管供液量增加，最终又在新的工况（冷凝压力、蒸发压力）下，供液量与负荷达到平衡。新平衡工况下的蒸发压力、冷凝压力、供液量都增加了，反之亦然。毛细管有一定的流量调节作用，但调节范围不大。

毛细管的优点是简单，便宜；没有运动部件，工作可靠。毛细管是蒸发器和冷凝器间的常通的通道，当压缩机停机后，蒸发器和冷凝器间压力迅速达到平衡，从而降低了压缩机再次启动时电机的启动负荷。它的缺点是供液量调节性能差，故只能用于负荷比较稳定，蒸发温度变化范围不大的场合。

3.11　其他辅助设备

3.11.1　油分离器

大部分制冷压缩机制冷剂直接接触润滑油，排气中含有润滑油。尤其是螺杆式压缩机工作时需在气缸内喷油，其排气中含油量更大。对于与润滑油不溶解的制冷剂，排气中夹带润滑油将使换热设备的传热表面上形成油膜，影响传热性能；对于互相溶解的制冷剂，将会影响制冷剂的饱和压力与温度的关系。为减少压缩机排气夹带的润滑油进入后续的设备，需在排气管上设置分离润滑油的油分离器。油分离器分离油的办法有：1）利用过滤、阻挡的办法，使油阻留下来；2）利用惯性的原理分离，如利用气流速度突然降低或改变气流方向，将油分离下来；3）利用旋转气流离心力的作用使油分离下来；4）利用冷却的办法将油雾凝结成油滴，再分离下来。一种油分离器通常是集上述某几种方法一起对油进行分离。

图 3-57 为卧式油分离器，该油分离器用于螺杆式制冷或热泵机组中。压缩机排气进入油分离器后，流速突然降低，并改变流动方向，粗油滴被分离沉降下来；再经填料过滤层进一步过滤，然后排出油分离器。在油分离器中设有电加热器，以防止在低环境温度下由于油温过低而影响机组启动。对于制冷剂与润滑油不互溶的系统，当油温过低时，油的黏度增大，油泵吸油困难；对于制冷剂与润滑油互溶的系统，在同一压力下，温度愈低，

油中溶解的制冷剂愈多，油被稀释而黏度下降。压力稍有变化，油分离器内的油可能起泡，油泵不能正常工作。因此，需在油分离器中设电加热器，在压缩机启动前，启动电加热器，以保持一定的油温。

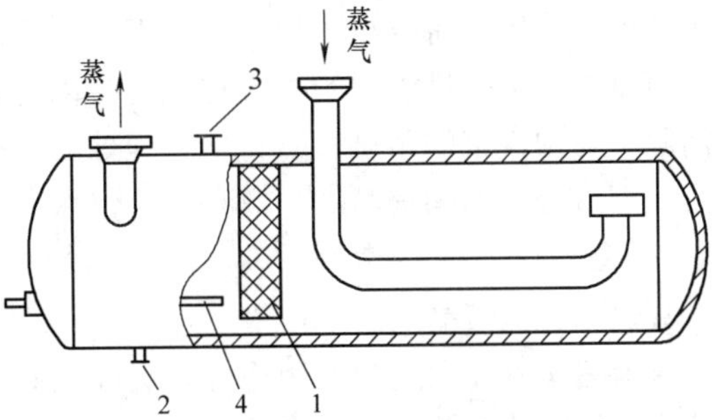

图 3-57 卧式油分离器

1—填料过滤层；2—排油口；3—安全阀接口；4—电加热管

为了提高油分离器的分油效率，有些公司生产的油分离器中，在填料过滤层后再加一道细过滤层，做成高效多级油分离器。在油分离器中使用的填料有金属丝网、玻璃纤维、聚酯纤维、微孔陶瓷等。

3.11.2 液体分离器

压缩机如果吸入液体会产生液击现象，危害压缩机。造成压缩机回液的原因很多，如操作失当；自动膨胀阀失灵；机组内制冷剂充注量过大；机组停机压力达到平衡时，冷凝器中液体通过毛细管、蒸发器进入压缩机等。防止液体进入压缩机的办法是在吸气管上装液体分离器。图 3-58 为卤代烃类制冷机组中常用的液体分离器，其中图 3-58（b）是带换热器的液体分离器，实际上是高压液体与压缩机吸气进行热交换的回热器和液体分离器结合在一起的设备。液体分离器利用惯性的原理分离液体，气体进入分离器后速度突然降低，并改变流动方向，使质量较大的液体分离下来。分离下来的液体或润滑油集于底部。限流孔或限流管使适量的液体或油随回气返回压缩机。平衡孔的作用是在压缩机停机后使液体分离器与压缩机吸气腔压力平衡，否则有可能因液体分离器所处的环境温度高于压缩机的环境温度，导致液体和油通过限流孔压送入压缩机的吸气腔内，在压缩机重新启动时发生液击。

在氨制冷系统中，液体分离器还用于满液式蒸发器的供液设备。图 3-59 为氨液分离器及其应用原理图。氨液分离器的作用有：将经节流后的闪发蒸气分离，而氨液供给满液式蒸发器；分离从蒸发器返回压缩机的氨气中夹带的液体。

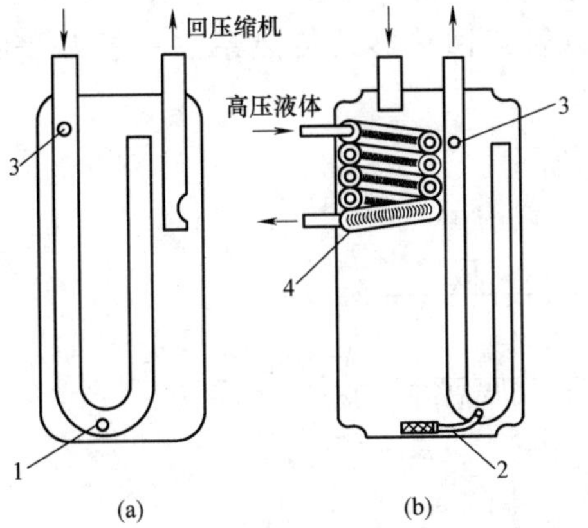

图 3-58 卤代烃用液体分离器

（a）不带换热器；（b）带换热器

1—限流孔；2—限流管；3—平衡孔；4—热交换器

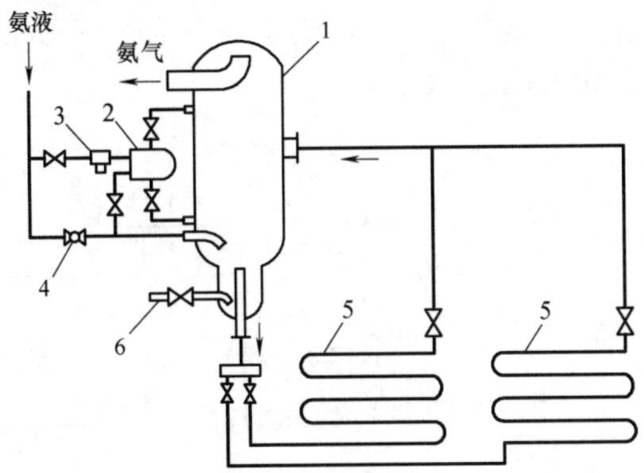

图 3-59 氨液分离器及其应用原理图

1—氨液分离器；2—浮球膨胀阀；3—液体过滤器；4—手动膨胀阀；5—蒸发器；6—放油管

浮球膨胀阀保持氨液分离器中的液位恒定。氨液分离器安装在蒸发器上方，使其液位高出蒸发器最上一排管间的静液柱压力足以克服制冷剂的流动阻力。系统中液体过滤器用于清除氨液中夹带的杂质，防止堵塞浮球膨胀阀的阀孔。手动膨胀阀做浮球膨胀阀的备用阀门。氨液分离器的气、液分离是利用惯性原理，通常使氨气在分离器内上升的速度不超过 0.5m/s。

3.11.3　储液器

储液器按其在系统中的用途分，有高压储液器、低压储液器和排液桶。高压储液器的功能有：接收冷凝器的高压液体，避免负荷波动时冷凝液淹没冷凝器传热面；在负荷、工况变化时对系统中流量不均衡性起平衡作用；在制冷或热泵机组中，可容纳充入机组的全部制冷剂；在热泵机组，冷源、热源侧的换热器不相同，当制冷/制热工况转换时，储液器储存或补充换热器内制冷剂存量变化的差额。低压储液器用于用泵供液的大型系统中，它具有上述氨液分离器（见图 3-59）的功能，即分离节流后的闪发蒸气和分离蒸发器回气中夹带的液体，此外它还保证泵吸入口有一定静液柱，避免泵产生气蚀。排液桶的作用是在冷库制冷系统中，对某组蒸发器进行热气除霜（将压缩机高压制冷剂蒸气注入蒸发器）时收集蒸发器排出的液体。

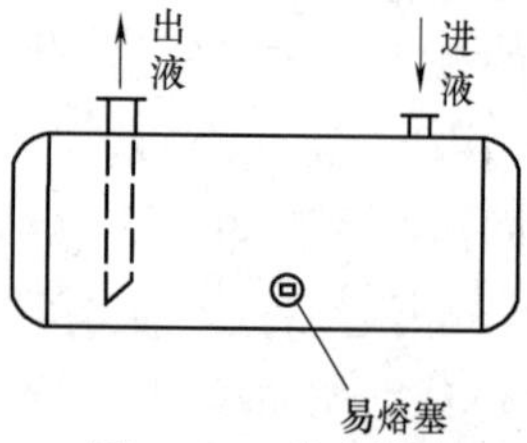

图 3-60　卧式储液器

储液器是用钢板卷制焊成圆筒形的有压容器，有卧式、立式两种形式。图 3-60 是制冷、热泵机组中常用的卧式储液器。出液管插到储液器的底部。为防止储液器在高温时超压发生事故，在储液器中部向下 45°处装易熔塞，超过一定温度自动泄液。机组中储液器的容量按如下方法确定：其总容积的 80%应能容纳系统全部制冷剂液体量；在正常工作时储液量约为总容积的 15%～25%。

有很多制冷机组采用壳管式冷凝器，经常可预留一定容积作储液用，而不设独立的储液器；也有的小型机组（如房间空调器等）中不设储液器。

3.11.4　回热器

回热器是在回热循环（参见 2.5 节）系统中用于高压液体和压缩机吸气进行热交换的设备。图 3-61 为盘管式回热器。制冷剂液体在盘管内流动，流速一般为 0.8～1.0m/s；蒸气在盘管外流动，流速一般为 8～10m/s。盘管式回热器的传热系数一般为 230～290W/(m^2·℃)。

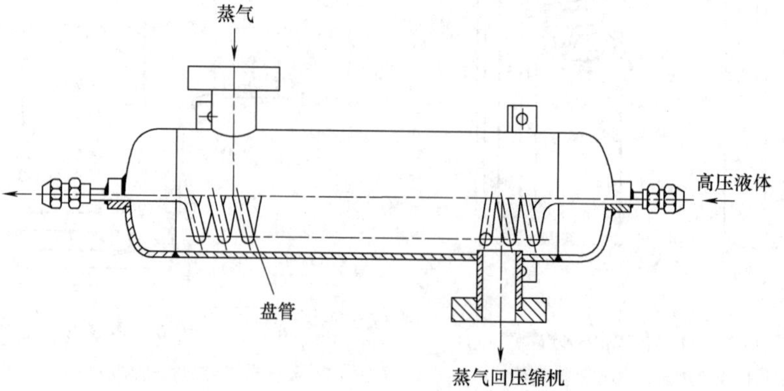

图 3-61　盘管式回热器

3.11.5　经济器

经济器相当于双级压缩制冷（热泵）循环（参见 2.6.5 节）中的气液分离器（见图 2-15）或中间冷却器（见图 2-16），是实现带经济器的准双级压缩制冷（热泵）循环的必备设备。图 3-62 为两种类型的经济器。其中 3-62（a）为闪发式经济器，它的作用是把一次节流产生的闪发蒸气分离，并进行第二次节流，向蒸发器供液。图 3-62（b）是壳管式经济器，由冷凝器来的高压液体在壳程内流动而被过冷却，然后流至蒸发器的膨胀阀；一小部分高压液体（已过冷却）经热力膨胀阀节流到中间压力后进入经济器的管程（图中虚线所示），中间压力的蒸气返回压缩机补气口。

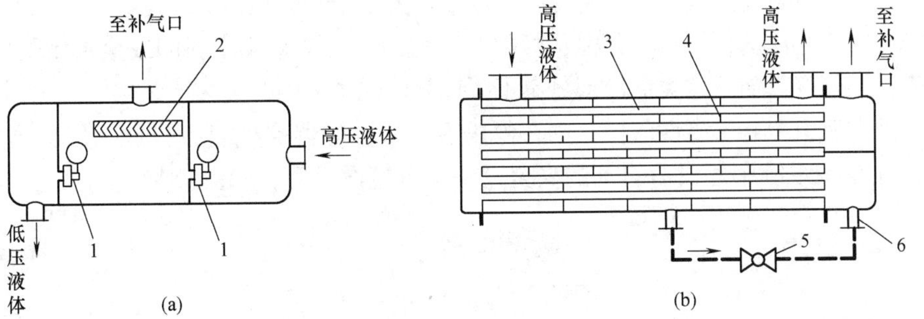

图 3-62　经济器

(a) 闪发式经济器；(b) 壳管式经济器

1—高压浮球阀；2—挡液装置；3—传热管簇；4—折流板；5—热力膨胀阀；6—中间压力制冷剂入口

3.11.6　过滤器与干燥器

过滤器有液体过滤器与气体过滤器之分，用来清除制冷剂液体或蒸气中含有的固体杂质。通常装在节流装置、自动阀门、润滑油泵、压缩机等设备前，防止杂质堵塞阀孔或损坏机件。图 3-63 为卤代烃类制冷剂用的液体过滤器，一般采用网孔为 0.1～0.2 的铜丝网作滤网。

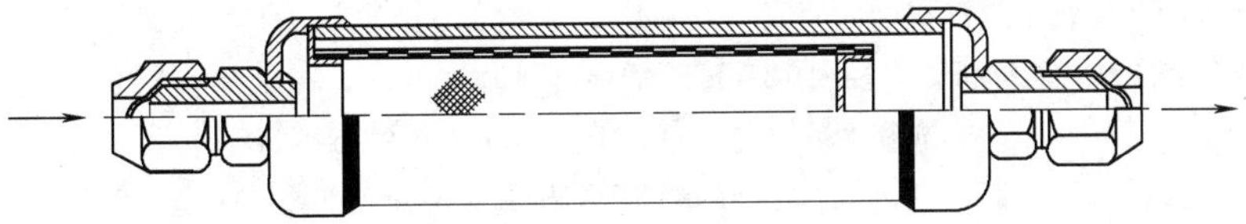

图 3-63　卤代烃用液体过滤器

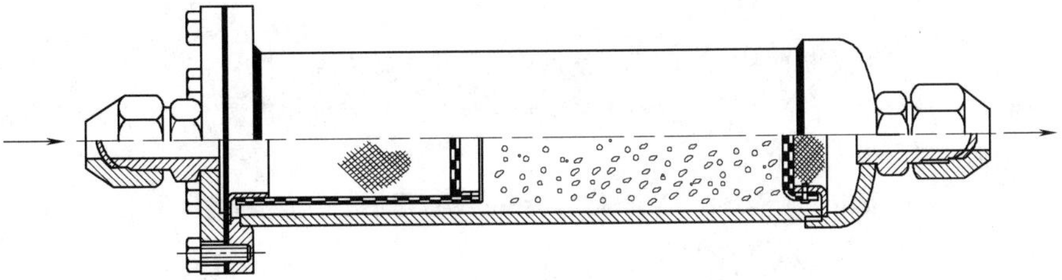

图 3-64　干燥过滤器

干燥器用于溶水能力小的卤代烃类制冷剂的系统中，装在节流机构前，吸收制冷剂中含有的游离水，以防止节流机构“冰塞”。“冰塞”是指在节流机构处因温度下降（0℃以下）而使所含的水分结冰，堵塞节流机构。即使在0℃以上不会发生冰塞现象的系统中，也需对制冷剂进行干燥。因为水分会使卤代烃类制冷剂水解，产生酸，使润滑油的油质劣化和对机件腐蚀。干燥器通常与过滤器结合在一起，称干燥过滤器，如图3-64所示。干燥器中的干燥剂一般是颗粒状的变色硅胶或分子筛。

3.11.7　其他设备

在制冷剂系统中可能存在空气等不凝性气体，它对系统的运行是有害的，会导致冷凝器传热恶化，冷凝温度升高；压缩机排气压力和排气温度升高，功耗增加，压缩机运行条件恶化。因此需清除系统中可能存在的不凝性气体。在氨系统中通常安装不凝性气体分离器，利用冷却的办法，将氨与空气分离，再将空气放出，关于空气分离器的结构参阅文献［5］。目前在建筑中应用广泛的冷、热源是卤代烃类制冷机组，大多采用半封闭或全封闭式压缩机，机组的密封性能好，而且这类制冷剂分离不凝性气体困难，因此大多不装空气分离器。如因维修等原因在机组中有不凝性气体，则在停机后，从冷凝器高处直接排放，但会损失一些制冷剂。在制冷系统中还设有自动的安全设备、自控设备等，参见文献［2］。

思考题与习题

3-1　往复式压缩机的结构分哪几个部分？各部分有什么功能？

3-2　试述开启式、半封闭式、全封闭式压缩机的主要区别与特点。

3-3　往复式压缩机的能量调节方法有哪几种？多缸压缩机气缸卸载的原理是什么？

3-4　试述往复式压缩机的工作过程，是不是活塞运动到气缸某固定位置就开始排气？

3-5　一台6缸往复式压缩机，活塞行程为70mm，气缸直径为100mm，转速为1440r/min，求该压缩机的活塞排量。

3-6　题3-5的压缩机，若制冷剂为R22，吸气状态t_e=5℃，吸气温度为20℃，求该压缩机的理论质量流量。

3-7　什么是容积效率、指示容积效率、预热系数和气密性系数？它们之间有什么关系？

3-8　试分析压力比或余隙容积增大使容积效率减小的原因。

3-9　一台8缸往复式压缩机，缸径为125mm，活塞行程为100mm，转速为960r/min，制冷剂为R22，运行工况t_c=40℃，t_e=5℃，按饱和循环工作，试估算该台压缩机的制冷量。

3-10　条件同题3-9，若制冷剂为R717，试估算压缩机的制冷量。

3-11　一台R22压缩机，活塞排量为283m^3/h，试比较下述两种工况工作的制冷量：(1)t_c=40℃，t_e=5℃，吸气温度为15℃；(2)t_c=40℃，t_e=−5℃，吸气温度为15℃；设上述两种工况均按回热循环工作。

3-12　试计算题3-11压缩机两种工况的理论绝热功率，并估算其轴功率。

3-13　一台R22压缩机在低温工况下的轴功率与另一台R22压缩机在高温工况下的轴功率相等，问哪一台压缩机的活塞排量大？为什么？

3-14　一台美国产压缩机，其能效比*EER*为11.5Btu/Wh，问该台压缩机的性能系数多大？

3-15　螺杆式压缩机在气缸内喷油有何作用？

3-16　螺杆式压缩机上设补气口有什么好处？

3-17　影响螺杆式压缩机容积效率的因素有哪些？

3-18　试分析螺杆式压缩机内容积比对功耗的影响。

3-19　螺杆式压缩机有哪些能量损失？

3-20 影响螺杆式压缩机轴效率的因素有哪些?

3-21 螺杆式压缩机如何进行能量调节?

3-22 螺杆式压缩机与往复式压缩机相比有什么优缺点?

3-23 单螺杆式压缩机与双螺杆式压缩机相比有何特点?

3-24 滚动转子式压缩机的容积效率和轴效率均比往复式压缩机的高，为什么?

3-25 滚动转子式压缩机有哪几种能量调节方法?

3-26 试述涡旋式压缩机能量调节的脉冲宽度调节法的原理。

3-27 往复式、螺杆式、滚动转子式、涡旋式4种压缩机都是容积式压缩机，哪种压缩机可设中间补气口?为什么有的压缩机不能设中间补气口?

3-28 离心式压缩机为获得制冷剂压缩所需的能量头，需要提高叶轮的转速，这种提高有限制吗?不同的制冷剂所受到的限制一样吗?

3-29 什么是离心式压缩机的喘振和滞止工况?如何防止喘振?

3-30 离心式压缩机有哪几种能量调节方法?比较它们的优缺点。

3-31 为什么离心式压缩机大多是大型机组，而无小型机组?

3-32 水冷式冷凝器有哪几种形式?各有什么特点?宜用在何处?

3-33 风冷式冷凝器有何特点?宜用在何处?

3-34 蒸发式冷凝器有几种形式?各有什么特点?

3-35 北京市夏季空调室外计算干球温度为33.5℃，空调室外计算湿球温度为26.4℃，若一建筑冷源分别采用水冷式冷凝器（冷却塔的冷却水）、风冷式冷凝器或蒸发式冷凝器，问其设计的冷凝温度为多少?

3-36 同题3-35，但地点为上海市，该地空调室外计算干球温度为34.4℃，空调室外计算湿球温度为27.9℃。

3-37 同题3-35，但地点为西宁市，该地空调室外计算干球温度为26.5℃，空调室外计算湿球温度为16.6℃。

3-38 冷凝热量为500kW，采用卧式壳管式冷凝器，由冷却塔提供冷却水，制冷剂为R22，其他条件同题3-35，试确定冷凝器的传热面积和冷却水量。

3-39 壳管式蒸发器中满液式和干式有什么区别?各有什么优缺点?

3-40 蒸发器中分液器有何作用?有哪几种类型?

3-41 蒸发器的蒸发温度选得低一些好还是高一些好?为什么?

3-42 节流机构在制冷系统中有何作用?有哪几种类型?

3-43 用一般的截止阀作手动膨胀阀用，可行吗?为什么?

3-44 低压浮球膨胀阀与高压浮球膨胀阀有何区别?

3-45 低压浮球膨胀阀用于干式蒸发器中行吗?为什么?

3-46 外平衡式与内平衡式热力膨胀阀有何不同?各适用于什么场合?

3-47 满液式蒸发器用热力膨胀阀调节供液量可行吗?为什么?

3-48 一内平衡式热力膨胀阀，弹簧力相当于3℃过热度，用t_e=7℃的蒸发器中，若制冷剂为R134a、R22，问温包内至少多大压力才能把阀门打开?

3-49 设R134a蒸发器配置一内平衡式热力膨胀阀，调整的弹簧力相当于37.93kPa，在t_e=5℃工况下运行，试求以下三种情况下蒸发器出口过热度至少多大?

（1）蒸发器无阻力；

（2）蒸发器中阻力为56kPa；

（3）蒸发器中阻力为96.9kPa。

3-50 电子膨胀阀有哪几种类型?试述它们的工作原理。

3-51　电子膨胀阀有什么优点？用于满液式蒸发器中可行吗？

3-52　试述毛细管的工作原理和应用场合。

3-53　油分离器在制冷系统中有何作用？它分离油的办法有哪几种？

3-54　液体分离器在制冷系统中有哪些用法？

3-55　干式蒸发器中用热力膨胀阀根据蒸发器出口过热度来控制供液量，为什么有时还在蒸发器出口管上装液体分离器防止压缩机回液？

3-56　储液器在制冷系统中有哪几种用法？

3-57　经济器有何作用？试画出带有闪发式或壳管式经济器的制冷（热泵）系统的流程图。

3-58　过滤器、干燥器各有什么用途？都装在哪个部位？

本章参考文献

[1]　蒋能照．空调用热泵技术及应用［M］．北京：机械工业出版社，1997.

[2]　邹根南，郑贤德．制冷装置及其自动化［M］．北京：机械工业出版社，1987.

[3]　周邦宁．中央空调设备选型手册［M］．北京：中国建筑工业出版社，1999.

[4]　机械工程手册编辑委员会．机械工程手册［M］，第 14 卷．北京：机械工业出版社，1982.

[5]　郭庆堂．实用制冷工程设计手册［M］．北京：中国建筑工业出版社，1994.

[6]　Якобон，В. Б．小型制冷机［M］．王士华，译．北京：机械工业出版社，1997.

[7]　国家市场监督管理总局．活塞式单级制冷剂压缩机（组）：GB/T 10079—2018［S］．北京：中国标准出版社，2018.

[8]　大金株式会社．整装式冷水机（样本）.

[9]　中华人民共和国国家质量监督检验检疫总局．螺杆式制冷压缩机：GB/T 19410—2008［S］．北京：中国标准出版社，2008.

[10]　刘东．小型全封闭制冷压缩机［M］．北京：科学出版社，1990.

[11]　王贻任，Arup Majumdar．数码涡旋技术［J］．制冷技术，2003，1：35-38.

[12]　ASHRAE．2000ASHRAE Systemes and Equipment Handbook．Atlanta：ASHRAE Inc.，2000.

[13]　董天禄．离心式/螺杆式制冷机组及其应用［M］．北京：机械工业出版社，2002.

第 4 章　制冷剂、冷媒和热媒

制冷剂是制冷或热泵系统中完成制冷或制热循环的工作流体，也称制冷工质。制冷剂的性质影响了系统的制冷、制热效果、能耗、经济性和安全性。

冷媒和热媒是传递冷量或热量的中间介质。建筑的冷媒与热媒将冷热源的冷量和热量输送并分配到各用户。冷媒、热媒的性质影响了输送系统的投资、输送能耗与运行费用。

4.1　制冷剂的热力学性质

影响制冷机（热泵）工作的制冷剂热力学性质主要有：压力、单位容积制冷量（制热量）、制冷循环效率、排气温度。下面分别给予介绍。

4.1.1　压力

在饱和状态下，制冷剂的压力与温度有着对应的关系。制冷循环或热泵循环的蒸发温度、冷凝温度的范围是制冷、制热的目的与客观条件决定的。在同一温度条件下，当采用不同制冷剂时，其系统内的压力水平相差很大。表 4-1 中给出了在空调、制冷工程中常见的制冷剂蒸发温度和冷凝温度下的饱和压力。不难看到，R123 的压力水平相对较低，而 R23 的压力水平就很高，它的临界温度为 25.6℃，这种制冷剂已不适宜用在空调工程中。制冷剂的压力水平通常用标准沸点来区分。所谓标准沸点是指在标准大气压（101.3kPa）下的沸点。标准沸点高的制冷剂的压力水平低，标准沸点低的制冷剂的压力水平高，几种制冷剂的标准沸点见表 4-1。表中非共沸混合制冷剂 R407C、R410A 在同一压力下的沸点是变化的，表中的标准沸点是指标准大气压下的泡点；饱和压力是指泡点对应的压力。

几种制冷剂标准沸点和不同温度下的饱和压力　　表 4-1

制冷剂	标准沸点(℃)	在下列温度下的饱和压力(MPa)			
		−15℃	5℃	30℃	55℃
R123	27.82	0.016	0.041	0.11	0.247
R134a	−26.07	0.164	0.243	0.77	1.491
R717	−33.3	0.237	0.517	1.169	2.31
R22	−40.81	0.296	0.584	1.192	2.174
R407C	−43.63	0.338	0.665	1.356	2.475
R410A	−51.44	0.481	0.923	<1.882	<3.431
R23	−82.02	1.632	2.853		

在选择制冷剂时，一般希望压力水平适中，蒸发压力最好稍大于大气压，而冷凝压力最好不要太高，一般不宜超过 2MPa。因为蒸发压力低于大气压时，空气容易渗入系统，导致换热器传热能力下降、排气压力升高、压缩机功耗增加等弊端；冷凝压力太高时，则要求设备的承压能力高，设备的造价增加，制冷剂泄漏的可能性增大。

4.1.2　单位容积制冷量

3.3 节中给出了压缩机制冷量的计算公式，即压缩机的制冷量等于单位容积制冷量

(q_v) 乘以压缩机理论排气量 ($\dot{V}_{th}$) 和容积效率 (η_v)。对于同一台压缩机，在一定的工况下，使用 q_v 大的制冷剂，制冷量则大；反之则小。或是在同一工况和同一制冷量条件下，使用 q_v 大的制冷剂，其压缩机的体积就小。表 4-2 给出了几种制冷剂在 $t_e=5$℃，$t_c=40$℃，冷凝器和蒸发器出口均为饱和状态时的 q_v 值。从表中可以看到，各种制冷剂 q_v 的差别还是很大的。一般来讲，对于大、中型压缩机，宜选用 q_v 大一些的制冷剂，这样压缩机的尺寸可以小一些；而对于离心式压缩机，它的排气量很大，宜选用 q_v 小一些的制冷剂，否则可能由于压缩机尺寸过小而制造困难。

几种制冷剂在 $t_c/t_e=40$℃/5℃时的 q_v 值　　表 4-2

制冷剂	R717	R22	R134a	R123	R407C①
q_v(kJ/m³)	4443.3	3901.8	2480.5	399.5	4000.5

注：①t_c、t_e 均取泡点和露点的平均值。

4.1.3　制冷循环效率

在 2.4 节中指出，制冷循环效率 η_R 用来表示制冷循环接近逆卡诺循环（有传热温差）的程度。按同一制冷循环工作，不同的制冷剂，由于热力性质的不同，其制冷循环效率并不相等。表 2-2 中给出了几种制冷剂在 $t_c/t_e=40$℃/0℃时的循环效率。显然，选用循环效率高的制冷剂，将有利于降低运行能耗和提高经济性。

4.1.4　排气温度

排气温度（压缩机压缩终了温度）是一个重要的参数，它影响压缩机运行的效率与安全性。排气温度太高，导致压缩机容积效率降低；容易引起润滑油分解，产生油树脂沉积在阀片和机件上；增强了制冷剂与润滑油、可能存在的水分间的化学反应；降低润滑油的黏度，黏度太低，导致在润滑表面上的油膜太薄或形成不了油膜。目前压缩机一般要求排气温度不超过 150℃。表 2-2 列出了几种常用制冷剂在 $t_c/t_e=40$℃/0℃时的排气温度。其中氨的排气温度明显高于其他几种卤代烃类制冷剂。为此，氨的活塞式压缩机气缸顶部都设水套，用冷却水进行冷却，以防止气缸过热。

4.2　制冷剂的物理、化学、安全等性质

4.2.1　制冷剂与润滑油的溶解性

制冷剂与润滑油是否溶解是一个重要特性。在制冷压缩机中，润滑油在润滑的摩擦面、密封面或传动的啮合面都会与制冷剂接触，即制冷剂与润滑油都直接接触。制冷剂与油相溶解，则溶解于制冷剂中的润滑油可随制冷剂渗透到压缩机的各部件，形成良好的润滑条件；在换热器的传热表面上不会形成妨碍传热的油膜。但是，制冷剂与油溶解使润滑油黏度降低，导致润滑表面油膜太薄或形成不了油膜；制冷剂中含油较多时，引起蒸发温度升高，沸腾时泡沫多，造成满液式蒸发器的液面不稳定。制冷剂与润滑油不溶解带来的影响与上述影响刚好相反。许多制冷剂与润滑油呈有限溶解特性，即它的溶解性与温度有关，当高于某一温度时，与油完全溶解，制冷剂与油溶解成均匀液体；低于某温度时，制冷剂与油只在一定含油量范围内是溶解的，超过该含油量范围，油会分离出来，像 R22、R134a 等制冷剂均有此特性。氨与润滑油很难溶解，它们混合在一起时，氨与油有明显的

分层现象，油很易分离。在氨的冷凝器、蒸发器、储液器的底部经常设有集油罐，收集密度比氨大的润滑油。

4.2.2 制冷剂与水的溶解性

与水不溶解或难溶解的制冷剂，当制冷剂含有水分时，在节流机构处由于温度的急剧下降（0℃以下）而使游离水结冰，形成冰塞。而与水溶解很好的制冷剂就无冰塞的可能性。氨与水可以任何比例溶解成氨水溶液；卤代烃类制冷剂吸水性很差，如 R22 在 0℃时只能溶解 0.06%的水。

4.2.3 制冷剂的安全性

国家标准《制冷剂编号方法和安全性分类》GB/T 7778—2017[1] 中规定，制冷剂的毒性根据“致命浓度”LC_{50}（Lethal Concentration）和“最高容许浓度时间加权平均值”TLV-TWA（Threshold Limit Value-Time-Weighted Average）进行分类。LC_{50} 是指空气中制冷剂的浓度，实验动物在此浓度环境下持续暴露 4h，有 50%死亡。*TLV-TWA* 是指正常 8h 工作日和 40h 工作周的时间加权平均最高容许浓度，在此环境下的工作人员几乎无有损健康的影响。制冷剂的毒性从低到高分为 A、B、C 三类。A 类：$LC_{50} \geqslant 0.1\%$，$TLV\text{-}TWA \geqslant 0.04\%$的制冷剂；B 类：$LC_{50} \geqslant 0.1\%$，$TLV\text{-}TWA < 0.04\%$的制冷剂；C 类：$LC_{50} < 0.1\%$，$TLV\text{-}TWA < 0.04\%$的制冷剂。制冷剂的燃烧性的危险程度从低到高分为 1、2、3 三类。1 类：在 101.1kPa 和 18℃大气中，无火焰蔓延的不可燃制冷剂；2 类：在 101.1kPa、21℃和相对湿度 50%的空气中，燃烧最小浓度值$>0.1\text{kg/m}^3$，且燃烧产热量$<19000\text{kJ/kg}$者为有燃烧性制冷剂；3 类：在 101.1kPa、21℃和相对湿度 50%的空气中，燃烧最小浓度值$\leqslant 0.1\text{kg/m}^3$，且燃烧产热量$\geqslant 190000\text{kJ/kg}$者为有很高燃烧性制冷剂，即有爆炸性。制冷剂的安全性用毒性和燃烧性的组合来表示，共 9 类。图 4-1 表示了 9 种制冷剂的排序。表 4-3 给出了几种制冷剂的安全性等级。

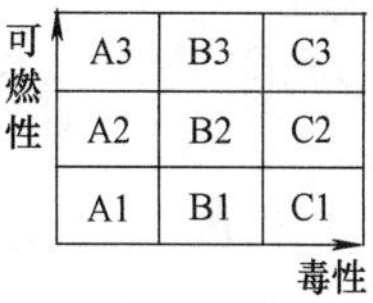

图 4-1 制冷剂安全性分类

几种制冷剂的安全性等级 **表 4-3**

安全性等级	制 冷 剂	安全性等级	制 冷 剂
A1	R22,R134a,R125,R507A,R407C,R410A	B1	R123
A2	R32,R152a	B2	R717
A3	R50,R290,R600		

4.2.4 制冷剂对材料的腐蚀性

卤代烃类制冷剂对一般的金属（除镁、锌和含镁超过 2%的铝合金外）都无腐蚀作用。但多种金属在某种条件下不同程度地影响制冷剂的水解和热分解。氨对铜、黄铜和铜合金（除磷青铜外）有腐蚀作用。

卤代烃类制冷剂是一种良好的有机溶剂，对天然橡胶、树脂有溶解作用，其溶解性质随着卤代烃中氯原子的增多而增强。一般的合成橡胶和塑料在各种制冷剂液体中的线性膨胀系数参见文献［2］第 19 章。在为卤代烃类制冷剂选用密封材料时应给予关注。

4.2.5 制冷剂的环境影响

研究表明，含有氯原子的卤代烃制冷剂（CFC 和 HCFC）散发到大气的平流层后，在强烈的太阳光作用下，释放出氯原子，氯原子从臭氧（O_3）中夺取氧原子，使臭氧变成普通氧分子，从而破坏平流层的臭氧层。臭氧层是人类及生物免受紫外线伤害的保护伞。已被证实，臭氧层损耗造成臭氧空洞，导致人类患皮肤癌、白内障增多，农产品减产，破坏水生物食物链。国际上对此已取得共识，各国签署了《关于消耗臭氧层物质的蒙特利尔议定书》，规定各国分类、分期限制和停用这些物质。议定书已多次修改，加速对环境影响的制冷剂的淘汰。目前 CFC 已完全淘汰。根据议定出缔约国 19 次会议，HCFC 在发达国家应于 2020 年完成淘汰，但在 2020～2030 年间允许 5%的生产量和消费量。发展中国家要在 2030 年完成对 HCFC 的淘汰，在 2015 年 HCFC 的生产量与消费量削减 15%（按 2009 和 2010 年平均生产量和消费量计）；2020 年削减 35%；2025 年削减 67.5%；2030～2040 年允许 2.5%的生产量和消费量。制冷剂对大气臭氧层的破坏作用用臭氧消耗潜能值 ODP（Ozone Depletion Potential）作指标，它是一个相对值，采用 CFC11（R11）作比较基准，规定 CFC11 的 $ODP=1.0$。此外，许多制冷剂还是导致地球温室效应的物质。温室效应使全球变暖，给生态环境带来严重的威胁。为此，国际上采用全球变暖潜能值 GWP（Global Warming Potential）来衡量物质减少地球向外辐射的能力。*GWP* 以 CO_2 作为基准的相对指标，规定 CO_2 的 $GWP=1.0$。*GWP* 是指在一特定长时间内的累积影响，如 100 年、500 年。表 4-4 给出几种制冷剂的两个环境指标 *ODP* 值和 *GWP* 值（100 年）。从表中可以看到，一些制冷剂的 *GWP* 值相当高，是温室性气体。1997 年 12 月，联合国气候变化框架公约缔约国第三次会议通过了《京都议定书》，将 CO_2、CH_4、N_2O、HFC、PFC 和 SF_6 列为限制排放的温室气体，其中包括对臭氧层无破坏作用的 HFC 制冷剂。

几种制冷剂的 *ODP* 和 *GWP* 值　　　　**表 4-4**

制冷剂	R11	R22	R32	R123	R134a	R152a	R407C	R507A
ODP	1.0	0.034	0	0.012	0	0	0	0
GWP	4600	1700	550	120	1300	120	1700	3900

注：摘自文献［2］第 5 章表 1 和表 2。

4.3　几种常用制冷剂的性质

4.3.1　R22（$CHClF_2$）

R22 是目前在空调中的一种传统制冷剂。它是无毒、无臭、无燃烧爆炸危险、对金属无腐蚀、化学稳定性好的制冷剂。R22 的单位容积制冷量大、排气温度较低。标准沸点为 −40.81℃，压力水平稍高。

R22 与润滑油有限溶解；与水很难溶解。对大气臭氧层有较弱的破坏作用；$GWP=1700$，是温室性气体，我国将于 2030 年完全停用。但目前仍然是一种过渡性替代 CFC 的制冷剂。

4.3.2　R134a（CH_2FCF_3）

R134a 是一种用于替代传统制冷剂 R12（CFC12）的制冷剂。它是无毒、无臭、无燃烧爆炸危险的安全制冷剂。具有良好的热力学性质，压力比较适中，排气温度低，单位容积制冷量较大（但小于 R22）。

R134a 与矿物油不溶解，但与聚酯合成润滑油（POE 油）、烷基苯润滑油（AB 油）有限溶解。它的 $ODP=0$，但 $GWP=1300$，是温室性气体。水在 R134a 中的溶解度很小，因此，系统中需设干燥器。

4.3.3 R123（$CHCl_2CF_3$）

R123 是过渡性替代 R11 的制冷剂，因它含有氯原子，对大气臭氧层仍有微弱的破坏作用，但其对地球温室作用相对其他 HCFC、HFC 制冷剂弱，而且它在大气中的寿命很短，仅 1.3 年。R123 无燃烧爆炸危险，但有毒性，安全等级为 B1。

R123 的压力水平低，蒸发压力低于大气压力。单位容积制冷量小，约为 R22 的 1/10，适用于离心式压缩机中。排气温度低，压缩终了在湿蒸气区，应采用回热循环使压缩机吸气过热，保证压缩过程在过热蒸气区。

4.3.4 R407C

R407C 是由 R32 /125/134a（23/25/52）组成的非共沸混合制冷剂。温度滑移较大，约 4～6.5℃，也就是在蒸发器和冷凝器中蒸发温度和冷凝温度并非恒定的。在设计蒸发器和冷凝器时应合理利用温度滑移，以改善系统性能。R407C 目前被认为是 R22 较好的替代制冷剂，它的热力性质（压力水平、单位容积制冷量、制冷循环效率、排气温度等）均与 R22 相接近，但与 R22 所用的矿物润滑油不溶解，需改用 POE 油[5]。

4.3.5 R410A

R410A 是由 R32/R125（50/50）组成的非共沸混合制冷剂。标准沸点为－51.44℃，温度滑移仅 0.1℃左右。与 R22 相比，系统压力为其 1.5～1.6 倍，制冷量大 40%～50%，不与矿物油或烷基苯油相溶，与 POE（酯润滑油）、PVE（醚润滑油）相溶。R410A 具有良好的传热特性和流动特性，环境友好，ODP 为 0，GWP 小于 0.2，制冷效率较高，是目前小型制冷空调领域很好的替代 R22 的制冷剂。

4.3.6 R717（NH_3）

R717 是在食品冷藏等工业领域中应用很广的一种制冷剂。它的单位容积制冷量大，制冷循环效率高；压力水平略低于 R22，较为适中；有很好的吸水性，系统不会发生“冰塞”现象；与环境友好，ODP、GWP 均为 0；价格便宜。

R717 对黑色金属无腐蚀作用，但对铜及铜合金（除磷青铜之外）有腐蚀作用。与润滑油不溶解，制冷剂中夹带的润滑油会污染传热表面，使传热系数下降。

R717 有毒，有强烈刺激性气味，有燃烧爆炸危险，安全性等级为 B2。正由于它的毒性和可燃性，限制了它在民用建筑空调制冷与热泵方面的应用。随着 CFC、HCFC 逐步被淘汰，人们对这种环境友好的制冷剂扩大它的应用范围的前景看好。虽然它有这样或那样的问题，但是在当今技术水平下可望得到解决。例如，过去 R717 只能用在开启式压缩机中，现在用屏蔽电机解决了压缩机的全封闭问题，从而解决了开式压缩机制冷剂容易泄漏的问题；现在已开发了与 R717 相溶解的润滑油，解决油对换热器传热恶化的问题，使其适宜在空调中的干式蒸发器中应用。

4.4 冷媒与热媒

建筑冷源、热源制取的冷量和热量经常要通过中间介质输送并分配到建筑各用冷和用热的场所，这种用于传递冷量和热量的中间介质称为冷媒和热媒。冷媒又称载冷剂。下面介绍几种常用的冷媒和热媒的性质。

4.4.1 水

水是一种优良的冷媒和热媒。在建筑的空调系统中，经常用水作为中间介质，在夏季传递冷量，在冬季传递热量。当水作为冷媒时，称为冷水；作为热媒时称为热水。

水的比热大，传递一定能量所需的循环流量小，管路的管径、泵的尺寸小；黏度小，管路流动阻力小，输送能耗低；腐蚀性小；无毒、无燃烧爆炸危险；化学稳定性好；来源充沛。但它的凝固点高，只能用于0℃以上的场合。

4.4.2 乙二醇、丙二醇水溶液

在冰蓄冷空调系统中，要求冷媒的温度在0℃以下；低位热源温度可能低于0℃的热泵系统（如太阳能热泵、土壤源热泵等），也要求冷媒温度在0℃以下工作；许多工业用途的制冷系统（如食品冷加工）也可能要求冷媒在0℃以下工作。有机溶液是适用于0℃以下工作的一类冷媒，如乙二醇（$CH_2OH \cdot CH_2OH$）、丙二醇（$CH_2OH \cdot CHOH \cdot CH_3$）水溶液。除了黏度外，两者的物理性质（密度、比热、导热系数）都相近。表4-5列出了两种溶液不同浓度下的凝固点；表4-6为两种溶液的部分物理性质。乙二醇水溶液当浓度＞60％时，随着浓度的增加，凝固点将逐渐升高。丙二醇水溶液当浓度大于60％时，没有凝固点，随着温度的降低，将成为黏度非常高的无定形的玻璃体。当浓度小于60％时，这两种溶液冷却到凝固点时，就析出冰；浓度大于60％时，当达到凝固点时析出乙二醇或丙二醇。

乙二醇水溶液和丙二醇水溶液的凝固点　　表4-5

质量浓度(%)	10	15	20	22	24	26	28	30	35
乙二醇水溶液	−3.2	−5.4	−7.8	−8.9	−10.2	−11.4	−12.7	−14.1	−17.9
丙二醇水溶液	−3.3	−5.1	−7.1	−8	−9.1	−10.2	−11.4	−12.7	−16.4

注：摘自文献［3］第21章表4和表5。

乙二醇和丙二醇水溶液都是无色、无味、无电解性、无燃烧性、化学性质稳定的溶液。由于丙二醇的黏度比乙二醇大得多（见表4-6），故一般都用乙二醇水溶液作冷媒。但乙二醇略有毒性，而丙二醇无毒。因此，人有可能直接接触到水溶液或食品加工等场所宜选用丙二醇水溶液作冷媒。

乙二醇水溶液和丙二醇水溶液的物性①②　　表4-6

质量浓度(%)	温度(℃)	密度 (kg/m³)	比热 [kJ/(kg·℃)]	导热系数 [W/(m·℃)]	黏度 (mPa·s)
10	5	1017.57 / 1012.61	3.946 / 4.050	0.520 / 0.518	1.79 / 2.23
	0	1018.73 / 1013.85	3.937 / 4.042	0.511 / 0.510	2.08 / 2.68
20	0	1035.67 / 1025.84	3.769 / 3.929	0.468 / 0.464	3.02 / 4.05
	−5	1036.85 / 1027.24	3.757 / 3.918	0.460 / 0.456	3.65 / 4.98
30	−5	1053.11 / 1037.89	3.574 / 3.779	0.422 / 0.416	5.03 / 9.08
	−10	1054.31 / 1039.42	3.560 / 3.765	0.415 / 0.410	6.19 / 11.87

注：①表中分子为乙二醇水溶液的物性，分母为丙二醇水溶液的物性。
②摘自文献［3］第21章表6～13。

纯乙二醇和丙二醇对一般金属的腐蚀性小于水，但是它们的水溶液呈现腐蚀性，且随着使用而增加。未经防腐处理的乙二醇和丙二醇水溶液在使用过程中氧化而产生酸性物质。因此，可以在溶液中添加碱性缓蚀剂，如硼砂，使溶液呈碱性。乙二醇水溶液使用的最低温度不宜低于－23℃，丙二醇溶液不宜低于－18℃。太低的使用温度，溶液的黏度增加，例如 40%的乙二醇水溶液，－20℃时的黏度约为－5℃时的 2 倍多，从而导致冷媒输送能耗增加，换热器传热系数下降。乙二醇水溶液浓度选择通常可以使其凝固温度比其最低使用温度低 3℃。

4.4.3 盐水溶液

常用的盐水溶液有氯化钙（$CaCl_2$）水溶液和氯化钠（NaCl）水溶液。前者使用温度可达－50℃，而后者使用温度宜在－16℃以上。氯化钙、氯化钠水溶液的物性与乙二醇水溶液相接近，价格便宜，但对金属有强烈的腐蚀作用，在空调中很少用它们作冷媒。有关氯化钙、氯化钠水溶液的凝固点、物性及防腐措施可见参考文献［3］、［4］。

4.4.4 蒸汽

蒸汽是一种常见的热媒，尤其是在工业建筑中用得很多。在建筑中应用的蒸汽按压力可分为高压蒸汽（表压＞70kPa）和低压蒸汽（表压≤70kPa）。蒸汽作热媒的优点是：1）蒸汽的流动依靠自身的压力，而无需设置水泵等流体输送设备。2）蒸汽的密度很小，用于高层建筑中不会给底层带来超压的危险。3）蒸汽系统中的部件、管件的维修或更换，只需关闭相应阀门即可，而无需排水、再充水等麻烦。4）蒸汽是利用潜热传递热量，传递同样的热量，蒸汽（表压 100kPa）的质量流量仅为热水（送、回水温差 10～20℃）流量的 1/53～1/26。因此，凝结水系统的管径比较小；然而蒸汽的密度小，体积流量比热水系统大很多，蒸汽（表压 100kPa）的体积流量是热水（温差 10～20℃）体积流量的 22～43 倍。由于蒸汽管内流速很高，因此蒸汽管路的管径并不比热水系统管径大。蒸汽作热媒的缺点是：1）蒸汽在输运过程中管路散热导致沿途产生凝结水，形成随蒸汽一起高速流动的水滴；落在管底的凝结水也可能被高速流动的蒸汽所掀起，形成“水塞”，并随蒸汽高速流动；水滴或水塞撞击阀门、弯头等管件，产生“水击”，出现噪声、振动，严重时能破坏管件接口，发生漏汽现象。2）凝结水在流动过程中因压力下降，沸点降低，部分凝水重新汽化，形成“二次蒸汽”，以两相流的状态在管内流动，系统设计、运行管理复杂；并且容易产生跑冒蒸汽。3）系统停止运行时，空气会侵入管路系统；对于间歇运行的系统，管内时而是蒸汽或凝结水，时而是空气，管路容易产生氧腐蚀。

思考题与习题

4-1　何谓标准沸点？标准沸点高的制冷剂宜用在什么场合？

4-2　制冷机单位容积制冷量对制冷装置有何影响，离心式压缩机宜用单位容积制冷量大一些的制冷剂，还是单位容积制冷量小一些的制冷剂？

4-3　制冷机的排气温度过高有什么害处？

4-4　试比较在同一工况下 R123、R134a、R22、R717 的单位容积制冷量、排气温度和循环效率的大小。

4-5　制冷剂与润滑油是否溶解的性质各有什么优缺点？

4-6　制冷系统的“冰塞”是什么原因产生的？如何防止？

4-7　为什么要禁用 CFC 和 HCFC 制冷剂？用 HFC 取代这两类制冷剂是最佳选择吗？

4-8　水作为冷媒或热媒有什么优缺点？

4-9　“乙二醇水溶液的浓度愈大，凝固点愈低”这种说法对吗？

4-10　一热泵系统，冬季运行时，蒸发器出口冷媒最低温度为－6℃，若冷媒为乙二醇水溶液需 $8m^3$，问浓度多大为宜？需要多少 kg 乙二醇？

本章参考文献

[1]　中华人民共和国国家质量监督检验检疫总局. 制冷剂编号方法和安全性分类：GB/T 7778—2017 [S]. 北京：中国标准出版社，2017.

[2]　ASHRAE. 2002 ASHRAE Refrigeration Handbook. Atlanta：ASHRAE Inc.，2002.

[3]　ASHRAE. 2005 ASHRAE Fundamentals Handbook. Atlanta：ASHRAE Inc.，2005.

[4]　郭庆堂. 实用制冷工程设计手册 [M]. 北京：中国建筑工业出版社，1994.

[5]　石文星，田长青，王宝龙. 空气调节用制冷技术（第五版）[M]. 北京：中国建筑工业出版社，2016.

第 5 章　蒸气压缩式制冷机组和热泵机组

5.1　蒸气压缩式制冷机组和热泵机组的分类

热泵是一种利用高位能使热量从低位热源流向高位热源的节能装置。顾名思义，热泵也就是像泵那样，可以把不能直接利用的低位热能（如空气、土壤、水中所含的热能、太阳能、工业废热等）转换为可以利用的高位热能，从而达到节约部分高位能（如煤、燃气、油、电能等）的目的。

蒸气压缩式制冷机组或热泵机组是在工厂按设定的蒸气压缩式制冷或热泵循环，把压缩机、冷凝器、蒸发器、节流机构等各种设备组合而成的成套装置，可制备冷水或热水，作为集中冷热源系统中的核心设备。这类机组常称为冷水机组、热泵机组或冷热水机组；也可以冷却或加热空气，直接对房间空气进行调节，是冷热源与空调的一体化设备，称为空调机（器）或热泵式空调机（器）。下面分别介绍冷水机组、热泵及热泵机组、空调机（器）或热泵式空调机（器）的分类。

5.1.1　冷水机组

5.1.1.1　按冷水机组中压缩机品种分类

（1）往复式——采用往复式压缩机，称往复式冷水机组。

（2）螺杆式——采用螺杆式压缩机，若是双螺杆压缩机，就称为螺杆式冷水机组；若是单螺杆压缩机，则称为单螺杆式冷水机组。

（3）离心式——采用离心式压缩机，称离心式冷水机组。

（4）涡旋式——采用涡旋式压缩机，称涡旋式冷水机组。

5.1.1.2　按冷凝器冷却方式分类

冷水机组按冷凝器的冷却方式分，有水冷式、风冷式和蒸发式。与不同的压缩机组合成多种类型的冷水机组，例如风冷螺杆式冷水机组、水冷单螺杆式冷水机组、水冷离心式冷水机组、风冷往复式冷水机组等。

5.1.2　热泵及热泵机组

热泵的种类很多，分类方法各不相同，可按热源种类、热泵驱动方式、用途、热泵工作原理、热泵工艺类型等方面来分类。本节将按国内长期形成的习惯来划分热泵机组的种类，归纳为图 5-1 所示的分类。国内规范中把地表水源热泵、地下水源热泵和土壤耦合热泵系统称为地源热泵。

对供建筑空调与供热用的热泵，按热源种类（源放在首位）和热媒种类（汇放在第二位）来划分，见图 5-1 和表 5-1。供暖通空调用的热泵机组具有在不同季节改变使用要求的特点，即夏季制冷，冬季制热。这种运行工况的转换，由表 5-1 可看出，一般有两种做法。

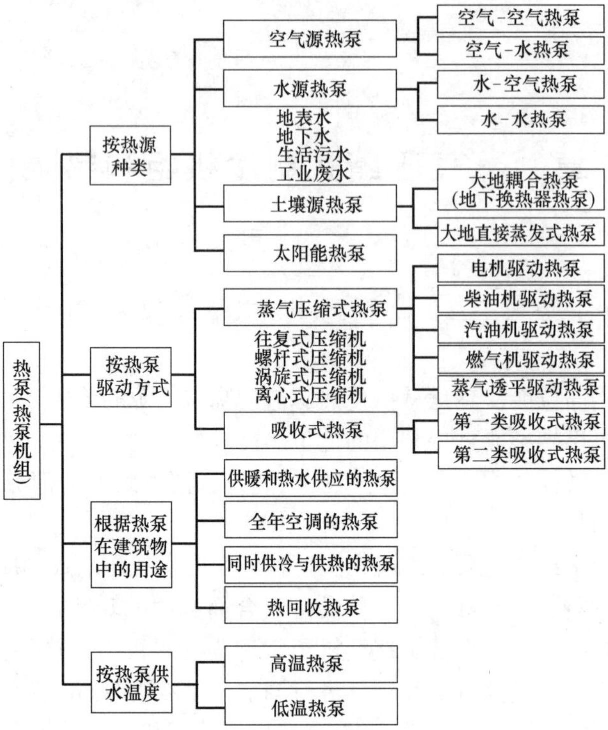

图 5-1　热泵（机组）分类

几种热泵所采用的载热介质、低位热源和简图　　**表 5-1**

热泵机组名称	低温端载热介质	高温端载热介质	主要热源种类	典型图示	国内代表性产品
空气-空气热泵	空气	空气	空气，排风，太阳能	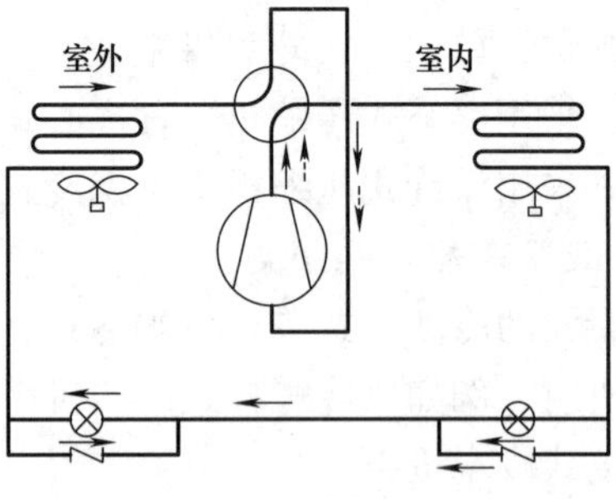	分体式热泵空调器；VRV热泵系统
空气-水热泵	空气	水	空气，排风，太阳能	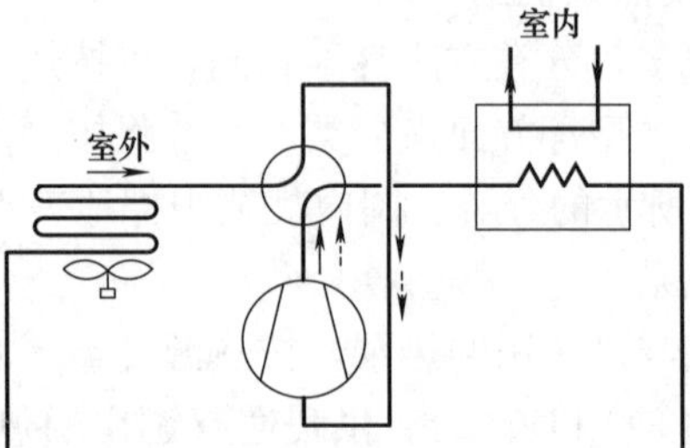	空气源热泵冷热水机组

续表

<table>
<tr><th>热泵机组名称</th><th>低温端载热介质</th><th>高温端载热介质</th><th>主要热源种类</th><th>典型图示</th><th>国内代表性产品</th></tr>
<tr><td>水-水热泵</td><td>水、盐水，乙二醇水溶液</td><td>水</td><td>水，太阳能，土壤</td><td>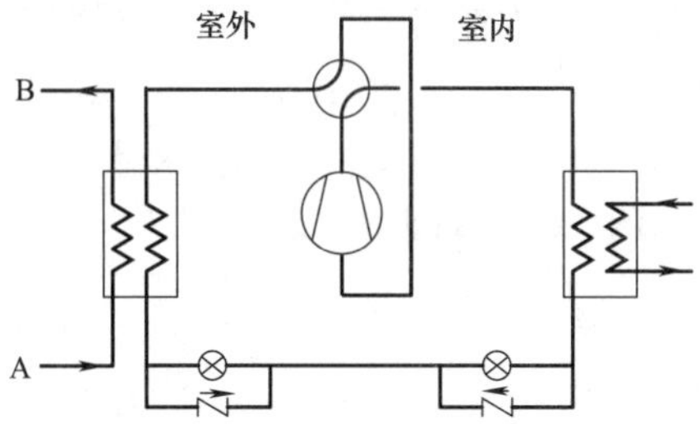

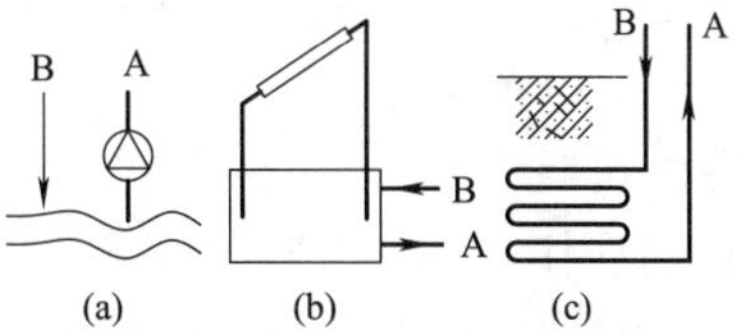

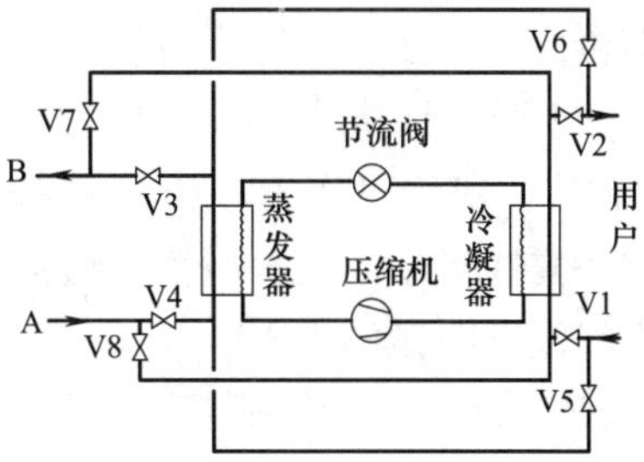
</td><td>井水源热泵冷热水机组；污水源热泵；土壤耦合热泵</td></tr>
<tr><td>水-空气热泵</td><td>水、乙二醇水溶液</td><td>空气</td><td>水，太阳能，土壤</td><td>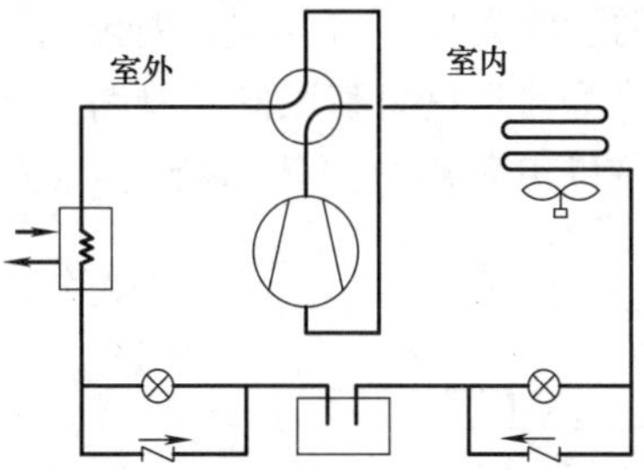
</td><td>水环热泵空调系统中的小型室内热泵机组（常称小型水-空气热泵或室内水源热泵机组）</td></tr>
</table>

（1）改变热泵工质的流动方向。系统中设置四通换向阀。在冬季，使得由压缩机排出的高温高压气态热泵工质流向室内侧换热器，加热室内空气（或热水）做供暖用。而室外换热器作为蒸发器，从室外空气（或水）中吸取热量。在夏季，四通换向阀又使得由压缩机排出的高温高压气态热泵工质流向室外换热器，将冷凝热释放到室外空气（或水中），而室内换热器却作为蒸发器，冷却室内空气，或制备冷水，向用户供冷。

（2）改变热交换器用的流体介质。在这种情况下，无论冬季还是夏季，热泵工质的流动方向和系统中蒸发器、冷凝器不变，通过流体介质管路上阀门的开启与关闭来改变流入蒸发器和冷凝器的流体介质。即供用户侧用的流体介质（如水）夏季流进入蒸发器，制备冷水供空调用；冬季流入冷凝器，制备热媒，供供暖用。而热源的流体介质（如地下水）夏季流入冷凝器，作为冷却介质用；冬季流入蒸发器，作为热泵的热源用。

5.1.3　空调机（器）和热泵型空调机（器）

空调机（器）是自带独立冷源直接对房间进行空气调节的一体化设备。空调机（器）内冷源的制冷系统可实现热泵循环时，称为热泵型空调机（器）。通常制冷量小的一类称空调器或热泵型空调器，而制冷量大的称空调机或热泵型空调机。

空调机（器）按冷凝器冷却方式分有风冷式和水冷式空调机（器）；热泵型空调机（器）可分为空气-空气热泵型空调机（器）和水-空气热泵型空调机。

空调机（器）和热泵型空调机（器）还可以按用途、外形等进行分类，详见 5.4 节的介绍。

5.2　水冷式冷水机组和水-水热泵机组

5.2.1　水冷式冷水机组

水冷式冷水机组是应用广泛的一种空调冷源。机组按所用的压缩机类型不同分为往复式、涡旋式、螺杆式、单螺杆式和离心式冷水机组。在同一台机组中可以只有一台压缩机，也可有多台压缩机（俗称多机头冷水机组）。目前市场上用作建筑冷源的水冷式冷水机组最小制冷量约为 20kW，能满足 300m^2 左右建筑的空调应用。最大的冷水机组的制冷量约为 9000kW，一台冷水机组可作 10 万 m^2 左右的建筑的空调冷源。一般来说，小冷量范围通常是涡旋式和往复式机型，大冷量范围通常是离心式机型，而中冷量范围通常是螺杆式机型，但它们之间没有明显的界限。

图 5-2 为水冷涡旋式冷水机组流程图和外形图。该机组的制冷剂为 R22，其流程如下：压缩机 1→壳管式冷凝器 2→干燥过滤器 5→热力膨胀阀 4→干式蒸发器 3→压缩机 1。由压缩机到冷凝器的管路为高压蒸气管，即排气管；由蒸发器到压缩机的管路为低压蒸气管，即吸气管；由冷凝器到热力膨胀阀的管路为高压液体管；由热力膨胀阀到蒸发器的管路为低压液体管。该机组采用全封闭涡旋式压缩机，这种压缩机的优点是噪声低、振动小、效率高。

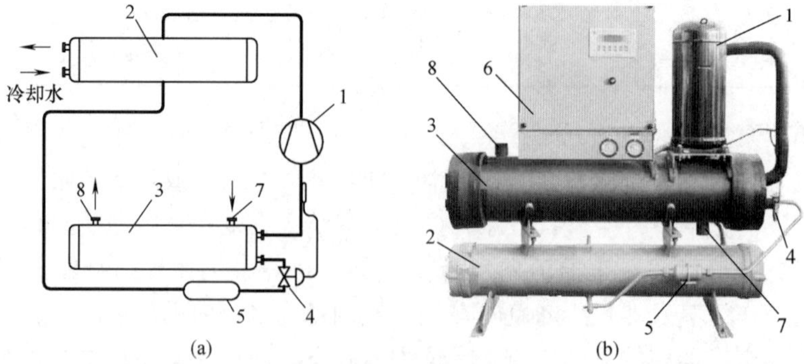

(a)　　(b)

图 5-2　水冷涡旋式冷水机组

（a）制冷剂流程图；（b）机组外形图

1—全封闭涡旋式压缩机；2—壳管式冷凝器；3—干式蒸发器；4—热力膨胀阀；5—干燥过滤器；6—控制箱；7—冷水入口；8—冷水出口

冷凝器为卧式水冷壳管式，传热管是低肋铜管。蒸发器是壳管式干式蒸发器，传热管是内肋铜管，制冷剂在管内蒸发，被冷却的冷水在筒内多次转折流动（横向冲刷传热管）。蒸发器有较大的水容量，冻结的危险性小。热力膨胀阀根据吸气过热度调节蒸发器的供液量。在图示的机组中未设油分离器，压缩机中被制冷剂带出的润滑油，随着制冷剂在系统中循环，被带回压缩机。为保证回油，管路和蒸发器管束内均保证有一定流速。这种小型冷水机组通常都采用压缩机停开进行能量调节。图 5-2 所示的冷水机组只有一台压缩机，只能实现 100%、0 两档制冷量调节。对于多机头冷水机组（机组中有多台压缩机，每台压缩机有独立的制冷剂回路），则可实现多挡的制冷量调节，如有 4 台压缩机，可实现 100%、75%、50%、25%、0 五挡制冷量调节。这类小型的水冷涡旋式冷水机组的名义工况（见本节下文说明）制冷性能系数一般不大于 4（如无特殊说明，本章下文中机组制冷性能系数均指名义工况下的值）。水冷往复式冷水机组的制冷性能系数也多不大于 4，性能系数在 3.8～3.9 左右都属于性能好的机组。

图 5-3 为水冷离心式冷水机组的流程图及外形图。制冷剂采用 R134a。制冷剂流程如下：半封闭离心式压缩机 1→卧式壳管式冷凝器 2→高压浮球膨胀阀 3→满液式蒸发器 4→半封闭离心式压缩机 1。制冷剂流程中略去了由冷凝器向电机和油冷却器供液的流程（用于冷却电机和润滑油，详见 3.7 节）。离心式冷水机组中都采用壳管型满液式蒸发器。这种蒸发器的传热系数大，但蒸发器筒体内制冷剂中的润滑油难于返回压缩机；通常是在筒体上引一管到压缩机导叶罩内，制冷剂闪发，而润滑油返回润滑油系统。由于采用了满液式蒸发器，节流机构不能用热力膨胀阀，需采用浮球膨胀阀。图示机组的浮球阀是根据冷凝器的液位调节蒸发器供液量的高压浮球阀。离心式冷水机组采用改变导叶角度并辅以热气旁通对制冷量实现无级调节。水冷离心式冷水机组制冷量一般都很大，市场上多数产品的制冷量都在 1000kW 以上，只有少数产品的制冷量小于 1000kW。水冷离心式冷水机组的制冷性能系数都比较高，一般都在 5～5.6 之间；个别大型冷水机组，制冷性能系数在 6 以上；个别小型的冷水机组的制冷性能系数小于 5。

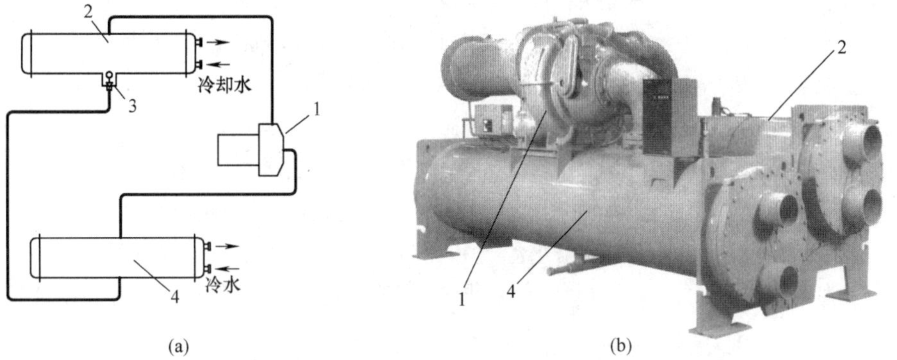

图 5-3　水冷离心式冷水机组

(a) 制冷剂流程图；(b) 机组外形图

1—半封闭离心式压缩机；2—卧式壳管式冷凝器；3—高压浮球膨胀阀；4—满液式蒸发器

图 5-4 为水冷螺杆式冷水机组制冷剂流程图，该流程的特点是：1）在压缩机的排气管路上增加了油分离器。在螺杆式压缩机的气缸内喷油进行密封、润滑和冷却，因此排出

的蒸气中含油量大，必须设油分离器。但有的螺杆式压缩机带有油分离器，就不必再另设油分离器。另外润滑油需冷却，图中略去了油冷却器及润滑油系统。2）增加了闪发式经济器，实现了制冷剂两次节流，高压液体经第一次节流后，闪发蒸气进入压缩机的中间补气口，液体经第二次节流后进入满液式蒸发器。由于采用了经济器，实现了准双级循环（见 2.6.5 节），制冷性能系数提高了，一般可达到 5.6 以上。有些厂商生产的水冷螺杆式冷水机组中的蒸发器是干式的，一般不带经济器。不带经济器、采用干式蒸发器的半封闭螺杆式冷水机组的制冷性能系数大多在 4.4～5.3 之间，少数机组大于 5.3 或小于 4.4。水冷螺杆冷水机组的制冷量采用滑阀调节，有些机组辅以热气旁通调节；有的机组采用无级调节冷量，也有的机组是分级调节冷量。

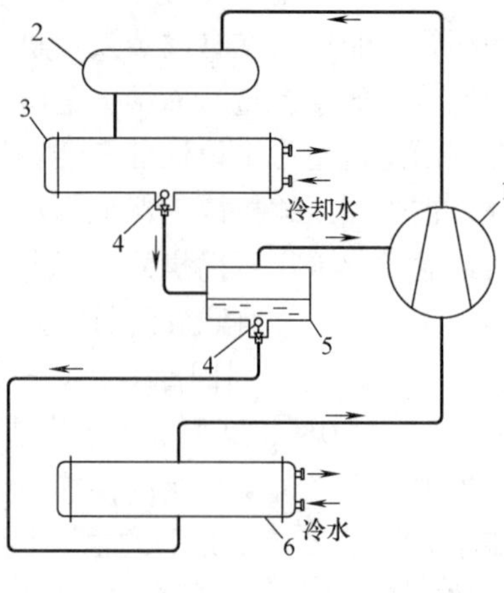

图 5-4　水冷螺杆式冷水机组制冷剂流程图
1—半封闭螺杆式压缩机；2—油分离器；
3—壳管式冷凝器；4—高压浮球膨胀阀；
5—闪发式经济器；6—满液式蒸发器

水冷机组通常采用冷却塔的冷却水（见 13.10 节），因此可以将冷却塔与冷水机组组合成一个机组，称一体化水冷式冷水机组。机组内除了水冷式冷水机组的设备外，还有冷却塔、冷却水泵、冷水泵等设备，并已组成系统，只需用管路与空调设备相连接和接上水源和电源，即可向建筑供冷，安装使用方便；机组直接放在室外（如屋顶上），节省机房面积。

在第 2、3 章中，我们知道，无论是制冷循环还是制冷压缩机，它们的制冷量和性能系数都与蒸发温度 t_e 和冷凝温度 t_c 有关，随着 t_e 的升高或 t_c 的降低，制冷量和性能系数都增加。当然，对于成套的机组，也同样有相同的变化规律。对于水冷式冷水机组，冷水温度和流量影响 t_e，冷却水温度和流量影响 t_c。因此，通常建立冷水机组的性能直接与冷水、冷却水的温度和流量的关系。我国标准规定了水冷式冷水机组名义工况下的冷水、冷却水的温度与流量等参数[3]，机组供出的冷水温度为 7℃，单位制冷量冷水流量为 $0.172m^3/(h \cdot kW)$；冷却水进机组的温度为 30℃，单位制冷量冷却水流量为 $0.215m^3/(h \cdot kW)$；蒸发器水侧污垢热阻 $0.018m^2 \cdot ℃/kW$，冷凝器水侧污垢热阻为 $0.044m^2 \cdot ℃/kW$。按所规定的冷水流量，蒸发器冷水进出温差应为 5℃（7/12℃）。目前水冷式冷水机组样本上大多直接给出了冷水、冷却水进出水温度和流量条件下的性能。

图 5-5 为一水冷螺杆式冷水机组特性曲线。该机组在名义工况（冷水出/进口水温为 7℃/12℃，冷却水进/出口温度为 30/35℃）下的制冷量 $\dot{Q}_n = 767kW$，制冷性能系数 $COP_n = 5.767$。图 5-5（a）和（b）的纵坐标表示了机组制冷量 $\dot{Q}$ 的相对值（$\dot{Q}/\dot{Q}_n$）和制冷性能系数 COP 的相对值（COP/COP_n），横坐标为机组的冷水出口温度，其进出口温差均为 5℃。因此，图上所表示的特性，在不同工况下冷水或冷却水的流量是变化的。从图上不难看到，随着冷水温度的升高（相当于 t_e 升高）或冷却水温度的降低（相当于 t_c 降低），制冷量和制冷系数均增加了。

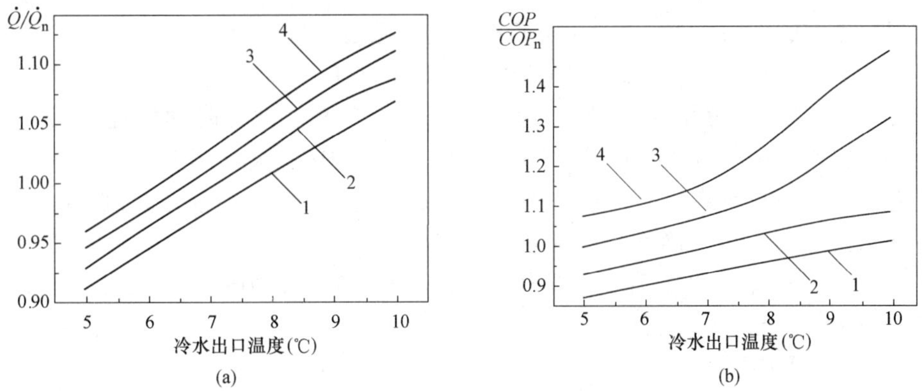

图 5-5 某水冷螺杆式冷水机组特性曲线

(a) 相对制冷量与冷水出口温度的关系；(b) 相对制冷性能系数与冷水出口温度的关系

1—冷却水进/出口温度 32℃/37℃；2—冷却水进/出口温度 30℃/35℃；

3—冷却水进/出口温度 28℃/32℃；4—冷却水进/出口温度 26℃/31℃

5.2.2 水冷式冷水机组部分负荷特性

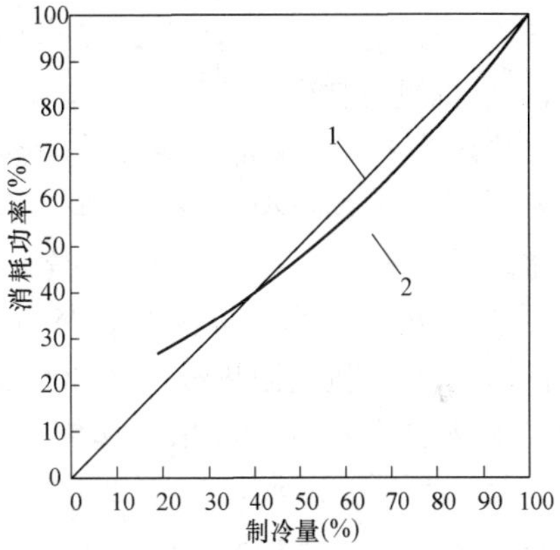

图 5-6 水冷离心式冷水机组部分负荷下消耗功率

1—等比变化线；2—消耗功率与负荷的变化关系

图 5-5 表示了水冷式冷水机组全负荷时的特性。若工况不变，在部分负荷时冷水机组的制冷性能系数将如何变化呢？在第 3 章中指出，制冷压缩机在能量调节时，随着负荷的减小，消耗功率并不等比例减小，它的性能是降低的。那么，这是否意味着由此压缩机组成的机组，其制冷性能系数随着负荷的下降一定降低呢？回答是否定的。图 5-6 为一水冷离心式冷水机组在部分负荷下的消耗功率。名义工况为：冷却水进口温度 85℉（29.4℃），冷水出口温度 44℉（6.7℃）。从图上可以看到，负荷在 40%～100%之间消耗功率在等比线下，即在这区域内，制冷性能系数非但没有降低，而是有所增加。原因是在部分负荷时，蒸发器和冷凝器的负荷减少了，而它们的传热面积并未改变，即使在外部条件（冷水出水温度、冷却水进水温度、水流量）均不变时，也会使蒸发温度 t_e 上升，冷凝温度 t_c 下降，导致机组的性能系数增加，且足以抵消压缩机在部分负荷性能降低的影响。并且机组在部分负荷下运行时，室外空气的干、湿球温度也降低了，冷却水温度下降，从而导致 t_c 下降，这也使机组的性能系数增加。正是由于上述两个原因，导致冷水机组随着负荷的减小，性能系数增加，消耗功率在等比线之下。但当负荷降低很多，如图中所示，负荷＜40%时，导致机组性能系数增加的因素已不足以抵消压缩机在部分负荷时性能下降的因素。对于离心式压缩机为了防止低负荷时发生喘振而采用了热气旁通调节，压缩机还额外多消耗一些功率。因此，这时机组的消耗功率在等比线以上，性能系数随着负荷的减少而降低。

标准[3] 规定用综合部分负荷性能系数 IPLV（Integrated Part Load Value）来表征冷水机组运行期间的平均性能。综合部分负荷性能系数定义为

$$IPLV=0.023A+0.415B+0.461C+0.101D \tag{5-1}$$

式中，A、B、C、D 分别是负荷为 100%、75%、50%、25%时的性能系数；0.023、0.415、0.461、0.101 为冷水机组运行季中运行时间的加权系数，这些系数表明，冷水机组平均有 87.6%的时间在 75%～50%的负荷下运行。部分负荷性能系数测试时，要求冷水和冷却水的流量、机组冷水出口温度均与名义工况一致；而冷却水进机组的温度在 100%、75%、50%、25%负荷时分别为 30、26、23、19℃；另外，蒸发器和冷凝器水侧均应计入与名义工况一样的污垢热阻。

5.2.3　水-水热泵机组

水-水热泵机组是低温、高温端都以水作为冷媒或热媒传递能量的热泵机组。它可用于以水（地下水、地表水）作为低位热源的热泵系统中，也可以用于以土壤、太阳能为低位热源的热泵系统中。

水-水热泵机组的蒸发器和冷凝器都是与水换热，那么水冷式冷水机组能否用作水-水热泵机组呢？通常是不可能的，因为水-水热泵机组要求的供水温度一般在 45～50℃，有的为 60℃，甚至更高，这个温度范围已超过水冷式冷水机组的容许工作温度范围。但是水-水热泵机组的制冷剂流程、结构形式与水冷式冷水机组基本相同，其中的冷凝器不论夏季制冷还是冬季制热都是冷凝器；蒸发器也始终是蒸发器。因此，向用户输送热量或冷量的水系统在冬季制热时需接驳到冷凝器，夏季制冷时需接驳到蒸发器；而外部热源（如地下水、地表水、土壤等）的水系统，制热时接驳到蒸发器，制冷时接驳到冷凝器。小型的水-水热泵机组的制热量仅 8.6kW（相应的制冷量为 7.4kW），仅可供一户作冷热源；大型的水-水热泵机组制热量可达 2000kW（制冷量约 1700kW），可供大型公共建筑作冷热源。水-水热泵机组大多采用涡旋式、往复式或螺杆式压缩机作主机，制热性能系数 COP_h 大多为 4～5。水-水热泵机组制热的名义工况为[3]：机组热水出口温度为 45℃，单位制热量的热水流量为 0.172$m^3/(h\cdot kW)$（相当于机组热水入口温度为 40℃）；水源侧进水温度为 15℃；单位制热量冷水流量为 0.134$m^3/(h\cdot kW)$；冷凝器水侧污垢热阻为 0.044$m^2\cdot℃/kW$，蒸发器水侧污垢热阻 0.018$m^2\cdot℃/kW$。水-水热泵机组制冷名义工况同水冷式冷水机组。水-水热泵机的制热量和制热性能系数与两侧的水温有关。图 5-7 为某型号水-水热泵机组的性能曲线。机组的制热量和制热性能系数随着热水出口温度的升高和冷水温度的下降而减小。水-水热泵机组的制冷量和制冷系数的变化规律与水冷式冷水机组的变化规律相似。由于低位热源不同，冷媒的水温也不同，而且用户对热水温度的要求也可能不同，因此，在选用水-水热泵机组时，一定要根据两侧的水温来确定机组的制热量和制冷量。

5.2.4　水冷式热回收冷水机组

水冷式热回收冷水机组是在制冷剂系统中增加一热回收器，以利用高压蒸气的过热部分的显热。图 5-8 为水冷式热回收冷水机组的制冷剂流程图。与水冷式冷水机组的制冷剂流程不同之处是在压缩机到冷凝器之间的排气管上增加了热回收器，可以加热生活用的热水或其他用途的热水。冷凝器仍采用冷却水作冷却介质。有的热回收冷水机组，将热回收器与冷凝器放在同一壳体内，即制冷剂在同一壳体内，而冷却水、热水走不同的管束。当

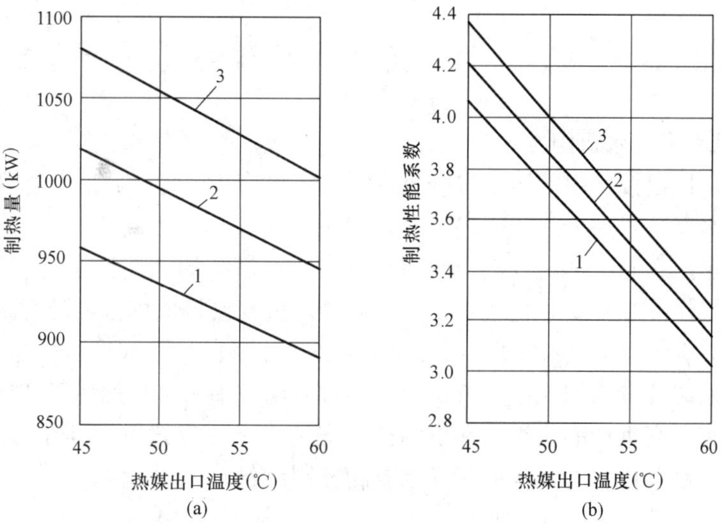

图 5-7　水-水热泵机组性能曲线

(a) 制热量；(b) 制热性能系数

1—冷媒进口/出口温度为 13/5℃；2—冷媒进口/出口温度为 15/7℃；3—冷媒进口/出口温度为 17/9℃

热回收不使用时，冷凝器可负担全部冷凝负荷。回收热量的多少与热水的出水温度有关。当供出热水温度为 35℃时，可基本上全部回收冷凝热量，热回收器相当于冷凝器；当热水温度提高到 45℃时，其供热量（回收的热量）相当于制冷量的 33%左右，如欲提高回收热量的比例，需提高冷凝温度，压缩机耗功率增加，是否合理，应进行技术经济比较。热回收冷水机组适用于同时需要冷量和热量的建筑，如旅馆、商住楼宇、医院等。

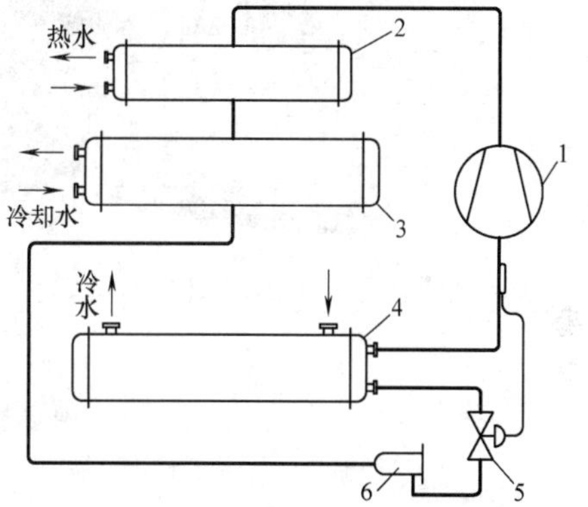

图 5-8　水冷式热回收冷水机组制冷剂流程

1—螺杆式压缩机；2—热回收器；3—壳管式冷凝器；4—干式蒸发器；5—热力膨胀阀；6—干燥过滤器

5.2.5　模块式机组

模块式机组是由若干个单元模块拼合组成。每个单元模块的制冷剂系统是独立的，若模块单元中有两台压缩机，则有两个独立的制冷剂系统。拼接时，各单元模块在水路上是并联的。单元模块也可独立使用。每个生产厂商通常生产几种规格的单元模块。单元模块中的水/制冷剂换热的设备通常采用板式换热器，结构紧凑。每个单元模块的外形像一矩形立柜，便于多个模块在短边方向拼接。模块式机组使用灵活，一种规格的单元模块可组成不同制冷量的机组，满足不同场合的需求。例如，RC130 单元模块，其制冷量为 130kW，组合后制冷量最大达 1690kW，有 13 种规格的冷水机组。模块式机组运行的可靠性高，因它是由多个相同规格的模块单元组合而成的，互为备用，即使某一制冷剂回路发生故障，即可由另一回路投入运行。但由于模块式机组中采用小型压缩机，在大冷量范围内的性能不如大型压缩机组成的机组。在国内，水冷式冷水机组和水-水热泵机组都有模块式机组。

5.3　风冷式、蒸发式冷水机组和空气-水热泵机组

5.3.1　风冷式冷水机组

风冷式冷水机组按所用的压缩机分为往复式、涡旋式、螺杆式、单螺杆式和离心式冷水机组。制冷量范围约为 7～2000kW；最小型的可用作单户空调的冷源。图 5-9 为风冷式冷水机组的外形图和制冷剂流程图。它与水冷式冷水机组的主要区别是冷凝器是风冷的，直接用室外空气作冷却介质，也就是说冷凝器的热量直接排放到室外环境中。风冷式冷凝器在机组中可 V 形放置（图 5-9），也可直立放置。小型的风冷式冷水机组配置有冷水泵，用户接上空调末端装置（如风机盘管机组）即可应用。中、大型的风冷式冷水机组一般不配水泵，但也有厂商生产的机组，在机内留有安装水泵的位置，水泵作为用户的选购件，这种机组节省了水泵机房的建筑面积和水泵的控制设备。

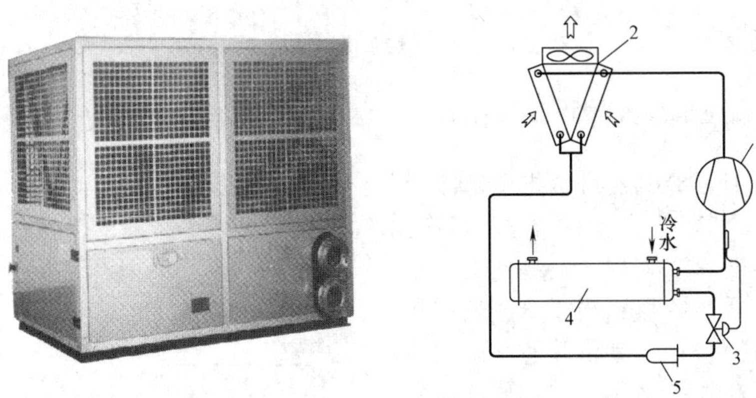

(a)　(b)

图 5-9　风冷式冷水机组

(a) 外形图；(b) 制冷剂流程图

1—压缩机；2—风冷式冷凝器；3—热力膨胀阀；4—干式蒸发器；5—干燥过滤器

风冷式冷水机组的名义工况为[3]：机组冷水出口温度为 7℃，单位制冷量冷水流量为 0.172m^3/(h・kW)；室外空气温度 35℃；蒸发器水侧污垢热阻 0.018m^2・℃/kW。各种风冷机组的制冷性能系数相差甚大，不计风机消耗功率的制冷性能系数约为 2.7～3.5；按总输入功率（含风机功率）计的制冷性能系数约为 2.4～3.2。在同样的制冷量下，性能系数小的机组比性能系数大的机组多消耗 30%的能量。因此选用时注意选择制冷性能系数大的机组。

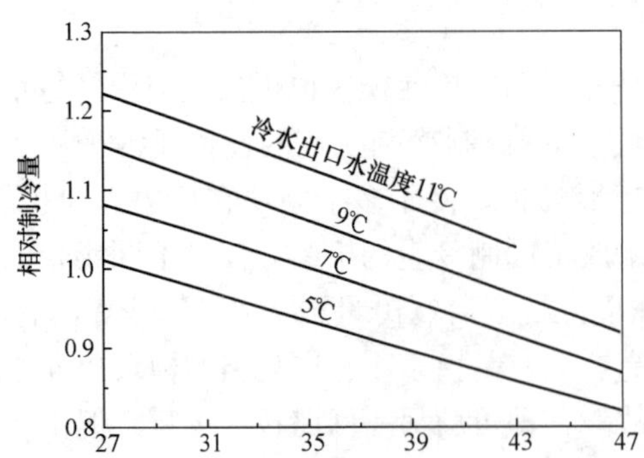

图 5-10　风冷式冷水机组的特性

风冷式冷水机组的制冷量与室外空气温度、冷水出口温度有关。图 5-10 为某型号风冷式冷水机组的相对制冷量与室外空气温度和冷水出口温度的关系。图中设定在名义工况下的制冷量为 1，其他工况下的制冷量

是名义工况制冷量的倍数。从图上可以看到，相对制冷量随着室外空气温度的升高或冷水出口温度的下降而减小。在图示的工况范围内，制冷量约在名义工况制冷量的 0.8～1.2 倍范围内变化。性能系数的变化趋势与制冷量的变化趋势相同。

风冷式冷水机组也有模块式机组和热回收机组。热回收的原理与水冷式热回收机组一样，但风冷式冷水机组的热回收效果更好。因为风冷式冷水机组运行时的冷凝温度比水冷式冷水机组高，可以获得较高温度的热水。

风冷式冷水机组的优点是：它可安装在室外，通常放在屋顶上，无需制冷机房；如果冷水泵也安在机组内时，冷源系统全部集中在一个机体内，非常紧凑；机组的自动化程度高，又无冷却水系统（水冷式机组必备），因此运行管理方便。但它的性能系数比水冷式机组低，即以冷源系统总耗能相比（水冷式机组的总耗能包含冷却塔、冷却水泵的能耗，风冷式机组的总能耗包含风冷机能耗），它的总能耗高于水冷式机组。

风冷式冷水机组的综合部分负荷性能系数按式（5-1）计算。部分负荷性能系数测试时，要求冷水流量、机组冷水出口温度均与名义工况一致，而室外空气温度在 100%、75%、50%、25%负荷时分别为 35、31.5、28、24.5℃；另外蒸发器水侧污垢热阻均为 $0.018m^2 \cdot ℃/kW$。

5.3.2 蒸发式冷水机组

蒸发式冷水机组是采用蒸发式冷凝器（见 3.8 节）的冷水机组，它的制冷剂流程与风冷式冷水机组类似。风冷式冷水机组的冷凝温度取决于室外空气的干球温度，而蒸发式冷水机组的冷凝温度取决于室外空气的湿球温度。因此，蒸发式冷水机组的冷凝温度比风冷式冷水机组低，其制冷性能系数比风冷式冷水机组要高。这种机组很适宜用于气候干燥（当地湿球温度较低）的地区。蒸发式冷水机组的名义工况为[3]：空气室外湿球温度为 24℃，其他条件同风冷式冷水机组。

5.3.3 空气-水热泵机组

空气-水热泵机组又称风冷热泵型冷热水机组，或称风冷式冷热水机组。在夏季按制冷工况运行，相当于风冷式冷水机组；冬季按热泵工况运行，以空气为低位热源，制备热水，作空调系统的热源。风冷热泵型冷热水机组按压缩机类型分有往复式、涡旋式、螺杆式、单螺杆式和离心式的冷热水机组。在名称中常冠以压缩机的名称。例如，风冷螺杆式冷热水机组是指使用螺杆式压缩机的空气-水热泵机组。目前生产风冷离心式冷热水机组的厂商很少。风冷热泵型冷热水机组的外形、结构形式与风冷式冷水机组相类似，但制冷剂流程不同。图 5-11 为一典型的风冷热泵型冷热水机组的制冷剂流程图。冬季热泵运行时制冷剂的流程是：压缩机 1→四通换向阀 5→水侧换热器 2（做冷凝器用）→止回

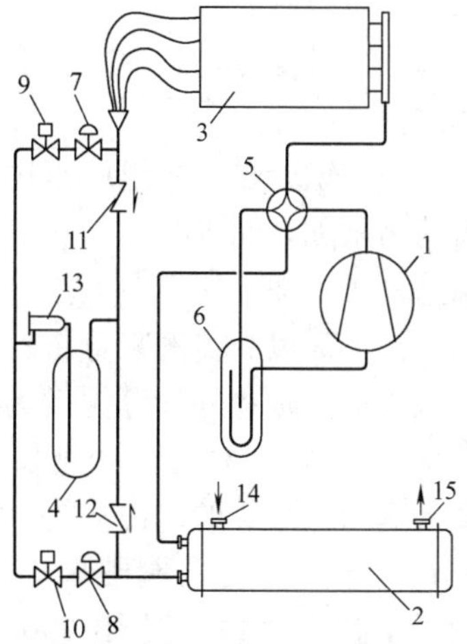

图 5-11 风冷热泵型冷热水机组制冷剂流程

1—压缩机；2—水侧换热器；3—空气侧换热器；4—储液器；5—四通换向阀；6—液体分离器；7、8—热力膨胀阀；9、10—电磁阀；11、12—止回阀；13—干燥过滤器；14—热水或冷水入口；15—热水或冷水出口

阀 12→储液器 4→干燥过滤器 13→电磁阀 9（开启）→热力膨胀阀 7→空气侧换热器 3（做蒸发器用）→四通换向阀 5→液体分离器 6→压缩机 1。这时电磁阀 10 关闭。水侧换热器向外供出热水。当夏季制冷运行时，四通换向阀换向。这时制冷剂的流程是：压缩机 1→四通换向阀 5→空气侧换热器 3（做冷凝器用）→止回阀 11→储液器 4→干燥过滤器 13→电磁阀 10（开启）→热力膨胀阀 8→水侧换热器 2（做蒸发器用）→四通换向阀 5→液体分离器 6→压缩机 1。这时电磁阀 9 关闭。水侧换热器向外供出冷水。从上述冬、夏季运行的流程看到，空气侧换热器（空气/制冷剂换热器）和水侧换热器（水/制冷剂换热器）交替做蒸发器和冷凝器，利用四通换向阀使制冷剂流动方向改变。

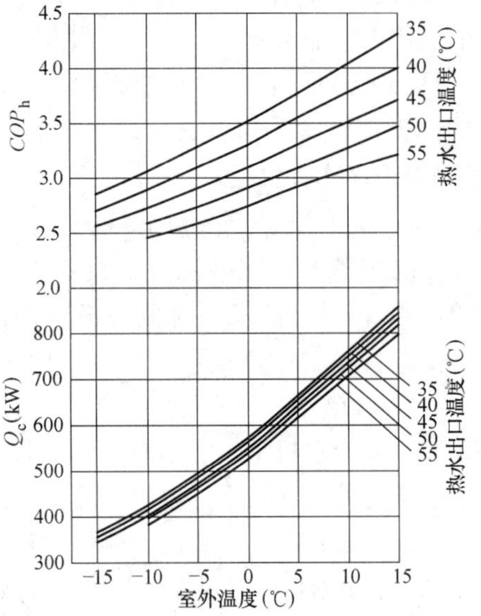

图 5-12　风冷往复式冷热水机组制热工况特性

空气-水热泵机组的制冷名义工况与风冷式冷水机组一样；制热名义工况为[3]：热水出口温度 45℃，单位制热量热水流量 0.172m^3/(h·kW)，室外空气干/湿球温度 7℃/6℃；水侧污垢热阻为 0.044m^2·℃/kW。

风冷式热泵型冷热水机组制冷运行时的制冷量变化规律与风冷式冷水机组一样；热泵运行时的制热量将随着室外空气温度的下降和热水出口温度的上升而减小，其制热性能系数的变化规律也相似。图 5-12 为一风冷往复式冷热水机组的制热量 $\dot{Q}_c$、制热性能系数 COP_h 与室外空气温度、热水出口温度的关系。从图中可以看到，机组的制热量、性能系数随着室外温度的降低或热水出口温度的升高而下降，尤其是室外温度的影响更为显著。在图示的温度变化范围内，制热量最大和最小之比约为 2.5。

当风冷热泵型冷热水机组用作建筑供暖的热源时，随着室外温度的下降，建筑供暖需要的热负荷将增加，而机组的制热量随着室外气温的下降而减小，这就出现供需的矛盾。如何解决这一矛盾呢？这实质上是一个技术经济比较的问题。下面以一实例来分析。设在某市有一建筑，该市的供暖室外计算温度为−10℃，供暖热负荷为 450kW，采用风冷热泵型冷热水机组。方案 1 选用某品牌的风冷式冷热水机组 200 型，该机组在−10℃时的制热能力可满足供暖设计负荷的要求；方案 2 选用 100 型。下面对方案进行比较。将 2 台机组供热量随室外温度变化的特性曲线和建筑供暖热负荷随室外温度的变化都绘在坐标为热量—室外温度的图上，如图 5-13 所示，图上曲线 1、曲线 2 分别为风冷式冷热水机组 200 型和 100 型的特性曲线，

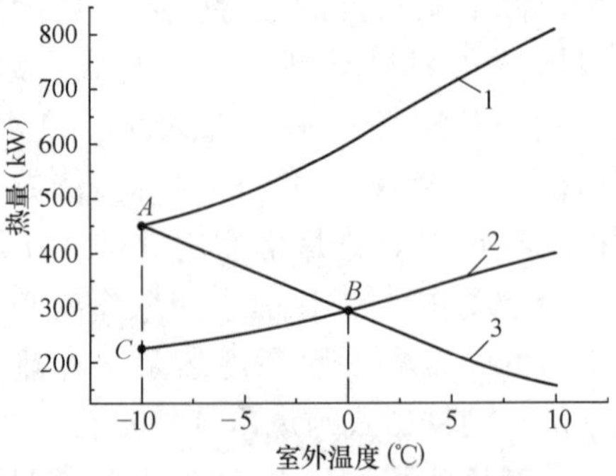

图 5-13　建筑供暖热负荷、冷热水机组热量随室外温度的变化曲线

1—200 型机组的特性；2—100 型机组的特性；3—供暖热负荷变化曲线

曲线 3 为供暖热负荷的变化曲线。交点 A、B 为该机组的供热量与供暖负荷相等的工作点，称平衡点。方案 1 按平衡点 A 来选择的冷热水机组，该机组在制热名义工况下的制热量为 742kW，由于供暖室外计算温度下运行的时间并不多，机组绝大部分时间是在部分负荷下工作。另外，在－10℃时运行，机组的 COP_h 约为 2.7，按一次能源计的 COP_h 比燃气锅炉略高一些，但考虑热泵在室外空气温度＜7℃工作时制热量和性能系数下降，以及室外侧换热器除霜需额外消耗能量，热泵并不一定节能。方案 2 的平衡点 B 在室外温度 0℃处，该机组在制热名义工况下的制热量为 371kW，相当于方案 1 机组的一半。但是当室外温度低于 0℃时，机组满足不了供暖热负荷的需求，在供暖室外设计温度下热量供需差为图上的 AC 线段，本例缺少 225kW 的热量，需要由辅助热源（如燃油、燃气锅炉）来补充。两方案比较，方案 1 的初投资高于方案 2。至于运行费用和能耗比较，需对整个供暖期进行模拟分析，并应考虑热泵运行时室外侧换热器结霜、除霜的影响。

风冷式冷热水机组还具有制冷的功能，因此选择机组时必须同时考虑满足空调冷负荷的要求。可以首先按空调冷负荷选择机组，再校核是否符合冬季供暖的热负荷要求。各种风冷式冷热水机组在制热与制冷名义工况下，其制热量 $\dot{Q}_c$ 与制冷量 $\dot{Q}_e$ 之比（$\dot{Q}_c/\dot{Q}_e$）并不相同，但一般在 0.9～1.2 范围内，大部分机组的 $\dot{Q}_c/\dot{Q}_e=1.0\sim1.1$。对于供暖室外计算温度比较高的地区（如长沙、上海、重庆等均在 0℃左右），通常夏季空调冷负荷大于冬季的热负荷，按夏季冷负荷选择的机组可以满足冬季热负荷的要求；对于供暖室外计算温度比较低的地区（如济南、北京、天津、石家庄等均在－10℃左右），按夏季冷负荷选择的机组往往不能满足冬季热负荷的要求。这时需要按上述实例的方法进行多方案的比较。

热泵运行时，当空气侧换热器表面温度低于 0℃时，空气中的水分在换热器翅片表面凝结并结霜。随着霜层的增厚，空气侧换热器的传热热阻增大，通过换热器的空气流量也减少，导致蒸发温度（压力）下降；最终使机组制热量和性能系数下降，严重时会因蒸发压力太低而自动停机。因此，当机组空气侧换热器结霜达一定厚度时，必须进行除霜。除霜时会影响机组的正常供热。目前风冷热泵型冷热水机组都设有自动除霜装置。机组在低于名义工况的室外温度条件下运行时，由于机组结霜、融霜及不稳定的工作，会导致机组实际制热能力的下降。因此，机组运行时实际制热量应是试验标定的制热量乘以小于 1 的修正系数。图 5-12 所示的机组的修正系数如表 5-2 所示。不同厂商生产的机组，修正系数有所不同。

制热量修正系数 **表 5-2**

空气温度(℃)	15	7	4	0	－5	－10	－15
修正系数	1.00	1.00	0.93	0.94	0.96	0.97	0.97

风冷热泵型冷热水机组的优点有：1）空气作为热泵的低位热源，取用方便；2）机组放在室外（如屋顶上），节省了机房面积；3）冷源与热源为同一机组，冷水和热水同一系统，冷热源系统简单，设备少。缺点有：1）热泵运行时，结霜、除霜交替进行，供热不稳定；除霜额外多消耗能量，现场测试表明，除霜能耗约占总能耗的 10.2%[4]；2）机组

制热量与建筑供暖热负荷随室外温度的变化规律刚好相反，使机组的应用受到限制。3）性能系数比水冷式冷热水机组要低，尤其在室外温度低于－10℃时制热，与燃油、燃气锅炉相比已无节能优势。

风冷式冷热水机组是目前应用比较多的热泵，产品的规格很多，其制热量的范围很大（制热量为8.6～2970kW）。大部分机组允许使用的最低室外温度为－10℃，也有的允许最低温度为－15℃或更低。这种机组适用于长江流域及其以南地区。在－15℃以下的地区，宜与其他热源联合应用。

5.4 带冷（热）源的空调机

5.4.1 概述

空调机（也称空调机组）是对房间进行空气调节的设备，即能对空气进行多种处理（冷却、去湿、加热、加湿、过滤等）的设备。它可以只有上述的空气处理功能，需要外部提供给它冷量或热量；也可以自带冷（热）源，而成为集冷（热）源和空气处理设备为一体的机组。这种空调机具有结构紧凑，体积小，占地面积小，安装简单，使用灵活、方便，自动化程度高的优点，因此在中小型空调系统中应用广泛，尤其在家用空调中占着绝大的份额。本节只讨论自带冷（热）源的空调机，以后简称空调机。

空调机的品种很多，按外形分有：1）窗式空调器（小型空调机常称空调器），所有设备集中在一个箱体内，安装在窗上（一半在室外，一半在室内），只为一个房间用的小型空调机。2）分体式空调器，分两个机体：室外机和室内机，室内机只有空气处理设备，压缩机等设备装在室外机内。3）多联式空调机，实质上也是分体式空调机，它由1台或多台室外机，带多台或几十台室内机。4）立式空调机，将所有设备集中在一个立柜形的机壳内，可以安装在被服务的空调房间内或邻室内。5）屋顶式空调机，所有设备组装在一个卧式箱体内，通常安装在屋面上。

按空调机的功能分有：1）单冷式空调机，又称冷风机，用于夏季舒适性空调。2）冷热风空调机，有两种，一种是电热型（即在单冷式空调机中加电加热器），另一种是热泵型（这是目前应用较多的一种机型）。3）恒温恒湿型空调机，通常用于科学试验、某些工艺过程的环境控制，机内都有加湿装置。4）程控机房或计算机房专用空调机，是适合于机房负荷特点和环境控制要求的专用机组。5）低温空调机，用于－5～－10℃的特殊环境的空调。6）除湿机（冷冻除湿机），利用蒸发器对空气冷却除湿，又利用冷凝器将空气加热，用于洞库、潮湿场所的空气除湿。

上述这些机组的制冷剂系统都大同小异。下面介绍几种空调机。

5.4.2 水-空气热泵空调机或水冷式空调机

5.4.2.1 水-空气热泵空调机

水-空气热泵空调机是以水作为与外部能源传递能量的冷媒或热媒、直接对房间内空气进行热湿处理的热泵型空调机。这种机组通常用于地源热泵系统中[1]，用地下水、地表水、土壤等作热泵的低位热源。更多地用在水作为低位热源的热泵系统中，因此，这种机组被称为水源热泵空调机。

水-空气热泵空调机由压缩机、水侧换热器、空气侧换热器、风机、四通换向阀、节流装置等设备组成。图 5-14 为水源热泵空调机的制冷流程图，图示的流程图是制冷工况的流程。空气侧换热器（铜管套铝肋片结构）作蒸发器用，对室内空气进行冷却去湿。水侧换热器（套管式）作冷凝器，将热量释放到水中。在制热工况时，四通换向阀换向，空气侧换热器是冷凝器，加热室内空气。水侧换热器是蒸发器，从水中提取热量。

水-空气热泵空调机按外形分有：1）卧式暗装：可置于房间的顶棚内，需接风管与风口，使室内空气经过空调机循环而被冷却或加热。2）立式明装：直接置于房间的地面上使用，不需接风管与风口。3）立式暗装：置于机房内，需接风管与风口，使室内空气经过空调机循环而被冷却或加热。4）屋顶式：置于屋顶上，通过风管将冷风或热风送到一个或多个房间。5）柱式明装：细高的立柱柜型，直接在房间内使用。

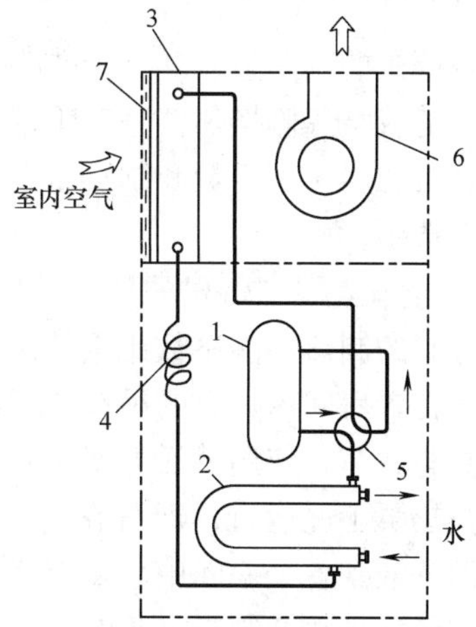

图 5-14 水源热泵空调机的制冷流程图

1—压缩机；2—水侧换热器；3—空气侧换热器；4—毛细管；5—四通换向阀；6—风机；7—空气过滤器

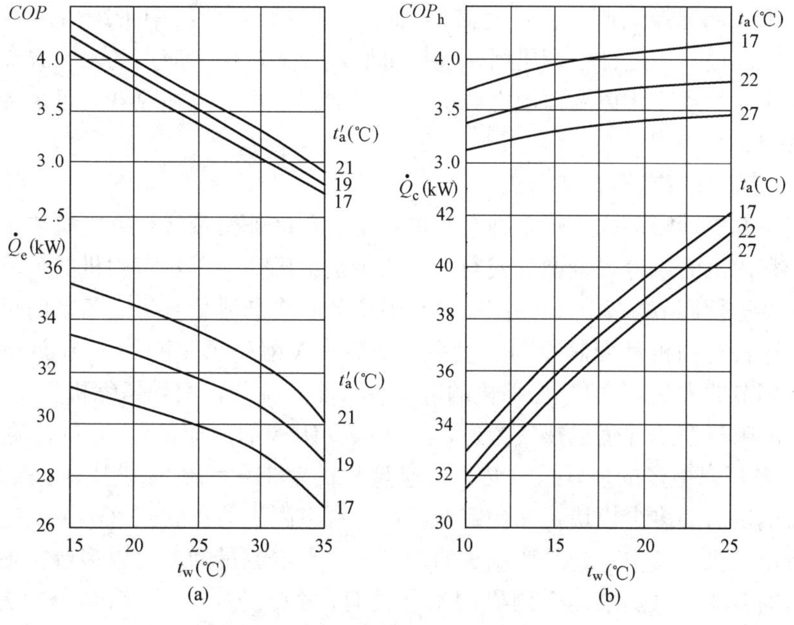

图 5-15 某型号的水源热泵空调机特性

(a) 制冷工况特性；(b) 制热工况特性

COP—制冷性能系数；COP_h—制热性能系数；$\dot{Q}_e$—空调机制冷量；$\dot{Q}_c$—空调机制热量；t_a—空气进口干球温度；t'_a—空气进口湿球温度

水-空气热泵空调机的制冷量、制热量、制冷和制热性能系数与空调机的空气、水的温度有关。图 5-15 为某型号水源热泵空调机制冷和制热工况的特性。从图上可以看到，在制冷工况下，空调机的制冷量 $\dot{Q}_e$ 和制冷性能系数（COP）随着水侧换热器进口水温

(t_w) 的升高而减小，随着空气侧换热器进口湿球温度 (t'_a) 的升高而增加；在制热工况下，空调机的制热量 ($\dot{Q}_c$) 和制热性能系数 (COP_h) 随着水侧换热器进口水温的升高而增加，随着空气侧换热器进口干球温度的升高而减小。在选用这类空调机时，不能直接根据空调机的名义制冷量和制热量来选择，必须按实际的水温及室内空气干、湿球温度的工况下来选用。

水-空气热泵空调机的特点：1）热泵空调机的低位热源温度一般大于 0℃，温度比较稳定，它的制热性能系数比空气源热泵机组的高，也无结霜、除霜的困扰。2）小型的机组分散在各房间内，有的吊在顶棚内，因此占用机房面积少。3）各个房间的空调机可单独控制与调节，使用灵活方便。4）连接在同一水系统的空调机可以有的按制冷工况运行，有的按热泵工况运行，即可在建筑内同时满足供冷和供热的需求。5）对一幢建筑来说，冷热源分散到各个房间中，每个房间的空调机必须按该房间的最大负荷来选用，因此，总装机容量（指总的制冷量或制热量）比集中冷热源的装机容量要大。6）单机容量大的空调机，噪声较大。

5.4.2.2　水冷式空调机

水冷式空调机是只能按制冷工况运行的机组，通常由压缩机、水冷式冷凝器、直接蒸发式空气冷却器（蒸发器）、节流机构、风机、空气过滤器等组成，其制冷剂流程如图 5-14 所示，但无四通换向阀。由于它必须有冷却水系统，使用中带来诸多不便，一般的舒适性空调中已很少用这种空调机组。程控机房或计算机房中应用的水冷式专用空调机或工业厂房中应用的水冷式恒温恒湿空调机（内带电加湿器和电加热器）可多台机组合用一个冷却水系统。

5.4.3　多联式（热泵）空调机

多联式空调机（或多联式热泵型空调机）是 1 台室外机带多台室内机或多台室外机组合带几十台室内机的风冷式空调机或空气源热泵空调机。由于各室内机的负荷根据各自服务的房间温度进行调节，室外机的压缩机必须调节制冷剂流量来满足各室内机对制冷剂流量的要求。这种空调机是变制冷剂流量系统，简称 VRV（Variable Refrigerant Volume）系统。流量调节的方法有：1）压缩机的电机进行变速调节，实现压缩机变流量；2）改变压缩机气缸的吸气容积并辅以热气旁通，从而改变制冷剂的流量；3）脉冲宽度调节（见 3.6.2 节）。各厂商生产的多联式（热泵）空调机的室外机都做成模块式，用户根据冷负荷或热负荷确定需要多少模块。一台室外机带多台室内机的多联式（热泵）空调机的室外机中有 2 台压缩机，其中一台是变流量的，另一台是定流量的。可以多台室外机联合带若干台室内机的多联式（热泵）空调机的室外机有两种类型：1）1 台室外机是变流量的，其余室外机都是定流量的；变流量的室外机中有 1 台流量可以调节的压缩机和 1 台定流量的压缩机。2）1 台室外机有 1 台变频调节的压缩机和 1 台变极电机（三速）的压缩机，其余室外机都装有 2 台变极电机的压缩机。这两种类型的根本区别是前者只有 1 台压缩机是变流量（称为“单变”），后一类型是所有压缩机都变流量，其中 1 台是变频的（称它为“全变”）。全变的多联式（热泵）空调机是我国最近研制的产品，它比单变的多联式（热泵）空调机更节能。其原因是定转速压缩机都是停开调节，启动电流大，导致能量损失大，采用变极电机的压缩机，大多是在部分负荷下启动，启动电流小，损失减少；变频在某一段范围内机组的效率高，采用全变后，可把变频压缩机限在高效的频率范围内[5]。

多联式空调机按功能分有：（1）单冷型——只有制冷功能；（2）热泵型——夏季制冷，冬季制热；（3）热回收型——同时向一部分房间供冷，另一部分房间供热，实质上回收了制冷时室内机所提取的室内热量，故称热回收型；（4）蓄热型——把夜间电力所制取的冷量或热量储存在冰或水中，在电力高峰时应用，实现电力的移峰填谷。风冷式多联机是最早开发并推广应用的机型，它用空气做冷却介质或低位热源，空气随处都有，因此这种机型使用非常方便。水冷式多联机在21世纪初才开发并推广给市场的。它与风冷式系统相比，多了一套水系统，系统相对复杂，但制冷性能系数较高。当用于热泵运行时，必须有适宜的水源，如地表水、地下水、废水或地下埋管中的水（见5.6.4节）等，因此它的推广应用受到实际条件的制约。

多联式空调机的室内机有：1）顶棚嵌入式（又称卡式），又可分为单向气流、双向气流和四向气流3种；2）明装吊式，又可分为顶棚型和壁挂型；3）暗装接风管式；4）明装落地式；5）暗装落地式等。每台室内机由风机、盘管、电子膨胀阀、凝结水排水泵、空气过滤器等组成。风机有3种转速。室内机的制冷量可以通过电子膨胀阀、风机风量进行调节。室内机的规格应根据所服务房间的室内冷负荷进行选择；对于热泵型的空调机，应该校核制热量是否满足室内热负荷要求。

室外机由制冷压缩机、室外侧换热器（制冷时为冷凝器，制热时为蒸发器）、风机、气液分离器、四通换向阀（单冷型的无此设备）等组成。各生产商生产的室外机的模块数量不同，规格也不同。有的生产商生产的某种类型（单冷型、热泵型等）室外机只有3、4个模块，有的有7～9个模块。下面举例说明室外机模块规格及组合。某公司商用多联式热泵空调机，采用R410A制冷剂，室外机有7种规格的模块，名义制冷工况（室内干/湿球温度27/19℃，室外温度35℃）下的制冷量22.4～56kW；名义制热工况（室内温度20℃，室外干/湿球温度7/6℃）下的制热量25～63kW。室外机不同的组合（最多3台）可派生出20个规格。容量最大机组的名义制冷量168kW，名义制热量189kW，最多可带64台室内机。在名义工况下机组的制冷性能系数2.91，制热性能系数3.5。

室外机的型号与规格应根据该系统所服务房间逐时冷负荷的最大值来选择。由于各房间出现最大负荷的时刻通常并不一致，因此室外机的总容量小于各室内机容量的总和。单冷型和热泵型多联式空调机的室外机和室内机通过2条管路连接成一个系统。一根管是高压液体管；另一根管是气体管，制冷运行时是低压吸气管，热泵运行时是高压排气管。还有一种热回收型多联式空调机，它允许系统内室内机有的按制冷工况运行，有的按制热工况运行，这种空调机有3条管：液体管、高压排气管和低压吸气管。管路有能量损失，会降低系统的性能系数和制冷量（或制热量），因此管路布置时应尽量短，绝不要超过产品样本上所规定的长度。当室外机低于室内机时，液体管上升时，由于液柱的影响，压力降低，过冷度不大时会闪发蒸气，影响管路流量的分配。当室外机高于室内机时，低压吸气的上升管需考虑系统的回油，通常设回油弯。所谓回油弯，就是在水平吸气管向上转弯时，设一U形弯。当润滑油逐渐积聚在U形弯中而使通路被隔断时，油在U形弯两端压差的作用下被吸回压缩机。室内机与室外机的高差应不超过样本规定的值。

多联式（热泵）空调机是风冷式机组，因此具有风冷式所具有的特点：不需要机房（通常将室外机放在屋顶上）、设备紧凑、自动化程度高、运行管理简单、热泵运行时有结霜和除霜的问题、空调机的制热量和建筑供暖负荷随室外温度的变化规律恰好相反。多联式（热泵）空调机与一般的风冷式空调机（器）相比，具有节能的优点。因为一般的风冷空调机都是停开调节，频繁启动，多耗能量；而且运行时基本上是全负荷工作，性能系数难于提高。而多联式机组在部分负荷运行时，因其冷凝器面积（制冷运行）或蒸发器面积（热泵运行）总是大于其负荷所要求的面积，因而在制冷运行时的冷凝温度低于全负荷运行的冷凝温度，在热泵运行时的蒸发温度高于全负荷运行时的蒸发温度，这样性能系数必然增加。

5.5　内燃机热泵与制冷机

上几节介绍的蒸气压缩式制冷机（热泵）中的压缩机都是电机拖动，称之为电动制冷机（热泵）。内燃机热泵与制冷机的压缩机用燃气内燃机或柴油内燃机来拖动。柴油内燃机和燃气内燃机在结构上相似，都是往复式的，但它们的工作过程不同。柴油内燃机的工作过程是：先将空气吸入气缸，压缩后，压力、温度升高；然后将燃油喷入气缸，燃油燃烧、膨胀，并推动活塞做功，而后将废气排出气缸。燃气内燃机的工作过程是：气缸吸入燃气与空气的混合物，然后对混合气体进行压缩，压力、温度升高；而后由外部火源（火花塞）点火，混合气体燃烧、膨胀，并推动活塞做功，最后废气排出气缸。燃气内燃机可以用天然气、液化石油气、沼气等。内燃机的效率一般在 33%～46%，大型机效率高，小型机效率低。内燃机消耗燃料所具有的热量大约只有 33%～46%变成机械功，另外机身辐射大约有 6%，尚有 61%～48%的热量是通过废气、气缸冷却水排到环境中去了。因此，内燃机热泵就可以充分利用这部分原来被废弃的热量。

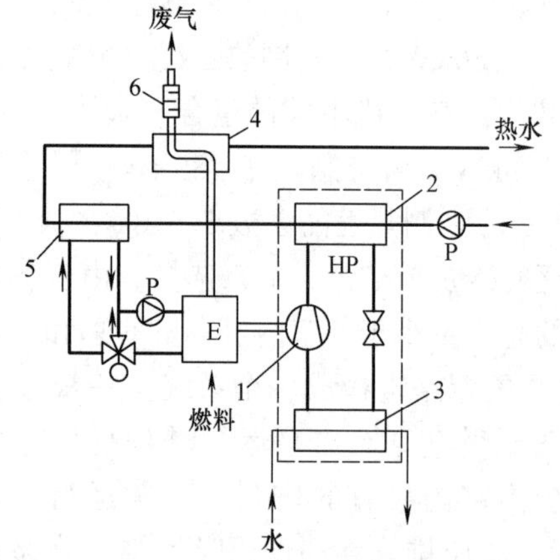

图 5-16　内燃机热泵原理图

HP—蒸气压缩式热泵；E—内燃机；P—水泵；1—压缩机；2—冷凝器；3—蒸发器；4—废气热交换器；5—气缸冷却水热交换器；6—消声器

图 5-16 为只用于供暖的内燃机热泵原理图。图中虚线部分为蒸气压缩式热泵，它由压缩机、冷凝器、蒸发器、节流阀等部件组成。压缩机由内燃机驱动。内燃机消耗燃料（燃气或柴油），输出机械功，排出温度较高的废气。热泵为水-水热泵，低位热源为地下水、地表水、土壤等；向外供应热水。在热水系统中串联有废气热交换器和冷却水热交换器，以回收排出废气的热量和气缸的散热量。如果内燃机热泵的制热性能系数为 4，热水的回水温度为 45℃，经冷凝器后的温度为 55℃，再经 2 个热回收的热交换器后，供出水温约为 58.8℃，约增加 38%的供热量。

如果将废气热交换器和冷却水热交换器单独组成系统，将图 5-16 所示的系统改造成 2 个热水系统：低温系统（热泵冷凝器制备热水）和高温系统（利用废热热水），如图 5-17 所示。从而可以满足两种用热温度的需要。当低温系统的供热量不足或需要提高供水温度，可以开启电动调节阀将高温系统水混入低温系统中。这个系统也可以使热泵系统用于夏季供冷。这时冷凝器接到地表水或地下水系统（作冷却水用），蒸发器接用户水系统（供冷水），而高温的水系统同时给建筑供应生活用热水。

如果将图 5-16 中的蒸发器改为空气-制冷剂换热器，则成为空气源热泵（只用于供热）。再将热泵的制冷剂系统中增加四通阀，实现空气侧换热器和水侧换热器的功能转换，并将水系统改为图 5-17 所示系统，则可实现冬季供热、夏季供冷并供热水的风冷内燃机热泵冷热水机组。

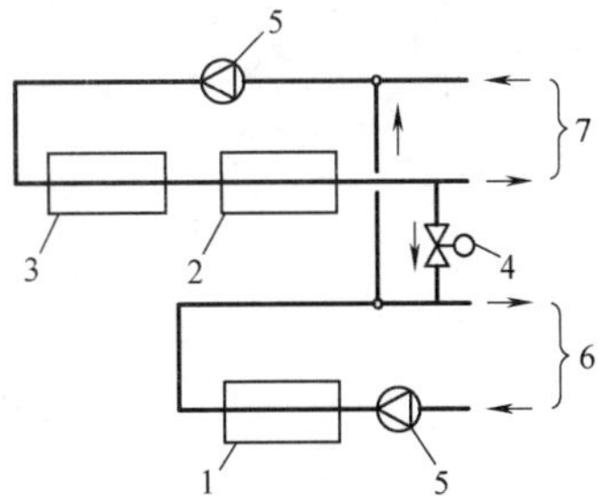

图 5-17　热水系统分两个环路

1—冷凝器；2—废气热交换器；3—气缸冷却水热交换器；4—电动调节阀；5—水泵；6—低温热水系统；7—高温热水系统

现在已有内燃机热泵和制冷机的产品供用户选用，但大多是小型机组。国内市场上这类产品并不多。目前有：

（1）多联式燃气热泵空调机

这种机组与电动的多联式空调机相似，分室外机和室内机（有顶棚嵌入式、明装吊式等多种）；室外机用两条制冷剂管路（液体管和气体管）与室内机连接，一台室外机可连接多台室内机。室外机中的制冷机由燃气内燃机驱动。夏季制冷运行时，内燃机的废热不利用；冬季制热运行时，内燃机的废热用作热泵的低位热源。因此室外空气温度对其供热能力影响很小，在－20℃低温时尚可保持其供热能力。室内机的制冷量和制热量调节与电动的多联式空调机一样；室外机能量调节是通过改变燃气机的转速和风机转速来实现的。多联式燃气热泵空调机室外机单台容量不大，例如某公司生产的多联式燃气热泵空调机的室外机有 4 个模块，名义制冷量 28～71kW，名义制热量 31.5～80kW。名义制冷工况和名义制热工况与多联式热泵空调机一样（参见 5.4.3 节）。制冷剂为 R410A。名义工况下的一次能源制冷性能系数平均为 1.51，一次能源制热性能系数平均为 1.55。

（2）风冷燃气热泵冷热水机组

这种机组与电驱动的风冷热泵冷热水机组（参见 5.3.3 节）相似，夏季制冷运行，提供冷水；冬季制热运行，提供热水。不同点是这种机组用燃气内燃机驱动。在夏季制冷时内燃机的废热不利用；冬季制热时，燃气内燃机的废热用作热泵的低位热源。因此它的供热能力受室外气温的影响很小。这种机组的一次能源性能系数（制冷和制热）平均约为 1.37。

近期国内开发内燃机驱动的水冷式冷水机组，如：（1）柴油机冷水机组（废热不回收），一次能源制冷性能系数约为 1.6；（2）燃气内燃机冷水机组，废热用作溴化锂吸收式制冷机的热源（有关吸收式制冷原理见第 6 章），实质上是由燃气内燃机驱动的冷水机组与由废热驱动的溴化锂吸收式制冷机组的联合体。该机组在名义工况下的一次能源制冷系数达到 1.91，高于电动水冷式冷水机组和直燃式溴化锂吸收式冷热水机组的性能系数。

由于内燃机热泵充分利用了废气及气缸冷却水的热量，使得一次能源制热性能系数 COP_h 比电动热泵的 COP_h 高得多。下面用能流图对这两类热泵进行比较。图 5-18 分别表示了电动热泵与燃气机热泵的能流图。设两种热泵的制热性能系数均为 3.3；火电发电厂电能生产和输配的总效率为 34.9%；燃气机的效率为 35%。由图可见，在一次能均为 100%和热泵的制热性能系数相等的条件下，电动热泵一次能源 COP_h=1.152；燃气机热

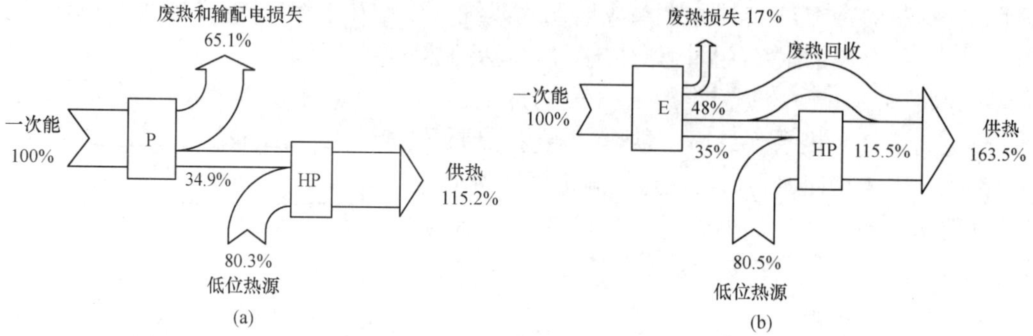

图 5-18　电动热泵与燃气机热泵的能流图

(a) 电动热泵能流图；(b) 燃气热泵能流图

P—发电厂；HP—热泵；E—燃气机

泵的一次能源 COP_h＝1.635，后者约为前者的 1.4 倍。如果是柴油内燃机热泵，柴油内燃机的效率为 40%，其他条件同前，则一次能源 COP_h＝1.75。

除了内燃机热泵外，还有用燃气轮机驱动的燃气轮机热泵。燃气轮机的效率比内燃机低，生产成本高；但它的维护简单，保养周期长，结构紧凑，占地面积小。燃气轮机通常用于大型燃气热泵中，制热量范围为 500～60000kW。

随着我国“西气东输”工程的实施，城市用燃气使用率会大幅增长。这种能源效率高的燃气热泵可望得到迅速发展。而且它还具有缓解电力紧张的矛盾，以及平抑燃气管网冬夏负荷的峰谷差。

5.6　热泵（制冷）机组的外部热源

5.6.1　概述

热泵机组的制热性能系数总大于 1，多出的热量取自外部热源；而制冷机工作时，也必须将热量排给外部热源（或称热汇）。热泵和制冷机外部热源的选择影响它们的初投资、占用建筑面积、运行能耗、运行费用、寿命、维护管理等。只用于供冷的制冷机排热的外部热源有室外空气和水。所有风冷式冷水机组或空调机，就是以室外空气作为排热的热汇。水冷式冷水机组或空调机，大部分系统又通过冷却塔把热量释放到室外空气中去了，室外空气才是它真正排热的热汇；有一小部分系统采用地表水（江、河、湖、海水等）作为排热的热汇。

热泵机组的外部热源常称为低位热源，或低温热源，通常是指温度较低而无法直接进行供热的热源。当热泵机组也可用于供冷时，热泵的低位热源也是制冷运行时排热的热汇。选择热泵低位热源时，必须遵循因地制宜的原则，还需考虑如下要求：1）温度品位较高，这有利于提高热泵的制热性能系数；2）资源充沛，无需付费或很少附加费；3）热量获得容易，输送的能耗低，相应的设备造价低廉；4）热源的载热介质对设备与管路无腐蚀作用。低位热源的种类很多，有空气、地下水、地表水、废水、废气、太阳能等。下面分别介绍各种低位热源的特点。

5.6.2　空气

室外空气是最常用的热泵热源。它主要的优点有：1）是取之不尽、用之不竭的热源，随处可以获得而无需付费。2）热泵机组取热和释热（在制冷时）的系统简单，只需空气/制冷剂换热器及风机即可。3）污染的空气对设备无腐蚀作用。

空气热源的主要缺点有：1）温度品位不高，热泵制热性能系数低。2）温度波动大，热泵运行时的制热能力不稳定；而且热泵的制热量与建筑的需热量随室外空气温度变化的规律恰好相反（参见 5.3 节）。3）比热小（约为水的 1/4），密度小（约为水的 1/830），要获得同样的热量，所需体积流量很大，相应的设备大，风机噪声大。4）冬季运行时，当换热器表面温度低于 0℃且湿度较大时会结霜，导致制热量及性能系数下降，因此必须经常除霜；结霜严重时，每小时可能有几次除霜；除霜不仅有能量损失，而且使机组运行不稳定。当它作为制冷机的排热热汇时，也有除缺点 4）以外的类似的缺点。但有的缺点并不严重，如缺点 2），由于建筑空调冷负荷中因室外温度引起的冷负荷一般所占比例不大，因此制冷量与冷负荷的矛盾一般并不突出；上述缺点 1），室外空气温度与地区有关，我国有些地区，如寒冷和严寒地区，夏季室外空气温度并不很高，当然也有很多地区，夏季室外空气温度很高，导致制冷运行时制冷量和性能系数不高。

5.6.3 地下水与地表水

由于地层的隔热作用，在 15m 以下数百米以上的地层内受太阳辐射和地心热的综合作用下，形成温度基本不变的恒温带。这层内的地下水温度与土壤温度一样，也恒定。这层恒温带的温度与当地年平均气温有一定关联，全年平均气温低的地方，地下水温度低；全年平均气温高的地方，地下水温度就高。全国大约在 6～25℃范围内，北方温度低，南方温度高。例如，黑龙江北部地下水温约 6℃，华北地区约为 16～19℃ ，华东地区约为 19～20℃，华南地区约为 20～25℃。

地表水指江、河、湖、海、水库水等。地表水的温度与当地的气温有关。江、河、湖水等冬季地表水水温：北方地区冬季水面都结冰，冰下面大于 0℃；长江流域约 4～7℃；福建、广东等南部地区约 10～15℃。冬季最冷月海水平均温度，山东近海约 4℃；江苏、上海近海约 5～8℃；浙江近海约 9～13℃；福建近海约 13～16℃；广东以南地区近海约大于 16℃。

地下水和地表水是优质的热源。主要优点有：1）冬季水温比当地气温要高，热泵的性能系数大；夏季水温一般比当地气温低，制冷时的性能系数也较大。2）水温比较稳定，尤其是地下水，水温基本保持不变；地表水的水温随月平均温度变化，一天内也基本不变，这有利于热泵稳定工作。3）比热和密度都比空气大，提取同样热量所需的水的体积流量小，相应的设备紧凑。

地下水和地表水的缺点有：1）热量采集不易，地下水需打井，有一套抽水—换热—回灌的系统（详见 13.6.2 节）；地表水需有专门的取水系统或直接在水体中取热（在水体中设置换热设备）的系统（详见 13.6.1 节），因此，热量采集系统的造价比空气热源要高。2）水对金属有一定的腐蚀作用，如水中含氧对金属的腐蚀，水与金属产生的电化学腐蚀，地下水微生物活动的腐蚀等；水的硬度大时，换热器易生垢；水中含砂、悬浮物、藻类等堵塞管路。因此，经常需要在水系统中设置相应的处理设备。

地下水和地表面水的应用受到一定限制。建筑在江、河、湖、海、水库旁，才有可能应用地表水作热泵的热源；地下水受地质构造的原因而不是随处可得。地下水和地表水的应用都必须得到当地主管部门的同意。在使用时，还必须评价对生态环境造成的影响。

5.6.4　土壤

土壤中蕴藏着大量的低位热能。土壤的温度与深度有关，深度在1.5m以上的土壤温度受太阳辐射和大气温度的影响而随季节变化较大；深度约在15m以下的土壤温度基本保持不变。土壤热量用地下埋管提取，经冷媒（水或乙二醇水溶液）传递给热泵机组。埋地盘管可以是水平放置或垂直放置（详见13.6.3节）。当热泵运行时，埋地盘管从土壤中汲取热量，导致该处土壤温度下降；在太阳辐射、地下水流动和土壤导热等的作用下，埋地盘管处的土壤得到热量补充，使该处土壤温度维持在某一范围内。当热泵在夏季制冷运行时，通过埋地盘管，将冷凝热量输入土壤内，盘管处土壤温度升高；在地下水流动和土壤导热作用下，热量向外迁移，该处的温度维持在一定范围内。热泵冬、夏制热和制冷交替运行，由于土壤的蓄热作用，夏季制冷运行时有温度较低的冷却介质，冬季热泵运行时有温度较高的低温热源，提高了热泵冬、夏季运行的性能。

土壤热源的优点是土壤的温度对热泵冬夏运行均适宜；温度比较稳定。它的主要缺点有：1）需要有足够的埋管空地。对于水平式埋管，采集单位热量的土地面积约为37～92m^2/kW；即每平方米建筑面积供暖约需2～4m^2的空地；对于垂直地埋管，采集单位热量的土地面积约为1.6～11m^2/kW[1]。2）埋地盘管的传热系数小，需要较大的换热面积，初投资大。3）水平式埋管使周围浅层土壤温度改变，会影响植物的生长。

5.6.5　太阳能

太阳能既可直接作为建筑的热源，也可作为热泵的低位热源。但需要有一套太阳能收集系统（见11.3节），初投资高。

5.6.6　废水、废气

建筑中的排水、排风都含有低位的热能，作为热泵的低位热源，其温度还是很适宜的。城市中污水排放量很大，我国2019年污水排放量873亿t，其中蕴藏着巨大的低位热能，值得开发利用。可以在污水处理厂旁设置大型热泵站回收这些热量；也可以用热泵直接从污水管中未经处理的污水中提取热量。污水主体是水，因此具有水的优点；但其含有很多污物，在应用上带来不便。如直接应用，必须除去其中的污物。

在工业中，温度不高的废水、废气随处可见，如工艺过程的冷却系统中的冷却水（或空气）；啤酒、乳品、饮料厂洗瓶机的排水等。这些低位的热能经热泵升温后可回用到工艺过程或建筑供暖。

思考题与习题

5-1　试收集几个企业的同一类型的水冷式冷水机组样本，在同一名义工况下，比较它们制冷性能系数的大小，性能差的机组比性能好的机组多耗多少能量？

5-2　试收集同一企业采用不同主机（往复式、螺杆式、离心式等）的水冷式冷水机组，在同一工况下比较它们的制冷性能系数。

5-3　试在$\lg p$-h图上画出图5-4所示的冷水机组的制冷循环。

5-4　水冷式冷水机组随着负荷的变化，性能系数减小了，还是增加了，为什么？

5-5　设在你所在地区有一空调建筑，冷负荷为2200kW，要求冷水进/出口温度为7℃/12℃，冷却塔出塔水温为当地夏季空调室外计算湿球温度加4℃，试为该建筑选水冷式冷水机组，选三种方案进行比较。

5-6　上题的条件，试为该建筑选风冷式冷水机组。

5-7　某地一建筑，冬季供暖热负荷为1400kW，冬季室外供暖计算温度为－15℃，热负荷 $\dot{Q}$ 与室外温度 t_o 的关系为 $\dot{Q}=787.5-43.75t_o$，要求热水温度为45℃，试为该建筑选用风冷热泵冷热水机组（可选一台或多台）。

5-8　某建筑采用地下水作热源的水源热泵空调机，设地下水的水温为15℃，建筑中周边区的典型房间夏季冷负荷为2200W，冬季热负荷为2000W；内区典型房间的冷负荷为4500W，夏季室内设计干/湿球温度为27℃/19℃，冬季室内设计温度为20℃；试为上述房间选用水源热泵空调机。

5-9　试述多联式空调机如何实现能量调节，目前市场上的这类机组有几种能量调节的控制方案？

5-10　为什么燃气热泵的一次能源性能系数高于电动热泵？

5-11　你所在地区有哪几种热泵的低位热源，试分析其优缺点。

本章参考文献

[1]　ASHRAE. 地源热泵工程技术指南［M］. 徐伟，译. 北京：中国建筑工业出版社，2001.

[2]　H. L. Von Cube，F. Steimle. 热泵的理论与实践［M］. 王子介，译. 北京：中国建筑工业出版社，1986.

[3]　中华人民共和国国家质量监督检验检疫总局. 蒸气压缩冷水（热泵）机组第1部分：工业或商业用及类似用途的冷水（热泵）机组［S］. GB/T 18430.1—2007. 北京：中国标准出版社，2007.

[4]　V. D. Baxter，J. C. Mogers. Field-Measured Cycling，Frosting and Defrosting Losses for a High-Efficiency Air Source Heat Pump. ASHRAE. Trans. 1985，91（2B-2）：537～554.

[5]　周祖毅. 双变或全变式多联机空调系统［J］. 暖通空调. 2005，35，9：107-109.

第 6 章　溴化锂吸收式冷热水机组

6.1　吸收式制冷和热泵的基本概念

6.1.1　吸收式制冷的工作原理

吸收式制冷也是利用制冷剂液体汽化吸热来实现制冷。因此，它与蒸气压缩式制冷有相同之处，它的不同点是提高制冷剂压力的方法和实现制冷剂循环的方法不同。图 6-1 为吸收式与蒸气压缩式制冷机的比较。其中图 6-1（a）是大家所熟悉的一个最简单的蒸气压缩式制冷机的系统，它由冷凝器、蒸发器、膨胀阀、压缩机所组成。图 6-1（b）为吸收式制冷机的系统。图 6-1（a）和（b）的比较可见，在虚线的左侧，两类制冷机的流程是相同的；所不同的是虚线右侧的蒸气压缩式制冷系统中的压缩机被发生器、吸收器与溶液泵所组成的溶液循环系统所取代。吸收式制冷机中的溶液是由两种沸点不同的物质组成，低沸点的物质是制冷剂，高沸点的物质是吸收剂。溶液循环替代了压缩机的工作过程。因此，吸收式制冷机的工作过程实际上由两个循环完成，即制冷剂循环和溶液循环。

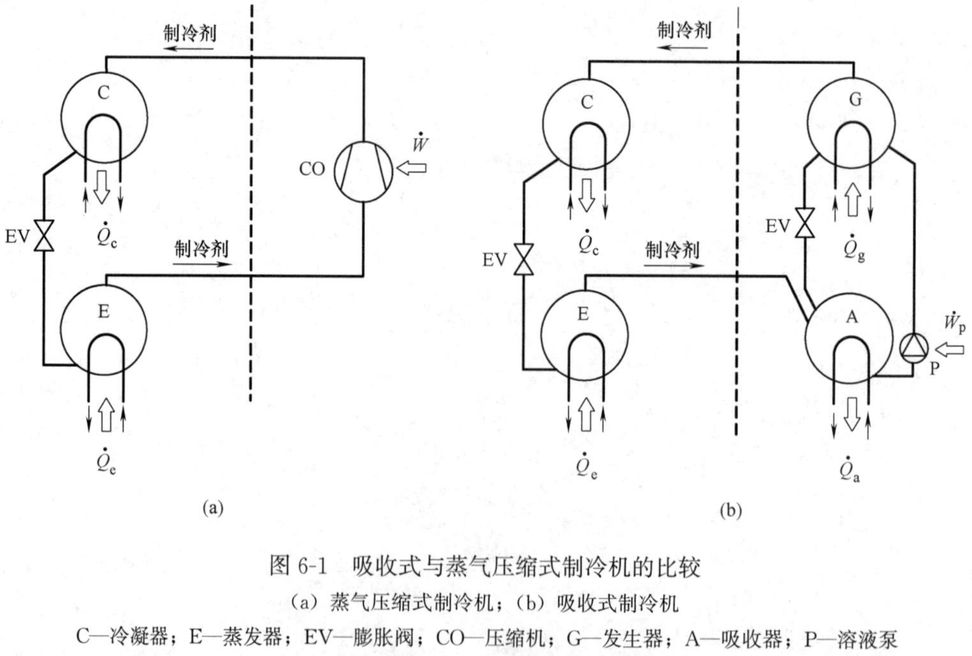

图 6-1　吸收式与蒸气压缩式制冷机的比较

（a）蒸气压缩式制冷机；（b）吸收式制冷机

C—冷凝器；E—蒸发器；EV—膨胀阀；CO—压缩机；G—发生器；A—吸收器；P—溶液泵

制冷剂循环：发生器 G 出来的高压制冷剂蒸气（可能会含有少量的吸收剂蒸气，假设为纯制冷剂蒸气）在冷凝器 C 中冷凝成高压制冷剂液体，释放出的冷凝热量（$\dot{Q}_c$）被冷却介质所带走。高压液体经膨胀阀 EV 节流到蒸发压力下的液体，进入蒸发器 E 中汽化吸热，产生制冷量 $\dot{Q}_e$，由冷媒送到制冷用户中应用。低压蒸气被吸收器 A 所吸收。

溶液循环：吸收器 A 中的浓溶液吸收蒸发器 E 来的低压蒸气而成为稀溶液。吸收过程使制冷剂转化为液体，吸收过程放出热量（$\dot{Q}_a$），被冷却介质带走。吸收器中稀溶液经溶液泵 P 提高压力，并输送到发生器 G 中。在发生器中利用蒸汽或热水对稀溶液进行加热（输入热量 $\dot{Q}_g$），稀溶液中低沸点的制冷剂汽化成高压蒸气（可能有少量高沸点的吸收剂也汽化成蒸气），溶液变成浓溶液。由发生器出来的浓溶液经膨胀阀（EV）节流降压后返回吸收器（A）中。溶液由吸收器→发生器→吸收器的循环实现了相当于压缩机的功能：吸气—提高压力—排气（排入冷凝器中）。

吸收式制冷机以消耗热能为代价获得制冷量。吸收式制冷机的性能系数（又称热力系数）定义为

$$COP=\frac{\dot{Q}_e}{\dot{Q}_g+\dot{W}_p}\approx\frac{\dot{Q}_e}{\dot{Q}_g} \tag{6-1}$$

式中　$\dot{Q}_e$——吸收式制冷机的制冷量，kW；

$\dot{Q}_g$——发生器消耗的热量，kW；

$\dot{W}_p$——溶液泵消耗的功率，kW，它一般只有 $\dot{Q}_g$ 的 0.12%～0.6%，因此，通常可忽略不计。

若把吸收器与冷凝器中释放的热量用于供热，即成为吸收式热泵，吸收式热泵的制热量（或称供热量）为

$$\dot{Q}_h=\dot{Q}_a+\dot{Q}_c \tag{6-2}$$

吸收式热泵制热性能系数为

$$COP_h=\frac{\dot{Q}_h}{\dot{Q}_g}=\frac{\dot{Q}_a+\dot{Q}_c}{\dot{Q}_g} \tag{6-3}$$

式中　$\dot{Q}_c$——冷凝器中放出的热量，kW；

$\dot{Q}_a$——吸收器中放出的热量，kW；

$\dot{Q}_h$——吸收式热泵的制热量，kW。

若不计溶液泵的功率，根据热力学第一定律有

$$\dot{Q}_a+\dot{Q}_c=\dot{Q}_g+\dot{Q}_e \tag{6-4}$$

将式（6-4）、式（6-1）代入式（6-3）有

$$COP_h=1+COP \tag{6-5}$$

吸收式热泵的制热性能系数总是大于 1，供热量中一部分热量取自低位热源。

6.1.2　理想吸收式制冷的性能系数

设吸收式制冷机的高温热源温度为 T_1，低温热源温度为 T_2，环境热源温度为 T_s，吸收式制冷机进行热力循环过程中分别与三个热源间进行能量传递：发生器中的工质从高温热源吸取热量 Q_g，蒸发器中的工质从低温热源吸取热量 Q_e，吸收器和冷凝器中的工质分别向环境热源放出热量 Q_a 和 Q_c。根据热力学第二定律，以三个热源与吸收式制冷机组成的孤立系统中，制冷机工作的结果使系统的熵增加了，即 $\Delta S_{is}\geqslant 0$。

$$\Delta S_{is}=\frac{Q_a+Q_c}{T_s}-\frac{Q_e}{T_2}-\frac{Q_g}{T_1}\geqslant 0 \tag{6-6}$$

忽略溶液泵的功耗，则有 $Q_a+Q_c=Q_g+Q_e$，代入上式整理后得

$$Q_g\left(\frac{T_1-T_s}{T_1}\right)\geqslant Q_e\left(\frac{T_s-T_2}{T_2}\right) \tag{6-7}$$

由此可得

$$COP=\frac{Q_e}{Q_g}\leqslant\frac{T_2}{T_s-T_2}\cdot\frac{T_1-T_s}{T_1} \tag{6-8}$$

上式说明，所有吸收式制冷机的制冷性能系数都小于式（6-8）右边的值。对于理想吸收式制冷机，所有的过程都是可逆的，式（6-8）的等号成立，这时理想吸收式制冷机具有最大的制冷性能系数，即

$$COP_{th}=\frac{T_2}{T_s-T_2}\cdot\frac{T_1-T_s}{T_1} \tag{6-9}$$

式（6-9）中等式右边的两个分式中，一个是在 T_s、T_2 间逆卡诺循环的制冷性能系数 COP_c（参见式（2-9）），另一个是在 T_1、T_s 间卡诺循环的热效率 η_c，因此理想吸收式制冷机的制冷性能系数可写成

$$COP_{th}=COP_c\cdot\eta_c \tag{6-10}$$

若吸收式制冷机的高温热源温度为 120℃，低温热源温度为 7℃，环境热源温度为 32℃，根据式（6-9），理想吸收式制冷机的制冷性能系数 $COP_{th}=2.51$。实际吸收式制冷机中，换热过程均是温差传热，与外界有传热损失，流动有压力损失，膨胀阀的节流等均是不可逆过程，都会引起熵的增加。因此实际吸收式制冷机的制冷性能系数比 COP_{th} 小得多，在上述条件下，一般为 0.68～0.72。虽然式（6-9）并不能用于实际吸收式制冷机中计算，但它预示着制冷机的性能系数与三个热源温度的关系。性能系数 COP 随着热源温度 T_1 或（和）低温热源温度（T_2）的升高，或（和）环境温度（T_s）的降低而增加。

6.1.3　吸收式制冷机的工质对

吸收式制冷有两种物质（制冷剂与吸收剂）参与工作，这两种物质称为“工质对”。对工质对中的制冷剂的要求基本上与蒸气压缩式制冷对制冷剂的要求相类似，如要求有较大的单位容积制冷量、压力适中、临界温度高、不燃烧爆炸……吸收式制冷对吸收剂和工质对的主要要求有：(1) 组成工质对中的吸收剂对制冷剂具有强烈的吸收作用。这种能力愈强，溶液循环中的溶液流量就愈小，溶液泵消耗功率少。(2) 工质对中吸收剂与制冷剂的沸点相差越大越好。沸点相差越大，发生器发生出来的制冷剂纯度越高。如果吸收剂极难蒸发，则发生器发生出来的蒸气几乎就是纯制冷剂。如果发生器发生的蒸气含有吸收剂，则必须增设一套精馏设备，除掉其中的吸收剂，这不仅增加了设备，而且影响制冷的热力系数。(3) 工质对中的吸收剂希望它具有较大的导热系数、较小的密度和黏度、不爆炸、不燃烧、对金属材料不腐蚀和化学稳定性好等的物理、化学性质。

目前实际应用的工质对有氨-水和水-溴化锂。氨-水工质对中氨是制冷剂，水是吸收剂。氨的标准沸点−33.3℃，水的标准沸点 100℃，两者沸点差 133.3℃。用氨-水工质对的吸收式制冷机称为氨水吸收式制冷机。这种制冷机可以获得 0℃以下的制冷量，适宜于要求温度较低的工业生产中。氨有毒，且有燃烧爆炸危害，不适宜用于民用建筑中做冷

源，本书将不再讨论这种制冷机。

水-溴化锂工质对中水是制冷剂（称冷剂水），溴化锂是吸收剂。用水-溴化锂工质对的吸收式制冷机称溴化锂吸收式制冷机。由于它只能在0℃以上制冷，因此主要用于空调系统中做冷源。

6.1.4　溴化锂水溶液的特性与热力性质图

溴化锂（LiBr）在常温下为无色晶体，在大气中不挥发、不变质、不分解，对水（制冷剂）有极强的吸收作用，分子量为86.9，熔点549℃，沸点1265℃（与冷剂水的沸点相差1165℃），在发生器中发生的气体，几乎没有溴化锂，全部是水蒸气。

溴化锂水溶液（水-溴化锂工质对）是无色液体，有咸味，无毒，有镇静作用，但大量服用也是有害的；对皮肤无刺激作用，但溅入眼中，应请医生诊治。溴化锂水溶液对普通金属（碳钢、紫铜等）有腐蚀作用，尤其是在有氧情况下更严重。因此，溴化锂吸收式制冷机应严格防止空气渗入；此外，应在溶液中添加缓蚀剂，以防止对金属的腐蚀。

水中溶入溴化锂后，改变了液体饱和状态下温度与压力的关系，并且与溶液中溴化锂的含量有关。溴化锂水溶液中溴化锂的含量用浓度表示，即溶液中含溴化锂的质量百分数，用符号ξ（%）表示。图6-2是不同浓度的溴化锂水溶液在饱和状态下的压力-温度图（p-t图）。图中$\xi=0$（最左边第一条斜线）是纯水在饱和状态下的p-t线；其右侧的斜线依次为$\xi=30\%$、35%、40%…70%的p-t线。在同一压力下，相对应的饱和温度随着ξ的增加而升高；在同一温度下，相对应的饱和压力随着浓度的增加而降低。图右下侧的结晶线表明溶液的饱和浓度随着温度的降低而减小。因此溴化锂水溶液的浓度愈高或温度愈低，就愈容易出现结晶。

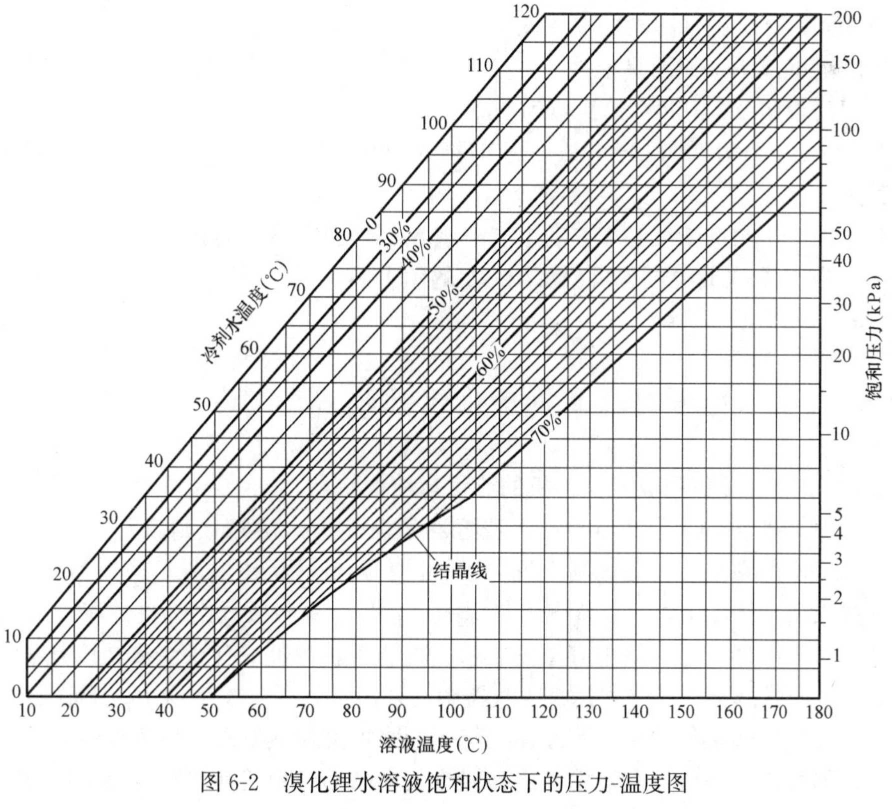

图6-2　溴化锂水溶液饱和状态下的压力-温度图

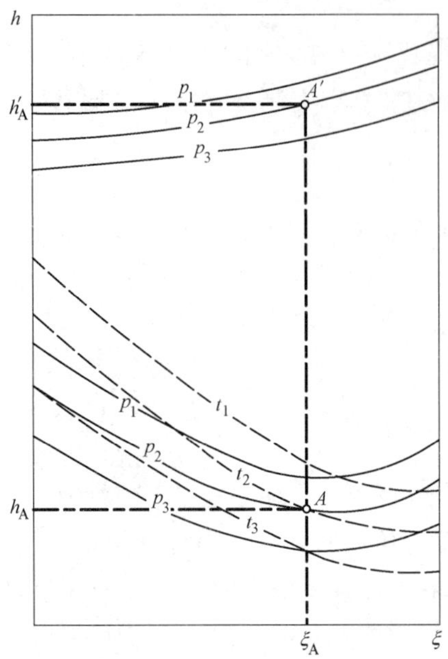

图 6-3 溴化锂水溶液比焓-浓度（h-ξ）示意图

在进行溴化锂吸收式制冷机的热力过程分析、热力计算时，通常用溴化锂水溶液的比焓—浓度图（h-ξ 图）。图 6-3 为溴化锂水溶液的 h-ξ 示意图。该图的纵坐标为比焓 h，横坐标为浓度 ξ。图的下面部分是液相区；上面为气相区。在液相区中有：等压线（$p_1>p_2>p_3$）为图中实线；等温线（$t_1>t_2>t_3$）为图中虚线。在气相区中有与饱和溶液相平衡的蒸汽等压线。由于气相区中为纯水蒸气，横坐标 ξ 应理解为与该蒸汽相平衡的饱和溶液的浓度。溶液的比焓主要取决于溶液的浓度与温度，而压力影响极小。因此在 h-ξ 图上只要已知溶液的浓度与温度即可确定溶液的比焓。例如已知溶液的浓度为 ξ_A、温度为 t_2，则在 h-ξ 图上可找到 A 点，其比焓为 h_A。如果该溶液是饱和状态，则与等温线相交的等压线压力值即为该饱和溶液的饱和压力；与该饱和溶液相平衡的蒸汽比焓，可从气相区等压线上的点 A' 确定（即 h'_A）。如果 A 点溶液的压力是 p_1（大于饱和压力 p_2），则该溶液是未饱和的过冷溶液；如果 A 点溶液的压力是 p_3（小于饱和压力 p_2），则该溶液的状态是湿蒸气状态。

附录 6-1 为溴化锂水溶液的 h-ξ 图，其中（a）为液相区；（b）为气相区。该图只表示了实用的浓度范围。该图是根据文献［2］的工程制 h-ξ 图进行单位换算后得到的。比焓是相对值，设定 0℃饱和水的比焓为 200kJ/kg。

［例 6-1］ 压力为 9.33kPa，浓度为 64%的饱和溴化锂水溶液，求其饱和温度、溶液比焓及其蒸汽的比焓。

［解］ 根据压力与浓度在 h-ξ 图上（附录 6-1a）确定溶液的状态点。由此点可得溶液的饱和温度为 98℃（此温度也可以从图 6-2 的图上确定），比焓为 135kJ/kg，蒸汽比焓为 2880kJ/kg。

6.2 单效溴化锂吸收式制冷机

6.2.1 单效溴化锂吸收式制冷机的流程与结构特点

图 6-1（b）所示的吸收式制冷机，若溶液是溴化锂水溶液，则就是单效溴化锂吸收式制冷机最基本的系统。为提高制冷机的性能，实际制冷机中除 4 个换热器及溶液泵外，还增加一些设备。图 6-4 为一以蒸汽为热源的单效溴化锂吸收式制冷机的流程图。上圆筒中有冷凝器和发生器；下圆筒中有蒸发器和吸收器。制冷机中有 3 台泵，其中发生器泵相当于图 6-1 中的溶液泵，其作用是将吸收器中的稀溶液输送到发生器中；吸收器泵将稀溶液喷淋在吸收器的传热管簇上；蒸发器泵将冷剂水喷淋在蒸发器的传热管簇上。设置吸收器泵和蒸发器泵后，吸收器和蒸发器成为传热效率高的淋激式换热器。溴化锂吸收式制冷

机的蒸发压力很低，一般约为标准大气压的 1%左右，100mmH_2O 会使蒸发温度增加 10℃以上。因此在蒸发器中采用淋激式换热器可避免水柱对蒸发温度的影响。在吸收器中是溶液与冷剂蒸气直接接触进行热质交换，采用淋激式换热器可大大增加液体与冷剂蒸气的接触面积，增强溶液的吸收能力。在发生器与吸收器间循环的浓溶液与稀溶液之间设有热交换器，对进入发生器的稀溶液进行预热，对进入吸收器的浓溶液进行预冷。从而减少发生器的耗热量和减少冷却水量，提高了吸收式制冷机的性能系数。冷凝器与蒸发器之间的压差很小，一般不到 10kPa（约 1mH_2O），因此冷剂水的节流通常用 U 形管来代替膨胀阀。这种压差基本上等于发生器与吸收器之间的压差，它用于克服浓溶液经溶液热交换器的阻力。

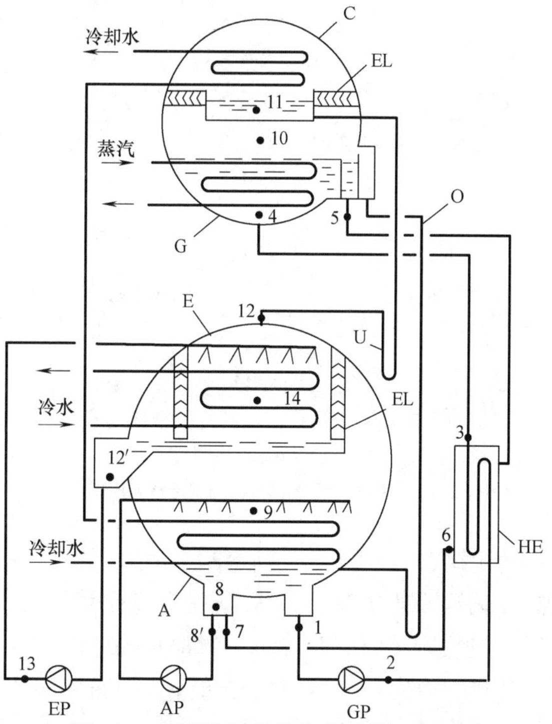

图 6-4 单效溴化锂吸收式制冷机流程图

C—冷凝器；G—发生器；E—蒸发器；A—吸收器；HE—溶液热交换器；GP—发生器泵；AP—吸收器泵；EP—蒸发器泵；EL—挡液板；U—U 形管；O—溢流管；图中数字与图 6-8 中数字相对应

单效溴化锂吸收式制冷机的冷剂水和溶液循环如下：

① 冷剂水循环

发生器 G $\xrightarrow{\text{(冷剂蒸气)}}$ 冷凝器 C $\xrightarrow{\text{(冷剂水)}}$ U 形管 ⟶ 蒸发器 E $\xrightarrow{\text{(冷剂蒸气)}}$ 吸收器 A

② 溶液循环

吸收器 A $\xrightarrow{\text{(稀溶液)}}$ 溶液泵 GP ⟶ 溶液热交换器 HE ⟶ 发生器 $\xrightarrow{\text{(浓溶液)}}$ 溶液热交换器 HE ⟶ 吸收器 A

图中溢流管 O 的作用是防止溶液出现结晶，破坏制冷机的正常工作。结晶通常发生在溶液浓度高而温度低的地方，即溶液换热器浓溶液出口处（点 6）。有时因热源温度提高时发生器出口溶液浓度增加，或由于进入溶液换热器的稀溶液温度下降（因冷却水温度下降），都可能引起结晶。一旦结晶发生，浓溶液管被堵塞，发生器液位上升。当达到一定液位时，浓溶液通过溢流管流入吸收器中使吸收器溶液温度上升。温度较高的稀溶液经溶液热交换器时，使浓溶液温度升高，增加其溶解度，晶体被溶化，循环得以恢复。

发生器所用的高温热源，图中所示的是低压蒸汽，表压为 0.1MPa 左右，也可采用热水。蒸发器的冷量通过冷水输送到用户中。吸收器与冷凝器采用冷却水进行冷却。图示的冷却水串联通过吸收器与冷凝器，也可采用并联方式通过吸收器与冷凝器。串联方式与并联方式各有优缺点，前者冷却水温升大，流量小，冷却水泵的功耗小，但冷凝温度稍高，制冷机的性能系数略低一些。后者的优缺点刚好与之相反。采用串联方式时，冷却水先经吸收

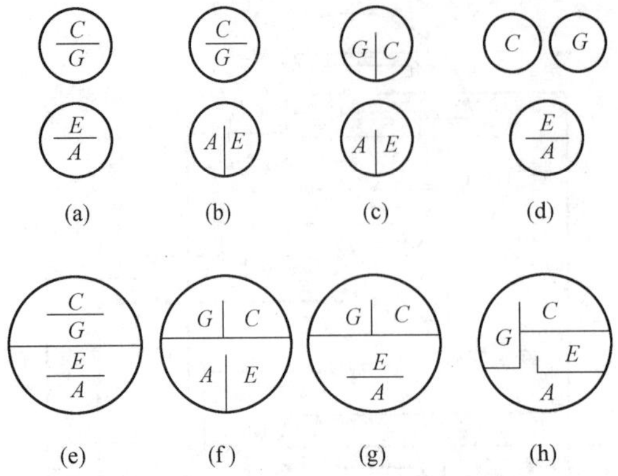

图 6-5　单效溴化锂吸收式制冷机结构形式

(a)，(b)，(c) 双筒结构；(d) 三筒结构；

(e)，(f)，(g)，(h) 单筒结构；图内字母意义同图 6-4

器，以增强吸收器的吸收能力。

图 6-4 所示的单效溴化锂吸收式制冷机中四个换热器合置于两个筒体内，称为双筒结构。两个换热器合置在一起的优点是，蒸气从一个设备到另一个设备只经过挡液板，流动阻力很小。双筒结构中，在一个筒内两个设备可以上下叠置，也可左右并置。除双筒结构外，还有单筒和 3 筒结构。图 6-5 给出了单效溴化锂吸收式制冷机的几种典型的结构形式。单筒结构的优点是结构紧凑，运输方便；但高、低温在一个筒内，传热损失大，热应力也较大，制造相对比较复杂，安装面积较大。双筒结构的优缺点与之相反。三筒结构用于船舶上，以避免船舶摇摆使溶液溅入冷凝器中。

溴化锂吸收式制冷机都是在高真空度下工作，高压部分一般不到 1 标准大气压的 1/10。溴化锂吸收式制冷机一般都有很好的密封性能。但可能因维修、操作不当或设备质量问题难免有空气进入机内；另外也因腐蚀而产生一些不凝性气体。系统中不凝性气体积聚使制冷机的制冷量下降，而且空气增强了溴化锂水溶液对金属的腐蚀作用。因此，溴化锂吸收式制冷机都设有抽气装置。抽气装置有两类；真空泵抽气装置和自动抽气装置。图 6-6 为真空泵抽气装置。不凝性气体分别从吸收器和冷凝器中抽出，经冷剂分离器分离冷剂水后排出。分离器的工作原理是利用吸收器泵压出的溶液与混合气体直接接触，吸收其中的水蒸气。分离器内的冷却盘管通以冷剂水带走吸收过程的热量。阻油器的作用是防止真空泵因故障突然停止运转时，大气将真空泵内润滑油压入制冷机内。电磁阀与真空泵同时启闭，在停机时防止空气倒流入机组。

自动抽气装置是利用吸收器泵出口的高压流体作抽气的动力，通过引射器引射不凝性气体。它有多种形式。图 6-7 为一种自动抽气装置的原理图。抽气操作时，溶液阀 3 开

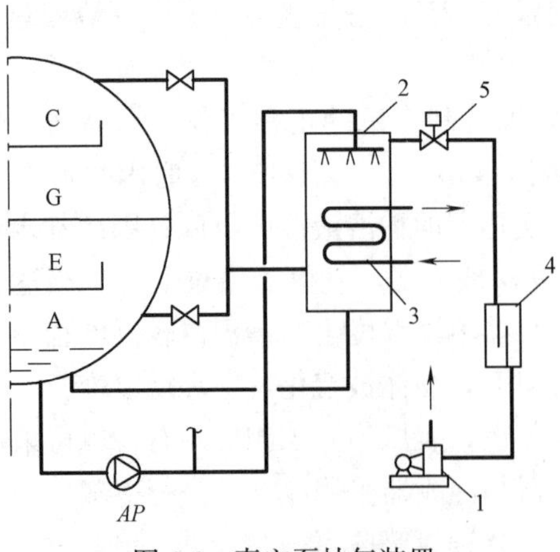

图 6-6　真空泵抽气装置

1—真空泵；2—冷剂分离器；3—冷却盘管；

4—阻油器；5—电磁阀；其他符号同图 6-4

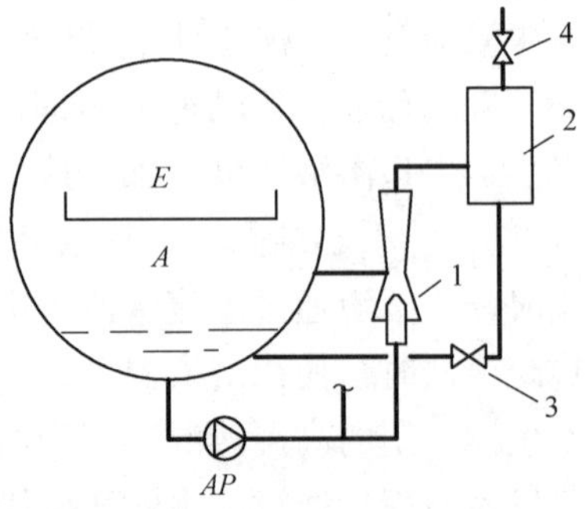

图 6-7　自动抽气装置原理图

1—引射器；2—储气室；3—溶液阀；

4—排气阀；其他符号同图 6-4

启，通过引射器的作用，不凝性气体随溶液一起进入储气室内，不凝性气体与溶液分离，不凝性气体积聚在储气室上部，而溶液返回吸收器。当不凝性气体积聚到一定的数量时，关闭溶液阀 3，继续抽气操作，储气室内溶液的液位升高，不凝性气体被压缩；当压力升高到大气压以上时，开启排气阀 4，进行排气。

为了防止溴化锂溶液对金属的腐蚀，通常有两种措施。其一是采用耐腐蚀的金属材料，如传热管采用铜镍合金或不锈钢管，钢板采用不锈钢板或复合钢板。其二是在溶液中添加缓蚀剂，当溶液温度在 120℃以下时，可在溶液内添加 0.1%～0.3%铬酸锂（$LiCrO_4$）和 0.02%的氢氧化锂（LiOH)，使溶液呈碱性（pH 值在 9.5～10.5 范围内)；当溶液超过 120℃时，上述缓蚀剂对钢仍有很好的缓蚀作用，而对铜已失去缓蚀作用，这时应选用其他缓蚀剂，如加入 0.001%～0.1%氧化铅（PbO)，或加入 0.2%的三氧化二锑（Sb_2O_3）与 0.1%的铌酸钾（$KNbO_3$）的混合物。

6.2.2 单效溴化锂吸收式制冷机理论循环在 h-ξ 图上的表示

溴化锂吸收式制冷机的理论循环是指所有热力过程中工质流动没有压力损失，所有设备与管路与周围环境无热量交换，发生和吸收终了的溶液均达到平衡状态。图 6-8 为单效溴化锂吸收式制冷机理论循环在 h-ξ 图上的表示。图中 p_c 为冷凝压力，也是发生器中的压力；p_e 为蒸发压力，也是吸收器中的压力；ξ_w 为吸收器出口的稀溶液的浓度；ξ_s 为发生器出口浓溶液的浓度。溶液循环如下：

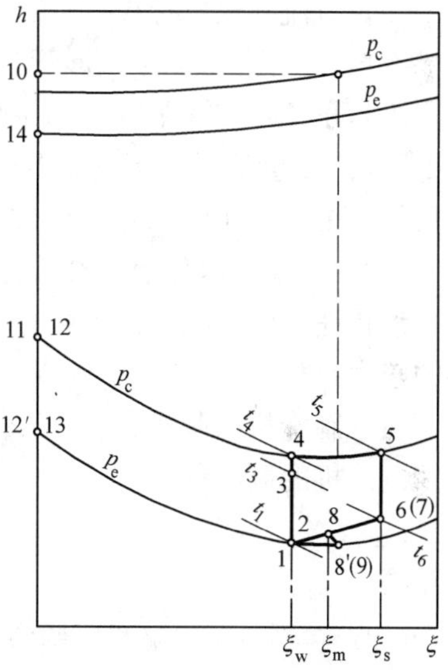

图 6-8 单效溴化锂吸收式制冷机理论循环在 h-ξ 图上的表示
图中数字与图 6-4 中的数字对应

（1）稀溶液的加压与在溶液热交换器中的预热过程

吸收器出口的稀溶液（图 6-4 中点 1)，其压力为 p_e、浓度为 ξ_w、温度为 t_1，在 h-ξ 图上也表示为点 1。经泵加压后，溶液状态由点 1→点 2，此时浓度不变，因泵的功率很小，认为温度不变，点 2 与点 1 在 h-ξ 图上是重合的。但点 2 的压力为 p_c，它是过冷状态的溶液。经溶液热交换器被预热到状态 3，温度为 t_3，它也是过冷状态溶液。在 h-ξ 上，1→2→3 为稀溶液加压和预热过程。

（2）发生器中稀溶液被加热和冷剂蒸气发生过程

状态 3 的稀溶液进入发生器后，首先被加热到饱和状态 4。而后继续被加热，在 p_c 压力下沸腾汽化，发生冷剂蒸气，浓度逐渐变大，温度也逐渐升高。点 5 为发生过程终了状态，浓度为 ξ_s，温度为 t_5。在 h-ξ 图上，3→4→5 为发生器中稀溶液被加热和冷剂蒸气发生过程。

（3）浓溶液冷却与节流过程

状态 5 的浓溶液在溶液热交换器中被冷却到状态 6，温度由 t_5 降到 t_6，压力不变。点 6 为压力 p_c 下的过冷溶液。溶液进入吸收器，压力下降，焓值不变，浓溶液变为在压力 p_e 下的湿蒸气状态（点 7)。在 h-ξ 图上，点 7 与点 6 重合；5→6→7 为浓溶液的冷却与节流过程。

（4）吸收器中浓溶液的吸收过程

浓溶液进入吸收器与稀溶液混合，形成状态为点 8 的中间溶液，压力为 p_e 的湿蒸气，浓度为 ξ_m。其中液体部分（点 8′的浓度 $\xi_{8'}>\xi_m$）被吸收器泵吸入加压喷淋在吸收器的冷却管簇上，喷淋溶液的状态点 9 与点 8′重合。状态 9 的溶液在吸收器中吸收蒸发器来的蒸气（点 14）而成稀溶液（点 1）。在 h-ξ 图上，$\begin{matrix}7\searrow \\ \quad 8\rightarrow 8'\rightarrow 9\rightarrow 1 \\ 1\nearrow\end{matrix}$ 是浓溶液与稀溶液混合、加压喷淋和吸收过程。

与此同时，冷剂水的循环如下：

（1）冷凝过程

发生器所发生的冷剂蒸气应当是发生 4→5 所产生的混合物，可以认为是 4→5 的平均状态的蒸气（点 10）。进入冷凝器后，得到压力为 p_c 的纯水（点 11）。在 h-ξ 图上，10→11 为冷剂蒸气在冷凝器中的冷凝过程。

（2）节流和蒸发过程

冷剂水（点 11）经 U 形管节流后，成压力为 p_e 的湿蒸气（点 12 与点 11 重合），其中液体部分（点 12′）被蒸发器泵吸入，并加压喷淋于蒸发器的传热管簇上，喷淋水的状态点 13 与点 12′重合。在蒸发器中水吸热汽化成状态为 14 的蒸汽，该蒸汽在吸收器中被溶液所吸收。在 h-ξ 图上，11→12→12′→13→14 为冷剂水节流、加压、喷淋和蒸发过程。

6.2.3　单效溴化锂吸收式制冷机的热力计算

溴化锂吸收式制冷机的热力计算是设计计算和性能预测的基础，本节只讨论该理论循环的热力计算。

（1）制冷机的制冷量

制冷机的制冷量应为

$$\dot{Q}_e=\dot{M}_r q_e \tag{6-11}$$

$$q_e=h_{14}-h_{12} \tag{6-12}$$

式中　$\dot{Q}_e$——溴化锂吸收式制冷机的制冷量，kW；

$\dot{M}_r$——冷剂水流量，kg/s；

q_e——蒸发器单位冷负荷，kJ/kg；

h_{12}、h_{14}——蒸发器进、出口冷剂水的比焓（参见图 6-4 和图 6-8），kJ/kg。

（2）冷凝器热负荷

制冷机中冷凝器热负荷为

$$\dot{Q}_c=\dot{M}_r q_c \tag{6-13}$$

$$q_c=h_{10}-h_{11} \tag{6-14}$$

式中　$\dot{Q}_c$——冷凝器热负荷，kW；

q_c——冷凝器单位热负荷，kJ/kg；

h_{10}、h_{11}——冷凝器进、出口冷剂水的比焓（参见图 6-4 和图 6-8），kJ/kg。

（3）循环倍率与溶液流量

设进入发生器的稀溶液的流量为 $\dot{M}_{w,s}$（kg/s），浓度为 ξ_w；发生器排出的浓溶液的

流量为 $\dot{M}_{s,s}$（kg/s），浓度为 ξ_s；根据发生器的质量平衡有

$$\dot{M}_{w,s}=\dot{M}_{s,s}+\dot{M}_r \tag{6-15}$$

$$\dot{M}_{w,s}\xi_w=\dot{M}_{s,s}\xi_s=(\dot{M}_{w,s}-\dot{M}_r)\xi_s \tag{6-16}$$

令 $a=\dot{M}_{w.s}/\dot{M}_r$，根据式（6-16）有

$$a=\frac{\dot{M}_{w.s}}{\dot{M}_r}=\frac{\xi_s}{\xi_s-\xi_w} \tag{6-17}$$

式中 a 称为循环倍率，它的物理意义是发生器每发生 1kg 水蒸气需要的稀溶液量；浓度差 $\xi_s-\xi_w$ 称为放气范围。从式（6-17）可以看到，放气范围愈大，循环倍率 a 愈小，在同样稀溶液流量的情况下，发生的制冷剂蒸气量就愈大，即制冷机的制冷量愈大。单效溴化锂吸收式制冷机的放气范围一般为 4%～5%。将式（6-17）代入式（6-15），则可得到浓溶液流量与冷剂水流量的关系，即

$$\dot{M}_{s,s}=(a-1)\dot{M}_r \tag{6-18}$$

（4）吸收器热负荷

根据吸收器的热平衡，可得

$$\dot{Q}_a=\dot{M}_{s,s}h_6+\dot{M}_rh_{14}-\dot{M}_{w,s}h_1$$

将式（6-17）、式（6-18）代入上式，并除以 $\dot{M}_r$，整理后得

$$q_a=\frac{\dot{Q}_a}{\dot{M}_r}=a(h_6-h_1)+h_{14}-h_6 \tag{6-19}$$

式中　$\dot{Q}_a$——吸收器热负荷，kW；

q_a——吸收器单位热负荷，即吸收 1kg 冷剂水蒸气所释放出的热量，kJ/kg；

h_1、h_6——吸收器出口稀溶液和进口浓溶液的比焓，kJ/kg。

（5）发生器热负荷

根据发生器的热平衡，可得

$$\dot{Q}_g=\dot{M}_rh_{10}+\dot{M}_{s,s}h_5-\dot{M}_{w,s}h_3$$

将式（6-17）、式（6-18）代入上式，并除以 $\dot{M}_r$，整理后得

$$q_g=\frac{\dot{Q}_g}{\dot{M}_r}=a(h_5-h_3)+h_{10}-h_5 \tag{6-20}$$

式中　$\dot{Q}_g$——发生器热负荷，kW；

q_g——发生器单位热负荷，即发生 1kg 冷剂水蒸气所需的热量，kJ/kg；

h_3、h_5——发生器进口稀溶液和出口浓溶液的比焓，kJ/kg。

（6）溶液热交换器热负荷

$$\dot{Q}_{h,e}=\dot{M}_{w.s}(h_3-h_2)=\dot{M}_{s.s}(h_5-h_6)$$

将式（6-17）、式（6-18）代入上式，并除以 $\dot{M}_r$，整理后得

$$q_{h,e}=\frac{\dot{Q}_{h,e}}{\dot{M}_r}=a(h_3-h_2)=(a-1)(h_5-h_6) \tag{6-21}$$

式中　$\dot{Q}_{h,e}$——溶液热交换器热负荷，kW；

$q_{h,e}$——溶液热交换器单位热负荷，即 1kg 冷剂水的溶液热交换热负荷，kJ/kg；

h_2、h_6——溶液热交换器稀溶液进口和浓溶液出口的比焓，kJ/kg。

（7）吸收式制冷机的性能系数

$$COP=\frac{\dot{Q}_e}{\dot{Q}_g}=\frac{h_{14}-h_{12}}{a(h_5-h_3)+h_{10}-h_5} \tag{6-22}$$

（8）吸收式热泵的供热量

当图 6-4 为吸收式热泵时，其供热量应为冷凝器与吸收器所释放出的热量，即

$$\dot{Q}_h=\dot{Q}_c+\dot{Q}_a=\dot{M}_r(q_c+q_a) \tag{6-23}$$

$$q_h=a(h_6-h_1)+h_{14}+h_{10}-h_6-h_{11} \tag{6-24}$$

式中　$\dot{Q}_h$——吸收式热泵供热量，kW；

q_h——吸收式热泵单位供热量，kJ/kg。

（9）吸收式热泵的供热性能系数

$$COP_h=\frac{\dot{Q}_h}{\dot{Q}_g}=\frac{a(h_6-h_1)+h_{14}+h_{10}-h_6-h_{11}}{a(h_5-h_3)+h_{10}-h_5} \tag{6-25}$$

6.3　单效溴化锂吸收式制冷机的性能与调节

6.3.1　单效溴化锂吸收式制冷机性能的影响因素

工作蒸汽、冷却水、冷水的参数、溶液循环量等的变化都会引起溴化锂吸收式制冷机性能的变化。了解这些变化规律，对制冷机的运行管理、调节都有指导意义。

6.3.1.1　工作蒸汽压力的影响

当工作蒸汽压力升高，而其他条件不变，这时将导致溶液的温度 t_5（见图 6-8）升高，蒸汽发生量增加，发生器出口浓溶液浓度增加，冷凝器热负荷也增加；但由于冷却水进入机组的流量、温度不变，必然导致冷凝压力 p_c 有所升高，因此在 h-ξ 图上发生器出口浓溶液的状态点由 5 变到 5′，浓溶液浓度增加了 $\Delta\xi_s$，如图 6-9 所示。在吸收器内，浓溶液吸收蒸汽的能力增加，吸收器的热负荷增加，因冷却水流量及进水温度不变，导致吸收器出口冷却水温度升高，而使稀溶液的温度 t_1 有所升高。在蒸发器内，因吸收器吸收能力的增加而蒸发压力降低，蒸发量增加，即制冷量增加，如果冷水进水温度和水量不变，则出水温度将下降。在 h-ξ 图上，吸收器出口稀溶液的状态点由 1 变到 1′，稀溶液浓度也有所增加，增加了 $\Delta\xi_w$。由于发生器的发生量和吸收器内的吸收量都比工作蒸汽压力升高前增多了，即放气范围

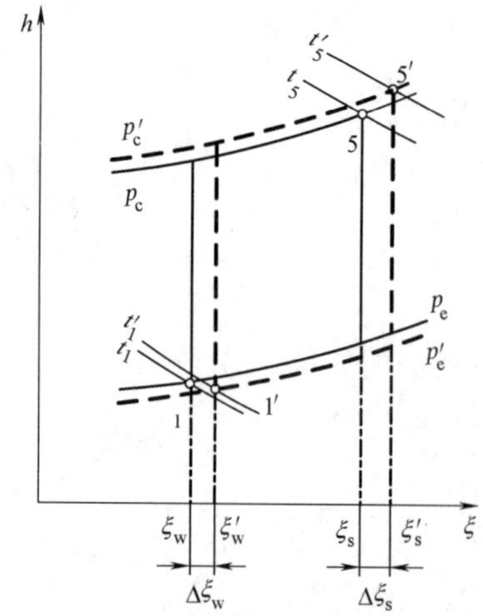

图 6-9　工作蒸汽压力变化的影响
符号带“′”为工作蒸汽压力升高后的状态和参数

$(\xi'_s-\xi'_w)>(\xi_s-\xi_w)$，或 $\Delta\xi_s>\Delta\xi_w$。由式（6-17）可见，随着工作蒸汽压力的升高，循环倍率 a 减小了。根据式（6-11）和式（6-17），制冷机的制冷量为

$$\dot{Q}_e=\frac{\dot{M}_{w,s}}{a}q_e \tag{6-26}$$

从上式可以看到，当稀溶液的流量 $\dot{M}_{w,s}$ 不变时，制冷量取决于 a 和 q_e。虽然，工作蒸汽压力变化时，因冷凝压力和蒸发压力也变化而使 q_e 有所变化，但变化量很小，一般不超过1%，因此，制冷量主要取决于循环倍率 a。工作蒸汽压力（温度）升高，制冷机的制冷量增加了。并且制冷机的性能系数 *COP* 随着工作蒸汽压力（温度）的升高而增加，这个结论可从理想吸收式制冷机的分析中得到（参见6.1.2节）。

虽然工作蒸汽压力的提高对溴化锂吸收式制冷机的制冷量和性能系数的提高都有利，但太高的温度，浓溶液浓度太大，容易发生结晶现象。因此，单效溴化锂吸收式制冷机的工作蒸汽压力一般控制在0.02～0.1MPa（表压）；热水温度控制在90～150℃范围内。

6.3.1.2 冷却水温度与流量的影响

当冷却水的温度降低，而其他条件不变时，将使吸收器内溶液温度下降，吸收能力增强，则导致蒸发器内压力下降，蒸发量（制冷量）增加。若冷水进水温度、流量不变，则冷水出口温度下降。在吸收器内，随着冷却水温度的下降出口的稀溶液的浓度减小，状态点由1→1′（见图6-10）。在冷凝器内，由于冷却水温度下降，而使冷凝压力有所下降。在发生器内，因压力降低而使溶液的饱和温度下降。当工作蒸汽压力（温度）不变时，发生器传热温差增大，热负荷增加，蒸汽发生量也增加；发生器出口的浓溶液温度也有所下降，状态点由5→5′。总之，随着冷却水温度的下降，吸收器内吸收蒸汽量和发生器内发生蒸汽量都增加了，即放汽范围（$\xi_s-\xi_w$）增加（见图6-10），循环倍率 a 减小，制冷量增加，性能系数增加。虽然冷却水温度下降，对溴化锂吸收式制冷机性能提高有利，但太低的冷却水温度导致溶液热交换器浓溶液出口温度（图6-4点6处的温度）太低而可能发生结晶现象。因此，溴化锂吸收式制冷机生产企业都规定了本企业产品冷却水允许的最低温度。

其他参数不变，冷却水流量增加时，其影响与冷却水温度下降的影响相似，当冷却水流量增加30%时，制冷量增加11%[3]。

6.3.1.3 冷水温度与流量变化的影响

当空调负荷变化时，制冷机冷水进口温度将发生变化。如果空调冷负荷减少，则冷水回到制冷机的温度将降低，蒸发器传热温差减小，导致蒸发量减少（制冷量减少）。由于冷却水流量和进口温度不变，吸收器内吸收能力并未下降，致使蒸发压力下降；吸收器内溶液吸收的蒸汽量减少，出口稀溶液的浓度增加；吸收器负荷减小，稀溶液温度有所下降，出口稀溶液状态点由1→1′（参见图6-11）。进入发生器的稀溶液温度降低、浓度增加，溶液汽化的饱和温度提高了，这就意味着达到汽化所需要的热量增加；当工作蒸汽压力（温度）不变时，发生器传热温差减小，溶液获得的热量减少，最后导致发生器的冷剂蒸气发生量减少。在冷凝器中，由于冷却水条件不变，冷凝压力将随着负荷的减小而有所降低。最后使发生器出口浓溶液状态点由5→5′，浓溶液的温度和浓度都有所增加，但由于蒸发器内蒸发量减小（即吸收器内吸收蒸汽量减小）和发生器内蒸汽发生量减少，即放气范围减少，循环倍率增加，制冷量减少。冷水温度降低，使制冷机的性能系数 *COP* 减

小。这个结论可从理想吸收式制冷机的分析中得到（6.1.2节）。

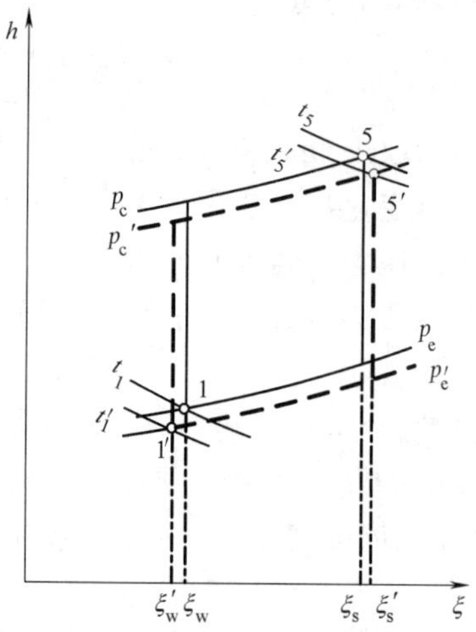

图6-10　冷却水温度变化的影响

符号带“′”为冷却水进口温度降低后的状态和参数

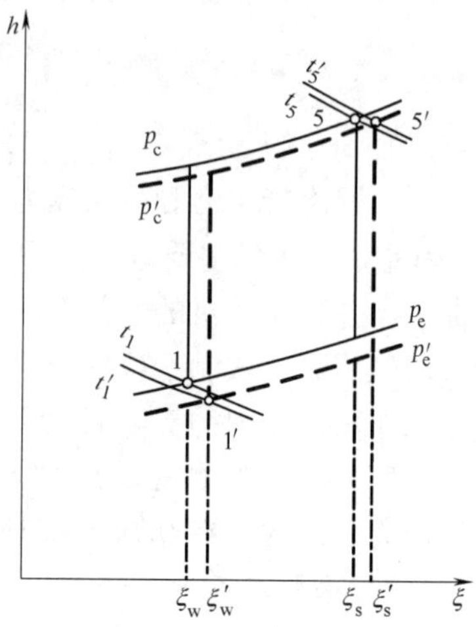

图6-11　冷水进口温度变化的影响

符号“′”为冷水进口温度降低后的状态和参数

冷水流量的增加，蒸发器的传热系数增加，可使传热量（制冷量）增加。但另一方面，当外界负荷和冷水的出口温度不变，由于流量增加，蒸发器进出口温差变小，即进口温度降低，导致蒸发器的传热温差减小，则使传热量（制冷量）减少；两者综合的结果，制冷机的制冷量随冷水流量的变化不大[3]。

6.3.1.4　其他因素的影响

冷却水和冷水的水质对制冷机的性能影响很大。水质愈差，吸收器、冷凝器、蒸发器的污垢热阻就愈大，导致传热恶化。当冷却水的污垢热阻由 $0.086m^2 \cdot K/W$ 增加到 $0.172m^2 \cdot K/W$ 时，制冷量约减少11%；冷水的污垢热阻在同样变化条件下，制冷量约减少8%[4]。

不凝性气体在机组中存在，增加了溶液表面的分压力，使冷剂蒸气通过液膜被吸收的阻力增加；另外，不凝性气体在传热管表面形成热阻，影响传热。它们均导致制冷机的制冷量下降。试验表明[2]，当制冷机中充入30g氮气（不凝性气体），浓度达9.5%时，制冷机的制冷量约减少了50%。

6.3.2　单效溴化锂吸收式制冷机的调节

用户冷负荷的变化要求制冷机的制冷量与之相适应。溴化锂吸收式制冷机制冷量的调节方法有以下几种：

6.3.2.1　工作蒸汽调节法

降低工作蒸汽的压力或减少工作蒸汽的流量均可减少冷剂水蒸气的发生量，从而降低制冷机的制冷量。这种调节方法简单，容易实施，安全可靠。缺点是随着制冷量的下降，机组的性能系数也下降，尤其在负荷低于50%时更甚。这是因为溶液循环量不改变，进入发生器的稀溶液从过冷加热到饱和（其饱和温度随着稀溶液的浓度的增加而增加）所需的热量反而有所增加，使热力系数下降。

6.3.2.2 凝结水流量调节法

控制工作蒸汽的凝结水流量也可达到调节制冷量的目的。若把凝结水管上的调节阀关小，则减少了凝结水的排出量，发生器传热管内的凝结水将逐渐积聚起来，减少了发生器的传热面积，从而通过调节发生器的热负荷来调节制冷量。这种方法实质上与工作蒸汽调节法类似。

6.3.2.3 冷却水流量调节法

通过调节旁通制冷机的冷却水量来调节制冷机的冷却水量，从而达到改变制冷量的目的（参见 6.3.1.2 节）。这种方法的缺点是制冷量变化较小而要求冷却水量变化很大，如需要制冷量减少 20%，则要求冷却水量减少 44%，从而导致冷却水出口温度显著升高，促进水垢生成和腐蚀；这种调节还使制冷机的性能系数降低。此外，冷却水管径通常很大，调节水量的阀门很庞大。鉴于以上缺点，实际上这种调节方法很少应用。

6.3.2.4 稀溶液流量调节法

从式（6-26）可见，当循环倍率 a 不变时，制冷机的制冷量几乎与稀溶液的流量成正比，减少输送到发生器的稀溶液流量，就可以减少制冷机的制冷量。这种调节方法的实质是根据用户的冷负荷（它决定了冷剂水的循环量）来调节供给发生器的稀溶液量，而不改变循环倍率，故单位热负荷可以不增加，性能系数不降低，经济性好。改变稀溶液流量的方法可以在稀溶液管上（图 6-4 点 3 处）设一个三通调节阀，旁通一部分稀溶液到发生器排出的浓溶液管中，以减少进入发生器的稀溶液量；或在稀溶液管上设调节阀，控制阀门的开度；或变频控制发生器泵的转速，改变泵的特性。但应该指出，在调节稀溶液流量的同时，应相应地调节供给发生器的供热量，否则会引起循环倍率的变化，达不到预期的调节效果；而且因浓溶液的浓度升高，有可能产生结晶现象。

6.4 双效溴化锂吸收式制冷机

提高高温热源的温度，可以提高溴化锂吸收式制冷机的性能。然而为了防止结晶，又限制了热源温度不能太高。如果工作蒸汽压力过高，就必须减压后应用，这就造成能量利用上的不合理。双效溴化锂吸收式制冷机解决了利用压力＞0.1MPa（表压）的蒸汽或温度＞150℃的高温热水，或使用燃气和燃油热源的问题，从而大大提高了吸收式制冷系统的性能系数。

6.4.1 双效溴化锂吸收式制冷机的流程与结构特点

图 6-12 是以蒸汽为热源的双效溴化锂吸收式制冷机的流程图。它与单效溴化锂吸收式制冷机的区别是增加了一个发生器，即有两个发生器：高压发生器和低压发生器。低压发生器 LG、冷凝器 C、蒸发器 E、吸收器 A、低温溶液热交换器 LHE 等组成的系统相当于单效溴化锂吸收式制冷机。其溶液循环是：吸收器中的稀溶液由发生器泵 GP 压送到低压发生器 LG 中，途经低温溶液热交换器 LHE 和凝水换热器 CHE 被预热。设置凝水换热器可以充分利用工作蒸汽的凝结水的热量，通常可使凝结水温度降低到 95℃以下，从而减少凝结水二次汽化的能量损失。低压发生器 LG 中的浓溶液经低温溶液热换器预冷后返回吸收器。冷剂水的循环、冷却水流程与单效溴化锂吸收式制冷机一样，这里不再赘述。

高压发生器 HG 中的压力高于低压发生器中的压力，使溶液的饱和温度大大提高，

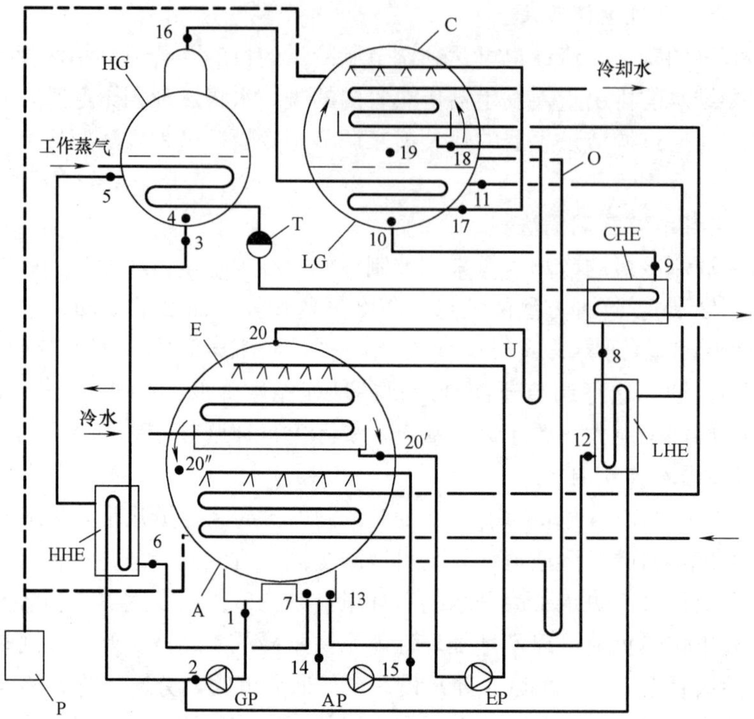

图 6-12　双效溴化锂吸收式制冷机流程图

LG—低压发生器；HG—高压发生器；LHE—低温溶液热交换器；HHE—高温溶液热交换器；CHE—凝水换热器；T—疏水器；P—抽气装置

其他符号同图 6-4；图中的数字与图 6-14 中的数字相对应

以避免热源温度过高使溶液浓度过高而结晶。双效溴化锂吸收式制冷机中，高压发生器中利用压力较高的工作蒸汽（表压一般不超过 0.8MPa）作热源，发生的冷剂蒸气用作低压发生器的热源，冷凝后的冷剂水经节流后进入冷凝器；因此冷凝器中的冷剂水一部分来自高压发生器发生的蒸汽，另一部分来自低压发生器发生的蒸汽。高压发生器的浓溶液经高温溶液热交换器 HHE 预冷后，进入吸收器；而吸收器中的稀溶液经发生器泵 GP 加压，分两路，一路经高温溶液热交换器预热后进入高压发生器，另一路经低温溶液热交换器 LHE 和凝水换热器 CHE 预热后进入低压发生器。低压发生器的浓溶液经低温溶液热交换器 LHE 预冷后，进入吸收器。由此可见，这种溶液循环方式称为溶液并联循环。也可以采用串联循环，如图 6-13 所示。溶液循环如下：吸收器 A 的稀溶液由发生器泵直接压送到高压发生器 HG，途经低温溶液热交换器 LHE、凝水换热器 CHE、高温溶液热交换器 HHE 被预热；高压发生器 HG 的浓溶液经高温溶液热交换器 HHE 后进入低压发生器 LG 中，继续发生蒸汽，生成浓度更高的浓溶液，

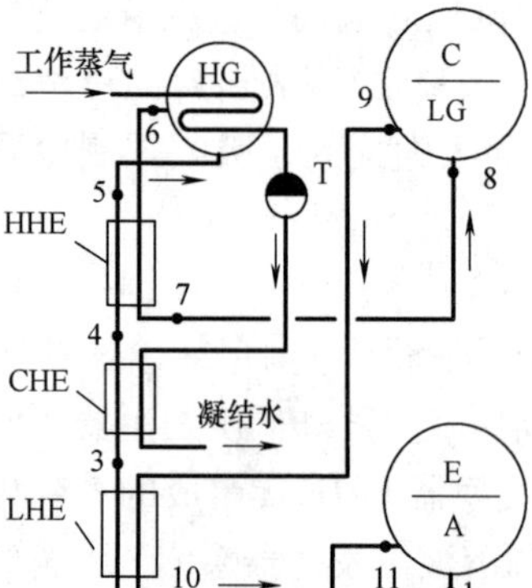

图 6-13　溶液串联循环流程图

图中符号同图 6-12；

图中的数字与图 6-15 中的数字相对应

然后经低温溶液热交换器 LHE 被预冷，最后回到吸收器 A 中。溶液循环依次由吸收器→高压发生器→低压发生器→吸收器进行串联循环。

图 6-12 所示的双效溴化锂吸收式制冷机是三筒结构，还有一类结构形式是双筒结构，一个为高压发生器，另一筒内置低压发生器、冷凝器、蒸发器、吸收器。双筒结构和三筒结构中的吸收器与蒸发器、低压发生器与冷凝器可以并列放置或上下叠置，因而又可分成多种结构形式。但是不管三筒结构还是双筒结构，高压发生器总是单独设置。另外，有的双效溴化锂吸收式中，发生器泵与吸收器泵合为一个泵，即溶液泵，有关这种结构形式将在 6.5 节中介绍。

6.4.2　双效溴化锂吸收式制冷机理论循环在 *h*-*ξ* 图上的表示

溶液并联循环双效溴化锂吸收式制冷机的理论循环在 h-ξ 图上的表示见图 6-14。下面对照图 6-12 分别叙述溶液循环和冷剂水循环。溶液循环如下：吸收器出来的稀溶液，状态点为 1，压力为 p_e，浓度为 ξ_w，温度为 t_1；经发生器泵加压，压力升高，浓度不变，$t_2 \approx t_1$。因此，点 1、2 重合。泵出口分两路，一路稀溶液经高温溶液热交换预热到状态 3，温度为 t_3，浓度不变；然后进入高压发生器中继续被加热，溶液在压力 p_h 下沸腾汽化，浓度增加，发生的终了状态为点 5，其浓度为 $\xi_{s,h}$，温度为 t_5；从高压发生器排出的浓溶液经高温溶液热交换器预冷，成为压力为 p_h、温度为 t_6 的过冷液体（图中点 6），进入吸收器，压力下降到 p_e，闪发一部分蒸汽后，其溶液状态为 7，温度下降，浓度略有升高，但变化很小，在 h-ξ 图上未予表示。另一路稀溶液经低温溶液热交换器预热到状态 8，温度为 t_8，再经凝水换热器加热到 t_9，成为压力高于 p_c 的过冷液体（图中点 9）；进入低压发生器后，压力降到 p_c，闪发很少一部分蒸汽，温度略有下降，浓度也略有升高，但浓度变化很小，溶液状态为 10（浓度变化在 h-ξ 图上未予表示）；在低压发生器中继续被加热，发生冷剂蒸气，发生的终了状态为点 11，其浓度为 $\xi_{s,l}$，温度为 t_{11}；从低压发生器排出的浓溶液经低温溶液热交换器被冷却，成为过冷溶液，状态为 12；进入吸收器内，压力下降，闪发蒸汽，温度下降，浓度略有升高，但变化很小，其溶液为状态 13。吸收器泵吸入的溶液是两路返回的浓溶液（状态 7 和 13）与稀溶液（状态点 1）的混合物（状态 14）；经泵加压后（状态 15），喷淋在吸收器传热管束上，吸收蒸发器来的冷剂蒸气后成为状态 1 的稀溶液。

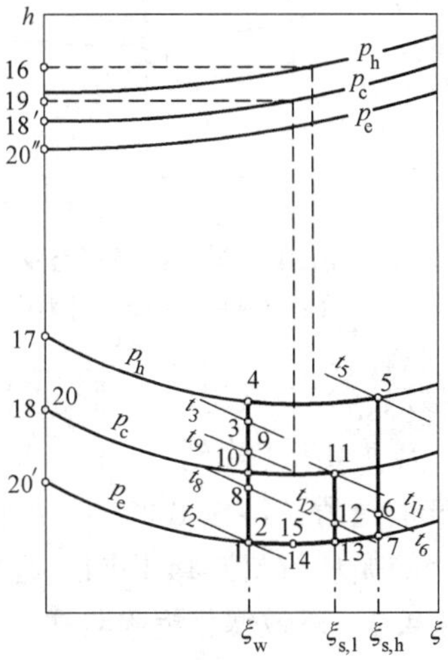

图 6-14　双效溴化锂吸收式制冷机理论循环在 h-ξ 图上的表示

图中的数字与图 6-12 中的数字相对应

冷剂水的循环如下：高压发生器发生的蒸汽为发生过程 4→5 所产生蒸汽的混合物，可看成 4→5 过程的平均状态蒸汽（状态 16）；冷剂蒸气进入低压发生器的传热管内，加热低压发生器的溶液，而本身冷凝成饱和水（状态 17）；饱和水进入冷凝器中，闪发一部分蒸汽，大部分成为压力为 p_c 的饱和水（状态 18）；闪发蒸汽的状态为点 18′，它也被冷却盘管冷凝成饱和水（状态 18）。低压发生器发生的蒸汽可认为是发生过程 10→11 的平均状态的蒸汽（状态 19）；在冷凝器中也冷凝成压力为 p_c 的饱和水（状态 18）。冷凝器中饱和水节流后进入蒸发器，成为压力为 p_e 的湿蒸气（状态 20），它是由大部分压力为 p_e 的饱和水（状态 20′）和小部分蒸汽（状态 20″）组成。蒸发器中饱和水吸热汽化（冷却了冷水），成蒸汽（状态 20″），进入吸收器被溶液所吸收。

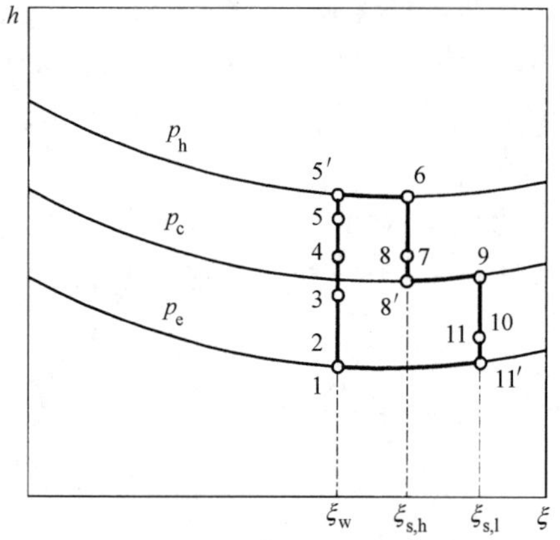

图 6-15　溶液串联循环溶液状态变化过程
图中数字与图 6-13 中数字相对应

溶液串联循环溶液状态变化在 h-ξ 图上的表示见图 6-15。图中点 1 为吸收器出口的稀溶液状态。过程 1→2 为稀溶液经泵的加压过程；过程 2→3 为稀溶液在低温热交换器中的加热过程；过程 3→4 为稀溶液在凝水换热器中的加热过程；过程 4→5 为稀溶液在高温热交换器中的加热过程；过程 5→5′→6 为稀溶液在高压发生器中的加热沸腾，发生冷剂蒸气过程；过程 6→7 为高压发生器出口浓溶液（中间浓度为 $\xi_{s,h}$）在高温溶液热交换器中的冷却过程；状态 8 为浓溶液（$\xi_{s,h}$）进入低压发生器的状态；过程 8→8′→9 为溶液在低压发生器中加热沸腾，发生冷剂蒸气的过程；过程 9→10 为低压发生器出来的浓溶液（浓度为 $\xi_{s,l}$）在低温溶液热交换器中的冷却过程；状态 11 为浓溶液（$\xi_{s,l}$）进入吸收器的状态（压力由 p_h 降到 p_c）；过程 11→11′→1 为浓溶液（$\xi_{s,l}$）在吸收器中冷却并吸收冷剂蒸气的过程。溶液 8′和 11′由于闪发一些蒸汽后，浓度略有升高，在 h-ξ 图均未表示。冷剂水的循环与图 6-14 相同，这里不再赘述。

6.4.3　双效溴化锂吸收式制冷机的性能

工作蒸汽、冷却水和冷水参数的变化对双效溴化锂吸收式制冷机性能影响的规律与单效溴化锂吸收式制冷机相似。

图 6-16 表示了某型号双效溴化锂吸收式制冷机的制冷量、性能系数与工作蒸汽压力的关系。从图中可以看到，随着工作蒸汽压力的升高，制冷机的制冷量和性能系数增加了。图 6-17 分别表示了某型号双效溴化锂吸收式制冷机的制冷量与冷却水进口温度、冷水出口温度的关系。从图上可以看到，当工作蒸汽压力、冷却水和冷水流量不变时，制冷机的制冷量将随着冷却水进口温度的升高或冷水出口温度的降低而减少。图 6-18 和图 6-19 分别表示了制冷机制冷量与冷却水流量和冷水流量的关系。从图上可以看到，制冷量随冷却水流量的增加而增加；随着冷水流量的增加而减少，但变化的速率较小，当冷水的流量从 50%变化到 200%时，制冷量仅变化了 30%左右。

双效溴化锂吸收式制冷机的性能系数比单效溴化锂吸收式制冷机有了大幅度的提高，当工作蒸汽压力为 0.6MPa（表压）时，双效机的制冷性能系数一般为 1.13～1.35（冷水进口/出口水温为 12℃/7℃，冷却水进口水温为 32℃）；当工作蒸汽压力为 0.8MPa（表压）时，制冷性能系数一般为 1.18～1.37（运行工况同 0.6MPa（表压）的机组）。而当工作蒸汽压力为 0.1MPa（表压）时，在同样运行工况下单效机的制冷性能系数一般仅为 0.68～0.72。蒸汽型的双效溴化锂吸收式制冷机一般只有制冷功能，但也有一种蒸汽型的可制冷与制热的双效溴化锂吸收式冷热水机组，其结构原理参见 6.5 节。

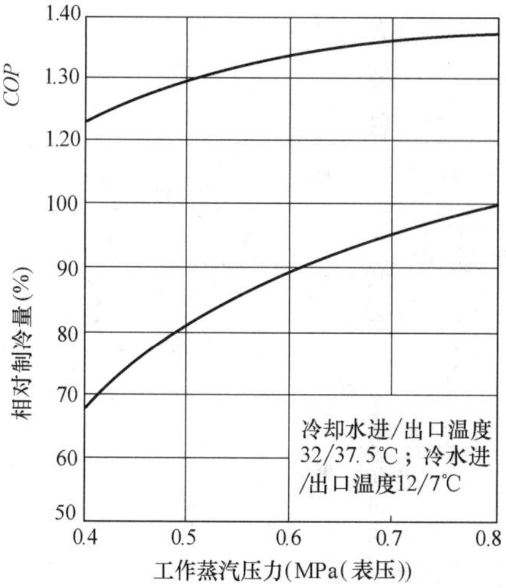

图 6-16　制冷量、性能系数与工作蒸汽压力的关系

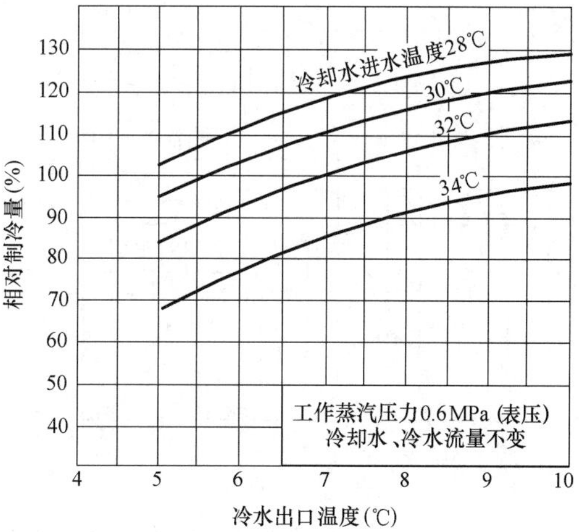

图 6-17　制冷量与冷却水进口温度、冷水出口温度的关系

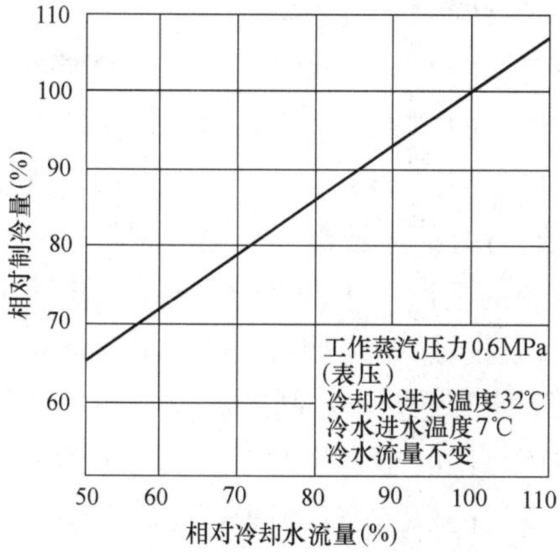

图 6-18　制冷量与冷却水流量的关系

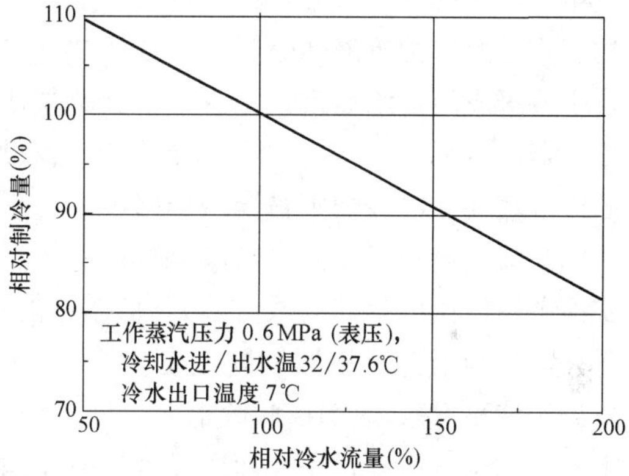

图 6-19　制冷量与冷水流量的关系

为了减少冷水和冷却水的输送能耗，有些企业研发了大温差机组，把冷水和冷却水的温差都加大到 8℃，即冷水的进口/出口水温为 15℃/7℃，冷却水进口/出口水温度为 32℃/40℃。这种机组内设有两个蒸发器（高压蒸发器和低压蒸发器），两个吸收器（高压吸收器和低压吸收器）；冷水先经高压蒸发器冷却，再经低压蒸发器冷却，从而实现了大温差。

6.5　直燃型溴化锂吸收式冷热水机组

直燃型溴化锂吸收式冷热水机组（简称直燃机）是直接利用燃气、燃油热量的吸收式制冷和制热设备，在 20 世纪 30 年代已在市场上有销售，但都是小型单效机组。大型机组到 20 世纪 60 年代才开始进入实用化阶段。目前在建筑中应用的直燃机都是双效型的，其中高压发生器实质上是一台燃气或燃油锅炉。图 6-20 为直燃型溴化锂吸收式冷热水机组的流程图。图 6-20（a）为制冷循环的流程图。制冷运行时阀门 V1、V2、V3 关闭。高压

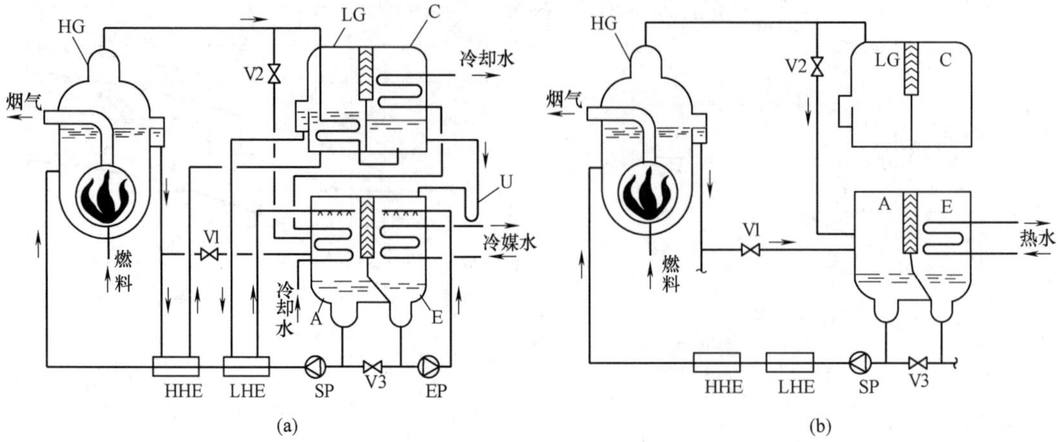

图 6-20 直燃型溴化锂吸收式冷热水机组流程图

(a) 制冷循环；(b) 制热循环

SP—溶液泵；V1、V2、V3 关闭阀；其他符号同图 6-12

发生器利用燃气（天然气、人工煤气、液化石油气等气体燃料）或燃油（轻柴油、重柴油、重质燃料油等液体燃料）燃烧的热量发生冷剂蒸气。冷剂蒸气在低压发生器的换热盘管中冷凝成冷剂水后进入冷凝器，其热量使低压发生器中的溶液发生冷剂蒸气，而后进入冷凝器成冷剂水。冷剂水经U形管进入蒸发器，在蒸发器中吸热汽化，冷却冷水。蒸发的冷剂蒸气在吸收器中被溶液所吸收。直燃机在制冷运行时的溶液循环与蒸汽型的双效溴化锂吸收式制冷机相同。溶液循环流程为：高压发生器的溶液（中间浓度）→高温溶液热交换器→低压发生器（浓溶液）→低温溶液热交换器→吸收器（稀溶液）→低温溶液热交换器→高温溶液热交换器→高压发生器。与图6-12双效溴化锂吸收式制冷流程不同之处是只设溶液泵SP，取消了吸收器泵AP。上述的溶液循环采用的是串联循环。在高压发生器中燃料的温度很高，采用串联循环有利于防止溶液浓度过高而结晶。图中，低压发生器的浓溶液靠压差而流入吸收器，有些机组为了增强溶液在吸收器内的喷淋效果增设了喷淋泵（如图6-22系统）。

图6-20（b）表示了直燃机制热循环的流程。制热运行时阀门V1、V2、V3开启。冷剂水的流程中如下：高压发生器发生的蒸汽经阀V2和吸收器进入蒸发器中，冷凝成冷剂水，同时加热了供暖用的热水。这时蒸发器实际上起冷凝器的作用。冷剂水经阀V3与浓溶液混合成稀溶液后被溶液泵压送到高压发生器中。高压发生器发生蒸汽后的浓溶液经阀V1流入吸收器中，与冷剂水混合成稀溶液。在制热运行时，低压发生器、冷凝器、吸收器、高温热交换器、低温热交换器、蒸发器泵等都不参与工作。为清楚表示循环过程，图6-20（b）中与上述设备相关的管路未予表示。为保证直燃机在高真空度下工作，还设有抽气装置，图内未予表示。

无论是制冷运行还是制热运行，高压发生器起着蒸汽锅炉的作用，它的结构形式也与燃气、燃油蒸汽锅炉相类似，有两类结构形式：火管式与水管式。由于工作时压力低（低于大气压），锅筒的承压小，因此锅筒不一定是圆形的，可以是椭圆形、矩形或其他形状。燃烧设备与燃油、燃气锅炉的燃烧设备相同，它由燃气或燃油的燃烧器、点火装置、燃料供给系统、送风系统、安全装置等组成（详见第9章）。

图6-20所示的机组，夏季制冷、冬季制热都是通过蒸发器来制取冷水或热水的，用同一水系统向建筑用户提供制冷量或热量。机组在同一时间只能有一种功能，而在有些建筑中，需要同时供冷和供暖，或即使只需供冷，但同时需有卫生热水供应。这时，图6-20所示的机组就无法满足这种需求了。如果在机组中另设热水交换器（或称热水器），就可实现同时制冷、制热的目的。图6-21为另设热水器的直燃机，图中略去了其他设备与管路。在制冷运行时，高压发生器（HG）发生的蒸汽一部分去低压发生器进行制冷循环；一部分进入热水器（HW）制取热水。热水器相当于冷凝器，冷剂蒸气冷凝释放的热量加热了热水，冷剂水返回高压发生器。这种机组既可用于建筑中同时供冷和供暖，也可在夏季只用作供冷和冬季只用作供暖。当该机组只进行制热运行时，冷剂蒸气管、溶液管上的阀门（V1、V2、V3）均关闭。有些机组，在热水器中设两组独立的换热盘管，一组用于制备供暖热水，另一组用于制备卫生热水（用于建筑中的热水供应）。这种机组就可实现同时制冷和热水供应，或同时供暖和热水供应，或同时制冷、供暖和热水供应。

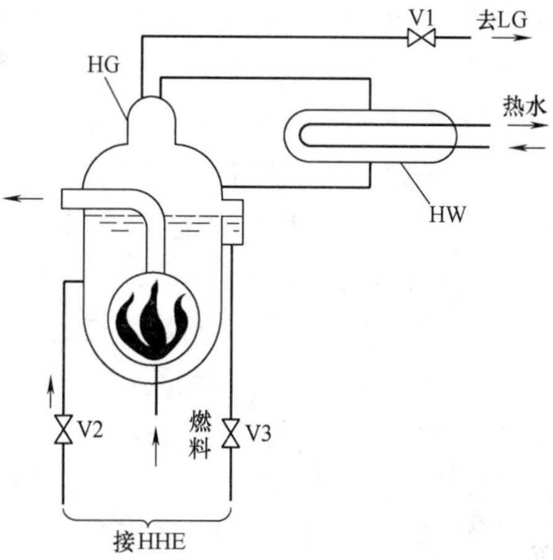

图6-21 另设热水器的直燃机

HW—热水器；其他符号同图6-20

直燃机中由低压发生器换热盘管出来的冷剂凝结水有较高的温度，因此可以用它来加热吸收器出来的稀溶液，即在溶液泵与低温溶液热交换器之间加一冷剂凝水热交换器。这样减少了高压发生器的耗热量，提高了机组的制冷性能系数。

国家标准《直燃型溴化锂吸收式冷（温）水机组》GB/T 18362—2008[4] 规定，名义制冷工况的冷水进口/出口温度为12℃/7℃，冷却水进口/出口温度为30℃/35℃（32℃/37.5℃）；名义制热工况的热水出口温度为60℃。直燃机制冷运行的性能系数定义为

$$COP=\dot{Q}_e/(\dot{Q}_f+\dot{W}_p) \tag{6-27}$$

制热运行时的性能系数定义为

$$COP_h=\dot{Q}_h/(\dot{Q}_f+\dot{W}_p) \tag{6-28}$$

式中 $\dot{Q}_e$、$\dot{Q}_h$——分别为直燃机的制冷量和供热量，kW；

$\dot{Q}_f$——直燃机消耗燃料的发热量，kW；

$\dot{W}_p$——直燃机中溶液泵消耗功率，kW，这项相对于$\dot{Q}_f$很小，可忽略不计。

直燃机消耗燃料的发热量，可由下式计算：

$$\dot{Q}_f=\dot{M}_f Q_{net,v} \tag{6-29}$$

式中 $\dot{M}_f$——燃料消耗量，Nm^3/s（燃气）或kg/s（燃油）；

$Q_{net,v}$——燃料低位发热量，kJ/Nm^3（燃气）或kJ/kg（燃油）。

从上述直燃机的性能系数定义式可以看到，它与溴化锂吸收式制冷机性能系数的定义

（见式 6-1）是有区别的。蒸汽型或热水型的溴化锂吸收式制冷机的性能系数计算公式中的分母是发生器的净输入热量；而直燃机消耗燃料的发热量中包含了排烟、未完全燃烧、炉体散热等热损失，因此式（6-26）中的分母并非是高压发生器净输入热量。直燃机供热运行时的性能系数相当于锅炉的热效率。我国直燃机标准规定[4]，直燃机名义工况下的制冷性能系数应≥1.1，制热性能系数应≥0.9。目前国内的直燃机产品名义工况下的制冷性能系数一般在 1.3 以上，制热性能系数在 0.92 以上。

直燃机样本中给出的名义制冷量和制热量均指这两种功能分别运转时的能力。例如，有一台某品牌的可同时制冷和制热的直燃机，其名义制冷量为 1163kW，名义制热量为 897kW，这表明该机组所配置的高压发生器的能力，只能承担 1163kW 的制冷能力或 897kW 的制热能力，而且表明发生的蒸汽量所具有的制冷或制热能力是不相等的。该机组名义工况下的制冷量与制热量之比 $R=1.297$，即表示所发生的蒸汽在制热运行时如获 1kW 的制热量，而在制冷运行时可获 1.297kW 的制冷量。若该机组用于有同时需要供冷和供热的建筑中，其制冷量满足夏季空调冷负荷的要求，而冬季有热负荷 800kW 和建筑内区空调冷负荷 330kW，问该机组是否符合要求？这时应对该机组的制冷量和制热量进行分配，若该机组的制冷量满足冷负荷（330kW）要求，则同时还具有的制热量为 $(1163-330)\div 1.297=642.3$kW。由此可见，该机组不能同时满足热负荷 800kW 和冷负荷 330kW 的要求。直燃机同时供冷与供热的制冷量和制热量分配也可按下述方法估算：设直燃机的名义制冷量为 $\dot{Q}_{e,n}$，名义制热量为 $\dot{Q}_{h,n}$；同时供冷与供热时的制冷量为 $\dot{Q}_e$，制热量为 $\dot{Q}_h$。$r_h=\dot{Q}_h/\dot{Q}_{h,n}$，$r_c=\dot{Q}_e/\dot{Q}_{e,n}$，则有 $\dot{Q}_e=(1-r_h)\dot{Q}_{e,n}$ 或 $\dot{Q}_h=(1-r_c)\dot{Q}_{h,n}$。仍以上例说明，$r_c=330/1163=0.2837$，则 $\dot{Q}_h=(1-0.2837)897=642.5$kW，两种方法计算结果差值是尾数舍取造成的误差。

有些同时制冷和制热的直燃机还可供应卫生热水热量，其所给出的卫生热水热量也不是同时供出的热量。例如，上述机组还具有 400kW 的卫生热水热量，则表明该机组卫生热水和供暖热水总热量是 897kW。如果同时供供暖和卫生热水应用，两者合计热负荷不能超过 897kW。同时承担空调冷负荷、供暖热负荷和卫生热水热负荷时，首先应选择机组的容量满足夏季冷负荷和卫生热水负荷的要求，然后再校核冬季是否满足供暖热负荷、冷负荷和卫生热水负荷的要求。仍以上述品牌的直燃机为例，若夏季冷负荷为 850kW，卫生热水负荷为 300kW，则直燃机供应 850kW 的制冷量后，尚余制热量 $(1163-850)\div 1.297=241.3$kW，显然，上述机组的总容量已不满足要求，可选用加大制热量的机组，然后再校核冬季同时制热和制冷时是否满足要求。

无论是同时制冷和制热的直燃机，还是只能单独制冷或制热的直燃机，各企业生产的标准型机组的制冷量和制热量之间都有一定的比例，在使用时不一定都同时满足用户冷负荷和热负荷的要求。在选用直燃机时，应首先满足冷负荷要求，再校核制热量是否满足热负荷的要求。如果制热量小于热负荷，且相差不大时，可选用加大制热量的机型；如果相差很大，宜增加同一种燃料的锅炉，以补充不足热量。例如上例中，机组同时制冷和制热时，缺少制热量 $800-642.3=157.7$kW，可选用加大制热量的机型。若该型号机组共有几种加大型机组可供选择，宜选用加大后制热量为 1076kW 的机型，此机组比原机组增加了制热量 $1076-897=179$kW，略大于缺少的热量。

直燃机的制冷量与冷却水进口温度和流量、冷水出口温度和流量的关系，与双效溴化锂吸收式制冷机类似（参见 6.4.3 节）。上面对直燃机的制冷量与制热量分析都是在名义工况下进行的，而实际使用时，由于各地气象条件不同（冷却水温度就不同）或要求的冷媒温度不同，机组的实际制冷量并不等于名义工况下的制冷量。因此，应把直燃机的制冷量转换到实际设计工况下的制冷量，再选择机组和校核其制冷量、制热量与冷、热负荷的匹配。

在 6.4 节中指出，有一种制冷和制热的蒸汽型双效溴化锂吸收式冷热水机组，它的结构形式类似图 6-20 所示的直燃机。在制热时的流程如图 6-20（b）所示，高压发生器的冷剂蒸气经吸收器进入蒸发器中，加热了供暖用热水，这时蒸发器实际上起了冷凝器作用，它的制热功能实际上是利用蒸汽的热量制取热水。这种机组的优点是冷、热合一，结构紧凑，占地面积少。

6.6 烟气型和烟气热水型溴化锂吸收式冷热水机组

燃气轮机、内燃机、工业窑炉等排出的废气（以下统称烟气）是具有较高品位的余热，因此可以利用类似直燃机的设备将烟气的余热变成可用的冷量或热量。图 6-22 即为利用烟气余热进行制冷（制热）的烟气型双效溴化锂吸收式冷热水机组原理图。这类机组适合采用温度为 500℃左右的烟气进行制冷（制热）。烟气型溴化锂吸收式冷热水机常简称为烟气机。图 6-22 所示的双效烟气机的工作原理与直燃机（图 6-20）类似，主要区别是高压发生器不同。双效烟气机中的高压发生器用高温烟气来加热溴化锂溶液，发生冷剂蒸气，相当于一台烟管型的余热蒸汽锅炉（参见 11.5 节）。双效烟气机的工作流程与直燃机类似。制冷运行时，阀门 V1、V2、V3 关闭。高压发生器 HG 发生的冷剂蒸气进入低压发生器中的换热盘管，被冷凝成冷剂水而进入冷凝器 C 中；冷凝所释放出的热量加热

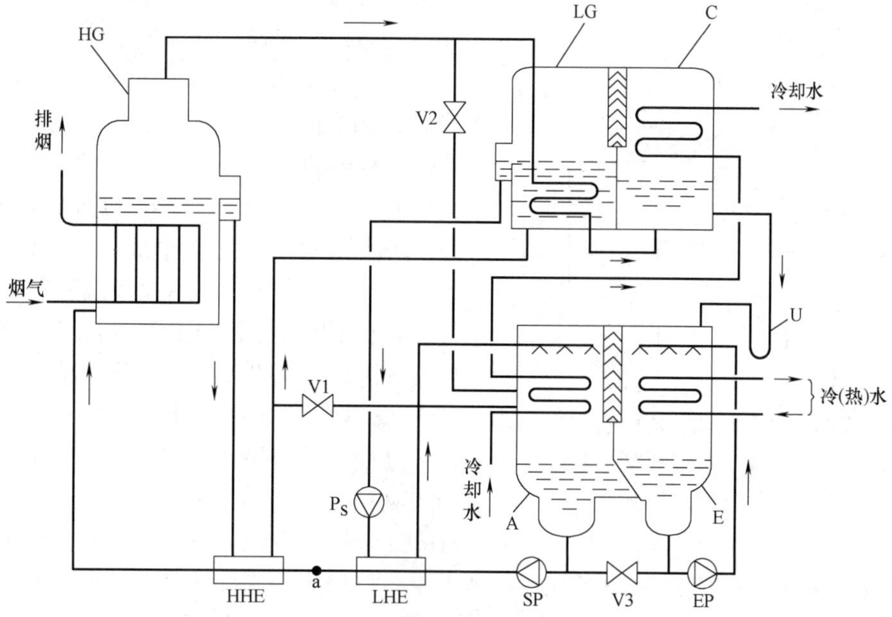

图 6-22 烟气型双效溴化锂吸收式冷热水机组原理图

Ps—喷淋泵，其他符号同图 6-20

了低压发生器 LG 中的溶液，发生冷剂蒸气，然后进入冷凝器被冷凝成冷剂水。冷凝器中的冷剂水经 U 形管降压后进入蒸发器 E 中，在蒸发器中吸热汽化，冷却冷水。蒸发器泵 EP 的作用与图 6-4 中的蒸发器泵一样。溶液循环为：高压发生器（中间浓度溶液）→高温溶液热交换器 HHE→低压发生器（浓溶液）→喷淋泵 Ps→低温溶液热交换器 LHE→吸收器 A（稀溶液）→溶液泵 SP→低温溶液热交换器 LHE→高温溶液热交换器 HHE→高压发生器 HG。溶液循环采用的是串联循环。由于烟气温度在 500℃左右，不是很高，因此，有的烟气机采用并联溶液循环。

双效烟气机制热运行时，阀 V1、V2、V3 开启，除了溶液泵 SP 运行外，其他泵不工作。冷剂水循环与溶液循环同直燃机，参见图 6-20（b）。

双效烟气机也可在溶液泵 SP 与低温溶液热交换 LHE 之间增设冷剂凝水换热器，以利用低压发生器热交换器中排出的高温冷剂凝水的热量，提高烟气机的制冷性能系数。烟气机必须在高真空度下工作，应设有保证真空度的抽气装置，图 6-22 中未表示。

为使烟气机的高压发生器具有较高的饱和压力和出口溶液的浓度，烟气经换热盘管后的排烟温度一般控制在 170℃左右。双效烟气机在名义工况（冷水温度 7/12℃，冷却水温度 32/37.5℃，烟气入口温度 500℃，排烟温度 170℃）下的制冷性能系数约为 1.3～1.4（性能系数按式（6-1）计算）。烟气机制热时，一般供热水的温度在 60℃左右，因此排烟温度可以比较低，一般在 110℃右。烟气机制热性能系数一般都＞0.9。

对于温度在 300℃左右的烟气，有双效与单效两种机型可供选用。双效烟气机*COP*≈1，单效烟气机的 *COP* 约为 0.78。但双效烟气机结构复杂，设备费用较高。还有一种称做烟气热水型溴化锂吸收式冷热水机组（简称烟气热水机），专为内燃机的余热进行制冷制热用，因为内燃机有两类余热——400～500℃左右的高温烟气和 90℃左右的高温冷却水。烟气热水机相当于在双效烟气机（图 6-22）的基础上再增加用高温冷却水（以下称热水）为热源的低压发生器和相应的冷凝器（图 6-23）。热水通过低压发生器 LG_W 的换热盘管加热稀溶液，发生冷剂蒸气，进入冷凝器 C_W 冷凝成冷剂水，然后经 U 形管流入双效烟气机中的冷凝器 C（图 6-22）中，再经节流进入蒸发器中汽化制冷，因此以热水为热源的吸收式制冷相当于单效热水型溴化锂吸收式制冷。烟气热水机的溶液循环与双效烟气机略有不同，下面结合图 6-22 和图 6-23 分析其溶液循环。吸收器 A（稀溶液）→溶液泵 SP→低温溶液热交换器 LHE→a（此处断开）→热水为热源的低压发生器（中间浓度 ξ_1 的溶液）→增压泵 P_p→a→高温溶液热交换器 HHE→高压发生器 HG（中间浓度 ξ_2 的溶液）→高温溶液热交换器 HHE→低压发生器 LG（浓溶液）→喷淋泵 P_s→低温溶液热交换器 LHE→吸收器 A。溶液是串联循环，稀溶液依次经 LG_W、HG 和 LG 发生冷剂蒸气而变成浓溶液。由于热水为热源的低压发生器 LG_W 压力低于高压发生器 HG 中的压力，因

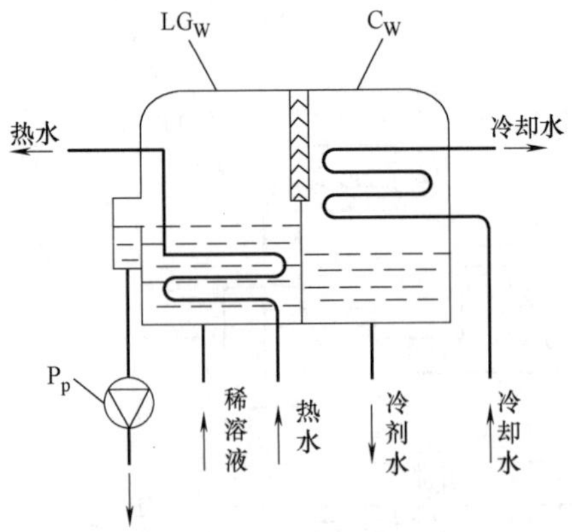

图 6-23　以热水为热源的低压发生器与冷凝器

LG_W—热水为热源的低压发生器；

C_W—冷凝器；P_p—增压泵

此必须设增压泵 P_p 把 LG_W 中浓度为 ξ_1 的溶液加压后送到 HG 中。冷凝器 C_W 中冷却水来自双效烟气机中冷凝器排出的冷却水。不难看到，烟气热水机实质上是双效烟气机与单效热水型溴化锂吸收式制冷机（简称单效热水机）合体，它具有双效烟气机和单效热水机的特性。

烟气热水机制热工况运行时，其中单效热水机只有制冷功能而无制热功能（参见 6.2 节），因此制热工况运行的冷剂水循环和溶液循环与双效烟气机相同，这里不再赘述。

有时余热量会发生变化，例如内燃机在部分负荷下运行时，烟气量和高温冷却水的余热都会减少，这将导致烟气热水机的制冷量或制热量减少。如何保证烟气机、烟气热水机不受余热变化的影响呢？这可以用补充一些燃气或燃油的热量来实现。这类机组称为补燃型烟气机或补燃型烟气热水机；或称为烟气直燃机或烟气热水直燃机。补燃型机组的工作原理并不复杂，实质上是在烟气为热源的高压发生器旁并联一燃料为热源的高压发生器，如图 6-24 所示。这两个发生器液体空间和气空间连通，它们可以各自单独工作或同时工作。发生的冷剂蒸气和中间浓度的溶液进入低压发生器，其冷剂水循环和溶液循环同双效烟气机或烟气热水机。补燃型机组有两种类型：(1) 在名义工况，余热制冷、燃料直燃制冷或余热和直燃同时制冷的制冷量都是相等的，即燃料直燃制冷只补充余热制冷不足的部分。(2) 在名义工况下，燃料直燃的制冷量大于余热的制冷量。直燃制冷量也是该机组的铭牌制冷量，如单独用余热制冷，则达不到机组的铭牌制冷量。

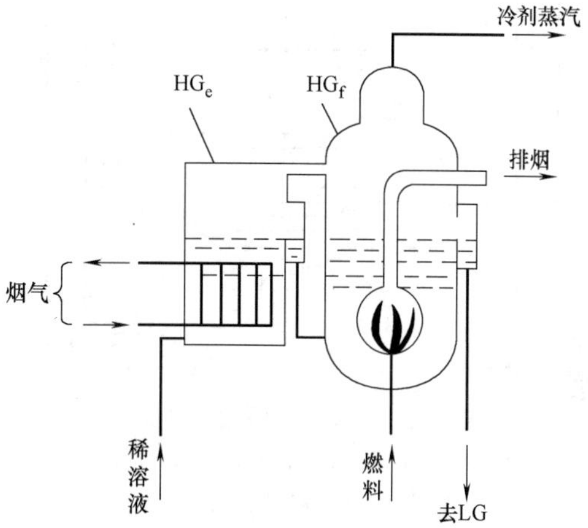

图 6-24 补燃型机组的高压发生器组合
HG_e—烟气为热源的高压发生器；
HG_f—燃料为热源的高压发生器

6.7 吸收式热泵

吸收式热泵分第一类吸收式热泵和第二类吸收式热泵。第一类吸收式热泵是利用高温热源的热量，将低温热源的热能提高到中温。实际上上述几节的吸收式制冷机，如果做热泵应用，都是第一类吸收式热泵。它在发生器中消耗高温热源（例如饱和温度约为 120℃ 的蒸汽）热量，通过蒸发器提取低温热源（例如 15～20℃ 的地下水或废水）的热量，由吸收器和冷凝器提供中温热水（45～50℃）。热泵的制热性能系数按式（6-3）计算。这类热泵的制热性能系数并不高，而且必须有温度稍高的低温热源，所获得的中温热量的温度品位也不高，故这类热泵实际应用很少。

第二类吸收式热泵是利用中温余热与低温热源的热势差，制取温度高于中温余热、但热量少于中温余热的热水。图 6-25 是第二类溴化锂吸收式热泵的原理图。上筒是蒸发器与吸收器，下筒是冷凝器与发生器。它与单效溴化锂吸收式热泵的最大区别是蒸发器与吸收器中的蒸发压力 p_e 大于发生器与冷凝器中的冷凝压力 p_c。溶液循环如下：吸收器中浓

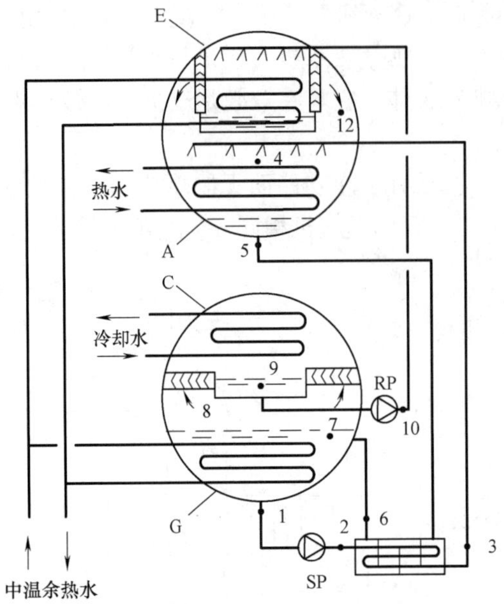

图 6-25　第二类溴化锂吸收式热泵原理图
RP—冷剂水泵；SP—溶液泵；其余符号同图 6-4；图中数字与图 6-26 相对应

溶液吸收蒸发器来的冷剂蒸气，吸收过程放出热量，加热了热水。由于吸收器中的压力较高，譬如 p_e=20kPa，浓度为 60%、64%的溶液的饱和温度为 108～119℃（参见图 6-2），显然，可以用于制备温度约 100℃的高温热水。吸收器出来的温度较高的稀溶液与温度较低的发生器出来的浓溶液在溶液热交换器中进行热交换，稀溶液被冷却，而浓溶液被加热。稀溶液进入发生器后被中温的余热水加热，发生冷剂蒸气，稀溶液变为浓溶液。由于发生器中的压力 p_c 比较低，譬如 p_c=1.3kPa，浓度为 60%、64%的溶液的饱和温度为 52～60℃（参见图 6-2），因此可以用 70℃左右的中温余热水加热溶液发生蒸汽。浓溶液由溶液泵压送到吸收器中，吸收冷剂蒸气成稀溶液，如此不断进行循环。

冷剂水的循环如下：发生器发生的低压冷剂蒸气在冷凝器中冷凝成冷剂水。由于冷凝压力较低，譬如 p_c=1.3kPa，此时纯水的饱和温度为 11℃，需要用 6℃左右的低温冷却水进行冷却。冷剂水由冷剂水泵压送到蒸发器中，用中温余热水加热汽化。虽然蒸汽压力提高了，发生器的溶液温度很高，但纯水的蒸发温度要低得多。例如，p_e=20kPa 时，纯水的饱和温度为 60℃，显然用中温余热水（70℃）可以加热冷剂水使其汽化。汽化后的冷剂蒸气在吸收器中被浓溶液所吸收，放出潜热，加热了高温热水。从上述溶液循环和冷剂水循环可以看到，中温余热消耗于两个设备中，一部分消耗在蒸发器中，使冷剂水汽化，冷剂蒸气所携带的汽化潜热在吸收器中通过吸收过程转移到了被加热的热水，成为高温热水，供用户应用；另一部分热量消耗于发生器，用于制取冷剂蒸气，在冷凝器中冷凝成冷剂水，供到蒸发器与吸收器中实现在高温下的制热过程，冷凝器中的冷却水将热量排到环境中废弃了。设 $\dot{Q}_a$、$\dot{Q}_g$、$\dot{Q}_c$、$\dot{Q}_e$ 分别为吸收器、发生器、冷凝器、蒸发器的热负荷，kW；$\dot{Q}_a$ 即为第二类吸收式热泵的制热量；如果忽略泵的能耗，热泵的输入热量应等于输出热量，即

$$\dot{Q}_g+\dot{Q}_e=\dot{Q}_a+\dot{Q}_c \tag{6-30}$$

第二类吸收式热泵的制热性能系数为

$$COP_h=\frac{\dot{Q}_a}{\dot{Q}_g+\dot{Q}_e} \tag{6-31}$$

同样流量的制冷剂在蒸发器中汽化所需的热量 $\dot{Q}_e$ 约等于冷凝器中冷凝所释放出的热量 $\dot{Q}_c$（由于蒸发与冷凝压力不等，而且冷剂水温度在冷凝器和蒸发器中不相等，实际上 $\dot{Q}_e$ 与 $\dot{Q}_c$ 是不等的，但相差甚少）；吸收器所供出的热量 $\dot{Q}_a$ 接近等于蒸发器来的冷剂蒸气带入的热量（由于吸收器排出的高温溶液带走了一些热量，实际上小于蒸发器的 $\dot{Q}_e$），

由式（6-30）不难推论，$\dot{Q}_a \approx \dot{Q}_e \approx \dot{Q}_c \approx \dot{Q}_g$，因此，根据式（6-31）可得第二类吸收式热泵的 COP_h 理论上接近等于 0.5，即消耗中温余热热量 Q，而获得 0.5Q 的高温热量，这是将热量温度品位提升所必需付出的代价。

第二类溴化锂吸收式热泵理论循环在 h-ξ 图上的表示如图 6-26 所示。点 1 为发生器出口的浓溶液状态，浓度为 ξ_s，压力为 p_c；1→2 为溶液泵加压过程，压力升高，浓度、焓值不变；2→3 为浓溶液在热交换器中的加热过程；3→4→5 是浓溶液进入吸收器后温度升高到饱和温度后的吸收过程，点 5 是吸收器出口的稀溶液状态，浓度为 ξ_w，压力为 p_e；5→6 为稀溶液在热交换器中的冷却过程；6→7 为稀溶液进入发生器，压力下降到 p_c，闪发一些蒸汽，溶液温度降到饱和温度，浓度应略大于 ξ_w，近似地认为溶液浓度未变；7→1 为发生器中的发生过程，其发生的蒸汽认为是 7-1 过程中的平均状态（点 8）；8→9 为冷剂蒸气的冷凝过程；9→10 冷剂水泵的加压过程；10→11→12 为蒸发器内冷剂水加热到饱和温度并汽化成蒸气，该蒸气被溶液所吸收。与单效溴化锂吸收式制冷机热力计算一样（参见 6.2.3 节），根据各设备的热平衡关系式，可以推导出各设备的热负荷 $\dot{Q}_a$、$\dot{Q}_g$、$\dot{Q}_c$、$\dot{Q}_e$、$\dot{Q}_{he}$（溶液热交换器热负荷）和制热性能系数，这里不再赘述，读者可自己推导。

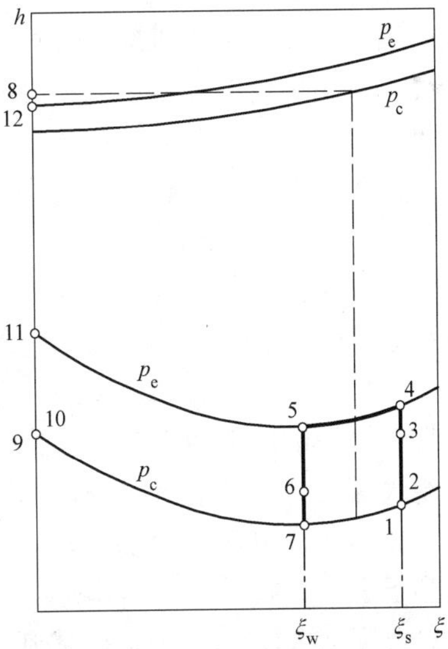

图 6-26 第二类溴化锂吸收式热泵理论循环在 h-ξ 图上的表示

图中数字与图 6-25 相对应

实现第二类吸收式热泵也有一定的条件，必须有合适的冷源。在上面分析中，用 70℃左右的中温余热水，制取 100℃的高温热水，需有 6℃左右的冷源。在冬季利用冷却塔尚可得到如此低温度的冷却水。但在夏季，可能只有 30℃左右的冷却水，此时第二类吸收式热泵冷凝器中蒸汽的冷凝温度在 35℃以上时才可被冷凝，即要求冷凝压力为 5.6kPa，这时在发生器中浓度为 60%、64%的溶液的饱和温度为 79～88℃（参见图 6-2），显然用 70℃中温余热水无法发生蒸汽了。但如果有 95℃左右的中温余热水，则可以通过第二类吸收式热泵制取温度更高的热水。若选取蒸发压力为 55kPa，对应浓度为 60%、64%的溶液的饱和温度为 137～148℃，纯水的饱和温度为 84℃；则发生器中可以利用 95℃的余热使冷剂水汽化，而在吸收器中可制取 130℃左右的高温热水。由此可见，当已知中温余热的温度和冷却水的温度时，如能找到一冷凝压力所对应的溶液饱和温度低于废热温度，所对应的纯水饱和温度高于冷却水温度，则才有可能应用第二类吸收式热泵来制取温度高于余热温度的热水。

6.8 溴化锂吸收式制冷机的适用性分析

任何一类设备由于它自身的特点而决定了它的适用场合。因此，要分析溴化锂吸收式制冷机或冷热水机组的适用性，首先必须了解溴化锂吸收式制冷机与电力驱动的蒸气压缩式制冷机相比有什么特点。

6.8.1　溴化锂吸收式制冷机的特点

（1）溴化锂吸收式制冷机（或直燃机）所使用的工质是溴化锂水溶液，无毒、不燃烧、对大气环境无破坏作用（*ODP* 和 *GWP* 均为零）；在真空下运行，安全可靠。

（2）以热能制冷，机组内只有溶液泵和直燃机中的风机需要用电，其用电量约为电力驱动的蒸气压缩式制冷机的 2%～3%，因此有明显的节电优点。

（3）机组内仅有几台小功率泵或直燃机的风机，因此机组的振动小，噪声低，无需防振基础。

（4）直燃机既可制热又可制冷，相当于制冷机与锅炉合二为一，设备紧凑，占用机房面积少。

（5）溴化锂吸收式制冷机的能量消耗总体上高于电力驱动的蒸气压缩式制冷机。由于各种机组消耗的能源不同，为比较各种冷水机组的能耗，都折算到一次能源。折算的方法如下：天然气、人工煤气、柴油等燃气、燃油和煤均认为是一次能源；蒸汽由燃煤锅炉生产，燃煤锅炉的效率为 0.7；电能为燃煤的火力发电厂生产（目前我国火电发电占总发电量的绝大部分，2021 年火电发电量占全部发电量的 71%），全国平均发电煤耗为 326g/kWh，相当于发电效率为 37.7%，输配电损失为 6.69%。每 1000kW 制冷量各类机组的能耗列于表 6-1 中。表中冷水机组的制冷工况为：冷水的进口/出口温度 12℃/7℃；冷却水进口温度 32℃；蒸汽型吸收式制冷机单效的工作蒸汽压力为 0.1MPa（表压），双效的工作蒸汽压力为 0.6MPa（表压）。由于各企业生产的各类机组性能差异很大，一次能源消耗相对值不一定都与表中一致，但总体的趋势是蒸汽型的溴化锂吸收式制冷机的能耗均高于电力驱动的蒸气压缩式制冷机（以下简称电动制冷机），尤其是单效溴化锂吸收式制冷机的能耗很高；直燃型溴化锂吸收式制冷机的一次能耗也都高于电动制冷机，但与性能一般的电动制冷机相差不多。

各种冷水机组[①]每 1000kW 制冷量的一次能耗　　　　**表 6-1**

冷水机组类型		离心式	螺杆式	多机头活塞式	单效溴化锂吸收式	双效溴化锂吸收式	直燃式
消耗能量	电(kW)	176.1	193.3	255.3	3.3	6.45	8.95
	蒸汽(kg/h)				2173.3	1128.8	
	天然气(m^3/h)						58.8
COP		5.68	5.17	3.92	0.75	1.35	1.33
一次能耗(kW)		500.6	549.5	724.8	1900.1	1076.6	777.4
一次能耗相对值		1	1.10	1.45	3.79	2.15	1.55

注：① 各种冷水机组为同一公司生产的产品，并均选其中性能较优的机型。

（6）当溴化锂吸收式制冷机以燃煤锅炉生产的蒸汽驱动时，就不能忽视燃煤锅炉对环境的负面影响。由于蒸汽型溴化锂吸收式制冷机的能耗高，它所带来的温室气体（CO_2）排放量大，还有排放的烟尘、SO_2、NO_x 等，对周围环境造成污染。燃油的直燃机也有烟尘、SO_2 等对环境的污染问题。在各种类型的冷水机组中，以天然气为能源的直燃机对环境的影响最小。

（7）溴化锂吸收式制冷机对气密性要求很严格。少量空气的渗入会导致机组性能降低，增强溴化锂溶液对金属的腐蚀作用，从而影响机组的寿命。

6.8.2 溴化锂吸收式制冷机的适用场合

建筑冷热源的选择，应当根据建筑规模、用途、冷热负荷、当地气象条件、能源结构、设备初投资与运行费、环保政策等情况，通过综合论证和技术经济比较确定，这里只对溴化锂吸收式制冷机和直燃机适合的应用场合做原则性的分析。

6.8.2.1 有余热资源的场所

在有乏汽、设备中蒸发的蒸汽、废热水等余热资源的地方，应优先考虑采用蒸汽型或热水型的溴化锂吸收式制冷机作冷源。在有可燃气体、高温烟气的地方，可以应用直燃机、烟气机制冷和制热。

6.8.2.2 有天然气供应的城市

我国城市燃气发展很快，许多大、中城市已有天然气供应。在这些地区采用直燃机作冷热源，既可缓解夏季空调的电力负荷，又可平衡燃气管网的季节负荷差，而且有利于环境质量的改善。

6.8.2.3 集中式热电冷联供系统

从煤到电的转换过程中，大约有 50%的冷凝热量作为“废热”排放到大气中去了。如果采用热电联产就可以有效利用这些被废弃的热量。目前我国北方地区以热电厂（热电联产的发电厂）为热源的集中供热系统已经得到广泛的应用。热可以利用溴化锂吸收式制冷机进行制冷，而实现冷热电联产，也称为冷热电联供或冷热电三联供，有关这方面内容详见第 10 章。

6.8.2.4 燃气冷热电联供

燃气轮机、燃气内燃机驱动的发电机组，在发电的同时有高温烟气和高温冷却水排出。利用烟气型溴化锂吸收式冷热水机组或烟气热水型溴化锂冷热水机组把这些余热转化为可用的冷量和热量，实现燃气冷热电联供，这些内容将在第 10 章详细论述。

6.8.2.5 其他应用场合

由于蒸汽型或热水型的溴化锂吸收式制冷机的性能系数低，一般不宜为了使用这些设备而建燃煤锅炉房。何况由于环保的原因，我国地级和地级以上城市的市区已不允许新建容量≤14MW 的燃煤锅炉房。但是有些工业企业已经建有环保合格的燃煤锅炉房，可考虑采用双效溴化锂吸收式制冷机进行制冷。虽然双效溴化锂吸收式制冷机的能耗比电力驱动的蒸气压缩式制冷机多，但由于我国产煤区的煤电价格比相对较低，运行的能源费用仍低于电驱动的制冷机，因此，仍受许多用户欢迎。

思考题与习题

6-1 吸收式制冷机中有哪两个循环？各有什么作用？

6-2 溴化锂水溶液的浓度在吸收式制冷机中一般不超过 65%，为什么？

6-3 溴化锂水溶液在饱和状态下的压力与温度的关系与纯水一样吗？在同一压力下，溴化锂水溶液的饱和温度与纯水一样吗？

6-4 已知溴化锂水溶液的压力为 6.5mmHg，温度为 43℃，求该溶液的浓度和比焓。

6-5 已知溴化锂水溶液的压力为 10.7kPa，温度为 94℃，求该溶液的浓度和比焓。

6-6 试比较单效溴化锂吸收式制冷机单筒结构与双筒结构的优缺点。

6-7 试述溴化锂吸收式制冷机中不凝性气体的来源和危害性，如何排除？

6-8　溴化锂吸收式制冷机在什么地方容易产生结晶？如何防止和缓解？

6-9　为什么溴化锂吸收式制冷机中吸收器和蒸发器都采用淋激式换热器？

6-10　试比较吸收器与冷凝器的冷却水系统串联方式与并联方式的优缺点。

6-11　已知单效溴化锂吸收式制冷机的冷凝温度为44℃，蒸发温度为6℃，吸收器出口稀溶液温度为42℃，发生器出口浓溶液温度为95℃。试把循环表示在h-ξ图上，并求稀、浓溶液的浓度。

6-12　条件同题6-11，已知冷剂水的循环流量$\dot{M}_r=0.8$kg/s，求该制冷机的制冷量和冷凝器热负荷。

6-13　同题6-11、题6-12的条件，并在系统内设溶液热交换器，已知溶液热交换器浓溶液进出口温度为95℃和60℃，求稀溶液循环量、吸收器负荷、发生器负荷、溶液热交换器热负荷和性能系数（热力系数）。

6-14　溴化锂吸收式制冷机中溶液热交换器有何作用？以题6-11、题6-12、题6-13的条件，比较设和不设溶液热交换器的差别。

6-15　什么叫放气范围？它的大小对制冷机有何影响？

6-16　试分析冷却水温度升高对溴化锂吸收式制冷机性能的影响。

6-17　试分析制冷负荷增大对溴化锂吸收式制冷机性能的影响。

6-18　工作蒸汽压力增大可提高溴化锂吸收式制冷机性能，是不是工作蒸汽压力愈大愈好？

6-19　溴化锂吸收式制冷机如何调节制冷量？哪种调节方法比较好？

6-20　为什么溴化锂吸收式制冷机双效比单效的性能系数（热力系数）高？

6-21　双效溴化锂吸收式制冷机中的溶液循环有哪两种形式？

6-22　双效溴化锂吸收式制冷机的制冷量与冷却水进水温度或流量有什么关系？

6-23　双效溴化锂吸收式制冷机的制冷量与冷水的出口温度有什么关系？

6-24　双效溴化锂吸收式制冷机的制冷量、性能系数与工作蒸汽压力有什么关系？

6-25　直燃机与以蒸汽为热源的双效溴化锂吸收式制冷机有何异同？

6-26　直燃机制取热水的原理是什么？它的制热性能系数可以大于1吗？

6-27　直燃机都可同时供冷和供热吗？

6-28　直燃机和双效溴化锂吸收式制冷机的制冷性能系数的定义一样吗？

6-29　收集几个企业的直燃机和双效溴化锂吸收式制冷机的样本，比较它们在名义工况下的性能系数，性能差的比性能好的机组多消耗多少能量。

6-30　某建筑夏季冷负荷为1700kW，冬季热负荷为1500kW，选用直燃机作冷源，某品牌直燃机有如下规格：名义制冷量$\dot{Q}_e$（kW）分别为633、880、1266、1583、1759；标准型机的相应制热量$\dot{Q}_h$（kW）分别为508、705、1016、1270、1410；制热量加大机型Ⅰ的$\dot{Q}_h/\dot{Q}_e\approx0.9$，机型Ⅱ的$\dot{Q}_h/\dot{Q}_e\approx1$。试为该建筑选配冷热源，问有几种可供选择的方案？哪种方案比较合理？（注：冷、热负荷已包含系统各项冷、热损失）

6-31　同题6-30，但建筑在寒冷地区，夏季冷负荷为1700kW，冬季热负荷2100kW。

6-32　某建筑夏季冷负荷为4350kW，冬季热负荷为2800kW和冷负荷为1000kW，采用直燃机作冷源，某品牌可供选用的直燃机规格有：制冷量$\dot{Q}_e$（kW）分别为1454、1745、2035、2326、2908、4652；相应的制热量$\dot{Q}_h$（kW）分别为1121、1349、1570、1791、2245、3582；制热量加大型机组有三种，Ⅰ型在原制热量基础上加20%，Ⅱ型加40%，Ⅲ型加60%。问有几种可供选择的方案？哪种方案比较合理？（注：冷、热负荷已包含系统各项冷、热损失）

6-33　同题6-32，但该建筑全年需卫生热水热量为930kW；上题的直燃机可提供卫生热水热量（kW）分别为500、600、700、800、1000、1600。

6-34　试参考图6-12，绘一可制冷和制热的蒸汽型双效溴化锂吸收式冷热水机组的流程图。

6-35　试述图6-22双效烟气机制热运行时的溶液循环和冷剂水循环。

6-36　直燃机与烟气机的性能系数的定义一样吗？

6-37　试根据图 6-22、图 6-23 绘一烟气热水机的流程图。

6-38　试根据图 6-22、图 6-24 绘一补燃型双效烟气机流程图。

6-39　烟气机和烟气热水机可用于哪些场合？

6-40　什么叫第二类吸收式热泵，它的制热性能系数大于 1 吗？

6-41　某双效溴化锂吸收式制冷机单位制冷量蒸汽耗量为 1.22kg/kWh，凝结水排出温度为 90℃，蒸汽压力为 0.6MPa（表压），计算该机组制冷性能系数和一次能耗性能系数（制冷量/一次能耗）；与表 6-1 中的双效溴化锂吸收式制冷机相比，哪个机组节能？

6-42　某型号燃油直燃机，制冷量为 984kW，制热量为 824kW，消耗柴油 75.4kg/h，柴油的低位发热量为 43540kJ/kg，计算该机组的制冷和制热性能系数；与表 6-1 的直燃机相比，制冷时哪台能耗高？高多少？

本章参考文献

[1]　ASHARE. 2005 ASHARE Fundamentals Handbook. Atlanta：ASHARE Inc，2005.

[2]　（日）高田秋一. 吸收式制冷机［M］. 耿惠彬译. 北京：机械工业出版社，1987.

[3]　吴业正. 制冷原理与设备. 西安：西安交通大学出版社，1987.

[4]　中华人民共和国国家质量监督检验检疫总局. 直燃型溴化锂吸收式冷（温）水机组：GB/T 18362—2008［S］. 北京：中国计划出版社，2008.

第7章　热泵系统

热泵是科学使用能源和科学配置能源的典型有效技术，它为解决暖通空调的能源与环境问题提供了技术支持，也为实现暖通空调事业可持续发展指明了有效途径。本章系统地阐述在暖通空调领域中应用广泛、技术成熟的蒸气压缩式热泵系统（包括空气源、地源、污水源热泵系统及水环热泵等）。

7.1　热泵系统的组成

7.1.1　热泵机组与热泵系统

图7-1给出了热泵系统框图。由框图可明确地看出热泵机组与热泵系统的区别。热泵机组是由动力机和工作机组成的节能机械，是热泵系统中的核心部分。而热泵系统是由热泵机组、高位能输配系统、低位能采集系统和热分配系统四大部分组成的一种能级提升的能量利用系统。为了进一步理解热泵系统的组成，下面将给出某个典型热泵系统图式说明。

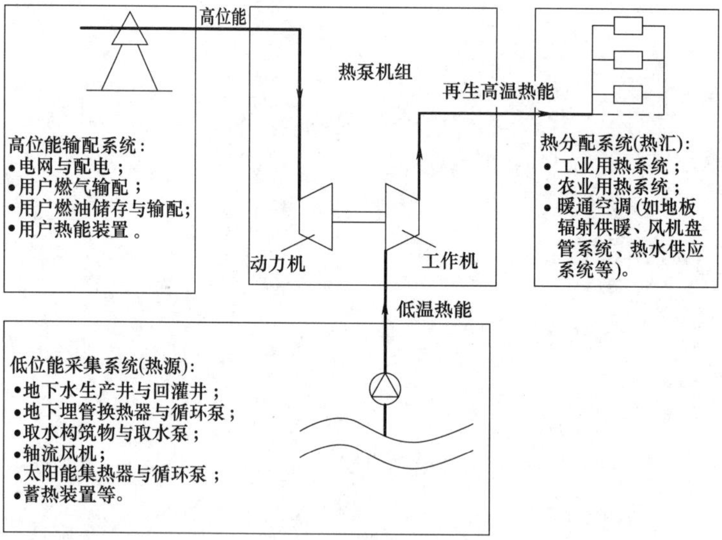

图7-1　热泵系统框图

图7-2为典型地下水源热泵系统图，由图可以看出：

(1) 冬季，机组中阀门V1、V2、V3、V4开启，V5、V6、V7、V8关闭。通过蒸发器4从地下水（低位热源）吸取热量，在冷凝器2中放出温度较高的热量，将满足房间供暖所要求的热量供给热用户。夏季，机组中阀门V5、V6、V7、V8开启，V1、V2、V3、V4关闭。蒸发器4出来的冷水直接送入用户8，对建筑物降温除湿，而中间介质（水）

在冷凝器 2 中吸取冷凝热，被加热的中间介质（水）在板式换热器 7 中加热井水，被加热的井水由回灌井 10 返回地下同一含水层内。同时，也起到蓄热作用，以备冬季供暖用。

（2）低位能采集系统一般有直接和间接系统两种。直接系统是空气、水等直接输给热泵机组的系统。间接系统是借助于水或防冻剂的水溶液通过换热器将岩土体、地下水、地表水中的热量传输出来，并输送给热泵机组的系统。通常有地埋管换热系统、地下水换热系统和地表水换热系统等。低位热源的选择与采集系统的设计对热泵机组运行特性、经济性有重要的影响。

（3）高位能输配系统是热泵系统中的重要组成部分，原则上可用各种发动机作为热泵的驱动装置。那么，对于热泵系统而言，就应有一套相应的高位能输配系统与之相配套。例如，用燃料发动机（柴油机、汽油机或燃气机等）作热泵的驱动装置，这就需要燃料储存与输配系统。用电机作热泵的驱动装置是目前最常见的，这就需要电力输配系统，如图 7-2 所示。以电作为热泵的驱动能源时，我们应注意到，在发电中，相当一部分一次能在电站以废热形式损失掉了，因此从能量观点来看，使用燃料发动机来驱动热泵更好，燃料发动机损失的热量大部分可以输入供热系统，这样可大大提高一次能源的利用程度。

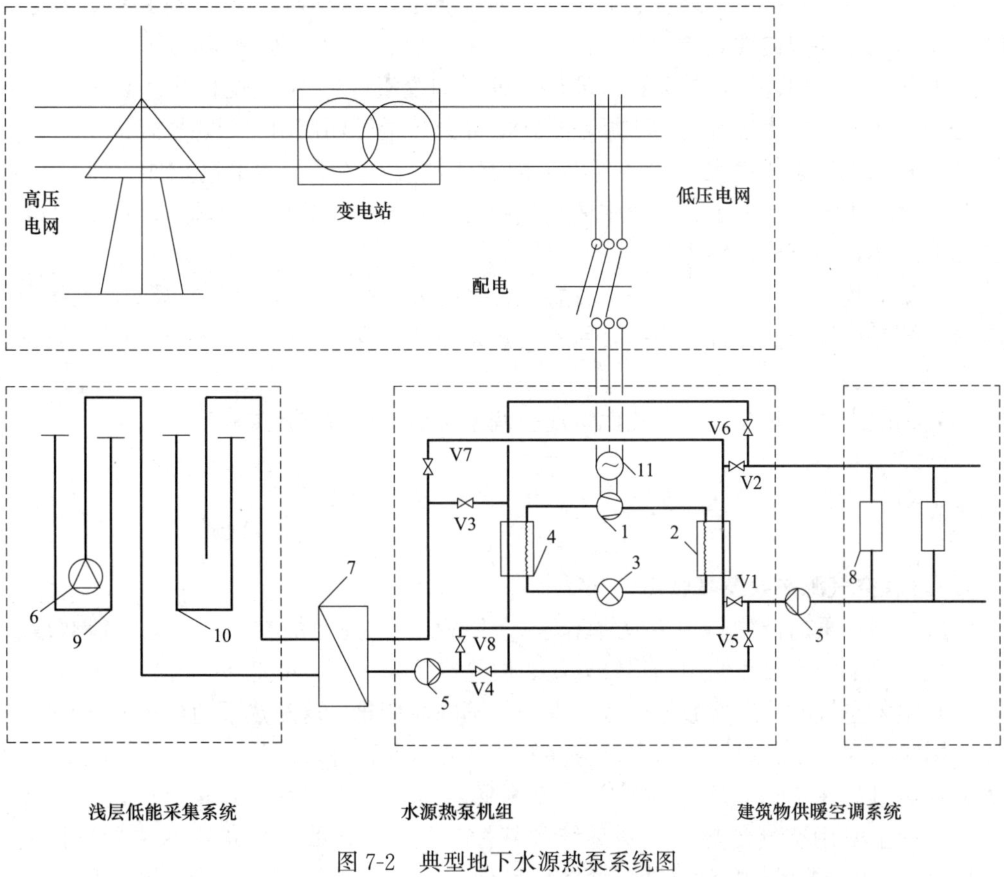

图 7-2 典型地下水源热泵系统图

1—制冷压缩机；2—冷凝器；3—节流机构；4—蒸发器；5—循环水泵；6—深井泵；7—板式换热器；8—热用户；9—抽水井；10—回灌井；11—电机；V1～V8—阀门

（4）热分配系统是指热泵的用热系统。热泵的应用十分广泛，可在工业中应用，也可在农业中应用，暖通空调更是热泵的理想用户。这是由于暖通空调用热品位不高，风机盘管系统要求60℃/50℃热水，地板辐射供暖系统一般要求低于50℃，甚至用30～40℃进水也能达到明显的供暖效果，这为提高热泵性能创造了条件。

7.1.2 热泵空调系统

热泵空调系统是热泵系统中应用最为广泛的一种系统。在空调工程实践中，常在空调系统的部分设备或全部设备中选用热泵装置。空调系统中选用热泵时，称其系统为热泵空调系统，或简称热泵系统，如图7-3所示。它与常规的空调系统相比，具有如下特点：

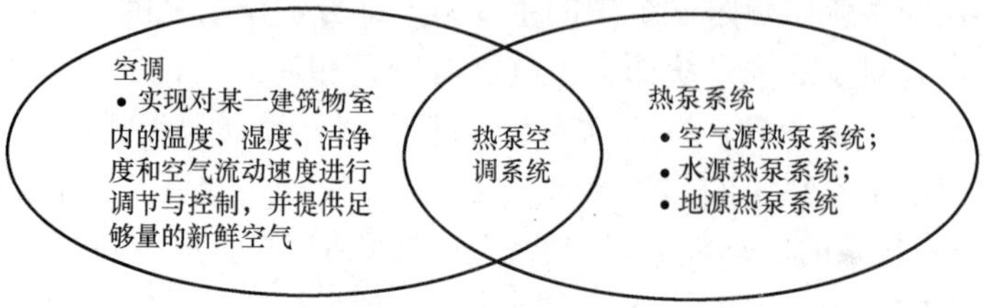

图7-3 热泵空调系统

(1) 热泵空调系统用能遵循了能级提升的用能原则，而避免了常规空调系统用能的单向性。所谓的用能单向性是指“热源消耗高位能（电、燃气、油和煤等）——向建筑物提供低温的热量——向环境排放废物（废热、废气和废渣等）”的用能模式。热泵空调系统用能是一种仿效自然生态过程物质循环模式的部分热量循环使用的用能模式。

(2) 热泵空调系统用大量的低温再生能替代常规空调系统中的高位能。通过热泵技术，将贮存在土壤、地下水、地表水或空气中的太阳能之类的自然能源，以及生活和生产排放出的废热，用于建筑物供暖和热水供应。

(3) 常规暖通空调系统除了采用直燃机的系统外，基本上分别设置热源和冷源，而热泵空调系统是冷源与热源合二为一，用一套热泵设备实现夏季供冷，冬季供暖，冷热源一体化，节省设备投资。

(4) 一般来说，热泵空调系统比常规空调系统更具有节能效果和环保效益。

7.2 空气源热泵系统

7.2.1 空气源热泵及其特点

空气作为热泵的低位热源，取之不尽，用之不竭，处处都有，可以无偿地获取，而且，空气源热泵的安装和使用都比较方便。但是空气作为热泵的低位热源也有缺点：

(1) 室外空气的状态参数随地区和季节的不同而变化，这对热泵的供热能力和制热性能系数影响很大。众所周知，当室外空气的温度降低时，空气源热泵的供热量减少，而建筑物的耗热量却在增加，这造成了空气源热泵供热量与建筑物耗热量之间的供需矛盾。图7-4表示了采用空气源热泵供暖系统的特性。图中AB线为建筑物耗热量特性曲线；CD线为空气源热泵供热特性曲线，两条线呈相反的变化趋势。其交点O称为平衡点，相对应的室外温度t_O称为平衡点温度。当室外温度为t_O时，热泵供热量与建筑物耗热量相平衡。当室外空气温度高于t_O时，热泵的供热量大于建筑物的耗热量，此时，可通过对热泵的能量调节来解决热泵供热量过剩的问题。当室外空气温度低于t_O时，热泵的供热量小于建筑物的耗热量，此时，可采用辅助热源来解决热泵供热量的不足。如在温度为 t_a 时，建筑物耗热量为 $Q_{h.f}$，热泵的供热量为 $Q_{h.e}$，辅助热源供热量为（$Q_{h.f}-Q_{h.e}$）。因此，优化全国各地平衡点温度，合理选取辅助热源及热泵的调节方式是空气源热泵空调设计中的重要问题。

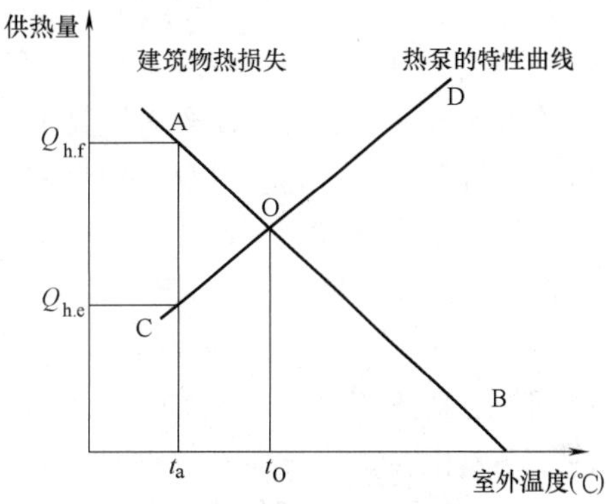

图 7-4 空气源热泵供热系统的特性

（2）冬季室外温度很低时，室外换热器中工质的蒸发温度也很低。当室外换热器表面温度低于周围空气的露点温度且低于 0℃时，换热器表面就会结霜。霜的形成使得换热器传热效果恶化，且增加了空气流动阻力，使得机组的供热能力降低，严重时机组会停止运行。结霜后热泵的制热性能系数下降，机组的可靠性降低；室外换热器热阻增加；空气流动阻力增加。

（3）空气的比热容小，要获得足够的热量时，需要较大的空气量。一般来说，从空气中每吸收 1kW 热能，所需要的空气流量约为 360m^3/h。同时由于风机风量的增大，使空气源热泵装置的噪声也增大。

7.2.2 空气源热泵在我国应用的适应性

我国疆域辽阔，其气候涵盖了寒、温、热带。按我国《建筑气候区划标准》GB 50178—1993，全国分为 7 个一级区和 20 个二级区。各一级区气候特点及地区位置列入表 7-1。与此相应，空气源热泵的设计与应用方式等，各地区都应有不同。

一级区区划指标 **表 7-1**

区名	主要指标	辅助指标	各区行政范围
Ⅰ	1 月平均气温＜－10℃； 7 月平均气温＜25℃； 7 月平均相对湿度＞50％	年降水量 200～800mm；年日平均气温＜5℃的日数＞145d	黑龙江、吉林全境；辽宁大部；内蒙古北部及山西、陕西、河北、北京北部的部分地区
Ⅱ	1 月平均气温－10～0℃； 7 月平均气温 18～28℃	年日平均气温＜5℃的日数 90～145d；年日平均气温＞25℃的日数＜80d	天津、山东、宁夏全境；北京、河北、山西、陕西大部；辽宁南部；甘肃中东部；河南、安徽、江苏北部的部分地区
Ⅲ	1 月平均气温 0～10℃； 7 月平均气温 25～30℃	年日平均气温＜5℃的日数 0～90d；年日平均气温＞25℃的日数 40～110d	上海、浙江、江西、湖北、湖南全境；江苏、安徽、四川大部；陕西、河南南部；贵州东部；福建、广东、广西北部及甘肃南部的部分地区
Ⅳ	1 月平均气温＞10℃； 7 月平均气温 25～29℃	年日平均气温＞25℃的日数 100～200d	海南、台湾全境；福建南部；广东、广西大部；云南西南部的部分地区
Ⅴ	1 月平均气温 0～13℃； 7 月平均气温 18～25℃	年日平均气温＜5℃的日数 0～90d	云南大部；贵州、四川西南部；西藏南部一小部分地区
Ⅵ	1 月平均气温 0～－22℃； 7 月平均气温＜18℃	年日平均气温＜5℃的日数 90～285d	青海全境；西藏大部；四川西部；甘肃西南部；新疆南部部分地区
Ⅶ	1 月平均气温－5～－20℃； 7 月平均气温＞18℃； 7 月平均相对湿度＜50％	年降水量 10～600mm；年日平均气温＜5℃的日数 110～180d；年日平均气温＞25℃的日数＜120d	新疆大部；甘肃北部；内蒙古西部

(1) Ⅲ区属于我国夏热冬冷地区的范围。夏热冬冷地区的气候特征是夏季闷热，7月份平均地区气温25～30℃，年日平均气温大于25℃的日数为40～100d；冬季湿冷，1月平均气温0～10℃，年日平均气温小于5℃的日数为0～90d。气温的日较差较小，年降雨量大，日照偏小。这些地区的气候特点非常适合于应用空气源热泵。《民用建筑供暖通风与空气调节设计规范》GB 50736—2012中也指出夏热冬冷地区的中、小型建筑可用空气源热泵供冷、供暖。

近年来，随着我国国民经济的发展，这些地区是经济、文化较发达的地区，同时又是我国人口密集（城乡人口约为5.5亿）的地区。在这些地区的民用建筑中常要求夏季供冷、冬季供暖。因此，在这些地区选用空气源热泵（如热泵家用空调器、空气源热泵冷热水机组等）解决空调供冷、供暖问题是较为合适的选择。其应用愈来愈普遍，现已成为设计人员、业主的首选方案之一。

(2) Ⅴ区地区主要包括云南大部，贵州、四川西南部，西藏南部一小部分地区。这些地区1月平均气温0～13℃，年日平均气温小于5℃的日数0～90d。在这样的气候条件下，过去一般建筑物不设置供暖设备。但是，近年来随着现代化建筑的发展和向小康生活水平迈进，人们对居住和工作建筑环境要求愈来愈高，因此，这些地区的现代建筑和高级公寓等建筑也开始设置供暖系统。因此，在这种气候条件下，选用空气源热泵系统是非常合适的。

(3) 传统的空气源热泵机组在室外空气温度高于－3℃的情况下，均能安全可靠地运行。因此，空气源热泵机组的应用范围早已由长江流域北扩至黄河流域，即已进入气候区划标准Ⅱ区的部分地区内。这些地区气候特点是冬季气温较低，1月平均气温为－10～0℃，但是在供暖期里气温高于－3℃的时间却占很大的比例，而气温低于－3℃的时间多出现在夜间。因此，在这些地区以白天运行为主的建筑（如办公楼、商场、银行等）选用空气源热泵，其运行是可行且可靠的。另外这些地区冬季气候干燥，最冷月室外相对湿度在45%～65%左右，因此，选用空气源热泵其结霜现象又不太严重。

7.2.3 空气源热泵在寒冷地区应用与发展中的关键技术

我国寒冷地区冬季气温较低，而气候干燥。供暖室外计算温度基本在－5～－15℃，最冷月平均室外相对湿度基本在45%～65%之间。在这些地区选用空气源热泵，其结霜现象不太严重。因此说，结霜问题不是这些地区冬季使用空气源热泵的最大障碍。但却存在下列一些制约空气源热泵在寒冷地区应用的问题。

(1) 当需要的热量比较大的时候，空气源热泵的制热量不足。

建筑物的热负荷随着室外气温的降低而增加，而空气源热泵的制热量却随着室外气温的降低而减少。这是因为空气源热泵当冷凝温度不变时（如供50℃热水不变），室外气温的降低，使其蒸发温度也降低，引起吸气比容变大；同时，由于压力比的变大，使压缩机的容积效率降低，因此，空气源热泵在低温工况下运行时比在中温工况下运行时的制冷剂质量流量要小。此外，空气源热泵在低温工况下的单位质量供热量也变小。基于上述原因，空气源热泵在寒冷地区应用时，机组的供热量将会急剧下降。

(2) 空气源热泵在寒冷地区应用的可靠性差。

1) 空气源热泵在保证供一定温度热水时，由于室外温度低，必然会引起压缩机压力比变大，使空气源热泵机组无法正常运行。

2）由于室外气温低，会出现压缩机排气温度过高，而使机组无法正常运行。

3）会出现失油问题。引起失油问题的具体原因：一是吸气管回油困难；二是在低温工况下，使得大量的润滑油积存在气液分离器内而造成压缩机的缺油；三是润滑油在低温下黏度增加，引起启动时失油，可能会降低润滑效果。

4）润滑油在低温下，其黏度变大，会在毛细管等节流装置里形成"腊"状膜或油"弹"，引起毛细管不畅，而影响空气源热泵的正常运行。

5）由于蒸发温度越来越低，制冷剂质量流量也会越来越小，这样对半封闭压缩机或全封闭压缩机的电机冷却不足而出现电机过热，甚至烧毁电机。

（3）在低温环境下，空气源热泵的能效比（*EER*）会急速下降。

文献指出，当供水温度为45℃和50℃，室外气温降至0℃以下时，常规的空气源热泵机组的制热能效比 *EER* 已经降到很低。如室外气温为－5℃，供50℃热水时，实验样机的 *EER* 已降低至1.5。

为解决上述问题，出现了双级耦合热泵系统（图7-5）。用空气源热泵冷热水机组制备10～20℃低温水，通过水环路送至室内各个水-空气热泵机组中，水-空气热泵再从水中汲取热量，直接加热室内空气，以达到供暖目的。为了提高该系统的节能和环保效益，又提出单、双级混合式热泵供暖系统。该系统克服了双级耦合热泵系统在整个供暖期内，不管室外气温多高，都按双级运行的问题。在供暖期内，只有室外气温低，无法单级运行时，再按双级运行。系统的主要特点有：

1）与传统的供暖模式相比，它是一种仿效自然生态过程物质循环模式的部分热量循环的供暖模式。传统的供暖模式是一种"热源消耗高位能、向建筑物室内提供低温的热量、向环境排放废物（如废热、废气、废渣等）"的单向性的供热模式。随着人们生活水平的提高，人们对居住供暖的要求愈来愈高，使建筑物能耗急剧增长，也愈来愈严重地造成了对环境的污染。因此，人们开始认识到现有的这种单向性的供暖模式在21世纪已无法持续下去，而应当研究替代它的新系统。图7-5就是一种较为理想的替代系统。

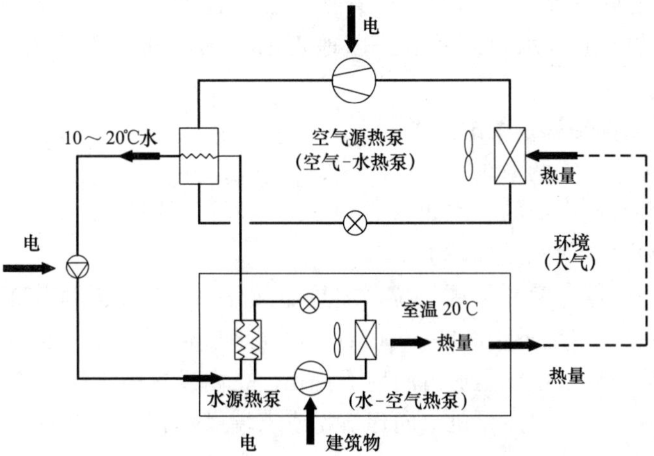

图7-5 双级耦合热泵供暖系统示意图

2）建筑热损失散失到室外大气中，又作为空气源热泵的低温热源使用。这样，可以使建筑供暖节约了部分高位能，同时也不会使城市中的室外大气温度降低得比市郊区的温度还低，从而减轻建筑物排热对环境的影响。

3）系统通过一个水循环系统将两套单级压缩热泵系统有机耦合在一起，构成一个新型的双级耦合热泵系统。通常可由空气-水热泵＋水-空气热泵或空气-水热泵＋水-水热泵组成。若前者系统中水-空气热泵还兼有回收建筑物内余热的作用时，又可将前者称为双级耦合水环热泵空调系统。

4）水-空气热泵直接加热室内空气与水-水热泵间接加热室内空气相比，可以减少热量在输送与转换过程中的损失。同时还可以省掉用户的供暖设备（如风机盘管或地板辐射供暖等）。

5）当室外环境温度较高时，系统双级运行要比单级运行消耗的电能多。为此，我们又提出由单、双级热泵混合供暖系统。当室外环境温度大于或等于切换温度时，系统按空气-水热泵单级运行，向用户提供45～50℃热水。当室外环境温度低于切换温度时，系统按空气-水＋水-水热泵的双级耦合方式运行。其切换温度是指空气-水热泵单级运行的能效比（EER）与空气-水＋水-水的双级耦合热泵运行的能效比相等时所对应的室外空气温度。

另外，还可从热泵机组的部件与循环上，采取改善空气源热泵低温运行特性的技术措施和适用于寒冷气候的热泵循环。如：加大室外换热器面积、加大压缩机容量（多机并联、变频技术等）、喷液旁通循环、准二级压缩空气源热泵循环、两级压缩循环等。

7.3 地源热泵空调系统

地源热泵空调系统是一种通过输入少量的高位能，实现从浅层地能（土壤热能、地下水或地表水中的低位热能）向高位热能转移的空调系统，它包括了使用土壤、地下水和地表水作为低位热源（或热汇）的热泵空调系统，即以土壤为热源和热汇的热泵系统称之为土壤耦合热泵系统，也称地下埋管换热器地源热泵系统；以地下水为热源和热汇的热泵系统称之为地下水热泵系统；以地表水为热源和热汇的热泵系统称之为地表水热泵系统。

7.3.1 地源热泵空调系统的分类

（1）浅层地源热泵空调系统

浅层地源热泵空调系统的分类如图7-6所示，系统形式见表7-2。

（2）中深层地热能地源热泵系统

根据开发利用区域深度和热源品位，地热能又分为浅层地热能资源（地下1000m以内）、中层地热能资源（地下1000～5000m）、深层地热资源（地下5000m以深区域）。

中深层地热地源热泵系统是通过向地下打孔，孔内设置中深层换热器，从地下中深层岩土层取热，再通过机房内热泵机组向建筑物或末端供热，解决人们对供暖、热水供应的能源需求。

中深层地埋管换热器常见的两种形式为同轴套管式和U形管式。U形管式深埋管具有深层水平连接管，且埋管处于高温岩土区，埋管单位延米换热量一般较大，但钻井工艺复杂，成本较大。图7-7中（a）为同轴套管式深埋管，（b）为U形管式深埋管。

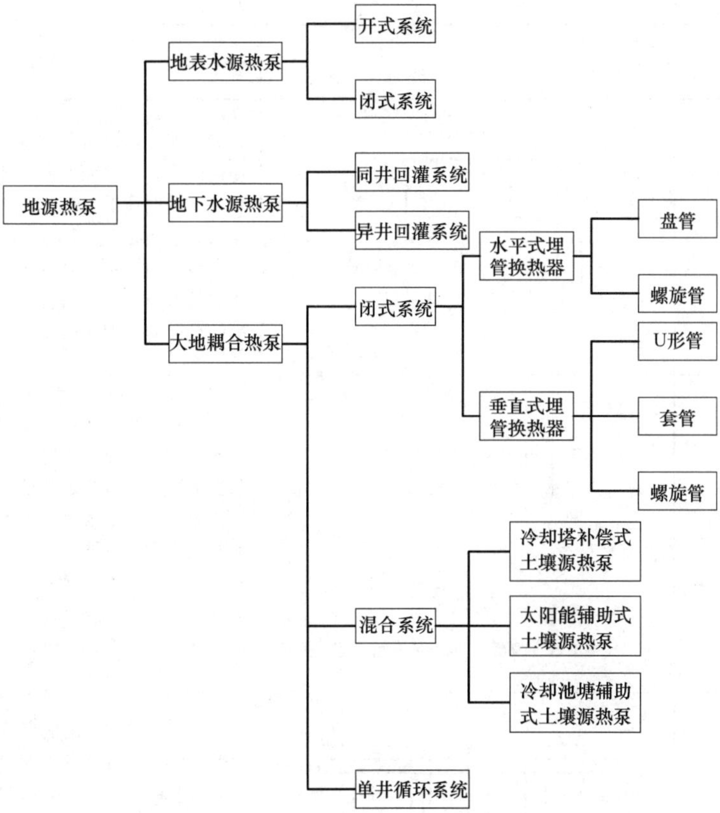

图 7-6　浅层地源热泵的分类

浅层地源热泵系统形式　　**表 7-2**

热泵形式	系统名称	图式	说明
地表水源热泵	闭式环路系统	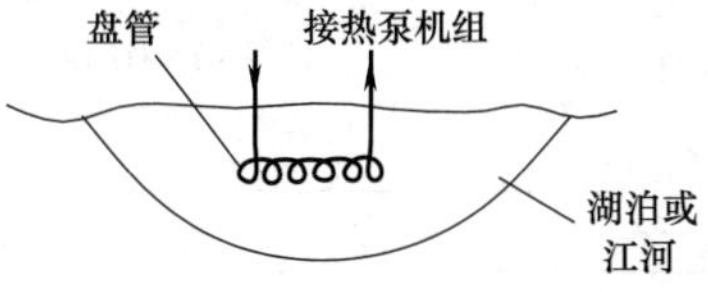	将盘管直接置于水中，通常盘管有两种形式，一是松散捆卷盘管，即从紧密运输捆卷拆散盘管，重新卸成松散捆卷，并加重物；二是伸展开盘管或“Slinky”盘管
	开式环路系统	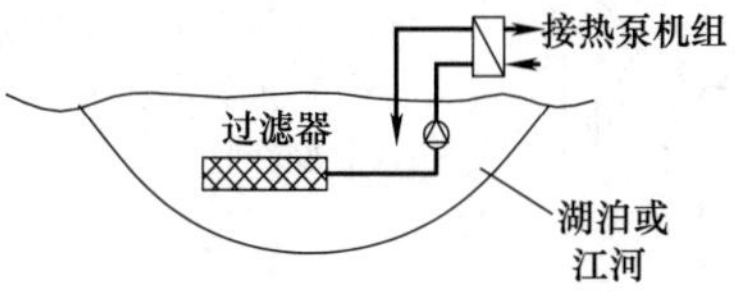	通过取水装置直接将湖水或河水送至换热器与热泵低温水进行热交换，释热后的湖水或河水直接返回湖或河内，但注意不要与取水短路
地下水源热泵	同井回灌	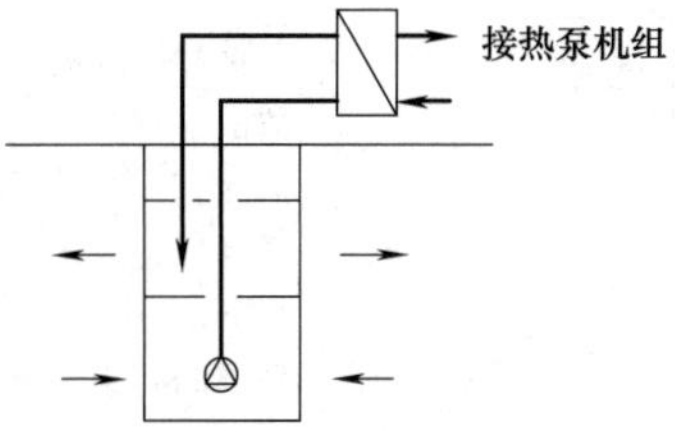	同井回灌热泵技术是我国发明的新技术。取水和回灌水在同一口井内进行，通过隔板把井分成两部分，一部分是低压（吸水）区，另一部分是高压（回水）区。当潜水泵运行时，地下水被抽至井口换热器中，与热泵低温水换热，地下水释放热量后，再由同井返回到回灌区

续表

热泵形式	系统名称	图式	说明
地下水源热泵	异井回灌	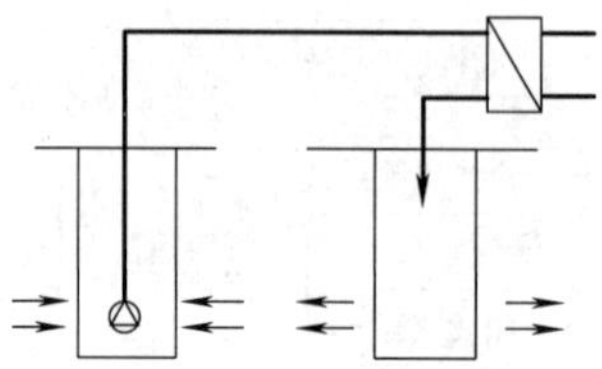	异井回灌热泵技术是地下水源热泵最早的应用形式。取水和回水在不同的井内进行，从一口抽取地下水，送至井口换热器中，与热泵低温水换热，地下水释放热量后，再从其他的回灌井内回到同一地下含水层中。若地下水水质好，地下水可直接进入热泵，然后再由另一口回灌井回灌回去
土壤耦合热泵	水平式埋管换热器	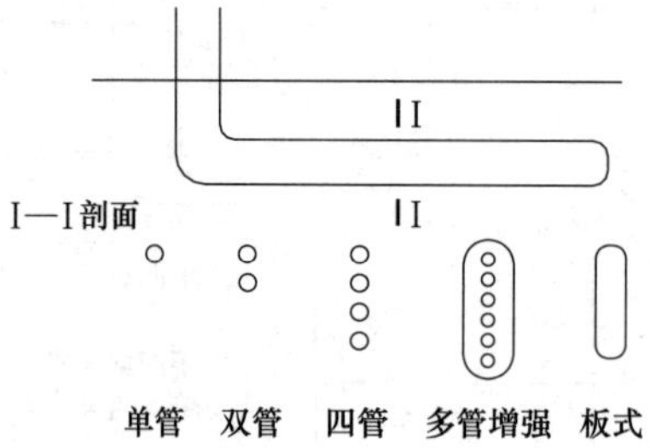	水平式埋管换热器在水平沟内敷设，埋深1.2～3.0m。每条沟埋1～6根管子。管沟长度取决于土壤状态和管沟内管子数量与长度。根据埋管形式可分为水平管换热器和螺旋管换热器（埋管在水平沟内呈螺旋状敷设）。一般来说，水平式埋管换热器的成本低、安装灵活，但它占地面积大。因此，一般用于地表面积充裕的场合
	垂直式埋管换热器　单竖井、单U形管	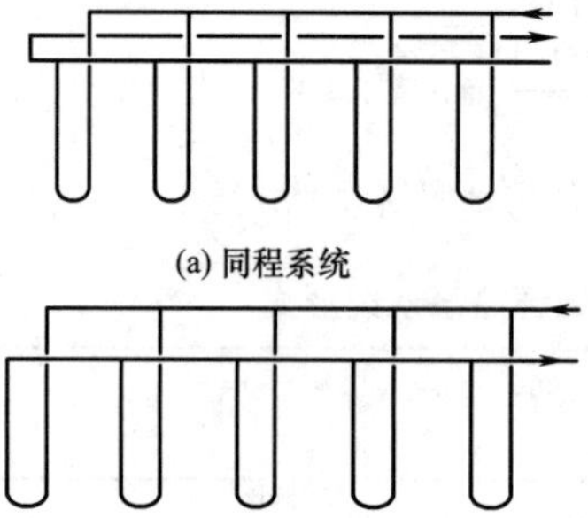 (a) 同程系统 (b) 异程系统	垂直式埋管换热器的埋管形式有U形管、套管和螺旋管等。垂直埋深分浅埋和深埋两种，浅埋埋深为8～10m，深埋埋深为33～180m，一般埋深为23～92m。它与水平式埋管换热器相比，所需的管材较少，流动阻力损失小，土壤温度不易受季节变化的影响，所需的地表面积小，因此，一般用于地表面积受限制的场合。 图(a)是较为普遍的一种形式，每个竖井布置一根U形管，各U形管并联在环路集管上，环路采用同程系统。图(b)环路采用异程系统
	双竖井、单U形管	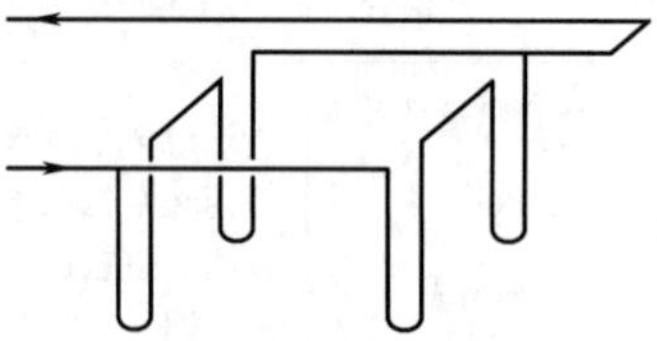	每个竖井内布置一根U形管，由两个竖井U形管串联组成一个小环路，各个小环路并联在环路集管上
单井循环系统		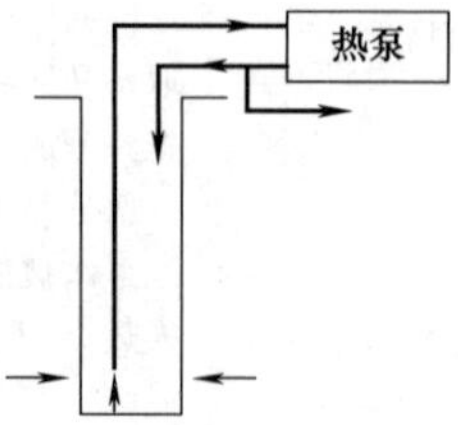	单井循环系统是土壤源热泵同轴套管换热器的一种变形。相对于土壤源热泵套管换热器而言，取消了套管的外管，水直接在井孔内循环，与井壁岩土进行热交换。井孔直径为150mm，井深152.5～457.5m，井与井之间理想的间距15～23m

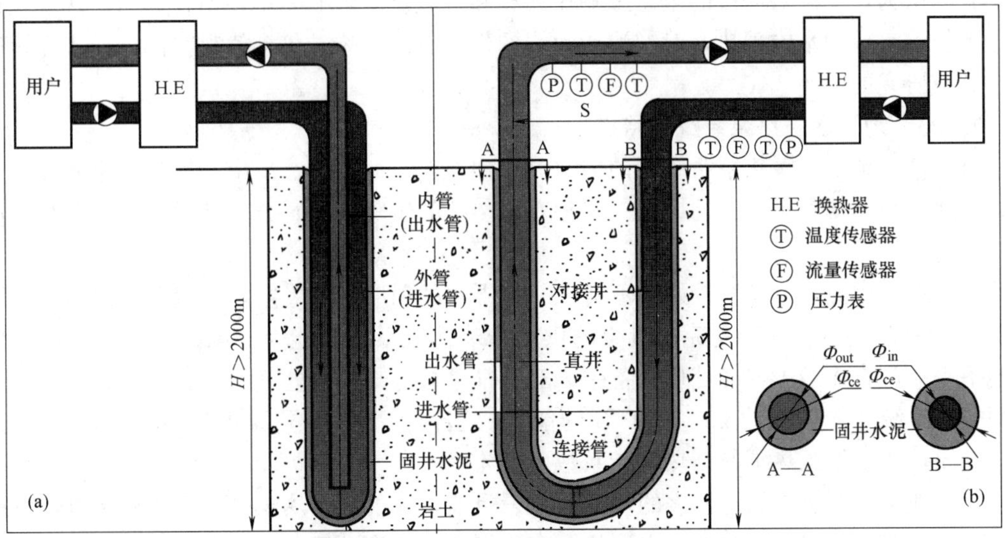

图 7-7 两种常见的中深层地埋管换热系统的埋管形式

(a) 同轴套管式深埋管；(b) U 形管式深埋管

7.3.2 地表水源热泵的特点

(1) 地表水的温度变化比地下水的水温、大地埋管换热器出水水温的变化大，其变化主要体现在：

1) 地表水的水温随着全年各个季度的不同而变化。

2) 地表水的水温随着湖泊、池塘水深度的不同而变化。

因此，地表水源热泵的一些特点与空气源热泵相似。例如冬季要求热负荷最大时，对应的蒸发温度最低，而夏季要求供冷负荷最大时，对应的冷凝温度最高。又如，地表水源热泵空调系统也应设置辅助热源（燃气锅炉、燃油锅炉等）。

(2) 地表水是一种很容易采用的低位能源。因此，对于同一栋建筑物，选用开式地表水热泵空调系统的费用是地源热泵空调系统中最低的。而选用闭式地表水源热泵空调系统也比土壤耦合热泵空调系统费用低。

(3) 闭式地表水源热泵系统相对于开式地表水热泵系统，具有如下特点：

1) 闭式环路内的循环介质（水或添加防冻剂的水溶液）清洁，避免了系统内的堵塞现象。

2) 闭式环路系统中的循环水泵只需克服系统的流动阻力。

3) 由于闭式环路内的循环介质与地表水之间换热的要求，循环介质的温度一般要比地表水的水温度低 2～7℃，由此将会引起水源热泵机组的性能降低。

(4) 要注意和防止地表水源热泵系统的腐蚀、生长藻类等问题，以避免频繁的清洗而造成系统运行的中断和较高的清洗费用。

(5) 地表水源热泵系统的性能系数较高。

(6) 冬季地表水的温度会显著下降，因此，地表水源热泵系统在冬季可考虑能增加地表水的水量。

(7) 出于生物学方面的原因，常要求地表水源热泵的排水温度不低于 2℃。但湖沼生物学家们认为，水温对河流的生态影响比光线和含氧量的影响要小。不管如何，热泵长期不停地从河水或湖水中采热，对湖泊或河流的生态有何影响，仍是值得我们进一步在运行中注意与研究的问题。

7.3.3 地下水源热泵系统的特点

近年来，地下水源热泵系统在国内北方一些地区，如山东、河南、辽宁、黑龙江、北京、河北等地，得到了广泛的应用。它相对于传统的供暖（冷）方式及空气源热泵具有如下的特点：

（1）地下水源热泵具有较好的节能性。地下水的温度相当稳定，一般比当地全年平均气温高1～2℃左右。冬暖夏凉，机组的供热季节性能系数和能效比高。同时，温度较低的地下水，可直接用于空气处理设备中，对空气进行冷却除湿处理而节省冷量。相对于空气源热泵系统，能够节约23%～44%的能量。国内地下水源热泵的制热性能系数可达3.5～4.4，比空气源热泵的制热性能系数要高40%。

（2）地下水源热泵具有显著的环保效益。目前，地下水源热泵的驱动能源是电，电能是一种清洁能源。因此，在地下水源热泵应用场合无污染。只是在发电时，消耗一次能源而导致电厂附近的污染和二氧化碳温室性气体的排放。但是由于地下水源热泵的节能性，也使电厂附近的污染减弱。

（3）地下水源热泵具有良好的经济性。美国127个地下水源热泵的实测表明，地下水源热泵相对于传统供暖、空调方式，运行费用节约18%～54%。一般来说，对于浅井(60m)的地下水源热泵不论容量大小，都是经济的；而安装容量大于528kW时，井深在180～240m范围时，地下水源热泵也是经济的，这也是大型地下水源热泵应用较多的原因。地下水源热泵的维护费用虽然高于土壤耦合热泵，但与传统的冷水机组加燃气锅炉相比还是低的。国内的地下水源热泵工程也说明：根据北京市统计局信息咨询中心对采用地下水源热泵技术的11个项目的冬季运行分析报告，在供暖的同时，还供冷、供热水、新风的情况下，单位面积费用支出9.48～28.85元/m^2不等，63%的项目低于燃煤集中供热的供暖价格，全部被调查项目均低于燃油、燃气和电锅炉供暖价格。据初步计算，使用地下水源热泵技术，投资增量回收期约为4～10年。

（4）地下水源热泵能够减少高峰需电量，这对于减少峰谷差有积极意义。当室外气温处于极端状态时，用户对能源的需求量亦处于高峰期，而此时空气源热泵、地表水源热泵的效率最低，地下水源热泵却不受室外气温的影响。因此，在室外气温最低时，地下水源热泵能减少高峰需电量。

（5）回灌是地下水源热泵的关键技术。在面临地下水资源严重短缺的今天，如果地下水源热泵的回灌技术有问题，不能将100%的井水回灌回含水层内，将带来一系列的生态环境问题，地下水位下降、含水层疏干、地面下沉、河道断流等，会使已不乐观的地下水资源状况雪上加霜。为此地下水源热泵系统必须具备可靠回灌措施，保证地下水能100%地回灌到同一含水层内。

目前，国内地下水源热泵系统有两种类型：同井回灌系统和异井回灌系统。同井回灌系统是2001年我国提出的一种具有自主知识产权的新技术。它与传统的地下水源热泵相比，具有如下特点：

（1）在相同供热量情况下，虽然所需的井水量相同，但水井数量至少减少一半，故所占场地更少，节省初投资。

（2）采用压力回水改善回灌条件。同井回灌系统采取井中加装隔板的技术措施来提高回灌压力，即使两个区（抽水区和回灌区）之间的压差大约是 0.1MPa，也可以使回灌水通畅返回地下。

（3）同井回灌热泵系统不仅采集了地下水中的热能，而且采集了含水层固体骨架、相邻的顶、底板岩土层中的热量和土壤的季节蓄能。

（4）同井回灌热泵系统也存在热贯通的可能性。在同一含水层中的同井回灌地下水源热泵的回水一部分经过渗透进入抽水部分是不可避免的，但这种掺混的程度与含水层参数、井结构参数和设计运行工况等有关。

7.3.4 土壤耦合热泵系统的特点

与空气源热泵相比，土壤耦合热泵系统具有如下优点：

（1）土壤温度全年波动较小且数值相对稳定，热泵机组的季节性能系数具有恒温热源热泵的特性，这种温度特性使土壤耦合热泵比传统的空调运行效率要高 40%～60%，节能效果明显。

（2）土壤具有良好的蓄热性能，冬季、夏季从土壤中取出（或放入）的能量可以分别在夏、冬季得到自然补偿。

（3）室外气温处于极端状态时，用户对能源的需求量一般也处于高峰期，由于土壤温度相对地面空气温度的延迟和衰减效应，因此和空气源热泵相比，它可以提供较低的冷凝温度和较高的蒸发温度，从而在耗电相同的条件下，可以提高夏季的供冷量和冬季的供热量。

（4）地下埋管换热器无需除霜，没有结霜与融霜的能耗损失，节省了空气源热泵的结霜、融霜所消耗的 3%～30%的能耗。

（5）地下埋管换热器在地下吸热与放热，减少了空调系统对地面空气的热、噪声污染。同时，与空气源热泵相比，相对减少了 40%以上的污染物排放量。与电供暖相比，相对减少了 70%以上的污染物排放量。

（6）运行费用低。据世界环境保护组织 EPA 估计，设计安装良好的土壤耦合热泵系统平均来说，可以节约用户 30%～40%的供热制冷空调的运行费用。

但从目前国内外对土壤耦合热泵的研究及实际使用情况来看，土壤耦合热泵系统也存在一些缺点，主要有：

（1）地下埋管换热器的供热性能受土壤性质影响较大，长期连续运行时，热泵的冷凝温度或蒸发温度受土壤温度变化的影响而发生波动。

（2）土壤的导热系数小而使埋管换热器的持续吸热率仅为 20～40W/m，一般吸热率为 25W/m 左右。因此，当换热量较大时，埋管换热器的占地面积较大。

（3）地下埋管换热器的换热性能受土壤的热物性参数的影响较大。计算表明，传递相同的热量所需传热管管长在潮湿土壤中为干燥土壤中的 1/3，在胶状土中仅为干燥土壤的 1/10。

（4）初投资较高，仅地下埋管换热器的投资约占系统投资的 20%～30%。

7.3.5 中深层地热热泵系统的特点

中深层地热热泵系统具有系统工艺先进、寿命长、稳定安全可靠、普遍适用、循环持续、高效节能、运行费用低等特征。目前国外并无中深层地热供热实际应用项目，国内中深层地热供热技术正处于发展初期，工程实际案例相对较少，不同项目设计和实施做法差异较大。

部分项目设计方案存在一定不合理因素，往往造成系统运行不经济，更有甚者，个别项目因设计不合理直接导致系统不能正常运行。由于缺乏科学统一的理论方法，在设计中，钻孔深度、孔间距等关键因素往往参照工程经验来确定，缺乏合理依据，同时由于缺少相关的计算工具，不能进行合理设计和分析。对于中深层地热供热系统初始投资较大，盲目参照工程经验的方法将更加不可靠而且欠妥当。由于国内中深层地热供热技术缺少相应的标准指导和工具，限制了中深层地热供热系统的应用和推广[2,3]。目前我国地源热泵系统工程技术规范已修订完成，为今后中深层地热热泵系统应用提供了指导，规范中有如下规定：

(1) 深埋管换热系统工程实施前应进行拟开采区域及周边地热地质状况调查，调查内容应包括拟开采区域的地层构造、主要热储类型及分布、岩土体热导率、施工场地工程地质条件及地质灾害分布特征等。

(2) 深埋管换热系统设计前，应根据地热地质条件及工程勘察结果评估地埋管换热系统实施的技术可行性、经济性和风险性。

(3) 中深层地热换热器的埋管形式应根据可使用地面面积、岩土结构、岩土竖向温度分布、钻井成本等因素综合确定，宜优先采用同轴套管形式。

(4) 深埋管换热器位置宜靠近机房，远离水井及室外排水设施，若有多个钻井，宜以机房为中心进行布置。

7.4 污水源热泵系统

污水源热泵是水源热泵的一种。众所周知，水源热泵的优点是水的热容量大，设备传热性能好，所以换热设备较紧凑；水温的变化较室外空气温度的变化要小，因而污水源热泵的运行工况比空气源热泵的运行工况要稳定。处理后的污水是一种优良的引人注目的低温余热源，是水-水热泵或水-空气热泵的理想低温热源。

7.4.1 污水源热泵的形式

污水源热泵形式繁多，根据热泵是否直接从污水中取热量，可分为直接式和间接式两种。所谓的间接式污水源热泵是指热泵低位热源环路与污水热量抽取环路之间设有中间换热器，或热泵低位热源环路通过水/污水浸没式换热器在污水池中直接吸取污水中的热量。而直接式污水源是城市污水可以直接通过热泵或热泵的蒸发器直接设置在污水池中，通过制冷剂汽化吸取污水中的热量。二者相比，各具有以下特点：

(1) 间接式污水源热泵相对于直接式运行条件要好，一般来说没有堵塞、腐蚀、繁殖微生物的可能性，但是中间水/污水换热器应具有防堵塞、防腐蚀、防繁殖微生物等功能。

(2) 间接式污水源热泵相对于直接式而言，系统复杂且设备（换热器、水泵等）多，因此，间接式系统的造价要高于直接式。

(3) 在同样的污水温度条件下，直接式污水源热泵的蒸发温度要比间接式高 2～3℃，因此在供热能力相同情况下，直接式污水源热泵要比间接式节能 7%左右。

另外，要针对污水水质的特点，设计和优化污水源热泵的污水/制冷剂换热器的构造，其换热器应具有防堵塞、防腐蚀、防繁殖微生物等功能，通常采用水平管（或板式）淋激式、或浸没式换热器、或污水干管组合式换热器。由于换热设备的不同，可组合成多种污水源热泵形式，如图 7-8 所示。

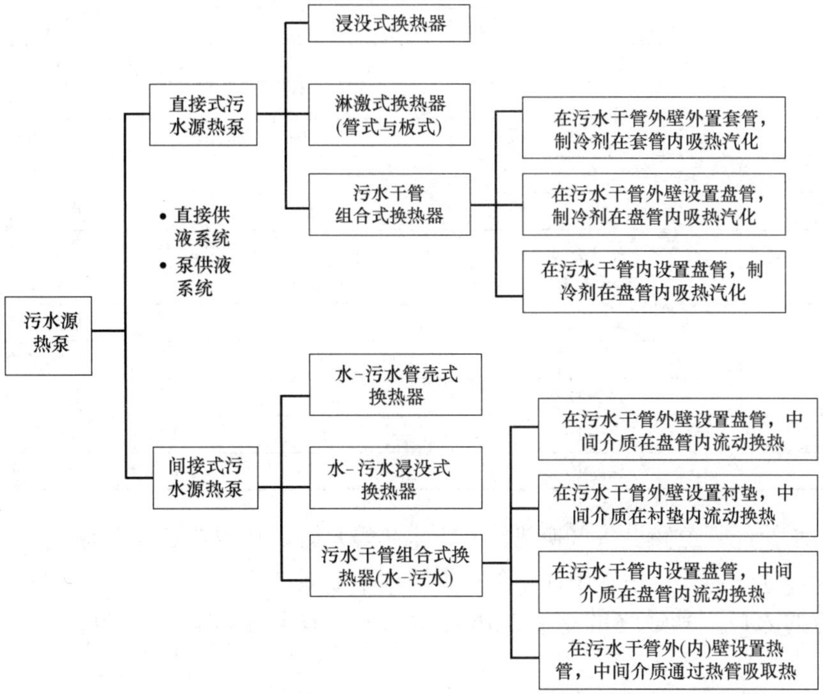

图 7-8 污水源热泵形式框图

7.4.2 污水的特殊性及对污水源热泵的影响

我国主要城市污水水温见表 7-3。城市污水由生活污水和工业废水组成，它的成分是极其复杂的。生活污水是城市居民日常生活中产生的污水，常含有较高的有机物（如淀粉、蛋白质、油脂等）、大量柔性纤维状杂物与发絮、柔性漂浮物和微尺度悬浮物等。一般来说，生活污水的水质很差，污水中不同尺度的悬浮物和溶解性化合物的含量达到 1%以上。工业废水是各工厂企业生产工艺过程中产生的废水，由于生产企业（如药厂、化工厂、印刷厂、啤酒厂等）的不同，其生产过程产生的废水水质也各不相同。一般来说，工业废水中含有金属及无机化合物、油类、有机污染物等成分，同时工业废水的 pH 偏离 7，具有一定的酸碱度。正因为污水的这些特殊问题，常使污水源热泵出现下列问题：

我国主要城市污水水温 **表 7-3**

城市	夏季污水温度(℃)	冬季污水温度(℃)	所在热工分区
北京	25～26	13～15	寒冷地区
上海	21	12	夏热冬冷地区
哈尔滨	21	10	严寒地区
长春	21	10	严寒地区

续表

城市	夏季污水温度(℃)	冬季污水温度(℃)	所在热工分区
沈阳	21	12	严寒地区
乌鲁木齐	19～21	12～15	严寒地区
兰州	24～25	14	寒冷地区
西安	25	13	寒冷地区
太原	26	15	寒冷地区
石家庄	26	15	寒冷地区
济南	22～26	13～16	寒冷地区
郑州	23～27	12～15	寒冷地区
成都	27	16	夏热冬冷地区
重庆	22～25	15	夏热冬冷地区
武汉	不低于10	不超过30	夏热冬冷地区
南京	13.5～17	22～25	夏热冬冷地区
长沙	13～17	22～25	夏热冬冷地区
厦门	14～19	22以上	夏热冬暖地区
福州	14～19	22以上	夏热冬暖地区
广州	14～19	22以上	夏热冬暖地区

（1）污水流经管道和设备（换热设备、水泵等）时，在换热表面上易发生积垢、微生物贴附生长形成生物膜、污水中油贴附在换热面上形成油膜、漂浮物和悬浮固形物等堵塞管道和设备的入口。其最终的结果是出现污水的流动阻塞和由于热阻的增加恶化传热过程。

（2）污水引起管道和设备的腐蚀问题，尤其是污水中的硫化氢使管道和设备腐蚀生锈。

（3）由于污水流动阻塞使换热设备流动阻力不断增大，引起污水量的不断减少，同时传热热阻的不断增大又引起传热系数的不断减小。基于此，污水源热泵运行稳定性差，其供热量随运行时间延长而衰减。

（4）由于污水的流动阻塞和换热量的衰减，使污水源热泵的运行管理和维修工作量大，例如，为了改善污水源热泵运行特性，换热面需要每日3～6次水力冲洗。污水流动过程中，流量呈周期性变化，周期为一个月，周期末对污水换热器进行高压反冲洗。也就是说每月需对换热器进行一次高压反冲洗。

7.4.3 污水源热泵站

污水水质的优劣是污水源热泵供暖系统成功与否的关键，因此要了解和掌握污水水质，应对污水做水质分析，以判断污水是否可作为低温热源。处理后污水中的悬浮物、油脂类、硫化氢等的含量均为原生污水的十分之一乃至几十分之一，因此，国内外一些污水源热泵常选用城市污水处理厂处理后的污水或城市中水设备制备的中水作为它的热源与热汇。而城市污水处理厂通常远离城市市区，这意味着热源与热汇远离热用户。因此，为了提高系统的经济性，常在远离市区的污水处理厂附近建立大型污水源热泵站。所谓的热泵站是指将大型热泵机组（单机容量在几兆瓦到30MW）集中布置在同一机房内，制备的热水通过城市管网向用户供热的热力站。

7.4.4 原生污水水源热泵设计中应注意的问题

城市污水干渠（污水干管）通常是通过整个市区，如果直接利用城市污水干渠中的原生污水作为污水源热泵的低温热源，这样虽然靠近热用户，节省输送热量的耗散，从而提高其系统的经济性，但是应注意以下几个问题：

（1）污水干渠取水设施如图 7-9 所示，取水设施中应设置适当的水处理装置。

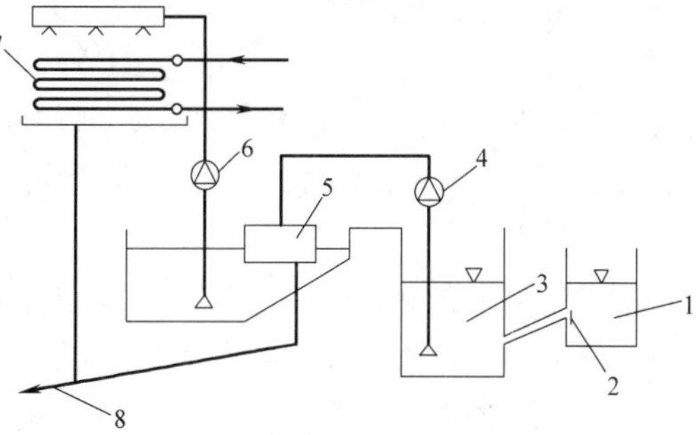

图 7-9 污水干渠取水设施

1—污水干渠；2—过滤网；3—蓄水池；4—污水泵；5—旋转式筛分器；6—已过滤污水水泵；7—污水/制冷剂换热器；8—回水和排水管

（2）应注意利用城市原生污水余热对后续水处理工艺的影响，若原生污水水温降低过大，将会影响市政曝气站的正常运行，这一点早在 1979 年英国 R.D. 希普编《热泵》一书中已明确指出：在牛津努菲尔德学院的一个小型热泵上，已对污水热量加以利用。由于污水处理要依靠污水具有一定的热量，若普遍利用这一热源，意味着污水处理工程中要外加热量，这是所不希望的。

（3）由初步的工程实测数据表明，清水与污水在同样的流速、管径条件下，污水流动阻力为清水的 2～4 倍。因此，在设计中对这点应充分注意到，要适当加大污水泵的扬程，采取技术措施适当减少污水流动阻力损失。

（4）文献［4］以哈尔滨某宾馆实际工程为对象，经 3 个月的现场测试，基于实测数据得到污水-水换热器总传热系数列入表 7-4 中。水-水换热器当管内流速为 1.0～2.5m/s、管外水流速为 1.0～2.5m/s 时，其传热系数为 1740～3490W/(m^2・K)，而此时污水-水换热器换热系数约为清水的 25%～50%。因此，在设计中要适当加大换热器面积，或采取技术措施强化其换热过程。

污水-水壳管式换热器总传热系数 **表 7-4**

工　况	1	2	3	4	5	6	7
污水供回水水温(℃)	10/6.8	14.2/10	14.8/7.2	14.0/8.5	11.5/8.5	14.2/8.1	14.0/8.9
清水供回水水温(℃)	6/3.2	9/6.4	6.8/4.5	7.6/4.7	8.0/5.0	8.3/6.1	9.0/7.4
管内污水流速(m/s)	2.78	2.4	1.72	1.47	1.14	1.0	0.87
总传热系数[W/(m^2・K)]	654	562	456	442	439	425	410

7.4.5 防堵塞与防腐蚀的技术措施

防堵塞与防腐蚀问题是污水源热泵空调系统设计、安装和运行中的重要的关键问题。其问题解决得好与坏，是污水源热泵空调系统成功与否的关键，通常采用的技术措施归纳为：

（1）由于二级出水和中水水质较好，在可能的条件下，宜选用二级出水或中水做污水源热泵的热源和热汇。

（2）在设计中，宜选用便于清污物的淋激式换热器和浸没式换热器，污水-水换热器宜采用浸没式换热器。经验表明：淋激式换热器的布水器的出口容易被污水中较大的颗粒堵塞，故设计中对布水器要做精心设计。

（3）在原生污水源热泵系统中要采取防堵塞的技术措施，通常采用：

1）在污水进入换热器之前，系统中应设有能自动工作的筛滤器，去除污水中的浮游性物质。目前常用的筛滤器有自动筛滤器、转动滚筒式筛滤器等。

2）在系统中的换热器中设置自动清洗装置，去除因溶解于污水中的各种污染物而沉积在管道内壁的污垢。目前常用胶球型自动清洗装置、钢刷型自动清洗装置等。

3）设有加热清洁系统，用外部热源制备热水来加热换热管，去除换热管内壁污物，其结果十分有效。

（4）在污水源热泵空调系统中，易造成腐蚀的设备主要是换热设备。目前污水源热泵空调系统中的换热管有：铜质传热管、钛质传热管、镀铝管材传热管和铝塑管传热管等。日本曾对铜、铜镍合金和钛等几种材质分别做污水浸泡试验，试验表明：以保留原有管壁厚度1/3作为使用寿命时，铜镍合金可使用3年，铜则只能使用1年半，而钛则无任何腐蚀。因此原生污水源热泵，宜选用钛质换热器和铝塑传热管。

（5）加强日常功能运行的维护保养工作是不可忽视的防堵塞、防腐蚀的措施。

7.5 水环热泵空调系统

所谓的水环热泵空调系统是指小型的水-空气热泵机组的一种应用方式，即用水环路将小型的水-空气热泵机组并联在一起，构成一个以回收建筑物内部余热为主要特点的热泵供暖、供冷的空调系统[5]。20世纪80年代初，我国在一些外商投资的建筑中采用了水环热泵空调系统，这些工程显示出了该类系统具有回收建筑物内余热、有利于环保等优点。因此，从20世纪90年代，水环热泵空调系统在我国得到了广泛的发展。

7.5.1 水环热泵空调系统的组成

图7-10给出典型的水环热泵空调系统原理图。由图可见，水环热泵空调系统由四部分组成：室内水源热泵机组（水-空气热泵机组），水循环环路，辅助设备（冷却塔、加热设备、蓄热装置等），新风与排风系统。

7.5.2 水环热泵空调系统的运行特点

根据空调场所的需要，水环热泵可能按供热工况运行，也可能按供冷工况运行。这样，水环路供、回水温度可能出现如图7-11所示的5种运行工况。

（1）夏季，各热泵机组都处于制冷工况，向环路中释放热量，冷却塔全部运行，将冷凝热量释放到大气中，使水温下降到35℃以下。

（2）大部分热泵机组制冷，使循环水温度上升，达到32℃时，部分循环水流经冷却塔。

（3）在一些大型建筑中，建筑内区往往有全年性冷负荷。因此，在过渡季，甚至冬季，当周边区的热负荷与内区的冷负荷比例适当时，排入水环路中的热量与从环路中提取的热量相当，水温维持在13～35℃范围内，冷却塔和辅助加热装置停止运行。由于从内区向周边区转移的热量不可能每时每刻都平衡，因此，系统中还设有蓄热容器，暂存多余的热量。

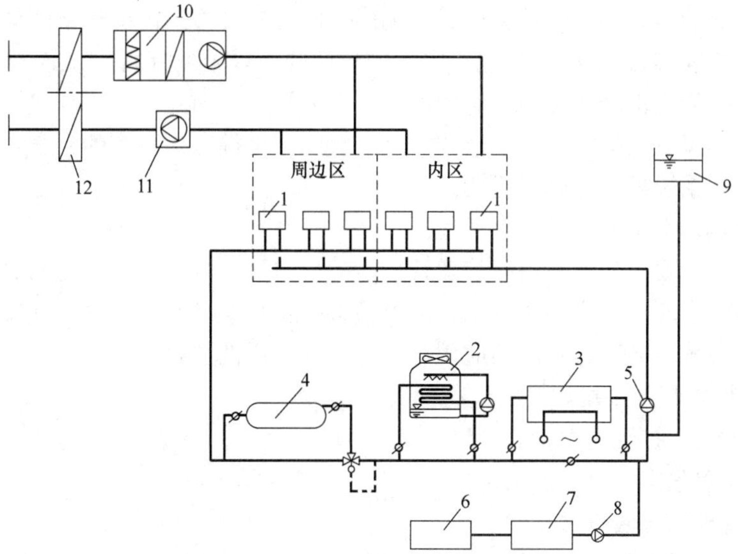

图 7-10 水环热泵空调系统原理图

1—水-空气热泵机组；2—闭式冷却塔；3—加热设备（如燃油、气、电锅炉）；4—蓄热容器；
5—水环路的循环水泵；6—水处理装置；7—补给水箱；8—补给水泵；
9—定压装置；10—新风机组；11—排风机组；12—热回收装置

（4）大部分机组制热，循环水温度下降，达到13℃时，投入部分辅助加热器。

（5）在冬季，可能所有的水源热泵机组均处于制热工况，从环路循环水中吸取热量，这时，全部辅助加热器投入运行，使循环水水温不低于13℃。

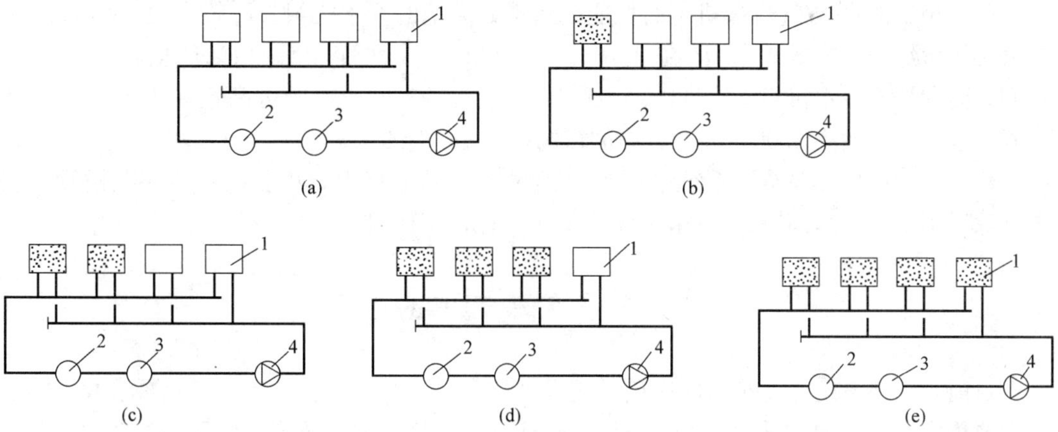

图 7-11 运行工况

（a）冷却塔全部运行；（b）冷却塔部分运行；（c）热收支平衡；（d）辅助热源部分运行；（e）辅助热源全部运行

1—水-空气热泵机组；2—冷却塔；3—辅助热源；4—循环泵

机组供暖；机组供冷

7.5.3 水环热泵空调系统的特点

（1）水环热泵空调系统具有回收建筑内余热的特有功能

对于有余热，大部分时间有同时供热与供冷要求的场合，采用水环热泵空调系统将会把能量从有余热的地方（如建筑物内区、朝南房间等）转移到需要热量的地方（如建筑物周边区、朝北房间等），实现了建筑物内部的热回收，以节约能源。从而相应地也带来了环保效益，不像传统供暖系统会对环境产生严重的污染。因此说，水环热泵空调系统是一种具有节能和环保意义的空调系统形式。这一特点正是推出该系统的初衷，也是该特点使得水环热泵空调系统得到推广与应用。

（2）水环热泵空调系统具有灵活性

随着建筑环境要求的不断提高和建筑功能的日益复杂，对空调系统的灵活性和性能的要求越来越高。水环热泵空调系统是一种灵活多变的空调系统，因此，它深受业主欢迎，在我国的空调领域将会得到广泛的应用与发展。其灵活性主要表现在：

1）室内水-空气热泵机组独立运行的灵活性。

2）系统的灵活扩展能力。

3）系统布置紧凑、简洁灵活。

4）运行管理的方便与灵活性。

5）调节的灵活性。

（3）水环热泵空调系统虽然水环路是双管系统，但与四管制风机盘管系统一样，可达到同时供冷供热的效果。

（4）设计简单、安装方便。水环热泵空调系统的组成简单，仅有水-空气热泵机组、水环路和少量的风管系统，没有制冷机房和复杂的冷水等系统，大大简化了设计，只要布置好水-空气热泵机组和计算水环路系统即可，设计周期短，一般只有常规空调系统的一半。而且水-空气热泵机组可在工厂里组装，现场没有制冷剂管路的安装，减小了工地的安装工作量，项目完工快。

（5）小型的水-空气热泵机组的性能系数不如大型的冷水机组，一般来说，小型的水-空气热泵机组制冷能效比 *EER* 在 2.76～4.16 之间，供热性能系数 *COP* 值在 3.3～5.0 之间。而螺杆式冷水机组制冷性能系数一般为 4.88～5.25，有的可高达 5.45～5.74。离心式冷水机组一般为 5.00～5.88，有的可高达 6.76。

（6）由于水环热泵空调系统采用单元式水-空气热泵机组，小型制冷压缩机设置在室内（除屋顶机组外），其噪声一般来说会高于风机盘管机组。

7.6　热泵在建筑中的应用

目前，热泵系统在建筑中的应用已越来越广泛。在 20 世纪 80 年代，热泵在我国的应用主要集中在经济相对发达、气候条件比较适宜应用热泵的大城市，而且一些新的热泵空调系统最早在这些城市开始应用。从 20 世纪 90 年代起，随着我国经济的发展，人民生活水平有了很大的提高，对室内环境的舒适程度也有更高的要求，这些因素促进了我国空调业的发展，同时热泵的形式及技术也有所发展，因此，热泵在我国的应用范围也不断扩大。进入 21 世纪，特别是“双碳”目标的提出人们更加注重能源的节约以及环境的保护，为热泵在我国的应用和发展再次提供了新的更大的空间，热泵应用范围几乎扩大到全国。

热泵空调系统在建筑中的应用见图 7-12，主要包括以热泵机组作为集中空调系统的冷热源和热泵型冷剂式空调系统。

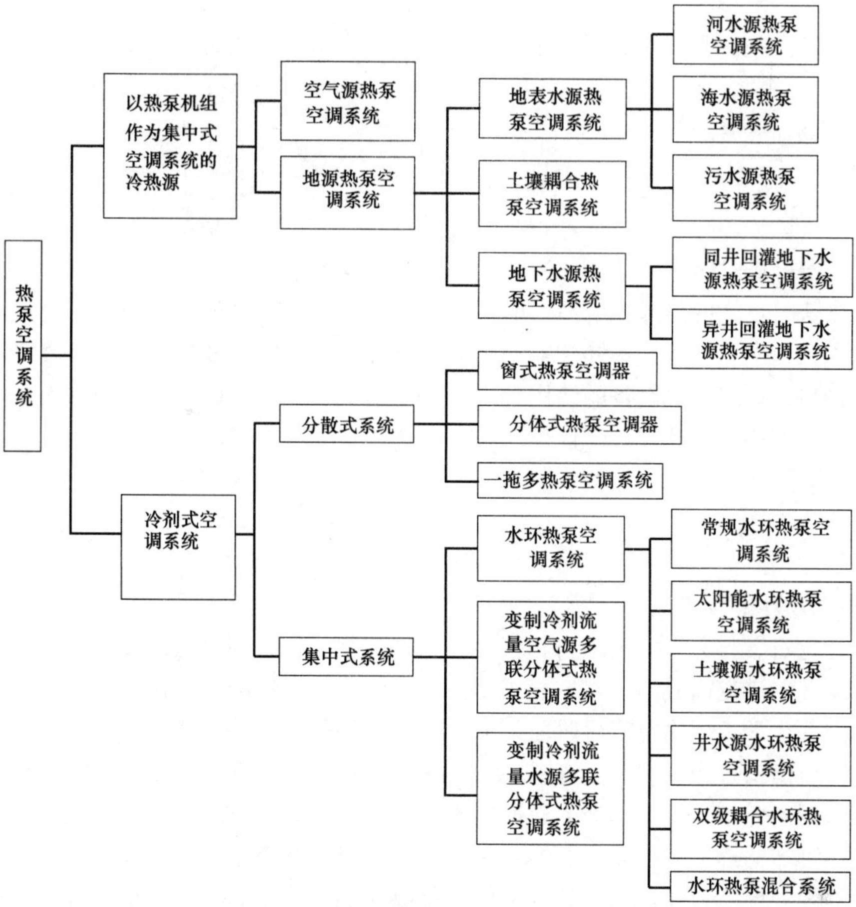

图 7-12　热泵空调系统在建筑中的应用

思考题与习题

7-1　给出热泵的定义，什么是热泵空调系统？

7-2　给出一实例，说明热泵系统的组成。

7-3　说明空气源热泵的主要特点及适合应用的场合。

7-4　空气源热泵在寒冷地区应用存在的主要问题是什么？如何解决？请给出合理的解决方案。

7-5　地源热泵系统主要包括哪几种？各有何特点？

7-6　给出污水源热泵系统的主要形式，实际应用中主要应考虑哪些问题？

7-7　什么是水环热泵空调系统？其适合应用在什么场合？

7-8　结合本章的学习，谈谈你对“煤改清洁能源”的看法。

本章参考文献

[1]　姚杨，姜益强，倪龙. 暖通空调热泵技术（第二版）[M]. 北京：中国建筑工业出版社，2019.

[2]　李骥，徐伟，李建峰. 中深层地埋管供热技术综述及工程实测分析 [J]. 暖通空调，2020，8.

[3]　邓杰文，魏庆芃，张辉. 中深层地热源热泵供暖系统能耗和能效实测分析 [J]. 暖通空调，2017，8.

[4]　吴荣华，孙德兴，张承虎. 热泵冷热源城市原生污水的流动阻塞与换热特性 [J]. 暖通空调，2005.

[5]　姚杨，姜益强，马最良. 水环热泵空调系统设计（第二版）[M]. 北京：化学工业出版社，2011.

[6]　龙惟定，武涌. 建筑节能技术 [M]. 北京：中国建筑工业出版社，2009.

第 8 章　燃料及燃烧计算

燃料是指燃烧时能产生热能和光能的物质。在本书 1.2 节中指出，建筑冷热源包括通过燃料燃烧获得热能的热源和消耗热能实现制冷的冷源。建筑冷热源中常用的燃料有天然气、柴油、煤、生物质等。不同燃料的组成和特性各不相同，其燃烧方式和燃烧设备也各不相同，并与建筑冷热源设备的结构形式、运行安全性和经济性有着密切的关系。本章将介绍各种常用燃料的特性和燃烧计算。

8.1　燃料的组成

8.1.1　燃料的种类

燃料有化石燃料、生物质燃料和核燃料三种类型。化石燃料是由埋藏于地层深处的古代动、植物残骸演变而成的。在地壳压力作用下，这些残骸经过漫长（几千万年以至亿万年）的物理、化学、生物等变化阶段，形成了不同种类与品种的燃料，如煤、天然气、石油等。生物质燃料是指由生物质组成或萃取的固体、液体或气体燃料，如玉米秸秆、麦秆、豆秆以及由此衍生的生物柴油、燃料乙醇、沼气等。将农林废弃物通过生物质转化技术生成的各种清洁燃料来替代化石燃料，可以减轻能源消费给环境造成的污染，并为永续发展提供动力和保障。在未来能源结构中，生物质能源将成为重要的组成部分。核燃料是指在核反应堆中通过核裂变和核聚变产生实用核能的材料，如铀 235、铀 233、铀 238、钚 239 等。核燃料用于核电或低温核供热，不属于本门课程范畴，因此本章只论述前两大类燃料。根据燃料的物态可将其分为以下三类：

固体燃料——煤（无烟煤、烟煤、褐煤、泥煤），油页岩，焦炭，木柴，玉米秸秆，麦秆，豆秆，木屑等。

液体燃料——原油，重油，轻柴油，重柴油，渣油，煤油，汽油，生物柴油，乙醇等。

气体燃料——天然气，煤制气（高炉煤气、发生炉煤气、焦炉煤气、水煤气），液化石油气，沼气等。

我国是世界上最大的煤炭生产国和消费国，2021 年煤炭消费量占一次能源消费总量的比重为 56%[1]。煤炭的使用导致大气环境质量下降。国务院 2013 年发布的“大气污染物防治计划”已明确指出要降低煤炭在一次能源结构中的比重，在地级及以上城市将限制煤炭的使用。2020 年基于中华民族永续发展和推动构建人类命运共同体的责任担当，宣布了碳达峰与碳中和的目标愿景。这一目标的实现势必会对能源结构调整产生重大影响。清洁能源和绿色可再生能源将在建筑能源供给中承担更大份额。

8.1.2　固体燃料的成分组成

8.1.2.1　煤的成分组成

煤是传统的能源形式，是由有机可燃质、不可燃无机矿物质（灰分）和水分组成的复杂混合物。它的主要成分是碳（C）、氢（H）、氧（O）、氮（N）、硫（S）、灰分（A）及水分（M），其中碳、氢和可燃硫是可燃成分。对各组成成分用相应的质量百分数表示，各成分质量百分数的总和为100，即

$$C+H+O+N+S+A+M=100 \tag{8-1}$$

碳（C）：碳是煤中的主要可燃元素，一般占煤成分的15%～85%。碳元素包括固定碳和挥发分中的碳，煤的埋藏年代愈久，含碳量也愈高，而氢、氧、氮的含量则愈低。碳的燃烧应注意两点：一是1kg纯碳完全燃烧生成二氧化碳（CO_2），可释放33727kJ热量，而1kg纯碳不完全燃烧生成一氧化碳（CO），仅释放9270kJ热量；二是纯碳不易着火燃烧。因此，含碳量愈高的煤，其着火和燃烧愈困难。

氢（H）：氢是组成有机物的重要元素之一，是燃料中单位发热量最高的元素。1kg氢的低位发热量是120370kJ，约为纯碳的3.6倍，但是它在煤中的含量不高，一般为2%～6%。一部分存在于有机物中，加热时形成氢原子，易与相近的碳原子一起断裂形成低分子烃类化合物，很容易着火和燃烧。

氧（O）和氮（N）：氧和氮是有机物中的不可燃成分。氧常与燃料中的氢或碳组成化合物，如CO_2、H_2O等，是一种不利元素。氧在各种煤中的含量差别很大，煤的地质年龄愈短，其含氧量愈高：无烟煤一般为1%～3%，而碳化程度最浅的泥煤可达40%。煤中的氮含量不多，约为0.5%～2%。氮和氧在高温下形成氮氧化物，是一种有害物质。

硫（S）：硫通常有三种形态，即有机硫、黄铁矿硫和硫酸盐硫，三者共称为全硫（S）。前两种均能燃烧并释放热量，故称可燃硫，而硫酸盐硫不参与燃烧，故并入灰分中。硫的发热量很低，1kg硫燃烧后生成9050kJ热量。硫燃烧生成SO_2和SO_3气体，与烟气中的水蒸气相遇生成亚硫酸和硫酸，腐蚀金属；排入大气会污染环境。因此，硫是煤中的有害元素。

灰分（A）：灰分是煤完全燃烧后生成的固态残余物的统称，即固态不可燃成分。各种燃料的灰分含量相差很大，煤的灰分含量一般在5%～35%，油页岩可达40%～60%。当管理不善时，商品煤的灰分将有所增大，特别是露天矿煤的灰分变化更大。灰分不仅降低发热量，影响着火及燃烧的稳定性，而且容易形成结渣、堵灰、磨损，影响锅炉运行的安全性和经济性。

水分（M）：水分也是煤中的不可燃成分。煤的水分含量一般为7%～15%，褐煤可达40%～60%。水分的增加，影响煤的着火和燃烧速度，增大烟气量，增加排烟热损失，加剧尾部受热面的腐蚀和堵灰。

8.1.2.2　生物质颗粒成分组成

适合建筑热源使用的生物质颗粒燃料是由秸秆、稻草、稻壳、花生壳、玉米芯、油茶壳、棉籽壳等以及“三剩物”经过加工产生的柱状环保新能源。生物质颗粒的直径一般为6～10mm。生物质成型燃料由可燃质、无机物和水分组成，主要含有碳（C）、氢（H）、氧（O）及少量的氮（N）、硫（S）等元素，并含有灰分和水分。

碳（C）：生物质成型燃料含碳量少（约为40%～45%），尤其固定碳的含量低，易于燃烧。

氢（H）：生物质成型燃料含氢量多（约为8%～10%）。氢一部分与燃料中的氧化合形成结晶状态的水，该部分氢不能燃烧放热；而未与氧化合的自由氢可与其他元素（如

碳、硫）化合，构成可燃化合物。生物质燃料中的碳多数和氢化合成低分子的碳氢化合物，在升温过程中热分解而析出挥发。

硫（S）：生物质成型燃料中含硫量少于0.02%～0.07%，燃烧时不必设置烟气脱硫装置，降低了企业处理脱硫成本，又有利于环境的保护。

磷（P）和钾（K）：磷和钾元素是生物质燃料中特有的可燃成分，磷燃烧后生成五氧化二磷（P_2O_5），而钾燃烧后产生氧化钾（K_2O）。它们就是草木灰的磷肥和钾肥。生物质燃料中的磷含量很少，一般为0.25%～3%。在燃烧等转化时，燃料中的磷石灰在湿空气中受潮，此时磷石灰受热以磷化氢的形式逸出，而磷化氢是剧毒物质。同时，在高温的还原气体中，磷被还原为磷蒸汽，遇水蒸气形成焦磷酸（$H_4P_2O_7$）。焦磷酸附着在受热面上与飞灰结合，随着时间的推移会形成坚硬难溶的磷酸盐结垢，使金属受热面受损。氧化钾的存在则可降低飞灰的熔点，形成结渣现象。但一般在元素分析中若非必要，并不测定磷和钾的含量，也不把磷和钾的热值计算在内[2]。

氮（N）：生物质成型燃料中含氮量少于0.15%～0.5%，NO_x 排放完全达标。

灰分：生物质成型燃料采用高品质的木质类生物质作为原料，灰分极低，只有3%～5%左右。

水分：生物质颗粒干基含水量小于10%～15%。

8.1.3　液体燃料的组成

8.1.3.1　*石化燃油*

锅炉或直燃机燃烧使用的液体燃料都是石油炼制过程中的产品或副产品，主要有渣油、重油、柴油等。它们都是由各种碳氢化合物组成的复杂的混合物。燃料油的组成和煤一样，由碳、氢、氧、氮、硫、灰分、水分等七种成分所组成。

碳（C）：碳是燃料油的主要可燃成分，在燃料油中，碳的质量分数约占85%～88%，它和氢结合成各种碳氢化合物。

氢（H）：氢是燃料油中另一种主要可燃成分，在燃料油中，氢的质量分数约占10%～13%。

氧（O）：石油中的氧绝大部分存在于胶状物质中，氧的质量分数一般为0.1%～1%。

氮（N）：氮是燃料油中的有害成分，其质量分数一般小于0.5%。

硫（S）：硫是燃料油中的有害成分。它常以元素硫、硫化氢、硫醚、噻吩等形式存在。燃料油中硫均是可燃成分，其质量分数一般为0.25%～1.5%。

灰分（A）：灰分是燃料油中的有害成分，其质量分数通常不到0.05%，绝大部分灰分存在于溶解在油中的金属盐类矿物质内。油中的灰分含量虽然减少，但对燃烧影响却很大，它引起受热面积灰，使受热面传热系数降低、设备出力和热效率降低，并产生高温腐蚀，使受热面遭到损坏，影响设备使用寿命。

水分（M）：燃料油中的水分属有害成分。水分会加速管道和设备腐蚀，燃烧时增加烟气量，使排烟热损失增加；当液体燃料中出现油水分层时，会使炉内火焰脉动，造成灭火。一般情况下，燃料油的水分质量分数不应超过0.6%。

机械杂质：机械杂质是燃油中的有害成分，呈沉淀状态或悬浮状态，磨损设备，堵塞燃烧器喷嘴，影响设备正常运行。

8.1.3.2 可再生液体燃料的组成

可再生液体燃料包括生物柴油、生物乙醇。

生物柴油是由植物油和（或）动物油脂、餐饮垃圾油为原料，通过酯交换工艺制成的可替代石化柴油的再生性柴油燃料，其主要成分是长链脂肪酸的单烷基酯。生物柴油是含氧量极高的复杂有机成分的混合物，如：醚、酯、醛、酮、酚、有机酸、醇等。生物柴油是一种优质清洁柴油，可以从各种生物质中提炼，由于它源自可更新的有机材料，而且已被证明在燃烧时比传统柴油释放较少的特定有害废气，因此生物柴油作为“绿色能源”引起了广泛重视，是取之不尽、用之不竭的能源。

生物乙醇是重要的醇类燃料，通过微生物发酵将各种生物质转化而成的燃料酒精，其分子式为 C_2H_5OH，具有诸多优良的特性，如发酵底物范围广，几乎包含各种原始生物材料（木质纤维素）；优良的燃烧特性；燃料无残滞和高的辛烷比，不含铅、CO_2、CO、SO_2、粒子和其他碳氢化合物。

8.1.4 气体燃料的组成

气体燃料包括天然气、煤制气、油制气和沼气。它是多种气体的混合气体，统称为燃气。燃气一般由以下三大部分组成：

（1）可燃组分——气体燃料中的一氧化碳、碳氢化合物等，燃烧时能放出大量的热量，但作为化石能源，可燃组分中有的气体本身或燃烧产物是有害的，它们或是有毒，或是腐蚀金属材料，或是污染环境。

（2）不可燃组分——燃气中的氮、氧和二氧化碳，它们占去了气体燃料的一定体积，使可燃组分的含量减少，热值降低。

（3）有害组分——燃气中的杂质不仅占据了一定的体积，而且给燃气的储存、输送和燃烧带来不良的影响。气体燃料中的主要有害组分有：

1）焦油与灰尘 人工煤气中通常含有焦油和灰尘，其危害是堵塞管道、附件及燃烧器喷嘴，影响正常燃烧。

2）萘 人工煤气特别是干馏煤气中含萘较多，当燃气中含萘量大于燃气温度相应的饱和含萘量时，过饱和部分的气态萘以结晶状态析出，沉积于管道内而使流通截面减小，堵塞甚至堵死管道，造成供气中断。萘的堵塞又因焦油和灰尘的存在而加剧。

3）硫化氢 硫化氢是燃气中的可燃组分，但它又是有害组分。燃气中硫化氢能腐蚀储罐、管道、设备和燃烧器，硫化氢燃烧产生的 SO_2 和 SO_3 不仅腐蚀锅炉金属受热面，而且污染大气环境。

4）一氧化碳 一氧化碳是无色、无臭、无味而剧毒的气体。虽然一氧化碳可以燃烧，但因其具有毒性，故城市燃气质量标准中规定，燃气中一氧化碳的体积分数应小于10%。

5）氨 高温干馏煤气中含有氨气。氨对燃气管道、设备及燃烧器起腐蚀作用。燃烧时产生 NO、NO_2 等有害气体，影响人体健康，并污染大气环境。

6）水分 水和水蒸气能与液态和气态的碳氢化合物作用，生成固态结晶水化合物，堵塞管道、阀门、仪表（流量计、压力表、液位计等）和设备（调压器、过滤器等），影响正常供气；水蒸气还能加剧 O_2、H_2S 和 SO_2 对管道、阀门、燃烧器和金属受热面的腐蚀作用。

7）残液 液化石油气中碳五和碳五以上的碳氢化合物组分的沸点高，在常温、常压下不能气化，而留存在钢瓶、储罐等压力容器内，称为残液。它减少了有效容积，而且增加了交通运输量。

8.2　燃料的特性

8.2.1　固体燃料特性

固体燃料的特性是通过燃料的工业分析测定的。工业分析是指测定燃料的水分（M）、灰分（A）、挥发分（V）及固定碳的含量（C）。工业分析成分是用各成分的质量占总质量的质量百分数来表示。

$$A+V+M+C=100 \tag{8-2}$$

（1）水分（M）：燃料中的水分随种类和产物的不同而变化，同时由于位置的迁移、空气中的水分不同而变化。水分根据不同的形态分为游离水分和结晶水分。游离水分附着于固体颗粒表面及吸附于毛细孔内，结晶水分是燃料中的矿物质化合物。水分还可分为外在水分和内在水分。

外在水分可在环境温度 20℃，相对湿度 65%的条件下风干 1～2 日后蒸发而消失，又称为风干水分。除去外在水分的燃料成分即为空气干燥基；内在水分通常在 102～105℃烘干一定时间才能除去，又名烘干水分，除去内在水分的燃料为干燥基。

化合结晶水分在 200℃以上才能分解逸出。如 $CaSO_4 \cdot 2H_2O$、$Al_2O_3 \cdot 2SiO_2 \cdot 2H_2O$ 等有机分子中的水分均为结晶水。结晶水在工业分析中计入挥发分中。

（2）挥发分（V）：在限定条件下，固体燃料隔绝空气加热后，所得有机物质的产物称为挥发分。挥发分的主要成分有碳氢化合物、碳氧化合物、氢气、氮气、氧气等，它是有机物质热分解的产物。生物质燃料中的挥发分含量远高于煤。

挥发分本身的化学成分是一种饱和的（未饱和的）芳香族碳氢化合物与氧、氮等有机化合物以及结晶水蒸气的混合物。挥发分是特定条件下的产物，不是燃料中固有的有机物的形态，因此称为挥发分产率较为准确，一般简称为挥发分。

燃料的挥发分与燃料的种类密切相关，如煤的埋藏年代愈久远（如无烟煤），挥发分含量愈少；而碳化程度较低的褐煤，挥发分可高达 40%以上。挥发分逸出温度愈低，着火温度也愈低，易于燃烧。生物质颗粒燃料的挥发分含量高，约为 75%。

（3）灰分（A）：灰分是指燃料完全燃烧后所残留的固体物质，是燃料的重要指标之一。燃料中不能燃烧的矿物杂质可分为外部杂质和内部杂质。外部杂质是在采获、运输和储存过程中混入的矿石、沙和泥土等。生物质固体颗粒燃烧后的灰渣极少，成分中除了碳、氢等有机物之外，还有一定数量的钾、钠、氧、硫、磷等无机矿物质。生物质颗粒燃料在适当的燃烧控制后产生的灰烬可作为有机钾肥和磷肥回收。

固体燃料的灰分特性对燃料的燃烧和受热面的积灰、磨损及腐蚀的影响很大。矿物质燃料的灰分是极不稳定的，它取决于燃料产地、开采的质量及储藏的方法和时间。灰分的性质之一是熔融性。通过测定灰的熔融性可以判断燃料对锅炉燃烧工况的影响，测定方法通常为“角锥法”[3]。

（4）固定碳（C）：热分解挥发物后所残留的物质是焦渣。焦渣减去灰分称为固定碳。在生物质、煤和焦炭中，固定碳的含量用质量百分数表示，即由常样的质量中减去水分、挥发物和灰分的质量，或由干样的质量中减去挥发物和灰分的质量而得。固定碳的燃点很高，其含量能够影响燃料的着火点和燃烬的难易程度。

焦渣的物理特性与燃料的种类有关，而且差异很大，根据焦渣的特性可初步鉴定燃料的粘结性。根据我国标准规定，焦渣按其粘结程度依次分为 8 级：粉状、粘着、弱粘结、不熔融粘结、微膨胀熔融粘结、膨胀熔融粘结、强膨胀熔融粘结。层燃炉（见 9.2 节）一般不宜采用不粘结与强粘结性的燃料。

8.2.2 液体燃料的特性

为了对液体燃料的燃烧工况进行分析，还应掌握燃料油的某些理化性质，例如密度、黏度、闪点、燃点、自燃点，凝固点、倾点等。

燃料油的黏度是流动阻力的量度，用以判断燃料油的流动性和雾化性。常用的有动力黏度、运动黏度与各种条件黏度。运动黏度常用 υ 表示，它的单位 m^2/s。由于这个单位太大，故常用“沲”（st）和“厘沲”（cst）为单位。$1st=1cm^2/s=10^{-4}m^2/s$；$1cst=10^{-2}st=10^{-6}m^2/s$。通常也采用恩氏黏度计测量燃料油的黏度。恩氏黏度（条件黏度之一）是指某温度下 200mL 燃料油从恩氏黏度计中流出的时间，与 20℃时 200mL 的蒸馏水流出时间的比值，单位为°E。恩氏黏度与其他黏度单位的换算关系如下：

$$1cst=7.47°E-\frac{6.47}{°E} \tag{8-3}$$

当黏度＞13.2°E 或 100cst 时，可按 1cst=°E/0.132。

燃料油的黏度随温度升高而降低。为保证燃料油的正常输送，通常将油温预热至大约 60℃（黏度约为 80～30°E）；而为了保证燃料油的雾化性能，则要求进入油喷嘴的黏度不大于 3～4°E，但油温预热不宜超过 110℃，以防止产生“残炭”而堵塞喷嘴。

闪点、燃点、自燃点是衡量燃料油着火、燃烧难易的物性指标。在大气压力下，汽化的燃料油和空气的混合物与火焰接触、可发生短促的闪火现象（即出现瞬时即灭的闪光）。发生这种闪火的最低油温，称之为该燃料油的闪点。锅炉燃用的重油其闪点约为 80～130℃。油的闪点与其沸点和工作压力有关，沸点愈高，闪点也愈高；压力愈高，闪点也会升高。闪点对于燃料油的贮存与运输有很大意义，为保证安全，应根据油的闪点控制油温。

在大气压力下，汽化的燃料油和空气的混合与火焰接触而发生持续燃烧（不少于 5s）的最低油温，称之为该燃料油的燃点。显然，燃点比闪点要高，通常高出 10～30℃。自燃点则是指燃料油缓慢氧化而自行着火燃烧的温度。燃料油的自燃点与其化学组成有关，重质油比轻质油的自燃点要低，减压渣油的自燃点只有 230～240℃，很易因阀门泄漏而引起火灾。此外，压力愈高，自燃点也愈低。

凝固点是指燃料油在 45°倾斜的试管壁，能保持 5～10s 而不流动的温度。倾点则是指燃料油在标准试验条件下刚能流动的温度。一般认为，倾点高于凝固点 2.5℃。显然，燃料油的温度高于凝固点才能在油管中输送。油的密度愈大、石蜡含量愈高，凝固点也愈高。重油的凝固点约为 15～36℃，柴油的凝固点约为－35～－20℃。

8.2.3 气体燃料的特性

气体燃料的性质（理化性质与热工性质）可以由其组成部分中各单一气体的性质确定，即按各单一气体所占的容积分数或质量分数求取平均值（通常把燃气近似地看作理想气体）。例如：

燃气在标准状态下的密度 ρ_0（kg/Nm^3）为

$$\rho_0=\sum x_i\rho_{0,i} \tag{8-4}$$

燃气的平均分子量为

$$M=\sum x_iM_i \tag{8-5}$$

燃气的平均容积比热 c_v（$kJ/(Nm^3\cdot ℃)$）为

$$c_v=\sum x_ic_{v,i} \tag{8-6}$$

燃气的低位发热量 Q（kJ/Nm^3）为

$$Q=\sum x_iQ_i \tag{8-7}$$

式中　x_i——各单一气体在燃气中所占的容积百分率；

$\rho_{0,i}$、M_i、$c_{v,i}$、Q_i——各单一气体的密度、分子量、容积比热与低位发热量。

有时也可用各单一气体所占质量分数求出燃气的有关性质。各单一气体（CO、H_2S、H_2、C_mH_n 等）的理化性质与热工性质，可从有关的物性表中查得。

8.3　燃料的成分分析基及发热量

8.3.1　"基"的表示方法

8.3.1.1　固体和液体燃料的成分分析基

固体和液体燃料的成分通常用质量百分数表示。由于燃料中水分和灰分含量常常受到开采、运输、储存及气候条件的影响，导致其他成分的质量百分数亦将随之变更。为了实际应用的需要和理论研究的方便，通常采用以下四种基数（简称基）作为燃料成分分析的基准[3,4]：

(1) 收到基（as received basis）：包括全部水分和灰分在内的燃料成分总量作为计算基数，亦即锅炉炉前实际燃用时的燃料成分，表示为

$$C_{ar}+H_{ar}+O_{ar}+N_{ar}+S_{ar}+A_{ar}+M_{ar}=100 \tag{8-8}$$

(2) 空气干燥基（air dried basis）：以去掉外在水分的燃料作为计算基数，亦即在试验室内进行燃料分析时的分析试样成分的空气干燥基，表示为

$$C_{ad}+H_{ad}+O_{ad}+N_{ad}+S_{ad}+A_{ad}+M_{ad}=100 \tag{8-9}$$

(3) 干燥基（dry basis）：以去掉全部水分的燃料作为计算基数，表示为

$$C_d+H_d+O_d+N_d+S_d+A_d=100 \tag{8-10}$$

干燥基去掉水分后，可准确地表示燃料的含灰量。

(4) 干燥无灰基（dry ash-free basis）：以去掉水分和灰分的燃料作为计算基数，表示为

$$C_{daf}+H_{daf}+O_{daf}+N_{daf}+S_{daf}=100 \tag{8-11}$$

由于去掉了易受外界影响而变化的水分和灰分，燃料的干燥无灰基更能正确地反映出燃料实质，便于比较和区别燃料种类和性能差别。

8.3.1.2　气体燃料的成分分析基

气体燃料是由几种比较简单的化合物组成的机械混合体。其中 CO、H_2、CH_4、

C_2H_2、C_mH_n、H_2S 等是可燃性成分，能燃烧释放出热量。CO_2、N_2、SO_2、H_2O、O_2 是不可燃成分，不能燃烧放热，故其含量不宜过多，以免降低燃料的发热量。

气体燃料的成分用体积分数表示，具体表示方法有湿成分和干成分两种。

湿成分包括水分在内，相当于收到基成分，表示为

$$CO^{ar}+H_2^{ar}+CH_4^{ar}+N_2^{ar}+\cdots+H_2O^{ar}=100 \tag{8-12}$$

式中 CO^{ar}、$H_2^{ar}\cdots$——分别为湿气体燃料中各成分体积百分含量，%。

干成分不包括水分在内，即干燥基成分，表示为

$$CO^{d}+H_2^{d}+CH_4^{d}+N_2^{d}+\cdots=100 \tag{8-13}$$

式中 CO^{d}、$H_2^{d}\cdots$——分别为干气体燃料中各成分体积百分含量，%。

气体燃料的湿成分只能代表某一温度下的气体燃料的成分，故不具有代表性，在一般情况下，气体燃料的化学组成用干成分表示。但气体燃料在使用时的实际成分是含有水分的，所以湿成分是气体燃料的供应成分，在进行燃烧计算时必须以湿成分为依据。

8.3.2 “基”的换算

固体和液体燃料成分分为四种基，在使用上可以互相转换。收到基中包含的水分为全水分 M_{ar}。去掉外在水分的空气干燥基所含水分称燃料中的内在水分，全水分与内水分之差为外水分 $M_{ar,f}$，收到基水分与空气干燥基水分之间的换算为

$$M_{ad}=100\times\frac{M_{ar}-M_{ar,f}}{100-M_{ar,f}} \tag{8-14}$$

$$M_{ar}=M_{ar,f}+M_{ad}\frac{100-M_{ar,f}}{100} \tag{8-15}$$

除水分以外的各种成分、挥发分和高位发热量在各“基”间换算的公式为

$$E_1=kE_2 \tag{8-16}$$

式中 E_1——求基的成分含量（质量分数（%）或高位发热量，kJ/kg）；

E_2——已知基的成分含量（质量分数（%）或高位发热量，kJ/kg）；

k——转换系数，见表 8-1。

转换系数 k **表 8-1**

已知的“基”	要转换到的“基”			
	收到基	空气干燥基	干燥基	干燥无灰基
收到基	1	$\frac{100-M_{ad}}{100-M_{ar}}$	$\frac{100}{100-M_{ar}}$	$\frac{100}{100-A_{ar}-M_{ar}}$
空气干燥基	$\frac{100-M_{ar}}{100-M_{ad}}$	1	$\frac{100}{100-M_{ad}}$	$\frac{100}{100-A_{ad}-M_{ad}}$
干燥基	$\frac{100-M_{ar}}{100}$	$\frac{100-M_{ad}}{100}$	1	$\frac{100}{100-A_{d}}$
干燥无灰基	$\frac{100-A_{ar}-M_{ar}}{100}$	$\frac{100-A_{ad}-M_{ad}}{100}$	$\frac{100-A_{d}}{100}$	1

[例 8-1] 已知某种生物质燃料的干燥无灰基的碳含量为 49.7%，氢含量 6.20%，硫含量 0.01%，氧含量 43.8%，氮含量 0.28%；收到基的灰分为 3.57%，收到基的水分含量为 11.19%，求该燃料收到基的成分。

［解］ 从表8-1中可查得由干燥无灰基换算到收到基的转换系数为

$$k_{daf}=\frac{100-(M_{ar}+A_{ar})}{100}=\frac{100-(11.19+3.57)}{100}=0.8524$$

则燃料的收到基成分为

$$C_{ar}\%=49.7\%\times0.8524=42.36\%$$
$$H_{ar}\%=6.20\%\times0.8524=5.28\%$$
$$S_{ar}\%=0.01\%\times0.8524=0.0085\%$$
$$O_{ar}\%=43.8\%\times0.8524=37.33\%$$
$$N_{ar}\%=0.28\%\times0.8524=0.24\%$$

验算 $C_{ar}\%+H_{ar}\%+S_{ar}\%+O_{ar}\%+N_{ar}\%+M_{ar}\%+A_{ar}\%$

$=42.36\%+5.28\%+0.0085\%+37.33\%+0.24\%+11.19\%+3.57\%$

$=100\%$

气体燃料的干湿成分之间也可以进行换算，其换算式以CO为例如下：

$$CO^{ar}=CO^{d}\frac{100-H_2O^{ar}}{100} \tag{8-17}$$

气体燃料中其他各项成分均可依照上述类似的公式进行换算。

气体燃料中水分含量通常以每立方米干气体中所吸收的水蒸气质量来表示，用符号 d_g 代表水蒸气的含量，单位为 kg/m³（干气体）。进行干、湿成分换算时，必须把 d_g 变成 H_2O^{ar}，变换式如下：

$$H_2O^{ar}=\frac{水蒸气体积}{湿气体总体积}\times100\%=\frac{\frac{d_g}{18}\times22.4}{1+\frac{d_g}{18}\times22.4}\times100\%=\frac{1.24d_g}{1+1.24d_g}\times100\% \tag{8-18}$$

式中，1.24为1kg水蒸气的体积，m³/kg。

8.3.3 燃料的发热量

固体和液体燃料的发热量是指单位质量的固体或液体燃料在完全燃烧时能放出的热量，单位为kJ/kg。固体燃料和液体燃料发热量通过实验获得。根据燃烧产物中水的物态不同，热量分为高位发热量 $Q_{gr,v}$（下角标为英文 gross calorific value 的缩写）和低位发热量 $Q_{net,v}$（下角标为英文 net calorific value 的缩写）两种。高位发热量是指1kg燃料完全燃烧时放出的全部热量，包含烟气中水蒸气凝结时放出的热量。低位发热量是指在1kg燃料完全燃烧时放出的全部热量中扣除水蒸气的汽化潜热后所得的热量。燃料在锅炉中燃烧后排烟一般具有相当高的温度，烟气中的水蒸气是以气态存在的，这样就带走了一部分汽化潜热。我国锅炉设计中采用低位发热量作为燃料带入锅炉热量的计算依据，美国则采用高位发热量。高位发热量与低位发热量之差，按收到基计算为：

$$Q_{gr,v,ar}-Q_{net,v,ar}=2500\left(9\frac{H_{ar}}{100}+\frac{M_{ar}}{100}\right)=25(9H_{ar}+M_{ar}) \tag{8-19}$$

式中 2500——水在100℃时的汽化潜热近似值，kJ/kg；

$\frac{M_{ar}}{100}$、$\frac{H_{ar}}{100}$——燃料中收到基数水分及氢的质量分数，%。

同理，对于燃料的空气干燥基，则有

$$Q_{gr,v,ad}-Q_{net,v,ad}=25(9H_{ad}+M_{ad}) \tag{8-20}$$

对于干燥基及干燥无灰基，由于没有水分，所以

$$Q_{gr,v,d}-Q_{net,v,d}=225H_{d} \tag{8-21}$$

$$Q_{gr,v,daf}-Q_{net,v,daf}=225H_{daf} \tag{8-22}$$

［例 8-2］ 若已知例 8-1 中生物质燃料的实测干燥无灰基高位发热量为 19432kJ/kg，求该种燃料的干燥无灰基低位发热量。

［解］ 根据公式（8-22），该燃料干燥无灰基低位发热量为

$$\begin{aligned}Q_{net,v,daf}&=Q_{gr,v,daf}-225H_{daf}\\&=19432-225\times6.2\\&=18037\text{kJ/kg}\end{aligned}$$

如果已知液体燃料收到基或干燥无灰基元素成分，还可按下列公式计算发热量：

$$Q_{net,v,ar}=339C_{ar}+1030H_{ar}-109(O_{ar}-S_{ar})-25W_{ar} \tag{8-23}$$

$$Q_{gr,v,daf}=339C_{daf}+1030H_{daf}-109(O_{daf}-S_{daf}) \tag{8-24}$$

式中　$Q_{net,v,ar}$——液体燃料的收到基低位发热值，kJ/kg；

$Q_{gr,v,daf}$——液体燃料的干燥无灰基高位发热值，kJ/kg；

C_{ar}、C_{daf}——液体燃料收到基和干燥无灰基含碳量，%；

H_{ar}、H_{daf}——液体燃料收到基和干燥无灰基含氢量，%；

O_{ar}、O_{daf}——液体燃料收到基和干燥无灰基含氧量，%；

S_{ar}、S_{daf}——液体燃料收到基和干燥无灰基含硫量，%。

在无元素分析资料时，燃油发热量还可根据密度按下列公式估算

$$Q_{net,v,ar}=46415.6+3167.7\rho-8790\rho^2 \tag{8-25}$$

$$Q_{gr,v,daf}=51900-8790\rho^2 \tag{8-26}$$

式中　ρ——燃油在 15℃时的密度，kg/L。

由此可见，含轻质馏分愈多的油品，即密度愈小的燃油，其发热量愈大。

气体燃料的发热量是指标准状态下每立方米气体燃料完全燃烧时所释放的热量，单位为 kJ/m³；对于液化石油气，发热量单位也可用 kJ/kg 来表示。

气体燃料的发热量与它的组成成分有关，可以由热量计（测热器）测得或由气体燃料中各单一气体的热值根据混合法计算，具体如下：

$$Q=Q_1r_1+Q_2r_2+\cdots+Q_nr_n$$

式中　Q——混合可燃气体的高位或低位发热量，kJ/m³；

Q_1，$Q_2\cdots Q_n$——燃气中各可燃成分的高位或低位发热量，kJ/m³；

r_1，$r_2\cdots r_n$——燃气中各可燃成分的体积分数。

在缺少或没有实测数据的情况下，1m³ 湿气体燃料在标准状态下的低位发热量可按以下公式计算：

$$Q_{net,v,ar}=0.01[Q_{H_2S}H_2S+Q_{CO}CO^{ar}Q_{H_2}H_2^{ar}+\sum(Q_{C_mH_n}C_mH_n^{ar})] \tag{8-27}$$

式中　Q_{H_2S}、Q_{CO}、Q_{H_2}、$Q_{C_mH_n}$——分别为硫化氢、一氧化碳、氢和碳氢化合物等气体的低位发热量 kJ/m³，可从表 8-2 中查得；

H_2S、CO^{ar}、H_2^{ar}、$C_mH_n^{ar}$——分别为硫化氢、一氧化碳、氢和碳氢化合物等气体的体积百分数，%，由燃料分析确定。

气体燃料中各种成分的特性　　**表 8-2**

气体名称	符号	密度（kg/m³）	低位发热量（kJ/m³）	气体名称	符号	密度（kg/m³）	低位发热量（kJ/m³）
氢	H_2	0.0898	10793	乙烷	C_2H_6	1.3553	64397
氮气	N_2	1.2507		丙烷	C_3H_8	2.01.2	93240
氧	O_2	1.4289		丁烷	C_4H_{10}	2.7030	123649
一氧化碳	CO	1.2501	12636	戊烷	C_5H_{12}	3.4537	15673
二氧化碳	CO_2	1.9768		乙烯	C_2H_4	1.2605	59477
二氧化硫	SO_2	2.8580		丙烯	C_3H_6	1.9136	87667
硫化氢	H_2S	1.5392	23382	丁烯	C_4H_8	2.5968	117695
甲烷	CH_4	0.7174	35906	苯	C_6H_6	3.4550	149375

气体燃料通常含有水蒸气，并且水分会随着环境而改变。因此发热量有湿燃气发热量和干燃气发热量之分。在计算入炉热量时以应用条件下的湿燃气成分为基准。干燃气发热量则不随环境条件的变化而变化，可用于不同气体燃料之间性能的比较。

8.3.4　各种“基”发热量间的换算

对于高位发热量来说，水分只是占据了一定的质量而使发热量降低。但是对于低位发热量，水分不仅占据了一定份额的质量，还要吸收汽化潜热，因此，在各种“基”的高位发热量之间可以直接按式（8-16）进行换算。干燥无灰基与干燥基低位发热量之间也可按式（8-16）换算。对于其他基低位发热量之间的换算必须先化成高位发热量之后才能进行。按上述步骤推导得出的各种基低位发热量之间的换算公式见表 8-3。

各种“基”低位发热量的换算公式　　**表 8-3**

已知基	要换算到的“基”			
	收到基	空气干燥基	干燥基	干燥无灰基
收到基	—	$Q_{net,v,ad}=(Q_{ner,v,ar}+25M_{ar})\times\frac{100-M_{ad}}{100-M_{ar}}-25M_{ad}$	$Q_{net,v,d}=(Q_{ner,v,ar}+25M_{ar})\times\frac{100}{100-M_{ar}}$	$Q_{net,v,daf}=(Q_{ner,v,ar}+25M_{ar})\times\frac{100}{100-M_{ar}-A_{ar}}$
空气干燥基	$Q_{net,v,ar}=(Q_{ner,v,ad}+25M_{ad})\times\frac{100-M_{ar}}{100-M_{ad}}-25M_{ar}$	—	$Q_{net,v,d}=(Q_{ner,v,ad}+25M_{ad})\times\frac{100}{100-M_{ad}}$	$Q_{net,v,daf}=(Q_{ner,v,ad}+25M_{ad})\times\frac{100}{100-M_{ad}-A_{ad}}$
干燥基	$Q_{net,v,ar}=Q_{ner,v,d}\frac{100-M_{ar}}{100}-25M_{ar}$	$Q_{net,v,ad}=Q_{ner,v,d}\frac{100-M_{ad}}{100}-25M_{ad}$	—	$Q_{net,v,daf}=Q_{net,v,d}\times\frac{100}{100-A_d}$
干燥无灰基	$Q_{net,v,ar}=Q_{ner,v,daf}\times\frac{100-M_{ar}-A_{ar}}{100}-25M_{ar}$	$Q_{net,v,ad}=Q_{ner,v,daf}\times\frac{100-M_{ad}-A_{ad}}{100}-25M_{ad}$	$Q_{net,v,d}=Q_{net,v,daf}\times\frac{100-A_d}{100}$	—

同一燃料的水分从 M_{ar1} 变到 M_{ar2} 时，收到基低位发热量可按下式换算：

$$Q_{net,v,ar2}=(Q_{net,v,ar1}+25M_{ar1})\frac{100-M_{ar2}}{100-M_{ar1}}-25M_{ar2} \tag{8-28}$$

当燃料的水分、灰分同时改变时，收到基的低位发热量按下式换算：

$$Q_{net,v,ar2}=(Q_{net,v,ar1}+25M_{ar1})\frac{100-(A_{ar2}+M_{ar2})}{100-(A_{ar1}+M_{ar1})}-25M_{ar2} \tag{8-29}$$

[**例 8-3**] 根据例 8-1、例 8-2 的已知条件，求该燃料收到基的低位发热量。

[**解**] 利用例 8-2 的计算结果，根据表 8-3 中的公式，该种燃料的收到基低位发热量为

$$\begin{aligned}Q_{net,v,ar}&=Q_{net,v,daf}\times\frac{100-M_{ar}-A_{ar}}{100}\\&=18037\times0.8524\\&=15374.7\text{kJ/kg}\end{aligned}$$

当锅炉燃用混合燃料时，混合后燃料的元素分析成分按混合比加权平均计算。混合燃料的工业分析成分及发热量虽亦可根据各种燃料按混合比加权平均求得，但在锅炉试验中取实际的混合燃料样品直接分析更为可靠。

气体燃料的高、低发热量之间和干、湿燃气发热量之间可以进行换算。标准状态下干燃气（干燥基）高、低发热量之间可按下式换算：

$$Q_{gr,v,d}=Q_{net,v,d}+19.59(H_2^d+\sum\frac{n}{2}C_mH_n^d+H_2S^d) \tag{8-30}$$

式中 $Q_{gr,v,d}$、$Q_{net,v,d}$——干燃气的高、低位发热量，kJ/m³；

H_2^d、$C_mH_n^d$、H_2S^d——氢、碳氢化合物、硫化氢在干燃气中的百分数，%。

标准状态下湿燃气（收到基）高、低发热量之间可按下式进行换算：

$$Q_{gr,v,ar}=Q_{net,v,ar}+\left[19.59\left(H_2^d+\sum\frac{n}{2}C_mH_n^d+H_2S^d\right)+2352d_g\right]\frac{0.833}{0.833+d_g} \tag{8-31}$$

或 $$Q_{gr,v,ar}=Q_{net,v,ar}+19.59\left(H_2^{ar}+\sum\frac{n}{2}C_mH_n^{ar}+H_2S^{ar}+H_2O^{ar}\right) \tag{8-32}$$

式中 $Q_{gr,v,ar}$、$Q_{net,v,ar}$——湿燃气的高、低位发热量，kJ/m³；

d_g——每立方米干燃气带有的水蒸气质量，$kg/m^3_{干气体}$。

其他符号同式（8-23）、式（8-24）。

标准状态下低位发热量或高位发热量在干燃气（干燥基）和湿燃气（收到基）之间可按下列公式进行换算：

低位发热量 $$Q_{net,v,ar}=Q_{net,v,d}\times\frac{0.833}{0.833+d_g} \tag{8-33}$$

或 $$Q_{net,v,ar}=Q_{net,v,d}\left(1-\frac{\varphi p_s}{p}\right) \tag{8-34}$$

高位发热量 $$Q_{gr,v,ar}=Q_{gr,v,d}+2352d_g\times\frac{0.833}{0.833+d_g} \tag{8-35}$$

或 $$Q_{gr,v,ar}=Q_{gr,v,d}\left(1-\frac{\varphi p_s}{p}\right)+1959\frac{\varphi p_s}{p} \tag{8-36}$$

式中　p_s——燃气温度下水蒸气饱和分压力，Pa；

φ——燃气的相对湿度，%；

p——燃气的绝对压力，Pa。

其他符号同式（8-30）和式（8-31）。

8.3.5　常用燃料的特性

8.3.5.1　常用固体燃料的特性

（1）无烟煤

无烟煤又称白煤、硬煤，表面呈黑色且有金属光泽，挥发分低于 10%，主要成分为固定碳，含量大于 50%。特点是着火难，火焰短，焦结性差，不易自燃。

（2）烟煤

质地较无烟煤软，呈黑色或灰黑色，挥发分在 20%以上，固定碳在 50%以上，发热量一般低于无烟煤，但易着火，火焰长。

（3）褐煤

呈褐色而得名，外表似木质，无光泽。挥发分在 40%以上，固定碳在 30%左右，有的水分多，有的灰分多，发热量低，易着火，易风化和自燃，因此不易长期贮存。

（4）生物质颗粒

在一定温度与压力作用下，将各类分散的、没有一定形状的秸秆、树枝等生物质，经干燥和粉碎后，压制成具有一定形状的、密度较大的各种成型燃料，碳化工艺后具有天然煤一样的品质。生物质颗粒为棒状、块状和颗粒状等，密度可达 0.8～1.4g/cm^3，热值为 16720kJ/kg 左右。其燃烧性能优于木材，相当于中质烟煤，可直接燃烧，具有黑烟少、火力旺、燃烧充分、不飞灰、干净卫生，氮氧化物（NO_x）、硫氧化物（SO_x）排放量极微等优点，而且便于运输和贮存，可代替煤炭在锅炉中直接燃烧进行发电或供热，也可用于解决农村地区的基本生活能源问题[5]。

8.3.5.2　常用燃油

常用燃油有重油、渣油、柴油。

（1）重油

从广义上说，密度较大的油都可称为重油。根据我国的燃料政策，化石燃料燃油锅炉首先应燃用重油和渣油。重油是裂化重油、减压重油或蜡油等按不同比例调和制成的。

从元素分析成分上看，重油是由碳、氢、氧、氮、硫、水分、灰分等元素组成，其特点是含氢量高，灰分和水分含量少，所以发热量较高（$Q_{net,v,ar}=37600\sim44000$kJ/kg）。

（2）渣油

渣油是减压蒸馏塔塔底的残留油，也称直蒸渣油，它的主要成分为高分子烃类和胶状物质。原油在蒸馏后，硫分集中于渣油中，所以相对地说，它的含硫量较高，其含硫量取决于原油含硫量以及加工工艺情况。

（3）柴油

1）石化柴油

石化柴油分轻柴油和重柴油两种。

轻柴油：通常用作高速柴油机燃料。大中型火电厂多作为锅炉点火之用。目前，小型燃油锅炉用轻柴油作燃料已日渐普遍。

重柴油：一般用作中速和低速柴油机燃料，某些电厂也作为锅炉燃料。

2）生物柴油　其燃料性能与石化柴油较为接近，且具有无法比拟的性能[5]。

① 点火性能佳。十六烷值是衡量在压燃式发动机中燃料性能好坏的质量指标，生物柴油十六烷值较高，大于 45（石化柴油为 45），点火性能优于石化柴油。

② 燃烧更充分。生物柴油含氧量高于石化柴油，可达 11%，在燃烧过程中所需的氧气量较石化柴油少，燃烧比石化柴油更充分。

③ 适用性广。除了做公交车、卡车等柴油机的替代燃料外，生物柴油又可以做海洋运输、水域动力设备、地质矿业设备、燃料发电厂等非道路用柴油机的替代燃料。

④ 生物柴油较柴油的运动黏度稍高，在不影响燃油雾化的情况下，更容易在气缸内壁形成一层油膜，从而提高运动机件的润滑性，降低机件磨损。

⑤ 安全可靠。生物柴油的闪点较石化柴油高，有利于安全储运和使用。

⑥ 节能降耗。生物柴油本身即为燃料，以一定比例与石化柴油混合使用可以降低油耗，提高动力性能。

⑦ 气候适应性强。生物柴油由于不含石蜡，低温流动性佳，适用区域广泛。

⑧ 具有优良的环保特性。生物柴油中硫含量低，使得 SO_2 和硫化物的排放低，可减少约 30%（有催化剂时可减少 70%）；生物柴油中不含对环境会造成污染的芳香烃，因而产生的废气对人体损害低。

（4）生物乙醇

生物乙醇（C_2H_5OH），偏酸性，无色透明，易流动，易挥发，易燃烧。生物乙醇资源丰富，排放性能好，动力性能好，含氧量高，燃烧完全。与汽油相比热值低 30%左右，约为 30000kJ/kg。

8.3.5.3　常用燃气

（1）天然气

天然气是指直接从自然界得到的气体燃料，即基本上只经开采和收集的燃气。天然气主要有三种：

1）气井气　气井气是埋藏在地下深处（2000～3000m 或更深）的气体燃料。在地层压力作用下气井气具有很高的压力，约为 1.0～10MPa。它的主要成分是甲烷，体积分数约为 95%，还有少量的二氧化碳、硫化氢、氮、氩和氖等气体。

在标态下气井气中的硫化氢质量浓度大于 20mg/m^3 时应脱硫处理后再外输。为保证输气的正常运行和防止管道腐蚀，还进行脱除水分和二氧化碳的处理。气井气比空气轻，标态下的密度约为 0.5～0.7kg/m^3，高位发热量约为 37000kJ/m^3，气井气的燃烧速度（即火焰传播速度）属于常用燃气中最低的几种之一。

2）油田伴生气　伴生气是石油开采过程中自原油中析出的气体，在分离器中由于压力减低而进一步析出。它的主要成分也是甲烷（体积分数为 80%左右），此外还含有一些其他烃类。伴生气的发热量略高于气井气，标准状态下密度约为 0.6～0.8kg/m^3，但燃烧速度与气井气差不多。

此外，还有埋藏很浅的浅层燃气，其主要成分也是甲烷。

3）矿井气　矿井气是从煤矿矿井中抽出的燃气。在新开凿的矿井中充满着俗称“矿井瓦斯”的气体。这种气体含有大量甲烷，除了有爆炸危险外，对人体还有窒息性。因此，在人进入矿井坑道采煤前须用空气将它充分置换出来，所以它也是一种气体燃料资源。矿井气中的甲烷含量约为 50%，其他成分是空气和氮。它的发热值较低，标准状态下一般不超过 21000kJ/m^3。

（2）煤制气

煤制气是以煤为原料，经过各种加工方法而产生的燃气。以煤为原料的人工燃气主要有以下五种：

1）炼焦煤气　炼焦煤气是煤在隔绝空气的条件下加热而分解出来的可燃气体。炼焦煤气因生产目的（以产气和产焦为主）、焦炉炉型（炼焦炉或直立炉）、干馏温度的不同，其成分比例也有所不同。它的主要可燃成分是氢和甲烷。作为锅炉燃料用的炼焦煤气都经过回收煤气中的化工原料和脱除硫化氢等净化处理。标态下炼焦煤气的高位发热量约为 15000～25000kJ/m^3，是一种无色、有味的气体。

2）高炉煤气　高炉煤气是炼铁高炉生产过程中的副产品，可燃成分主要是一氧化碳，由于它含有大量的二氧化碳和氮，所以发热量很低，标准状态下一般不超过 3700kJ/m^3。

3）发生炉煤气　发生炉煤气是用来作为工厂内部燃料或城市煤气中的掺混气（高发热量燃气的稀释气）而生产的。在发生炉内对燃烧着的底层煤或焦炭鼓入空气（也有加入部分水蒸气的），在靠上面的还原层和干馏层中生成的一氧化碳和氢等可燃成分，即为发生炉煤气。它的含氮量很高，约占 50%以上。标准状态下发热量仅为 3900～5400kJ/m^3。

4）水煤气　水煤气的生产与发生炉煤气相似，是对炽热的煤层鼓入蒸汽（为了保证炉内一定的反应温度，水蒸气与空气必须交替鼓入），产生以氢和一氧化碳为主要可燃成分的燃气。由于它的含氮量低（体积分数不到 10%），故标准状态下发热量达 10800kJ/m^3 左右。由于燃烧时火焰呈蓝色，故又称蓝煤气。在城市供气系统中，往往在水煤气中掺入重油裂解后制成的燃气来提高发热量，这种措施叫作水煤气的增热。增热水煤气的含氢量提高并含有一部分甲烷和其他烃类。标准状态下增热水煤气的发热量一般为 18800kJ/m^3 左右。水煤气的燃烧速度也是常用燃气中较高的几种之一。

5）高压汽化气　高压汽化气是以煤为原料，以氧和蒸汽为汽化剂，在高压下进行完全汽化而产生的燃气。汽化压力随不同的制气工艺而异，通常为 2.0～3.0MPa。这种方法产气率高，是合理使用劣质煤的有效途径。这种煤气本身具有较高的压力，便于输送，是城市供气中有发展前途的气源。它的主要成分是氢、一氧化碳和甲烷。标准状态下发热量约为 16700kJ/m^3。

（3）油制气

1）蓄热热裂解气 只是一种以原油、重油或轻油在 800～900℃的高温下，使烃类中 C-C 键和 C-H 键裂解而生产甲烷和乙烯等烃类为主的燃气。它含有一部分氢。作为燃料，在输送之前还要经过冷却、脱除焦油、苯、硫化氢等净化处理。其主要成分是甲烷、氢、乙烯和丙烯，标准状态下发热量约 41900kJ/m^3，每吨重油的产气量为 500～550m^3。

2）蓄热催化裂解气　这也是一种以石油产品为原料的裂解气。在催化剂的作用下使水蒸气与裂解后的烃类和游离碳转化成氢和一氧化碳，从而提高产气量。这种燃气中的氢的体积分数为 30%～60%，甲烷和一氧化碳的含量也相当高。催化裂解气的燃烧速度较高，标准状态下发热量略高于 16700kJ/m^3。利用三筒炉催化裂解装置，每吨重油的产气量约为 1200～1300m^3。

3）自热裂解气和加压裂解气　自热裂解气是为了使设备和操作更为简单的一种重油裂解制气方法。加压裂解汽化是在高温高压下，用氧气和少量的蒸汽使重油裂解汽化。这类裂解气汽化方法产气率高，原料油的品种不受限制。输送时可以利用反应炉内的压力，不需在厂内再加压。标准状态下它的发热量在 16700kJ/m^3 左右。

4）液化石油气（LPG）

液化石油气是开采和炼制石油过程中，作为副产品而获得的一部分碳氢化合物。

液化石油气的主要成分是丙烷、丙烯、丁烷和丁烯，习惯上又称为 C3、C4，即只用烃的碳原子数表示。这些碳氢化合物在常温、常压下呈气态，当压力升高或温度降低时，很容易转变成液态。从气态转变为液态，其体积约缩小 250 倍。标态下气态液化石油气的发热量约为 92100～121400kJ/m^3，密度在 1.9～2.35kg/m^3；液态液化石油气的发热量约为 45200～46100kJ/kg。

5）地下汽化煤气

地下汽化煤气是一种发热量很低的煤气（标准状态下$Q_{net,v,ar}$=3350～4180kg/m^3），其成分变化范围较大。

煤的地下汽化基本原理是：由地面做两个倾斜向下的巷道，通往待汽化的煤层，并在一定深度处把两个巷道连接起来，这个连通巷道成为火巷。在地面将含有液氧的空气沿一个倾斜巷道送入，使煤在火巷中氧化，生成的煤气则由另一个倾斜巷道引出。

煤的地下汽化使煤矿工人的劳动条件大为改善，同时也更好地利用燃料资源。对于技术上不开采的薄煤层，都可以通过地下汽化的方法加以利用。这种煤气在今后有可能大量用于电厂锅炉作燃料。

（4）沼气

沼气是有机物质在厌氧条件下，经过微生物的发酵作用而生成的一种混合气体。沼气，顾名思义就是沼泽里的气体。人们经常看到，在沼泽地、污水沟或粪池里，有气泡冒出来，如果我们划着火柴，可以把它点燃，这就是自然界天然发生的沼气。由于这种气体最先是在沼泽中发现的，所以称为沼气。人畜粪便、秸秆、污水等各种有机物在密闭的沼气池内，在厌氧（没有氧气）条件下发酵，被种类繁多的沼气发酵微生物分解转化，从而产生沼气。沼气是多种气体的混合物，其特性与天然气相似。

沼气的主要成分是甲烷。沼气由 50%～80%甲烷（CH_4）、20%～40%二氧化碳（CO_2）、0%～5%氮气（N_2）、小于 1%的氢气（H_2）、小于 0.4%的氧气（O_2）与 0.1%～3%硫化氢（H_2S）等气体组成 。由于沼气含有少量硫化氢，所以略带臭味。沼气的好处是可以处理有问题的废物，或从垃圾堆转移废物。沼气的发热量为 20800～23600kJ/m^3[6]。

8.4　燃料燃烧计算

燃料的燃烧过程就是燃料中的可燃成分与空气中的氧在高温条件下发生强烈放热并发光的化学反应过程。燃烧之后生成烟气和灰。要使燃料完全燃烧必须供给燃烧所需足够的氧气（空气），并使燃料与氧气充分混合，同时及时排走烟气和灰，否则就不能保证燃料完全燃烧。燃料的燃烧计算就是计算燃料燃烧所需的空气量和生成的烟气量。燃料燃烧所需空气量，可以根据燃料中可燃成分燃烧反应所需氧气量计算得出，作为送风机、送风管道尺寸的选择和确定的依据。产生的烟气量同理可求，也作为引风机、烟囱和烟道尺寸的选择和确定的依据。

8.4.1　空气量计算

固体和液体燃料的可燃元素为碳、氢和硫，它们完全燃烧时所用的空气量可以根据完全燃烧化学反应方程式来计算。计算时，空气和烟气所含有的各种组成气体，包括水蒸气在内均认为是理想气体，在标准状态下 1mol 体积等于 $22.4Nm^3$；同时还假定空气只是氧和氮的混合气体，其体积比为 21∶79。

单位燃料中可燃元素完全燃烧，而又无过剩氧存在时所需的空气量，称为理论空气量，用符号 V_k^0 表示，单位为 Nm^3/kg（对于气体燃料，单位为 Nm^3/Nm^3）。

碳完全燃烧反应方程式为

$$C+O_2=CO_2 \tag{8-37}$$

$$12kgC+22.4Nm^3O_2=22.4Nm^3CO_2 \tag{8-38}$$

1kg 碳完全燃烧时需要 $1.866Nm^3$ 氧气，并产生 $1.866Nm^3$ 二氧化碳。

硫的完全燃烧反应方程式为

$$S+O_2=SO_2 \tag{8-39}$$

$$32kgS+22.4Nm^3O_2=22.4Nm^3SO_2 \tag{8-40}$$

1kg 硫完全燃烧时需要 $0.7Nm^3$ 氧气，并产生 $0.7Nm^3$ 二氧化硫。

氢的完全燃烧反应方程式为

$$2H_2+O_2=2H_2O \tag{8-41}$$

$$2\times 2.016kgH_2+22.4Nm^3O_2=2\times 22.4Nm^3H_2O \tag{8-42}$$

1kg 氢完全燃烧时需要 $5.55Nm^3$ 氧气，并产生 $11.1Nm^3$ 水蒸气。

1kg 收到基燃料中的可燃元素分别为碳$\frac{C_{ar}}{100}$kg，硫$\frac{S_{ar}}{100}$kg，氢$\frac{H_{ar}}{100}$kg，而 1kg 燃料中已含有氧$\frac{O_{ar}}{100}$kg，相当于$\frac{22.4}{32}\times\frac{O_{ar}}{100}=0.7\frac{O_{ar}}{100}Nm^3/kg$。这样 1kg 收到基燃料完全燃烧时所需外界供应的理论空气量为

$$V_a^0=\frac{1}{0.21}\times\left(1.866\frac{C_{ar}}{100}+0.7\frac{S_{ar}}{100}+5.55\frac{H_{ar}}{100}-0.7\frac{O_{ar}}{100}\right) \tag{8-43}$$

$$=0.0886(C_{ar}+0.375S_{ar})+0.265H_{ar}-0.0333O_{ar}\ Nm^3/kg$$

气体燃料中可燃成分有 CO、H_2、C_mH_n、H_2S，它们的化学反应方程式如下：

一氧化碳完全燃烧反应方程式为

$$2CO+O_2=2CO_2 \tag{8-44}$$

$1Nm^3$ 一氧化碳完全燃烧时需要 $0.5Nm^3$ 的氧气，并产生 $1Nm^3$ 的二氧化碳。

C_mH_n 完全燃烧反应方程式为

$$C_mH_n+\left(m+\frac{n}{4}\right)O_2=mCO_2+\frac{n}{2}H_2O \tag{8-45}$$

$1Nm^3$ C_mH_n 完全燃烧时需要$\left(m+\frac{n}{4}\right)Nm^3$ 的氧气，并产生 $m Nm^3$ 的二氧化碳和$\frac{n}{2}Nm^3$ 水蒸气。

H_2S 完全燃烧反应方程式为

$$2H_2S+3O_2=2SO_2+2H_2O \tag{8-46}$$

$1Nm^3$ H_2S 完全燃烧时需要 1.5Nm^3 的氧气，并产生 1Nm^3 的二氧化硫和 1Nm^3 水蒸气。

H_2 完全燃烧反应方程式如（8-41）所示。即 $1Nm^3$ H_2 完全燃烧时需要 0.5Nm^3 的氧气，并产生 1Nm^3 水蒸气。

$1Nm^3$ 气体收到基燃料中的可燃成分为$\frac{CO^{ar}}{100}Nm^3$、$\frac{H_2^{ar}}{100}Nm^3$、$\frac{CH_4^{ar}}{100}Nm^3$、$\frac{C_2H_4^{ar}}{100}Nm^3$、$\frac{H_2S^{ar}}{100}Nm^3$，而 $1Nm^3$ 气体燃料中含有氧气$\frac{O_2^{ar}}{100}Nm^3$，这样 $1Nm^3$ 气体燃料完全燃烧时所需外界供应的理论空气量为

$$V_a^0=\frac{1}{0.21}\times\left(0.5\times\frac{CO^{ar}}{100}+\Sigma\left(m+\frac{n}{4}\right)\frac{C_2H_4^{ar}}{100}+1.5\times\frac{H_2S^{ar}}{100}+0.5\times\frac{H_2^{ar}}{100}-\frac{O_2^{ar}}{100}\right) \tag{8-47}$$

在锅炉运行时，由于锅炉的燃烧设备不尽完善和燃烧技术条件等的限制，送入的空气不可能做到与燃料完全混合，为了使燃料在炉内尽可能燃烧完全，实际送入炉内的空气量要大于理论空气量。实际供给的空气量 V_a 比理论空气量 V_a^0 多出的这部分空气，称为过量空气；两者之比 α 则称为过量空气系数，即

$$\alpha=\frac{V_a}{V_a^0} \tag{8-48}$$

1kg 燃料燃烧实际所需要的空气量可由下式计算；

$$V_a=\alpha V_a^0 \tag{8-49}$$

炉内的过量空气系数 α 是指炉膛出口处的α''_f，它的最佳值是与燃料种类、燃烧方式以及燃烧设备结构的完善程度有关。供热锅炉常用的层燃炉，α''_f值一般在 1.3～1.6 之间，而燃油、燃气锅炉则在 1.05～1.1 之间。

计算各种燃料所需理论空气量的经验公式如下：

对于贫煤及无烟煤

$$V_a^0=\frac{0.239Q_{net,v,ar}+600}{990} \tag{8-50}$$

对于烟煤

$$V_a^0=0.251\frac{Q_{net,v,ar}}{1000}+0.278 \tag{8-51}$$

对于劣质煤（$Q_{net,v,ar}<12560kJ/kg$）

$$V_a^0=\frac{0.239Q_{net,v,ar}+450}{990} \tag{8-52}$$

对于液体燃料

$$V_a^0=0.203\frac{Q_{net,v,ar}}{1000}+2.0 \tag{8-53}$$

对于气体燃料，当$Q_{net,v,ar}<10500kJ/Nm^3$ 时

$$V_a^0=0.209\frac{Q_{net,v,ar}}{1000} \tag{8-54}$$

当$Q_{net,v,ar}>10500kJ/Nm^3$ 时

$$V_a^0=0.260\frac{Q_{net,v,ar}}{1000}-0.25 \tag{8-55}$$

最后需要指出的是上述空气量的计算，是按不含水蒸气的干空气计算，事实上 1kg 干空气含有 10g 左右水蒸气，其所占份额很小而可以略去。

8.4.2　烟气量计算

(1) 理论烟气量计算

标准状态下，1kg 固体（液体）燃料在理论空气量下完全燃烧时所产生的燃烧产物的体积称为理论烟气量，用符号V_g^0 表示，固（液）体燃料的单位为 Nm^3/kg。计算式如下：

$$V_g^0=V_{CO_2}+V_{SO_2}+V_{N_2}^0+V_{H_2O}^0 \tag{8-56}$$

式中　V_g^0——标准状态下理论烟气量，m^3/kg；

V_{CO_2}——标准状态下 CO_2 的体积，m^3/kg；

V_{SO_2}——标准状态下 SO_2 的体积，m^3/kg；

$V_{N_2}^0$——标准状态下 N_2 的体积，m^3/kg；

$V_{H_2O}^0$——标准状态下 H_2O 的体积，m^3/kg。

理论烟气量，可根据前述燃料中可燃元素的完全燃烧反应方程式进行计算。固（液）体燃料的计算如下：

1) 理论二氧化碳体积V_{CO_2}（Nm^3/kg）：每 kg 碳完全燃烧产生 1.866Nm^3CO_2，1kg 燃料中含碳量为$\frac{C_{ar}}{100}$kg，燃烧后产生 CO_2 体积为

$$V_{CO_2}=1.866\frac{C_{ar}}{100}=0.01866C_{ar} \tag{8-57}$$

2) 理论二氧化硫体积V_{SO_2}（Nm^3/kg）：每 kg 硫完全燃烧产生 0.7Nm^3SO_2，1kg 燃料中含硫量为$\frac{S_{ar}}{100}$kg，燃烧后产生 SO_2 体积为

$$V_{SO_2}=0.7\frac{S_{ar}}{100}=0.007S_{ar} \tag{8-58}$$

3) 理论二氧化碳和理论二氧化硫气体体积的总和称为三原子气体体积，即

$$V_{RO_2}=V_{CO_2}+V_{SO_2}=0.01866(C_{ar}+0.375S_{ar}) \tag{8-59}$$

4) 理论水蒸气体积 $V_{H_2O}^0$（Nm^3/kg）：理论水蒸气有以下四个来源：

① 燃料中氢完全燃烧生成的水蒸气。每千克氢完全燃烧产生 11.1Nm^3 的水蒸气，1kg 燃料的含氢量为$\frac{H_{ar}}{100}$kg，燃烧后产生水蒸气体积为 0.111 $H_{ar}Nm^3/kg$。

② 燃料中水分形成的水蒸气。1kg 燃料中水分含量为$\frac{M_{ar}}{100}$kg，形成的水蒸气体积为$\frac{22.4}{18}\times\frac{M_{ar}}{100}=0.0124M_{ar}\text{Nm}^3/\text{kg}$。

③ 理论空气量 V_a^0 带入的水蒸气。前已提及，空气并非干空气，通常计算中取空气含湿量 d 为 10g/kg。已知干空气密度为 1.293kg/Nm³，水蒸气比容 v 为 1.24Nm³/kg，则 1kg 燃料所需理论空气量带入的水蒸气体积为

$$1.293V_a^0dv\times10^{-3}=1.293\times10\times1.24\times10^{-3}V_a^0=0.016V_a^0 \tag{8-60}$$

④ 燃用重油且用蒸汽雾化时带入炉内的水蒸气。雾化 1kg 重油消耗的蒸汽量为 M_{at}kg，这部分水蒸气体积为 $1.24M_{at}\text{Nm}^3/\text{kg}$。如用蒸汽二次风时，所带入水蒸气的计算与上相同。

理论水蒸气体积为上述四部分体积之和，即

$$V_{H_2O}^0=0.111H_{ar}+0.0124M_{ar}+0.0161V_a^0+1.24M_{at} \tag{8-61}$$

5）理论氮气体积 $V_{N_2}^0$（Nm³/kg）：烟气中氮气有以下两个来源：

① 理论空气量 V_a^0 中含有的氮。空气中氮的体积百分数为 79%，1kg 燃料所需要的理论空气量带入的氮气体积为 $0.79V_a^0\text{Nm}^3/\text{kg}$。

② 燃料本身所含的氮。每 kg 燃料含氮$\frac{N_{ar}}{100}$kg，燃料本身所含氮的体积为$\frac{22.4}{28}\times\frac{N_{ar}}{100}=0.008N_{ar}\text{Nm}^3/\text{kg}$。

理论氮的体积为上述两部分之和，即

$$V_{N_2}^0=0.79V_a^0+0.008N_{ar} \tag{8-62}$$

将上述三原子气体体积 V_{RO_2}、理论氮气体积 $V_{N_2}^0$ 和理论水蒸气体积 $V_{H_2O}^0$ 相加，便得到理论烟气量，即

$$V_g^0=V_{RO_2}+V_{N_2}^0+V_{H_2O}^0=V_{g,d}^0+V_{H_2O}^0 \tag{8-63}$$

式中 $V_{g,d}^0=V_{RO_2}+V_{N_2}^0$，称为理论干烟气体积。

气体燃料燃烧产生的理论烟气量可根据燃料中可燃成分 CO、H_2、C_mH_n、H_2S 的完全燃烧反应方程式（式 8-41、式 8-44～式 8-46）进行计算得到，计算式如下：

三原子气体

$$V_{RO_2}=V_{CO_2}+V_{SO_2}=\frac{CO_2^d}{100}+\frac{CO^d}{100}+\sum m\frac{C_mH_n^d}{100}+\frac{H_2S^d}{100} \tag{8-64}$$

水蒸气

$$V_{H_2O}^0=\frac{H_2^d}{100}+\frac{H_2S^d}{100}+\sum\frac{n}{2}\cdot\frac{C_mH_n^d}{100}+120(d_g+V^0d) \tag{8-65}$$

氮气

$$V_{N_2}^0=0.79V_a^0+\frac{N_2^d}{100} \tag{8-66}$$

式中 $V_{RO_2}^0$、$V_{H_2O}^0$、$V_{N_2}^0$——分别为单位体积干燃气完全燃烧理论烟气量中的三原子气

体、水蒸气、氮气体积，m^3/m^3；

d_g、d——分别是标态下燃气和空气的含湿量，$kg/m^3_{干气体}$；

其他符号同前。

将上述三原子气体体积V_{RO_2}、理论氮气体积$V^0_{N_2}$和理论水蒸气体积$V^0_{H_2O}$相加，便得到理论烟气量，如式（8-63）所示。

计算各种燃料理论烟气量的经验公式如下：

对于无烟煤、贫煤及烟煤

$$V^0_g=0.248\frac{Q_{net,v,ar}}{1000}+0.77 \tag{8-67}$$

对于劣质煤当$Q_{net,v,ar}<12560kJ/kg$时

$$V^0_g=0.248\frac{Q_{net,v,ar}}{1000}+0.54 \tag{8-68}$$

对于液体燃料

$$V^0_g=0.265\frac{Q_{net,v,ar}}{1000} \tag{8-69}$$

对于气体燃料，当$Q_{net,v,ar}<10467kJ/Nm^3$时

$$V^0_g=0.173\frac{Q_{net,v,ar}}{1000}+1.0 \tag{8-70}$$

当$Q_{net,v,ar}>14654kJ/Nm^3$时

$$V^0_g=0.272\frac{Q_{net,v,ar}}{1000}-0.25 \tag{8-71}$$

（2）实际烟气量计算

实际的燃烧过程是在有过量空气的条件下进行的。因此，烟气中除了含有三原子气体、氮气以及水蒸气外，还有过量氧气，并且烟气中氮气和水蒸气的含量也随之有所增加。

1）过量空气的体积

$$V_a-V^0_a=(\alpha-1)V^0_a \tag{8-72}$$

其中氧气的体积为$0.21(\alpha-1)V^0_a$ Nm^3/kg；氮气的体积为$0.79(\alpha-1)V^0_a$ Nm^3/kg。此外，过量空气还带入水蒸气，设空气含湿量$d=10g/kg$，则带入的水蒸气体积为$0.0161(\alpha-1)V^0_a Nm^3/kg$；故实际烟气中的水蒸气体积为

$$V_{H_2O}=V^0_{H_2O}+0.0161(\alpha-1)V^0_a \tag{8-73}$$

式中理论水蒸气体积由式（8-61）和式（8-65）求得。

2）实际烟气量

实际烟气量为理论烟气量和过量空气（包括氧、氮和相应的水蒸气）之和，即

$$\begin{aligned}V_g&=V^0_g+0.21(\alpha-1)V^0_a+0.79(\alpha-1)V^0_a+0.0161(\alpha-1)V^0_a\\&=V^0_g+1.0161(\alpha-1)V^0_a\end{aligned} \tag{8-74}$$

将式（8-63）代入上式，可得

$$V_g=V_{RO_2}+V^0_{N_2}+V^0_{H_2O}+1.0161(\alpha-1)V^0_a \tag{8-75}$$

不计入烟气中水蒸气时，即得实际干烟气体积为

$$V_{g,d}=V_{RO_2}+V_{N_2}^0+(\alpha-1)V_a^0 \tag{8-76}$$

8.4.3 空气和烟气焓的计算

理论空气量的焓

$$H_a^0=V_a^0(ct)_a \tag{8-77}$$

式中 H_a^0——单位燃料理论空气量的焓，固（液）体燃料的单位为 kJ/kg（燃料）；气体燃料的单位为 kJ/Nm^3（燃料）；

$(ct)_a$——1Nm^3 空气的焓，kJ/Nm^3，见附录 8-1。

实际燃烧产物（烟气）的焓由理论烟气量的焓与过量空气的焓及飞灰的焓所组成，即

$$H_g=H_g^0+(\alpha-1)H_a^0+H_{f,a} \tag{8-78}$$

式中 H_g——单位燃料烟气的焓，固体、液体燃料的单位为 kJ/kg（燃料），气体燃料的单位为 kJ/Nm^3（燃料）；

H_g^0——理论烟气量的焓，kJ/kg（燃料）或 kJ/Nm^3（燃料）；

$H_{f,a}$——飞灰的焓，kJ/kg（燃料）或 kJ/Nm^3（燃料）。

理论烟气量的焓

$$H_g^0=V_{RO_2}(ct)_{RO_2}+V_{N_2}^0(ct)_{N_2}+V_{H_2O}^0(ct)_{H_2O} \tag{8-79}$$

式中 $(ct)_{RO_2}$、$(ct)_{N_2}$、$(ct)_{H_2O}$——分别为 1Nm^3 的 RO_2、N_2、水蒸气的焓，kJ/Nm^3，它们与温度有关，其值可从附录 8-1 中查得。

飞灰的焓可由下式计算：

$$H_{f,a}=\alpha_{f,a}\frac{A_{ar}}{100}(ct)_{f,a} \tag{8-80}$$

式中 $(ct)_{f,a}$——每 kg 燃料飞灰的焓，kJ/kg（燃料），按附录 8-1 取值；

$\alpha_{f,a}$——烟气中带走的飞灰份额，它与炉型有关，可按表 8-4 取值。

烟气中带走飞灰的份额 **表 8-4**

炉型	层燃炉	沸腾炉	干态除渣煤粉炉	液态除渣煤粉炉	旋风炉
$\alpha_{f,a}$	0.1～0.3	0.25～0.6	0.90～0.95	0.6～0.7	0.1～0.15

思考题与习题

8-1 气体燃料的种类分几种？

8-2 燃料的主要成分有哪些，哪些是可燃成分，哪些是有害成分？

8-3 什么油有的闪点？

8-4 已知重油的条件黏度为 40°E，试换算成厘沲和沲。

8-5 什么是燃料的高位发热量和低位发热量？

8-6 已知某种燃料的收到基高位发热量为 23290kJ/kg，收到基的水分含量为 8.9%，氢含量为 3.81%，试求该燃料的低位发热量。

8-7 已知某种燃料收到基碳含量为 57.42%，氢含量为 3.81%，硫含量为 0.46%，氧含量为 7.16%，氮含量为 0.93%，水分含量为 8.85%，灰分含量为 21.37%，试换算干燥基和干燥无灰基的成分。

8-8 某生物质燃料的元素分析与工业分析结果如下：

碳	C_{ar}	%	45.71
氢	H_{ar}	%	5.13
氧	O_{ar}	%	40.15
氮	N_{ar}	%	0.59
硫	S_{ar}	%	0.07
水分	M_{ar}	%	2.19
灰分	A_{ar}	%	6.17
挥发分	V_{ar}	%	72.07
固定碳	FC_{ar}	%	19.58
发热量	$Q_{net,v,ar}$	kJ/kg	16837.50

试求：

(1) 1kg 该燃料完全燃烧需要的理论空气量 V^0（计算单项，再求和）。

(2) 1kg 该燃料完全燃烧产生的理论烟气量 V_g^0（计算单项，再求和）。

(3) 若过量空气系数 $\alpha=1.2$，求实际烟气容积 V_g。

8-9　已知无烟煤的低位发热量为 25435kJ/kg，试估算其理论空气量及理论烟气量。

8-10　已知烟煤的收到基低位发热量为 22200kJ/kg，试估算其理论空气量和理论烟气量。

8-11　什么是过量空气系数？

本章参考文献

[1]　中华人民共和国国家统计局编. 2021 年中国统计年鉴 [M]. 北京：中国统计出版社，2021.

[2]　刘海力，林道光，许君. 生物质锅炉技术 [M]. 北京：中国水利电力出版社，2019.

[3]　中国煤炭工业协会. 煤的工业分析方法：GB/T 212—2008 [S]. 北京：中国标准出版社，2008.

[4]　国家市场监督管理总局. 煤质及煤分析有关术语：GB/T 3715—2022 [S]. 北京：中国标准出版社，2022.

[5]　翁史烈. 话说生物质能 [M]. 南宁：广西教育出版社，2013.

[6]　郑国香，刘瑞娜，李永峰. 能源微生物学 [M]. 哈尔滨：哈尔滨工业大学出版社，2013.

第 9 章　供 热 锅 炉

9.1　锅炉的组成和种类

9.1.1　锅炉的组成与工作原理

锅炉是利用燃料燃烧释放出的热量或是其他能量将热媒加热到一定参数的设备。由于锅炉最广泛地被应用于加热水使之转变为蒸汽，所以也称锅炉为蒸汽发生器。

从能源利用的角度看，锅炉是一种能源转换设备。在锅炉中，一次能源（燃料）的化学能通过燃烧过程转化为燃烧产物（烟气和灰渣）所载有的热能，然后又通过热交换将热量传递给中间载热体—热媒（例如水和蒸汽），热媒再将热量输送到用热设备中。

锅炉由两大部分组成：“炉”与“锅”。“炉”是燃料的燃烧设备，在“炉”内燃料通过燃烧生成热高温烟气和灰渣；“锅”是烟气与热媒的换热设备，称为锅炉的受热面，水流经受热面被加热成满足热用户需求的热水或蒸汽。生产蒸汽的锅炉称为蒸汽锅炉，生产热水的称为热水锅炉。图 9-1 为 SHW（双锅筒横置往复炉排式）锅炉的示意图。燃料从料斗 13 落入往复炉排 12 上，随炉排移动进入炉膛 4，具有一定压力的空气由炉排下的风仓 14 经炉排与燃料混合、燃烧，生成高温烟气。炉膛内侧墙、前墙、后墙布有排管分别称侧墙水冷壁、前墙水冷壁、后墙水冷壁，它吸收炉膛火焰、烟气的辐射热量，并遮挡炉墙，同时起到对炉墙的保护作用。烟气从炉膛的上部流出，进入置于上下锅筒之间的对流管束 3 与管束内的热媒进行对流换热，再流经省煤器 15，之后以 200℃左右的烟气排出锅炉本体。有些锅炉经省煤器的烟气再经空气预热器（预热燃烧用的空气）后排出锅炉，充分利用锅炉尾部烟气热量。锅炉中的省煤器和空气预热统称锅炉附加受热面。锅炉的给水经省煤器预热后送入上锅筒 1 的水空间；经锅筒内的配水管进入各个循环回路的下降管（置于炉外不受热或低温烟道中），通过各个下集箱 7、10、11（或下锅筒 2）配流到与集箱（下锅筒）连接的多个上升管中，水在上升管中吸收炉膛的辐射热或对流受热面的对流放热而变成汽水混合物在上锅筒汇集，其中的蒸汽聚集在上锅筒的汽空间，经汽空间的汽水分离装置（图中未画）分离掉夹带的水滴后，从上部主蒸气阀供出。上锅筒水空间的热媒再经过反复循环直至变成蒸汽。在各个循环回路里，下降管内热媒不受热或处于低温区，热媒的密度大，上升管内热媒吸热后变成密度小的高温水或汽水混合物，继而在同一循环回路中产生循环流动的动力。有些锅炉还设有过热器，用于生产过热蒸汽。综上所述，锅炉中的“炉”由炉膛、炉排、风仓（分配燃烧空气）、料斗等组成；锅炉中的“锅”（受热面）由水冷壁、对流管束、上下锅筒和上、下集箱等部件组成。而蒸汽过热器、省煤器和空气预热器统称为锅炉的附加受热面。

9.1.2　锅炉的分类

锅炉的应用广泛，如作为电站锅炉，用作交通运输工具（机车、船舶）中的动力，向

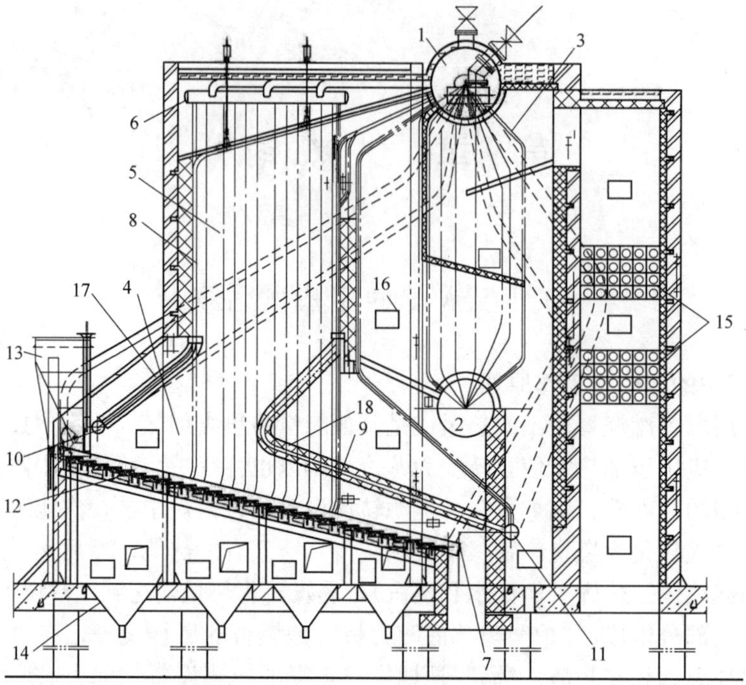

图9-1 SHW（双锅筒横置往复炉排式）锅炉

1—上锅筒；2—下锅筒；3—对流管束；4—炉膛；5—侧墙水冷壁；6—侧水冷壁上集箱；7—侧水冷壁下集箱；8—前墙水冷壁；9—后墙水冷壁；10—前水冷壁下集箱；11—后水冷壁下集箱；12—倾斜式往复炉排；13—料斗；14—风仓；15—省煤器；16—人孔；17—前炉拱；18—后炉拱

生产的工艺过程提供蒸汽或热水（如印染工艺、粮食或乳品等干燥过程、啤酒生产过程等），作为建筑热源等。锅炉的用途不同，要求的热媒参数相差甚远，在锅炉分类中，将3.9MPa（中压）以上的锅炉划归为电站锅炉，而将压力不超过2.5MPa的锅炉称为工业锅炉。用于建筑热源中的锅炉属工业锅炉范畴。下面仅就建筑热源中常用的工业锅炉的种类进行介绍。

9.1.2.1 按锅炉热媒分类

（1）蒸汽锅炉：供应一定压力的饱和蒸汽或过热蒸汽。

（2）热水锅炉：供应一定温度的热水。

9.1.2.2 按锅炉的出力分类

（1）小型锅炉：蒸发量小于20t/h或热功率小于14MW。

（2）中型锅炉：蒸发量20～60t/h。

9.1.2.3 按受热面的形式分类

（1）火管锅炉：烟气在管（筒）内、被加热的热媒在管（筒）外的锅炉，这是最早出现的锅炉形式，目前只有小型锅炉中有火管锅炉。有的火管锅炉中也布有一些水管受热面。火管锅炉也称锅壳式锅炉。

（2）水管锅炉：水在管内、烟气在管外的锅炉，是目前应用广泛的一类锅炉。

9.1.2.4 按锅炉出厂形式分类

（1）快装锅炉：锅炉整机出厂，现场安装快捷方便。

（2）散装锅炉：锅炉出厂为大量部件和零件，在现场组装成锅炉。

（3）组装锅炉：锅炉出厂为几大组合件，在现场拼装成锅炉。

9.1.2.5 按燃料种类分

（1）燃用固体燃料锅炉，如燃煤锅炉、生物质燃料锅炉等。

（2）燃油燃气锅炉。

锅炉还可以按其他特征进行分类，如根据燃烧方式、炉型、锅筒布置方式的分类将在以下章节中进行介绍。

9.1.3 锅炉的性能参数

9.1.3.1 锅炉出力

锅炉出力称容量或供热能力，通常有两种表示方法：锅炉供热量（或称热功率），本书中用$\dot{Q}_B$表示，单位为MW或kW，通常用于表示热水锅炉的出力；锅炉蒸发量，即锅炉生产的蒸汽流量，本书用$\dot{M}_s$表示，单位为t/h或kg/s，通常用于表示蒸汽锅炉的出力。热水锅炉也常用当量蒸发量来表示出力，两种表示方法近似的换算关系为1t/h蒸发量相当于0.7MW的热功率。市场上供应的定型锅炉的铭牌出力通常称为额定热功率和额定蒸发量。

9.1.3.2 蒸汽锅炉的蒸汽参数

（1）蒸汽压力，单位为MPa。锅炉铭牌给出的蒸汽压力为额定蒸汽压力（表压）。运行时的蒸汽压力等于或低于额定蒸汽压力。

（2）蒸汽温度，单位为℃。当锅炉供应过热蒸汽时，需标识蒸汽温度；当锅炉供应饱和蒸汽时只需标明压力。

9.1.3.3 热水锅炉供热参数

（1）供、回水温度，单位为℃。锅炉铭牌给出的供、回水温度称为额定供、回水温度。

（2）循环水量，本书用$\dot{M}_w$表示，单位为kg/s或t/h。锅炉铭牌给出的循环水量称为额定循环水量。

（3）工作压力，单位为MPa（表压）；表示热水锅炉可承压的能力。锅炉运行时压力不得超过锅炉铭牌上规定的工作压力。

9.1.3.4 锅炉热效率

锅炉热效率的定义见9.4节。它既表示了锅炉能量的转换效率，也是一个运行的经济性指标。

9.2 锅炉的燃烧设备

9.2.1 燃烧基本方式

燃料在锅炉中燃烧基本方式有火床燃烧、火室燃烧、流化（沸腾）床燃烧及旋涡燃烧四种，如图9-2所示。图中9-2（a）为火床燃烧，只适合燃用固体燃料。固体燃料堆放在炉排（又称火床）上燃烧，燃烧需要的空气从炉排下部进入，与料层混合、着火燃烧，释放燃料中的化学能。目前小型锅炉都采用这种燃烧方式。图9-2（b）为火室燃烧，既可燃用固体燃料，又可燃用液体、气体燃料。当燃煤时，需将煤磨成粉（粒径 100μm 以下，其中 25～50μm 颗粒居多），与高压空气（又称一次风）混合以很高的速度喷入炉膛，煤粉在炉内呈悬浮状燃烧，为增加炉膛烟气充满度（提高辐射换热能力），还需向炉膛内送入少量高速空气（称为二次风）加强烟气的扰动。这种燃烧方式，空气与燃料混合充分，燃烧条件好，适用的煤种广；燃烧完全，热效率高，可达 90％以上。燃煤的火室炉多用于电站锅炉。图 9-2（c）为流化床燃烧，这种燃烧方式介于火床燃烧与火室燃烧之间。炉膛的底部为布风板，在其上面是有一定粒度分布的固体燃料（预处理至 8mm 以下的颗粒）；空气从布风板下部向上送入，当气流速度达到一定值时，颗粒被浮起，料层胀高，燃料、灰渣上下翻滚，呈液体沸腾状态的燃料层，故又称沸腾床燃烧。流化床燃烧的优点是可燃烧的燃料较广，并可燃烧劣质煤；煤中添加石灰石等吸收剂后，可大幅降低烟气中的 SO_2 含量，又因燃烧温度低，烟气中 NO_x 的含量也低，因此是一种清洁燃烧技术。主要缺点是电耗大，飞灰量大，对锅炉受热面磨损严重，热效率有待提高。图 9-2（d）为旋涡燃烧，或称旋风燃烧。旋涡（风）炉中，燃料所需的大部分空气总是以极高的速度（可达 100m/s 以上）从切线方向进入旋风燃烧室，由于气流湍流扰动强烈，燃烧强度很高。因此旋涡燃烧可燃烧各种固体燃料，如煤、泥炭、生物质颗粒、垃圾等。旋涡（风）炉内燃料的粒径介于煤粉与小煤粒（＜5mm）之间。

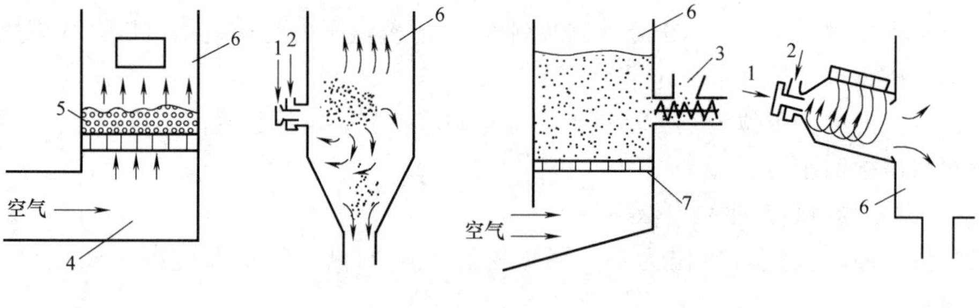

(a)　(b)　(c)　(d)

图 9-2　锅炉燃烧的基本方式

（a）火床燃烧；（b）火室燃烧；（c）流化床燃烧；（d）旋涡燃烧

1—一次风（燃料-空气混合物）；2—二次风（空气）；3—给料机构；4—送风室；5—固定燃料层；6—炉膛（燃烧室）；7—布风板

9.2.2　火床炉的结构形式

火床炉又称层燃炉，是燃用固体燃料的工业锅炉广为采用的一种炉型。按操作方式不同可分为两大类——手工操作火床炉和机械操作火床炉。手工操作火床炉在建筑热源系统中应用不多，故以机械操作火床炉为主要介绍内容。

图 9-3 为链条炉排炉（简称链条炉）的结构示意图。链条炉是工业锅炉广为应用的一种机械操作火床炉。固体燃料从炉前的煤斗 1 靠自重落于链条炉排 3 上；闸门 2 用于控制料层厚度。炉排由传动机构带动从炉前向炉后运动，燃料由炉排带入炉膛，依次经预热，干燥，着火燃烧，燃尽，最后形成灰渣经除渣板 7（又称老鹰铁）落入渣斗 8 中。除渣板除了引导灰渣落入渣斗外，还起了减少炉排后端漏风的作用。在链条炉排的两侧设有防渣箱 5，内通水冷却，以防侧墙粘结渣瘤和防止高温料层磨损炉墙。在链条炉排腹中隔有分区送风仓，可分别调节风量，以适应燃料各个燃烧阶段对空气的不同需求量。

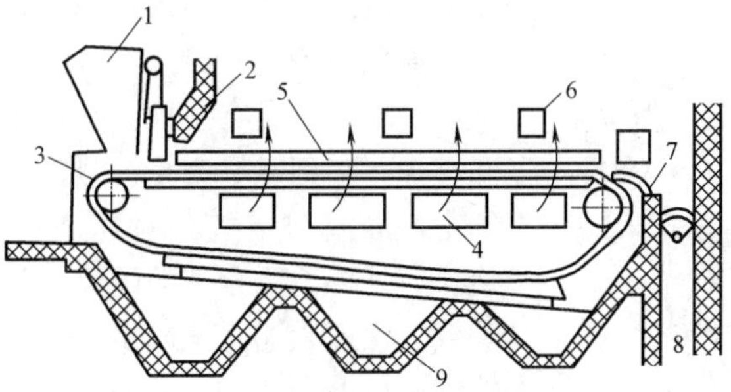

图 9-3 链条炉结构示意图

1—料斗；2—闸门；3—链条炉排；4—分区送风仓；5—防渣箱；
6—看火孔及检查门；7—除渣板；8—渣斗；9—灰斗

为了改善新入炉燃料的着火条件，在链条炉排的前后炉墙做成拱形，以引导炉内气流的流向。前炉拱（如图 9-1 所示）做成斜面式拱，利用斜面的热辐射引燃新燃料，因此前拱也称引燃拱；后炉拱的作用是把炉排后端过量的空气和高温烟气（夹带有燃烧的炭粒）导向前端，在前后拱形成的喉口处形成倒 α 气流，夹带的燃烧炭粒分离落下，这有利于新燃料的着火燃烧，尤其是燃用低挥发分的燃料。前后拱的组合形式及形状与燃料的种类有关。

机械操作火床炉除链条炉外，还有往复炉排炉、振动炉排炉。往复炉排由活动炉排片和固定炉排片间隔布置。水平往复炉排的推拉杆在与水平成一定倾角的方向做往复运动，带动活动炉排片沿固定炉排片作往复运动。活动炉排片向后运动时，固定炉排片上的燃料被推到下面的活动炉排片上；活动炉排片往前运动时，活动炉排上的燃料被推到下面的固定炉排片，如此周而复始地将燃料向前推进。倾斜式往复炉排（如图 9-1 所示），其结构参阅本章参考文献 [1]、[2]。往复炉排有良好的拨火作用，可燃用低发热量燃料；但主燃区的炉排片与灼热的燃烧层接触，易被烧坏，为保证往复运动的间隙，燃料漏损也较大。

振动炉排的炉排片搁在上框架的反“7”字形梁上，拉杆钩在炉排片下的小孔内，以保证炉排在振动时不会脱落。电机带动偏心块（激振器）旋转，产生交替变化垂直于弹簧板上的作用力，使炉排沿与水平成一夹角的方向往复振动，炉排面上燃料在惯性沿抛物线轨迹向炉后运动，完成燃料输送、松动料层、除渣的过程。振动炉排料层不断翻动，不易结块，利于燃尽，适用燃料种类广；但漏损量大，细粒易被烟气带走，飞灰损失大。

其他机械操作火床炉、沸腾炉、燃煤室式炉的结构，请参阅本章参考文献 [1]～[3]。

9.2.3 火室炉的燃烧器

火室炉又称室燃炉，是以火炬燃烧的方式释放燃料的化学能。室燃炉的工作过程是将液体或气体燃料和空气按适当的混合比例以一定压力送入炉膛或燃烧器，从燃烧器出口喷射火焰或在炉膛直接燃烧来完成燃烧释放热能的全过程。室燃炉主要的部件是燃烧器，燃烧器是将燃料（燃油或燃气）的化学能转变为热能的设备。燃油（气）锅炉、暖风机、直燃机都配有燃烧器。油、气的性质不同，其燃烧器的结构也不同，下面分别介绍燃油燃烧器和燃气燃烧器。

9.2.3.1 燃油燃烧器

燃油是液体燃料，它的沸点低于它的着火点，因此燃油的燃烧总是在气态下进行。燃

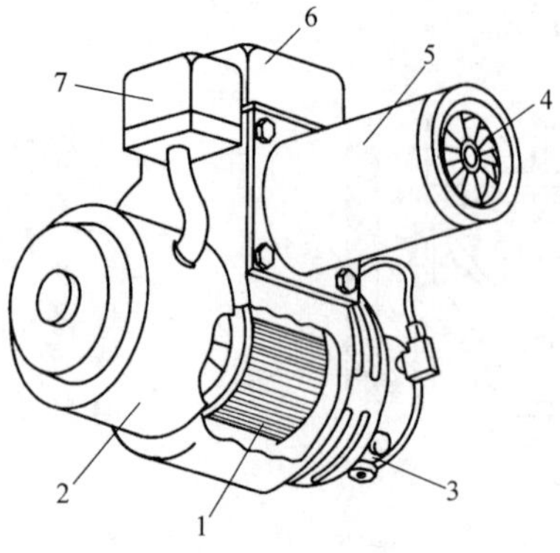

图 9-4 压力式雾化燃油燃烧器

1—风机；2—电机；3—油泵；4—稳焰器；5—风筒；6—点火变压器；7—控制箱

油雾化成细小油粒喷入炉膛后，被加热而汽化，汽化后的油气与空气中氧气接触，着火燃烧，形成火焰。燃烧产生的热量有一部分传给油滴，使油粒不断汽化和燃烧，直到燃尽为止。显然，燃烧器雾化的油滴愈细小，油滴与空气相对速度愈大，愈有利于强化燃烧。另外，需要合理的配风，尽量在最小的空气过量系数下保证燃油完全燃烧。因此，燃油燃烧器由雾化器和调风器所组成。在建筑中应用的锅炉、直燃机、热风炉的燃油燃烧器通常都与风机、油泵、控制器等组装在一起。

图 9-4 为压力式雾化燃油燃烧器。其中风机提供燃烧所需的空气；在风机入口有调节风量的风门；油泵为油的雾化提供必需的压力；在风筒内装有雾化器和调风器。雾化器（或称油喷嘴）有两大类：机械式和介质雾化式。机械式雾化器又可分为压力式和转杯式雾化器。

图 9-5 为应用广泛的压力式雾化器。压力约为 0.7～2.1MPa 的燃油从供油管进入，经分油器的油孔均匀地进入环形油槽中；再进入旋流片上的切向油道，使油在旋流片上的旋流室中产生强烈的旋转，最后从雾化片上的喷口喷出。油在离心力的作用下被粉碎成细小的油滴，形成一个空心的圆锥形雾炬。在旋流片的另一侧有回油孔，部分油可以从回油管返回。从理论上说，当油压不变时，总供油量基本不变，当改变回油量时，喷油量随之变化。因此，可利用此原理来控制喷油量，以实现对负荷的调节。简单压力式雾化器不设回油孔，燃油量的控制靠调节压力来实现。

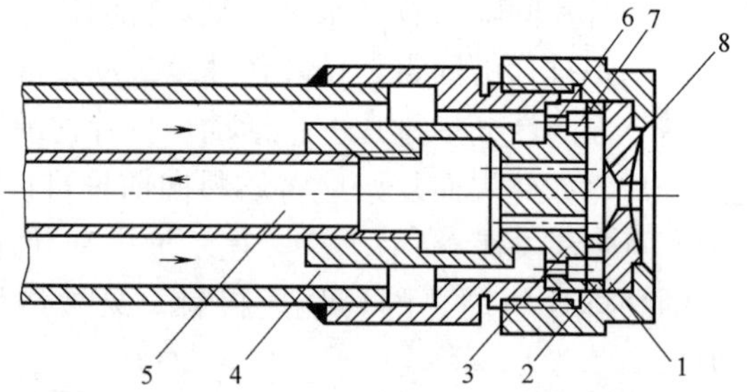

图 9-5 压力式雾化器

1—雾化片；2—旋流片；3—分油器；4—供油管；5—回油管；6—油孔；7—环形油槽；8—旋流室

转杯式雾化器的工作原理是在一中空轴端部装有一转杯（锥形小杯），转杯以 3000～6000r/min 转速旋转，从轴的中心油道内进入转杯的油在离心力作用下沿杯壁被甩出粉碎，同时在转杯的四周以 40～100m/s 的流速送出空气，帮助把油雾化成更细小的液滴。

介质雾化式雾化器是利用高压介质（0.3～1.2MPa 的蒸汽或 0.3～0.6MPa 的空气）或低压空气（2.0～7.0kPa）引射并撞击油流，达到雾化的目的。介质雾化器结构简单，油雾化细而均匀，但高压介质雾化器的能耗高，噪声大。目前多数燃油锅炉、直燃机、暖风机中采用的雾化器是压力式雾化器，小型锅炉中有的使用低压空气雾化器。

调风器是分配燃烧所需要的空气。通常分两股风送入，一小部分从油雾化器的根部（紧邻喷嘴）送入，称根部风或一次风，即在油燃烧前混入空气，以减少油因高温而热分解；大部分风（二次风）使油气扩散混合，强烈扰动，以保证炭黑和焦粒燃尽。调风器有两大类：平流式和旋流式。图 9-6 为两种调风器的工作原理图。图 9-6（a）为平流式调风器，外风筒是文丘里管式，大部分风（二次风）从周边直流进入炉膛，只有一小部分空气（根部风或一次风）经由叶片构成的旋流送出，这部分产生旋转运动，以使与喷嘴喷出的油雾更好掺混，从而保持在油嘴附近有稳定的火焰，因此称为稳焰器。图 9-6（b）为旋流式调风器，其一次风和二次风都设有百叶片式旋流器。在调风器内设有电子点火的电极，点火变压器提供高压电。

燃烧器用功率来表示它的供油能力。锅炉、直燃机或暖风机根据供热能力来选配燃烧器。压力式雾化燃油燃烧器适用范围为 0.02～2MW；低压空气雾化的燃烧器适用范围为 0.02～0.3MW；转杯式雾化燃烧器适用范围为 0.2～10MW，高压蒸汽雾化燃烧器适用范围为 3.5MW 以上[4]。

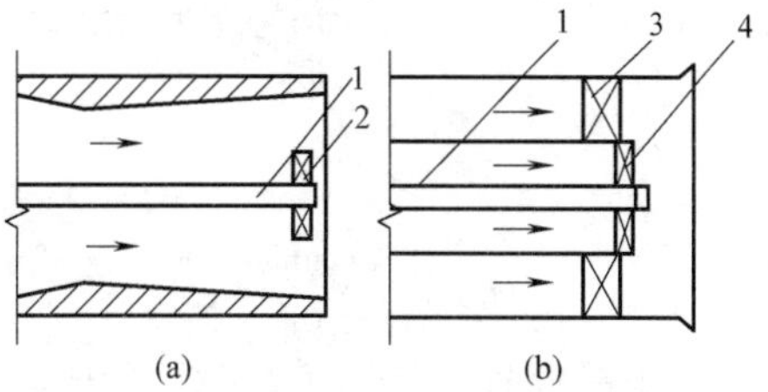

图 9-6 调风器工作原理图

（a）平流式；（b）旋流式

1—油管；2—叶片旋流器（稳焰器）；3—根部风叶片旋流器；4—二次风旋流器

9.2.3.2 燃气燃烧器

燃气燃烧器有多种结构形式。按燃烧方式可分为：1）扩散式燃烧器，燃料所需空气不预先混合；2）大气式燃烧器，燃烧所需要空气中的一部分预先与燃气混合；3）完全预混式燃烧器，燃烧所需全部空气预先与燃气混合。按空气供给方式可分为：1）引射式燃烧器，空气依靠燃气射流吸入或燃气被空气射流吸入；2）自然引风式燃烧器，空气依靠炉膛的负压吸入；3）鼓风式燃烧器，空气依靠风机送入炉膛。还有一些特殊功能的燃烧器，如脉冲式燃烧器（如图 9-18 所示的锅炉的燃烧器）、低 NO_x 燃烧器等。下面介绍几种常用的燃烧器。

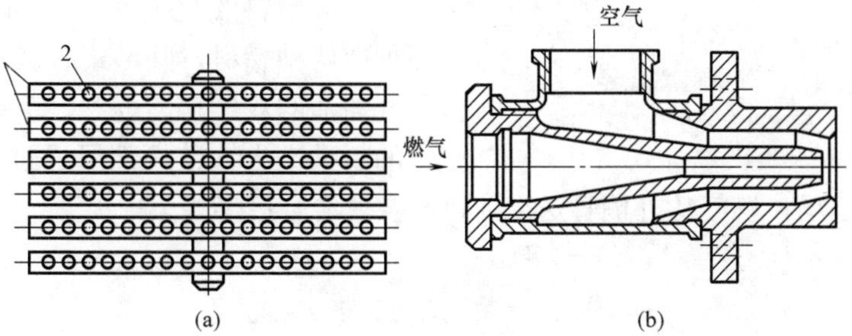

图 9-7 扩散式燃烧器

（a）自然引风扩散式排管燃烧器（俯视图）；（b）强制鼓风扩散式套管燃烧器

1—排管；2—小孔

扩散式燃烧器（图 9-7）燃烧所需的空气在燃烧过程中按扩散方式供给。根据空气供给的动力不同，扩散式燃烧器又分为自然引风式和强制鼓风式两类。前者依靠自然抽力供给空气；后者依靠风机的动力供给空气，燃烧前与空气不预先混合。这两类的燃烧器形式也多样。图 9-7 给出了两种扩散式燃烧器的结构形式。其中图 9-7（a）为自然引风扩散式排管燃烧器（俯视图），在排管上布有小孔，燃气从小孔中喷出，在炉膛内燃烧，燃烧所需空气靠自然抽力进入炉膛。图 9-7（b）为强制鼓风扩散式套管燃烧器，燃气从内管送出，同时空气靠风机动力从套管的环形空间送出，燃气与空气在燃烧过程中相混。

大气式燃烧器又称引射式预混燃烧器，应用广泛。图 9-8 为大气式燃烧器结构示意

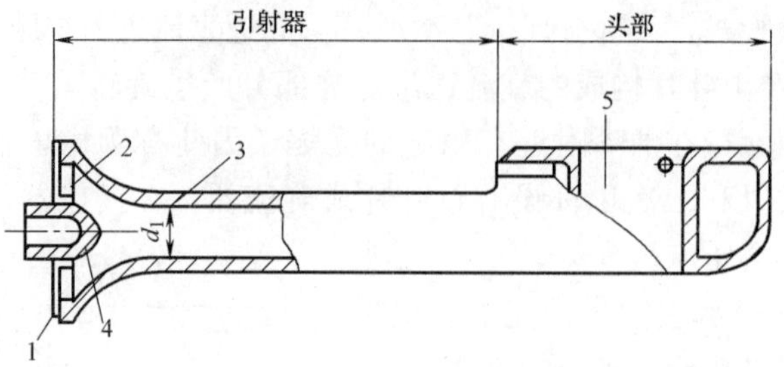

图 9-8　大气式燃烧器结构示意图

1— 调风板；2—一次空气口；3—引射器喉部；4—喷嘴；5—火孔

图。其中喷嘴将燃气的压力能转变成动能，以引射一定量的空气。两种气体混合，并获得同样速度，而后在引射器的扩压管中压力逐渐升高，燃气与空气的混合气在头部的火孔喷出燃烧。燃烧过程中又补充一部分空气。预混的一次空气量用调风板进行调节，一次空气系数 α_1（一次空气占燃烧所需空气的分数）通常为 0.45～0.75。

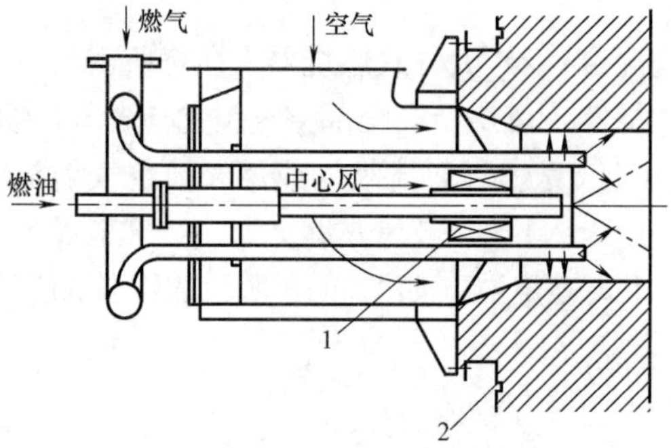

图 9-9　双燃料燃烧器

1—旋流叶片；2—炉墙

完全预混式燃烧器（也称无焰燃烧器）在燃烧之前燃气与空气实现完全预混，一次空气系数 $\alpha_1 \geqslant 1.0$。预混空气的方法与大气式燃烧器一样，它是利用引射器把全部空气引入混合后从喷头喷出燃烧。喷头处设有稳焰器，如用耐热金属板条做的格栅。

9.2.3.3　双燃料燃烧器

双燃料燃烧器可以单独或同时使用一种或两种燃料，其形式有多样。图 9-9 为燃气与油的双燃料燃烧器，燃油通过设在中心的喷嘴送出，其根部风通过旋流叶片送出，形成旋转的火焰场；燃气从外侧管送出，再与空气混合后燃烧。

9.3　锅炉的受热面

9.3.1　受热面的类型

从放热介质（火焰、烟气）吸收热量并将热量传递给受热介质（水、蒸汽、空气）的金属表面称为受热面。根据受热传递过程的特点，可将受热面分为两大类：辐射受热面、对流受热面。

辐射受热面的特点是：1）主要以辐射换热方式从放热介质吸收热量，对流换热的作用可以忽略不计；2）布置在烟气温度为 900℃以上的区域，充分发挥高温下辐射换热与温度的 4 次方成正比的优势，以少量的表面积吸收大量的热量；3）四壁布置合围成炉膛，以保证燃料的充分燃烧，同时冷却炉墙，构成所谓“水冷壁”。

辐射受热面按结构形式分有板式受热面和管式受热面。锅炉中向火的锅壳或者内燃锅炉的炉胆（参见图 9-19）即是板式受热面；靠炉墙布置的排管（水冷壁）即是管式受热面。

对流受热面的特点是：1）主要以对流换热方式从放热介质吸收热量，辐射换热的作用居次要地位，而且随着烟气温度的降低而越来越弱（烟温低于350℃时可忽略辐射换热的作用）；2）布置在中、低烟温区域（900℃以下），其传热效果取决于烟气对受热面冲刷的强烈程度，因而与烟气流速、冲刷方向、受热面结构、形状及布置有关。

对流换热面按结构形式可分为管束受热面、管箱受热面、蛇形管受热面、铸铁肋片管受热面、热管受热面和沸腾层内的埋管受热面，如图9-10（a）～（f）所示。其中图9-10（a）为上、下锅筒（或集箱）间的管束受热面，管束可顺排或叉排，烟气横向冲刷管束。图9-10（b）和图9-10（c）均为管箱受热面，它的结构特点是在两管板间连接有并列的直管组成，其中（b）为烟管受热面；（c）为空气-烟气换热器，用于对送入锅炉的空气进行预热，称空气预热器，布置在锅炉的尾部烟道。图9-10（d）为蛇形管受热面，管子可顺排或叉排，图中的蛇形管水平放置，常用于锅炉给水预热（作省煤器用）；蛇形管也可垂直放置，常用作蒸汽过热器。图9-10（e）为铸铁肋片管受热面，由若干根定型的带肋片的铸铁管组合成换热器，常用作锅炉的省煤器，置于锅炉尾部烟道。图9-10（f）为热管受热面，它由若干根热管所组成，热管内抽真空后充入蒸发温度低的介质；热管的一端放在放热介质（如烟气）中，管内的介质吸热汽化，蒸汽上行到热管的另一端，蒸汽释放冷凝热后变成液体而流回热管下部，释出的热量加热了受热介质（如空气）；从而把热量从放热介质转移到受热介质中，而管内的易挥发介质在放热端和吸热端间自动循环；为增强传热，热管外加肋片；热管式换热器通常作为锅炉的尾部受热面—空气预热器或省煤器以最大程度降低排烟温度。图9-10（g）、图9-10（h）为沸腾炉（流化床燃烧，参见图9-2）中埋在沸腾层内的受热面，分立式埋管和卧式埋管两种形式；埋管受燃烧的焦炭粒和烟气冲刷，传热方式特殊，同时有导热、辐射和对流换热。

9.3.2　水循环和汽水分离

水循环和汽水分离是指工业锅炉受热面内部工作的两个重要问题。它不仅影响锅炉的性能，也影响到锅炉运行的安全性。锅炉的设计与运行都应给予关注。

9.3.2.1　锅炉的水循环

水和汽水混合物在锅炉受热面回路中的循环流动，称为锅炉的水循环。在供热锅炉中，除热水锅炉外，蒸汽锅炉几乎都采用自然循环。所谓自然循环是指利用炉内受热强的管束（上升管）中汽水混合物密度比不受热（或受热弱）的下降管中水的密度小所形成的密度差，构成的水在下降管中下行而汽水混合物在上升管中上行的循环流动。在锅炉受热面中有若干个循环回路，每一个循环回路都是由并联上升管、下降管及上下联箱或上下锅筒组成的。驱动循环回路循环的动力是密度差所产生的压头，而循环的压头＝密度差×循环回路的高度×重力加速度。在循环回路高度一定的情况下，上升管和下降管中工质的密度差越大，循环动力越强，热交换越强烈，循环越可靠。因此，下降管尽量避免管内工质含有蒸汽，如下降管一般置于炉外不受热；下降管在上锅筒的取水孔不要靠近水面或接近上升管，以免蒸汽被带入下降管中，这样可保证具有较大的密度差。循环压头用于克服循环的流动阻力。循环回路中工质的流动阻力由两部分组成：下降管阻力和上升管阻力。将水冷壁作为上升管的循环回路中，通常有多根并联上升管，而与之相对应的下降管一般只有两根，显然下降管的流动阻力比上升管大得多，即循环压头主要克服下降管的流动阻力，而下降管带汽也会增加流动阻力。

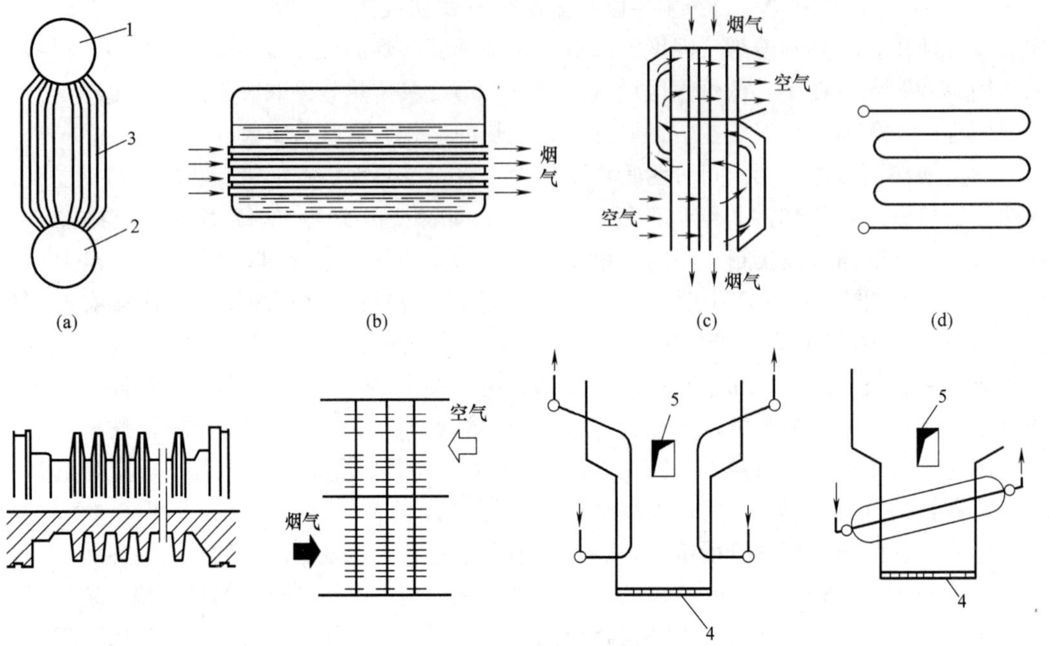

图 9-10 对流受热面

(a) 管束受热面；(b)、(c) 管箱受热面；(d) 蛇形管受热面；(e) 铸铁肋片管受热面；
(f) 热管受热面；(g) 立式埋管受热面；(h) 卧式埋管受热面
1—上锅筒；2—下锅筒；3—管束；4—布风板；5—溢流口

在锅炉运行时，当并联的上升管受热不均，有些受热弱的管内产汽量少，密度增大，这根上升管与下降管组成小循环回路的压头扣除下降管的阻力（较大）已不足以克服上升管的阻力，则流动减弱甚至停止，这时在焊缝处、管段转弯处、倾斜度小的管段处就发生气泡积聚，析出水垢。若该处恰好是高温烟气区，则管子会被烧坏。若某一并联上升管受热下偏差进一步加大，则此根上升管产生的循环压头不足以克服共用下降管阻力，导致这根上升管工质倒流，若此时管内的气泡无法被向下流动的水流带走而形成气塞，也会引起受热面因冷却差而过热烧损。因此在锅炉设计时，通常按受热面情况不同划分循环回路，同时保证同一回路中的并联上升管受热均匀。如图 9-1 所示的锅炉的前、后、侧墙的水冷壁分别组成 4 个循环回路。下降管取比较大的管径，以减少公共下降管的阻力。若循环回路有上集箱，则上集箱与锅筒之间的汽水进出管也应加大管径，以减少公共管的阻力。图 9-1 中上下锅筒和对流管束也构成了一个循环回路，对流管束中受热强的管子中的水向上流，受热弱的管子中水向下流。

9.3.2.2 锅炉的汽水分离

在蒸汽锅炉的上锅筒中，虽然以水位为界分为水空间和汽空间，但汽空间内并非全部是蒸汽；水中的气泡上升到水面破裂而产生大大小小的水滴进入汽空间，因此，汽空间也有水。蒸汽如果夹带水滴，这些水滴含盐量很高（由于锅筒中的水不断汽化，盐分不断浓缩），如果进入过热器中将会导致过热器结垢，恶化传热。即使直接送出的饱和蒸汽供用户应用，蒸汽品质也有一定要求，水管锅炉饱和蒸汽的含水率不应大于 3%；锅壳式锅炉含水率不应大于 5%。

造成蒸汽带水的因素有：蒸汽速度过大；汽空间高度低；上升管中汽水混合物进入锅筒时具有一定的动能，造成水面波动或产生水滴飞溅；负荷不均匀，蒸汽只从部分水面逸出，局部地方流速过大；锅水含盐量大，表面张力增大，气流撞击水面而产生气泡不易破裂，形成泡沫，泡沫层占据一定的汽空间，使汽空间容积减少，泡沫积聚在蒸汽出口处，蒸汽会把泡沫带出等。上述造成带水的原因，有的在设计时已经给予了考虑，有的需在运行时注意防止，如监控锅炉水质管理，加强锅炉排污等。

蒸汽在汽空间流动过程中有一部分大水滴在重力作用下被分离下来。同时在锅筒内还采取其他一些汽水分离措施，以送出高品质的蒸汽。各种锅炉所采用的汽水分离方式各不相同，通常采用的汽水分离装置如图 9-11 所示，一种锅炉中可能同时采用其中的几种措施。图 9-11（a）为水下孔板，设在最低水面下 80mm 处，其作用是使水面蒸汽发生量均匀，防止有上升管引入锅筒的汽水混合物冲击水面。汽水混合物引到孔板下，由于孔板上小孔的局部阻力，使蒸汽在孔板下形成气垫，起到匀汽的作用。汽水混合物孔板下水面引入，给水一般在孔板的上面，以冲洗泡沫层，孔板的一端（图中右端）与锅壁间留一流水

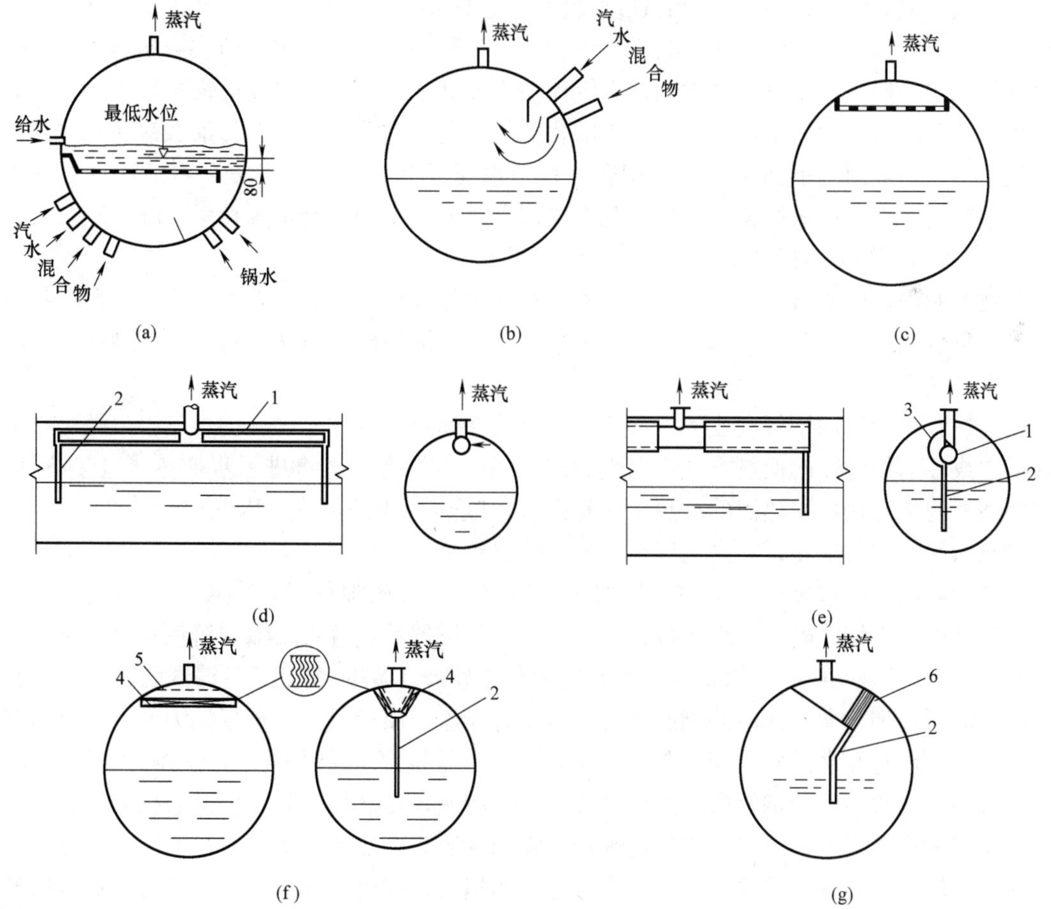

图 9-11 汽水分离装置

(a) 水下孔板；(b) 挡板；(c) 匀汽孔板；(d) 集汽管；(e) 蜗壳式分离器；(f) 波形板分离器；(g) 钢丝网分离器

1—集汽管；2—疏水管；3—蜗壳；4—波形板分离器；5—匀汽孔板；6—钢丝网

口，在其附近可设下降管的入口。图 9-11（b）为挡板，挡板的形式有多种，图中只表示了一种形式，在汽水混合物出口处设折流挡板，使进入锅筒的汽水混合物冲击挡板，消耗一部分能量，蒸汽转而向上，在惯性作用下，水滴分离。图 9-11（c）为匀汽孔板，其作用是使上行的蒸汽流速均匀，防止在出汽管处流速过大而夹带水滴，同时孔板也有阻挡水滴的作用；匀汽孔板在蒸汽出口管下方 2 倍直径的范围内是不开孔的。图 9-11（d）为集汽管，在集汽管侧部开有不等宽的条缝，蒸汽由条缝进入集汽管后再引出锅筒，从而减小了收集蒸汽的速度；管内的水滴由疏水管导入锅筒的水空间中，图 9-11（e）为蜗壳式分离器，蒸汽从侧部切线方向进入蜗壳，在离心力作用下，蒸汽中夹带的水滴粘附于蜗壳壁上，再从底部疏水管排出；蒸汽通过小孔进入集汽管（内管），汇集到中间经主蒸气阀排出锅筒。图 9-11（f）为波形板分离器，左图为分离器水平布置，右图是立式布置，中间小图是波形板局部放大的示意图；距波形板分离器出口 30～40mm 处装有匀汽板，以使通过波形板分离器的流速均匀。图 9-11（g）为钢丝网分离器，用一层或数层钢丝网和钢板网间隔排列组合而成，利用阻挡的作用把夹带的水滴阻挡下来，再用疏水管导入锅筒水空间中；图中是一种布置方式，也可以水平布置。

在蒸汽锅炉的上锅筒中还设有连续排污管，以排除一部分含盐量高的炉水、悬浮物和油脂。由于蒸汽中杂质含量几乎为零，随着蒸发过程的进行，锅水不断被浓缩，为了保持锅水的水质，避免发生汽水共腾而使上锅筒缺水或满水，需将高浓度的锅水排出，并补充经水处理后的低浓度的给水，维持锅水的含盐量在允许的范围内。为保证在锅筒长度方向均匀排污，一般用一根钻有小孔的钢管，置于水面下 200～300mm 处，将高浓度的锅水引到锅筒外。也有在锅筒长度方向设几个排污点，详细结构参阅本章参考文献 [5]。

9.3.2.3　锅炉的辅助受热面

在工业锅炉中通常把过热器、省煤器、空气预热器称为辅助受热面。这些辅助受热面并不在每台锅炉中都配置。例如，只有供过热蒸汽的锅炉配置过热器；有些小型锅炉可能无辅助受热面。

过热器一般采用钢管制成的蛇形管式，可放在烟道内或挂于炉膛的烟气出口处。以辐射换热或辐射加对流的换热方式将上锅筒汽空间引出的饱和蒸汽进一步加热成过热蒸汽。需要注意的是过热器受热面的放热工质是烟气，吸热工质是蒸汽，因此综合传热系数低，对受热面的冷却效果差，在高温区布置的过热器要采用合金钢。

省煤器用于给水预热，装在锅炉的尾部烟道，可有效降低排烟温度，提高锅炉热效率，故名为“省煤”器。省煤器按材质分有铸铁省煤器和钢管省煤器。铸铁省煤器采用铸铁肋片管（见图 9-10e）组合而成。水在管内分 2 路或 1 路依次流经各铸铁肋片管，水自下而上流动，烟气向下横向冲刷肋片管。铸铁省煤器金属耗量大；承压能力低；所有连接均采用法兰，易漏水；肋片间积灰不易清除；优点是抗腐蚀能力强，有较强的耐磨性能。钢管省煤器通常用无缝钢管做成蛇形管式，不易堵灰，传热效果好，但易磨损和腐蚀。

空气预热器有多种形式，在工业锅炉中常用管箱式换热器（图 9-10c）。空气预热器安装在尾部烟道，有效降低排烟温度，减少排烟热损失；同时预热了空气，改善了炉内的燃烧条件；尤其燃用多水分和灰分的劣质燃料，有助于稳定燃烧。降低排烟温度的同时也改善了引风机的工作条件。

尾部受热面虽然对提高锅炉热效率有利，但同时也带来一个不容忽视的问题，即烟气低温腐蚀问题。当燃料中含有害元素 S 时，燃烧生成 SO_2，其中有一部分会进一步氧化成 SO_3，与水蒸气生成硫酸蒸汽。硫酸蒸汽的存在使得烟气的露点温度显著上升，当尾部受热面的壁温低于烟气的露点时，硫酸蒸汽就会凝结在金属壁面，造成尾部受热面（省煤器给水入口处或空气预热器空气入口处）的腐蚀。避免发生低温腐蚀的措施：一是燃料脱硫和控制燃烧以减少 SO_3 的产生，使用添加剂（石灰石、白云石等）吸收 SO_3 等；二是提高尾部受热面的抗腐蚀能力，如采用陶瓷材料或铸铁代替钢制金属；三是提高尾部受热面的壁温，如提高空气预热器入口空气温度（从锅炉的顶部取空气）；或将预热器空气入口的一段与其他段分开，以便限定腐蚀范围，当腐蚀发生时容易更换。

9.4 锅炉热效率与热平衡

9.4.1 热效率定义

燃料在燃烧设备中燃烧放出的热量，其中大部分用于制取蒸汽、热水（锅炉）或冷水（直燃机），这是燃烧获得热量中有效利用热量。同时有一部分热量通过各种途径损失掉了。对于以燃料热量制取蒸汽或热水的锅炉通常以热效率 η 来表示燃料燃烧的发热量转换成有效利用热量的百分数，定义为

$$\eta=\frac{Q_1}{Q_f}\times 100\% \tag{9-1}$$

式中 Q_f——单位燃料在炉内燃烧的发热量，又称支配热，kJ/kg（固体、液体燃料）或 kJ/Nm^3（气体燃料）；

Q_1——有效利用热量，kJ/kg 或 kJ/Nm^3。

将上式的分子分母均乘以燃料消耗量 $\dot{M}_f$（kg/s 或 Nm^3/s），则得

$$\eta=\frac{Q_1\dot{M}_f}{Q_f\dot{M}_f}\times 100\%=\frac{\dot{Q}_1}{\dot{Q}_f}\times 100\% \tag{9-2}$$

式中 $\dot{Q}_1$——单位时间有效热量，kW；

$\dot{Q}_f$——单位时间燃料在炉内燃烧的发热量，kW。

对于以燃料燃烧的发热量转换成制取冷量或热量的直燃机，用制冷性能系数或制热性能系数来表示能量的转换效率（详见 6.5 节），其中制热性能系数与锅炉的热效率的物理意义是一样的，只是名称不一样。

通过建立燃料燃烧发热量与各项损失的热平衡式，来分析锅炉的热效率，通常称为锅炉的热平衡。了解热平衡中各项损失大小或比率，有利于在使用这些设备时，掌握如何减少损失，提高热效率，节能降耗。本节锅炉的热平衡分析适用于燃用固体燃料、燃油、燃气锅炉，同样也适用于直燃机或其他以燃料燃烧制取热量的设备的效率分析。

9.4.2 锅炉能流图

图 9-12 为一典型蒸汽锅炉的能流示意图。该锅炉由燃烧设备、炉膛、水冷壁、锅筒、对流管束、过热器、省煤器和空气预热器等组成。燃料在燃烧设备与炉膛中燃烧放出热量并生成热烟气，燃烧产物通过水冷壁、对流管束、过热器将热量以辐射和对流的方式传递给热媒；并通过空气预热器把排出的烟气中的一部分热量传递给送入炉膛的燃烧用空气，

以改善燃烧条件，提高炉膛的温度。同时，通过烟囱、灰渣排放、锅炉本体的散热等方式或因不完全燃烧等因素而损失一部分热量。锅炉输入的热量必将与锅炉有效利用热量及各项损失之和相平衡。以1kg固体、液体或1Nm^{3}气体燃料（在101.3kPa和0℃的标准状态下的体积）为基准，可列出如下平衡式：

$$Q_f = \sum_{i=1}^{6} Q_i = Q_1 + Q_2 + Q_3 + Q_4 + Q_5 + Q_6 \tag{9-3}$$

式中 Q_f——送入锅炉的热量，即1kg固体、液体燃料或1Nm^{3}气体燃料的发热量，kJ/kg（固、液体燃料，下同）或kJ/m^3（气体燃料，下同）；

Q_1——锅炉有效利用的热量，kJ/kg或kJ/m^3；

Q_2——锅炉排烟热损失，kJ/kg或kJ/m^3；

Q_3——锅炉中气体未完全燃烧热损失，kJ/kg或kJ/m^3；

Q_4——锅炉中固体未完全燃烧热损失，气体燃料此项为零，kJ/kg；

Q_5——锅炉散热损失，kJ/kg或kJ/m^3；

Q_6——锅炉炉渣物理热损失及冷却水热损失（锅炉的某些部件采用水冷却，而冷却水排至炉外），kJ/kg或kJ/m^3。

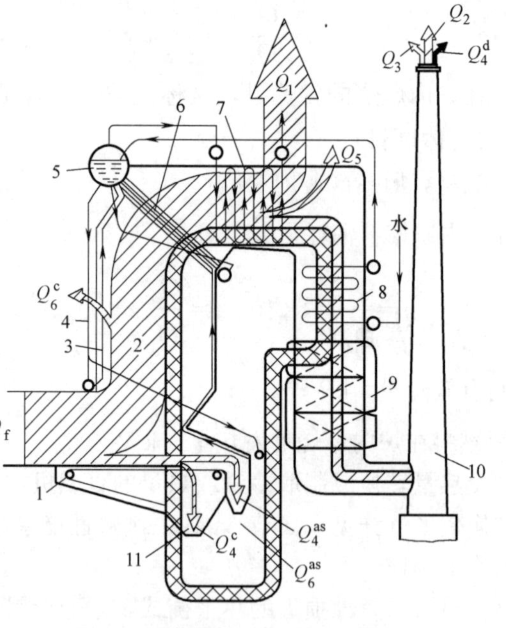

图9-12 蒸汽锅炉的能流示意图

1—燃烧设备；2—炉膛；3—水冷壁；4—下降管；5—锅筒；6—对流管束；7—过热器；8—省煤器；9—空气预热器；10—烟囱；11—预热空气的循环热流；其余符号见下文

将式（9-3）除以Q_f并乘以100%，则为以百分数来表示的热平衡方程，即

$$\sum_{i=1}^{6} q_i = q_1 + q_2 + q_3 + q_4 + q_5 + q_6 \tag{9-4}$$

式中各符号的意义同相应的大写字母一样。若式（9-3）乘以锅炉的燃料消耗量$\dot{M}_f$（kg/s

或 Nm^3/s)，则得锅炉热平衡方程式如下：

$$\dot{Q}_f = \sum_{i=1}^{6}\dot{Q}_i = \dot{Q}_1 + \dot{Q}_2 + \dot{Q}_3 + \dot{Q}_4 + \dot{Q}_5 + \dot{Q}_6 \tag{9-5}$$

式中各物理量的单位为 kW，物理意义同式（9-3）。

9.4.3 锅炉热平衡各物理量分析

（1）送入锅炉的热量

相应于 1kg 固、液体燃料或 $1m^3$ 气体燃料送入锅炉系统的热量为：

$$Q_f = Q_{net,v,ar} + h_f + Q_{o,h} + Q_{at} \tag{9-6}$$

式中 $Q_{net,v,ar}$——固（液）、气体燃料的收到基低位发热量，kJ/kg 或 kJ/m^3；

h_f——单位燃料的物理（显）热，kJ/kg 或 kJ/m^3；

$Q_{o,h}$——用锅炉以外热源加热空气时，带入锅炉的热量，kJ/kg 或 kJ/m^3；

Q_{at}——雾化燃油所用蒸汽或蒸汽二次风等带入锅炉的热量，kJ/kg。

上式中的燃料物理显热 h_f，在有外部热源加热，且当 $M_{ar} \geqslant \frac{Q_{net,v,ar}}{628}$ 或 $\geqslant \frac{Q_{net,d}}{628}$ 时可按下列公式进行计算

$$h_f = c_f t_f \tag{9-7}$$

式中 c_f——燃料的比热，kJ/(kg·℃) 或 kJ/(Nm^3·℃)；

t_f——燃料的温度，对未加热的燃料，可取 20℃。

固体燃料的比热为

$$c_f = \frac{M_{ar}}{100} + c_{f,d} \cdot \frac{100 - M_{ar}}{100} \tag{9-8}$$

式中 M_{ar}——燃料的收到基水分，%；

$c_{f,d}$——干燥燃料（无水状态下）的比热。

重油的比热为

$$c_f = 1.738 + 0.0025 t_f \tag{9-9}$$

气体燃料的比热为

$$c = \frac{1}{100}\sum_{i=1} x_i c_i \tag{9-10}$$

当有外热源加热空气时，所带入热量 $Q_{o,h}$ 按下式计算：

$$Q_{o,h} = \beta'(H_a^0 - H_{c,a}^0) \tag{9-11}$$

式中 β'——进入锅炉空气预热器前的空气量与理论空气量的比值；

H_a^0——锅炉空气预热器进口处，单位燃料外部热源加热空气的焓，kJ/kg 或 kJ/m^3，可根据加热的温度按式（8-77）计算。

$H_{c,a}^0$——单位燃料理论冷空气的焓，kJ/kg 或 kJ/m^3，按式（8-77）计算，冷空气温度可取为 $t_{c,a} = 30$℃。

雾化蒸汽或蒸汽二次风等带入热量 Q_{at} 按下式计算：

$$Q_{at} = M_{at} \cdot (h_s - 2512) \tag{9-12}$$

式中 h_s——雾化所用蒸汽比焓，kJ/kg；

2512——排烟中蒸汽比焓近似值 kJ/kg；

M_{at}——雾化所用蒸汽质量，kg/kg。一般建议重油雾化的蒸汽量控制在 0.3～0.35kg/kg，加热后重油的条件黏度控制在 2.5^0E。

当锅炉无外部热源加热空气和无外部热源加热燃料时，送入锅炉的热量即为

$$Q_f = Q_{net,v,ar} \tag{9-13}$$

上式乘以燃料消耗量，得

$$\dot{Q}_f = \dot{M}_f Q_{net,v,ar} \tag{9-14}$$

式中的符号同前。

（2）锅炉有效利用热量

锅炉有效利用热量取决于锅炉的形式和工质参数。新锅炉设计时，锅炉参数是给定值；对于既有锅炉，运行中的参数由实测取得。根据锅炉的工质流量与参数，可计算得 $\dot{Q}_1$。

1）过热蒸汽锅炉

$$\dot{Q}_1 = \dot{M}_{s,s}(h_{s,s} - h_w) + \dot{M}_{b,w}(h_{b,w} - h_w) + \dot{Q}_o \tag{9-15}$$

式中　$\dot{M}_{s,s}$——过热蒸汽流量，kg/s；

$h_{s,s}$——过热蒸汽比焓，kJ/kg；

h_w——锅炉给水的比焓，kJ/kg；

$\dot{M}_{b,w}$——排污水流量，kg/s，当排污率 $\frac{\dot{M}_{b,w}}{\dot{M}_{s,s}} \times 100 < 2\%$ 时，排污热量可以不计；

$h_{b,w}$——排污水的焓，kJ/kg；

$\dot{Q}_o$——其他有效利用的热量，如汽水两用锅炉中的热水带走的热量，kW。

2）饱和蒸汽锅炉

$$\dot{Q}_1 = \dot{M}_{s,sa}\left(h_{s,sa} - h_w - r\frac{\omega}{100}\right) + \dot{M}_{b,w}(h_{b,w} - h_w) \tag{9-16}$$

式中　$\dot{M}_{s,sa}$——饱和蒸汽流量，kg/s，

$h_{s,sa}$——饱和蒸汽的比焓，kJ/kg，根据锅炉参数查水蒸气性质表而得；

r——饱和水的汽化潜热，kJ/kg，查水蒸气性质表；

ω——蒸汽湿度，%，蒸汽中携带的饱和水量占饱和蒸汽流量的百分比；

其余符号同式（9-15）。

3）热水锅炉

$$\dot{Q}_1 = \dot{M}_{h,w}(h_{w,o} - h_{w,i}) \tag{9-17}$$

式中　$\dot{M}_{h,w}$——热水锅炉出水量，kg/s；

$h_{w,i}$、$h_{w,o}$——锅炉进、出口水的比焓，kJ/kg，根据进、出口热水的温度和压力查水蒸气性质表而得。

（3）锅炉排烟热损失

排烟热损失是锅炉排烟的温度和体积大于送入锅炉的冷空气温度和体积而造成的热损

失，是锅炉各项热损失最主要的一部分。在煤粉炉及油、气锅炉中，排烟热损失是最大的一项热损失，约为5%～10%。大、中型锅炉的排烟温度约为110～180℃。

$$q_2=\frac{Q_2}{Q_f}\times100\%=\frac{[H_g-\alpha_o H_a^0]\times\frac{100-q_4}{100}}{Q_f}\times100\% \tag{9-18}$$

式中 α_o——排烟处的过量空气系数；

H_g——排烟的焓，kJ/kg或kJ/m^3，按式（8-78）计算；

H_a^0——送入锅炉的理论空气量的焓，kJ/kg或kJ/m^3，按式（8-77）计算；

其余符号同前。

对已运行锅炉，α_0 根据烟气分析结果求出[2]。$\frac{100-q_4}{100}$是考虑到锅炉由于固体未完全燃烧热损失造成计算燃烧消耗量与实际燃料消耗量的差别而作的修正。

排烟温度和烟气的量是决定 q_2 的主要影响因素。一般排烟温度增加15～20℃，或排烟过量空气系数增加0.15，则 q_2 约增加1个百分点。

（4）气体未完全燃烧热损失

气体未完全燃烧热损失，是由于燃烧产物中存在未燃尽可燃气体CO、H_2、CH_4 等，这部分气体燃烧应该释放的热量由于未燃烧而随烟气排入大气，造成热量损失。

$$q_3=\frac{Q_3}{Q_f}\times100\%=\frac{V_{g,d}(126.36CO+107.98H_2+358.18CH_4)}{Q_f}\times\frac{100-q_4}{100}\times100\% \tag{9-19}$$

式中 CO、H_2、CH_4——干烟气中一氧化碳、氢、甲烷的体积百分数，运行中由烟气分析仪器测得，%；

$V_{g,d}$——单位燃料所产生的实际干烟气体积，Nm^3/kg或Nm^3/Nm^3；

其余符号同 q_2 计算公式说明。

q_3 一般很小，在新锅炉设计中，通常按经验推荐值选取。具体如下：对火床炉 $q_3\approx$ 0.5%～1.0%，油、气炉 $q_3=0.5\%$，煤粉炉 $q_3=0$。

保持炉内足够高的温度水平、改善炉内空气动力工况，保证一、二次风适时、充分、强烈的混合是降低 q_3 的主要途径。

（5）固体未完全燃烧热损失

固体不完全燃烧热损失由3部分构成：1）灰渣热损失 Q_4^{as}——灰渣有未燃尽的碳粒引起的热损失，kJ/kg；2）漏损热损失 Q_4^c——未参与燃烧的燃料随灰渣一起落入灰坑引起的热损失，kJ/kg；3）飞灰热损失 Q_4^d——未燃尽的碳粒随烟气排出所引起的热损失，kJ/kg。对于运行的锅炉，可以通过测量锅炉的灰渣、漏煤、飞灰量、及其碳含量，再按下式求得：

$$q_4=\frac{Q_4}{Q_f}\times100\%=\frac{32866\frac{A_{ar}}{100}\left(\alpha_{as}\frac{C_{as}}{100-C_{as}}+\alpha_{f,a}\frac{C_{f,a}}{100-C_{f,a}}+\alpha_c\frac{C_c}{100-C_c}\right.}{Q_f}\times100\% \tag{9-20}$$

式中 α_{as}、$\alpha_{f,a}$、α_{c}——分别为灰渣、飞灰和漏煤中的灰量占送入锅炉燃料中总灰量的份额，则有 $\alpha_{as}+\alpha_{f,a}+\alpha_{c}=1$；

C_{as}、$C_{f,a}$、C_{c}——分别为灰渣、飞灰和漏损燃料中的含碳量，%；

A_{ar}——燃料的收到基含灰量，%；

32866——灰渣、飞灰和漏损燃料中固定碳的发热量，kJ/kg。

灰渣、漏损燃料通常可以直接从运行中收集称重得到；而飞灰很难测量准确，通常通过以下灰量平衡式间接求得：

$$\frac{A_{ar}}{100}=\frac{\dot{m}_{as}}{\dot{M}_{f}}\times\left(\frac{100-C_{as}}{100}\right)+\frac{\dot{m}_{f,a}}{\dot{M}_{f}}\times\left(\frac{100-C_{f,a}}{100}\right)+\frac{\dot{m}_{c}}{\dot{M}_{f}}\times\left(\frac{100-C_{c}}{100}\right) \tag{9-21}$$

式中 $\dot{m}_{as}$、$\dot{m}_{f,a}$、$\dot{m}_{c}$——分别为单位时间内运行锅炉的灰渣、飞灰和漏损量，kg/s；

$\dot{M}_{f}$——运行锅炉的实际燃料消耗量，kg/s。

整理上式得

$$1=\frac{\dot{m}_{as}(100-C_{as})}{\dot{M}_{f}A_{ar}}+\frac{\dot{m}_{f,a}(100-C_{f,a})}{\dot{M}_{f}A_{ar}}+\frac{\dot{m}_{c}(100-C_{c})}{\dot{M}_{f}A_{ar}} \tag{9-22}$$

即

$$\alpha_{as}+\alpha_{f,a}+\alpha_{c}=1 \tag{9-23}$$

影响 q_4 的主要因素除燃烧方式和燃料种类外，还与炉内温度水平，炉内空气动力工况等有关。提高炉内温度，保证一、二次风适时、充分、强烈混合，可以有效降低 q_4。

（6）散热损失

散热损失是指通过锅炉炉墙、烟风管道、锅筒等向环境散失的热量。锅炉的散热损失和锅炉的炉型及围护结构有关。对于小型快装燃油、燃气锅炉，外表面积较小，并采用了高热阻纤维及封闭的外罩作为保温层，散热损失较小，例如 4t/h 燃油锅炉散热损失在 2%左右。

（7）灰渣物理热及冷却热损失

$$q_6=q_6^{as}+q_6^{c} \tag{9-24}$$

式中 q_6^{as}——灰渣物理热损失，%；

q_6^{c}——冷却热损失，%。

1）灰渣物理热损失

对于燃烧固体燃料的锅炉，排出热灰渣带走了一部分热量。灰渣物理热损失 q_6^{as} 按下式计算：

$$q_6^{as}=\frac{Q_6^{as}}{Q_f}\times100\%=\frac{\alpha_{as}\left(\frac{A_{ar}}{100}\right)(ct)_{as}}{Q_f}\times100=\frac{\alpha_{as}A_{ar}(ct)_{as}}{Q_f} \tag{9-25}$$

式中 $(ct)_{as}$——灰渣的焓，kJ/kg，$(ct)_{as}$ 根据灰渣温度从相关文献查取；

其他符号同式（9-20）。

2）冷却热损失

冷却热损失是指锅炉的某些部件采用了水冷却，而这些冷却水并未接入锅炉的水系统中，其吸收的热量被带走，从而造成了热损失。用于冷却锅炉的护板、横梁的热损失 q_6^c 按下式计算：

$$q_6^{\mathrm{c}} \approx \frac{116.3 \times 10^3 A_{\mathrm{c}}}{\dot{Q}_1} \times 100\% \tag{9-26}$$

式中　A_c——护板及梁等需要冷却的面积，m^2；

116.3×10^3——经验数据，即每 m^2 冷却面积吸收的热量，W/m^2；

$\dot{Q}_1$——锅炉有效利用的热量，kW；

没有特殊说明时，q_6^c 可以不计算。

9.4.4　热效率的确定

根据锅炉热效率的定义式（9-1）、式（9-2），对于运行的锅炉，直接测量输入锅炉热量和有效利用热量，即可求得锅炉的热效率。这种确定锅炉热效率的方法称为正平衡法；其测试称正平衡试验。如果通过测量锅炉的各项损失来计算锅炉的热效率，称为反平衡法；其测试称为反平衡试验。正平衡法只能求得锅炉的总效率，而无法了解影响锅炉效率的原因。通过反平衡法求效率，则可以分析影响效率的因素，以寻求提高效率的途径。

小型锅炉的效率测试可以进行正、反平衡试验确定。两种试验方法所求的效率之间的偏差控制在一定范围内，以确保测试精度。对于大型锅炉，由于锅炉的燃料消耗量难于精确测量，故主要依靠反平衡试验来求效率。

9.4.5　锅炉燃料消耗量

根据锅炉热效率的定义式（9-2），锅炉燃料消耗量为

$$\dot{M}_{\mathrm{f}} = \frac{\dot{Q}_1}{\eta Q_{\mathrm{f}}} \tag{9-27}$$

在估算锅炉房燃料消耗量时，Q_f 可用燃料的低位发热量。这样，当锅炉的热效率和额定供热量为已知时，用上式就很容易估算出燃料的需求量。

9.5　常用固体燃料供热锅炉简介

锅炉按结构特点分为两大类，锅壳式锅炉和水管锅炉。锅壳式锅炉又有立式、卧式之分，其中立式锅壳式锅炉不作为本节的介绍内容，如需了解请参阅本章参考文献［2］。

9.5.1　水管锅炉

9.5.1.1　单锅筒纵置水管锅炉

单锅筒纵置水管锅炉（图 9-13）也被称为“A”形或“人”字形锅炉，是由一个纵置锅筒和两侧下集箱及辐射排管（含水冷壁）、对流排管组成的。如图 9-13 所示的是 DZG 型锅炉，型号中 DZ 表示单锅筒纵置。

这种锅炉水循环简单，锅水从锅筒流入两侧受热弱的排管，下降到集箱，再经水冷壁和受热强的排管上升，回到锅筒内。

这种锅炉的烟气一次冲刷排管，所以阻力小，锅炉结构紧凑，钢耗低，加工制造简单。但是水容量小，气压波动较大，操作控制困难。

9.5.1.2 单锅筒横置水管锅炉

图9-14为DHL型单锅筒横置水管锅炉，型号中DH表示单锅筒横置。燃料燃烧后产生高温烟气，向炉膛辐射热量后，经过省煤器、空气预热器换热，后经除尘器由引风机引出，通过烟囱排入大气中。

这种锅炉水循环结构简单，安全可靠，前、后两侧墙有各自的水循环回路，有各自的下降管。锅水经过下降管流到下集箱，经水冷壁吸热后变成汽水混合物流入锅筒。蒸汽通过分离装置后引出锅筒。

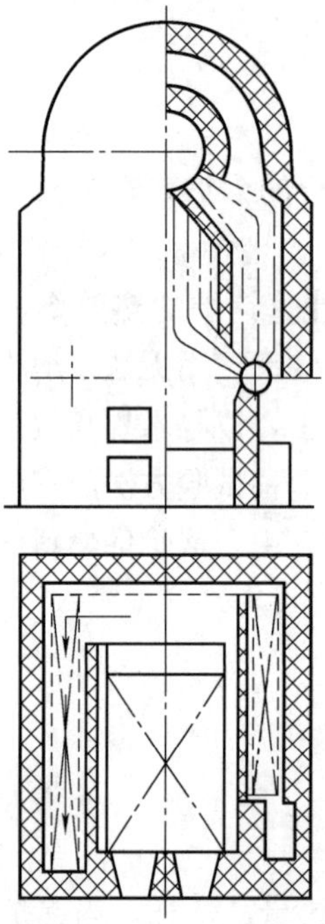

图9-13 单锅筒纵置水管锅炉

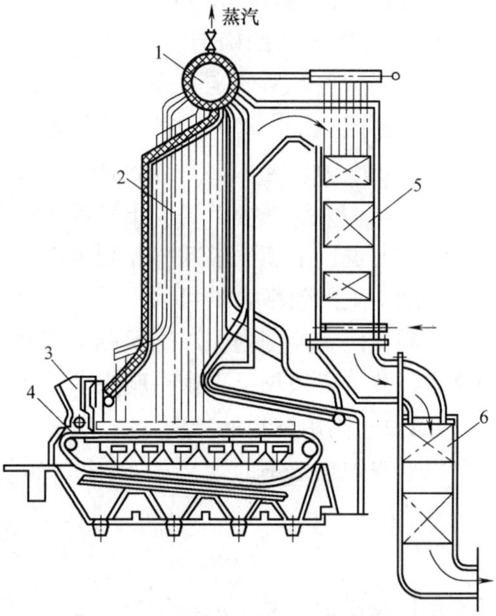

图9-14 单锅筒横置水管锅炉

1—锅筒；2—水冷壁；3—给料斗；4—链条炉排；5—省煤器；6—空气预热器

9.5.1.3 双锅筒横置水管锅炉

图9-15为SHG型双锅筒横置水管锅炉，型号中SH代表双锅筒横置式。工作压力通常≤1.25MPa，蒸发量为1～4t/h。主要由上下锅筒、水冷壁、对流排管以及尾部受热面和燃烧设备组成。

这种锅炉的特点是：结构紧凑，金属消耗量低；管束受热后能自由膨胀，热应力小；水循环可靠，热效率较高。缺点是：炉顶为轻型炉墙，容易裂缝，当发生爆燃时，炉顶很可能被毁掉；辐射受热面多，对水质要求高，不但要除硬度，还要除氧、除油，防结垢和腐蚀；炉膛冷灰斗处容易结渣，对流管束部分容易积灰；对司炉人员的技术水平要求高。

这里只介绍几种小型水管式燃用固体燃料锅炉。水管锅炉的形式很多，如双锅筒纵置水管锅炉，其中又分双长锅筒型、长短锅筒型（上锅筒长，下锅筒短）和双短锅筒型。而燃烧设备，除了固定炉排和链条炉排外，还有其他形式，如往复炉排等。其他各种形式的锅炉参阅本章参考文献［2］［3］［5］。

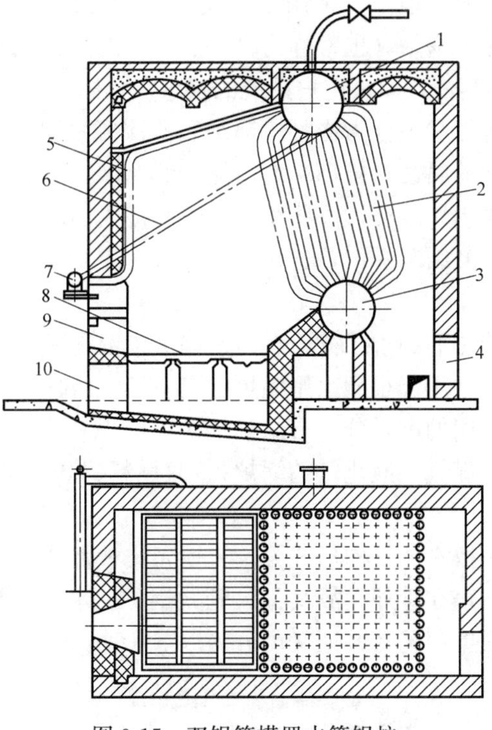

图 9-15 双锅筒横置水管锅炉

1—上锅筒；2—对流管束；3—下锅筒；4—烟气出口；5—水冷壁管；
6—下降管；7—横集箱；8—炉排；9—炉门；10—出灰口

9.6 燃油燃气锅炉

燃油（气）锅炉由于采用液（气）体燃料，因此都采用火室燃烧，即燃料在炉膛内悬浮燃烧，燃烧产物无灰渣，无需炉排和除渣设备。燃油和燃气锅炉的本体结构区别不大，但燃烧设备是不相同的。燃油（气）锅炉的种类繁多，下面就常用的中小型燃油（气）锅炉（容量≤45.5MW）的种类进行简略的介绍。

燃油（气）锅炉按热媒分，有蒸汽锅炉、热水锅炉、汽水两用锅炉。

燃油（气）热水锅炉按工作压力可分为承压、常压和真空锅炉。承压热水锅炉可承受系统的压力，一般可承压 0.7MPa、1.0MPa 或 1.6MPa。这类锅炉可用于高层建筑中直接供热，它既可提供 100℃以下的热水，也可提供高于 100℃的高温热水，是目前建筑中应用比较多的一类锅炉。燃油（气）常压热水锅炉无承压能力，锅筒水面上部空间通大气，安全性高。常压热水锅炉又可分为直接式和间接式两类。直接式常压热水锅炉中燃料燃烧的热量直接加热用户系统（如供暖、空调系统）的热媒（热水），锅炉供出热水的温度≤95℃；这种锅炉用于供暖、空调系统中时，宜将锅炉设置在建筑顶层，这样可减少提升水位所消耗的能量。间接式常压热水锅炉的热水不参与用户系统的循环，而是加热用户系统的热媒（热水）。在这类锅炉中需设水-水换热器，它可设在锅炉本体内，也可设在外部。由于水-水换热器可承受一定的压力，因而这种间接式常压热水锅炉可用于高层建筑的供暖、空调系统中作热源。但由于采用二次换热，供出的热水温度低于 95℃，一般≤85℃。燃油（气）真空热水锅炉（也常称为真空热水机组）是利用水在真空压力下汽化所产生的温度低于 100℃的蒸汽，加热用户系统的热水，具体结构形式将在后面详述。

燃油（气）锅炉按排烟状态分为冷凝式锅炉和非冷凝式锅炉。目前大多数燃油（气）锅炉为了防止对钢或铸铁的腐蚀，排烟温度不能太低，烟气中不能有凝结水出现，这就是非冷凝式锅炉。为了提高锅炉效率，一些小型锅炉中传热部件改用不锈钢等材料，使排烟温度大幅下降，烟气中有凝结水析出，这种锅炉就成为冷凝式锅炉。冷凝式燃气锅炉的效率一般可达到 95%之上[6]。

燃油（气）锅炉按传热面的材质分，有铸铁锅炉、钢制锅炉和其他材质锅炉。其他材质锅炉有铜和镀铜钢材（常用于小型家用锅炉中）、不锈钢和铝（常用于冷凝式锅炉中）。

燃油（气）锅炉按使用的燃料分，有燃油锅炉（指燃料为轻油、重油的锅炉）、燃气锅炉（指燃料为天然气、煤气、液化气的锅炉）、双燃料锅炉（可使用轻油与气体燃料的锅炉）。

钢制燃油（气）锅炉按本体结构形式分，有锅壳式（火管式）和水管式两类。锅壳式锅炉的烟气在换热管内，水在管外，故又称火管式锅炉。水管式锅管的烟气在换热管外，水在管内。锅壳式锅炉根据不同的特征又可分为以下几种：

- 锅壳式锅炉
  - 立式
    - 燃烧器上置式（图 9-17）
    - 燃烧器下置式
  - 卧式
    - 干背式（图 9-20）
    - 湿背式（图 9-19）
      - 2 回程
      - 3 回程立式（图 9-19）
      - 4 回程

锅壳式中立式与卧式的区别是炉胆（炉膛）放置的方式不同，立式锅壳式锅炉的炉胆立置，烟气垂直流动，而卧式锅壳式锅炉的炉胆水平放置，烟气水平流动。卧式锅壳式锅炉中的干背式是指燃烧器喷出的燃料所产生的烟气达到炉胆的另一端，经耐火砖砌筑成的烟室折返进入烟管；而湿背式的烟室浸没在炉水中。显然，干背式的后部烟温高，热损失大，耐火砖的烟室也易损坏，因此，这类结构只用于小型锅炉（蒸发量在 1.0t/h 以下）中；湿背式后部的温度低，热损失小，但结构比较复杂。卧式锅壳式锅炉的 2 回程、3 回程、4 回程结构是指烟气在锅炉内往返的次数。目前大多采用 2 回程和 3 回程的结构。

水管式燃油（气）锅炉按结构分有以下几种：

- 水管式锅炉
  - 立式
    - 燃烧器上置式（图 9-22）
    - 燃烧器下置式（图 9-23）
  - 卧式
    - D 形（图 9-16a 和图 9-24）
    - A 形（图 9-16b）
    - O 形（图 9-16c）

立式水管燃油（气）锅炉中的烟气垂直冲刷传热管束，这种结构形式通常用于小型锅炉。用于单户供暖和热水供应的燃气水管式锅炉（又称燃气热水器）常做成壁挂式。卧式水管燃油（气）锅炉中的 D 形结构是指锅炉剖面的传热管组成的形状近似字母 D；A 形的传热管组成的形状近似字母 A；O 形的传热管组成的形状近似字母 O。其中 D 形用得

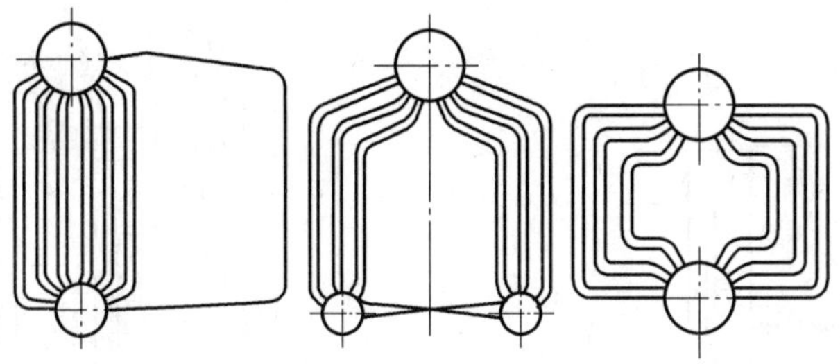

图 9-16 燃油（气）水管锅炉常用的结构形式
(a) D形；(b) A形；(c) O形

最多。

下面介绍锅壳式和水管式燃油（气）锅炉常用的几种典型结构形式与特点。

9.6.1 锅壳式锅炉

9.6.1.1 立式锅壳式锅炉

图 9-17 为一种立式锅壳式燃油（气）蒸汽锅炉结构示意图。图示的立式锅壳式锅炉是燃烧器顶置式，空气从炉胆顶部切线方向送入，使火焰沿炉胆（炉膛）内壁旋转下行。为延长火焰在炉胆内的滞留时间，在炉胆内设置火焰滞留器。烟气从底部反转，经环形锅筒的外侧上行，并从上侧部排出。在环形锅筒的外侧装有与烟气方向相同的肋片，以增强换热。给水从锅筒的下部进入，蒸汽从顶部排出。在锅筒底部设有排污口；在上部水面下也设有表面排污管（图中未表示）。燃料入口管设有与燃料品种相匹配的调节阀、电磁阀、保护开关、压力表、过滤器等部件（图中未表示）。如果是双燃料锅炉，则同时设有燃油和燃气的管路和控制系统。蒸汽锅炉设有水位计，可观察锅筒内的水位。图 9-17 所示的锅炉其烟气是 2 回程，上行程是环形空间。这种结构适用于容量较小的锅炉（蒸发量小于 1t/h）。容量稍大的锅炉，则将上行程改为烟管，烟管内设有扰流子，以增强换热。锅炉的炉胆是平直形的圆筒，有的锅炉的炉胆采用波纹与平直组合结构以适应热胀冷缩。这种类型的热水锅炉与蒸汽锅炉的结构形式基本相同。

在小型燃气锅炉中有一种采用脉冲燃烧技术的锅炉（图 9-18）。在炉胆四周设有 U 形烟管，浸没于炉水中。烟管有自由端，热应力很小。燃气和空气进入炉胆内混合，由火花塞点火燃烧。点火后，火花塞关闭。所谓脉冲燃烧是指燃气和空气脉冲进入炉胆，它们由关键部件——燃气阀和空气阀控制。当燃气在密闭的炉胆内点火燃烧时，产生正压脉冲，随即将燃气阀和空气阀关闭。同时，正压脉冲使烟气下行，并经烟管进入烟气缓冲箱。当烟气在炉胆内下行时，在上部产生一个负压脉冲，燃气阀和空气阀又打开，进入炉胆内着火燃烧，又产生正压脉冲。如此周而复始地，燃气和空气脉冲进入炉胆内进行燃烧。燃气阀和空气阀利用薄膜在压差作用下实现启闭，阀门在出厂前已预先设定好燃气和空气量之比。风机只在锅炉启动时才启动运行，点火后即刻关闭，此后空气进入只靠炉胆内外压差实现。当回水温度低于 60℃时，烟气中产生凝结水。因此，这种锅炉也是冷凝式锅炉。如果回水温度降到 35℃，其效率可达到 95%。这种燃气锅炉运行时无需额外动力；噪声小；体形小，便于安装；自动化程度高，便于管理。这种锅炉的供热能力为 79～256kW，适用于小型住宅供暖系统做热源。

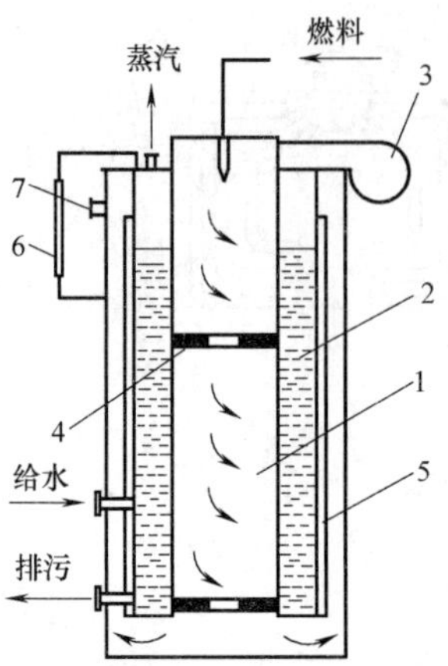

图 9-17 立式锅壳式燃油（气）蒸汽锅炉

1—炉胆；2—环形锅筒；3—风机；
4—火焰滞留器；5—肋片；
6—水位计；7—烟气出口

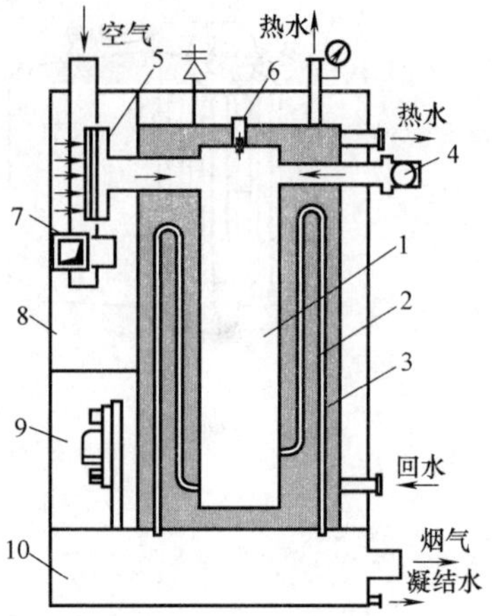

图 9-18 脉冲式燃气热水锅炉

1—炉胆；2—U形烟管；3—锅筒；4—燃气阀；
5—空气阀；6—火花塞；7—风机；8—空气
缓冲箱；9—控制箱；10—烟气缓冲箱

立式锅壳式锅炉总的特点是结构简单，安装操作方便，占地面积小，热效率为85%～90%；蒸汽锅炉的容量一般在2.4t/h以下，热水锅炉的容量一般在1.6MW以下；应用面很广，可用于建筑空调、供暖、热水供应，小型企业的工艺用热等。

9.6.1.2 卧式锅壳式锅炉

图 9-19 为一种卧式锅壳式蒸汽锅炉的结构示意图。这台锅炉采用3回程、湿背式结构。燃油（气）在波纹型炉胆内燃烧，所产生的高温烟气在炉胆后部的湿烟箱折返进第二回程管簇，在前烟箱又折返进入第三回程的管簇，再经后烟箱排出。炉胆与烟管均浸没在炉水中，烟气中的热量通过炉胆壁、烟管、湿烟箱等传给炉水。蒸汽从上部供出，给水从侧下部进入锅筒（图中未表示）。此外，在锅筒的侧部装有水位计（图中未表示）。有的锅炉的炉胆是平直圆筒。炉胆在锅筒中的位置可以是居中偏下，烟管簇对称布置；也可以偏于一侧，烟管簇在另一侧布置。烟管采用高传热性能的管（螺纹管），使结构更为紧凑。

图 9-20 所示的锅炉其炉胆内烟气从一端流向另一端，再折返进入烟管。还有一种结构形式，炉胆的另一端是封闭的，烟气沿炉胆的内壁返回再进入烟管，从另一端排出的锅炉，这种结构称为回焰式锅炉。还有一种偏心回焰燃烧锅炉，它的燃烧器设在炉胆中心偏下，火焰从炉胆上部返回前面。

锅壳式锅炉中热水锅炉的结构与蒸汽锅炉基本相同。汽水两用锅炉的结构与蒸汽锅炉一样，只是增加了热水出口管。上面介绍的均是可承压的锅炉。常压热水锅炉的结构基本与蒸汽锅炉相同，但水面上方空间通大气。另外锅炉不需按压力容器制造。

卧式锅壳式燃油（气）锅炉的特点有：1）结构紧凑，高宽尺寸不大，适合整机出厂，即做成快装锅炉；2）采用微正压燃烧，密封问题比较容易解决；3）水容量大，对负荷变化适应性强；4）水处理要求比水管式锅炉低。这种锅炉的大小规格范围很宽，蒸汽锅炉的蒸发量约在0.2～35t/h；热水锅炉的热功率约在0.12～29MW。这类锅炉的热效率在90%左右。它的应用面很广，适用于民用与工业建筑做供暖、空调、生活热水、工艺用热等的热源。

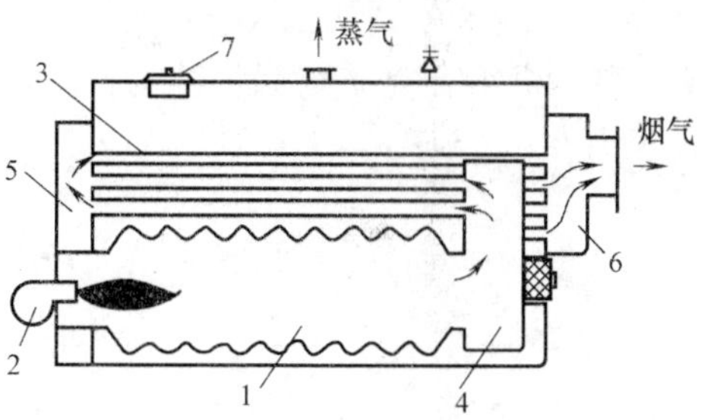

图 9-19 卧式锅壳式蒸汽锅炉结构示意图

1—炉胆；2—燃烧器；3—烟管簇；4—湿烟箱；5—前烟箱；6—后烟箱；7—人孔

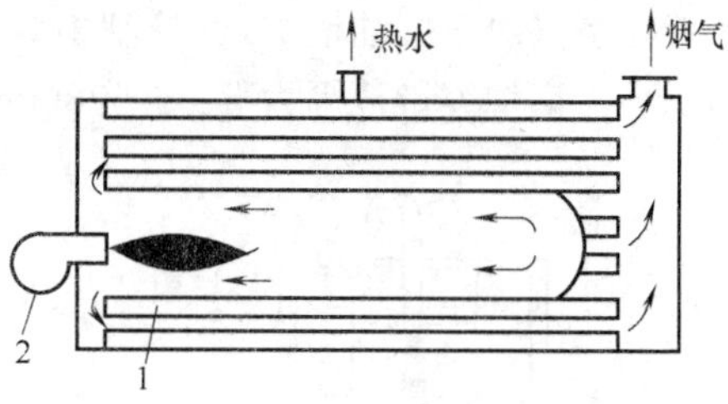

图 9-20 中心回焰燃烧锅炉

1—炉胆；2—燃烧器

9.6.1.3 真空热水锅炉

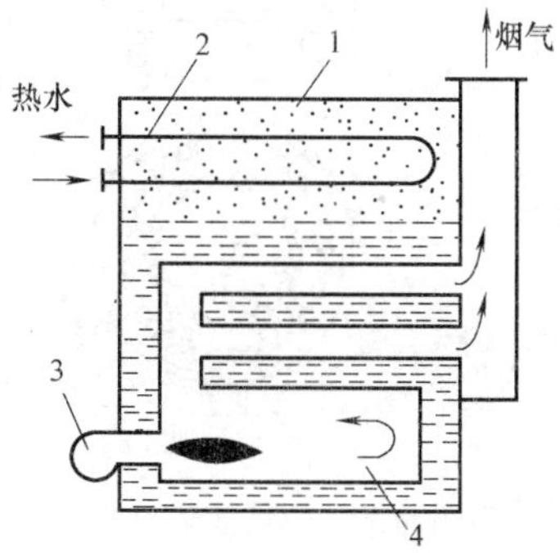

图 9-21 真空热水锅炉结构示意图

1—负压蒸汽室；2—换热器；3—燃烧器；4—炉膛

图 9-21 为真空热水锅炉结构示意图。负压蒸汽室用真空泵保持一定真空度，水沸腾汽化的蒸汽温度低于100℃。在负压蒸汽室内装有汽-水换热器，蒸汽加热管内的热水，供热用户使用；管外蒸汽被凝成水滴，滴入炉水中再被加热汽化，如此不断地循环。

锅炉本体的结构形式与卧式锅壳式类似。由于锅炉在负压下工作，锅筒等不需按压力容器制造，常采用椭圆形筒体，有较大的负压蒸气室，便于设置汽-水换热器，由于汽-水换热器可承压，因此可用于有压的系统中作热源。汽-水换热器可设 1 组，只提供一种参数的热水；也可设 2～4 组，可供应 2～4 种参数的热水。例如设 2 组汽水换热器，一组提供空调或供暖用热水，另一组提供生活用热水。真空热水锅炉的特点是安全性高；能同时满足不同的需求；炉内真空无氧，大大降低炉内金属的腐蚀，寿命长；炉内是高纯度水，且水与蒸汽保持自循环，炉内不结垢；有较高的热效率，约90%～93%。真空热水锅炉的容量一般为 58kW～4.2MW。适宜用于建筑供暖、空调或热水供应中做热源。

9.6.2 水管式锅炉

图 9-22 为小型立式水管锅炉结构示意图。燃烧器顶置，在上下矩形断面的集箱间焊有两圈水管（立管）。燃料在炉膛内燃烧产生的烟气从侧面出口进入两圈水管之间流道，横向冲刷水管；而后转入外圈水管外侧的流道，最后从锅炉侧部出口排出。烟气流道的设计有不同的形式，图示的是对称流道；也有不对称流道。容量小的锅炉，只有一圈水管。这种立式水管锅炉结构紧凑，占地面积小，效率高（一般在 90%以上）。两圈水管立式锅炉容量一般在 3t/h 以下，一圈水管的锅炉容量在 500kg/h 以下。

图 9-23 为克雷登直流锅炉结构示意图。它的结构特点如下：传热面是由一根管盘成螺旋形的盘管，管径分段放大，以适应管内热媒密度随着加热而变化；水从盘管上面进入，由水泵强制在盘管内向下流动，汽水混合物从下面排出；燃烧器下置，烟气冲刷盘管，从上部排出，水与烟气呈逆流传热；盘管自由伸缩，无热膨胀引起的问题。图 9-23

只表示了锅炉本体的结构，实际上该锅炉是由锅炉本体、汽水分离器、水强制循环用的水泵、燃油泵（对于燃油锅炉）、控制柜等部件组成一整体机组。克雷登锅炉结构紧凑，占地面积小，锅炉容量范围为 516～9389kg/h，设计压力在 3.5MPa 以下。

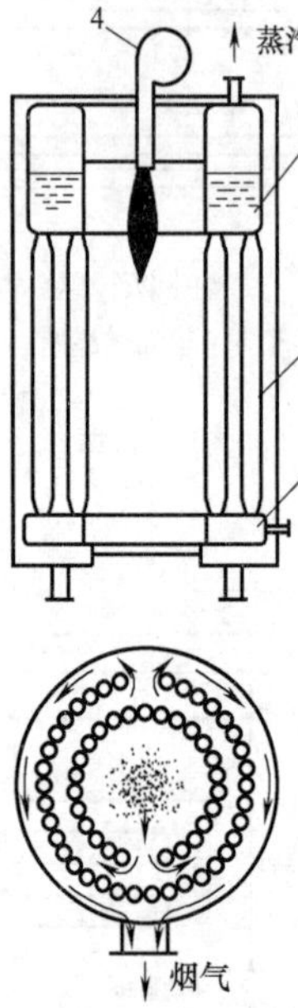

图 9-22　立式水管锅炉结构示意图

1—上集箱；2—下集箱；3—水管；4—燃烧器

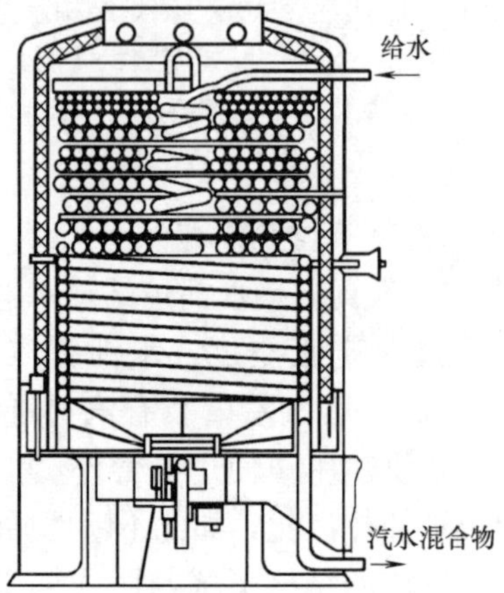

图 9-23　克雷登直流锅炉结构示意图

图 9-24 为双锅筒水管式锅炉结构图。该锅炉有上下两个锅筒，在两锅筒间焊有对流管束；在侧墙上设有水冷壁，燃烧器水平设置在锅筒一端的炉墙上，燃烧的火焰与锅筒平行。因此，此型锅炉的锅筒称为纵置式。燃烧后的烟气横向冲刷对流管束后，从燃烧器对面墙的烟气出口排出。燃气锅炉由于燃气管路阀门不严密，炉膛内燃气与空气的混合气体达到爆炸极限时，遇明火即发生爆炸；或因燃气压力或风压不稳而引起脱火、回火，致使熄火引起爆炸；燃油锅炉油雾化气体因熄火达到爆炸极限时，一旦遇明火也会发生爆炸。为此，在炉膛的墙上设有防爆门（图 9-24 的锅炉设在后炉墙上），在发生爆炸时可减轻危

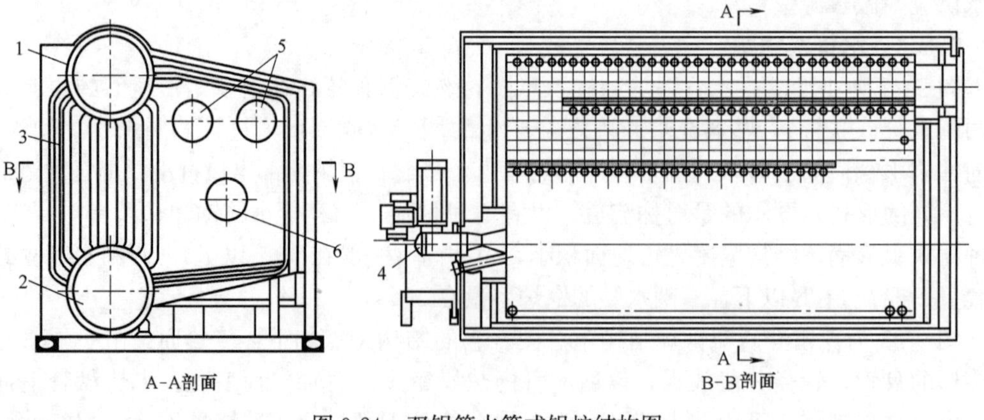

图 9-24　双锅筒水管式锅炉结构图

1—上锅筒；2—下锅筒；3—对流管束；4—燃烧器；5—防爆门；6—人孔

害程度。防爆门有重力式、爆裂式等类型。重力式防爆门靠门的自重密封，当压力超过一定值（如1.6～2kPa）时，防爆门被推开泄压。有些小型锅炉上无防爆门，这时应在烟道上设防爆门。破裂式防爆门利用防爆膜（如0.5～1.0mm的铝板）在一定压力下破裂，达到泄压的目的。图9-24所示的锅炉传热管束为D形结构形式，在布置过热器、省煤器方面更为灵活。D形、A形或O形水管锅炉容量一般在10t/h（7MW）以上，锅炉热效率大多在90%以上，小于10t/h的水管锅炉相对于锅壳式锅炉并无明显优势。

图9-25为家用壁挂式燃气热水锅炉原理图。壁挂式燃气热水锅炉也称为燃气热水器。图示的锅炉具有供暖和供应生活热水两种功能，因此也称壁挂式供暖/热水两用炉。机内装有水泵，可作单户供暖系统热水循环的动力，而气压罐在供暖系统中起定压作用，其工作原理参阅本章参考文献［2］。生活热水在生活热水加热器中用供暖系统热水进行加热。供暖系统中的水并不与生活热水相混，互为独立系统。供暖系统热水在铜翅片管换热器中由燃气燃烧的烟气加热。燃气经燃气调节阀进入燃烧器，由脉冲电子点火电极点火燃烧。燃烧后的烟气由风机强制排到室外，在燃烧室中产生一定负压，从而吸入燃烧所需的空气。采用套管结构的平衡式排烟/进气口，即烟气直接排到室外，而空气也由室外吸入，不消耗室内空气；并且空气吸取烟气热量而被预热，以改善燃烧过程。因此，这设备可挂在密闭的房间中使用。供暖系统的供、回水管之间设有自动旁通阀，以防止在供暖系统运行时由于外部阀门关闭或关小，导致水流停止或流量过小，换热器内局部过热，此时旁通阀自动打开以保持换热器内有足够的流量。这种家用的燃气锅炉，自动化程度很高，且有多重保护，如水泵电机过载保护、防冻保护、漏气保护等。壁挂式燃气锅炉可以用燃气或液化气。热效率一般在85%～93%，冷凝式的可达96%。大部分产品的最大供热量≤35kW，可满足建筑面积300多平方米家庭的供暖与热水供应使用。

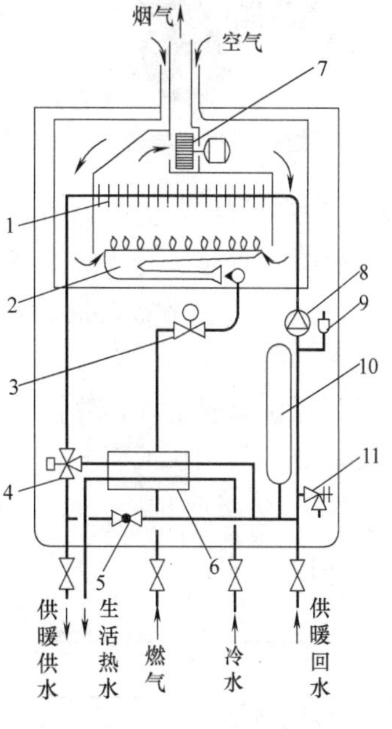

图9-25 家用壁挂式燃气热水炉原理图
1—换热器；2—燃烧器；3—燃气调节阀；4—三通换向阀；5—自动旁通阀；6—生活热水加热器；7—风机；8—水泵；9—自动排气阀；10—气压罐；11—安全阀

9.6.3 燃油燃气暖风机

燃油燃气暖风机是用燃油或燃气加热空气的设备，又称热风炉或暖风机，可用于建筑供暖或干燥等工艺过程。燃油（气）暖风机有直燃式和间接式两大类。直燃式燃油（气）暖风机的油（气）燃烧后的高温烟气直接与需要加热的空气相混合，而送出一定温度的热空气（热风）。这类设备通常只用于温室大棚、养殖场、仓库、临时工作场所作供暖。图9-26为直燃式燃油（气）暖风机，由风机与燃烧器所组成，结构比较简单。下部装有轮子，便于移动使用。市场上这类暖风机的产品很多，规格不一，容量大多在100kW以内。

间接式燃油（气）暖风机的烟气不与被加热空气相混，而是通过换热器把热量传给空气。这类设备从外形和安装方式分，有卧式吊装机、立式吊装机、落地式（低柜型和高柜

图 9-26 直燃式燃油（气）暖风机

型）等。图 9-27 为卧式燃气暖风机结构示意图。暖风机中换热器为板式，在空气侧通常加有翅片。室内回风经空气过滤除去灰尘，在换热器中加热后，从另一侧送入室内；风机提供空气循环所需的动力。燃烧机设在暖风机的底部，燃气燃烧的产物（烟气）经换热器，放出热量后汇集到集烟箱中；在集烟箱的侧部装有排烟风机（图中未画），由烟囱排到室外。暖风机可用于冬季供暖，对室内空气进行循环加热；也可从室外引入新鲜空气（新风），加热后再送入室内，作新风机用；或部分引入新风，与室内回风混合后，再加热送入室内。这种暖风机在出口端装一直接蒸发式冷却器（见 3.9 节），还可用于夏季空调。

图 9-28 为落地式燃油暖风机结构示意图。机内的换热器是套筒式，燃料在炉胆内燃烧的烟气，进入套筒的夹层（在图内灰色表示的空间），最后从外套筒上侧部的开口排出。室内的回风由风机引入，先被排烟道预热，经空气过滤器除去灰尘；然后进入炉胆外夹层和最外套筒的外侧从下而上流动（如图内箭头所示），被加热后排出机外，送入房间进行供暖。图 9-27 所示的机组属低柜型，高柜型的风机设在换热器下面，空气从下侧面进入，从上面送出。当空气从下部进入、上部送出时，即为立式吊装暖风机。

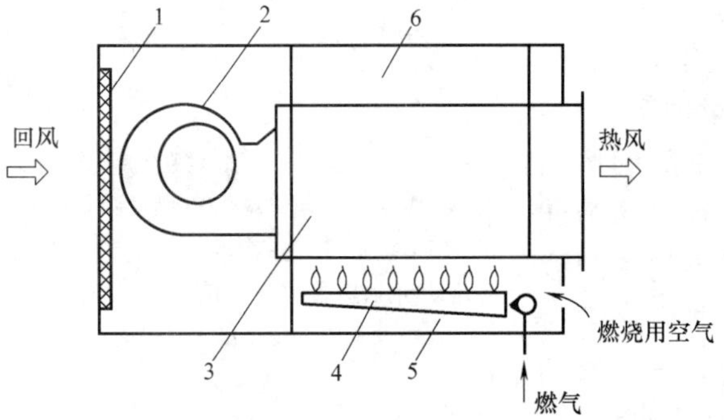

图 9-27 卧式燃气暖风机结构示意图

1—空气过滤器；2—风机；3—换热器；4—燃烧器；5—燃烧室；6—集烟箱

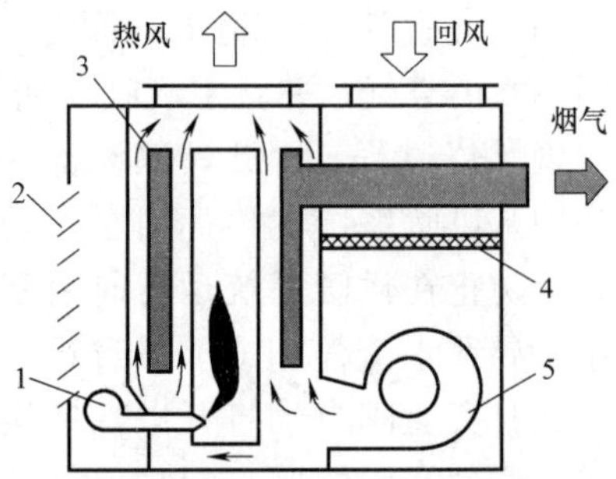

图 9-28 落地式燃油暖风机结构示意图

1—燃烧器；2—燃烧空气入口百叶；3—套筒式换热器；4—空气过滤器；5—风机

燃油（气）暖风机的换热器都装在空气循环风机的出口段，以保持空气的压力大于烟气侧的压力，以防万一有不密闭处，烟气不会进入热风侧。图 9-27 的排烟风机在出口侧，燃烧室和换热器的烟气侧是负压；图 9-28 中燃烧器的风机在燃料的入口侧，燃烧室和换热器内是正压，但通常只是微正压，而循环风机的压头比它要大得多，因此，也能保证空气侧的压力大于烟气侧。

燃油（气）暖风机的特点是能源经一次转换就可直接用于供暖和干燥等工艺过程，系统简单，设备少；间接式热风机的热效率不如锅炉的高，一般在 80%以上；但是从用热系统的热效率相比，并不一定比锅炉为热源的系统低，因为以锅炉为热源的用热系统，能量经二次转换，输送过程有热损失；暖风机用于新风加热时无冻结的危险，在寒冷和严寒地区应用很适宜。

9.7 电锅炉和电暖风机

9.7.1 概述

电能是高品位能源。从电力发展的方向看，直接用电作热源也将会逐步得到发展。目前，电力比较紧缺的地区，不宜直接用电热设备作建筑热源。但是在电力充裕，电力构成以水电或可再生能源发电为主，当地电网峰谷差较大且实行峰谷电差价的地区，可以考虑采用电热或电热加蓄热作建筑热源。另外，在使用其他热源时，由于设备的容量与建筑热负荷不能同步变化时，也可以考虑用电热设备作辅助热源。

建筑中应用电力作热源的方式有以下几种方式：(1) 在房间内直接敷设加热电缆或低温辐射电热膜，直接对房间供暖；(2) 在空调机中设电加热器，直接加热空调系统中的空气；(3) 电暖风机、电散热器、红外线电加热器等供暖设备，可用于房间的供暖；(4) 电锅炉或电热水器，用于楼宇或一户的集中空调、供暖系统或热水供应。本节将主要介绍电锅炉、电热水器和电暖风机。

9.7.2 电锅炉与电热水器的工作原理

由电能转换为热能的方式有三种——电阻式、电极式和电磁感应式。电阻式是利用电流通过电阻丝产生热量，是常用的一种电能转变为热能的方式。由于水是导电的，不能把电阻丝直接放在水中加热水，必须做成电热管才能应用。电热管又称电热元件，其构造如图 9-29 所示。金属套管一般为紫铜管或不锈钢管，管内填充导热性能好的不导电材料，一般为结晶氧化镁。电阻丝埋于绝热材料中。电热管要求冷态绝缘电阻≥10MΩ；热态泄漏电流≤1mA/kW；绝缘强度达到在 50Hz、1500V 交流电压作用下，1min 内不被击穿的要求。电热管可做成棒形（图 9-29a），U 形（图 9-29b）或盘管式。电热管表面温度与功率、管表面积、管和水之间的传热系数有关；电阻丝的温度还与电阻丝的表面积、电阻丝和管壁间的导热热阻有关。在一定功率下，管表面积越大，或传热系数愈大，则管的表面温度和电阻丝的温度愈低；电阻丝表面积愈大，电阻丝和管壁间导热热阻愈小，则电阻丝的温度愈低。电阻丝温度太高，会使其寿命降低，甚至会烧毁；管表面温度太高，会导致管表面结垢。由于水垢的导热系数很低，电热管表面结垢后，又会导致电热管和电阻丝温度升高。为此，电热管的管表面积有一定要求，单位面积的功率一般控制在 3～8W/cm^2；另外，电热管在锅炉中的安装位置，应尽量使水流横向冲刷电热管，以增加管与水间的传热系数。

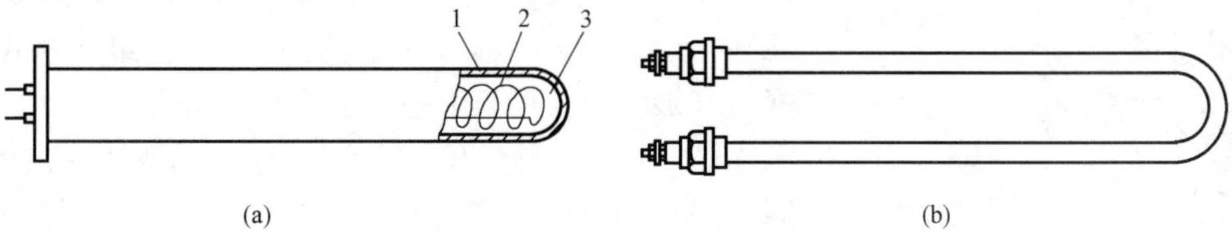

图 9-29 电热管结构示意图

(a) 棒形电热管（电热棒）；(b) U 形电热管

1—金属套管；2—电阻丝；3—氧化镁绝缘层

电极式电能转换为热能的原理是在水中插入电极，利用水的导电电阻直接将电能转换成热能。常见的形式是采用三根圆形棒（电极）对称布置在筒体内，通电后形成三个独立的电场，容器内每一点都受到三个独立电场的作用，该点的总电场是三个电场的矢量叠加，该点的电功率即等于电导率乘电场强度的平方。也有用平板式电极。采用三电极的优点是电源的三相负荷总是平衡的。电极式电锅炉的优点有：消除了电阻式加热管易被烧毁的弊病；运行安全可靠，当锅炉内缺水而使电极离开水面时，就会自动切断电源，因此不会出现干烧的现象，适用于蒸汽锅炉。

电磁感应式电能转换为热能的原理是利用交流电通过线圈产生的交变磁场，使导体材料（如金属、水等）产生感应涡电流，从而使材料加热。线圈可以绕在外壳上，使里面的水加热；也可以将线圈绕在铁芯上，使铁芯产生感生电流被快速加热，再将热量传递给水。用电磁感应加热的电锅炉的优点是水在加热过程中被磁化，不会产生水垢。但在电能转换成热能过程中存在感抗，产生无功功率，功率因数小于1。

电锅炉或热水器的优点是：设备紧凑，占用机房面积小；干净卫生，对周围环境无污染；设备费用相对比较低。虽然它的热效率（电能转换为热能的效率）很高，一般在97%～99%，但它的一次能源效率低，不仅低于热泵，也低于一般的燃料型锅炉。

9.7.3 电锅炉与电热水器

习惯上把大容量、集中生产热水或蒸汽的电热装置称为电锅炉；小容量的用电加热水的装置称为电热水器，常用于家庭的热水供应或供暖。

电锅炉和电热水器在20世纪80年代前我国应用很少，在90年代后，家用电热水器的应用逐步增多，现在已很普遍。电锅炉也随着暖通空调的发展而扩大了应用范围。目前国内市场上小型电热水器琳琅满目。电锅炉有多种类型、规格供用户选用。

电锅炉按热媒分，有电热水锅炉、电热蒸汽锅炉和电热导热油锅炉；按电源的电压分，有高压电源（最高可达15kV）和低压电源（600V以下）的电锅炉；按工作原理分，有电阻式、电极式和感应式电锅炉；按结构形式分，有立式、卧式和壁挂式（小型）电锅炉等；电热水锅炉按压力分，有常压、真空和承压式；按蓄热能力分，有即热型（水容量很小，无蓄热能力）和蓄热型；按功能分，有单功能（供暖或热水供应）、双功能（同时供暖和热水供应）和三功能（供暖、热水供应、并可用太阳能加热）电热水锅炉。

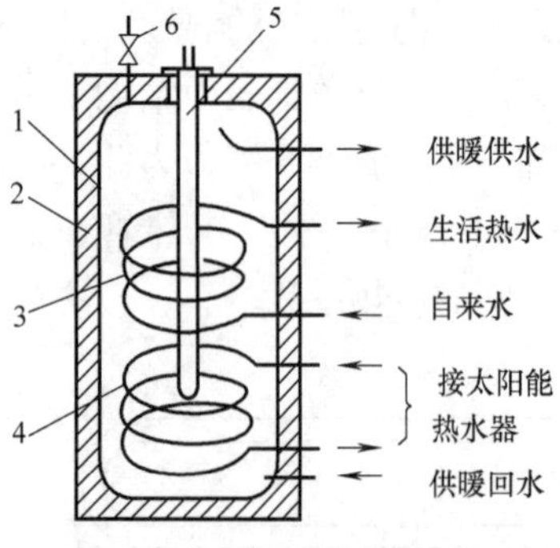

图9-30 三功能型电热水锅炉构造示意图
1—锅炉内筒；2—保温层；3—热水供应盘管；4—太阳能加热盘管；5—电热棒；6—放气阀

在国内市场上，蓄热型的电热水器占了小型家用电热水器市场的绝大部分份额。国内市场上的电锅炉产品各种类型基本都有，有国内的产品，也有合资厂产品或国外品牌的产品。电热水锅炉最小容量输入功率约3kW，最大容量的输入功率约5000kW。最小型电热水锅炉（供暖用）可只为一户住宅作供暖热源；大型电热水锅炉，1台可为5万～7万m^2建筑的空调或供暖作热源。图9-30为三功能型电热水锅炉构造示意图。太阳能加热盘管与太阳能集热器相连接，白天可利用太阳能加热筒内热水；太阳能不足或夜间可启动电加热。另一组盘管用于加热洗浴或洗涤用的热水。双功能型电热水锅炉构造与三功能相似，只是无太阳能的加热盘管。

图 9-31 为一卧式电热水锅炉外形图。图中锅炉本体是长方形，其中内筒是具有承压能力的圆柱形锅筒。筒外保温，外形成长方体。电热管可从锅炉两端进行更换。锅炉上有进水、出水接口，下部有排污阀，出水口处可接压力表和安全阀。即热型的电热水锅炉结构紧凑，例如某品牌输入功率 2160～2610kW 的电热水锅炉外形尺寸：长×宽×高＝3600mm×2200mm×1790mm。

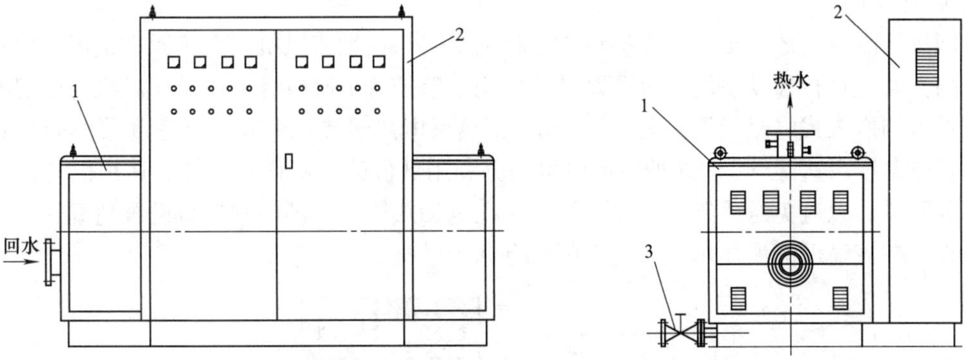

图 9-31　卧式电热水锅炉外形图
1—锅炉本体；2—电控柜；3—排污阀

蓄热型电热水锅炉一般具有相当于锅炉容量约 7～8h 的蓄热量，即可以满足利用夜间用电低谷时段的电能进行蓄热的可能。以水显热蓄热的锅炉体积庞大，例如某品牌输入功率 1900kW 的蓄热型电热水锅炉，利用高温水（150～65℃）进行蓄热，水容量 $150m^3$，蓄热量为 14826kWh，相当于 8h 锅炉供热量（锅炉效率 0.98）；该锅炉的外形尺寸：长×宽×高＝15347mm×3900mm×4170mm，其体积约为上例体积的 17.6 倍。但相对于电热水锅炉＋蓄热设备的系统还是紧凑得多。还有一种称为固体蓄热式电热水锅炉，锅炉的金属材料蓄热块中含有铜、铁、铝、铬等金属材料的氧化物及含硅、碳、磷的复合无机材料，蓄热块蓄热温度 450～700℃，单位体积蓄热量约为 $(1.7\sim2.1)\times10^6 kJ/m^3$，是高温水蓄热（$\Delta t=80$℃）的 5～6 倍。这种锅炉工作原理是在金属蓄热块中插入电热棒，加热金属蓄热块，并利用热管将热量导出，将水加热。

电热蒸汽锅炉的容量（输入功率）范围约为 30～5000kW，有立式、卧式两种类型；蒸汽压力 0.4～0.7MPa。电热蒸汽锅炉外形与电热水锅炉相似。电热导热油锅炉的容量（输入功率）范围约为 60～2000kW，锅炉供出高温导热油（最高 300℃），通过油-水换热器加热水，供用户使用。电热导热油锅炉与电热水锅炉结构、外形相似。电热导热油锅炉优点是导热油腐蚀性小，锅炉的故障率低；但油可燃，有安全隐患。

各种电锅炉自动化程度都很高，通常可自动控制水温、油温或蒸汽压力，电热元件与水泵（或油泵）连锁，有超温、超压、过载、短路、断水等各种自动保护功能。

9.7.4　电暖风机

电暖风机是用电热元件直接加热空气的设备，可直接放在房间内供暖，是自带热源的供暖设备。它的结构比较简单，主要由风机与电加热元件组成。电热暖风机大体可分为两大类——即热型和蓄热型。9-32 为两种形式的电热暖风机。图 9-32（a）为即热型的电热暖风机；9-32（b）为蓄热型电热暖风机。

用于加热空气的电热元件有：1）电热管或翅片式电热管，电热管与用于水的电热管结构相同，翅片式电热管是有翅片的电热管。2）PTC（Positive Temperature Coefficient-正温度系数）热敏电阻，它具有恒温发热、升温快、寿命长、安全可靠的优点。PTC热敏电阻加热器通常在热敏电阻元件上加装铝翅片。3）电阻丝，通常直接用于风道中加热空气。落地式电热暖风机也称柜式电热暖风机，其中电加热元件一般采用翅片式电热管或PTC热敏电阻。

即热型暖风机形式很多，如移动式电暖风机——由轴流风机与电热元件组成，放在带轮子的支架上进行移动使用，也可以吊装使用；壁挂式电暖机——由贯流风机与电热元件组成；顶棚嵌入式电暖机等。图9-32（b）蓄热型电热暖风机中利用高密度蓄热砖进行蓄热，蓄热温度可达700℃。这种暖风机可充分利用低价的电网低谷电能。送出的热风混合一部分回风，以避免送风温度过高。另外还在电加热管、保温层和出口设置超温保护，安全可靠；空气经过高温加热，消灭细菌，有利于健康。

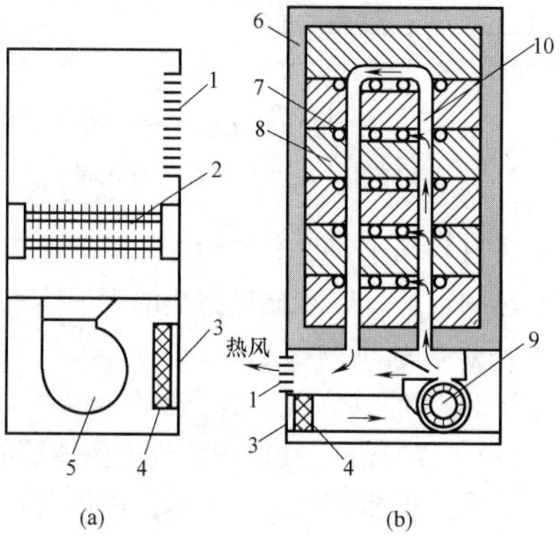

图9-32 电热暖风机

（a）即热型电热暖风机；（b）蓄热型电热暖风机

1—百叶出风口；2—电加热元件；3—进风格栅；4—空气过滤器；5—离心风机；6—保温层；7—电加热管；8—高密度蓄热砖；9—贯流风机；10—热风通道

9.8 我国工业锅炉系列

为了对工业锅炉的生产进行标准化和系列化，我国已经制订了一系列锅炉的标准。其中《工业蒸汽锅炉参数系列》GB/T 1921—2004和《热水锅炉参数系列》GB/T 3166—2004规定了工业蒸汽锅炉和热水锅炉的额定参数系列，参见附录9-1和附录9-2。工业蒸汽锅炉系列适用于额定压力大于0.04MPa，但小于3.8MPa的工业用、生活用以水为介质的固定式蒸汽锅炉。设计的给水温度分别为20℃、60℃和104℃三档。热水锅炉系列适用于额定出水压力大于0.1MPa的工业用、生活用热水锅炉。上述系列包括燃油、燃气锅炉。

锅炉的型号规定由三部分组成。如图9-33所示。型号中第一部分表示锅炉本体形式、燃烧设备型式或燃烧方式和锅炉的容量。锅炉本体用两个汉语拼音大写字母表示（见表9-1）；燃烧设备形式或燃烧方式用1个汉语拼音大写字母表示（见表9-2）；锅炉的容量用数字表示，对蒸汽锅炉为额定蒸发量（t/h），对热水锅炉为额定热功率（MW）。型号的第二部分表示锅炉工质的部分参数，蒸汽锅炉分别表示额定蒸汽压力（MPa）和过程蒸汽温度（℃），两参数用斜线隔开，饱和蒸汽省略第二个参数；热水锅炉分别表示额定出水压力（MPa）、出水温度（℃）和进水温度（℃），三个参数分别用斜线隔开。型号的第三部分表示所用燃料的种类，用汉语拼音大写字母和罗马字表示（见表9-3）。

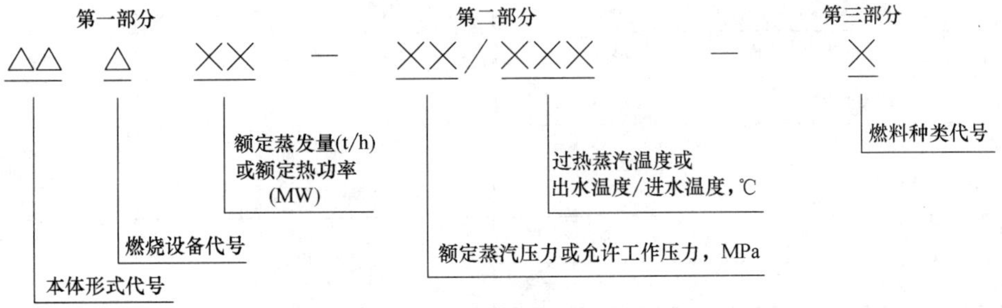

图9-33　工业锅炉型号表示

锅炉本体形式代号　　**表9-1**

火管锅炉		水管锅炉	
锅炉本体形式	代号	锅炉本体形式	代号
立式水管	LS	单锅筒立式 单锅筒纵置式	DL DZ
立式火管	LH	单锅筒横置式 双锅筒纵置式	DH SZ
卧式内燃	WN	锅筒横置式 纵横锅筒式 强制循环式	SH ZH QX
卧式外燃	WW		

燃烧设备形式或燃烧方式代号　　**表9-2**

燃烧方式	代号	燃烧方式	代号
固定炉排	G	下饲式炉排	A
固定双层炉排	C	往复式炉排	W
活动手摇炉排	H	沸腾炉	F
链条炉排	L	半沸腾炉	B
抛煤机	P	室燃炉	S
倒转炉排加抛煤机	D	旋风炉	X
振动炉排	Z		

例如，型号SHL10-1.25/350-D锅炉是双锅筒横置式链条炉排，额定蒸发量为10t/h，额定蒸汽压力为1.25MPa，过热蒸汽温度为350℃，燃用稻糠的过热蒸汽锅炉。又如DZL1.4-0.7/95/70-T是单锅筒纵置式链条炉排，额定热功率为1.4MW，额定工作压力

为 0.7MPa，出水温度 95℃，进水温度 70℃，燃用其他燃料的热水锅炉。

燃料种类代号　　**表 9-3**

燃料种类		代号	燃料种类	代号
劣质煤	类劣质煤	LⅠ	木柴	M
	类劣质煤	LⅡ	稻糠	D
无烟煤	类无烟煤	WⅠ	甘蔗渣	G
	类无烟煤	WⅡ	柴油	Y_C
	类无烟煤	WⅢ	重油	Y_Z
烟煤	类烟煤	AⅠ	天然气	Q_T
	类烟煤	AⅡ	焦炉煤气	Q_J
	类烟煤	AⅢ	液化石油气	Q_y
褐煤		H	油母页岩	Y_M
贫煤		P	其他燃料	T
型煤		X		

思考题与习题

9-1　什么叫工业锅炉？暖通空调中作热源的蒸汽锅炉一般要求蒸汽压力多大？

9-2　一台工作压力为 0.7MPa 的热水锅炉，用于 30 层的办公建筑是否可行？为什么？

9-3　一工厂总热负荷为 7.6MW，需要 0.7MPa 的饱和蒸汽，试为其选用蒸汽锅炉。

9-4　一小区的供暖系统的循环水量为 129t/h，供水/回水温度为 95/70℃，小区中均为 7 层建筑，试为其选用热水锅炉。

9-5　燃用固体燃料锅炉的燃烧方式有哪几种？哪种燃烧方式是供热锅炉最常用的燃烧方式？

9-6　试述链条炉排、往复推动炉排和振动炉排的工作原理。

9-7　什么叫辐射受热面？燃煤锅炉中哪些受热面是辐射受热面？

9-8　什么叫对流受热面？其结构形式有哪几种？

9-9　什么是锅炉水循环？蒸汽锅炉中水循环的动力与哪些因素有关？水循环的动力主要消耗在哪里？

9-10　蒸汽锅炉为什么要进行汽水分离？锅筒中的汽水分离装置有哪几种？试述它们的分离原理？

9-11　锅炉中哪些受热面称为辅助受热面？

9-12　如何降低锅炉的排烟热损失？

9-13　如何降低锅炉的固体未完全燃烧热损失？

9-14　试述热水锅炉中承压、常压、真空锅炉的区别。

9-15　什么叫冷凝式锅炉？为什么它的效率比非冷凝式锅炉高？

9-16　试述脉冲式燃气锅炉的工作原理。

9-17　试述锅壳式锅炉湿背和干背的优缺点。

9-18　什么叫中心回焰和偏心回焰燃烧锅炉？

9-19　克雷顿直流锅炉的工作原理与一般的立式水管蒸汽锅炉有何不同？

9-20　为什么燃油燃气锅炉其烟道上设防爆门？

9-21　壁挂式燃气锅炉采用平衡式进气和排烟结构有何优点？

9-22　试述燃油燃气锅炉的特点。

9-23　什么是直燃式燃油燃气暖风机？通常应用在什么场合？

9-24 间接式燃油燃气暖风机如何防止烟气漏入被加热的空气中？

9-25 燃油燃烧器的雾化器有哪几类？简述他们的工作原理。

9-26 燃气燃烧器有哪几类？家用燃气灶的燃烧器属于哪一类？

9-27 直接用电转变为热能作建筑热源的应用合理吗？为什么？宜用在哪些场合？

9-28 加热空气的电热元件有几种？为什么在加热空气的电热管采用翅片式电加热管？

本章参考文献

[1] 徐通模. 锅炉燃烧设备 [M]. 西安：西安交通大学出版社，1990.

[2] 吴味隆. 锅炉及锅炉房设备（第四版）[M]. 北京：中国建筑工业出版社，2006.

[3] 哈尔滨工业大学热能工程教研室. 小型锅炉设计与改装（第二版）[M]. 北京. 科学出版社，1987.

[4] 陆亚俊，马最良，邹平华. 暖通空调（第三版）[M]. 北京：中国建筑工业出版社，2015.

[5] 林完虎，徐通模. 实用锅炉设计手册 [M]. 北京：化学工业出版社，1999.

[6] ASHRAE. 2000 ASHRAE System and Equipment Handbook. Atlanta：ASHRAE Inc.，2000.

第10章 冷热电联供

10.1 冷热电联供概述

天然气是清洁能源。它的 CO_2 排放量最少，没有颗粒物、二氧化硫的排放，没有废渣。天然气是高品位的能源，如何科学合理地利用呢？当然，在任何能源利用系统中，首先应提高能源利用效率，减少能源的消耗。但这仅从热力学第一定律（能量守恒定律）来衡量能源利用的合理性是不够的。能量在转换和利用过程中还发生能量品质的变化。能量的“质”用它的做功能力来判断。机械能、电能在理论上可以百分之百地转换为其他形式的能量，这种能量的品质是最高的；热能不可能全部转换为其他形式的能量，它受热力学第二定律所约束。热能的温度愈高，它的做功能力愈大，能量的“质”愈高。天然气在燃烧时可达到摄氏千度以上的高温，是高质能量，如果用于锅炉中制取60℃左右的热水，虽然燃气锅炉的热效率很高（>90%），即从能量数量上看它的转换效率很高，但它所获得热能的做功能力大大降低了，这样浪费了能源的品质。如果把天然气的高温段首先用于发电，转换成具有高品质的二次能源——电能；发电后300～500℃的烟气余热用作吸收式冷热水机组的热源，制取冷水或热水（用于建筑的供冷或供暖）；温度降到150℃左右的烟气再用于生产60℃左右的热水；烟气温度降到接近环境温度再排放到大气中。如此把能源按温度对口方式梯级利用，这样不仅整个能源利用系统有高的热效率，而且减少了能源品质的浪费。这种能源利用方式称为燃气冷热电联供（也称联产）。

10.1.1 热电联供和冷热电联供

现代文明社会已离不开对电、热、冷的需求。大家熟知的供能方式是，电由发电厂生产经电网输送到用户中应用；生产、生活等所需要的热量或冷量由锅炉、制冷机等装置来生产。也就是说我们所用的电、热、冷通常是分别生产、分别供应的。冷热电联产或冷热电联供，顾名思义是指同时生产、供应冷、热、电。实质上，在发电的同时，伴随着余热产生，如同时利用余热，这就是热电联产或热电联供；余热可以通过吸收式制冷机制冷，因此可以实现冷电联产（供）或冷热电联产（供）。实际上最早发展起来的是热电联产，而后才出现冷热电联产。“热电联产”（或“冷热电联产”）和“热电联供”（或“冷热电联供”）两个名词经常被混用。其实“联产”与“联供”是有区别的，“联产”仅指电与热（冷）是同时生产的，而联产获得的电和热（冷）并不供同一用户应用。例如，北方地区应用很广的热电厂集中供热，其热电联产获得的电输给电网，而热供给某区域建筑应用。因此，“联产”仅关注了能源转换效率与经济性，而“联供”同时关注了能源转换与应用过程的效率与经济性。例如，电能直供可减少输变电的损失和运营费用；热（冷）就地直供可减少能量多次转换与输送的能量损失。冷热电联供又称三联供。热电联供的英文名为Combined Heat and Power，冷热电联供的英文名为Combined Cold Heat and Power，因此经常用 CHP 和 CCHP 来代表热电联供和冷热电联供。

10.1.2 火力发电与热（冷）电联产

火力发电是指把石化燃料的一次能源转换为电能，它的转换过程是石化燃料首先通过锅炉把燃料的化学能转换为热能，而后通过热力发动机转换为机械能，最后由发电机将机械能转换为电能。图 10-1 为最简单的火力发电原理图。从锅炉过热器出来的过热蒸汽进入汽轮机中，部分热能转换为机械能，从而驱动发电机，输出电能。做功后的低压蒸汽进入凝汽器放出汽化潜热后凝结成水；凝结水返回除氧水箱中，再由水泵送回锅炉，工质（水）如此周而复始地循环。这种最简单的火力发电进行的动力循环称朗肯循环，所用的汽轮机称为凝汽式汽轮机。凝汽器中低压蒸汽放出的汽化潜热被冷却水带走，通过冷却塔释放到环境中去。由于凝汽器（下面称冷端）排出的热量品位太低，难以被利用，因此火力发电的蒸汽动力循环有一个无法避免的冷端损失，大量的低品位热量白白地被丢弃掉了。即使采用各种提高动力循环的措施，燃煤火力发电效率最高能达到45%左右，即能量损失约 55%，扣除发电厂自身用电和锅炉发电机等损失，冷端损失约35%，仍占了发电消耗能量中相当大的份额。

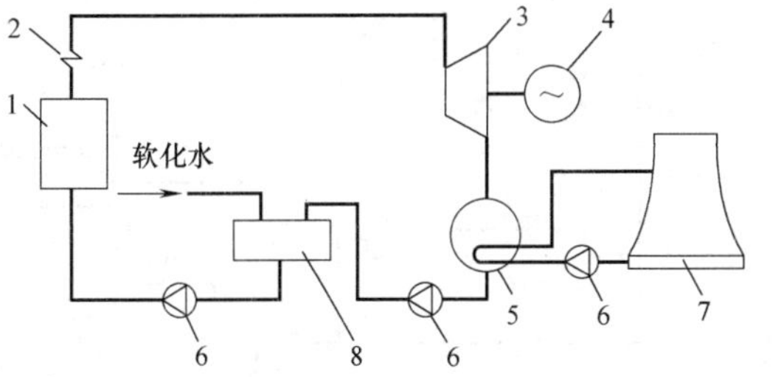

图 10-1 最简单的火力发电原理图

1—锅炉；2—过热器；3—汽轮机；4—发电机；5—凝汽器；6—水泵；7—冷却塔；8—除氧水箱

如果提高汽轮机的排气压力（提高温度），则凝汽器可生产温度较高的热水，用于建筑供暖或生产工艺过程，从而利用了本应丢弃的热量，并实现了热、电联产。这种热电联产的动力循环称背压式热电循环，所采用的汽轮机称背压式汽轮机。图 10-2 为背压式热电循环与朗肯循环在 T-s 图上的比较。图中 1-2-3-4-1 为朗肯循环，循环获得的净功为面积 1-2-3-4-1，冷端排出的热量为面积 2-3-b-a-2；汽轮机排气压力提高后的背压式热电循环为 1-2′-3′-4-1，循环输出净功为面积 1-2′-3′-4-1，循环的供热量为面积 2′-3′-c-a-2′。不难看到，采用背压式热电循环后，发电量减少了，实际的发电效率降低了，但充分利用了本该排放的热量，能源综合利用率（发电量+供热量与消耗燃料热量之比）提高了，考虑自身用电和锅炉、发电机效率及其他损失，理论上能源综合利用率可达到 75%以上。但是它最大的缺点是供热与供电互相牵制，难以同时满足用户对热能与电能的需求。即使电能可上网，而不需要随电负荷调节发电量，但热负荷通常是变化的，为此要求机组按热负荷的变化进行部分负荷运行（或称以热定电），能源综合利用率将下降，当无热负荷时，机组就无法运

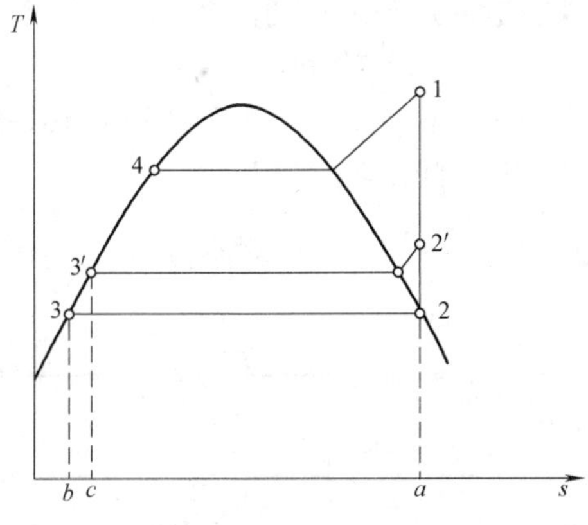

图 10-2 背压式热电循环与朗肯循环的比较

行。采用抽汽凝汽式汽轮机就能解决上述矛盾。图 10-3 为抽汽凝汽式热电联产系统原理图。进入汽轮机的高压蒸汽一部分膨胀到一定压力后被抽出，在汽水换热器中制取温度较高的热水，供用户应用；其余蒸汽在汽轮机中继续膨胀做功，低压蒸汽排入凝汽器凝结成水，其汽化潜热被冷却水带走，通过冷却塔排到环境中去。不难看出，这个热电联产中一部分蒸汽按背压式热电循环工作，另一部分蒸汽按朗肯循环工作。抽汽量可根据热负荷的变化进行调节，因此它的热电比（供热量与供电量之比）运行时是可以变化的。抽汽凝汽式热电联产的能源综合利用率低于背压式热电联产能源综合利用率，高于凝汽式汽轮机的发电效率。抽汽凝汽式汽轮机还可以有两种抽汽压力，满足不同温度的用热需求，这种汽轮机称为双抽机。

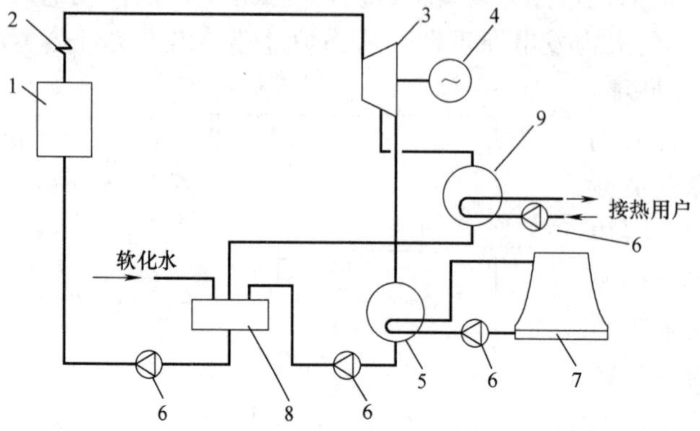

图 10-3　抽汽凝汽式热电联产的系统原理图

3—抽汽凝汽式汽轮机；9—汽-水换热器；其余符号同图 10-1

在火力发电基础上发展起来的热电联产相对于热电分产（凝汽式火力发电＋分散锅炉供热）的优点有：

（1）能源实现了合理的梯级利用，即把热能的高温段用于生产电能，低温段用于供热；而分产的热能是用高品位的生化燃料转换得来的。

（2）能源综合利用率高。图 10-4 比较了燃煤热电联产与分产的能源综合利用率，其中联产的发电效率 $\eta_e=25\%$，供热效率 $\eta_h=50\%$，则能源综合利用率 $\eta=75\%$；分产的 6MW 机组全国平均发电效率 37.2%，小型燃煤锅炉效率取 65%，则分产的能源综合利用率 $\eta=52\%$。联产比分产的能源综合利用效率高 23 个百分点。

（3）热电联产比分产减少了温室气体（CO_2）、二氧化硫等污染物的排放。

（4）供热质量高。分散的供热锅炉经常采用间断供热，供热温度低，稳定性差；用于供暖时，难于保证室温稳定，用于工业生产时难于保证产品质量。热电厂连续供热，供热温度高，供热稳定。

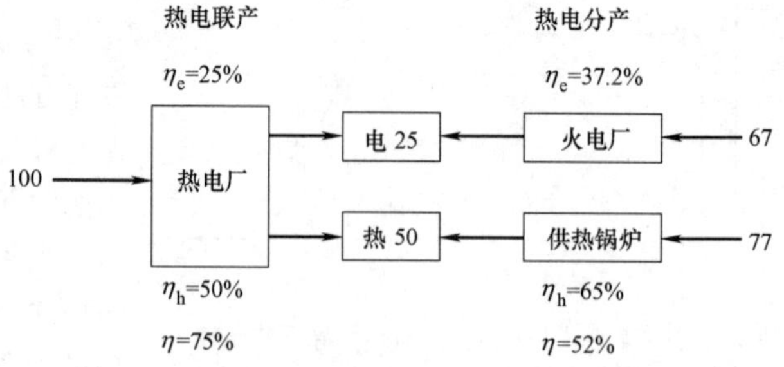

图 10-4　燃煤热电联产与分产的能源综合利用率比较

（5）热电厂集中供热减少了城市占地。分散小型的供热锅炉不仅锅炉房占地，还有煤场、灰场占地。

10.1.3　分布式能源与燃气冷热电联供的含义

分布式能源的定义目前有多种说法，综合世界分布式能源联盟（World Alliance Decentralized Energy)、美国能源部、中国电力科学研究院、国内院校学者的说法，分布式能源是指分布在用户端的功率在千瓦级至兆瓦级的供能系统，它包括以微型或小型燃气轮机、内燃机、斯特林发动机、燃料电池等为核心的冷热电联供系统和利用可再生能源的供能系统，如太阳能发电、风力发电、水电等供电系统。冷热电联供的含义是热电联供、冷电联供，或冷热电联供。以燃气为一次能源的冷热电联供系统是分布式能源中一个重要分支，这种系统称为燃气冷热电联供系统或燃气分布式能源。燃气是气体燃料的总称，它包括天然气、人工煤气、液化石油气、沼气等可燃气体。燃气冷热电联供已成功地应用于医院、商厦、办公楼、宾馆、院校等大型建筑或建筑群和工业企业中。

建筑不仅有电的需求，还有热的需求（供暖或热水供应）和冷的需求（夏季空调用冷），因此建筑是燃气冷热电联供最适宜的应用场合。把应用于建筑或建筑群的冷热电联供称为建筑冷热电联供（Building Combined Cold Heat and Power，简称为 BCCHP）。

燃气冷热电联供的主要特点有：(1) 能源得到合理的梯级利用，能源综合利用率高。文献 [1] 关于燃气冷热电联供的能源综合率的定义为联供系统输出电量、热（冷）量之和与消耗燃气输入热量的百分比，并规定应>70%。(2) 提高了用电的安全性。传统的大电网存在一定的安全隐患，一旦发生事故会造成大面积的停电，这种事故频有报道。例如 2008 年 1 月我国南方地区持续 20 多天的冻雨、雪灾，造成 6900 多条电网线路停运，90 个县市停电。在发展集中供电的同时发展燃气分布式能源不失为明智之举。(3) 电能就地应用，减少了输电损失，我国输配电的能量损失约占输电量的 6%～10%。(4) 缓解了夏季电力供需矛盾，同时也有利于平衡城市燃气负荷的峰谷差。(5) 采用清洁能源，减少了大气污染物的排放。(6) 联供系统初投资比传统的分产系统高，但运行费用低，设计、运行合理的系统经济上是有优势的。

10.2 燃气冷热电联供系统的主要设备

10.2.1 燃气冷热电联供系统的组成

燃气冷热电联供系统由分布式发电系统和余热利用系统的组成。因此，它的主要设备有两大类：燃气发电设备和余热利用设备。将燃气化学能转变为电能的方法有两种，一是把燃气燃烧所获得的热能通过热力发动机转变为机械能，再通过同步交流电机将机械能转变为电能；二是通过燃料电池直接将燃气的化学能转变为电能。目前应用广泛的是前一种方法的发电设备；后一种方法正朝着实用化、商品化的方向发展的高效清洁的发电技术。将燃气燃烧获得的热能转变为机械能的发动机有燃气内燃机、燃气轮机、斯特林发动机。为了解如何应用发电过程的余热，下面将分别介绍各种热力发动机和燃料电池的工作原理及余热的特点。

在燃气冷热电联供系统中应用的余热利用设备主要有：余热锅炉、各种换热器、溴化锂吸收式冷水机组、蓄热（冷）设备等。

10.2.2 燃气内燃机

燃气内燃机的结构如图 10-5 所示，它主要由气缸、气缸盖、活塞、连杆、曲轴、进气门、排气门等组成。燃气与空气进入气缸内燃烧产生高压气体，推动活塞运动，连杆把活塞的往复运动转变为曲轴的旋转运动，曲轴输出机械功。热能在气缸中转变为机械功的

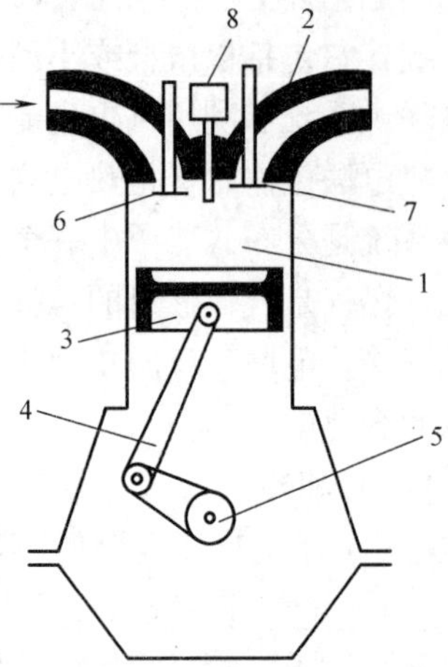

图 10-5　内燃机结构示意图

1—气缸；2—气缸盖；3—活塞；4—连杆；5—曲轴；6—进气门；7—排气门；8—火花塞

一次工作循环（做一次功）中活塞经历4个行程（曲轴转2周）：（1）吸气行程——进气门打开，活塞由上死点向下运动，吸进燃气与空气的混合物；（2）压缩行程——进、排气门关闭，活塞由下死点向上死点运动，对混合气体进行压缩，压缩终了时，火花塞通电点火，燃气燃烧；（3）膨胀行程——又称工作行程，高温高压气体对外做功，活塞由上死点向下死点运动；（4）排气行程——排气阀开启，活塞由下死点向上死点运动，将废气排出。这种4行程工作的内燃机称四冲程内燃机。为提高燃气内燃机的动力性能常采用增压技术，即对吸入内燃机的气体进行预压缩和冷却，以增加其密度，以使气缸吸入更多质量的气体，输出功率将按比例增长。目前广泛采用排气涡轮增压器对吸入气体进行增压，即利用内燃机气缸的排气在涡轮中膨胀做功，拖动压气机对气体进行预压缩。压缩后的气体温度却升高了，通常采用两级冷却（高温段和低温段），其中冷却高温段的冷却水温度高，利用价值高。不同公司生产的燃气内燃机增压的方式不同，有的只对空气进行增压，有的对空气与燃气的混合气体进行增压。

燃气内燃机发电机组的余热有两种——烟气和冷却水。烟气的温度一般在400～550℃左右。冷却水有冷却气缸、气缸盖、气门的冷却水（又称缸套水）、冷却润滑油的冷却水和冷却增压后气体的冷却水。不同型号的燃气内燃机采用的冷却方式并不一样。有的燃气内燃机只有两种冷却水——高温冷却水和低温冷却水，其中高温冷却水用于冷却增压后气体（高温段）、润滑油、和气缸套等部件，温度通常在95℃左右；低温冷却水用于冷却增压后气体的低温段部分，温度通常在40℃左右。有些燃气内燃机有三种冷却水——缸套水（包括冷却增压后气体的高温段部分），温度通常在95℃左右；润滑油冷却水，温度约80℃；低温冷却水（用于冷却增压后气体的低温段部分），温度约40℃。

内燃机工作的外部条件对其性能有一定影响，因此内燃机发电机组铭牌上的输出功率是指名义工况下的出力。ISO标准规定的名义工况如下：环境温度25℃，海拔100m。先进的燃气内燃机在环境温度40℃以内、海拔1000m以下时不受环境温度与海拔高度的影响。有的公司的说明书中标明了影响程度，如某公司的燃气内燃机海拔在1500m以上时每升高100m，功率降低0.5%；环境温度在25℃以上50℃以下时，每升高10℃，功率降低2%。燃气内燃机发电机组在部分负荷时发电效率有所下降，而余热利用效率（温度在120℃以上烟气余热＋高温冷却水余热与输入机组燃气低位发热量之百分比）有所增加。例如某机组在100%、75%、50%负荷时的发电效率为43.5%、42.1%、39.8%，而余热利用效率分别为46.3%、46.5%、47.1%。

燃气内燃机发电机是一种技术成熟的设备，它的主要优点有：发电效率高，一般为33%～44%；结构比较紧凑；性能受环境影响较小；部分负荷特性较好；启动迅速，很快能达到全负荷；初投资比其他类型机组低；大型机组的寿命长。主要缺点有：活塞往复运动，振动和噪声较大；维护成本高，如需要经常更换润滑油、火花塞等；余热种类多，给余热利用带来不便，且有一半的余热品位不高；对燃气品质要求高，特别是对清洁度的要求。

燃气内燃机发电机的额定功率一般为 5～18MW，适用范围广。

10.2.3　燃气轮机

燃气轮机发电机组的输出功率的范围很大，单机功率从 25kW 到几百兆瓦，在燃气分布式能源中应用的主要是 25～350kW 的微型燃气轮机和 600～20MW 的小型燃气轮机发电机组。

最简单的燃气轮机装置由压气机、燃烧室、燃气轮机（或称涡轮机）和发电机组成，如图 10-6 所示。叶轮式压气机（轴流式或离心式）吸入空气，经多级叶轮压缩后送入燃烧室中，同时将燃料（气体燃料或液体燃料）喷入燃烧室中与高温高压空气混合，并在定压下燃烧。高温高压的燃烧产物进入燃气轮机中经多级叶轮膨胀（轴流式或向心径流式）做功，最后废气排出燃气轮机。为提高燃气轮机的发电效率，采用燃气轮机与汽轮机联合工作的方式，即把燃气轮机排出的高温烟气通过余热锅炉生产高压蒸汽，再在汽轮机中膨胀做功，这种联合工作的热力循环称为燃气-蒸汽联合循环，其发电效率已达 58%～60%。另一种提高燃气轮机热效率的方法是采用回热循环，即把燃气轮机排出的废气用于加热经压气机压缩后的空气，降低了排气温度，也就减少了冷端损失。燃气轮机的热效率与燃气初温有密切关系，初温愈高，效率就愈高。20 世纪 50、60 年代，燃气初温 600～1000℃，简单循环的效率约 10%～30%；20 世纪 70～90 年代，燃气初温 1050～1370℃，简单循环效率 32%～40%；2000 年前后，燃气初温 1400～1500℃，简单循环效率＞40%；21 世纪正开发性能更高的燃气轮机。

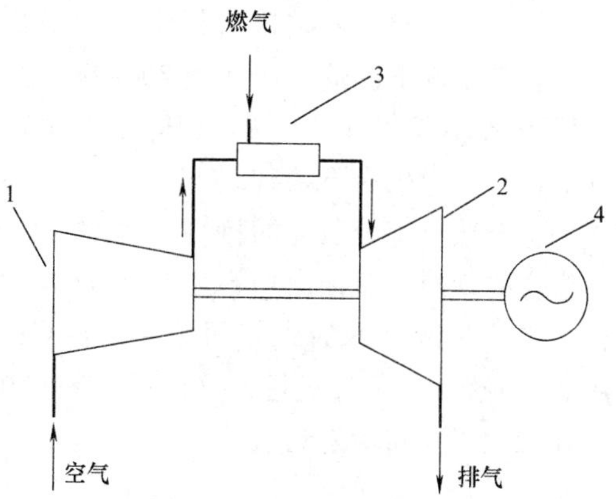

图 10-6　燃气轮机装置示意图

1—压气机；2—燃气轮机；3—燃烧室；4—发电机

ISO 标准规定的燃气轮机名义工况的条件是：环境温度 15℃，海拔 0m，排气背压 0Pa，空气入口阻力 0Pa。偏离这些条件，对其性能将有较大影响。例如 Capstone C65 微型燃气轮机发电机组名义工况下输出功率为 65kW，发电效率为 29%。当环境温度为 15℃、20℃、30℃、40℃时，输出功率分别为 65kW、65kW、58.6kW、52.1kW；发电效率为 29%、28.5%、27.4%、26.1%。当空气入口阻力为 1kPa 时，则功率将减少 2.5%，效率将减少 0.9%；若入口阻力为 2kPa，则功率将减少 4.9%，效率将减少 1.8%。当微型燃气轮机的排气背压为 2kPa，则功率和效率将减少 2.7%和 1.9%。海拔在 500m 以下，基本无影响，当海拔为 1200m 时，输出功率将降到 59kW。燃气轮机发电机组在部分负荷时对发电效率和余热利用效率（温度在 120℃以上排气余热与输入机组燃气低位热量之百分比）都有影响，例如 C65 微型燃气轮机发电机组在 100%、80%、60%、40%负荷下的发电效率分别为 29%、28.1%、26.1%、23.2%，余热利用效率分别为 41.3%、44.2%、44%、43%。不同结构的燃气轮机发电机组的特性有所不同，使用时参阅生产商的样本。

燃气轮机发电机组的特点有：(1) 结构紧凑、质量轻；结构简单，运动部件少，运行平稳，噪声低，故障率低。(2) 维护简单，维护费用低。(3) 余热形式单一（烟气），小型燃气轮机排气温度高，大部分燃气轮机的排气温度在 450～550℃，而微型燃气轮机的排气温度一般为 250～300℃。(4) 氮氧化物（NO_x）排放量低，微型燃气轮机一般在 9～25mg/L，小型燃气轮机一般＜42mg/L。(5) 要求燃气的进口压力高，小型燃气轮机一般要求 1～3.5MPa，微型燃气轮机一般要求 0.4～1MPa；当采用中、低压城镇燃气管网的燃气时，需对燃气进行增压。有些微型燃气轮机发电机组中自带增压机，允许采用低压天然气（＜0.1MPa），这时机组的净输出功率应扣除增压机消耗的功率，如 C200 机组，在名义工况下的输出功率为 200kW，发电效率为 33%，天然气进口压力≥0.52MPa；若采用压力小于 0.1MPa 的低压天然气时，扣除增压机消耗的功率，净输出功率为 190kW，净发电效率下降到 31%。(6) 微型燃气轮机发电机组是模块式机组，通过控制模块的组合改善部分负荷的特性。例如 5 台 C200（额定功率 200kW）微型燃气轮机发电机组组合的系统，总输出功率为 1000kW，当负荷为 800kW 时，可采用 4 台 C200 满负荷运行；当负荷为 720kW 时，可采用 4 台 C200 按 80%负荷运行；当负荷为 600kW 时，可采用 3 台 C200 满负荷运行；这样机组基本在发电效率和余热利用效率较高的区间运行。

10.2.4 斯特林发动机

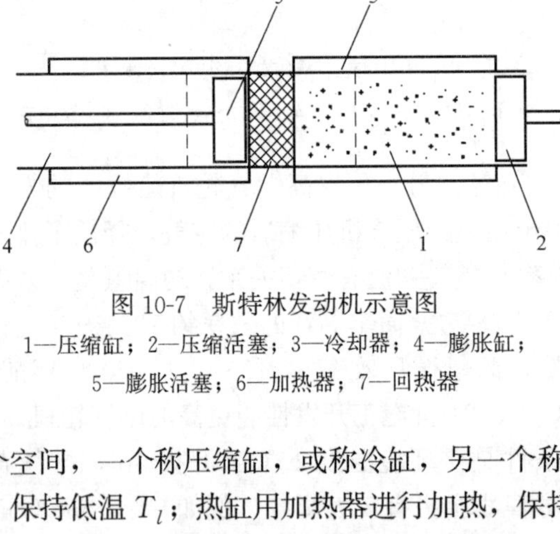

图 10-7　斯特林发动机示意图

1—压缩缸；2—压缩活塞；3—冷却器；4—膨胀缸；5—膨胀活塞；6—加热器；7—回热器

斯特林发动机有多种结构形式，根据气缸与活塞配置不同分三种基本类型：(1) α 型—有 2 个气缸，V 型、对置或并列布置；(2) β 型—有 1 个气缸，2 个活塞；(3) γ 型—1 个气缸，但分割成 2 部分，分别配置活塞。为说明它的工作原理，设一简化的斯特林发动机的物理模型，如图 10-7 所示。在气缸中间设有回热器（由不锈钢丝网片组成的多孔体，起吸热或放热作用），把气缸分成两个空间，一个称压缩缸，或称冷缸，另一个称膨胀缸，或称热缸。冷缸用冷却器进行冷却，保持低温 T_l；热缸用加热器进行加热，保持高温 T_h。在气缸内装有工质（氦）。工质在气缸内进行 4 个热力过程，实现把热能转换为机械能，这 4 个过程是：(1) 等温压缩过程——冷缸中压缩活塞从外死点（图示活塞位置）向内死点运动，而热缸中膨胀活塞在内死点（图示的位置）不动，工质被压缩，产生的热量由冷却器带走，从而保持工质温度 T_l 不变。(2) 等容加热过程——冷缸中活塞运动到虚线位置时，热缸中的膨胀活塞开始从内死点向外死点和冷缸中的活塞同步运动，从而把冷缸内工质经回热器推到热缸内，直到冷缸活塞移动到内死点，而热缸内活塞移到虚线处为止。这个过程容积保持不变，工质经回热器被加热，温度由 T_l 上升到 T_h。(3) 等温膨胀——热缸中的膨胀活塞从虚线开始向外死点运动，冷缸内活塞在内死点不动，工质膨胀，同时加热器对工质进行加热保持工质温度 T_h 不变。(4) 等容放热——热缸中活塞由外死点向内死点运动，同时冷缸中活塞从内死点向外死点运动，工质经回热器进入冷缸，工质从 T_h 冷却到 T_l，容积保持不变。这时，冷缸热缸中的活塞恢复到图示的位置，工质完成了一次循环，如此周而复始地进行工作。斯特林发动机理论上由2个等温过程和2个等容过程组成的循环，具有较高的热效率。图10-7只是说明工作原理的物理模型，实际斯特林发动机由以下部分组成：热缸、冷缸、加热器、冷却器、回热器组成的闭式循环系统，活塞、曲轴等的传动系统，外部燃烧系统和调节系统。斯特林发动机燃料燃烧在气缸外，烟气不进入气缸，其热量用于对工质的加热，因此斯特林发动机又称外燃机。由于实际循环难以保证压缩和膨胀达到等温，回热器的效率达不到100%，系统中存在无益的容积（如气缸的余隙、回热器容积等），工质在压缩、膨胀过程中泄漏等，实际循环偏离理想循环。实际的斯特林发动机的发电效率接近30%。目前斯特林发电机组的容量不大，一般在150kW以下。

斯特林发动机的主要特点有：（1）可用多种燃料。因为斯特林发动机的燃烧过程是在气缸外接近大气压力下连续进行的，对燃料的品质要求不高。（2）燃料燃烧完全，排气中污染物含量低。（3）工作可靠，维修费用低。（4）噪声低，一般比内燃机低15～20dB。（5）输出功率不受海拔影响，非常适合在高海拔地区应用。（6）加工、装配精度、材料质量要求高，发动机的造价高，经济上缺乏竞争力。（7）斯特林发动机的余热形式有两种，烟气和冷却水。烟气温度为250～450℃；冷却水温度一般为65℃左右，仅能制取生活用水和供暖用热水。

斯特林发动机的热电联产系统在国外已有实际应用，但并不太多，我国已建有试验系统[2]。

10.2.5　燃料电池

燃料电池是直接利用电化学反应将高氢燃料的化学能转变为电能的发电装置。图10-8为燃料电池工作原理图。阳极和阴极由两层材料组成，一层为导电的多孔材料制成的支撑层（或称扩散层），另一层为催化剂层。在阳极供应燃料（氢），而在阴极供应的氧化剂（氧）。在催化层辅助下，氢气在阳极分解成氢离子（H^+）和电子（e^-）—称阳极反应，反应式如下：

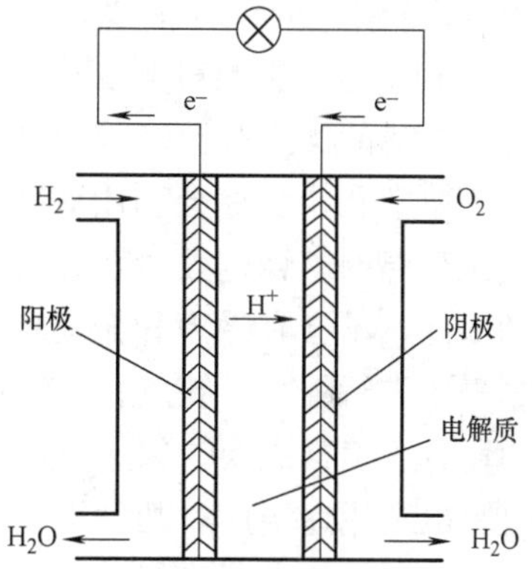

图10-8　燃料电池工作原理

$$H_2 \longrightarrow 2H^+ + 2e^-$$

氢离子（H^+）在电解质中迁移到阴极，与氧、e^-生成水—称阴极反应，反应式如下：

$$\frac{1}{2}O_2 + 2H^+ + 2e^- \longrightarrow H_2O$$

阳极的e^-通过外部电路流动到阴极侧参与阴极反应。反应生成的电子（e^-）连续地流动，形成直流电，直流电可通过逆变器转换为交流电。产生阳极反应的阳极对于电池的外电路来说是阴极，而产生阴极反应的阴极对于电池的外电路来说是阳极。

燃料电池根据电解质的不同分成5类：（1）碱性燃料电池（Alkaline Fuel Cell，简写为AFC），电解质为KOH；（2）质子交换膜燃料电池（Proton Exchange Membrane Fuel Cell，简写为PEMFC），又称固体聚合物燃料电池（Solid Polymer Fuel Cell，简写为SPFC），电解质为全氟磺酸膜；（3）磷酸型燃料电池（Phosphoric Acid Fuel Cell，简写为PAFC），电解质为H_3PO_4；（4）熔融碳酸盐燃料电池（Molten Carbonate Fuel Cell，简写为MCFC）电解质为碳酸锂和碳酸钾（钠）二元混合物；（5）固体氧化物（Solid

Oxide Fuel Cell，简写为SOFC)，电解质为传导氧离子（O^{2-}）的陶瓷材料。按电池工作温度分为3类：（1）低温燃料电池，工作温度<100℃，AFC和PEMFC属于这一类；（2）中温燃料电池，工作温度100～300℃，PAFC属于这一类；（3）高温燃料电池，工作温度600～1000℃，MCFC和SOFC属于这一类。中温和高温燃料电池可用于热电联供。表10-1给出了中温和高温燃料电池基本特性。表中的重整气是指天然气、煤气、甲烷、甲醇、乙醇等富氢燃料重整制取的氢燃料。当PAFC使用天然气等燃料时，需要配一套燃料重整系统。MCFC和SOFC可以直接应用天然气或净化煤气。

中温和高温燃料电池基本特性　　**表10-1**

燃料电池类型	PAFC	MCFC	SOFC
燃料	重整气	天然气、煤气	天然气、煤气
氧化剂	空气	空气	空气
工作温度(℃)	约200	600～700	800～1000
发电效率(%)	约40	约42	约45

磷酸型燃料电池（PAFC）可同时生成温度约60～90℃的热水和0.6MPa的蒸汽。热电联供时的能源综合利用率可达70%以上。熔融碳酸盐燃料电池（MCFC）和固体氧化物电池（SOFC）的工作温度高，可以与燃气轮机联合工作，其发电效率可达60%以上[3][4]。利用这两类燃料电池其能源综合利用效率一般可达80%以上。

燃料电池的优点有：(1）与用于分布式能源系统中的其他小型发电机相比，具有比较高的发电效率和能源综合利用效率。(2）对环境污染小。由于燃料电池在反应前必须脱硫，且无高温的燃烧过程，因此几乎不排放硫化物和氮氧化物。(3）噪声小。燃料电池中无运动部件，不会有噪声和振动，噪声主要来源于其他动力装置（如泵）。(4）模块化，可根据需要进行组合。缺点有：(1）价格昂贵。(2）对燃料非常挑剔，通常要求有高效过滤器，而且需经常更换。(3）商业化时间比较短，有待在实践中进一步完善。

燃料电池用途很广，既可用于军工、航天、发电厂领域，也可用于电动汽车、移动设备的动力、便携式电源（如手机、相机、笔记本电脑等的电源)、建筑供能等。发达国家已有各种类型、不同用途和规格的燃料电池产品，也有成功的燃料电池冷热电联供的工程[5]。我国对燃料电池的开发也极为重视，起步于1958年，电子工业部天津电源研究所最早开展了MCFC的研究。在航天事业的推动下，20世纪70年代中国的燃料电池呈现出了第一个研究高潮，90年代中期，燃料电池技术列入了“九五”科技攻关计划，中国燃料电池的研究进入了第二个高潮。现在已有一百多家研究院所、大学和企业参与燃料电池的研发，军工和汽车用燃料电池的研究均已取得很大进展，部分产品已经实用。

10.2.6　余热设备

发电机组可供利用的余热主要有烟气（如燃气轮机、内燃机排出的烟气)、热水（如内燃机的冷却水）和蒸汽（如汽轮机的抽汽）等余热。这些余热一般不直接供用户应用，而是转换为蒸汽、热水或冷水供用户使用。在燃气冷热电联供系统可能应用的余热设备有以下几类：

(1）余热锅炉

用于把烟气余热制取蒸汽或热水，供建筑或生产工艺应用，余热锅炉的结构参见11.5节。

(2）汽-水换热器和水-水换热器

用于把蒸汽或热水余热转换为供热用户应用的热水。有关汽-水换热器和水-水换热器的结构与原理参见文献［6］。

（3）溴化锂吸收式制冷机组

余热制冷设备，根据余热的类型有烟气型、蒸汽型、热水型和烟气热水型四类机组。这些机组的结构与原理参见第6章。

（4）蓄热和蓄冷设备

燃气冷热电联供系统供电与供热（冷）的比例变化不大，而用户的电负荷与热（冷）负荷的比例可能时刻在变化。因此，就有可能出现系统的供热（冷）量有时小于负荷，有时又大于负荷。当小于负荷时，可以启动常规的系统供热（冷），以满足负荷要求。当大于负荷时，可以采取如下措施：减小发电量，以减少供热（冷）量；把余热排放掉，降低了系统的能源综合利用效率；用蓄热（冷）设备储存多余的热（冷）量，供其他时段应用。尤其在热（冷）负荷在一日内变化非常大的场合，更需要采用蓄热（冷）设备。例如宾馆的生活热水使用量有些时段（如凌晨2：00～4：00）可能非常小，甚至为0，而有些时段（如19：00～22：00）又非常大，如果宾馆的生活热水由燃气热电联供系统供应，设置蓄热水箱是解决热量供需矛盾的一种最佳方法。有关蓄热和蓄冷的设备参见13.8节和13.9节。

10.3 燃气冷热电联供系统的类型

10.3.1 概述

燃气冷热电联供系统按动力装置的类型可分为以下几类：（1）燃气轮机冷热电联供系统；（2）燃气内燃机冷热电联供系统；（3）斯特林发动机冷热电联供系统；（4）燃料电池冷热电联供系统。目前国内主要应用的是前2类冷热电联供系统。燃气轮机冷热电联供系统中，主要是小型燃气轮机和微型燃气轮机，在大型工厂、区域的冷热电联供系统中还可以应用燃气—蒸汽联合循环发电机组。

燃气冷热电联供系统与公共电网关系有以下3种方式：（1）孤网运行，即不与电网连接。系统发电量需满足所服务区域的全部电负荷。这种系统设备容量大，初投资高；发电设备经常在部分负荷下运行，能源综合利用率低，运行费用高，尤其在热电负荷与冷电负荷不同步时更甚。适宜用在无电网的区域。（2）并网不上网运行，即系统接入公共电网，可向电网购电，但不向电网售电。（3）并网且上网运行，即系统接入公共电网后，即可向电网购电，又可向电网售电。显然最后一种与电网的关系最理想。这种方式在我国是于2013年2月27日国家电网有限公司发布了《分布式电源并网相关意见和规范》之后才实行的。之前只有一些省市在政策上允许分布式能源可以并网，但不上网；而有些省市不允许分布式能源并网。根据现有政策，建于用户内部的分布式能源，发电量可以全部上网、全部自用或自发自用剩余电量上网，由用户自行选择；用户不足的电量由电网提供。上、下网电量分开结算，电价执行国家相关政策。关于发电机组与电网并网的技术问题请参阅其他专门书籍。下面仅讨论燃气发电机机组余热利用的原理与系统。

发电机的余热可以用于制冷或制热作为建筑的冷热源，或生产蒸汽，或生产热水。由于余热用途的不同又派生出不同类型的系统。

10.3.2 燃气轮机发电机组余热利用模式

燃气轮机发电机组可利用余热为烟气，有以下几种常用余热利用模式：

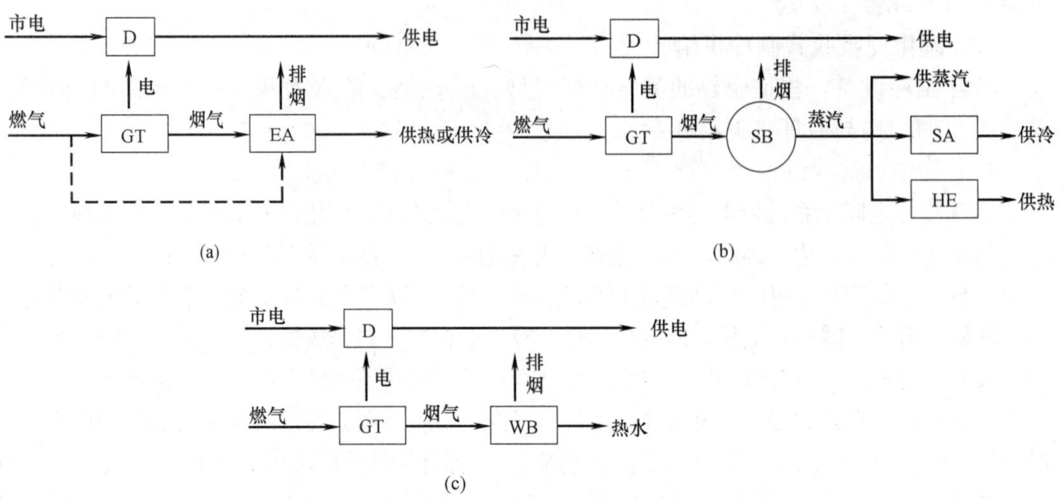

图 10-9　燃气轮机发电机组烟气余热利用模式

(a) 烟气型；(b) 余热型；(c) 烟气-水换热器

GT—燃气轮机发电机组；EA—烟气型溴化锂吸收式冷热水机组（或补燃型烟气机）；SB—余热蒸汽锅炉；SA—蒸汽型溴化锂吸收式冷水机组；HE—汽-水换热器；WB—余热热水锅炉（烟气-水换热器）；D—并网配电柜

(1) 用烟气型溴化锂吸收式冷热水机组（简称烟气机）或补燃烟气型烟气机制冷或制热，夏季用于建筑供冷，冬季用于建筑的供暖，如图 10-9（a）所示。图中虚线表示采用补燃型烟气机在补充燃烧时需要供应燃气。烟气机采用补燃的作用是当发电机组余热量减少（部分负荷运行）时保持烟气机制冷（热）能力；或为了增加烟气机的制冷（热）能力，以满足建筑冷热负荷的需求。

(2) 用余热蒸汽锅炉生产蒸汽。蒸汽在工业建筑中可用于某些工艺过程，在民用建筑可用于洗衣房、医院消毒等。如蒸汽有余量，可以用蒸汽型溴化锂吸收式冷水机组制成制冷或汽-水换热器制热水，如图 10-9（b）所示。余热锅炉有补燃型和无补燃型两类，可根据发电机组的运行条件、冷热负荷情况选用其中一类余热锅炉。在满足用户条件下，蒸汽压力宜低一些，以降低排烟温度，充分利用烟气中的余热。如果用户无蒸汽需求而只需供冷或供热，则不宜采用这种模式，这样不仅增加了设备，而且由于能量的多次转换，实际获得的制冷（热）量将低于直接用烟气机获得的制冷（热）量。

(3) 用烟气-水换热器制热水，如图 10-9（c）所示。这种模式适用于全年有热水需求的场所，如宾馆、医院的生活热水供应。目前已经有微型燃气轮机的热电联产机组产品，如 Capstone C65 ICHP 微型燃气轮机热电联产机组，在 ISO 标准条件下的发电量为 65kW，供应 60/50℃热水 112kW，能量综合利用率达 79%。

10.3.3　内燃机发电机组余热利用模式

内燃机发电机组可利用余热有烟气和高温冷却水，根据服务对象的不同有多种余热利用模式，下面列举几种余热利用模式：

(1) 用烟气热水型溴化锂吸收式冷热水机组（简称烟气热水机）和水-水换热器制冷和制热，用于建筑供冷和供暖，如图 10-10（a）所示。烟气热水机也有补燃型和无补燃型两类，可根据发电机组运行条件和建筑冷热负荷情况选用其中之一。烟气热水机夏季运行

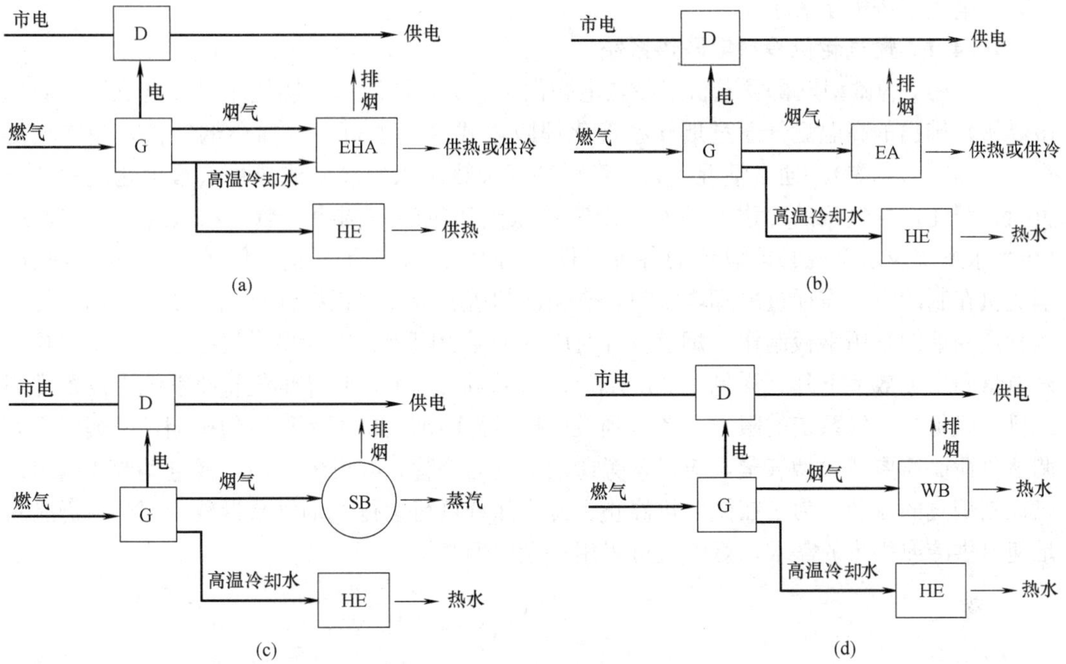

图 10-10 燃气内燃机发电机组余热利用模式

(a) 烟气型制冷、制热；(b) 内燃型制冷、制热；(c) 蒸汽、热水型；(d) 热水型

G—燃气内燃机发电机组；EHA—烟气热水机；HE—水-水换热器；其余符号同图 10-9

时，烟气与高温冷却水的余热同时通过它制取冷水供空调系统应用；冬季运行时，烟气通过它制取供暖用热水，而高温冷却水通过水-水换热器制取供暖用的热水。

(2) 内燃机的烟气利用烟气机制冷或制热，用于建筑供冷和供暖；高温冷却水通过水-水换热器制取热水，如图 10-10 (b) 所示。热水可用于洗衣房、公共浴池或生活热水供应。根据具体情况，烟气机也可采用补燃型的。

(3) 内燃机的烟气利用余热蒸汽锅炉生产蒸汽，高温冷却水利用水-水换热器制取热水，如图 10-10 (c) 所示。蒸汽可用于工业生产过程或民用建筑中蒸汽用户，如洗衣房、医院消毒等。热水可用于生活热水供应、公共浴池、洗衣房等。如蒸汽有余量，可以用蒸汽型溴化锂吸收式制冷机组制冷或汽-水换热器制取热水。根据具体情况，余热蒸汽锅炉也可采用补燃型的。

(4) 内燃机的烟气和高温冷却水分别用余热热水锅炉和水-水换热器制热水，供工业或民用建筑热水用户应用。

上面举例了几种燃气轮机和燃气内燃机发电机组余热利用模式，这只是比较典型的模式。实际采用何种余热利用模式，则应根据用户对冷、热需求的情况、发电机组余热形态与温度来选择。

10.4 燃气冷热电联供系统

本节将介绍目前比较常用的燃气轮机和燃气内燃机为动力装置的冷热电联供系统。本节只阐述了动力装置的烟气和内燃机的高、低温冷却水的系统，以及余热利用设备的相关系统，电气系统未予表示。

10.4.1　燃气轮机冷热电联供系统

图 10-11 为微型燃机发电机组冷热电联供系统原理图。微型燃气轮机发电机组（简称微燃机）排出的高温烟气通过烟气型溴化锂吸收式冷热水机组（简称烟气机）制冷（夏季）或制热（冬季）。通常情况下，微燃机烟气余热制取的冷量或热量只承担建筑的部分负荷，因此，烟气机的冷水或热水系统需并联到建筑的空调冷（热）水系统中。空调冷（热）水系统及水系统必须设置的各种附件（图 10-11 未表示）请参阅第 13 章相关内容。烟气机在制冷时，需通过冷却塔排热，有关冷却塔和冷却水系统详见 13.10 节。烟气的输送管道和烟囱采用钢板制作，烟道设计时应尽量减少阻力，因为微燃机排烟背压将会导致发电量和发电效率下降（详见 10.3.3 节）；如果阻力太大，宜在烟气管路系统中设置排烟风机，以承担烟气系统的阻力。考虑到微燃机运行而烟气机不运行时的排烟，或烟气机为调节负荷而需要减少烟气量，应设置旁通烟气机的烟管，并设置风门（或电动调节阀门），以控制烟气的流动。为了在微燃机停止运行或部分负荷运行（烟气余量减少）时，仍能满足建筑供冷或供热的需求，烟气机可采用补燃型烟气机。

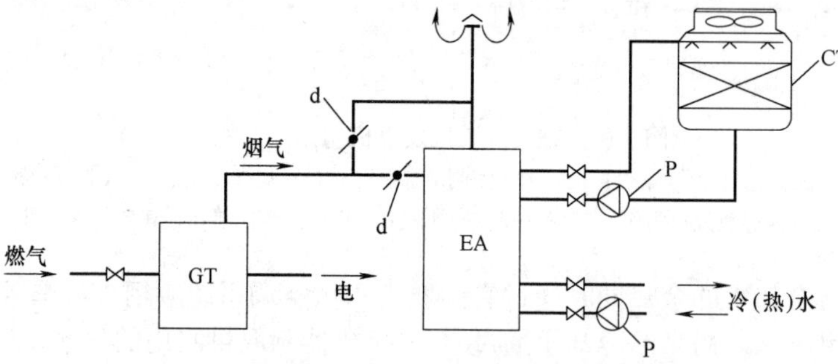

图 10-11　微型燃机发电机组冷热电联供系统原理图
GT—微型燃气轮机发电机组；EA—烟气型溴化锂吸收式冷热水机；CT—冷却塔；P—水泵；d—风门

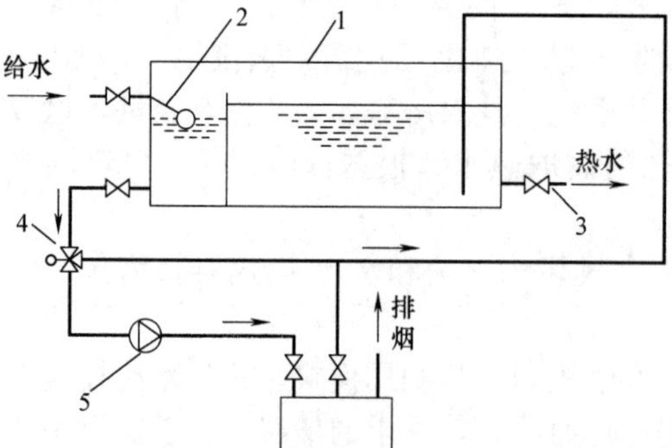

图 10-12　微燃机热电联产机组的热电联供系统原理图
CHP—微燃机热电联产机组；1—水箱；2—浮球阀；3—热水出口；4—三通电动调节阀；5—水泵

图 10-12 为微燃机热电联产机组的热电联供系统原理图。图示的系统是把余热用于旅馆、医院、浴池等的热水供应。热电联产机组中已配置有烟气-水换热器，在机组规定的流量下，换热器进出口温度差一般为 5～10℃左右。热水供应系统通常要求把 4～20℃左右的冷水加热到 50～60℃，如直接把冷水通过热电联产机组加热，则达不到要求的水温。因此，设置三通电动调节阀，通过调节冷、热水的混合比，控制机组入口的水温，以使出口的热水温度达到要求。热水供应的负荷通常是不稳定，因此，必须设置水箱，储存热水供应低

负荷时多余的热水。图中水箱 1 分成两部分—热水箱和冷水箱，热水箱的容积应能容纳热水供应系统低负荷时多余的热水；冷水箱保持了水泵的恒定进水压力，以保证水泵运行时流量稳定，冷水箱的浮球阀进水量应大于等于机组的加热水量。图中只表示了一台热电联产机组的系统，当有多台联产机组时，则机组水系统并联连接。若机组供热量小于热水供应系统的热负荷时，可以设置燃气热水锅炉进行补充供应。

10.4.2 燃气内燃机冷热电联供系统

图 10-13 为内燃机发电机组的冷热电联供系统原理图。图示的系统采用的内燃机可利用余热有两种——高温烟气和高温冷却水；采用烟气热水型溴化锂吸收式冷热水机组（简称烟气热水机）制冷（夏季）或制热（冬季）。图 10-13 所示的系统由下列几个系统组成：烟气系统、高温冷却水系统、低温冷却水系统、供冷（热）空调系统和两个冷却塔水系统。下面分别介绍上述几个系统。

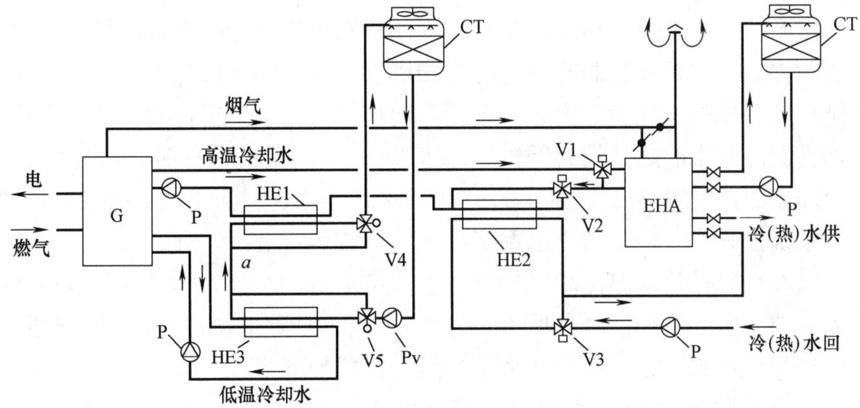

图 10-13 内燃机发电机组的冷热电联供系统原理图

EHA—烟气热水型溴化锂吸收式冷热水机组；G—内燃机发电机组；HE1、HE2—水-水换热器；HE3—中冷器；V1、V2、V3—三通电磁阀；V4、V5—三通电动调节阀；P—水泵；P_V—变频水泵；其余符号同图 10-11

烟气系统：内燃机的高温烟气供给烟气热水机进行制冷（夏季）或制热（冬季），废气通过烟囱排入大气。高温烟气可全部或部分经旁通烟道直接排入大气，从而可以使内燃机在不需供冷或供热时照常运行；或为了调节烟气热水机的供冷或供热量时，控制进入烟气热水机的烟气量。烟道、烟囱和设备的总阻力应控制在内燃机排烟的背压范围内。

高温冷却水系统：高温冷却水夏季和冬季的利用方式不同。夏季工况——高温冷却与烟气同时通过烟气热水机进行制冷。此时三通电磁阀 V1 和 V2 的直通路开启，旁通路关闭；高温冷却水由内燃机→V1（直通）→烟气热水机→V2（直通）→水-水换热器 HE1→水泵→内燃机。此时三通电动阀 V4 的旁通关闭，冷却塔的冷却水不经 HE1。但当高温冷却水进内燃机的温度高于设定的温度时，调节三通电动阀使部分冷却塔的冷却水进入 HE1 进行补充冷却。为了在烟气热水型溴化锂吸收式冷热水机不运行时内燃机能正常工作，这时 V1 的直通路关闭，旁通开启，高温冷却水将不经烟气热水机而直接返回；此时三通电动阀 V4 换向，旁通开启，使冷却塔的冷却水经过水-水换热器 HE1，从而使高温冷却水的热量被冷却塔的冷却水所带走。为防止换热设备结垢，高温冷却水宜采用软化水或设置物理水处理器（参见 13.12 节）。冬季工况——高温冷却水不经烟气热水机，需单独设置换热器进行换热。此时三通电磁阀 V1 和 V2 直通路关闭，旁通开启，高温冷却水将经水-水换热器 HE2 加热空调系统的热水。

低温冷却水系统：低温冷却水是冷却内燃机中被增压气体的低温段，其温度一般在 40℃左右，其热量约占内燃机总输入能量的 4%左右，通常通过水-水换热器（内燃机附属设备中冷器 HE3）直接由冷却塔的冷却水所带走。

供冷（热）空调水系统：供冷运行时，三通电磁阀 V3 直通路关闭，旁通开启，冷水由泵→V3（旁通）→烟气热水机→接建筑空调水系统。冬季运行时，三通电磁阀 V3 直通路开启，旁路关闭，热水先经水-水换热器 HE2 由高温冷却水加热，再经烟气热水型溴化锂吸收式冷热水机进行加热。对于供热和供冷的水流量相等的烟气热水机，供冷时水温差 5℃（7/12℃），而供热时（只烟气工作）温差约为 3℃，这样串联加热后，可增大供热时的水温差，大概可达到 6℃，便于与建筑的空调水系统连接。

冷却塔水系统：烟气热水型溴化锂吸收式冷热水机组制冷时需有冷却塔把热量排放到周围的环境中去。这与常规的制冷系统的冷却塔水系统相同（参见 13.10 节）。除此之外，还需设置排放高温冷却水热量（内燃机运行，而烟气热水机不运行时）和低温冷却水的热量。考虑到高温冷却水的热量约为低温冷却水 5～6 倍，且大部分时间高温冷却水被利用而不需要冷却，因此宜设置 2 个独立的冷却塔水系统，这样可节省运行费用，但初投资高。图示的系统是只设一个冷却塔水系统，但为节省运行费用，可采取如下措施：(1) 采用变频泵，以便在只排除低温冷却水热量时小流量运行。(2) 冷却塔风机采用变频控制；或选用多风机的方形的冷却器（参见 13.10 节），当只排除低温冷却水热量时降低风机转速或减少风机开启台数。图示的冷却水系统运行模式如下：

模式一，只排除低温冷却水热量，变频泵 P_V 低速运行，冷却水流程为：冷却塔 CT→变频泵 P_V→三通电动阀 V5（直通路开启）→中冷器 HE3（内燃机附属设备）→a→三通电动阀 V4（直通路开启，旁通路关闭）→冷却塔 CT

模式二，同时排除高、低温冷却水热量，变频泵高速运行，冷却水的流程为：冷却塔 CT→变频泵 P_V→三通电动阀 V5 ─┬──────────→──────────┬→a →水-水
　　　　　　　　　　　　　　　　　　　　└→中冷器 HE3(内燃机附属设备)─┘
换热器 HE1→三通电动阀 V4（直通路关闭，旁通路开启）→冷却塔 CT

水系统中的三通电动调节阀还起控制高、低温冷却水进内燃机的温度在一定范围内的作用。例如，按模式一运行时，当经烟气机后的高温冷却水的温度高于设定的进内燃机的温度时，三通电动调节阀 V4 可以使部分水经 HE1 对高温冷却水补充冷却。

上述系统中，高温冷却水系统、低温冷却水系统和空调水系统均为闭式循环系统，因此需设膨胀水箱或气压罐定压[7]。水系统中还应有放气、过滤、泄水、阀门等附件，上述构件原理图中均未表示，请参阅有关书籍。

图 10-14 为内燃机发电机组的热电联供系统原理图。图示的系统是利用内燃机余热制取生活热水的热电联供系统。内燃机的烟气和高温冷却水分别通过余热热水锅炉（烟气-水换热器）和水-水换热器加热生活热水。生活热水先经水-水换热器 HE2 加热后，再经余热热水锅炉 WB 加热。设计水-水换热器 HE2 时应使高温冷却水的出口温度（入内燃机的温度）符合规定的温度。为防止在运行中可能出现温度超过规定的温度，三通电动调节

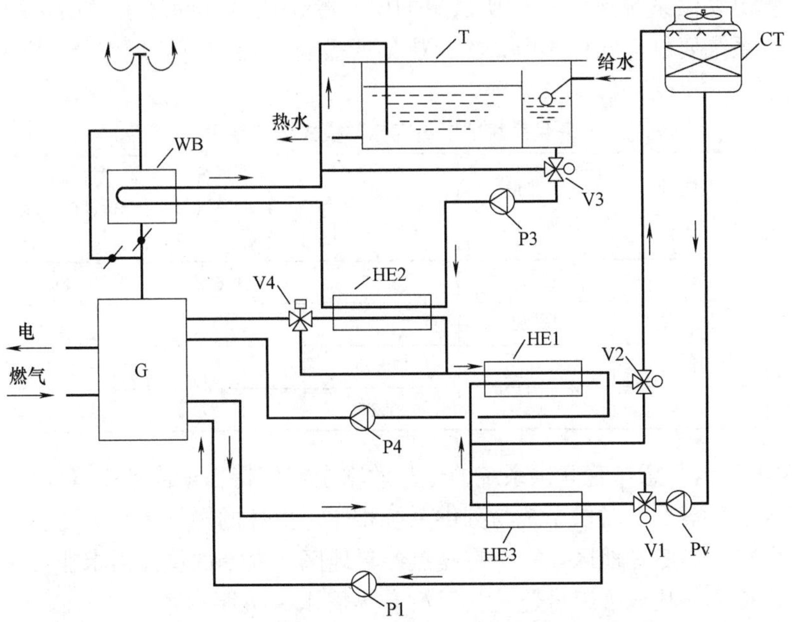

图 10-14 内燃机发电机组的热电联供系统原理图

WB—余热热水锅炉；T—水箱；HE1、HE2—水-水换热器；HE3—中冷器；P1、P2、P3—水泵；P_V—变频水泵；V1、V2、V3—三通电磁阀；V4、—三通电动调节阀；其余符号同图 10-13

阀 V2 可使部分冷却塔的冷却水通过水-水换热器 HE1 进行补充冷却。冷却塔的水系统同图 10-13，这里不再赘述。

10.5 冷热电联供系统应用的可行性

冷热电联供系统（CCHP）作为一种分布式供能技术，通过余热回收利用技术实现能源的梯级利用，提升能源热利用效率，因此该技术的发展得到了广泛的关注。我国对楼宇式冷热电三联供技术的应用也相继出台了多项鼓励政策，十余年过去，国内已建设完成 40 余个天然气分布式能源项目，但部分国内试点项目的实际运行效果却不理想，节能性不显著，经济效益不明显，导致部分高额投资的项目甚至直接长期搁置停用。这些问题的出现不仅与政策环境、价格体系和系统设备配置等方面有关，建筑的冷热电负荷需求特征是否适宜采用冷热电联供系统，更是值得研究探讨的问题。

本章参考文献［8］对办公建筑、商场建筑、宾馆饭店建筑、综合建筑这 4 种公共建筑，分别选取国内一栋实际运营的建筑作为典型建筑，建筑所处建筑热工分区包括寒冷地区、夏热冬冷地区、夏热冬暖地区等，以其能耗计量系统连续监测记录的数据为基础，反映建筑运行的真实冷热电的消耗状态。

基于已有能耗数据，将联供系统应用于 4 类典型建筑的情况进行模拟，分为两种模式分别进行模拟，即“以热定电”运行、“以电定热”运行模式。联供系统并网不上网，并在低谷电价时段不运行。根据建筑的全年电负荷变化选取较稳定的基础负荷（一般为过渡或冬季的最大电负荷）作为联供系统的最大容量。

首先考虑联供系统全年以保持全热效率最高的“以热定电”模式运行的情况。为了比较方便，计算出联供系统运行一年所供出的电、冷、热量，并算出联供系统消耗的燃气量，以及分供系统要供应同样多电、冷、热量所需要消耗的折算燃气量，并将二者相减，具体结果如表10-2所示。

联供系统“以热定电”模式运行结果 **表10-2**

建筑类型	发电量 (kWh/m²)	供热量 (kWh/m²)	供冷量 (kWh/m²)	分供系统折算耗燃气量 (Nm³/m²)	联供系统折算燃气量 (Nm³/m²)	二者相差 (Nm³/m²)
办公建筑	17.10	12.13	3.97	4.63	4.29	0.34
商场建筑	55.63	18.81	29.46	13.44	13.95	−0.51
综合建筑	154.04	0	122.88	33.08	38.64	−5.56
宾馆饭店建筑	80.97	64.79	21.65	22.87	20.31	2.56

“以热定电”运行意味着联供系统的全热效率全年保持在最高效率（80%），但是在商场建筑、综合建筑案例中联供系统与分供系统相比，折算的燃气消耗量更多。这是因为这两个案例一个在夏热冬冷地区，一个在夏热冬暖地区，夏季的供冷需求非常大，而冬季的供暖需求小，夏热冬暖地区综合建筑甚至没有热需求。按照本章参考文献［8］对夏季典型工况联供系统运行的分析，夏季运行联供系统更费能，全年热需求越少，联供系统越不节能。而联供系统相比分供系统节省燃料最多的是宾馆饭店建筑，这不仅是因为其位于寒冷地区，更因为它存在着全年稳定的生活热水需求，年热需求高。

其次，考虑4种建筑中的联供系统均以“以电定热”模式运行，具体结果如表10-3所示。

联供系统“以电定热”模式运行结果 **表10-3**

建筑类型	发电量 (kWh/m²)	供热量 (kWh/m²)	供冷量 (kWh/m²)	分供系统折算耗燃气量 (Nm³/m²)	联供系统折算燃气量 (Nm³/m²)	二者相差 (Nm³/m²)
办公建筑	27.98	12.13	3.97	6.62	7.02	−0.40
商场建筑	81.96	18.81	29.46	18.24	20.56	−2.32
综合建筑	158.54	0	119.69	33.77	39.77	−6.00
宾馆饭店建筑	99.83	64.79	21.65	26.31	25.04	1.27

由表10-3可以看到，在“以电定热”模式运行下大部分情况的联供系统消耗燃气量要多于分供系统，只有宾馆饭店建筑中联供系统相比分供系统节省燃料，但也较“以热定电”模式有所降低。

由上面的分析可以看出，虽然冷热电联供技术可以实现能源的梯级利用，将发电排出的烟气余热回收，用于供热或制冷，能够使得一次能源利用效率达到80%以上，但是由于燃气电厂，电制冷机等设备与系统的技术成熟，效率已经达到非常高的水平，相比之下楼宇式联供系统的发电效率、吸收式制冷效率还较低，发电＋制冷工况下消耗燃料要多于分供系统，实际耗能更高，只有在发电＋供热工况下才更节能。而由于办公建筑、商场建筑等建筑类型存在不稳定的热需求，热需求往往只集中在冬季，因而全年大部分时间内联供系统的运行均不节能。只有建筑全年有较大的热需求，联供系统才能体现较好的节能性。现实情况下，出于经济性的考虑，联供项目在实际运行过程中往往采取“以电定热”

而非“以热定电”的运行模式，这更使得整个系统的一次能源利用率大大降低。

思考题与习题

10-1 如何科学合理利用天然气等高品位能源？

10-2 我国热电厂的集中供热很多，试论述把它们改造成夏季冷电联产的可行性。

10-3 试述分布式能源的含义。

10-4 分布式能源就是燃气冷热电联供，这种说法对吗？

10-5 燃气冷热电联供有哪些特点？

10-6 试述内燃机余热的种类，都可利用吗？

10-7 试述燃气内燃机发电机组的优缺点。

10-8 影响燃气轮机发电机组输出功率和效率的外部因素有哪些？

10-9 试述燃气轮机发电机组的特点。

10-10 用于燃气冷热电联供系统中的发电装置有哪几种？目前常用的是哪几种？

10-11 列举几种燃气轮机发电机组余热利用的模式。

10-12 列举几种燃气内燃机发电机组余热利用的模式。

10-13 TCG2020V12 燃气内燃机发电机组，输出功率 1200kW，发电效率 43.7%，高温冷却水热量 606kW，温度 93/80℃，烟气温度 414℃，烟气冷却到 120℃的热量为 591kW。试估算该机组冷电联供的供冷量和热电联供的制热量。

10-14 题 10-13 在获得同样的电能和冷量（或热量）条件下，试比较联供与分供的一次能耗。

10-15 Capstone C200 微燃机发电机组名义工况发电量 200kW，发电效率 33%；烟气流量 1.33kg/s，温度 280℃；燃气低压进气时，增压机消耗功率 10kW。若该机用于热电联供，生产 60℃的生活热水，试估算其在名义工况下的供热量、能源综合利用率，并与分供比较其节能性。烟气定压比热为 1.1kJ/(kg·℃)。

本章参考文献

[1] 燃气冷热电联供工程技术规范：GB 51131—2016 [S]. 北京：2016

[2] 耿克成，付林，柴沁虎，李永红，杨巍巍. 斯特林热电联产装置的性能试验. 暖通空调 [J]. 2005，3：107-109.

[3] 陈启梅，翁一武，朱新坚，翁史烈. 熔融碳酸盐燃料电池—燃气轮机混合动力系统特性分析. 中国机电工程学报 [J]. 2007，8：94-98.

[4] 窦筱欣，刘朝，田辉，张兄文. 固体氧化物燃料电池/燃气轮机混合模式的统计总述. 燃气轮机技术 [J]. 2010，2：25-11.

[5] 鲁德宏. 燃料电池及其在冷热电联供系统中的应用. 暖通空调 [J]. 2003，1：91-93.

[6] 连之伟等. 热质交换原理与设备（第四版）[M]. 北京：中国建筑工业出版社，2018.

[7] 陆亚俊，马最良，邹平华. 暖通空调（第三版）[M]. 北京：中国建筑工业出版社，2015.

[8] 清华大学建筑节能研究中心. 中国建筑节能年度发展研究报告 2018 [M]. 北京：中国建筑工业出版社，2018.

第 11 章　可再生能源和余热利用

可再生能源是可以循环再生利用、并不会因人类开发利用而减少的能源，如太阳能、风能、水能、生物质能、地热能等。余热是指生产过程中排出的载热体所释放出来的热能（以环境温度为基准）。可再生能源和余热利用多种多样，本章只介绍它们在建筑中做冷源或热源的应用。

11.1　天 然 冷 源

天然冷源是指从自然界获取的、可作空调冷源的低温物质，主要有天然冰、深井水、深湖水等。

11.1.1　天然冰

我国东北、西北、华北的部分地区冬季气温都在 0℃以下，可以利用自然界的冷量来获取天然冰。冬季天然冰的获取方法有[1]：

（1）从江、河、湖水体中自然形成的冰面中采集。取冰的水体应不受污染，细菌含量不超过 100 个/cm^3，有足够的厚度。

（2）冻冰丘。在一个平整的场地上，安装上若干根 *DN*38 的立管，立管顶上安装喷嘴；与立管相连的水平管埋于地下；自来水或井水通过立管上的喷嘴喷洒在场地上，利用寒冷的天气使水冻结。立管开始时高 1.6～2m，当冰丘冻成一定高度后再往上接 1.6～2m。喷嘴的出口是环形。当喷嘴压力为 0.1MPa 时，内/外径＝8/13mm 的环形喷水量为 0.7L/s，内/外径＝10/16mm 的环形喷水量 1.5L/s。每个喷嘴大约可供喷洒 170～240m^2 的场地。停止喷水时，应将立管中的水放尽，以免被冻结。每昼夜可冻冰的厚度可按下式计算：

$$\delta=\frac{1}{3}\Delta t\left(1+\frac{v}{2}\right) \tag{11-1}$$

式中　δ——每昼夜冻冰厚度，cm；

Δt——水与室外空气的温差，℃；

v——风速，m/s。

冬天的冰需进行贮藏，以备夏季使用。贮藏的方法有：1）在场地上堆成冰垛。冰垛的顶部成 45°～60°的斜面，上铺 50～100mm 厚的草席；草席上放 500～1000mm 的锯末。冰垛的上方设敞棚遮阳。2）用冰库保存，冰库类似于冷藏库房。3）地窖、山洞保存。

冰的融化热为 335kJ，使用后排水温度为 15～20℃，因此每千克冰具有的冷量为 398～417kJ。如果一建筑夏季平均冷负荷为 60W/m^2，供冷期为 75 天，每天 10h，则 1t 冰约可供 2.5～2.6m^2 建筑面积供冷期的用冷量。

图 11-1 为天然冰用于建筑空调冷源的原理图。天然冰在融冰池中融成水，经过过滤器，由水泵压送到各空调末端设备（如风机盘管）中，给房间供冷。回水回到融冰池，由淋水管将水喷淋在冰块上。运行过程中由于冰块的融化，系统中会多出融冰水，根据融冰池的水位，经电动三通调节阀将多余水排入下水道。泵的吸入口的电动三通调节阀用于调节供出的冷水温度。冰融化的水约为 0℃，而供出的冷水温度一般可控制在 7～10℃左右，有些空调系统需更高一些的水温。系统开始运行或系统水量不足时可向融冰池中补水。融冰池四周都需保温以减少冷量损失，上部留有可开启的加冰口。冰的融化速度与冰块大小、冰块与水的温差、冰水间的放热系数有关。要在一定时间内融化足够量的冰，必须将冰块砸成小的碎块。

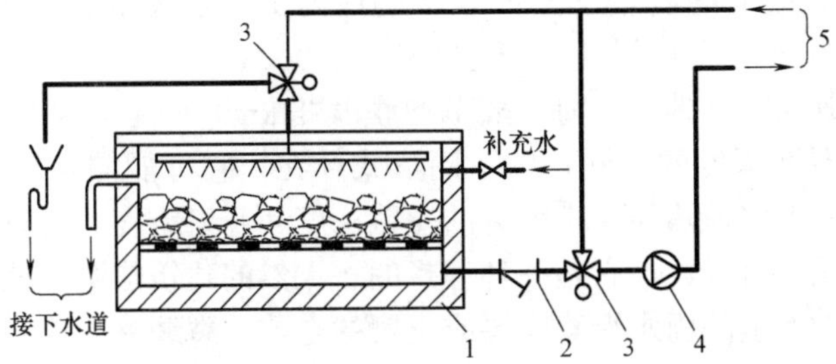

图 11-1 天然冰用于空调冷源的原理图
1—融冰池；2—Y 形过滤器；3—电动三通调节阀；4—水泵；5—接到空调末端装置

天然冰做冷源的最大优点是节能，但它只可能在寒冷地区应用。在寸土寸金的城市中，不可能有制取和贮藏天然冰的场地，只可能在城郊进行制备和贮藏。冰的采挖、运输、贮藏工作量很大。究竟用在多大规模的空调中，经济上是否合理，需经技术经济分析后确定。

11.1.2 地下水

5.6.3 节中指出，由于地层的隔热作用，一定深度的地下水的温度基本保持不变，全国大约在 6～25℃范围内。东北、内蒙古大部分地区深井水温度大多小于 12℃，这种温度的水已经有一定的去湿能力，因此，完全可以直接作空调的冷源。即使在华北、西北地区，地下水的温度大部分小于 18℃，这种温度的水可作辐射供冷（采用冷却吊顶或冷地面）的冷源[2]，以承担建筑的显热冷负荷，而建筑的除湿任务（潜热冷负荷）由另外的系统来承担。地下水是宝贵的淡水资源，使用其冷量后应回灌地下，并应注意防止被污染。

另外，还可以把地下含水层作为蓄冷层使用，在冬季利用冷却塔将地表水冷却后回灌到含水层中，而在夏季抽出使用。

11.1.3 深湖水或水库水

太阳辐射是湖水、河水温度升高的主要原因，而空气传给水的热量与太阳辐射相比很小。太阳辐射穿透水的深度与波长有关，红外线的热辐射射透能力极弱，几乎全被水表面吸收和反射。所以湖、河、江水和水库的深层水虽在 7、8 月的酷暑温度也不高。有些深湖在 30m 深水处的水温约 5℃。这样深的湖水并不多，但是大型水库、水力发电的堤坝处，水往往很深，因此可以从底部引出低温水给附近建筑作空调冷源用。

深湖水、深水库水、地下水等天然冷源的优点是节约能源，设备简单，费用低，管理方便。但是天然冷源受地区或地理条件的限制不是到处都有。有条件时可优先考虑，但使用这些天然冷源必须得到当地主管部门的批准。我国已有利用水库深层水做建筑冷源的工程实例[3]，在西南地区某水库旁有一建筑面积为 5000m^2 的宾馆，夏季冷负荷 600kW，取用水库水面下 30m 的水作冷源，冷水流量 105t/h，夏季水温 9～10℃。

11.2 地　热　水

地球内部蕴藏着巨大的能量。据估计，地核内部的温度高达 2000～5000℃；地幔（地下 33km 到 2900km 之间）的温度高达 1000～2000℃，内部压力达 900～38700MPa。因此，在地球的最外层——地壳（海、陆平均厚度 33km）中也蕴藏着丰富的热能。这些地热能由于地质构造和深度的不同，以不同形式存在，它可能储存于热岩石、岩浆、蒸汽、热水等物质中。有些地热能，由于它的蕴藏深度和开采难度而暂时未被利用，而地热水最早被人类所利用。可以说，它是一种理想的、天然的建筑热源。地热水不是在地壳中天然存在的，它是地面上的雨水沿着岩层或土壤的空隙、裂缝渗入地壳深处，沿途不断被周围的热岩石所加热，而形成地下热水。如果地壳深处有含水性能较好的大孔隙地层，就会形成具有开采价值的地下热水层。据推算，地下热水总量约 1×10^{17} m^3，约相当于地球上海水总量的 1/10。地热水有的储存在地下深处，也有的因地质结构的特点和地球内部的压力，使地热水沿着地下裂缝上升到地表附近，形成浅层地热水库，有的甚至露出地面形成温泉。我国的地热资源十分丰富[4]，仅温泉就有 2200 处，分布在全国 26 个省，放热量为 10.2×10^{13} kJ/年；全球 4 个地热带有 2 个地热带（太平洋地热带和喜马拉雅-地中海地热带）通过我国。表 11-1 给出了我国地热水分布特征[4]，从表中可以看到，地热在我国分布很广。在 1000～2000m 深处的地热水平均温度大多在 40～80℃，很适宜在建筑空调、供暖中作热源。温度高一些的地热还可以作吸收式制冷的热源。

我国地热水分布特征　　**表 11-1**

区域	地区	1000m 深		2000m 深		3000m 深		梯度
		平均温度（℃）	最高温度（℃）	平均温度（℃）	最高温度（℃）	平均温度（℃）	最高温度（℃）	（℃/100m）
中国东部地区	松辽盆地	40～50	60～70	70～80	100～110	90～110	140～150	3.8
	华北盆地	40～45	60～70	70～80	90～100	90～100	130～140	3.3～3.5
	东南沿海	40～45	60～70	70～80	90～100	90～110	140～150	2.5～4.0
	苏北盆地	40～45	40～60	60～70	90～100	90～100	120～130	2.6
	洞庭盆地	40～45	60～80	70～80	100～110	90～100	140～150 以上	2.85
	鄱阳盆地	40～45	60～70	70～80	90～100	90～100	120～130	2.8
	三水盆地	40～45	60～70	70～80	90～100	90～100	120～130	2.8
	台湾地区	40～45	45～60	60～70	90～100	100～120	140～150	3.3
					300		300 以上	
	山区	25～40	50～60	40～60				1.5

续表

区域	地区	1000m深		2000m深		3000m深		梯度
		平均温度（℃）	最高温度（℃）	平均温度（℃）	最高温度（℃）	平均温度（℃）	最高温度（℃）	（℃/100m）
中国中部地区	海拉尔-二连盆地	35～45	50～60	60～70	80～90	90～100	130～140	3
	鄂尔多斯盆地	35～40	50～60	60～70	80～90	90～100	120～130	2.88
	汾渭盆地	40～45	60	70～80	90～100	90～100	130～140	3
	四川盆地	35～45	50～60	60～70	90～100	90～100	120～130	2.45
	南盘江盆地	40～45	50～60	60～70	80～90	90～100	120～130	2.5
	百色盆地	40～45	50～60	60～70	80～90	90～100	110～120	2.73
	兰州-西宁地区	35～40	40～50	60～70	80～90	90～100	120～130	2.7
	昆明-六盘山地区	40～45	40～50	70～80	90～100	90～110	120～130	2.5～3.3
	山区	25～30	40～50	40～50				1.5
中国西部地区	藏滇地区	45～50	70～80	60～80	100～140	90～100	140～300	2.0～4.0
	藏北盆地	35～40	50～60	60～80	90～100	80～100	120～130	2
	柴达木盆地	35～45	50～60	50～70	80～100	80～100	130～140	2.73
	河西走廊	35～40	50～60	50～70	70～80	70～80	100～110	2.0～2.5
	塔里木盆地	35～40	40～50	50～60	60～70	70～80	90～100	1.76
	准格尔盆地	30～40	40～45	50～60	70～80	70～80	90～100	2.01
	山区	20～30		30～40		＜50～60		1.5

地热按温度分有：高温地热（$t \geqslant 150℃$）；中温地热（$90℃ \leqslant t \leqslant 150℃$）；低温地热（$25℃ \leqslant t \leqslant 90℃$）。低温地热又可分为：热水（$60℃ \leqslant t \leqslant 90℃$）；温热水（$40℃ \leqslant t \leqslant 60℃$）；温水（$25℃ \leqslant t \leqslant 60℃$）。高、中温地热可用于发电、烘干、供暖；低温地热可用于供暖、洗浴、温室、养殖等。我国地热的应用有着悠久的历史，但过去仅限于利用温泉洗浴。最近几十年才开始用于发电、工农业生产、建筑供暖。如西藏羊八井利用高温地热发电；京津等地区利用低温地热为建筑供暖；从南方的福建到北方的辽宁都有不同规模的地热养殖场，养虾、蟹、鱼等；还有用于木材烘干，香菇、蔬菜干燥等。

低温地热在建筑中应用应遵循的原则：

（1）低温地热水利用后应尽量回灌。目前我国地热水应用方法多数是开式应用，即应用后排放。这种系统简单，但地热水过度开发后，地面会下沉，含水层水位下降或压力下降。直接排放还造成环境热污染，当水中含有害物质时还会对水体造成污染。因此，地热水利用后的尾水应回灌地下。

（2）应尽量加大地热水利用的温差，即尽量降低应用后尾水的温度，可以一水多段应用。例如，地热水温80℃左右，一般可用于建筑的散热器供暖系统中；水温降到60℃左右时，可供建筑的风机盘管系统中应用或作生活热水的热源；水温降到45℃左右时，可供建筑的地板辐射供暖系统中应用；温度更低的热水还可作热泵的低位热源。

（3）尾水回灌应防止对地下饮用水源造成污染，避免影响地热开采井的出水温度。

11.3　太阳能及其集热器类型

11.3.1　概述

太阳能是取之不尽、用之不竭、清洁而可再生的能源。地球从太阳获得的能量是巨大的，每年约 5.61×10^{21}kJ。据我国气象台站测定，各地年太阳辐射总能量为 334.9～837.4kJ/(cm^2·年)，平均为 586.2kJ/(cm^2·年)，太阳能应用的方法主要有两种：将太阳能直接换成热能（光-热转换）和将太阳能转换成电能应用（光-电转换）。太阳能最早的开发利用是在建筑中的应用：将太阳能转换成热能，用于供暖、热水供应等。目前建筑中太阳能的应用有两种方式：1）直接利用太阳辐射能，如最早出现的被动式太阳房——直接利用通过窗户投射到室内的太阳能和墙体吸收的太阳能；2）利用太阳能加热热媒（如水、乙二醇溶液、空气等）作建筑中供暖、热水供应、供冷（利用吸收式制冷技术）热源用。本节主要介绍后一种太阳能应用的热能生产及相应的系统。太阳能作为建筑热源的应用系统通常由以下几部分组成：1）太阳能集热器——收集太阳能并加热热媒的设备；2）蓄热设备——由于太阳能的强度受季节、天气阴晴、昼夜的影响，是一个不稳定的热源，因此必须设有蓄热设备，使太阳能热源的供热能力相对稳定；3）辅助热源——也由于太阳能是不稳定能源，不可能无限制地增加太阳能集热器面积和蓄热设备容量来满足最不利条件下（如阴雨天）负荷的要求，因此需要有辅助热源；4）热媒的输送及分配系统——将热媒输送并分配到建筑中的用热设备，包括提供热媒流动动力的设备（泵或风机）、热媒的输配管网、热媒流量和压力等的控制部件；5）建筑中的用热设备——如供暖、空调设备等。本节只介绍太阳能热源部分的设备及相应的系统，有关建筑中的用热设备及相应的热媒输送分配系统请参阅本章参考文献［2］、［5］、［6］等。

11.3.2　太阳能集热器

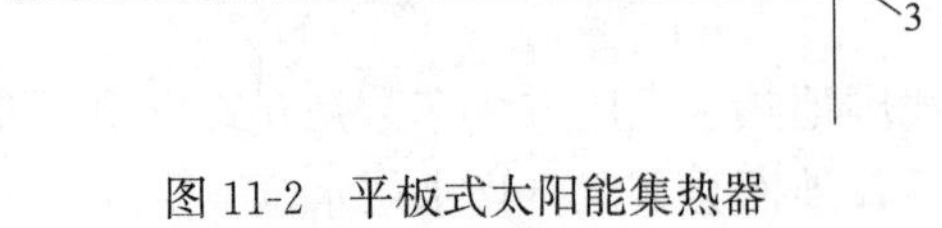

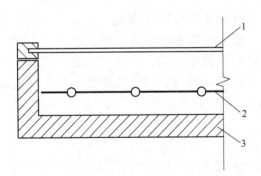

图 11-2　平板式太阳能集热器
1—透光盖板；2—吸热板；3—保温外壳

在建筑中应用的太阳能集热器，按其结构形式分，有平板式、真空管式和热管式；按所加热的热媒分，有液体型（热媒为水、乙二醇水溶液等）和空气型（热媒为空气）。空气型太阳能集热器的优点有：1）在低气温下工作无冻结的危险；2）无生锈和结水垢等问题出现。缺点有：1）当建筑除了有供暖外，还需要热水供应时，必须增设空气-水换热器，而且需提高集热器的空气温度，这将导致集热器效率急剧下降；2）系统中蓄热设备的蓄热材料通常用砾石，砾石的体积比热约为 1200kJ/(m^3·℃)，约是水的 1/3.5，因此所需的蓄热容积很庞大；3）空气在砾石蓄热器、集热器、用热设备间循环所用风机的功率比用液体型集热器的系统中泵的功率大 3～5 倍，增加了运行费用。空气型太阳能集热器在美国应用较多，中国、日本等很少应用。有关空气型太阳能集热器的结构形式参阅其他文献[7][8]。液体型平板式太阳能集热器是最早发明的一种集热器，现在已有一个多世纪的历史。图 11-2 为一典型的平板式太阳能集热器结构示意图。图中 1

为透光盖板，通常用玻璃或透光塑料板做成，为减小热损失可采用双层（中间有 12～15mm 空气层）。盖板应有高透射率，并有一定强度，以防被冰雹、雨雪损坏。图中 2 为吸热板，是集热器中的主要构件，它吸收太阳能后，将热量传递给与之紧密结合的金属管中的液体。吸热板通常用导热性能好的金属（如铜、铝、钢等）做成，表面处理成对太阳辐射具有很高的吸收率（≥0.9）且发射率小（≤0.10）的表面，称选择性吸收表面，如覆一层黑色铬、黑色氧化铜等薄膜。吸热板除了图 11-2 的形式外，还有其他形式，如图 11-3 所示。其中图 11-3（a）中的管在板上方，焊接连接；图 11-3（b）中的管在板下方，焊接连接；图 11-3（c）中的管埋于板中；图 11-3（d）采用了方形管；图 11-3（e）、（f）是用 2 块形状相同、方向相反的金属板组合而成的吸热板，采用电焊或铆接连接。图 11-2 中的保温外壳中保温层应采用耐高温的保温材料，如矿棉、不带黏合剂的玻璃纤维等；外壳用耐腐蚀材料制造，如铝板、不锈钢板、塑料板、玻璃钢等。平板式太阳能集热器的特点是制造简单；热媒温度较低（<60℃）时的集热效率较高；当热媒温度很高时，其热损失很大，集热效率就很低。因此，不宜用在要求热媒温度很高的场合。在建筑中宜与辐射供暖系统或风机盘管供暖系统联合应用[2]。

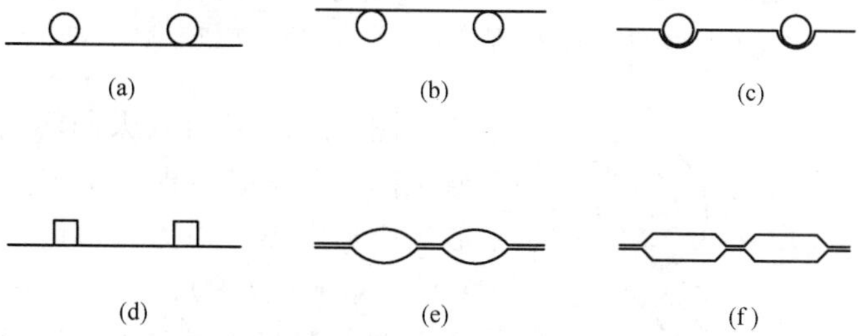

图 11-3　平板式太阳能集热器的吸热板形式

图 11-4 给出了 6 种真空管集热器的真空集热管断面示意图。图 11-4（a）是最简单的一种，称全玻璃真空管集热器，它由内外两层玻璃管组成，环形空间为真空层（压力≤0.05Pa）；在内玻璃管上覆盖选择性吸收薄膜；内管中为被加热的水。真空层消除了集热器导热和对流的热损失。图 11-4（b）、（c），在真空管内封入金属吸热板，在板上焊接上 1 根或 2 根（U 形）金属管，热媒在管内流过被加热。吸热板覆盖一层选择性吸收薄膜。图 11-4（d），在真空玻璃管的下半部有镀银薄膜层，它具有优良的反射率（>0.9），可将太阳辐射反射到 2 根吸热管，加热管内的热媒；吸热管外表面处理成选择性吸收表面。图 11-4（e）由两层同心玻璃管做成的真空夹套（环形空间）式圆管；在圆管内镶一金属管（用铜板卷成），外表面处理成选择性吸收表面，太阳辐射通过吸热管传递给与之紧密连接的小管内的热媒。图 11-4（f）由三层同心管组成，液体从第三层管（最里面的管）进入，在第二层和第三层管组成的环形空间中被加热，然后流出真空集热管。第二层管（中间吸热管）的外表面应处理成选择性吸收表面。这种形式的集热器水容量大，设备重，且启动时间（液体温度达到一定值的时间）长。真空管式太阳能集热器的特点是集热效率高；在 0℃以下应用无冻结危险；可把水加热到很高的温度（>100℃），因此既可用于冬季对建筑供暖，又可用于夏季制冷（吸收式制冷）；但这类集热器结构复杂、设备价格贵。

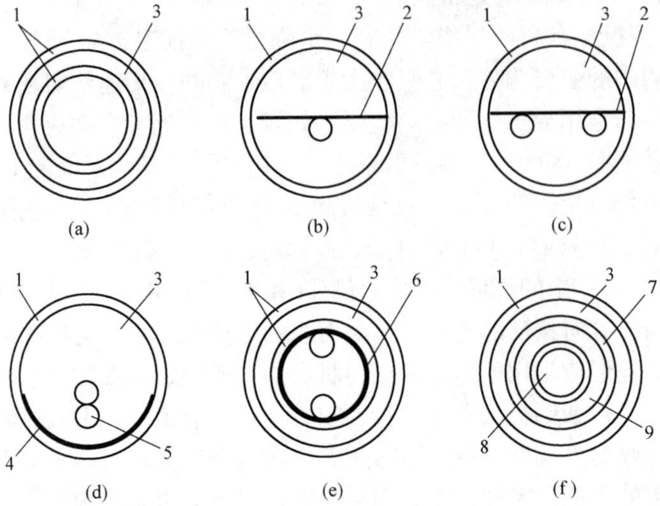

图 11-4　真空集热管断面示意图

1—透光玻璃管；2—吸热板；3—真空；4—镀银层；5—吸热管；6—金属吸热管；7—中间吸热管；8—液体进入管；9—液体被加热通道

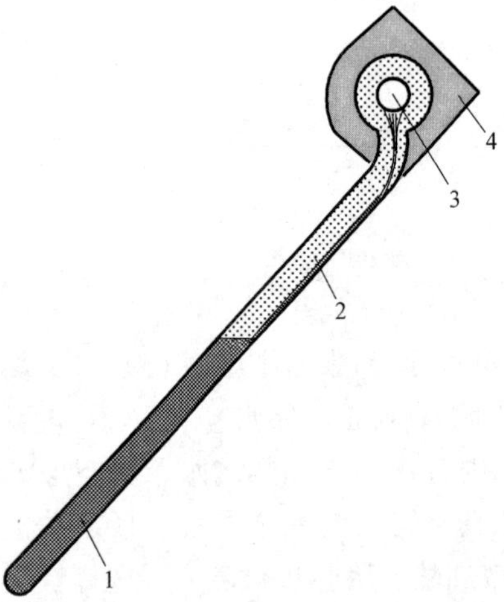

图 11-5　热管式太阳能集热器示意图

1—工质液体；2—工质蒸气；3—热媒（水）；4—保温外壳

图 11-5 为热管式太阳能集热器示意图。在管上固定金属吸热板（图 11-3a、b、c 等），吸收太阳辐射热，并传递给热管内易挥发的工质（水、丙酮、氨等）、液体吸热汽化，工质蒸气上升到上部与热媒（水）进行热交换，凝结成液体，在重力作用下流到液体区，如此周而复始地循环，将太阳辐射热转移到热媒（水）。如果把热管外的吸热板连接在一起，就成为以热管为热量传递原理的平板式太阳能集热器，称热管式平板太阳能集热器；如果在热管外套一真空玻璃管，则成为热管式真空管太阳能集热器。热管式集热器的特点是热管中不结垢、无冻结危险（热管内工质凝固点低于 0℃）、可承较高的压力，但制造工艺复杂，造价较高。

目前国内上述三类太阳能集热器都有产品。不管平板式、真空管式还是热管式太阳能集热器，其产品外形都似一块长方形厚板；只用于热水供应的太阳能集热器常与水箱组成一体，统称为太阳能热水器，并带有支架。图 11-6（a）为太阳能集热器的外形图，图 11-6（a）为平板式太阳能集热器，面积约 1～2m^2。平板式太阳能集热器可直接安装在坡屋面上，或安装在地上、平屋顶上的斜支架上。有多块集热器时，可左右、上下并列，水路并联。图 11-6（b）为目前应用广泛的、供应生活热水的真空管式太阳能热水器。真空集热管并列放置，下部设有反射板，使从管间照到反射板上的太阳辐射能反射到真空集热管上。集热管上端与圆筒形水箱连接，水箱外裹保温层及保护壳。该设备下设有斜支架，可直接安放在平屋顶上（对于坡屋面，支架形式不同）。水的进出口为同一接口。使用时，先将水充入水箱，被加热后再使用；利用高差使水自流到浴缸、洗涤盆等。溢流管引到用户的排水点处。当给水箱充水时，通过观察溢流管是否流水以判断水箱中水是否充满。

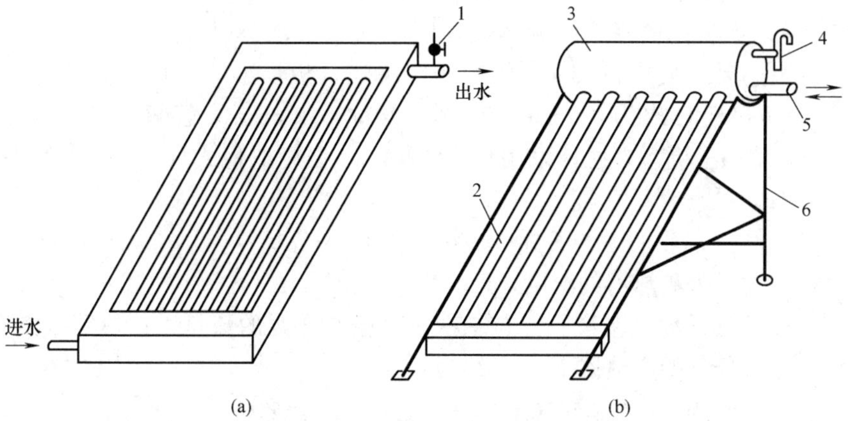

图 11-6 太阳能集热器外形图

（a）平板式太阳能集热器；（b）真空管式太阳能热水器

1—放气阀；2—真空集热管；3—水箱；4—放气及溢流管；5—进出水口；6—支架

11.4 太阳能集热器的特性与选用

当太阳能用作建筑热源时，必须确定所需的集热器的面积，以组成太阳能收集系统。为此，首先应了解太阳能集热器的热工特性、投射到集热器的辐射强度，然后才可能算出所需集热器的面积。

11.4.1 太阳能集热器的热工特性

对于平板式太阳能集热器，可建立如下瞬时热平衡方程：

$$q_c=(\tau\alpha)I_c-K_c(t_c-t_a) \tag{11-2}$$

式中 q_c——集热器单位透光面积（相当于吸热板面积）获得的有用能量（传递给热媒的热量），W/m^2；

τ——集热器透光盖板的透射率；

α——吸热板的吸收率；

I_c——投射到集热器上的太阳总辐射强度，W/m^2；

t_c——吸热板平均温度，℃；

t_a——周围环境空气温度，℃；

K_c——热损失系数，加热器盖板、外壳的对流、辐射热损失折合到吸热板单位面积和单位内外温差的热量，$W/(m^2 \cdot ℃)$。

式（11-2）在应用时，吸热板平均温度难于确定，也难于测量，影响它的因素很多。因此常用热媒的平均温度取代吸热板平均温度，式（11-2）变为

$$q_c = F'[(\tau\alpha)I_c - K_c(t_f - t_a)] \tag{11-3}$$

式中　t_f——集热器中热媒的平均温度，℃；

F'——修正系数。

修正系数 F' 与吸热板的导热系数、板厚度、板上管的间距、管内热媒的传热系数等因素有关。F' 将随着导热系数的增大、板厚度的增加、管间距的减小、与管内热媒的传热系数的增大而增大。用铜制成的吸热板，F' 为 0.9～0.96（板厚 0.25～0.7mm，管间距 75～125mm）；铝制吸热板的 F' 为 0.89～0.96（板厚 0.5～1.0mm，管间距 75～125mm）；钢制吸热板的 F' 为 0.75～0.95（板厚 0.5～1.6mm，管间距 75～125mm）[7]。

为了公式在使用上更为方便，采用热媒流体入口温度取代式（11-3）中的平均温度，则式（11-3）可改写成

$$q_c = F_R[(\tau\alpha)I_c - K_c(t_{f,i} - t_a)] \tag{11-4}$$

式中　$t_{f,i}$——热媒进入集热器的温度，℃；

F_R——热转移系数，它除了与 F' 有关外，还与热媒的流量、比热等因素有关，对于液体型的集热器 F_R/F' 约为 0.95。

衡量太阳能集热器收集太阳能效率的重要指标是集热器效率，其定义为[9]

$$\eta_c = \frac{\text{实际获得的有用能量}}{\text{集热器总面积照射到的太阳能}} \tag{11-5}$$

因此，有

$$\eta_c = \frac{A_a q_c}{A_c I_c} = \left(\frac{A_a}{A_c}\right) F_R \left[(\tau\alpha) - K_c \frac{t_{f,i} - t_a}{I_c}\right] \tag{11-6}$$

式中　A_a——吸热板面积（集热器透光面积），m^2；

A_c——集热器外形面积（包括集热器外框的面积），m^2。

式（11-5）、式（11-6）定义的集热器效率不仅考虑了吸热板吸收的太阳辐射热及太阳能集热器的热损失，而且考虑了太阳能集热器受光面积的利用率。因此，式（11-6）所定义的集热器效率是按集热器外形面积 A_c 计算的效率。也可以按吸热板面积（透光面积）来计算集热器效率，即式（11-6）中无 A_a/A_c 项。在使用 η_c 计算时，应注意 η_c 的定义。从式（11-6）可以看到，η_c 是以 $(t_{f,i} - t_a)/I_c$ 为变量的一条直线（实际上只是近似直线，对于某一集热器，F_R $(\tau\alpha)$、$F_R K_c$ 并非常数）。典型的平板式太阳能集热器效率的实验结果见图 11-7[9]。从图中可以看到，当水温高时，吸热板的表面处理情况对效率影响很大，选择性吸收表面明显优于普通的黑色表面。还可以看到，η_c 似乎仅与 $(t_{f,i} - t_a)/I_c$ 有关，实际上，即使同一台太阳能集热器只要改变它放置的倾角，$(\tau\alpha)$ 就会改变，即该直线在纵坐标上的截距 $(A_a/A_c)F_R$ $(\tau\alpha)$ 就随之变化，直线平移。实验表明，只要太

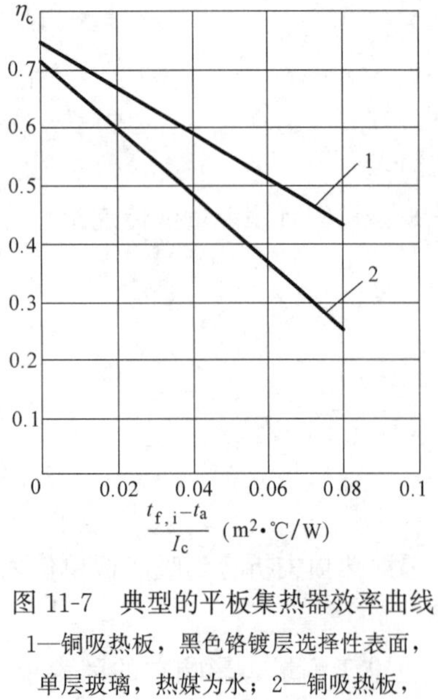

图 11-7　典型的平板集热器效率曲线
1—铜吸热板，黑色铬镀层选择性表面，单层玻璃，热媒为水；2—铜吸热板，黑色涂料，单层玻璃，热媒为水

阳光线与吸热表面法线夹角 θ（入射角）$<30°$，$(\tau\alpha)$ 基本就等于 $\theta=0$（法向）时的 $(\tau\alpha)_n$；当 $\theta=60°$时，$(\tau\alpha)$ 约等于（0.78～0.88）$(\tau\alpha)_n$[9]。

11.4.2 投射到太阳能集热器上的平均总辐射量

投射到集热器上的太阳总辐射强度包括 3 项：直射辐射、散射辐射、大地的反射辐射。照射到某一表面上的太阳总辐射强度是一个不稳定的时变量，它随地理位置、季节、时间、天气的变化而变化。在估计太阳能集热器表面积时，太阳辐射强度不能取某一瞬时值（瞬时的辐射强度和瞬时的热负荷），而要取平均值，通常采用月平均的日辐射量。太阳能集热器接收到的辐射能量与入射角 θ 有密切的关系。当 $\theta=0$，即太阳光与吸热板平面垂直时，获得的能量最大。由于太阳的高度角 β（太阳光线与地面的夹角）随地区纬度、季节、时间在变化着，因此不可能使太阳能集热器随时跟随太阳而改变位置，而只能固定在某一位置。当太阳能作为供暖热源时，太阳能集热器朝南倾角 γ 取等于当地的纬度$L+15°$；当太阳能作建筑的全年热水供应的热源时，取 $\gamma=L$。当太阳能作为夏季吸收式制冷的热源时，取 $\gamma=L-15°$。对 γ 和朝向的要求不是非常严格。当集热器安放在屋面上时，绝对朝南向安装造价很高，可以允许稍偏离南向，但不宜偏离 20°，这时集热器倾角应适当减小。

各地气象台站只观测在水平面上的太阳辐射强度，因此可以获得水平面上月平均的日辐射量 $I_{h,d}$，kJ/(m^2 · d)，它含直射辐射 $B_{h,d}$ 和散射辐射 $D_{h,d}$（单位同 $I_{h,d}$）。在一地区，直射辐射在集热器上的分量与 γ 和 β 有关，而散射辐射在集热器上的分量只与 γ 有关，因此必须分别进行计算。首先应求出在水平面上的月平均日散射辐射量 $D_{h,d}$，而水平面上的月平均日直射辐射量 $B_{h,d}=I_{h,d}-D_{h,d}$。$D_{h,d}$ 的经验公式很多[10]，下面推荐一种估算方法[7]：

$$D_{h,d}=(1.39-3.909K+5.21K^2-2.842K^3)I_{h,d} \tag{11-7}$$

$$K=I_{h,d}/I_{o,h} \tag{11-8}$$

式中 K——透明系数（clearness index），无因次；

$I_{o,h}$——大气层外水平面上月平均日辐射量，kJ/(m^2 · d)，根据太阳常数（1353W/m^2）及太阳高度角来确定，可按表 11-2 取值。

根据集热器与地面的夹角 γ（度），该月的太阳赤纬 δ（太阳和地球中心的连线与赤道平面的夹角，度）和当地纬度 L（度）可以求出直射辐射的月平均倾角系数 R_b（集热器表面上的直射辐射与水平面上的直射辐射之比），该值列于表 11-2 中[11]。

大气层外水平面上月平均日辐射量 $I_{o,h}$[kJ/(m^2 · d)] 表 11-2

纬度	1月	2月	3月	4月	5月	6月	7月	8月	9月	10月	11月	12月
20°	26694	30229	34387	37519	38884	39125	38858	37797	35248	31270	27353	25474
25°	23962	27968	32951	37123	39370	40028	39557	37742	34178	29264	24736	22622
30°	21100	25513	31270	36457	39604	40691	40010	37422	32850	27047	21971	19667
35°	18140	22892	29351	35528	39582	41119	40219	36839	31273	24642	19094	16636
40°	15120	20128	27212	35344	39319	41321	40194	36007	29462	22064	16139	13576
45°	12078	17248	24872	32922	38830	41317	39956	35100	27432	19343	13133	10530
50°	9068	14281	22345	31270	38138	41148	39532	33649	25193	16513	10134	7560

直射辐射的月平均倾角系数 R_b　　**表 11-3**

纬度	1月	2月	3月	4月	5月	6月	7月	8月	9月	10月	11月	12月
集热器倾角 $\gamma=L$												
25°	1.47	1.31	1.14	0.98	0.87	0.83	0.85	0.93	1.07	1.25	1.43	1.53
30°	1.66	1.43	1.20	1.00	0.87	0.81	0.84	0.94	1.12	1.35	1.60	1.74
35°	1.91	1.58	1.28	1.02	0.87	0.81	0.83	0.96	1.17	1.48	1.82	2.02
40°	2.25	1.79	1.38	1.06	0.88	0.8	0.84	0.98	1.24	1.65	2.12	2.42
45°	2.76	2.06	1.51	1.11	0.89	0.8	0.84	1.01	1.34	1.87	2.56	3.03
50°	3.54	2.46	1.68	1.17	0.90	0.81	0.85	1.05	1.45	2.17	3.22	4.01
集热器倾角 $\gamma=L+15$												
25°	1.63	1.38	1.12	0.88	0.73	0.66	0.69	0.81	1.02	1.29	1.56	1.71
30°	1.83	1.50	1.18	0.9	0.72	0.65	0.68	0.82	1.06	1.39	1.74	1.94
35°	2.10	1.66	1.25	0.92	0.72	0.64	0.68	0.83	1.12	1.52	1.98	2.25
40°	2.47	1.87	1.35	0.95	0.73	0.64	0.68	0.85	1.18	1.69	2.30	2.69
45°	3.01	2.16	1.48	1.00	0.74	0.64	0.68	0.88	1.27	1.92	1.77	3.34
50°	3.86	2.57	1.65	1.05	0.75	0.64	0.69	0.91	1.38	2.23	3.47	4.41
集热器倾角 $\gamma=L-15$												
25°	1.22	1.15	1.08	1.01	0.97	0.95	0.96	1.00	1.05	1.13	1.20	1.24
30°	1.38	1.26	1.14	1.03	0.96	0.93	0.95	1.00	1.10	1.12	1.35	1.42
35°	1.59	1.40	1.21	1.06	0.96	0.92	0.94	1.02	1.15	1.33	1.54	1.66
40°	1.80	1.58	1.31	1.10	0.97	0.92	0.94	1.04	1.22	1.46	1.80	2.00
45°	2.31	1.83	1.43	1.15	0.98	0.92	0.95	1.07	1.31	1.69	2.17	2.51
50°	2.99	2.18	1.60	1.21	1.00	0.92	0.96	1.11	1.43	1.97	2.75	3.34

散射辐射和大地反射辐射的倾角系数 R_d 和 R_r（定义与直射辐射的倾角系数 R_b 相类似）分别为

$$R_d=\cos^2(\gamma/2) \tag{11-9}$$

$$R_r=\sin^2(\gamma/2) \tag{11-10}$$

投射到集热器表面上的月平均日辐射总量为

$$I_{c,d}=R_b B_{h,d}+R_d D_{h,d}+\rho R_r I_{h,d} \tag{11-11}$$

式中　$I_{c,d}$——投射到集热器表面上的月平均日辐射量，kJ/(m^2 · d)；

ρ——大地反射率，沥青路面、混凝土约为 0.2，雪为 0.7；

其他符号同前。

11.4.3　太阳能集热器面积的估算

当太阳能集热器做建筑供暖和热水供应的热源时，集热器表面积估算方法与步骤如下：

(1) 计算供暖期的建筑热负荷 Q（kJ），其中包括建筑供暖热负荷、热水供应热负荷，有关热负荷的计算参阅其他文献[2]、[11]。

(2) 确定热负荷中太阳能热源承担的比例 R。这是技术经济比较问题，如 R 大，则初投资高，而运行费用低；反之，如果 R 小，则初投资低，而运行费用高。一般可取 $R=0.5\sim0.75$ 进行计算。太阳能资源丰富，气候比较温暖的地方，R 可取得大一些，甚至取 1。

（3）选择太阳能集热器，并应取得这种集热器的效率特性。

（4）计算太阳能集热器在供暖期中单位面积获得的有用热量。这时应分别计算供暖期中各个月（各地供暖期起止日期可从《民用建筑供暖通风与空气调节设计规范》所附的气象资料中查得）集热器获得的有用能量，应为

$$Q_{\mathrm{u}}=\sum_{i=1}^{n} D_i I_{\mathrm{c,d},i}\eta_{\mathrm{c},i} \tag{11-12}$$

式中　Q_{u}——集热器在供暖期中单位面积获得的有用热量，$\mathrm{kJ/m^2}$；

$I_{\mathrm{c,d},i}$——i 月份投射到太阳能集热器上平均日辐射总量，按式（11-11）计算，$\mathrm{kJ/(m^2 \cdot d)}$；

D_i——i 月份的天数，d；

$\eta_{\mathrm{c},i}$——i 月份平均集热器效率。

对于供暖系统，要求的供水温度是变化的，室外温度愈低要求供水温度愈高（参阅本章参考文献［2］），显然这时的集热器效率 $\eta_{\mathrm{c},i}$ 愈低。

（5）计算太阳能集热器的面积，它应为

$$A_{\mathrm{c}}=RQ/Q_{\mathrm{u}}$$

式中　A_{c}——集热器的面积，$\mathrm{m^2}$，它可以指集热器的外形面积或吸热板的面积，这应根据集热器效率的定义来确定（见 11.4.1 节）；

R——太阳能热源承担热负荷的比例，见步骤（2）。

11.5　余热和余热锅炉

11.5.1　概述

以环境温度为基准，从生产过程中排出的载热体所释放出的热能称为余热；经技术经济比较可回收利用的余热称为余热资源[12]。许多工业企业既是能源消耗大户，又是余热产生大户。日本对 291 个工厂（包括钢铁、有色金属、石油化工、窑炉业、机械业、造纸、橡胶、纤维、食品等各类工厂）的调查表明[12]，总余热量为 346×10^{12} kJ/a，相当于标准煤 11.8×10^{6} t/a。其中冷却水余热占 59%，排烟余热占 27%，其他占 14%。余热中不乏温度在 250℃左右的余热，当然也有温度在 35℃左右的冷却水。余热资源丰富的行业有钢铁、石油化工等行业，其中钢铁企业的余热占总余热的 34.2%，化工占 22.3%，石油、煤炭占 33.5%，它们共占了 90%。据我国 2005～2006 年对钢铁企业余热情况的调整[13]，每生产 1kg 钢产生的余热量（以环境温度 25℃为基准）为 714.5×10^{4} kJ/kg，折合标准煤为 243.8kg/kg，已回收的余热量为 107.9×10^{4} kJ/kg，占总余热量的 15.1%。按 2006 年钢产量 422.66×10^{6} t 计算，钢铁企业年产生余热约 302×10^{16} kJ/a，折合标准煤 103×10^{6} t/a；已回收余热 45.6×10^{16} kJ/a，折合标准煤 15.5×10^{6} t/a；由上述数据可以看到，大部分余热还未被利用，余热利用的空间很大，这将是节能的一个重要途径。工业企业余热利用的途径有：余热回用到生产过程，高温余热用于发电，用作厂区或厂区邻近居民区建筑的供暖、空调、热水供应的热源。

余热按其载热体的形态来分有气态余热、液态余热和固态余热。气态余热常见的有工

业炉、锅炉、发动机的烟气、热风（如干燥产品用的热风）、废蒸汽、废气等；液态余热有冷却水、废热水、高温油、废液等；固态余热是指产品、原料和废弃物等所含有的显热。余热利用的途径、余热回收设备与余热的形态、温度、产生余热的工艺过程及设备有着密切的关系，应根据具体情况确定余热的用途，选择或设计回收余热的设备，设计满足各种工况的可调节的系统。下面分析余热在建筑中的应用方案。

11.5.2　冷却水和废液余热

对于这种余热，当温度≤35℃时，宜作为热泵的低位热源；当温度高于 35℃时，可作为建筑、热水供应的热源；100℃左右的余热可作为供暖系统、吸收式制冷机或第二类吸收式热泵的热源。由于工业中的冷却水或废液，往往含有一些有害物质，不宜在建筑的供热系统中直接应用，而宜采用间接式系统，即先用余热通过水-水换热器（如板式换热器、壳管式换热器等）加热供暖系统的循环热水，或热水供应系统中的热水。如果此类水不含有腐蚀性物质，在热泵、吸收式制冷机中可直接应用，否则也应采用间接式系统。

11.5.3　废蒸汽余热

废蒸汽可采用汽-水换热器制取热水，用于供暖、热水供应、吸收式制冷机或作为第二类吸收式热泵的热源。当蒸汽中不含有腐蚀性物质时，可直接用于吸收式制冷机中。

11.5.4　热气体、烟气余热

温度不高的这类余热，不宜作为建筑热源。因为这类余热要作建筑热源，必须采用间接式系统，即用气-水换热器制取热水后再利用。而温度不高的这类余热所获得的热水温度偏低，应用上受到限制；直接回收用于工艺过程更为有利。

温度较高的排气或烟气，应用方式有两种：

（1）利用烟气型溴化锂吸收式冷热水机组（参见 6.6 节）制冷或制热，作为建筑空调系统的冷热源。

（2）利用余热锅炉制取蒸汽或热水，作为建筑空调、供暖或热水供应的热源。余热锅炉名为锅炉，其实有锅无炉，只因为它形似锅炉，其功能（生产蒸汽或热水）与锅炉一样，故称之为“锅炉”，实质上是换热器。余热锅炉按换热器原理分为两类：一类是两种流体通过传热壁进行直接换热，另一类是热管式。前一类按烟气、水的通道分，有烟管式（烟气或废气在管内）和水管式（水在管内）；按传热管的形式分，有光管型和翅片管型；按水循环方式分，有自然循环和强迫循环；按热媒分，有余热蒸汽锅炉、余热热水锅炉和余热有机载体锅炉；按有无补充燃烧分，有补燃型余热锅炉和无补燃余热锅炉等。图 11-8 为余热蒸汽锅炉和余热热水锅炉的示意图，其中图 11-8（a）为自然循环式余热蒸汽锅炉。在蒸发管束（翅片管）中水被加热，密度小，汽水上行；上锅筒中的水经下降管（图中未画）返回下锅筒中。水经尾部受热面（相当于锅炉中的省煤器）预热后送入炉筒。图（b）为余热热水锅炉（平面示意图），依靠水泵使热水在换热管束中循环，并被加热。这种管束可直接放在烟道中，不占空间。

图 11-9 为热管式余热锅炉示意图。热管中装有易挥发工质（如水，可在 30～200℃温度范围工作），热烟气冲刷热管的蒸发段，使内部的工质汽化，在热管的另一端（冷凝段），被水冲刷，工质冷凝，水被加热。图 11-9 所示为平面图，从侧面看，箱体并非水平，而有一定倾角，以使热管冷凝段中的工质返回蒸发段。为了提高水与热管的换热强度，在水空间分隔成若干空间，使水来回冲刷热管。热管式余热锅炉结构比较紧凑；无因

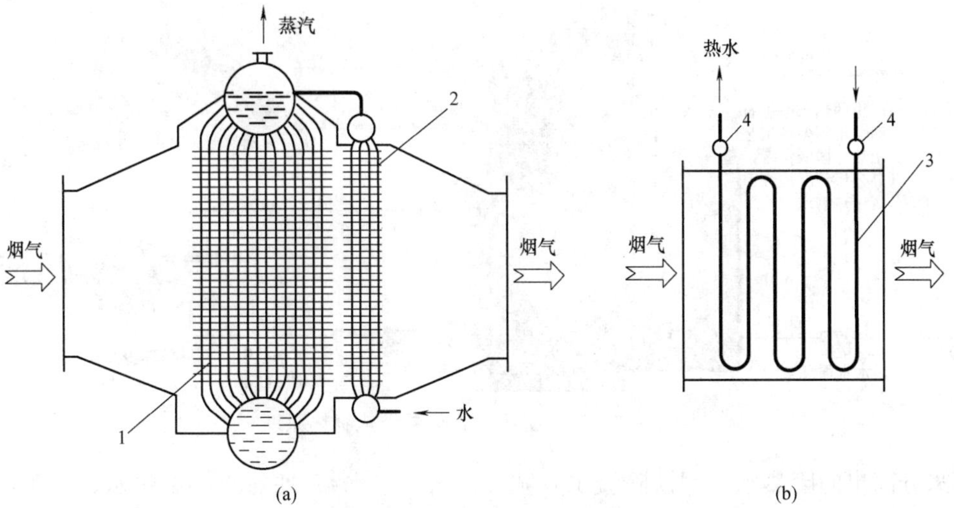

图 11-8 两种形式的余热锅炉示意图

(a) 自然循环式余热蒸汽锅炉；(b) 余热热水锅炉

1—蒸发管束；2—尾部受热面；3—换热管束；4—联箱

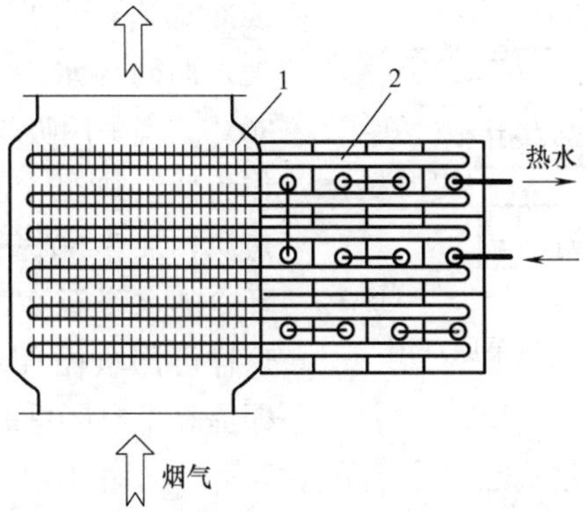

图 11-9 热管式余热锅炉示意图

1—热管蒸发段；2—热管冷凝段

热膨胀和收缩而产生的变形问题（热管是中间固定的）；但设备费用高，成本回收年限长。

11.6 余热利用——吸收式热泵

吸收式热泵是以热能为主要驱动力的热泵，其作用是从低温热源中吸热，提高温度后输送到高温热源或被加热物体。吸收式热泵分第一类吸收式热泵和第二类吸收式热泵（见 6.7 节）。本节将给出采用第一类吸收式热泵进行余热回收的实例及节能分析。

用第一类吸收式热泵机组，采用余热制热技术可制取 100℃ 以下热水或不高于 0.8MPa 蒸汽，可获取更高品位的热能，替代高耗能的锅炉设备，供建筑供暖或空调使用。

图 11-10 为第一类吸收式热泵余热制热原理图，热源水可利用热电厂循环冷却水、原

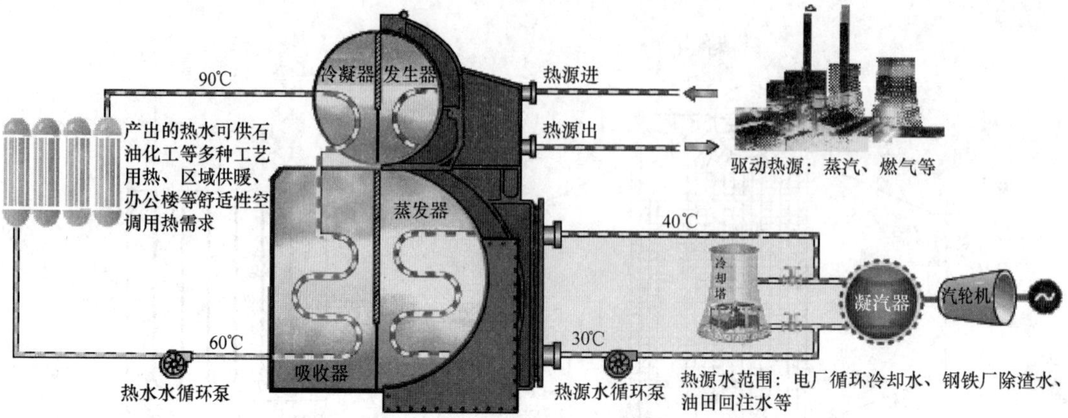

图 11-10　第一类吸收式热泵余热制热原理

油开采分离出的废热水、钢铁除渣水、城市污水（中水）、地热水、温泉水、太阳能等，可直接利用或经换热器换热后利用。采用第一类吸收式热泵余热制热，产生高温水，供用户使用。

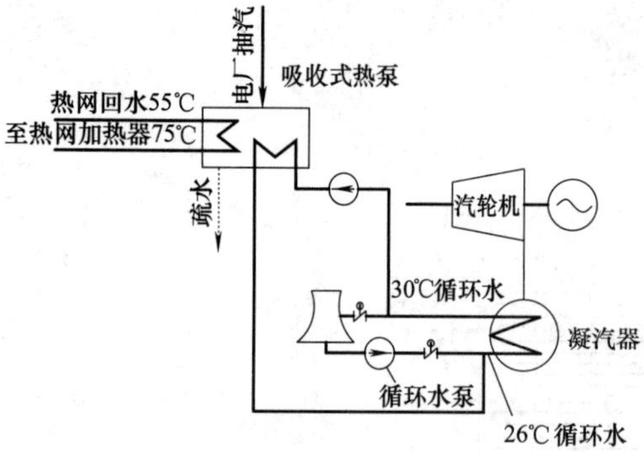

图 11-11　电厂利用吸收式热泵原理图

图 11-11 为电厂利用吸收式热泵原理图，汽轮机凝汽器的乏汽原来通过循环水经双曲线冷却塔冷却后排放掉，造成乏汽余热损失，而循环水由 26℃经凝汽器后温度升为 30℃。现采用吸收式热泵，以 30℃的冷却水作为低温热源，以 0.5MPa 的抽汽作为驱动热源，加热 50～80℃的供暖用热网回水，循环冷却水降至 26℃后再去凝汽器循环利用。这样可回收循环水余热，提高电厂供热量，即提高了电厂总的热效率。

图 11-12 为某热电厂吸收式热泵余热利用实例。选用 8×20MW 吸收式热泵，总制热

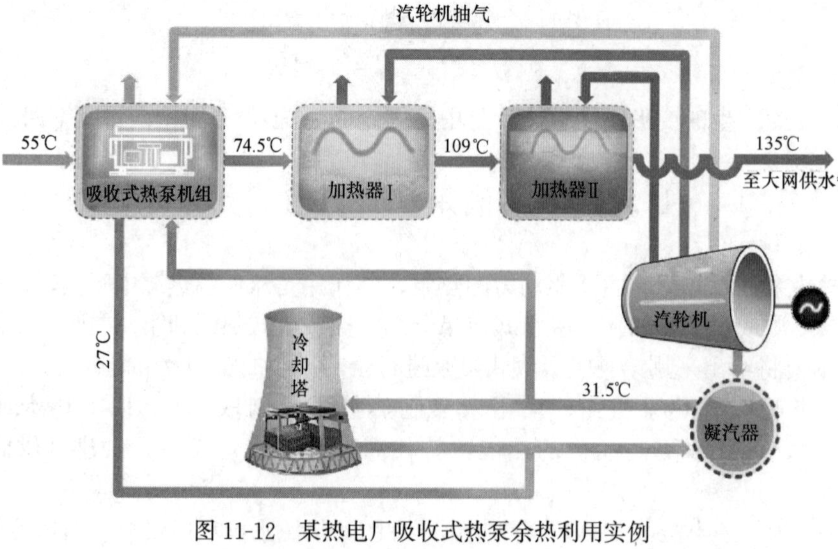

图 11-12　某热电厂吸收式热泵余热利用实例

量 160MW。废热来源为凝汽器循环冷却水，驱动热源为汽轮机抽气，热水用于集中供热。

节能分析：实施循环水余热利用，从循环水中提取热量，在不增加锅炉和供热机组的情况下可增加供热面积 200 万 m^2，有效解决了电厂供热能力不足的问题。由于回收凝汽余热用于供热，整个供暖季节约标准煤约 3.4 万 t，减少 SO_2 排放 285.6t/年、减少 NO_x 排放 248.6t/年、减少 CO_2 排放 8.8 万 t/年、灰渣排放 8227t/年。采用闭式循环冷却水直接冷却汽轮机凝汽，供暖季可减少冷却水塔冷却水损失约 21.6 万 t。

思考题与习题

11-1　天然冷源有哪几种？你所在城市有什么天然冷源可利用？如有，讨论其利用方案。

11-2　你所在地区有无可利用的地热资源？温度范围多少？试论述其利用方案。

11-3　试比较平板式、真空管式、热管式太阳能集热器的优缺点。

11-4　已知某地的纬度为 40°，1 月的月平均日辐射量为 9198kJ/(m^2·d)，太阳能集热器倾角 55°，求投射到太阳能集热器上的月平均日辐射总量。

11-5　题 11-4 条件，设有一单户住宅，1 月的建筑热负荷为 7440kWh，该月室外平均温度为－5℃，太阳能集热器 1 月份平均效率为 0.45，太阳能热源承担的比例为 0.6，试计算太阳能集热器面积。

11-6　调查本地区一工厂，有无可利用的余热资源？如有，论述其利用方案。

本章参考文献

[1]　Коблащвили и др. Холодильная Техника-Энциклонедический справочник (2). Госторгиздат. 1961.

[2]　陆亚俊，马最良，邹平华. 暖通空调（第三版）[M]. 北京：中国建筑工业出版社，2015.

[3]　马立，张萌，郑立红. 水库水作空调冷源的应用 [J]. 暖通空调. 2011，4.

[4]　蔡义汉. 地热直接利用 [M]. 天津：天津大学出版社，2004.

[5]　连之伟. 热质交换原理与设备（第四版）[M]. 北京：中国建筑工业出版社，2018.

[6]　付祥钊. 流体输配管网（第四版）[M]. 北京：中国建筑工业出版社，2018.

[7]　Jan F. Kreider. The Solar Heating Design Process. McGraw Hill Book Company. 1982.

[8]　C. Танака，P. Суда. Жилые Дома с Автономным Солнечным Теплохладоснабжением. Москва：Стройиздат，1989.

[9]　ANSI/ASHRAE 93-1986. Method of Testing of Thermal Performance of Solar Collectors.

[10]　（日）木村建一. 空气调节的科学基础 [M]. 单寄平，译. 北京：中国建筑工业出版社，1981.

[11]　陈耀宗. 建筑给排水手册 [M]. 北京：中国建筑工业出版社，1992.

[12]　（日）一色尚次. 余热回收利用系统实用手册 [M]. 王世康，译. 北京：机械工业出版社，1988.

[13]　王建军，蔡九菊. 我国钢铁工业余热余能调查报告 [J]. 工业加热 2007，2：1-3.

第 12 章　冷热源的燃料系统和烟风系统

燃用固体燃料、燃油、燃气锅炉和燃油、燃气直燃机（直燃式溴化锂吸收式冷热水机组）是以燃料为能源生产热量或冷量的设备。燃料系统是这些设备运行所需燃料的供给和燃料燃烧后产生废物的排除系统。不同形式的冷热源，其燃料供给系统也不尽相同。燃烧需要空气供应，而燃烧产物——烟气需要排除，因此燃料型的冷热源还有烟气和空气系统（简称烟风系统）。本章将分别介绍燃用固体燃料、燃油、燃气锅炉和燃油、燃气直燃机的燃料系统和烟风系统。

12.1　燃用固体燃料锅炉房的运送系统

12.1.1　概述

燃用固体燃料锅炉房的燃料系统由燃料运送系统和除渣系统组成，它是锅炉房的一个重要组成部分，其设计的合理性关系到锅炉的运行、工人的劳动强度、环境的清洁卫生，它也是一个影响锅炉房初投资、占地面积等的技术经济问题。因此，设计时应根据锅炉的特点，综合各种因素，选择合理的方案。

锅炉房运送系统是指燃料进到锅炉房的储料场后到炉前贮燃料斗的运输系统，其中包括燃料堆放、转运输送（破碎、筛分、磁选）（自卸车）和计量等过程。图 12-1 为燃用固体燃料供热锅炉房运送系统示意图。燃料由铲车 2 运至受料口 4，再由倾斜胶带输送机 5 将燃料送入破碎机 7，然后通过斗式提升机 8 提升至锅炉房运煤层，最后由水平胶带运输机 9 将煤卸至炉前储煤斗 1 中。

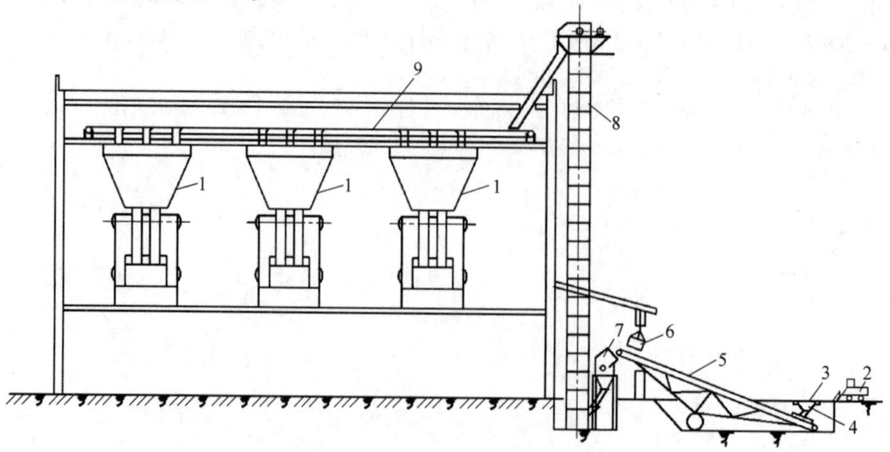

图 12-1　燃用固体燃料供热锅炉房运送系统示意图

1—炉前储煤斗；2—铲车；3—固定筛；4—受料口；5—倾斜胶带输送机；6—电磁分离器；7—破碎机；8—斗式提升机；9—水平胶带运输机

12.1.2 运送装置

12.1.2.1 多斗提升机

图 12-2 为 D 型多斗提升机。在牵引带（胶带）上固定有很多个料斗，料斗随胶带一起向上或向下运动。料斗在加料口加料后，向上提升，经上滚筒后翻转，将物料从卸料口倒出；而后向下运动，经下滚筒后翻转，再在加料口加料，如此周而复始地运动。由于有多个料斗，故运煤接近连续。料斗的牵引带有三种形式：胶带（D 型）、链条（HL 型）和板链（PL 型）。料斗有深斗和浅斗两种，前者的运输量大于后者。锅炉房常用 D 型多斗提升机，其运输量约为 3.1～6.6m^3/h，提升高度约为 4～30m。适用于额定燃料耗量在 2t/h 以上的锅炉房，并常与胶带输送机联合组成运送系统，为多台锅炉供给燃料，如图 12-1 中的垂直和水平运输。

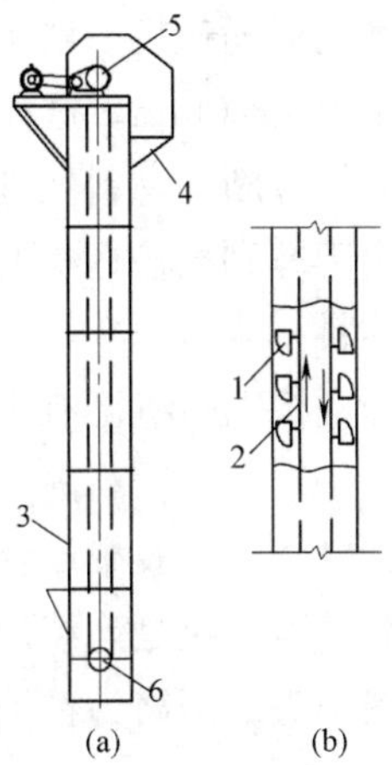

图 12-2 D 型多斗提升机
(a) 总装图；(b) 胶带与多斗示意图
1—料斗；2—胶带；3—加料口；
4—卸料口；5—上滚筒；6—下滚筒

12.1.2.2 埋刮板运输机

埋刮板运输机是一种在封闭的矩形断面金属壳体内，由电动装置拖动间隔布置在环形链条上的刮板实现连续运输的设备。当物料被充满时，在物料之间的内摩擦力和侧压力的作用下，物料克服外摩擦力和重力形成连续的整体的料流，随着刮板链条运动实现提升或水平输送。因在输送物料时刮板链条完全埋在物料中，故称为埋刮板。埋刮板运输机还可以实现多点卸料、多点给料。因物料在密封的金属壳体内运输，可避免粉尘飞扬，有利于改善操作条件和环境卫生。

图 12-3 是几种常见的埋刮板运输机，图 12-3（a）为水平及倾斜运输（MS 型），图 12-3（b）为垂直运输（MC 型），图 12-3（c）为垂直和水平运输（MZ 型）。机槽宽一般为 160、200、250mm，运行速度一般为 0.16～0.32m/s，运输量约为 10～50t/h。一般适用于燃料耗量 3t/h 以上锅炉房。

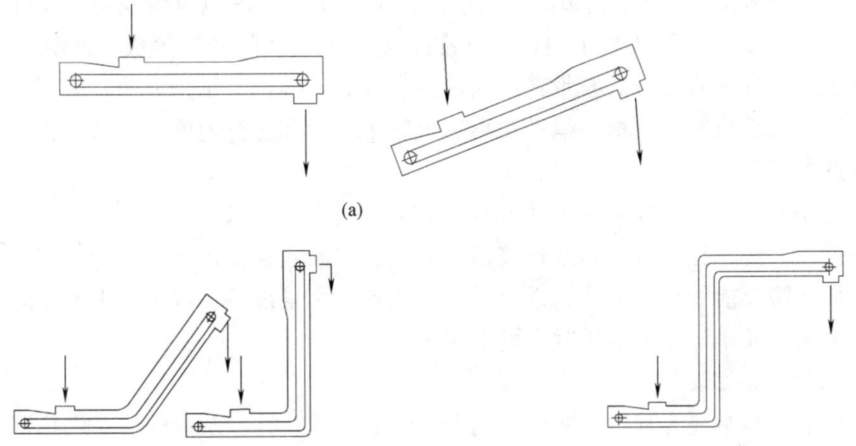

图 12-3 埋刮板运输机示意图
(a) 水平及倾斜运输（MS 型）；(b) 垂直运输（MC 型）；(c) 垂直和水平运输（MZ 型）

埋刮板输送机一般水平输送最大长度为 30m，垂直提升高度不超过 20m，要求燃料粒度不大于 20mm。这种输送机的结构简单、小巧而节省空间，但可靠性差，链条负载不均匀时易拉断，燃料在进入埋刮板输送机前须进行磁选。在北方地区使用时应考虑防冻措施。由于埋刮板输送机的维修工作量较大，炉前储料斗的容积应适当加大，可考虑一班制运送燃料。

埋刮板输送机已有定型产品，各种不同形式的设备其输送能力不同，可从产品样本查取。

12.1.2.3　胶带运输机

胶带运输机是连续运送设备，有固定式和移动式两种。图 12-4 给出了胶带运输机的示意图。头部滚筒为传动滚筒，它由电机通过减速齿轮驱动，拖动胶带按图示箭头方向运动。在尾部滚筒处给胶带卸料，随着胶带的运动，将燃料运送到头部滚筒处卸下，胶带下设有托辊，以承燃料的质量，并保持胶带的形状。胶带运输机不仅可水平运输，还可按一定倾角将燃料提升一定高度，但倾角不能太大，一般小于 20°，因此提升高度不能太大。固定式胶带运输机的胶带断面根据带下托辊的形式可分为平直形和弧形两种，后者运输量约为前者的一倍。供热锅炉房中常用的固定式胶带运输机的胶带宽度为 500mm、600mm。500mm 宽平胶带的运输机运输量约为 31～96t/h。固定式胶带运输机适用于燃料耗量 4.5t/h 以上的锅炉房。

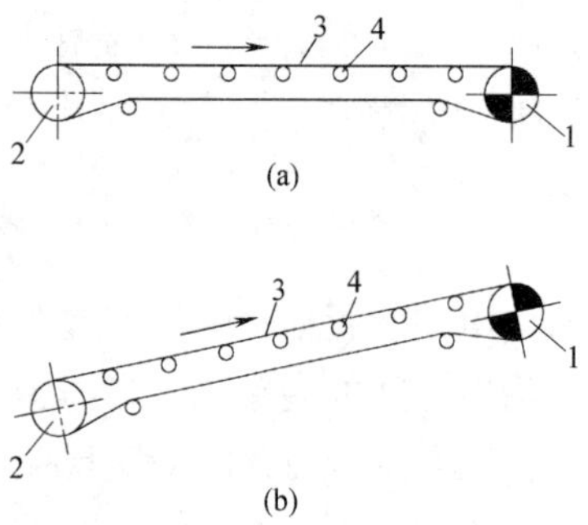

图 12-4　胶带运输机示意图

(a) 水平运输机；(b) 倾斜向上运输机

1—头部传动滚筒；2—尾部滚筒；

3—胶带；4—托辊

移动式胶带运输机一般用于煤场装卸、转堆和运输用。带宽有 400mm、500mm 两种。输送长度有 10～20m，最大提升高度为 3.5m，运输量约为 25～80t/h。由于其倾斜角度小，在工艺布置时占地面积较大。改进的大倾角胶带运输机在平皮带两侧加装了挡边，并在平皮带上面间隔布置隔板，避免了物料的自流，理论上可实现垂直提升。胶带式运输机可靠性高，检修、维护方便，应用最广泛。

胶带运输机需根据运输量、运送距离选定胶带宽度和运行速度。可从设备厂家提供的样本进行选型计算。

锅炉房中的运送系统经常用上述几种运输机组合而成。图 12-1 所示的锅炉房的运送系统，由铲车、多斗提升机、固定式胶带运输机、移动式胶带运输机等所组成。

为加强经济节能管理，在运送系统中常设燃料的称量设备。汽车、手推车运送燃料时可采用地中衡，胶带运输机运送时，可采用皮带秤。

12.1.2.4　其他设备

在储料场上经常还有其他一些设备用于燃料的卸载、转堆及运输。在供热锅炉房常用的运送设备有：抓斗吊车、斗式铲车等。

为了调节或控制给料量及使给料均匀，常在运送系统中设给料机。常用的给料机形式有往复给料机、电磁振动给料机等。

12.2 燃用固体燃料锅炉房的除灰渣系统

除灰渣系统是指炉渣从锅炉炉排下渣斗、烟气中的粉尘从除尘装置的灰斗到锅炉房灰渣场之间的灰渣输送系统，其中包括灰渣的浇湿、运输和堆放等过程。目前在供热锅炉中常用的除灰渣方法有人工除渣和机械除渣两种。人工除渣用于小型锅炉房中，由工人将灰渣装入小车，运送到灰渣场。下面主要介绍机械除渣的除灰渣系统。

12.2.1 常见的除渣设备

12.2.1.1 刮板式除渣机

图 12-5 所示为刮板式除渣机，它的工作原理是驱动装置带动间隔布置在环链上的刮板将落在矩形灰槽内的炉渣刮走，分为上刮链下回链和下刮链上回链两种。图 12-5（a）为下刮链上回链刮板式除渣机的侧示图，其灰槽的剖面图如图 12-5（b）的左图所示，它的特点是输渣道的底板在灰槽的底部。图 12-5（b）的右图即为上刮链下回链除渣机的灰槽剖面图，其输渣道的底板在灰槽的中部。为清楚表明两种除渣机的区别，图 12-5（b）的剖面图中并未表示回链的刮板。当刮板式除渣机直接接纳锅炉落渣斗落入的热炉渣时，灰槽内应保持一定高度的冷却水水位。刮板式除渣机可做水平或倾斜运输。它的优点是适应性强，无论南方或北方、室内或室外均能适应，运输量适用范围广，设备结构简单易加工，投资省，检修比较方便；缺点是金属耗量多，部件磨损快，电耗偏大。适用于 6t/h 以下小型锅炉。

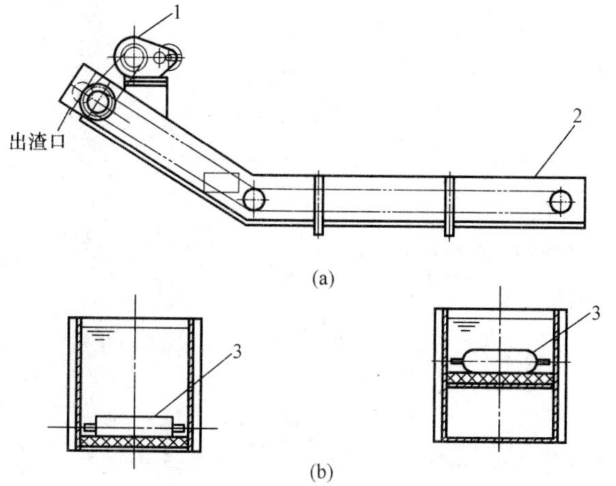

图 12-5 刮板式除渣机示意图

（a）下刮链上回链刮板式除渣机侧示图；（b）灰槽剖面示意图

1—驱动装置；2—灰槽；3—刮板

12.2.1.2 马丁式除渣机

图 12-6 所示为马丁式除渣机，它由外壳、碎渣轧辊和推渣器组成，装于炉排的落渣斗口下方。碎渣轧辊和推渣器的运动由一套传动机构来驱动。传动机构的运动由电机、减速箱和曲柄连杆机组成。当炉排上的炉渣经落渣斗掉入马丁式除渣机时，碎渣轧辊做圆周

图 12-6　马丁式除渣机

运动把灰渣破碎，而推渣器沿着槽底做往复推移，把轧碎的灰渣推出，落在出口下方的灰斗小车中或者输灰系统中运出。为了使热渣冷却，要在机壳内保持一定高度的循环冷却水位。马丁除渣机设备紧凑，体积小，布置方便，运行可靠，既能除渣又能碎渣，适用于燃烧微结焦或者不结焦的蒸发量为 6～20t/h 锅炉的排渣系统。其缺点是结构复杂，加工工作量大；排渣量大时，易发生故障。由于马丁除渣机没有水平或倾斜输送功能，故常与其他输送设备（胶带运输机或刮板除渣机）联合使用，组成完整的除渣系统。

12.2.2　灰渣斗

由除渣机清除的灰渣可以储存在灰渣斗中，再由汽车运出。

锅炉的除渣量按下式计算：

$$\dot{V}_s=\dot{M}_c\left(\frac{A_{ar}}{100}+\frac{q_4Q_{net,v,ar}}{100\times33913}\right)\frac{1}{\rho_s} \tag{12-1}$$

式中 $\frac{A_{ar}}{100}$——燃料的收到基灰分，%；

$\frac{q_4}{100}$——锅炉固体不完全燃烧热损失，%；

$Q_{net,v,ar}$——燃料的收到基低位发热量，kJ/kg；

33913——灰渣中可燃物的发热量，kJ/kg；

ρ_s——灰渣的堆积密度，t/m^3，粒径＜20mm 的细碎灰渣，$\rho_s=0.9\sim1.1t/m^3$；粒径＜40mm 的中碎灰渣，$\rho_s=0.8\sim1.0\ t/m^3$；粒径＜200mm 的粗灰渣，$\rho_s=0.7\sim0.9t/m^3$。

按式（12-1）计算出的灰渣量包括烟气中的飞灰份额。烟气系统中的除尘器将烟气中大部分＞5μm 的灰分分离下来。

采用集中灰渣斗储存灰渣时，灰渣斗的容积 V_s（m^3）可按下式计算：

$$V_s=\dot{V}_sn\tau/\varphi_s \tag{12-2}$$

式中 n——灰渣堆放天数，d，根据灰渣综合利用情况和运输条件确定，一般取 3～5d；

φ_s——灰渣的堆角系数，一般取 0.6～0.8；

τ——锅炉房每天运行时数，h/d，每个灰渣斗最大储量不大于 $60m^3$。

灰渣斗的设计应符合下列要求：

（1）在寒冷地区应有防冻措施，一般可采用通入蒸汽加热的方法。

（2）灰渣斗下面的地面，应有排水坡度。

（3）灰渣斗下面距地面的净空高度：用汽车运渣时，不应小于 2.1m；用火车运送灰渣时，不应小于 5.3m。如机车不通过贮灰斗下时，可减低至 3.5m。

（4）灰渣斗斗壁的倾斜角，不应小于 55°。

12.3 燃油冷热源的燃油供应系统

12.3.1 概述

燃油供应系统是燃油锅炉房或燃油直燃机机房中重要的组成部分，主要由运输设备、卸油设备、贮油罐、油泵及管路等组成，在油罐区还设有油污处理设施。

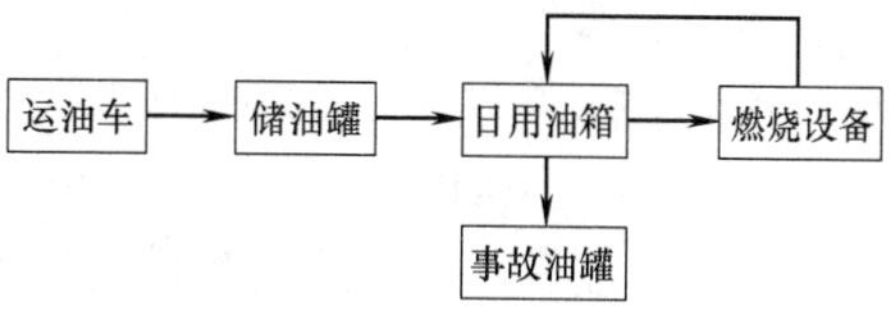

图 12-7 燃油系统流程图

图 12-7 为燃油系统的流程图，燃油经铁路或公路用油罐车运来后，自流或用泵卸入油库的储油罐，后经输油泵送至日用油箱，再由日用油箱送至锅炉或直燃机燃烧器的油泵，加压后一部分进入炉膛燃烧，其余的返回油箱。当发生事故时，日用油箱中的油卸入事故油罐。燃料油有轻油和重油之分，其燃油系统有很大差别，将在下面分别介绍。

12.3.2 轻油供应系统

图 12-8 为轻柴油供应系统图。轻柴油自油罐车卸至地下储油罐，储油罐中的燃油经过滤器通过输油泵送入日用油箱，日用油箱中的燃油经燃烧器内部的油泵加压后一部分通过喷嘴进入炉膛燃烧，另一部分返回日用油箱。系统中设有事故油罐，当发生事故时，日用油箱中的油可卸至事故油罐。在储油罐和各油箱上部空间装有通气管，为了安全需要在管上装阻火器。

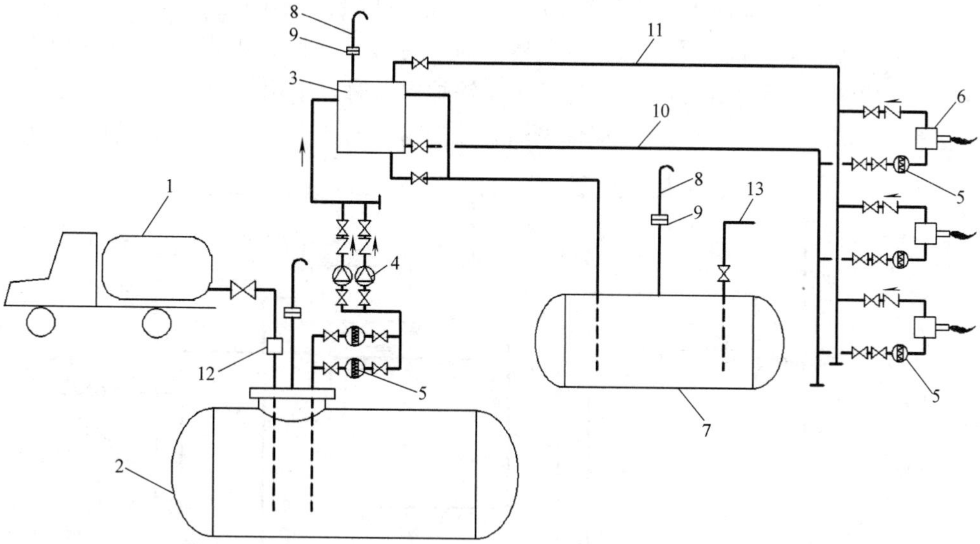

图 12-8 轻柴油供应系统图

1—油罐车；2—地下储油罐；3—日用油箱；4—输油泵；5—油过滤器；6—燃烧器；7—事故油罐；8—通气管；9—阻火器；10—供油干管；11—回油干管；12—带滤网的卸油口；13—接手摇油泵

地下储油罐可以是一台或多台，图中只表示了一台。油罐车的轻油自流入地下储油罐。如图 12-8 所示。储油罐也可以设在地上。这时需设卸油泵将油罐车中的轻油输送到储油罐中。日用油箱高于燃烧器油泵，以保证油泵有一定的吸入压力。日用油箱的油位可以通过输油泵的启停进行控制，也可采用自动阀门旁通部分油返回储油罐进行控制。日用油箱向锅炉或直燃机的供油管通常采用单干管（又称母管）；对于常年运行的设备宜采用双干管，每根干管按最大供油量的 75%设计。从燃烧器油泵到日用油箱的回油管应采用单干管。当系统中有两台或两台以上设备时，每台设备燃烧器的供油支管上应设过滤器、关闭阀和快速切断阀。回油支管上应设止回阀，以防止燃烧器油泵关闭后油从回油管进入喷嘴。为节约能源和进行有效管理，通常在每台燃烧器供、回油支管上设流量计，计量每台燃油锅炉或直燃机的燃油耗量。系统中的事故油罐放在室外，也可用储油罐取代。当事故油罐中卸入油后，在事故排除后，用手摇油泵把油输送到日用油箱或储油罐中。

输油泵两台并联，一用一备；输油泵吸入干管上的过滤器也是一用一备。输油泵流量应不小于锅炉房或直燃机房最大耗油量的 110%；压力应能克服储油罐到日用油箱的管路阻力和提升油位所需的压力，并有一定的裕量。

图 12-8 为燃油锅炉房或直燃机房的一般供油系统图，由于各生产企业所生产设备的自动化程度、配置并不相同，因此应根据实际设备的情况设计锅炉房或直燃机房的供油系统。例如，有些公司的设备喷油量的控制是使部分油返回油泵吸入侧，而不需设回油管路；又例如，有些公司的设备中供油支管设双电磁阀和油过滤器，则供油支管上可只设关闭阀；再例如，有些燃油锅炉的燃烧器不带油泵，系统还需设供油泵，以保证燃烧器喷嘴前有一定的供油压力。供油泵宜集中设置，供油量应为锅炉房最大耗油量的 110%，两台或两台以上供油泵中有一台是备用。供油泵也可以每台锅炉单独设置，直接放在设备房。

12.3.3　重油供应系统

图 12-9 为燃用重油的燃油供应系统图，与轻油供应系统不同之处是该系统分别在地上储油罐、日用油箱中设置了蒸汽加热装置和电加热装置（图中未表示）。这是由于重油的黏度大，加热后，黏度减小，便于输送。当锅炉启动时，采用电加热；在锅炉点火成功并产生蒸汽后，改为蒸汽加热。为保证储油罐和油箱中的油温恒定，在蒸汽进口管上安装

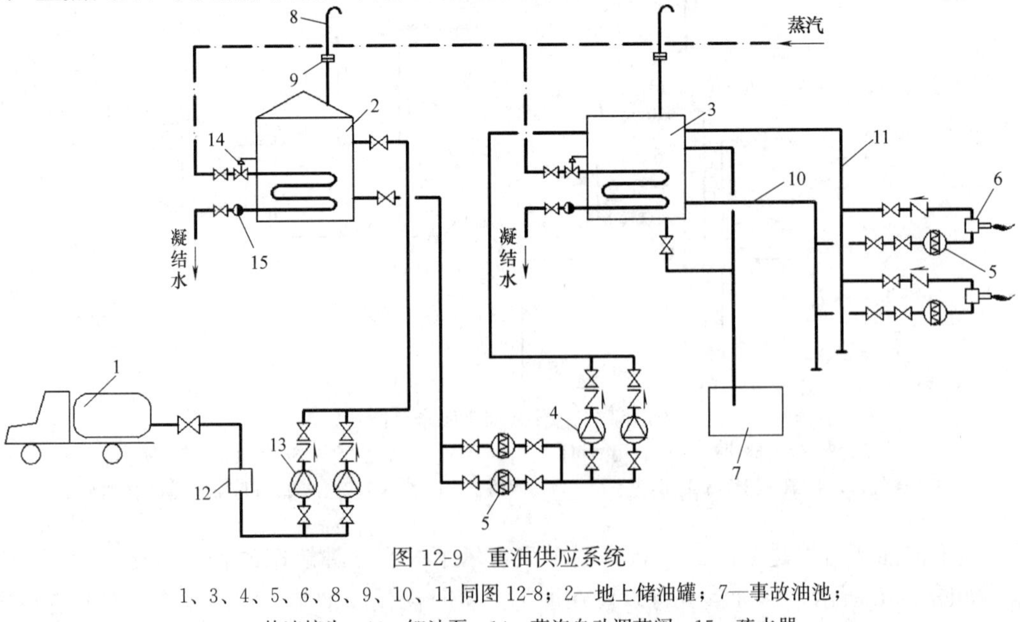

图 12-9　重油供应系统

1、3、4、5、6、8、9、10、11 同图 12-8；2—地上储油罐；7—事故油池；12—快速接头；13—卸油泵；14—蒸汽自动调节阀；15—疏水器

了自动调节阀，可根据油温调节蒸汽量。黏度大的重油系统还需在燃烧器前设重油二次加热装置。而对于含水较多的重油还需在地上储油罐设脱水设施，并将分离出来的水排入污油池进行分离，分离后的重油返回储油罐。

对于运输重油的油罐车，为便于卸车，需要对重油进行加热，加热方式有直接加热和间接加热两种。当油罐车带有蒸汽加热排管时，采用间接加热；直接加热是把蒸汽管插入油中，向油中喷入蒸汽，直接加热油品，如图 12-11 的上卸油系统。

图 12-9 所示的系统与图 12-8 所示系统的另一不同之处是系统中的储油罐是地上储油罐，因此必须设卸油泵把油输送到地上储油罐中。如果是地下储油罐，也可以依靠重力自流卸油。卸油泵一用一备，卸油泵的流量应根据油罐车的容量、卸油时间确定。一般油罐车进场停留时间为 4～8h（整个卸油时间），其中辅助作业需 0.5～1h，卸油泵的卸油时间为 2～4h，对于重油，还需加热时间约 1.5～3h。

12.3.4 燃油系统的主要设备

燃油系统的主要设备包括：储油罐、油泵、日用油箱、事故油罐以及加热装置等。

12.3.4.1 储油罐

储油罐按材质分有金属油罐和非金属油罐；按安装位置分，有地下油罐、半地下油罐和地上油罐；按安装形式分，有立式、卧式；按形状分，有圆柱形、方箱形和球形。地上储油罐安装、检修方便，但蒸发损耗大，着火危险性较大。图 12-10 为卧式储油罐外形图，罐上设有进口、出口和通气管接口。对于重油的储油罐，还应设有沉淀脱水设施。

储油罐的容量应根据油的运输方式和供油周期等因素确定。对于火车和船舶运输，一般不小于 20～30d 的机房最大耗油量；对于汽车运输，一般不小于 5～10d 的机房最大耗油量；对于油管输送，不小于 3～5d 的机房最大耗油量。

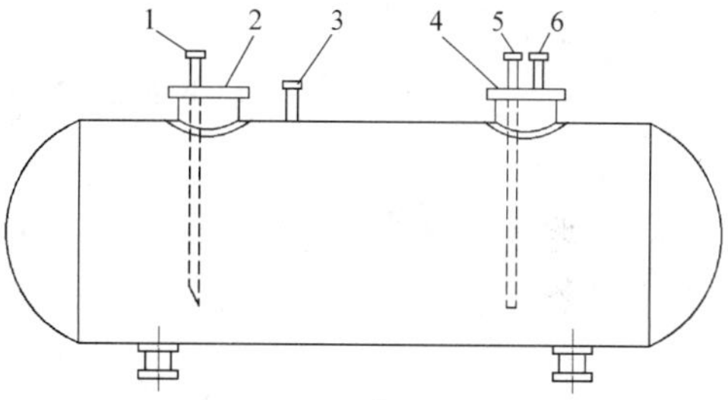

图 12-10 卧式储油罐

1—出油口；2、4—人孔；3—油位计接口；5—进油口；6—接通气管

12.3.4.2 卸油装置

油罐车油罐上卸油口的位置不同，卸油的方式和卸油系统就不同。由此可分为下卸系统和上卸系统。所谓下卸系统是指从油罐下部卸油口卸油的系统；上卸系统是指从油罐顶部的卸油口卸油的系统。根据卸油的动力又可分为自流卸油系统和泵卸油系统。图 12-8 所示的系统中的卸油系统即是自流卸油的下卸系统，这种系统的油罐车最低油位必须高于储油罐的最高油位，利用重力进行卸油。图 12-9 所示的系统中的卸油系统即是泵卸油的下卸系统。

上卸系统适用于下部的卸油口失灵或没有下部卸油口的油罐车。上卸系统可采用泵卸或虹吸自流卸。虹吸自流卸油的原理是先将卸油管内充蒸汽，当蒸汽冷凝后，管内形成负压，罐车内的燃油即被大气压力压入卸油管。图 12-11 表示了两种上卸油系统，图 12-11（a）为自流卸油的上卸油系统；图 12-12（b）为泵卸油的上卸油系统。当卸重油时，需将蒸汽加热鹤管插入油罐中；打开阀 V3，喷入蒸汽，加热重油。对于轻油就不需进行加热。卸油时，首先打开阀 V2 使上卸油鹤管充入蒸汽，然后关闭阀 V2。待蒸汽冷凝后，上卸油鹤管中形成负压，油吸入管内。对于自流卸油系统，打开阀 V1，利用虹吸原理将油卸

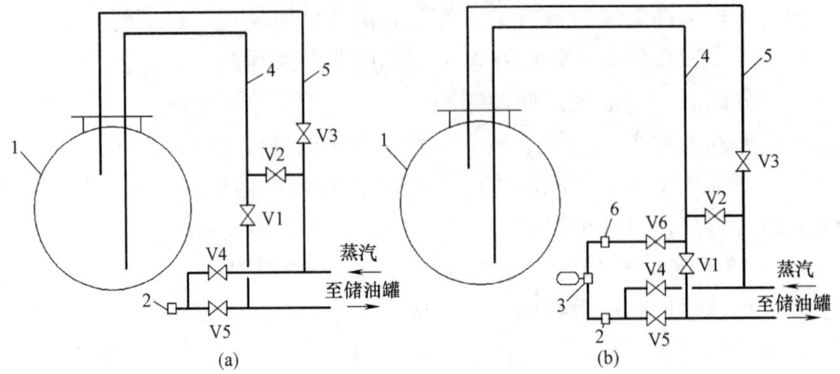

图 12-11　上卸油系统

(a) 自流卸油；(b) 泵卸油

1—油罐车油罐；2—下卸口接头；3—卸油泵；4—上卸油鹤管；5—蒸汽加热鹤管；6—油泵接头；V1、V5、V6—油阀；V2、V3、V4—蒸气阀

入储油罐内。对于油泵卸油系统，需在下卸口接头 2 和油泵接头 6 上连接移动式卸油泵。用同样的方法使上卸油鹤管中形成负压，油吸入管内；然后打开卸油泵前后阀门 V6 和 V5，启动卸油泵，即可把油卸入储油罐中。系统中的下卸口接头，用于下卸油系统。打开阀 V4，可清扫下卸口接头，以防凝结物或污物堵塞。

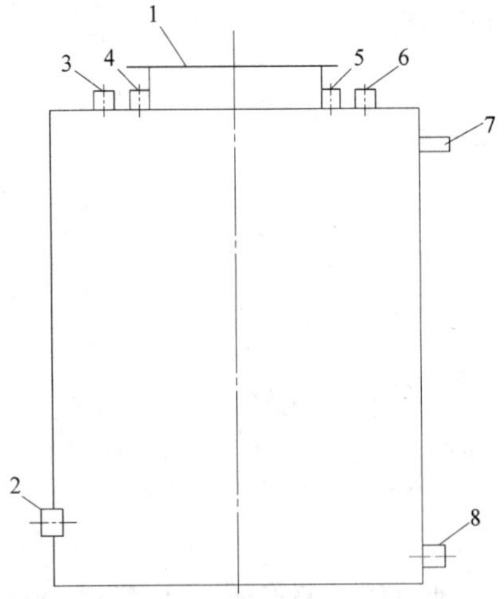

图 12-12　轻油日用油箱外形图

1—人孔；2—出油管接口；3—进油管接口；4—通气管接口；5—油位控制接口；6—回油管接口；7—溢流管；8—排油管

12.3.4.3　日用油箱

地下或半地下储油罐油位低于燃烧器的油泵，即使地上储油罐，在用油的过程中也难以保证其油位高于燃烧器油泵，因此都应在锅炉房或直燃机房内设置日用油箱，其总容量一般不大于机房一昼夜的需用量。当日用油箱设置在机房内时，其容量对于重油不超过 $5m^3$，对于柴油不超过 $1m^3$。图 12-12 为轻油日用油箱外形图，油箱上有进油、出油、回油、溢流、排油、通气等接口；油位控制接口用于进油管上设置自动阀门时安装油位传感器。为安全起见，日用油箱不装玻璃油位计，而装磁浮子油位计或其他不易破损的油位计。室内日用油箱应采用闭式油箱。对于重油的日用油箱，还需要有加热部件；由于储存周期很短，来不及进行沉淀脱水作业，一般不考虑脱水设施。

12.3.4.4　燃油过滤器

燃油中杂质较多，一般需在输油泵前吸入管上和燃烧器、自动阀门进口管上安装油过滤器，油过滤器按滤料形式不同有网状过滤器和片状过滤器。网状过滤器的滤料用铜丝或合金丝编制而成，通过能力强，根据网孔的大小可分粗、中、细油过滤器。粗油过滤器的滤网为 10 目/cm；中过滤器的滤网为 20 目/cm，细油过滤器的滤网为 25 目/cm。粗油过滤器一般用于离心式油泵或蒸汽往复油泵前的油管上；中油过滤器一般用于齿轮油泵或螺杆油泵前的油管上；细油过滤器一般用于燃烧器的油管上。片状过滤器中的滤层由薄铜片排列组成，片的间距一般为0.12mm，片距大的为0.2mm（比网状细油过滤器的网孔小），精油过滤器的片距为0.08mm。片状过滤器的过滤效率高，可除去0.05～0.1mm的金属细屑和杂质，不易损坏，但不易制造，易堵塞。

12.3.4.5 油泵

油泵按用途可分为：卸油泵、输油泵和供油泵。常见的油泵形式有螺杆泵、齿轮泵、蒸汽往复泵和离心泵。

（1）齿轮油泵

图12-13为齿轮油泵示意图。齿轮油泵在泵体中装有一对互相啮合的回转齿轮，一个为主动齿轮，一个为从动齿轮。主动齿轮由电机驱动，按图示方向旋转，带动从动齿轮反方向旋转。当两个啮合的齿轮在吸入腔逐渐退出啮合，啮合空间增大，压力降低，油进入吸入腔，并充满齿空间；然后随着齿轮的转动而被带到压出腔；此时，齿轮啮合，齿空间缩小，油被压出。

齿轮油泵特点是结构紧凑，工作可靠、稳定，有良好的自吸性，使用和保养方便，但易磨损，噪声较大，泵的流量和扬程范围小。

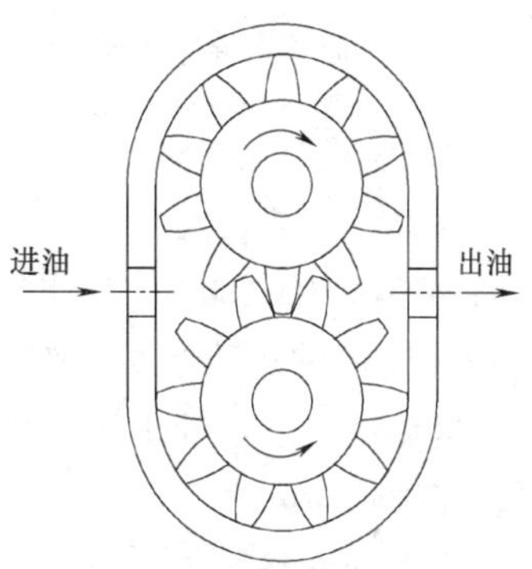

图12-13 齿轮油泵示意图

（2）螺杆油泵

用于燃油系统的螺杆油泵按结构可分为单螺杆、双螺杆和三螺杆泵。单螺杆适用于黏度大、允许含有小固体颗粒的液体；双螺杆泵适用的黏度范围大、允许含有微量小颗粒的液体；三螺杆泵适用于黏度在0.2～6cm^2/s、不含固体颗粒的液体。图12-14为单螺杆油泵结构图。它由螺杆、衬筒和万向联轴节组成。衬筒常用橡胶制成，横截面为长圆形，有内螺纹。万向联轴节把电机的旋转运动变为螺杆在衬筒内的旋转、上下和轴向往复的复合运动，从而把螺杆与衬筒组成的密封容积内的液体沿轴向输送出去。这种泵的优点是流量均匀，压力稳定，低转速时更为明显；流量与泵的转速成正比，因而具有良好的变流量调节性；泵的安装位置可以任意倾斜；体积小，质量轻、噪声低，结构简单，维修方便。

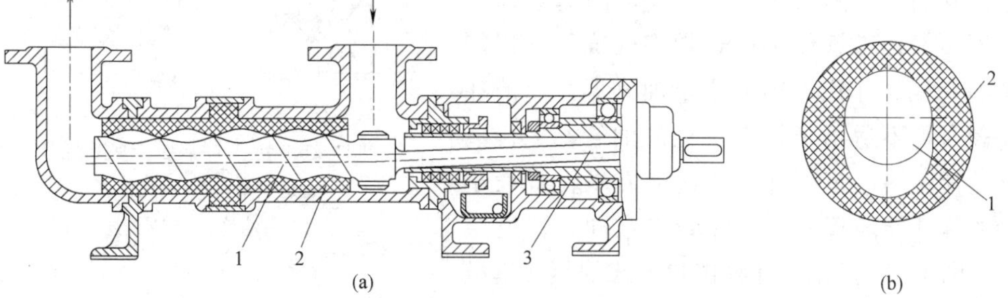

图12-14 单螺杆油泵结构图

（a）剖面图；（b）泵体横截面示意图

1—螺杆；2—衬筒；3—万向联轴节

(3) 离心油泵

离心式油泵的结构和工作原理与离心式水泵相同。离心油泵的优点是流量、扬程范围较大，流量、压力稳定；缺点是无自吸能力，不宜在低负荷下运行。

(4) 蒸汽往复油泵

蒸汽往复油泵是以蒸汽为动力的直动式油泵，或是由蒸汽机驱动的往复式油泵。这种泵的特点是有自吸能力，效率高，流量、压力有脉动，压力范围大，适用于中、小流量。

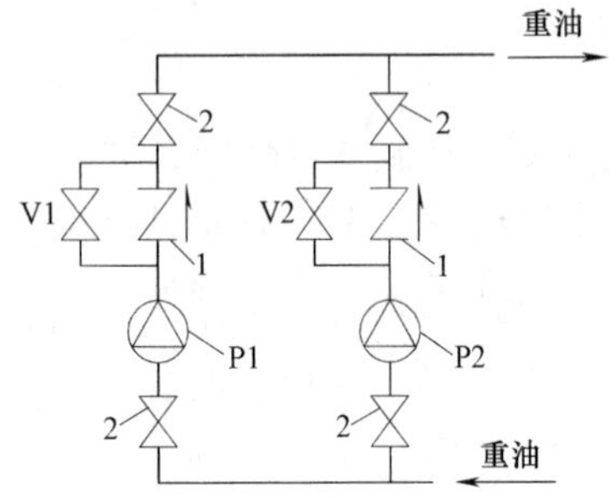

图 12-15　油泵热备用安装系统图
1—止回阀；2—关闭阀；
P1、P2—油泵；V1、V2—旁通回流阀

上述各种泵在供油系统可用作输油泵或卸油泵。如果供油系统中需为燃油锅炉设供油泵时，宜选用齿轮泵或螺杆泵。

12.3.4.6　重油加热装置

(1) 油泵热备用

重油的凝固点高，在常温下就会凝固。因此，当采用齿轮泵、螺杆泵和离心泵等由电机带动的泵作为备用泵时，泵壳内的重油有可能凝固，油泵启动时会造成电机过载或油泵损坏。为此，备用泵必须始终保证其中的泵壳内的重油温度高于凝固点，称之为油泵热备用。

图 12-15 为油泵的热备用安装系统图。当油泵 P1 工作、油泵 P2 备用时，微开回流阀 V2，排出管内的热油经回流阀 V2 流过 P2 泵壳后进入工作泵 P1 的进油管。这样，P2 始终有少量热油流过，处于热备用状态（此时备用泵缓慢逆转）。一旦工作泵发生故障，备用泵就能很快投入运转。

(2) 输油管路加热

在燃用重油的管路系统中，除将重油管道包保温层以外，还采取伴热保温。重油管道的伴热有蒸汽管伴热和电热带伴热两种。

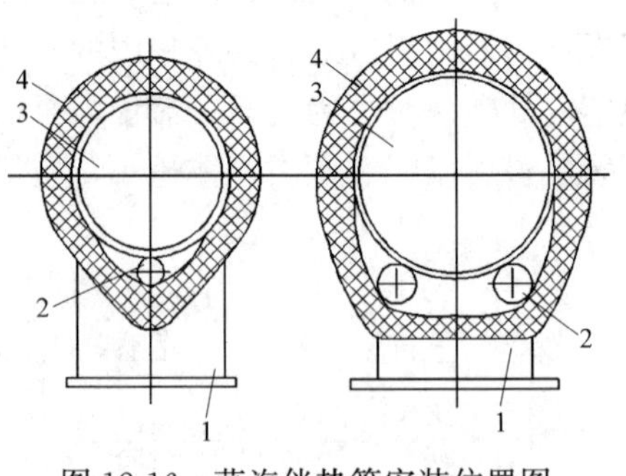

图 12-16　蒸汽伴热管安装位置图
1—管道支架；2—蒸汽伴热管；
3—重油管；4—保温层

蒸汽管伴热有 3 种方式：内套管伴热、外套管伴热及平行蒸气伴随管伴热。内套管伴热的热效率较高，但安装施工比较麻烦，蒸汽伴热管漏汽不易发现，检修比较困难，一旦漏汽，则会造成油、汽窜通事故。因此，内套管伴热应用不多；外套管伴热的热效率较高，不仅能起重油的保温作用，还可使重油升温，但消耗钢材较多，不适用于较大直径的油管；平行蒸汽伴随管伴热，即在重油管道下方平行敷设小直径的蒸汽伴随管，与重油管包在同一保温层内，如图 12-16 所示。此种伴热方式的热效率虽然不如内套管伴热，但施工检修方便，不会发生油、汽窜通事故。因此，这种伴热方式在国内得到了比较广泛的应用。由于伴热管内蒸汽放热后凝结成水，需隔一定距离设放水阀，及时把冷凝水排出伴热管。

12.4 燃气冷热源的燃气供应系统

12.4.1 概述

在燃气锅炉房或直燃机房（以下简称为机房）中使用的燃气一般是压力不大于0.4MPa的中、低压城市燃气，其中压力0.4～0.2MPa为中压A，0.2～0.01MPa为中压B，小于0.01MPa为低压。而燃气锅炉房或直燃机房的供气压力主要是根据燃烧器对燃气压力的要求来确定。燃气锅炉和燃气直燃机的燃烧器的设计压力一般在1.2～50kPa的范围内。当锅炉或直燃机类型及燃烧器的形式已确定时，机房的进气压力 p_i（kPa）可按下式确定：

$$p_i = p_b + \Delta p \tag{12-3}$$

式中 p_b——燃烧器前压力，kPa；

Δp——机房内管路阻力，kPa。

根据《城镇燃气设计规范》[3] 规定：商业建筑用户进户压力≤0.4MPa，居住建筑（中压）用户进户压力≤0.2MPa。因此，当城市燃气管网压力与锅炉或直燃机要求的进气压力不一致时，燃气进户需进行调压和稳压。机房的供气系统应根据锅炉或直燃机的燃气系统的配置进行设计。锅炉房或直燃机房的供气系统一般由燃气进户调压系统和设备房管路系统组成。

12.4.2 燃气进户调压系统

为了保证燃烧器能安全稳定地燃烧，要求进气压力一定。当压力偏高时，会引起脱火和发出很大的噪声；当压力波动太大时，可能引起回火或脱火，甚至引起爆炸事故。因此，调压系统对进户燃气进行降压和稳压，除此之外，还有对燃气净化和计量等功能。

调压系统按调压器的多少和布置形式不同，可分为单路调压系统和多路调压系统。按燃气在系统内的降压过程（次数）不同，可分一级调压系统和二级调压系统。

采用何种方式的调压系统要根据调压器的容量和机房运行负荷的变化情况来考虑，确定原则是：1）通过每台调压器的流量应在其铭牌流量的10%～90%的范围内，超出这个范围，就难以保持调压器后燃气压力的稳定；2）调压系统应适应机房负荷的变化，始终保证供气压力的稳定性。因此，当冷热源设备台数较多或运行的最高负荷和最低负荷相差很大时，应考虑采用多路调压系统，以满足上述两方面的要求。此外，常年运行的机房，应采用多路调压系统，其中一路是备用。

图12-17为燃气进户的调压系统。调压系统设在调压站或调压箱（柜）内，主要为燃气冷热源用的调压站通常设在燃气锅炉房或直燃机房毗邻的房间内或辅助间的上方。城市燃气管网来的燃气先经设在调压站外的气源总关闭阀（一般都安装在阀门井内），然后进入调压站。在调压站内，燃气先经过气水分离器，清除其中所携带的水分、油和杂质，再通过过滤器和调压器进行降压，使燃气压力达到所要求的压力值 p_i，然后送到机房。图12-17所示的系统是双路调压系统，可用于常年运行的机房供气系统中。

为了保证调压系统安全可靠地运行，在系统的入口段（调压器前）设置放散管。放散管用于运行前驱除管内残留的空气，以防管内燃气浓度达到爆炸极限而发生事故，放散管应引到室外。每个调压支路的前后安装切断阀和压力表；在调压器后的输气管上或多路并联调压支路的集气联箱上应安装安全阀或安全水封；在输气管上还应该设流量计，计量燃

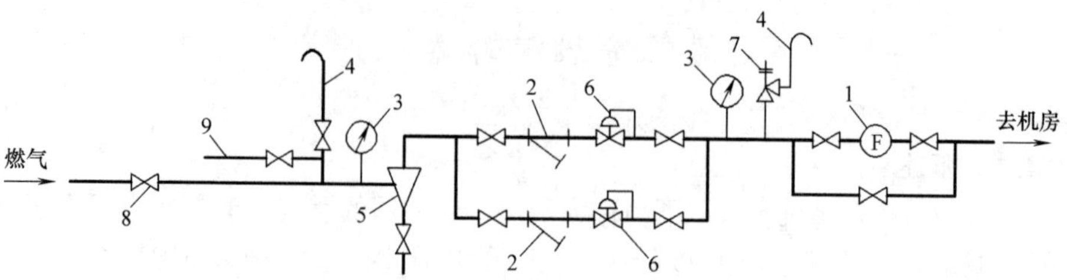

图 12-17　燃气进户调压系统

1—流量计；2—过滤器；3—压力表；4—放散管；5—气水分离器；6—调压阀；7—安全阀；8—气源总关闭阀；9—取样口

气用量；在管道和设备的最低点应设置排污放水点。此外，有的调压系统还设置吹扫管路和高低极限压力控制器（即压力开关）。

当调压站安装有以压缩空气驱动的气动设备或气动仪表时，应设置供应压缩空气的设备和管道。寒冷地区的调压站采用露天布置时，燃气系统应该有防止结萘和防止产生水化物的措施。

对于低压燃气且符合燃气锅炉或直燃机压力要求，或燃气锅炉或直燃机要求中压燃气且自身带有调压设备时，可不设调压系统，直接进户即可，直接进户系统如图 12-18 所示。系统中的集水器用于收集管路中分离下来的水或油，可以卸下进行清理。对于低压燃气进户，应设低压压力开关，以防燃气压力过低时，发生回火事故。对于中压燃气进户，应设高压压力开关，当压力超高时关闭管路。有的设备已自带低压或高压压力开关，则不必重复设置。旁通管用于过滤器清洗或流量计检修时，保证系统能正常运行。

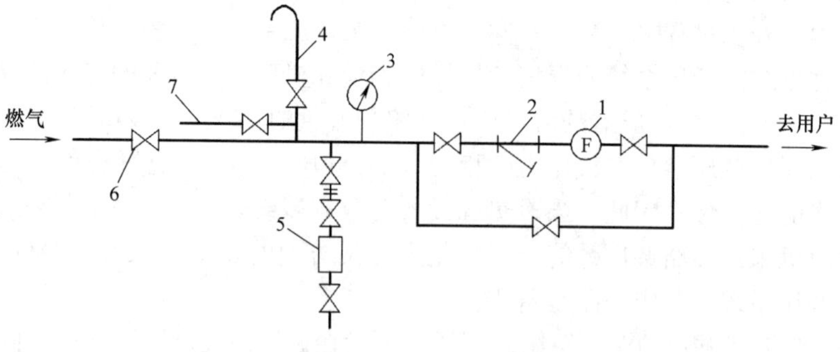

图 12-18　燃气直接进户系统图

1—流量计；2—过滤器；3—压力表；4—放散管；5—集水器；6—气源总关闭阀；7—取样口

12.4.3　机房内燃气系统

燃气锅炉房或直燃机机房内管路系统图参见图 12-19。从调压站来的燃气在锅炉房或机房入口处设总关闭阀（电磁阀），当调压站离锅炉房或机房较远时，在总关闭阀前宜加设过滤器。在运行时为了解设备能量效率，引到每台锅炉或直燃机的燃气管上装有计量装置。为检修安全，需要把管内燃气吹扫干净，系统内设有吹扫管。吹扫气体可以是惰性气体（如氮气、二氧化碳）或压缩空气。检修后，或停用时间较长再投入运行时，则需用燃气吹扫管内的空气。吹扫时，管内的燃气或空气通过放散管排到室外。

图 12-19 所示的系统，机房内采用单供气干管（单母管）。若设备常年不间断运行，宜采用双母管。采用双母管时，每一母管按最大耗气量的 75%设计。

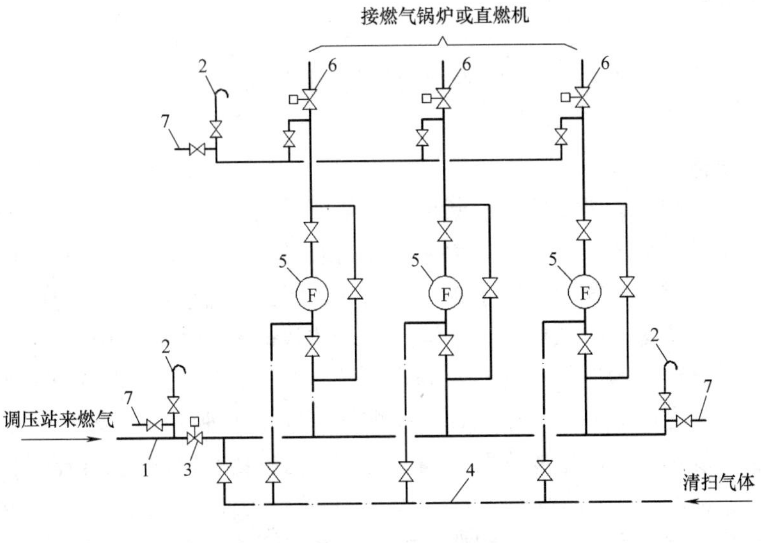

图 12-19 机房管路系统图

1—燃气干管（母管）；2—放散管；3—总关闭阀（电磁阀）；4—吹扫管；5—流量计；6—接机组关闭阀；7—取样口

12.4.4 燃气调压器

燃气调压器简称调压器，它是将燃气从较高压力降低到较低压力，并保持出口压力在一定范围内的设备。调压器分为直接作用式和间接作用式两种。在中、小型工业锅炉房或者直燃机机房的调压站中，一般都采用结构简单的直接作用式调压器。但当燃气中含硫化氢较多时，因硫化氢腐蚀调压器薄膜，一般以压缩空气驱动的间接作用式调压器替代。

图 12-20 为直接作用式调压器的工作原理图。薄膜上下移动使阀孔关小或开大，薄膜下方由导压管导入调节阀出口压力，薄膜上方受弹簧力（或重块的重力）作用。薄膜在上下力的作用下而上下移动。当上下作用力相等时，薄膜处于平衡状态，阀门呈一定开启度。若由于负荷减小使调节阀出口压力升高了，平衡被打破，薄膜上移，阀孔关小，出口压力下降，通过燃气的流量也减小，与负荷相匹配，调节阀重新达到平衡。由于新的平衡状态下弹簧有所压缩，弹簧力略有增加，即实际出口压力略有增加。因此，这种利用弹簧与出口压力相平衡的调节阀在工作过程中维持的出口压力并非恒定值，而是在一定范围内。调节阀的出口压力通过调节弹簧力来给定。弹簧力的调整可通过调节螺盖上下来实现。

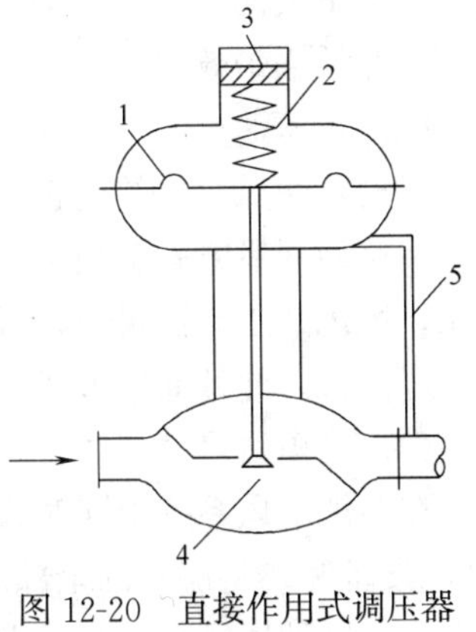

图 12-20 直接作用式调压器工作原理图

1—薄膜；2—弹簧；3—调节螺盖；4—阀芯；5—导压管

调压器应根据燃气流量与压差来选择。压差应根据调节阀前管道中最低设计压力与阀后要求的设计压力确定。调压器的流量应为最大耗气量的 1.2 倍。每台调压器在一定压差下都有正常工作的最大、最小流量范围。锅炉房或直燃机机房负荷的变化不应超过调压器的正常工作范围。例如当负荷小于调压器的最小流量时，阀门关得过小而导致工作不稳定。因此，负荷变化范围很大的机房，应采用多台调压器并联工作的系统。

12.5　燃料型冷热源的烟风系统

12.5.1　概述

燃料的燃烧过程中，需要连续不断地将燃烧所需的空气送入炉膛，并同时将燃料的燃烧产物——烟气排出炉煡，这一过程称为炉膛的通风过程。满足完成通风过程的系统被统称为烟风系统。在烟风系统中，用于将空气送入炉膛完成燃烧的设备称作送风机，将燃烧产物排至室外的设备称作引风机。用于输送空气的管道称作风道，用于输送烟气的管道称作烟道。燃料燃烧产生的烟气中含有大量的粉尘、SO_2、NO_x 等对人体和环境有害的污染物，在排入大气之前需要进行净化处理。烟气应进行何种处理，应根据烟气中污染物的浓度和国家法规规定的允许排放浓度来确定。各项污染物排放浓度的极限值可查阅《锅炉大气污染物排放标准》GB 13271—2014[4]。对于燃用固体燃料锅炉，目前普遍使用的烟气净化手段是除尘器。本章着重介绍典型的烟风系统形式、系统常用的设备。

按炉膛通风的方式不同，可分为自然通风和机械通风。自然通风是利用烟囱内的热烟气和外界冷空气的密度差所形成的压力来克服烟风系统的阻力，这种通风方式只适用于烟气阻力不大、无尾部受热面的小型锅炉。对于设置尾部受热面和除尘装置的小型锅炉，或较大容量的锅炉，因烟风道的流动阻力较大，必须采用机械通风方式，即借助于风机所产生的压头来克服风（烟）道的阻力。机械通风方式又分以下三种：

（1）负压通风

只设置引风机。风道、烟道的全部阻力均由引风机克服。这种通风方式只适用于烟、风道阻力不大的小容量锅炉。此种通风方式会在炉膛及尾部烟道造成较高的负压，漏风量增大，降低锅炉效率。

（2）正压通风

只设置送风机。炉膛正压较大，因此要求炉墙和门孔严格密封，避免喷火及烫伤工作人员。这种通风方式提高了燃烧强度和锅炉效率，在满足燃烧工况的前提下，与负压通风相比，风机的工作流量小，进入风机的空气温度低且干净，烟风系统的能耗低，且风机的使用寿命长。此种通风方式在燃油、燃气锅炉或直燃机中应用广泛。

（3）平衡通风

在锅炉烟风系统中同时设置送风机和引风机。利用送风机克服从风道入口到入炉膛（燃烧设备和燃料层）的全部风道阻力；从炉膛出口到烟囱出口的全部烟道阻力则由引风机克服。这种通风方式的优点是：既能有效地送入空气，又使炉膛及全部烟道均处在合理的负压下运行。因此，机房的安全及卫生条件较好。与负压通风相比，锅炉的漏风量小。此种通风方式在固体燃料的供热锅炉中应用最为广泛。

12.5.2　典型的烟风系统

图 12-21 为燃用固体燃料锅炉烟风系统的原理图，图中所示的烟风系统既有送风机又有引风机，是平衡通风的烟风系统。图中有两台锅炉并联，每台锅炉各自有送风机、引风

机与除尘器，共用一个烟囱，引风机出口的烟道并联到一起。引风机出口设止回阀，以防止烟气从停运的锅炉倒流。送风机、引风机入口设调节风门，以调节风量与压力。当锅炉尾部有空气预热器时，空气经空气预热器后再进入炉膛。图中所示的烟囱是钢筋混凝土烟囱或砖烟囱。有关烟囱的论述见 12.5.2 节。

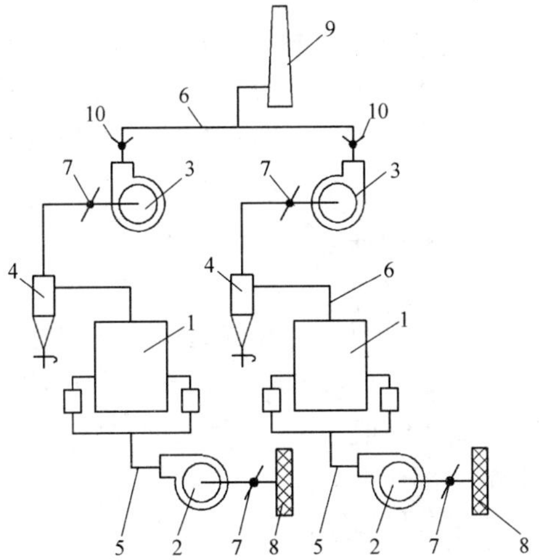

图 12-21　固体燃料锅炉烟风系统原理图

1—锅炉；2—送风机；3—引风机；4—除尘器；5—风道；6—烟道；
7—调节风门；8—进风网格；9—烟囱；10—止回阀

燃油、燃气锅炉或直燃机的烟风系统原理参见图 12-22，这类设备都各自带有供应燃烧用空气的送风机，因此由这些设备组成的烟风系统是正压通风系统。图示的系统是采用钢板烟道和钢板烟囱的系统。烟囱出口设避风风帽，以防止室外风倒灌，并可产生有利于排烟的风压（有关避风风帽的原理参见本章参考文献［5］），但也可不用避风风帽，而用一般的防雨风帽。烟道内会有凝结水，因此在烟道、烟囱上设排水口；凝结水通过水封排

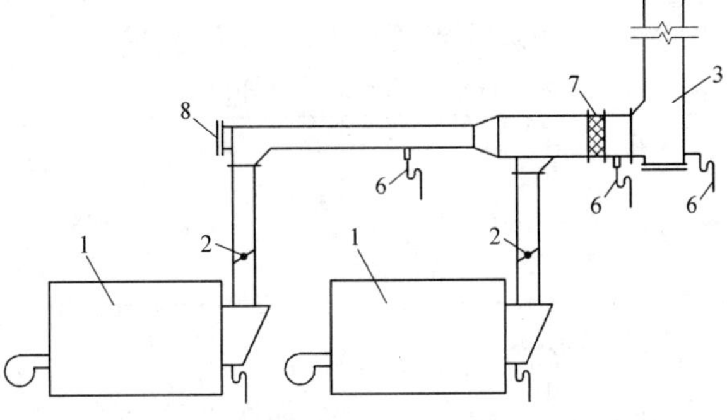

图 12-22　燃油、燃气冷热源的烟风系统原理图

1—燃油、燃气锅炉或直燃机；2—风门；3—烟囱；4—避风风帽；5—避雷针；
6—排水口和水封；7—柔性接管；8—检查口

除，水封出口用管引到机房的排水系统。每台锅炉或直燃机排烟支管上设风门，在设备停机时关闭风门，防止烟气倒流。自控程度高的设备，该风门用电动风门，并与设备连锁控制，即设备启动时，风门开启，停机时关闭。由于烟气的温度很高（一般在250℃左右），为防止烟道热胀冷缩被破坏，需设柔性接管。

燃油（气）锅炉或直燃机的烟道系统设计时还应考虑防爆要求。如烟道应尽量避免死角，防止可燃气体积聚；水平烟道应采用抬头的坡度，防止窝气；在烟道末端、死角转弯处易积聚可燃气体的涡流区和爆炸时产生压力波冲击的部位设置防爆门。防爆门的泄压面积按其所保护的烟道容积考虑，一般取 $250cm^2/m^3$；整个烟道的防爆面积不应小于 $0.4m^2$

12.5.3　烟风系统中的设备与部件

12.5.3.1　烟囱

烟囱是烟风系统必有的部件，是烟气排放的通道。它的作用有：1）把烟气在一定高度排放，使烟气在大气中扩散和稀释，以使降落到地面的污染物浓度不超过《环境空气质量标准》GB 3095—2012 中规定的限值。2）利用烟囱中的热烟气与外界冷气的密度差产生的压力，以克服烟风系统的全部或部分阻力。

烟囱按材质可分有以下几种：

（1）砖烟囱　砖烟囱具有取料方便、造价低廉和使用年限较长等特点，在中小型机房上得到广泛应用。但如设计和施工质量不高时则易产生裂缝，影响通风和安全运行。砖烟囱的高度一般不宜超过60m。

（2）钢筋混凝土烟囱　钢筋混凝土烟囱具有使用年限长、抗震性强等特点，但造价也较高。烟囱高度超过80m时，钢筋混凝土烟囱的造价要比砖烟囱低。

（3）钢板烟囱　钢板烟囱的优点是自重轻、占地小、安装快，有较好的抗震性能。但钢耗量较大，易受烟气腐蚀，也极易产生锈蚀。因此，需要经常维护保养，尤其燃用含硫分较高的燃料时，寿命更短。因此，一般多用于燃气、燃油机房或容量较小的固体燃料锅炉房。

对于平衡通风或负压通风的烟风系统，其系统的流动阻力依靠风机的压力来克服，烟囱的高度主要满足环境卫生要求。根据《锅炉大气污染物排放标准》[4] 规定，烟囱的高度与锅炉房的总容量有关。根据环保要求，燃煤锅炉房的烟囱高度不得低于表12-1中最低允许高度[4]；燃油、燃气锅炉房烟囱高度不得低于8m。锅炉房烟囱的具体高度按批复的环境影响评价文件确定。新建锅炉房的烟囱高度应高出周围半径200m距离内建筑物3m。

燃煤锅炉房烟囱最低允许高度　　表12-1

锅炉房装机总容量	MW	<0.7	0.7～<1.4	1.4～<2.8	2.8～<7	7～<14	≥14
	t/h	<1	1～<2	2～<4	4～<10	10～<20	≥20
烟囱最低允许高度	m	20	25	30	35	40	45

烟囱的出口直径按锅炉房额定负荷下的烟气流量（应为烟囱出口温度的体积流量）和流速确定，出口烟气流速按表12-2选取。在计算烟囱出口直径时，先按最大负荷计算出上口面积，圆整后，用最小负荷时的烟气量校核流速是否过小而可能发生倒灌。另外，在设计时应根据冬、夏季负荷分别计算。如负荷相差悬殊，则首先满足冬季负荷要求。烟囱锥度通常取0.02～0.03。

烟囱出口烟气流速 **表 12-2**

	自然通风		机械通风	
出口流速(m/s)	全负荷时	低负荷时	全负荷时	低负荷时
	6～10	2.5～3	10～20	4～5

12.5.3.2 引风机与送风机

引风机与送风机一般都采用离心式风机，宜与锅炉单独配套。容量小于 1.4MW（蒸发量 2t/h）的小型锅炉可以集中配置，但每台锅炉的支风道或支烟道应设置阀门，以能进行调节和在停机时关闭支路。引风机与送风机应根据需要的体积流量与系统的阻力来选择。样本上给出的风机性能（风量、风压、功率）均是在名义工况（大气压力 101.3kPa，温度 20℃，相对湿度 50%的空气，密度 1.2kg/m^3）下的参数。实际使用时，条件有差异，需将系统的流量与阻力换算到名义工况下的流量与压头，再按名义工况下的流量与压头选择风机。锅炉的燃烧所需的风量和生成的烟气量均为标准状态下的容积流量，因此送风机的风量应为

$$\dot{V}_a = 1.1\dot{M}_f V_a^o (a_f' - \Delta a_1 + \Delta a_2)\frac{101.3}{B}\cdot\frac{T_a}{273} \tag{12-4}$$

式中 $\dot{V}_a$——送风机的流量，m^3/h；

1.1——风机风量裕量；

$\dot{M}_f$——额定工况下燃料消耗量，kg/h；

V_a^o——理论空气量，Nm^3/kg；

a_f'——炉膛出口处的过量空气系数；

Δa_1——负压炉膛漏风系数；

Δa_2——空气预热器中空气漏出的漏风系数，一般取 0.05；

B——当地大气压力，kPa；

T_a——风机入口空气的温度，K。

引风机的烟气流量应为

$$\dot{V}_g = 1.1\dot{M}_f (V_g + (\Delta a_3) V_a^o)\frac{T_g}{273} \tag{12-5}$$

式中 $\dot{V}_g$——引风机处的烟气流量，m^3/h；

V_g——燃料燃烧生成的烟气容积，Nm^3/kg；

Δa_3——排烟烟道的漏风系数，砖烟道每 10m 取 $\Delta a_3 = 0.05$；钢板风道每 10m 取 $\Delta a_3 = 0.01$；旋风除尘器 $\Delta a_3 = 0.05$；电除尘器 $\Delta a_3 = 0.1$；

T_g——引风机入口烟气温度，K；

其他符号同式（12-4）。

送风机和引风机的风压按下式计算：

$$P_f = 1.2\Delta p\,\frac{101.3}{B}\cdot\frac{T}{273 + t_f}\cdot\beta \tag{12-6}$$

式中 P_f——送风机或引风机的风压，Pa；

1.2——风压裕量；

Δp——送风系统或排烟系统的总阻力，Pa；

T——空气或烟气的温度，K；

t_f——送风机和引风机名义工况下的空气温度，送风机为 20℃，引风机为 200℃；

β——烟气的密度＞空气的密度，当风机用作引风机时，需对密度进行修正，可取 0.965，对于送风机，因仍输送空气，取 $\beta=1$；

其他符号同式（12-4）。

有关风道或烟道的阻力计算请参阅《流体输配管网》（第四版）[6]、《锅炉房实用设计手册》[7]、《实用供热空调设计手册》[2] 等。

12.5.4　除尘器与烟气净化设备

除尘器用于清除烟气中的悬浮颗粒物。用于锅炉烟气的除尘器种类很多，常用的有旋风除尘器、袋状除尘器、电除尘器、湿式除尘器等。除尘器应根据烟气中含尘浓度、要求的排放标准和除尘器的除尘效率进行选择。有关除尘器的除尘原理、结构特点、选择计算请参阅本章参考文献［2］、［5］、［7］。

有些燃料燃烧产生的烟气中含 SO_2 和 NO_x 浓度超过标准规定的排放浓度，需对这些烟气进行净化后再排放。通常可以用液体吸收法、吸附法等清除。一些中小型燃煤锅炉可以用除尘与脱硫一体化的脱硫除尘器。有关烟气净化原理与设备请参阅本章参考文献［5］、［7］。

思考题与习题

12-1　试述燃煤锅炉房运煤系统的组成。

12-2　垂直运煤装置有哪几种？宜用在什么地方？

12-3　试述胶带运输机的工作原理，它可用于煤的提升运输吗？

12-4　某锅炉房有 3 台 4.2MW 燃煤热水锅炉，平均负荷为 70%，锅炉热效率为 75%，使用收到基低位发热量为 16500kJ/kg 的烟煤，需要多大储煤场？

12-5　常用的除渣机有哪几种？各有什么优缺点？

12-6　题 12-4 的锅炉房，若煤的收到基的灰分为 35.2%，不完全燃烧热损失为 15%，该锅炉房需要多大的灰渣场？

12-7　上题，若采用灰渣斗储存灰渣，灰渣斗的容积应为多大？

12-8　燃油供应系统中都设有日用油箱，不设可以吗？柴油和重油的日用油箱有何不同？

12-9　什么叫油泵热备用？

12-10　什么是燃气进户多路调压系统？什么情况下用这种系统？

12-11　为什么燃气管路系统中要有吹扫管？图 12-20 中如何应用吹扫管进行吹扫？

12-12　什么是锅炉的负压通风、正压通风和平衡通风？

本章参考文献

［1］　中国建筑标准设计研究院．燃煤锅炉房工程设计施工图集—99R500（GJBT—498）．北京：中国建筑标准设计研究院．

［2］　陆耀庆．实用供热空调设计手册（第二版）［M］．北京：中国建筑工业出版社，2008.

［3］　中华人民共和国建设部．城镇燃气设计规范（2020 年版）：GB 50028—2006［S］．北京：中国建筑工业出版社，2020.

［4］　环境保护部．锅炉大气污染物排放标准：GB 13271—2014［S］．北京：中国标准出版社，2014.

［5］　陆亚俊，马最良，邹平华．暖通空调（第三版）［M］．北京：中国建筑工业出版社，2015.

［6］　付祥钊．流体输配管网（第四版）［M］．北京：中国建筑工业出版社，2018.

［7］　锅炉房实用设计手册编写组．锅炉房实用设计手册（第二版）［M］．北京：机械工业出版社，2001.

第 13 章　冷热源的水、蒸汽系统

13.1　热水锅炉的水系统

13.1.1　概述

热水锅炉在建筑中通常用作供暖、空调、通风、热水供应系统或其他用热（如工厂的工艺用热）的热源，不同的应用场合所要求的热水参数、工作压力是不一样的。如热水供暖系统要求供回水温度为 75/50℃或 85/60℃，空调系统一般要求 60/50℃，热水供应系统一般要求供水温度不大于 60℃。而且系统形式、阻力都不一样，因此循环水泵的扬程也不一样。当建筑只有一种用热系统时，可用锅炉直接供热。有些建筑有多种用热系统。当采用同一供热锅炉时，可采用间接供热方式，即分别用水-水热交换器对二次热媒进行加热后供不同系统（供暖、通风、空调、热水供应或其他热用户），二次热媒系统各为独立的系统。或主要负荷的系统由锅炉直接供热，其他用热系统用水-水换热器进行间接供热。有条件时，建筑中的每个系统可各自配置热水锅炉。

热水锅炉的热水系统本节中只介绍锅炉房内的水系统，有关热用户侧的水系统请参阅其他书籍[1]。

13.1.2　热水锅炉房水系统图

图 13-1 为暖通空调系统热水锅炉房内水系统的典型图式。图中有 2 台热水锅炉并联运行；循环水泵的台数宜与锅炉台数对应，在寒冷和严寒地区的供暖或空调供热系统中，当循环水泵不超过 3 台时，其中 1 台宜为备用泵。水泵前后设有柔性接管（软接头）进行隔振；在吸入段的干管上设除污器，以清除管路系统中的铁锈、泥沙、焊渣等杂质，也可以在每台泵的吸入管上分别设置。图 13-1 所示的系统是闭式热水循环系统。为补偿水温变化引起水容积的变化和定压的需要，在系统循环水泵的吸入管上设定压罐（也可以设置膨胀水箱）。定压点（定压罐或膨胀水箱与管路的连接点）的压力主要与供热系统的高度有关。对于供暖系统或空调系统，定压点的压力大致等于建筑高度的水静压力。有关定压罐、膨胀水箱的工作原理及选用方法参见本章参考文献［1］。系统中设有补水泵，以补充系统可能的失水。

当锅炉热水系统有多个用热系统时，在锅炉房内设分水器和集水器，以便在锅炉房内可集中控制每个用热系统。通常在每个系统的回水管上设温度计，了解系统的用热情况。当热水锅炉只有一个热用户时，可不设分、集水器。对于供应高温水的热水锅炉系统还应校核锅炉出口的压力，不得低于最高供水温度加 20℃相对应的饱和压力，以防止汽化。锅炉出口压力＝系统定压点的压力＋循环水泵扬程－锅炉房内部阻力损失。工厂中暖风机常采用≤130℃的高温水作为热媒，130＋20＝150℃对应的饱和水压力约为 0.376MPa

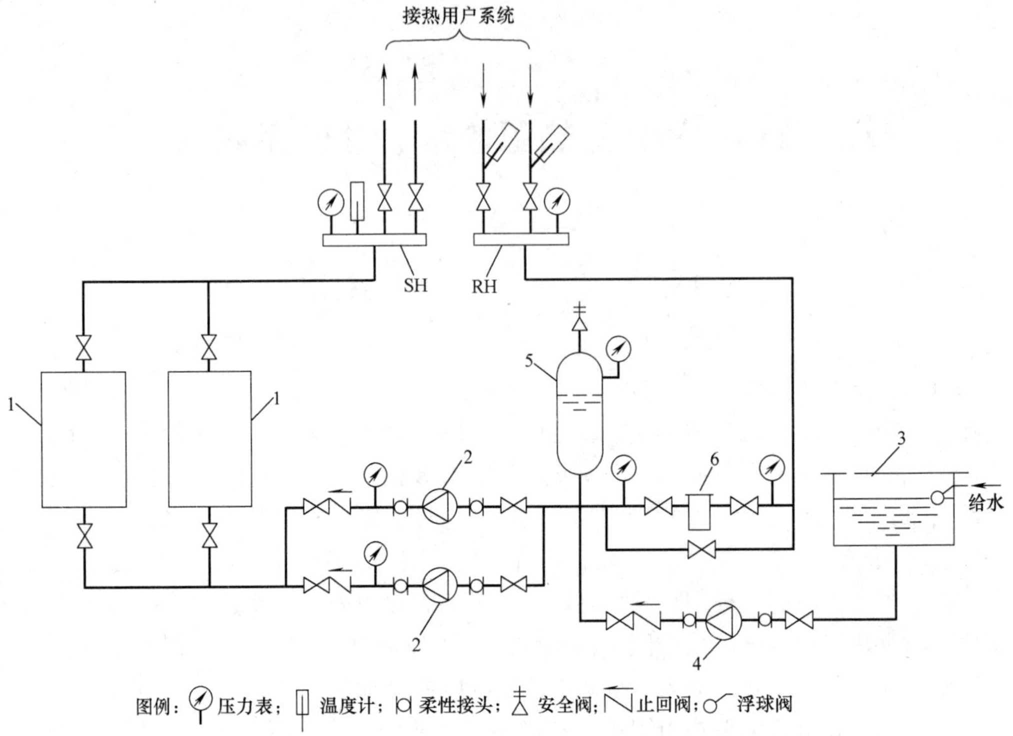

图 13-1　热水锅炉房内水系统图

1—热水锅炉；2—循环水泵；3—补给水箱；4—补给水泵；5—定压罐；
6—除污器；SH—分水器；RH—集水器

(表压)，相当于约 37m H_2O。当厂房不高，所设定的定压点压力不高时，锅炉的出口压力就可能小于 37m H_2O，所以定压点压力还要防止锅炉出水管的汽化。

锅炉热水系统还应防止因循环水泵突然停止运行（如突然停电），锅炉内水不能循环，而炉膛尚有余热，致使锅炉内水汽化造成的事故，系统应有如下措施之一：

(1) 热水锅炉直接引入自来水，并排除热水，以降低炉内水温。但要求自来水压力必须满足炉内水流动所要求的压力，并应大于热水温度所对应的饱和压力。自来水管接到锅炉的入口处，并设关闭阀和止回阀，热水锅炉出口用管引至排水点。

(2) 设由内燃机驱动的备用循环水泵。

(3) 设有备用电源，并使循环水泵自动切换到备用电源。

锅炉房内管路系统的最低点还应设泄水阀并用管引到排水点，最高点窝气的地方应设自动放气阀或集气罐（定期手动放气）；为防止锅炉内水结垢，热水系统内还应设有物理或化学的防垢措施（参见 13.12 节），而这些在图 13-1 中均未表示。

系统中循环水泵的流量取决于供热量和供热温差。有关建筑供暖或空调系统供热量和供热温差的确定请参阅本章参考文献［1］和《民用建筑供暖通风与空气调节设计规范》GB 50736—2012。循环水泵的扬程取决于系统的热水流动阻力（包括锅炉房内设备、管路阻力），有关锅炉系统阻力计算请参阅《流体输配管网》教材或其他设计手册。所选水泵的流量与扬程应有 10%～20%的裕量。

补给水泵的流量与系统可能的失水量有关。管路中阀门、附件等连接点处可能漏水，放气阀放气、除污器排污、附件维修等都可能会放水，从而使系统失水。显然管网愈庞大，失水量愈大。补给水泵流量还应满足事故补水量的要求。《民用建筑供暖通风与空气调节设计规范》GB 50736—2012 规定，空调水系统补给水泵的小时流量宜为系统水容量的 5%～10%。管路系统水容量的估算方法请参阅本章参考文献 [1]。补给水泵的扬程应比补水点的压力高 30～50kPa。系统中的补给水箱的容积宜能容纳补给水泵运行 30～60min 的水量。

当热水锅炉系统只为一种热用户供热时，其参数（供、回水温度）可根据该热用户的要求确定。对于供暖、空调、通风系统的供热参数请参阅本章参考文献 [1] 或相关的设计手册。当热水锅炉系统为多种热用户供热时，根据连接方式确定锅炉的供热参数。若各热用户采用间接供热时，锅炉的供、回水温度应高于所有热用户的供、回水温度；若系统中既有直接连接热用户又有间接连接热用户时，直接连接供热系统应该是所有热用户中的主用户，且要求供、回水温度最高，该用户的供热参数即为锅炉的供热参数。

图 13-2 为有两种供暖参数的热水锅炉水系统（局部）原理图。例如，某些公共建筑大部分区域采用散热器供暖系统，有局部区域（如无法布置散热器或要求美观的场所）需设置地面辐射供暖系统。散热器供暖系统的供/回水温度为 85/60℃，地面辐射供热的供水温度为 35～45℃。因此散热器供暖系统为主系统，热水锅炉的供热参数为 85/60℃，而辐射供暖系统的热水通过水-水换热器制取。图 13-2 表示了辐射供暖系统热水制取的原理图；热水锅炉水系统的其余部分同图 13-1。辐射供暖水系统中还应有膨胀水箱、过滤器等附属设备，在图内未表示。为调节辐射供暖系统的供水温度，设置三通电动调节阀，以控制进入水-水换热器的热水流量，这种调节方案即使经水-水换热器的水流量改变，而保持分水器供给水-水换热器的水流量不变，从而不致影响总系统水流量的变化。

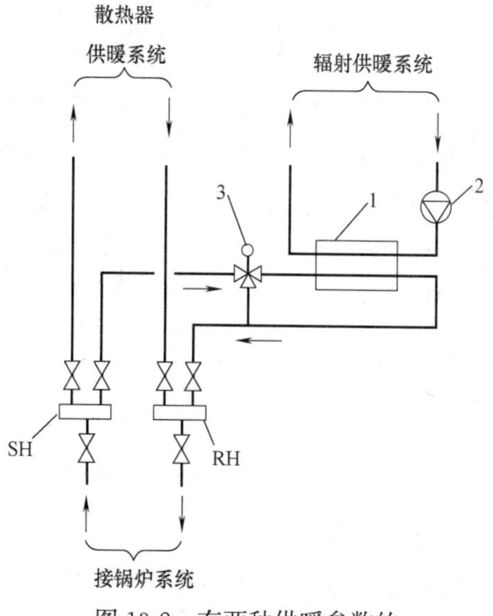

图 13-2 有两种供暖参数的热水锅炉水系统（局部）原理图

1—水-水换热器；2—辐射供暖系统循环水泵；3—三通电动调节阀；其他符号同图 13-1

13.2 蒸汽锅炉的汽水系统

蒸汽锅炉的锅炉房内有蒸汽、给水和排污三大系统，总称为汽水系统，下面分别进行叙述。

13.2.1 蒸汽系统

图 13-3 为蒸汽锅炉的蒸汽系统图。图中设有 2 台压力相同的蒸汽锅炉并联运行。锅

炉上的主蒸气阀引管与蒸汽干管（母管）连接，干管再接到分气缸上。也可以每台锅炉直接引管接到分气缸，这样管理更为方便。每台锅炉与干管（或分气缸）连接的支管上均应设 2 个阀门，以防一台锅炉检修时，蒸汽从另一台锅炉倒流。分气缸上有若干个分支管向各种蒸汽用户（例如空调系统、供暖系统、溴化锂吸收式制冷机等）供汽。锅炉房内给水除氧、汽动水泵或生活用汽等也从分气缸引出。有些锅炉需要吹灰，一般直接从本台锅炉引出。锅炉上的安全阀、放气阀均应接管引到室外。每台锅炉都设有孔板流量计，以便测量锅炉的蒸发量。分气缸上积聚的蒸汽管沿途形成的凝结水通过疏水器（阻止蒸汽通过的部件）返回凝结水箱。

在锅炉房内蒸汽管路的最高点须设置放空气阀，便于在管道水压试验时排除空气。蒸汽管路的最低点须装疏水器或者放水阀，以排除沿程形成的凝结水。

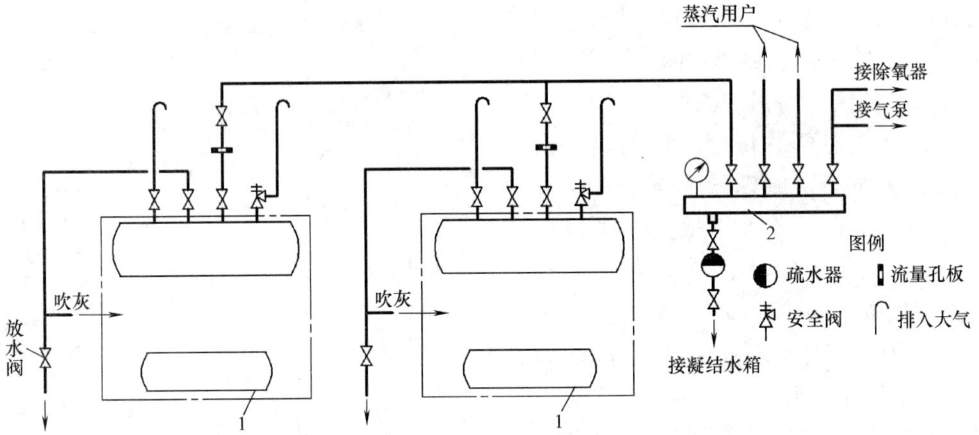

图 13-3　蒸汽锅炉的蒸汽系统图

1—蒸汽锅炉；2—分气缸

13.2.2　给水系统

给水系统是将用户系统返回的凝结水及经除氧后的软化水供给锅炉，使运行中的锅炉始终保持一定的水位，或是说使锅炉进、出水和汽达到动态的平衡。图 13-4 为蒸汽锅炉的给水系统原理图。图示的系统是多台锅炉的集中给水系统，图中仅表示 1 台锅炉，其余锅炉的给水连接与图示一样。从蒸汽用户返回的凝结水和锅炉房自用蒸汽的凝结水均进入锅炉房内的凝结水箱。凝结水泵将凝结水输送到除氧器（除氧水箱）除氧。由于部分蒸汽用户不回收凝结水（如室内加湿、直接用蒸汽加热水等），锅炉排污和管路系统的跑、冒、滴、漏而损失一些蒸汽和凝结水，因此系统需要补充一部分水。补水需是软化水（有关锅炉水质要求和处理参见 13.11 节和 13.12 节）。未经处理的自来水经软化水装置处理后成为软化水，经水-水热交换器被预热，回收了一部分锅炉连续排污水的热量（关于锅炉排污参见 13.2.3 节）；再经热力除氧器除去水中溶解的气体（参见 13.12.6 节）；经除氧后的软化水储于除氧水箱中。给水泵把除氧水箱中的水（凝结水和补水）送到锅炉的省煤器，而后进入锅炉的上锅筒。给水泵除经常运行的电动水泵外，还设有汽动水泵做事故备用泵，以便在突然停电时保证锅炉的给水。供电可靠或有备用电源时，可不设事故备用的汽动水泵。

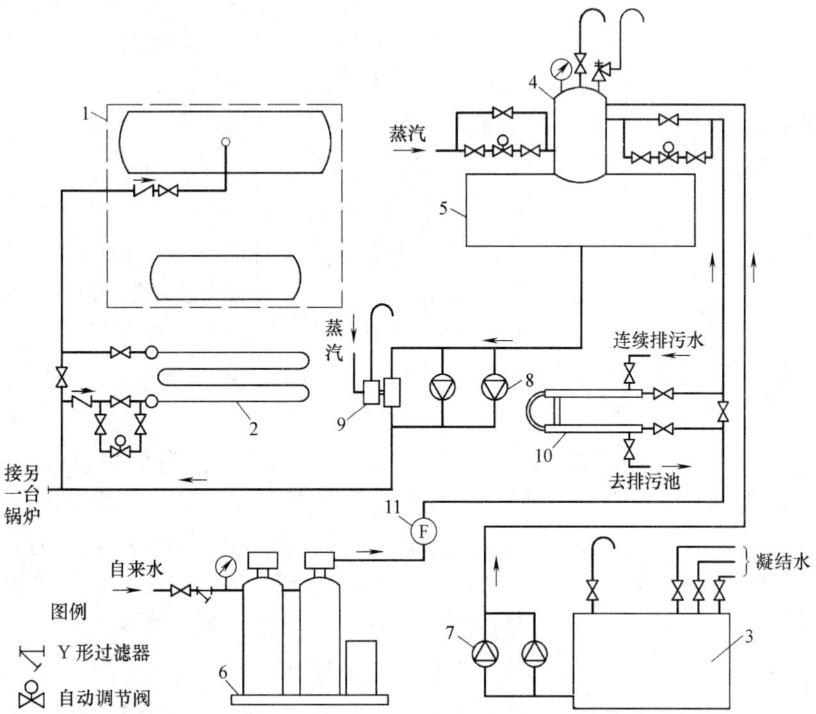

图 13-4 蒸汽锅炉的给水系统原理图

1—蒸汽锅炉；2—蒸汽锅炉省煤器；3—凝结水箱；4—热力除氧器；5—除氧水箱；6—软化水装置；7—凝结水泵；8—电动给水泵；9—汽动给水泵；10—水-水热交换器；11—流量计

除氧器的软化水入口和蒸汽入口、省煤器的入口均设有自动调节阀，以调节水量和蒸汽量。除氧器的蒸汽进入量通常根据水温进行调节；锅炉给水量通常根据锅炉上锅筒的水位进行调节；而补给水量可根据除氧水箱的水位进行调节。所有自动调节阀、部分设备均有旁通管，以备在调节阀、设备检修时，保持系统正常运行。

凝结水泵至少应设两台，其中一台备用。当凝结水箱中不混入补给水且泵连续工作时，不论任何一台泵不运行（备用），其余泵的总流量不应小于回收凝结水流量的 1.2 倍；泵可间歇工作，这时不论任何一台泵不运行，其余泵的总流量不应小于回收凝结水流量的 2 倍。当凝结水和软化补给水在凝结水箱中混合，不论任何一台泵不运行，其余泵的总流量应为锅炉房额定蒸发量所需给水量的 1.1 倍（泵连续工作）。凝结水泵的扬程应为凝结水接收设备（除氧器或水箱）压力＋管路阻力，并附加一定裕量。对于大气式热力除氧器，其压力为 0.02MPa；喷雾式热力除氧器的压力为 0.15～0.2MPa。

给水泵可用汽动水泵或电动泵。汽动泵虽然工作可靠，调节性能好，但结构笨重，耗汽量大，流量不均匀，故常用作事故备用泵。给水系统中至少设两台电动泵，其中一台备用；当无备用电源时，需再增设汽动泵备用（图 13-4），其流量取锅炉房额定蒸发量所需给水量的 20%～40%；而电动泵中无论任何一台不工作，余下泵的总流量为锅炉房额定蒸发量所需给水量的 1.1 倍。给水系统也可只设汽动备用泵，而不设电动备用泵，但这时汽动泵的流量应与电动泵一样。锅炉所需给水量应为锅炉额定蒸发量加排污量。给水泵的扬程应为锅炉锅筒在设计的使用压力下低限安全阀的开启压力＋省煤器和给水系统的阻力损失＋给水系统的水位差，并附加一定裕量。

对于季节性运行的锅炉房，凝结水箱可只设1个，其容积取1h返回锅炉房凝结水量的1/3；对于常年运行的锅炉房，凝结水箱设两个，或1个水箱隔成两个，其总容积取1h返回锅炉房凝结水量的2/3。对于季节性运行锅炉房，一般设1个给水箱（图中的除氧水箱）；对于常年运行的锅炉房或在给水箱内加药处理给水时，应设两个给水箱或1个水箱隔成两个。给水箱的总容积取锅炉房额定蒸发量所需20～40min的给水量，小型锅炉的给水箱储备量宜大一些。

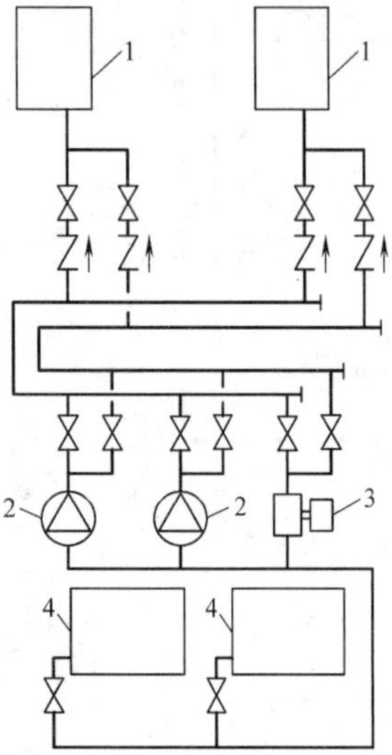

图13-5 双母管给水系统
1—锅炉；2—电动给水泵；3—汽动给水泵；4—给水箱

图13-4所示系统的多台锅炉的给水并联在同一母管（干管）上，称为单母管给水系统，适用于季节性运行的锅炉房。对于常年运行的锅炉房，应采用双母管给水系统，如图13-5所示。由于水泵吸入侧的压力较低，管路部件出现故障的概率相对较小，且维修相对容易，故一般仍采用单母管。水泵的压出侧，则采用两根平行的母管，水泵和锅炉分别与这两根管连接。通过阀门切换，给水可通过任何1台泵，任1条母管进入任1台锅炉。这给系统在不停止给水的情况下维修带来很大方便。

为清楚地表示给水系统的流程，图13-4进行了简化。所有泵前后应设阀门、柔性接管、止回阀、压力表等附件，图中未表示。在省煤器、水-水换热器进出口应设温度计；上锅筒与除氧器水箱都须设取样管，以便对水质进行化验。因所取的水样温度很高，取样时还需有冷却措施。凝结水箱、除氧水箱均应设排水阀，并需引管到排水沟或排污池中。上述这些管路、附件在图13-4中均未表示。

13.2.3 排污系统

排污是控制锅炉水质的一种手段，排污有连续排污和定期排污两种。由于上锅筒的蒸发面附近盐分浓度较高，因此在上锅筒的低水位下面设排污管，进行连续排污。这种在水面下的排污习惯上也称为表面排污。锅炉水中还有一些水渣（松散状沉淀物），通常在锅炉水循环回路底部浓度最高，在这些地方进行定期排污。定期排污除排除水渣外，同时也排除了一些盐分。有些小型锅炉只有定期排污。

图13-6为锅炉排污系统的原理图。上锅筒的连续排污管排出的热水有可利用的热能，通常可引到排污膨胀器，将压力降到0.12～0.2MPa，形成二次蒸汽，可用于热力除氧器或给水箱中加热给水或用于加热生活热水。排污膨胀器中的饱和水可通过水-水热交换器加热软化水（见图13-4）或原水。使用后的排污水排入排污降温池中。排污膨胀器的容积与排污水在膨胀器形成的二次蒸汽量有关，二次蒸汽量 $\dot{m}_s$ (kg/s) 可按下式计算：

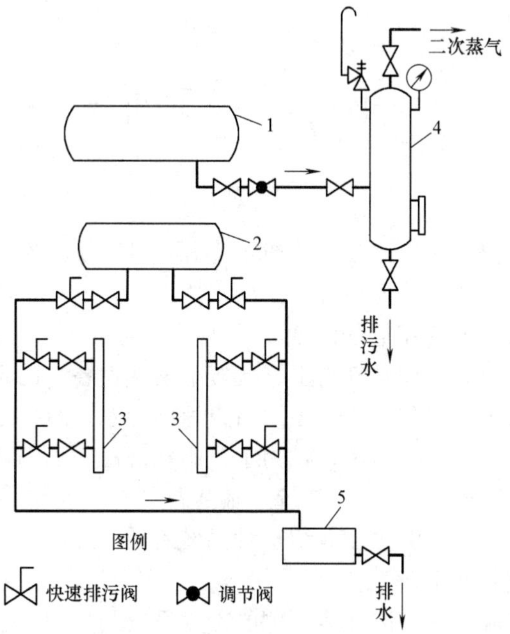

图 13-6 锅炉排污系统原理图

1—上锅筒；2—下锅筒；3—下集箱；4—排污膨胀器；5—排污降温池

$$\dot{m}_{s}=\frac{\dot{M}_{b,w}(h_{f}\eta-h'_{f})}{h'_{fg}x} \tag{13-1}$$

式中 $\dot{M}_{b,w}$——锅炉排污水量，kg/s；

h_f——锅炉饱和水的比焓，kJ/kg；

h'_f——膨胀器内压力下的饱和水比焓，kJ/kg；

η——排污管内热损失，一般取 0.98；

h'_{fg}——膨胀器内压力下饱和水的汽化潜热，kJ/kg；

x——二次蒸汽干度，一般取 0.97。

排污膨胀器的容积 V_e（m^3）为

$$V_{e}=\frac{k\dot{m}_{s}v}{R_{v}} \tag{13-2}$$

式中 v——膨胀器内蒸汽比容，m^3/kg；

k——容积富裕系数，一般取 1.3～1.5；

R_v——单位膨胀器容积蒸汽分离率，一般为 0.08～0.28$m^3/(m^3 \cdot s)$。

每台锅炉的连续排污管宜分别接到排污膨胀器，以免互相影响，并便于检修。锅炉上锅筒的连续排污管应设两个阀门，一个只起开或关的作用，另一个为调节阀，以调节排污量。

在下锅筒和下集箱的排污管，用于定期排污。由于排污水量小，排污水热能利用价值小，故一般直接排到排污降温池中，与冷水混合降温（约 50℃）后排入下水道。每台锅炉每天一般排污 2～3 次，每次排污时间不超过 0.5～1min。排污降温池的结构可参考国家建筑标准设计图集 O4S519《小型排水构筑物》中的钢筋混凝土锅炉排污降温池（1 型～6 型）。

13.3　蒸气压缩式冷水机组的冷水系统

13.3.1　概述

蒸气压缩式冷水机组是应用比较多的建筑冷源，其冷媒（冷水，也称冷冻水）系统有两类：开式系统和闭式系统。开式系统是由冷水机组制备的冷水储于冷水箱中，再由水泵压送到用户。系统中有与大气相通的水面，这种系统通常应用于水蓄冷系统（详见 13.7 节）或具有敞开式用冷设备（如空气与水直接接触换热设备）的系统中。闭式系统是由冷水机组制取的冷水用水泵压送到用户，使用后再返回冷水机组。由于开式系统的水与大气直接接触，水质差，管路设备易腐蚀，且为了克服水静压力而消耗能量，因此空调建筑中很少应用（除了水蓄冷系统外）。闭式系统水输送能耗少，系统不易腐蚀，因此是空调系统中普遍采用的系统形式，本节主要介绍这种系统在冷源部分（称冷源侧）的冷水系统。有关用户侧水系统参阅其他书籍[1]。

冷源是为空调用户服务的，因此冷源侧的冷水系统与用户水系统（负荷侧水系统）是密切相关的。用户的换热盘管需要随着负荷的变化调节通过的水流量，有两种调节方法：一是用二通阀调节通过换热盘管的水流量；二是用旁通部分流量来改变通过换热盘管的水流量。前一种调节方法，负荷侧系统的水量随着负荷的变化而变化，称为变流量系统；后一种方法，负荷侧水流量随着负荷的变化流量不变，只有回水温度变化，称为定流量系统。对于冷源侧的冷水系统传统上采用定流量或阶段变流量（即流量与运行的冷水机组的台数相对应，详见 13.3.2 节）。其原因是，当冷水机组流量变小，蒸发器的传热系数降低，如果压缩机无能量调节措施或调节的响应时间长，可能会导致蒸发温度下降，严重时降到 0℃以下，而有冻结的危险；或导致冷水机组运行不稳定。现代的冷水机组自控程度高，对负荷变化响应时间短，一些生产企业已允许其所生产的冷水机组流量可减小到 30％～40％。因此，冷源侧冷水系统也有定流量和变流量两类。负荷侧与冷源侧冷水系统合成的冷水系统有以下三类：1）负荷侧和冷源侧均为定流量的系统；2）负荷侧变流量、冷源侧定流量的系统；3）负荷侧和冷源侧均为变流量的系统。

13.3.2　负荷侧和冷源侧均为定流量的冷水系统

图 13-7 为负荷侧和冷源侧均为定流量的冷水系统。图中表示了多台冷水机组并联的系统，每台冷水机组配置 1 台冷水泵。水泵可以与冷水机组一一对应布置，也可以多台泵并联在一起，冷水汇集到总管，然后分到各冷水机组，这种水泵与冷水机组不固定对应连接的布置方案有水泵互为备用的优点。水泵与冷水机组都是有振动的设备，通常采用柔性接管（软管）进行隔振。每台水泵入口前设 Y 形过滤器，过滤管路系统中可能存在铁锈、焊渣、泥沙等杂质；也可以集中在总管上设过滤器。对于大型系统，机房内管路也很长，此时宜在冷水机组入口处也安装 Y 形过滤器。分水器与集水器用于分配冷水到用户的各子系统。由于系统是闭式的，设有膨胀水箱，起定压、补偿温度变化引起水容积变化的作用。与膨胀水箱连接点的压力是恒定的，即膨胀水箱水面高度的静压力，一般约为建筑的高度。图 13-7 所示的连接方案，水泵出口接冷水机组，冷水机组蒸发器水侧承受的压力

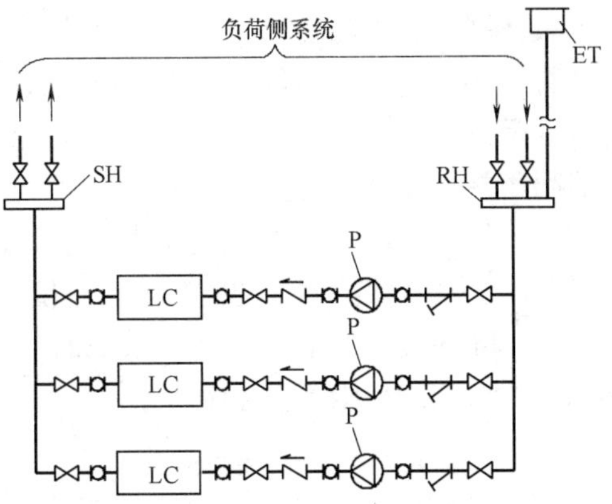

图 13-7　负荷侧和冷源侧均为定流量的冷水系统
LC—冷水机组；P—冷水泵；ET—膨胀水箱；
SH—分水器；RH—集水器

(mH_2O) 约等于水泵扬程加建筑高度。对于高层建筑，可能会超过蒸发器的承压能力。此时需将冷水机组设在水泵的吸入段。如果这种连接仍然超压，则需选用承压能力高的设备，或变化系统形式。

如果只有一台冷水机组，则在整个运行期间水量恒定，水输送能耗也恒定。负荷变化时，回水温度变化，冷水机组将根据实测冷负荷或供水温度的变化进行调节。对于有多台冷水机组的系统，当负荷减少了相当于 1 台机组的制冷量时，即可关闭 1 台机组及相应的水泵。这样实现阶段性变流量，可以节省一些输送能耗；对于每台冷水机组而言，始终是定流量的。

对于全年运行的空调系统，冬季需供热水，通常可以采用同一管路系统来供热，即夏季供冷水，冬季供热水。这种用同一管路系统供冷与供热的系统称为双管制系统。在机房内只需与冷水机组并联制备热水的设备及相应的水泵即可。

水冷式冷水机组还需有冷却水系统（参阅 13.10 节）。

13.3.3　负荷侧变流量、冷源侧定流量的冷水系统

图 13-8 是负荷侧变流量、冷源侧定流量的冷水系统。为简明表示系统的形式，图中未表示过滤器、止回阀等部件。图 13-8（a）为单级泵系统，系统中水泵的扬程应能克服负荷侧和冷源侧的管路、管件、设备的阻力。它与图 13-7 的定流量系统的区别是在于分水器与集水器之间增加一旁通管，其作用是平衡负荷侧与冷源侧流量的差异。在系统运行时，由于负荷侧是变流量，冷源侧流量将大于或等于负荷侧的流量，多余的流量可从旁通管返回冷源侧。旁通流量由旁通管上的电动阀门根据分水器与集水器间的压差来控制。当负荷减小时，负荷侧换热盘管的冷水阀门关小，系统阻力将增加，分水器与集水器间的压差增大，控制器令电动调节阀开大，旁通流量增加；反之，负荷增加，电动调节阀关小，甚至关闭，旁通流量减小或为零。各冷水机组进行能量调节保持供出的冷水温度在某一设定值（如 7℃），同时应根据负荷变化进行减少或增加冷水机组和相应水泵的运行台数。控制的方法有多种，如根据回水温度来控制（参见 14.2.3 节），或根据压缩机电机的电流值或实测系统冷负荷来控制等。下面分析压缩机电机的电流进行控制的原理。冷水机组中电机的电流与负荷有对应的关系，直接测量电流值就可知道冷水机组的负荷。如果系统有 3 台冷水机组并联，当测得每台的电流值（即负荷）为满载电流值的 60%时，即表示总负荷仅为 3 台冷水机组的容量的 60%，可关闭 1 台冷水机组和相应的水泵，这时变为 2 台冷水机组按 90%负荷运行；当负荷继续下降到每台电流值仅为满载电流值的 45%时，再关闭 1 台冷水机组和相应的水泵。反之，当 1 台冷水机组运行电流为满负荷电流的 110%时，增开 1 台冷水机组和相应水泵；其余类推。

图 13-8（a）所示系统的冷水输送能耗与定流量系统相同。在部分负荷时，负荷侧流量虽然减少了，但输送能耗并未减下来。图 13-8（b）的双级泵系统解决了上述问题。系

统中负荷侧与冷源侧系统的水泵分开设置。冷源侧系统的水泵称一次泵，其扬程用于克服旁通管下面冷水的流动阻力；负荷侧的水泵称为二次泵，其扬程用于克服旁通管上面冷水的流动阻力。二次泵可采用变速泵（如变频泵），根据供回水干管末端的压差或分水器集水器间压差来控制泵的转速（流量），所设定的最小压差应包括换热盘管、调节阀及其管件和管段的压降。二次泵也可以设多台并联，用供回水管压差控制泵的运行台数来实现变流量。用水泵台数控制节约的冷水输送能耗不如变速泵的多。对于大型系统，二次泵可以设多组，分别负担某个区域空调系统的冷水供应。例如，高层建筑中高低区可分设二次泵，分别设定最小压差来控制水泵的流量，这样更节省冷水的输送能耗。

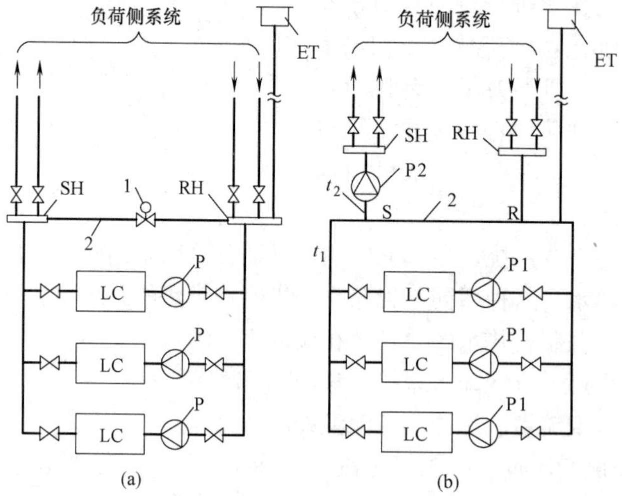

图 13-8　负荷侧变流量、冷源侧定流量的冷水系统

（a）单级泵系统；（b）双级泵系统

P1——一次泵；P2—二次泵；1—电动调节阀；2—旁通管；其余符号同图 13-7

双级泵系统的冷源侧供冷量的调节方法是，每台冷水机组的制冷量根据冷水温度进行调节，即保持设定的供水温度；冷水机组运行台数的控制与图 13-8（a）的单级泵系统一样，可以根据实测系统冷负荷（参见 14.2.3 节）来控制，或根据回水温度来控制，也可根据压缩机电机的电流来控制等。旁通管内水的流向宜控制在供水侧到回水侧（图中从左到右），如果方向相反，二次泵的供水温度将因混入部分回水而升高，供水温度是空调用户所要求的，一般不宜升高。旁通管内的流向通过比较冷源侧供水温度 t_1（见图 13-8b）和二次泵供水温度 t_2 即可判断。当 $t_2>t_1$ 时，表明有回水与供水混合，旁通水流向是回水侧到供水侧，为保证供水温度，需增开一台冷水机组和相应的一次泵。

双级泵系统中旁通管的直径大于或等于回水干管的直径[2]。为防止回水混入供水侧，产生热污染，旁通管（图中 S-R）应有一定长度，当回水干管内流速>1.5m/s 时，其长度应大于 10 倍直径；当回水管内流速<1.5m/s 时，其长度应大于 3 倍直径，并大于 0.6m[2]。

双级泵系统比单级泵系统节省输送能耗，但系统较复杂，占用机房面积大。而单级泵系统比较简单，机房面积小，宜用在小型系统中。

13.3.4　负荷侧和冷源侧均为变流量的冷水系统

负荷侧和冷源侧均为变流量的冷水系统有两种形式。一种系统形式与图 13-7 的定流量系统一样，主要区别是每台水泵均为变速泵[2]。水泵的转速（流量）根据供回水干管末端的压差进行控制。并联水泵的转速必须一致，否则转速低（扬程小）的水泵将对系统产生负面影响。冷水机组根据冷水出口温度进行能量调节。负荷侧和冷源侧均为变流量的单级泵系统必须注意的问题是，负荷的变化与流量的变化并非固定的正比关系，例如当空气冷却盘管的负荷为设计负荷的80%时，而冷水的流量为设计流量的60%；负荷为50%，流量为27.5%，负荷为30%，流量为17%[2]，如果系统中只有1台冷水机组，当负荷降到50%时，冷水机组中的流量就太低了，已超过冷水机组允许的变流量范围。若有多台机组并联，如果有3台，当负荷降到50%时，可以采用2台机组运行，此时每台机组的流量约为设计流量的41%；如果有4台机组并联，当负荷降到50%时，有2台机组运行，每台机组的流量约为设计流量的55%。因此，这种系统应有多台机组并联，且在流量减小时，应减少运行机组的台数。

为解决上述负荷变化与冷水流量并非正比关系存在冷水机组可能出现流量太低的问题，采用图13-9所示的系统。其特点是：水泵均为变速泵，与冷水机组并不一一对应，台数也不一定相等；水泵流量与台数控制与冷水机组控制分开，并不是连锁控制。水泵的变速或启停根据负荷侧供回水干管末端压差进行控制，该压差保证了负荷侧所需的流量。为不使冷水机组的流量低于允许的最小流量，在回水总管上设流量传感器，当分配到各冷水机组的流量低于机组允许的流量时，打开旁通管上的电动调节阀，允许部分水旁通。冷水机组根据设定的冷水供水温度进行能量调节，冷水机组的运行台数根据负荷或压缩机电机的电流值进行调节。

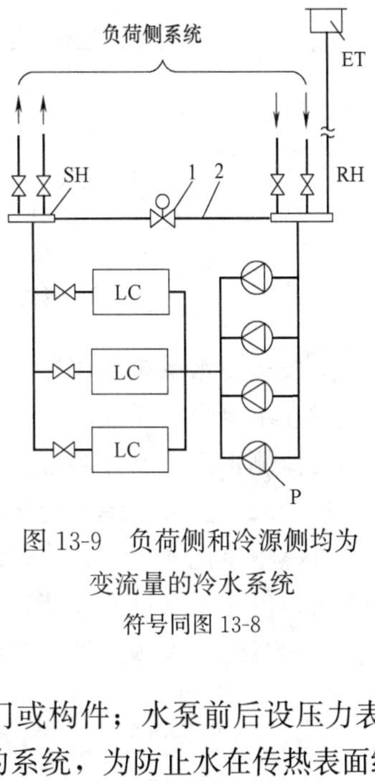

图13-9 负荷侧和冷源侧均为变流量的冷水系统
符号同图13-8

负荷侧和冷源侧均为变流量的冷水系统，与双级泵的系统相比，冷水输送能耗更低，设备少，系统相对简单，机房面积小。但对于大型建筑或多栋建筑的冷水系统，各子系统远近不同，采用双级泵系统会优于图13-9所示的变流量系统。

上述所有的水系统中，还应有补水、泄水、放气等阀门或构件；水泵前后设压力表，分水器、集水器上设压力表、温度计；对于既供冷又供热的系统，为防止水在传热表面结垢，必须有防垢措施，如采用软化水作热媒，这时需设置小型软化水装置，或在管路上设水处理器（详见13.11节）。

13.4 溴化锂吸收式机组的冷热媒系统

13.4.1 蒸汽型溴化锂吸收式制冷机的冷热媒系统

蒸汽型溴化锂吸收式制冷机（以下简称溴机）是利用热能进行制冷，采用蒸汽作热媒的溴机。图13-10为一蒸汽型双效溴机的蒸汽系统和冷水系统。当锅炉房供应的蒸汽压力大于溴机需要的压力时，蒸汽必须减压后使用，即需安装减压阀对工作蒸汽进行减压，压力波动范围在±0.02MPa以内。蒸汽进入溴机前应装电动调节阀，根据冷水出水温度控制蒸汽量，它实质上是进行能量调节。蒸汽进入溴机前应将夹带的凝结水排除。溴机溴化锂溶液中的添加剂乙基乙醇和铬酸锂在高温下易发生反应生成有机酸，消耗缓蚀剂和表面活性剂，影响设备制冷量。因此，双效溴机高压发生器溶液温度一般控制在 164℃以下，当进入温度大于 175℃的过热蒸汽时，应对蒸汽减温，即去过热度。溴机中凝结水排出管上都装有疏水器，因此，在机外的排出管上装止回阀和截止阀即可，凝结水排出的压力（背压）一般为 0.05MPa（表压）。在此压力下，凝结水自流到凝结水箱。

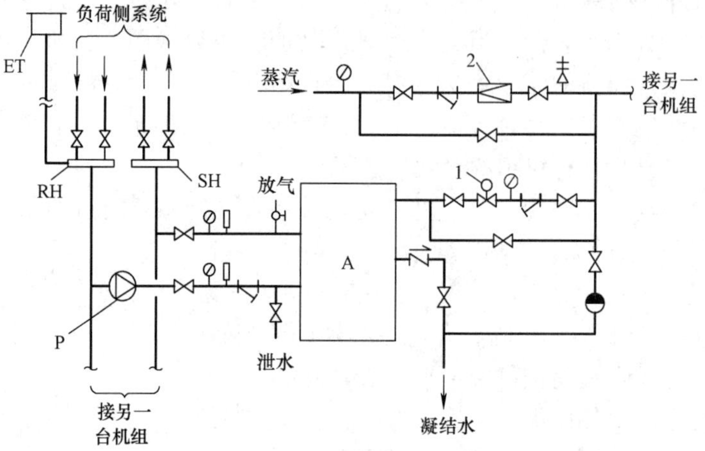

图 13-10　蒸汽型双效溴机的蒸汽和冷水系统

A—溴机；1—电动调节阀；2—减压阀；其他符号同图 13-7

应校核冷水系统工作压力是否超过设备的承压能力（参见 13.3.2 节），如超过，需把溴机设在水泵吸入段或改变系统形式。溴机与本节以后讨论的直燃机，其冷源侧的冷水系统与负荷侧水系统的连接方式参见 13.3 节，本节中不再赘述。

13.4.2　直燃型溴化锂吸收式冷热水机组的冷热水系统

直燃型溴化锂吸收式冷热水机组（简称直燃机）有两类机型：供热、供冷交替型和同时供热、供冷型（见 6.5 节）。他们的冷热水管路系统是不相同的，下面分别进行介绍。

13.4.2.1　供热、供冷交替型直燃机的冷热水系统

供热、供冷交替型直燃机只适用于冬季只需供热、夏季只需供冷的空调系统中。这种系统中，冷、热水共用一套管路（供、回水管），即双管制系统。图 13-11 为供热、供冷交替型直燃机的冷热水系统原理图。对于标准型的直燃机，供热和供冷时的水流量是一样的，因此，供热和供冷可用同一水泵。

所选用的直燃机，其制冷能力和制热能力都应满足夏季冷负荷和冬季热负荷的要求。一般应按夏季冷负荷选用机组，再校核其制热能力是否够用。若制热能力稍小些可采用制热量加大型直燃机（见 6.5 节）；这时供热和供冷时的水流量不相等，应分别设水泵。若制热能力与热负荷相差很大，宜增加一台燃料与直燃机相同的热水锅炉，并联或串联于水系统中。

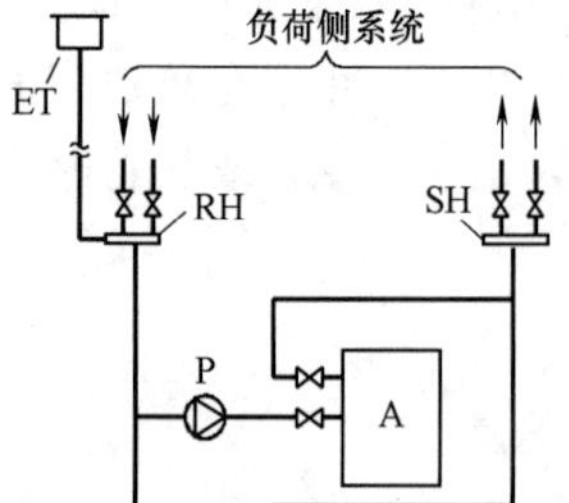

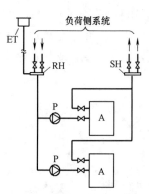

图 13-11　供冷、供热交替型直燃机冷热水系统原理图

A—直燃机，其他符号同图 13-10

13.4.2.2　同时供热、供冷型直燃机的冷热水系统

同时供热、供冷的直燃机既可用于需要同时供热和供冷的空调系统中，也可用于不需同时供热和供冷的空调系统中。当用于不需同时供热和供冷的空调系统中时，采用两管制的管路系统。但设计时应注意所选用的机组供热时的热水流量与供冷时的冷水流量是否相等（有些企业生产的直燃机两者是不等的，且相差很大，有的是相等的）。对于热水流量和冷水流量相等的直燃机，其冷热水系统如图 13-12 所示。该系统冬季供热和夏季供冷用同一台水泵，利用阀门与机组上的热水和冷水接管进行切换，以转换运行工况。图中机组侧部接管表示冷水进出口，上部接管表示热水进出口。开、闭冷水管和热水管上的阀门，即可实现制冷和制热工况的转换。对于热水流量与冷水流量不相等的直燃机，若仍采用图 13-12 的流程时，则会增加水的输送能耗，例如，当机组供热时水流量仅为制冷时冷水流量的 1/2 时，热水在管路系统中的阻力（不计设备阻力）约为冷水阻力的 1/4，从而导致供热运行时流量过大，或为减少热水流量用阀门消耗多余的压力而造成能量损失。因此，这类机组宜采用图 13-13 所示的冷、热水泵分别设置的冷热水系统形式，以节省泵的能耗。其中热水泵和冷水泵分别根据热水和冷水的流量和系统的总阻力来选择。

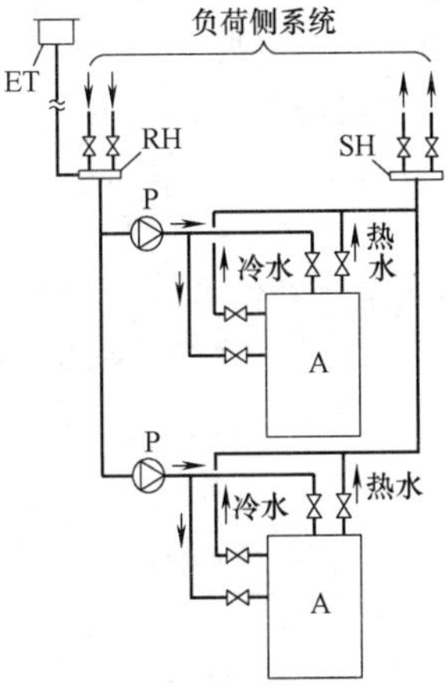

图 13-12　冷热水流量相同的直燃机冷热水系统

图中符号意义同图 13-11

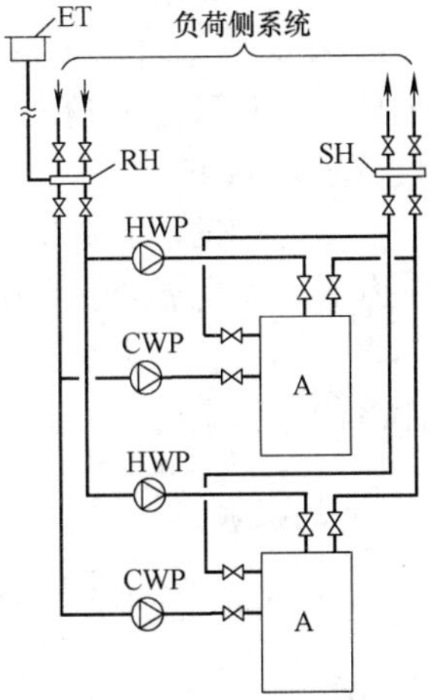

图 13-13　冷、热水泵分别设置的直燃机冷热水系统

HWP—热水泵；CWP—冷水泵

其他符号同图 13-11

对于确实需要同时供冷与供热的空调系统，其冷热水系统需用四管制（2 根热水管和 2 根冷水管）系统。这时不管哪种类型的直燃机，都需将热水和冷水分成 2 个独立系统，分别设热水泵和冷水泵，分别设膨胀水箱。

13.5　热泵机组的冷热水系统

空气-水热泵或水-水热泵均是以水为热媒将热量供给用户的（空调、供暖或热水供应）。在建筑中应用的热泵大多要求既可在冬季供热，又可在夏季供冷；有时要求同时供冷和供热。本节将介绍几种典型的热泵机组的冷热源侧冷热水系统，它们与负荷侧系统的连接方式参见 13.3。

13.5.1　热泵与辅助热源联合运行模式分析

热泵的供热能力与低位热源的温度有着密切的关系。不管是空气-水热泵还是水-水热泵，它们的供热能力都是随着低位热源温度的降低而减少。许多低位热源的温度总是变化的，如室外空气温度随着季节、天气而变化，地表水（江河水、湖水、水库水、海水等）随季节而变化，土壤热源随着热泵使用的延续而下降，太阳能热源制取的热水温度也因天气的阴晴、太阳角高低而变化。只有地下水的温度变化很小。低位热源温度的变化所引起热泵供热能力的变化经常与建筑的热负荷的变化相矛盾，尤其是用室外空气作低位热源的热泵。因此，这些热泵经常有辅助热源（燃气或燃油锅炉、电锅炉等）。具有辅助热源的热泵水系统的流程必须满足不同运行模式的要求。下面对空气源热泵式冷热水机组与辅助热源系统的运行模式进行分析。图 13-14 表示了空气源热泵冷热水机组与辅助热源联合运行特性。图中曲线 1 和 2 分别表示了建筑热负荷和热泵机组供热量随室外温度（t_o）的变化规律，曲线 3、4 分别表示热用户的热水供回水温度与室外温度的关系。A 点是热泵的供热量与建筑热负荷相等的平衡点。当室外温度高于平衡点的温度时，热泵供热量>建筑热负荷，这时调节热泵的制热量来适应热用户的负荷要求。当室外温度低于平衡点的温度时，有两种运行模式：模式一，热泵不工作，由辅助热源供热，图中线段 a-b 表示辅助热源的供热量；模式二，辅助热源补充热泵供热不足的热量（图中线段 a-c）。当选取的平衡点 A 对应的温度比较低时，热泵在室外温度低于平衡点 A 的温度运行时的一次能源效率低于锅炉的效率，从节能的角度，这时采用运行模式一比较合理。但经济上是否合适，需进行经济性分析。

13.5.2　热泵与辅助热源并联连接冷热水系统

图 13-15 为空气源热泵冷热水机组与燃气锅炉（辅助热源）并联连接的冷热水系统简图。冷水与热水共用一套管路（二管制系统）。热泵机组制热与制冷运行转换是通过四通换向阀转换制冷剂流程来实现的。

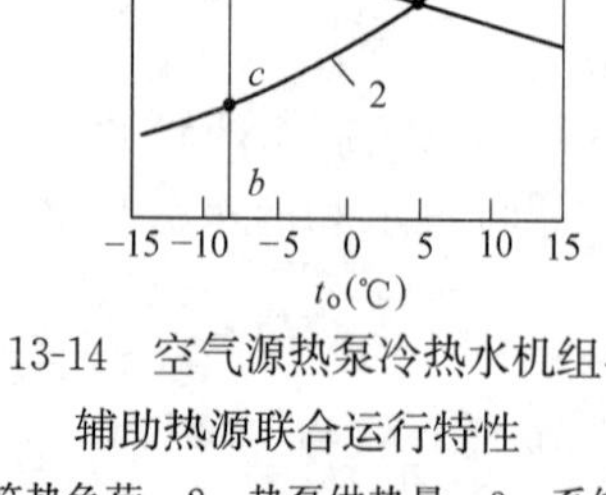

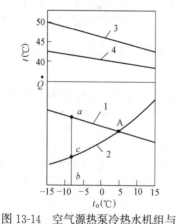

图 13-14　空气源热泵冷热水机组与辅助热源联合运行特性

1—建筑热负荷；2—热泵供热量；3—系统供水温度；4—系统回水温度

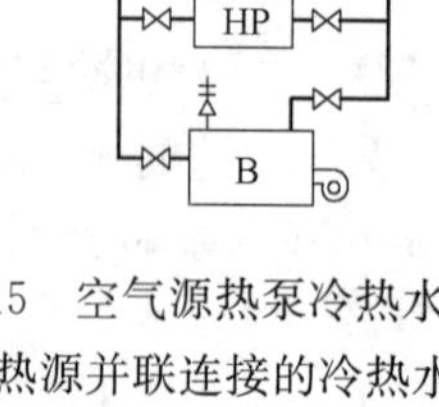

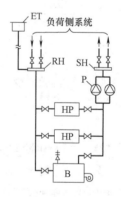

图 13-15　空气源热泵冷热水机组与辅助热源并联连接的冷热水系统

B—燃气锅炉（辅助热源）；HP—空气源热泵冷水机组；其他符号同图 13-7

当由热泵进行供热（冬季）或供冷（夏季）时，关闭锅炉前后的阀门，回水经热泵机组的水侧换热器（冬季为冷凝器，夏季的蒸发器）加热（冬季）或冷却（夏季）后由循环水泵送到空调用户。当由锅炉供热时，关闭热泵机组前后的阀门，回水经锅炉加热后由水泵压送到空调用户。

图 13-15 所示的热泵与锅炉并联连接流程只适合热泵机组或锅炉单独运行（即运行模式一）。当室外温度低于平衡点 A 的温度（见图 13-14）时，即热泵的供热量小于负荷时，单独投入锅炉运行。若此时采用热泵机组和锅炉同时运行，分流了一部分水经锅炉加热，则通过热泵机组的水流量将减小，导致热泵供热能力和性能系数下降。因此图 13-15 所示的流程不宜按运行模式二进行工作（见 13.5.1）。

图 13-15 中只画了两台泵，当热泵机组在两台以上时，水泵数应与机组数一样，以便在减少热泵机组运行台数时，相应地减少水泵的台数。图示系统的热泵与锅炉采用同一水泵。如果热泵与锅炉的阻力相差很大，宜分别设泵，以节省水的输送能耗。

13.5.3　热泵与辅助热源串联连接的冷热水系统

图 13-16 为空气源热泵冷热水机组与辅助热源串联连接的冷热水系统简图。图中有两台热泵机组（并联），它们与辅助热源（锅炉）串联。水泵 P_B 的扬程仅承担锅炉支管路的阻力，流量等于锅炉的额定流量，该流程可实现以下四种运行模式，参见表 13-1。

四种运行模式各设备的状态　　**表 13-1**

运行模式	锅炉阀门	热泵阀门	热泵旁通阀	水泵 P	水泵 P_B	热泵	锅炉
热泵单独供热	关闭	开启	关闭	运行	不运行	运行	不运行
热泵制冷	关闭	开启	关闭	运行	不运行	运行	不运行
热泵与锅炉同时供热	开启	开启	关闭	运行	运行	运行	运行
锅炉单独供热	开启	关闭	开启	运行	运行	不运行	运行

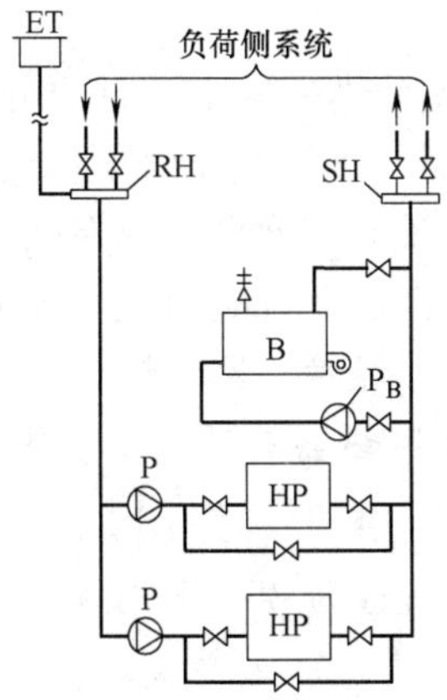

图 13-16　空气源热泵冷热水机组与辅助热源串联连接冷热水系统

P、P_B—水泵；其他符号同图 13-15

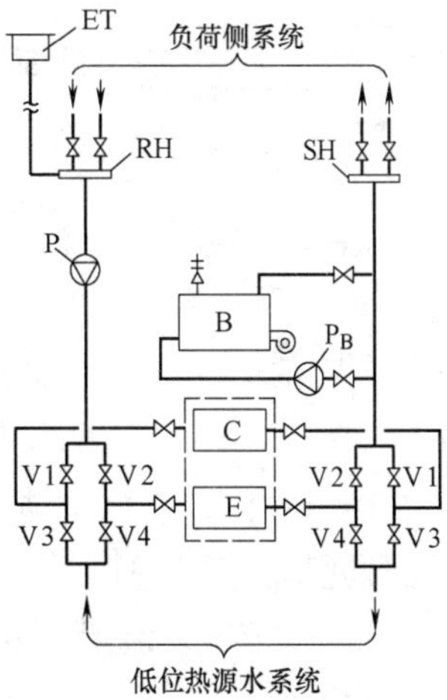

图 13-17　水-水热泵机组与辅助热源串联连接的冷热水系统

C—热泵机组的冷凝器；E—热泵机组的蒸发器；其他符号同图 13-16

图中的空气源热泵冷热水机组的制冷与制热运行转换是用四通阀改变制冷剂流程来实现的。水-水热泵机组的制冷剂系统通常不能转换流程，即换热器的功能不能转换。因此热泵机组制冷运行和制热运行的转换需要通过改变水路来实现，如图 13-17 所示。热泵机组制热运行时，开启阀 V1 和 V4，关闭阀 V2 和 V3，热水经冷凝器后送至负荷侧系统；

制冷运行时，开启阀 V2 和 V3，关闭阀 V1 和 V4，冷水经蒸发器冷却后送至负荷侧系统。低位热源水系统参见 13.6 节。当冬季室外温度很低，热泵的制热量不敷所需时，可投入锅炉运行。这时开启锅炉水管路上的阀门，并启动水泵 P_B 和锅炉。图 13-17 所示的系统只有一台热泵机组，如果有两台或两台以上热泵机组，则应在阀 V1 和 V3、V2 和 V4 之间的管路上将热泵机组并联接上，水泵也应多台（与热泵机组台数相等）并联。该系统只适用于蒸发器和冷凝器水流量相等或相近的水-水热泵机组。如果两者流量相差很大，则应分设冷、热水泵。

13.6　热泵机组的低位热源水系统

水-水热泵或水-空气热泵的低位热源的热媒为水或乙二醇水溶液等防冻液（以后统称“水”）。热泵使用的水可以就是低位热源本身（如江、河、湖、水库等地表水，地下水），也可以是由低位热源通过换热器制取的作媒介的水。各种低位热源都有一定的特殊性，因此热泵机组低位热源水系统也各有特点。下面介绍几种比较典型的热泵低位热源水系统。

13.6.1　地表水热源水系统

地表水有河流、湖泊、水库、海水、池塘、水溪等，使用这些水资源需要取得有关部门的许可。在水源中建取水构筑物或放置换热设备，均应取得有关部门的批准或进行协商。例如，有航道的河流应与航运管理部门协调；有水害的河流、湖泊，应取得防汛部门的批准。

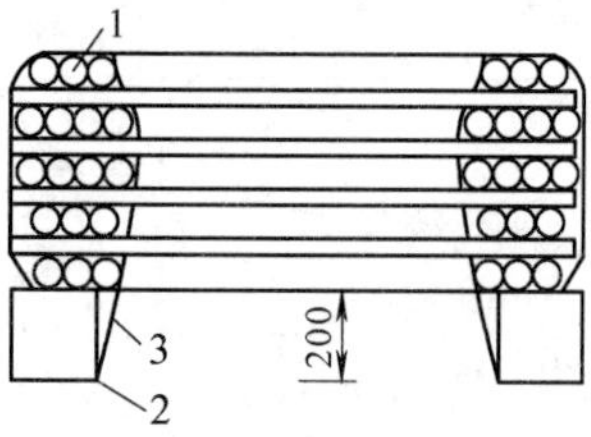

图 13-18　地表水热交换器
1—塑料盘管；2—混凝土块；3—固定绳索

在地表水中取热（冬季）或释热（夏季）有两种方式：1）在水源中放置水-水热交换器（或称地表水热交换器），利用二次循环水（或乙二醇水溶液）在水源和热泵间传递热量；2）直接从水源中取水供给热泵机组应用。地表水热交换器用 ϕ20～ϕ40 的塑料管（聚乙烯管、聚丁烯管）做成的盘管如图 13-18 所示[3]。地表水换热器的塑料管长为 30.5、61、91m。3 种标准地表水热交换器盘管在换热量 3.52kW（1 冷吨）时的出口乙二醇水溶液温度（即热泵机组的进口水温）可按表 13-2 选取。表中盘管为 ϕ25 聚乙烯管；管内为 20%的乙二醇水溶液，流量为 681L/h。

地表水热交换器盘管的出口温度　　**表 13-2**

地表水热交换器管长(m)	冬季水体平均温度(℃)		夏季水体平均温度(℃)	
	4.4	10	10	26.7
30.5	—	4	20.6	36.7
61	0	5.6	17.8	34
91	1.7	7.2	15	31

地表水热交换器置于河、湖、池塘等水下的混凝土基础上，将地表水热交换器（盘管）用塑料管连成系统，引入建筑物与热泵机组连接，如图 13-18 所示。为使各盘管分配

水量均匀，应采用同程式系统（即各环路的沿程长度基本相等）或对称布置。有关连接管径的选取请参阅本章参考文献［3］。

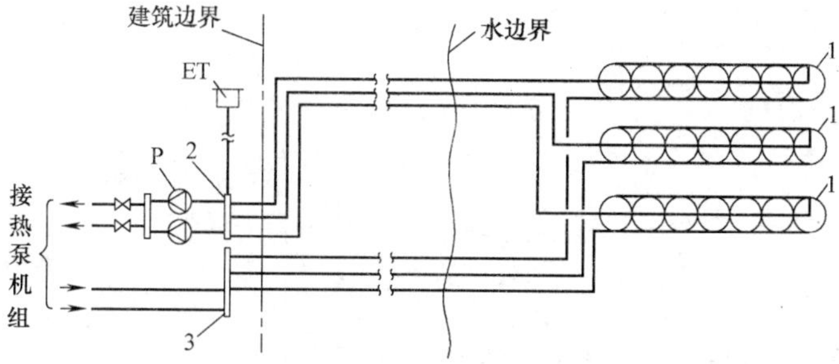

图 13-19　地表水热交换器的水系统

1—地表水热交换器；2—供水集水器；3—回水集水器；其他符号同图 13-15

当地表水热交换器的水用于水-水热泵机组中时，由于水-水热泵机组制冷剂流程不能进行制热和制冷的转换，因此需用图 13-19 所示的系统，将地表水热交换器的水进行切换，冬季制热运行时与蒸发器连接，夏季制冷运行时与冷凝器连接。当地表水热交换器的水做水-空气热泵空调机组（参见 5.4 节）的热源时，由于这类机组分散放置在建筑内各个被调的房间内，因此需把地表水热交换器的水分配到建筑中各个房间的水-空气热泵空调机组，图 13-20 为地表水热交换器水系统的室内分配系统原理图，其室外部分同图 13-19。这种系统允许建筑内的水-空气热泵空调机组根据被服务的空调房间要求进行制热或制冷运行，即允许同一时刻在系统内的水-空气热泵空调机组有的进行制热运行，有的进行制冷运行。这种把小型水-空气热泵空调机组并联在水环路的系统称为水环热泵系统（参见 7.5 节）。因此，由图 13-19、图 13-20 组合成的系统是以地表水为热源的水环热泵系统。这种系统与传统的水环热泵相比，取消了加热设备、排热设备和蓄热设备。

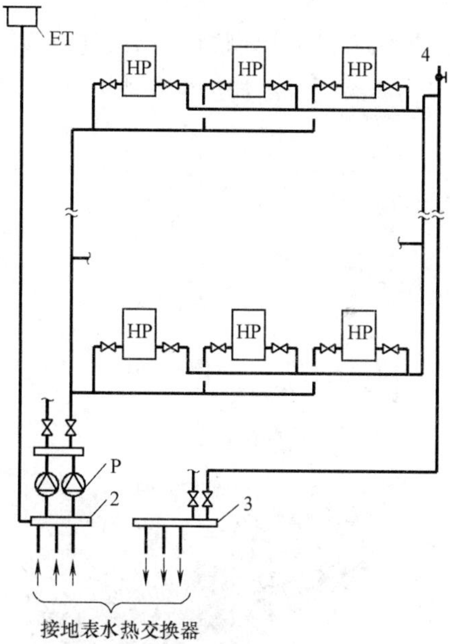

图 13-20　地表水热交换器水系统的室内分配系统原理图

HP—水-空气热泵空调机组；4—手动放气阀；其他符号同图 13-19

从水源中取水应用于热泵的方法有两种：1）在水源旁打浅井，再从井中取水；2）直接从水源中取水。前一种方法，水经河岸过滤后进入水井，水中杂质少。这种方法相当于地下水取水系统，详见 13.6.2 节。图 13-21 为从水源中直接取水的系统简图，水自流入集水井。为防止水中杂物进入集水井，在取水头部的四周装有格栅。格栅的窄断面的水流速度小于 0.3～0.6m/s。用潜水泵将水直接送到热泵机组，使用后再排回水源，水系统上设有水处理器（防结垢、灭藻等功能）和过滤器。含砂量大时宜设离心式除砂器。图示的热泵冬季制热与夏季供冷是通过机组内四通换向阀进行转换的。如果热泵机组的制冷剂系统不设四通换向阀，则应在水系统中进行转换（参见图 13-17）。

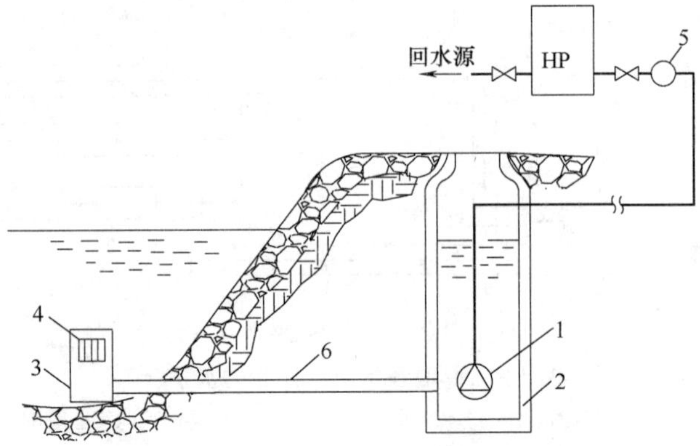

图 13-21　从水源中直接取水的系统简图

1—潜水泵；2—集水井；3—取水头部；4—格栅；
5—水处理器；6—导水管；HP—热泵机组

使用海水时，要防止海水对热泵机组及其他设备的腐蚀，因此宜采用间接系统。利用水-水换热器用海水加热（冬季）或冷却（夏季）二次循环水（或乙二醇水溶液），二次循环水供给热泵机组应用。二次循环水系统采用闭式系统，系统中应设膨胀水箱。水-水换热器采用不锈钢的板式换热器，将板式换热器海水的进口温度与二次循环水的出口温度之差控制在 1～2℃。海水系统中应设灭藻、防垢的水处理设备，海水的取水系统参见图 13-21。

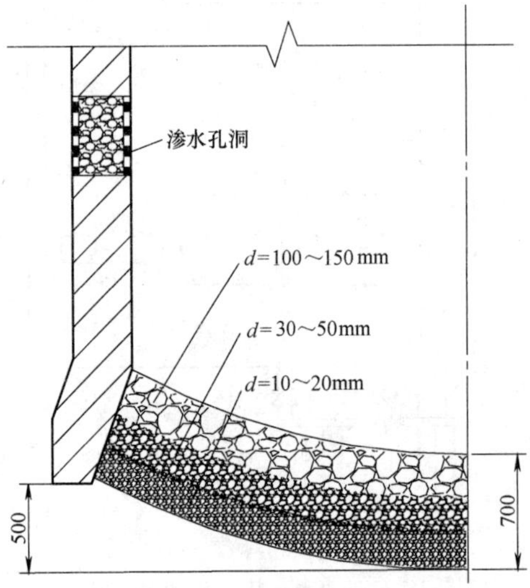

图 13-22　大口井构造示意图

13.6.2　地下水热源水系统

地下水开采的井有两类：大口井和管井。当地下水的水位较高或在江、河、湖附近时，可以打大口井取水。大口井的井径为 2～12m，常用 4～8m；井深在 20m 以内，常用 6～15m。出水量一般在 500～10000m^3/d，最大可达 20000～30000m^3/d。大口井的构造如图 13-22 所示。井底有 700mm 的三层不同粒径的卵、砾石层。井筒的筒壁上开有渗水孔洞，洞内填卵、砾石，开孔总面积约占筒壁面积的 15%～20%。地下水通过井底的卵、砾石层及井壁上的孔洞过滤后渗入。当吸入高度<6m 时，可在地面上安装普通清水泵汲水输送，这样初投资及运行费用都较低，且维修方便；当汲水高度>6m 时，则应采用潜水泵或深井泵汲水输送。

管井的井径为 50～1000mm，常用 150～600mm。井深 10～1000m，常用 300m 以内。当地下水位很低时必须采用管井，因此管井也经常称为深井，管井的结构如图 13-23 所示。管井的井管可用钢管、铸铁管、钢筋混凝土管、塑料管、玻璃钢管等。上层非含水层土壤与井管之间用黏土封填；下部的土壤与井管之间用砾石填充。在含水层的井管上有过滤器，通常就在井管上开条孔或圆孔，外缠镀锌钢丝或包粗铜丝网（孔隙率>50%）。不论是缠丝还是包网，丝、网与管井之间垫上扁条或圆钢筋，垫筋高度一般为6mm。在井管的底部为沉砂管，使水中含的砂粒沉于底部，沉砂管的长度为2～10m。在井管中放入井泵，将地下水压送到地面上使用。井泵有两种：深井泵和潜水泵。深井泵的电机在地上，通过传动轴与位于井下的泵体相连。水泵压出的水通过扬水管提升到地面上。扬水管套在水泵的传动轴外面。潜水泵的电机与泵成一体，一起置于水中。防水电缆附在扬水管上，并引到地面以上。

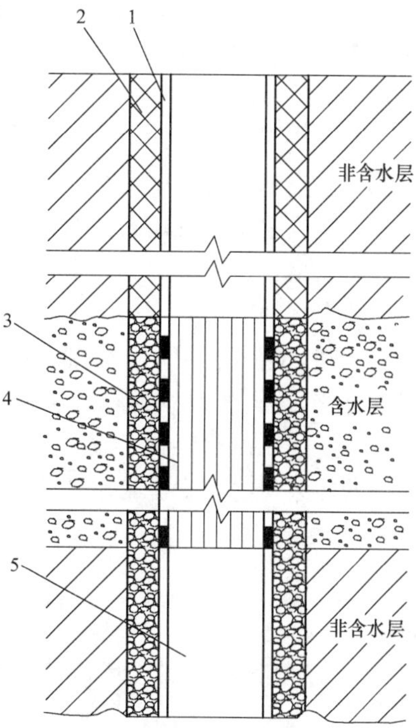

图 13-23　管井结构示意图

1—井管；2—黏土封填层；3—砾石填料层；4—过滤器；5—沉砂管

地下水应用后必须灌回原地层结构中。回灌井与抽水井距离应尽可能远些，以避免热泵使用后的水因短路而被抽出。由于地下水中总是含有细砂，回灌时间一长就会使回灌井的井管上的过滤器堵塞，导致回灌量逐渐下降，甚至报废。解决砂堵的办法是采用定期“回扬”，即定期从回灌井中抽水（含有细砂）排掉。为此，回灌井的构造宜与抽水井一样，以便安装井泵，实现定期回扬。

不论是抽水井还是回灌井，都会随着时间的推移而老化，即抽水量和回灌量逐年下降，甚至无法再继续应用。井老化的原因有[4]：1）砂堵：地下水中含有的砂、黏土等随水流流向抽水井，致使砾石填料层、过滤器堵塞，回灌井也因水中含砂而堵塞。2）腐蚀：当井的构件不是由耐腐材料制造时，或未做防腐处理，导致井构件腐蚀。3）岩化：地下水中原来是溶解状态的铁、锰化合物，在物理、化学或生物的作用下，生成不溶解的铁、锰化合物，从而沉积在井的砾石填料层、过滤器、抽水井部件上。4）胶结：地下水中的碳酸盐以重碳酸盐的形式溶解于水中，因此水中含有过饱和的二氧化碳。当抽水时，压力下降，二氧化碳从水中逸出，重碳酸盐不能保持溶解状态而部分分解成不溶解的碳酸盐，导致砾石填料层和过滤器的缝隙胶结。

地下水在热泵中的应用有两种系统形式：直接系统和间接系统，直接系统是将地下水直接输送到热泵中应用；间接系统是通过板式换热器制取二次循环水，再将二次循环水送入热泵系统中应用。间接系统降低了低位热源的品位，导致热泵性能系数下降，设备较多，机房占用面积较大；其最大的优点是二次水的水质好，避免了地下水对热泵机组的污染和腐蚀。直接系统相对比较简单，其优缺点与间接系统相反。应根据地下水的水质状况及工程的具体情况确定系统形式。

图 13-24 是地下水直接应用系统。图示的系统抽水井与回灌井可以互换。当 V1、V4 开启，V2、V3 关闭时，从左侧井中的井泵将地下水提升到地面，经除砂器 5、水处理器

3、电动三通调节阀 4 和地上水泵 P 输送到热泵机组，应用后的地下水经 V4 进入右侧井的井管中，回灌到原含水层中。当阀 V2、V3 开启，V1、V4 关闭，则右侧井为抽水井，左侧井为回灌井。该系统可实现对回灌井的回扬。如关阀 V2、开启阀 V6，启动右侧井中的井泵即可实现回扬。抽水井与回灌井在供热与制冷间进行互换，这样在制冷时可获得水温较低的地下水；而在制热时获得水温较高的地下水。本章参考文献［5］认为，抽水井与回灌井互换频率不宜过高，否则无助于防止砂堵，而且反复抽、灌可能引起井壁周围细颗粒介质重组，这种堵塞一旦形成，则很难处理。为充分利用地下水资源的热能，加大抽水与回灌水之间的温差（如 10℃或更大），而又保持进入热泵机组的水量恒定，设置三通电动调节阀，重复利用一部分热泵机组使用后的水。电动三通调节阀可根据回灌水的温度控制混合比。图 13-24 为地下水直接应用系统，其中的热泵机组制热与制冷工况的转换通过四通阀变换制冷剂流程实现，地下水不论冬夏都接到室外侧换热器。对于制冷剂流程不能转换的热泵机组，则应将水路系统进行转换，连接方式如图 13-17 所示。

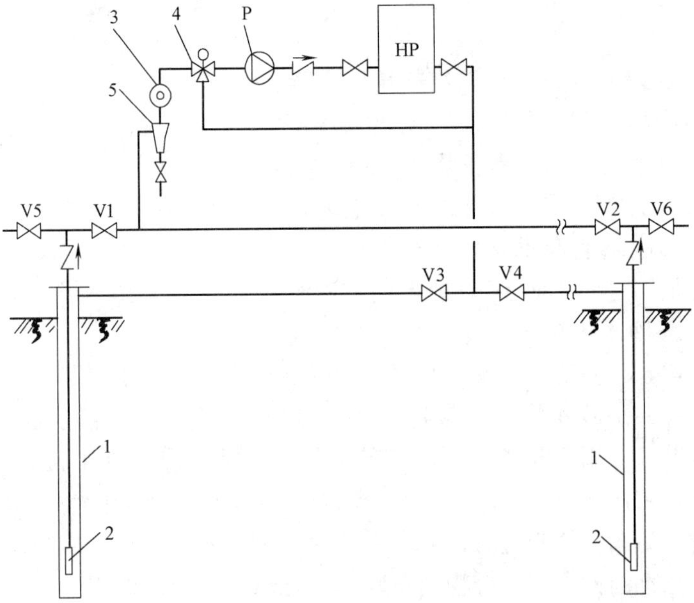

图 13-24　地下水直接应用系统

HP—热泵机组；P—水泵；1—井管；2—井泵；3—水处理器；

4—电动三通调节阀；5—除砂器；其他符号同前

如果采用间接式的地下水热源系统，可以将地下水经板式换热器转换成二次循环水再供给热泵应用。在图 13-24 中把热泵改成板式换热器，板式换热器的二次水再供给热泵，就成为间接式的地下水热源水系统。

我国 20 世纪 90 年代开发了单井抽灌的地下低位热能利用技术。所谓“单井抽灌”就是在一口井中实现抽水和回灌。其原理是将井管用隔板隔成 3 个区：下部为抽水区，中部为隔离区，上部为回灌区。抽水区与回灌区位于同一含水层中。地下水经热泵放出热量（冬季）或吸收热量（夏季）后，回灌入含水层的上部漏斗区（抽水使水位下降形成漏斗状水位线），与原地下水掺混并与土壤进行换热，吸收热量（冬季）或释放热量（夏季），水温得到一定的恢复。这样，不仅利用了地下水的低位热能（冬季）或冷量（夏季），也利用了土壤中含有的低位热量（冬季）或冷量（夏季）。为充分利用土壤中的能量，井管中的隔离段距离愈大愈好。因此要求含水层有一定厚度。单井抽灌的优点有：1）充分利用土壤的能量；2）抽灌平衡，不破坏地下水的自然分布；3）由于回灌在同一井周围，不会造成地下水交叉污染。缺点是回灌区无法进行“回扬”，故不宜用于含砂水层。

地下水用作热泵的低位热源时，应注意以下两个问题：

（1）必须切实做好地下水的回灌。以地下水为低位热源的热泵系统，回灌井的堵塞和从井壁溢水是常出现的问题，从而导致热泵用户将使用后的地下水直接排入下水道；或导致回灌井周围常年淌水，气温低于0℃时会形成“冰山”。这不仅白白地浪费了宝贵的淡水资源，而且这种一次性的大量消耗地下水还可能带来生态问题。历史告诉我们，过多消耗地下水会产生地面下沉和地裂缝的地质灾害隐患，例如日本东京20世纪80年代，地面最大沉降率为195mm/年；美国加州长滩市1926～1968年最大沉降率为710mm/年；上海市1921～1965年最大沉降量累计达2.63m；西安从1959年至20世纪末，市区平均沉降了500mm，出现了11条较大的地裂缝；河北省已发现482条地裂缝。过多消耗地下水资源还会造成地下水位下降，最终形成地表水水位降落，从而导致平原或盆地湿地萎缩或消失、地表植被破坏的生态环境退化；在沿海地区会导致海水入侵，使地下水水质恶化，并造成土壤盐碱化。

为保证地下水切实得到回灌，应根据水文地质条件确定抽水井数与回灌井数之比（称抽灌井比）。在同一含水层中，不同水文地质条件下的回灌水量与抽水量之比（称抽灌比）是不同的[6]。细砂含水层，回灌速度大大小于抽水速度，抽灌比约为0.3～0.5，抽灌井比宜为1∶3，即1口抽水井配3口回灌井；中粗砂含水层，抽灌比约为0.5～0.7，抽灌井比宜为1∶2；砾石含水层，抽灌比一般大于0.8，抽灌井比可取1。

（2）应用深层地下水时，应考虑水提升到地面所消耗功率导致热泵实际性能系数（COP_h）下降。例如，某型号的水冷螺杆式冷热水机组制热量为220kW；热水温度45/40℃；低位热源水温15.5/7℃，流量17t/h；机组输入功率53.8kW；额定工况COP_h＝4.09。当地下水位深100m时，将水提升至地面消耗功率（不计地面上管路及设备的阻力）需7.78kW（设深井泵的效率0.7，电机效率0.85），则此时热泵的实际的COP_h＝3.57。若地下水位深400m，热泵实际COP_h＝2.59，这时它的一次能耗与锅炉供热的一次能耗已不相上下。如果地下水位深大于400m，则热泵的节能优势将丧失殆尽。

13.6.3 土壤热源水系统

土壤热源的热量利用土壤-水热交换器（简称土壤热交换器）传递给二次循环水（或乙二醇水溶液），再由二次循环水传递给热泵机组。土壤热交换器有两类：水平式和垂直式。

13.6.3.1 水平式土壤热交换器

在室外地坪上挖出管沟，将塑料管置于管沟内，先用砂回填，然后用原土回填；形成一组地埋管；由若干组地埋管组成水平式土壤热交换器。管沟内盘管的布置如图13-25所示[3]。图示的所有布置方案都可看成2～6根的平行的排管，即水从一端进，从另一端出；也可以看成1组U形管，如图13-25（a）、（b）所示；2组U形管，如图13-25（c）、（d）所示；3组U形管，如图13-25（e）所示U形管；即水的进出口在一侧。推荐的管沟间最小距离如图上标注，土地面积不够时可适当减小；管沟离建筑基础、下水管网、化粪池等不小于3m，最上一层管的最小埋深600mm。塑料管可以是聚乙烯管或聚丁烯管；

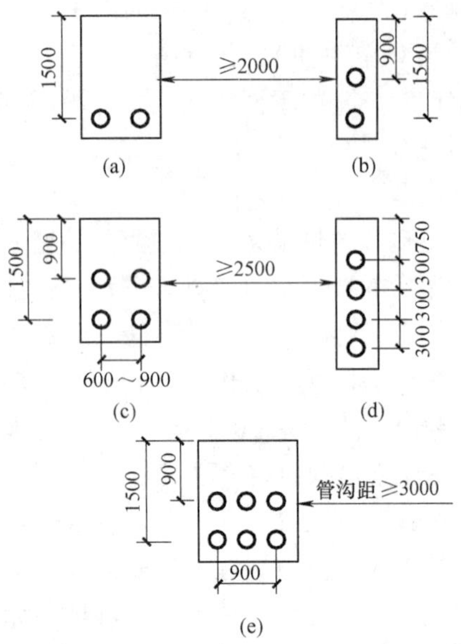

图 13-25　管沟内盘管布置

管径一般为 ϕ20～ϕ50。单管长不宜超过 150m。水平式土壤热交换器的换热量与当地的气候条件、盘管布置、埋深、地质条件等因素有关，可通过计算传热学进行计算，或本章参考文献［3］进行选用。

13.6.3.2　垂直式土壤热交换器

垂直式土壤热交换器有三种类型：

（1）垂直 U 形管

将 U 形管（聚乙烯管或聚丁烯管）垂直埋于深 10～100m 的土壤内。埋管方法是在地上钻井孔，将 U 形管放在井孔内，然后进行灌浆[3]。国内对垂直 U 形管的传热特性进行了实验研究和数值模拟分析[7～11]。实测表明，深 5m 以内的土壤温度受大气温度的影响很大，有较大的温度梯度；5～20m 间的温度梯度趋缓，在 40m 以下土壤温度基本恒定。当 U 形管取热（冬季）或释热（夏季）使周围的土壤温度降低或升高，连续运行的影响半径约 2.5～3m，U 形管的传热量与管径、水流速度、管内外温差、土壤导热系数、地下水等因素有关。实验结果表明，管径为 25～40mm，埋深 10～120m 的 U 形管，单位管长的取热量约 15～30W/m（单位井深取热量是 30～60W/m）；单位管长的释热量约为 25～60W/m（单位井深释热量 50～120W/m）。

（2）垂直套管

套管由内外两根塑料管组成，内管下端敞开，外管下端封死。水从内管一直送到套管底部，再从内、外管间的环形空间往上返回。水通过外管壁与土壤进行热交换。垂直套管外管的管径一般为 50～100mm，大于垂直 U 形管的管径，因此，垂直套管单位管长的吸热量或放热量要比垂直 U 形管的大，单位管长取热量约为 60～70W/m [12、13]。但按单位井深的取热量计，垂直 U 形管的比套管的大，因每口井中 U 形管实质上是两根管与土壤进行换热。

（3）桩埋管

桩埋管是把 U 形的塑料管（聚乙烯管）设置在建筑物地基桩中，整根混凝土桩就成为土壤换热器。在混凝土桩中可设 1 根或 2 根 U 形管。短期实验表明[14]，桩内埋单根 U 形管的单位管长的取热量与释热量分别约为 19W/m 和 55W/m；桩内埋双 U 形管的单位管长的取热量与释热量分别约为单 U 形管的 0.8 和 0.75；然而，按单位桩深计的取热量和释热量，双 U 形管是单 U 形管的 1.5～1.6 倍。桩埋管具有垂直埋管的优点，又减少了钻孔的费用，但它的深度受地基桩的限制。

垂直式土壤热交换器可以利用深层土壤中的热量，因此它比水平式土壤热交换器占地面积小得多。同样的换热量，水平式的换热器占地面积是垂直式的 4～20 多倍（与垂直式的埋深有关）。显然，在城市中也有采用土壤源热泵的可能。但垂直式土壤热交换器的埋深受塑料管承压能力的限制。例如埋深 80m，再加上地面上高度 20m，就要求塑料管承受100m的水静压力（约1MPa）。尤其是采用水环热泵系统（参见13.6.1节图13-19或本章参考文献［3］）时，地面上的水系统的高度接近建筑高度，从而限制了垂直管的埋深。

13.6.3.3 水系统

土壤热交换器除了水平式的平行排管外，都是由若干个U形管所组成。最普通的一种连接方式是用干管将若干个U形管并联连接在一起，再引入机房。图13-26为采用垂直式土壤热交换器的水系统简图。水系统均采用同程布置方式，以使U形管内的流量均匀。每一分支管都带有若干个U形管，并联连接；各分支管直接连接到集水器上。这样既便于调节每个分支管的流量又可以在部分负荷时，交替使用各分支管的土壤热交换器，有利于管周围土壤温度的恢复。U形管比较短时，可以2个或4个U形管串联成一组，然后各组U形管并联连接到分支管上。但这种连接的缺点是排除管内空气困难。土壤热源的水系统是闭式循环系统，它设有膨胀水箱或其他定压设备。系统高点设有放气装置，水泵前后设有相应附件。如土壤热源用作水-水热泵机组的低位热源时，可以把土壤热交换器水系统按图13-17所示的方式与机组连接。如果用作水-空气热泵空调机组的低位热源时，则可按图13-20所示的方式与机组连接，组成土壤热源水环热泵系统。

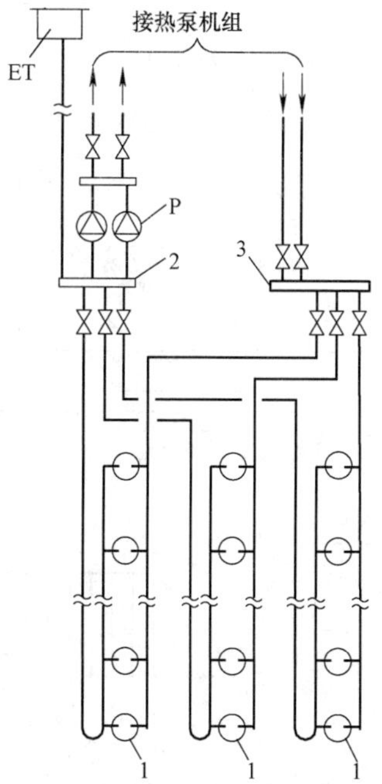

图13-26 垂直式土壤热交换器的水系统

1—埋于井孔内的U形换热器；其他符号同图13-19

13.7 地热水供热系统

建筑中地热水供热系统有两种形式：间接系统和直接系统。间接系统是用换热器把地热水与建筑的热水系统隔开的系统；直接系统是把地热水直接应用。由于多数地热水对金属有一定的腐蚀性，间接系统用耐腐蚀的板式换热器使地热水与供暖系统的热水系统隔开，防止了对系统的腐蚀。但系统要比直接系统复杂些，造价与运行费要高一些。直接系统简单，造价、运行费低，被用户所欢迎。

13.7.1 地热水间接供暖系统

图13-27为地热水间接供暖系统。地热水从地热井由井泵送出，经除砂器后进入两组串联的板式换热器加热两个系统的循环热水，降温后的地热水从回灌井返回地下。为减缓地热水对地热井的腐蚀，在井口设有自动充氮的装置，由恒压阀保持井管内一定的氮气压力，防止空气进入。图中设了两组串联的板式换热器，是为了尽量降低地热水排放的温度，充分利用地热水的热量。不同的水温段用不同的用热方案，例如85～60℃的热水可用于散热器供暖系统；60～50℃的热水可用于风机盘管系统；45～35℃热水可用于地面辐射供暖系统[1]，45℃左右的热水也可用于卫生热水供应。温度更低一些的水可用于游泳

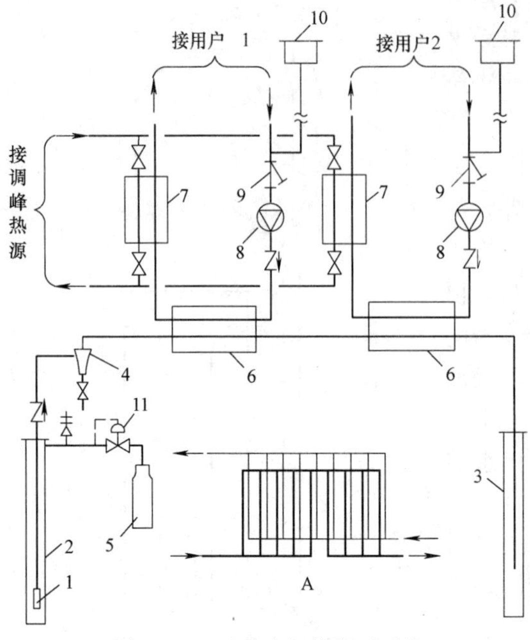

图 13-27　地热水间接供暖系统

1—井泵；2—井管；3—回灌井；4—除砂器；5—氮气罐；6—板式换热器；7—调峰板式换热器；8—循环水泵；9—Y 形过滤器；10—膨胀水箱；11—恒压阀；A—2 程/1 程板式换热器流道布置示意图

池或用作热泵的低位热源。因此，可以根据地热水的温度和热用户的情况选择只用 1 组或串联 2 组、3 组换热器来制取不同参数的热媒，进行梯级利用。例如有 87℃的地热水，采用图 13-27 所示的系统，在第一组板式换热器中，地热水降到 67℃，被加热水的供/回水温为 85/65℃，可供用户 1 的散热器供暖系统应用；在第二组板式换热器中，地热水温度降到 37℃，被加热水的供/回水温度为 45/35℃，可供用户 2 的地面辐射供暖系统应用。在第二组板式换热器中地热水的温降为 30℃，而被加热水的温升为 10℃，对于两种换热流体流量相差较大时，应采用“不等程”板式换热器。图 13-27 中 A 示意了不等程板式换热器流道布置，A 为 2 程/1 程流道布置的示意图。粗线表示流量小的流道，细线表示流量大的流道。上例两种流体流量比为 3，板式换热器应采用 3 程/1 程流道布置。

地热水供暖系统中地热水通常不全部承担建筑供暖设计负荷。因为在整个供暖期中，出现供暖设计负荷的时间很少，大部分时间的负荷大约小于 70%～75%。地热水不全部承担供暖设计负荷可减少地热水系统的投资。当供暖负荷大于地热水的供热能力时，由调峰热源（如自备锅炉房、城市集中供热）供给。图 13-27 中在用户 1 和用户 2 供暖系统中都设了调峰板式换热器，用调峰热源的热媒补充加热供暖系统的热水，例如在用户 1 的系统中可以将热水温度提高，使系统的供热能力达到供暖设计负荷。

13.7.2　地热水直接供暖系统

图 13-28 为地热水直接供暖系统。地热水在混水器中与供暖系统回水混合后由循环水泵供给各供暖系统；各系统的回水集中到集水器，部分回水参与再循环，部分回水经恒温阀排入热水供应水箱，作生活热水使用后排入下水道。也可以经恒温阀回灌入地下。恒温阀根据设定的回水温度调节阀门的开启度。当回水温度低于设定值，阀门开度增大，排水量增大；反之，回水温度高于设定值时，阀门开度减小，排水量减少。排水量增大或减小，意味着

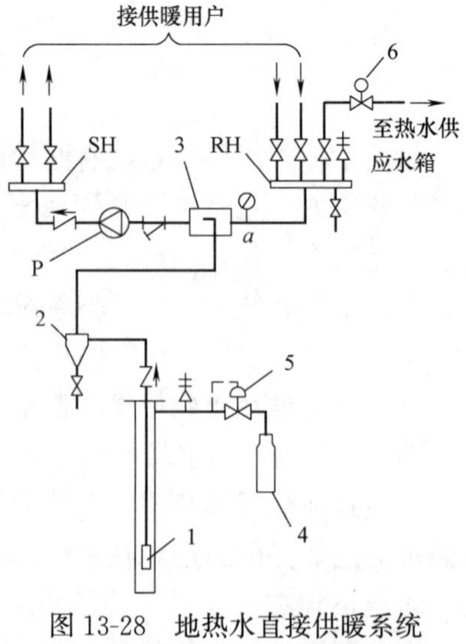

图 13-28　地热水直接供暖系统

1—井泵；2—除砂器；3—混水器；4—氮气罐；5—恒压阀；6— 恒温阀；其他符号及图例同图 13-7

掺混入供暖系统的地热水量增加或减少。回水温度设定值可根据室外气温进行调整。图中的压力表接点 a 为恒压点，根据这点的压力调节进入混水器的地热水量。系统排水量增大或减小，这点压力将下降或升高。如在 a 点设压力传感器，将压力信号转变为电信号，通过变频调速器，控制井泵的转速，即可控制注入供暖系统的地热水量。

为节省地热水用量，排水温度愈低愈好，供暖系统选用地面辐射供暖或风机盘管系统，这样可降低热媒的温度。例如，地热水温度为 87℃，若采用地面辐射供暖系统排水温度为 35℃，则可利用温差 52℃，但排水温度为 35℃不能作生活热水用，只能改作他用（如用作游泳池补水）；若采用风机盘管系统，排水温度为 45℃，则可利用温差为 42℃。

13.8 蓄冷水系统

13.8.1 蓄冷的基本概念

蓄冷是把冷量存储起来以备需要时应用。蓄冷的应用古时就有，古人们把冬天的冰储存起来，在夏季应用。用制冷机制冷并蓄冷用于空调的空调蓄冷技术最早出现在 20 世纪 30 年代。当时机械制造业尚不发达，制冷设备很贵，在教堂、剧场等冷负荷很大且间歇使用的空调系统中，采用蓄冷技术就可以大大减少制冷机的装机容量，减少初投资。但随着制造业的发展，设备价格大幅下降，为减小装机容量而采用蓄冷系统也就毫无意义了。到了 20 世纪 70～80 年代，电网调峰促使了空调蓄冷技术的发展。空调用电通常在电网负荷的高峰时段，利用蓄冷技术把高峰时段的负荷转移到低谷时段，这样有利于电网负荷均衡。为此，早在 1978 年美国的电力公司出台了分时电价政策，鼓励在电网低谷时段用电；随后又实施了对采用蓄冷技术的空调系统进行奖励措施，从而大大地推动了蓄冷技术的发展，也有效地实现了电网“移峰填谷”。我国在 20 世纪 90 年代，随着空调的发展，高峰时段电力紧缺，“移峰填谷”的蓄冷技术开始发展。国内一些地区的电网相继出台了分时电价政策。根据各地的情况，其峰谷时段的时间、峰谷电差价都不一样。通常居民用电分峰、谷两个时段，工业、商业等非居民用电有的地区分峰、平、谷三个时段，有的地区分尖峰、高峰、平、谷四个时段。各地峰谷时段的时间也并不一样。

蓄冷按蓄冷介质分，有水蓄冷、冰蓄冷和共晶盐蓄冷。水蓄冷是利用水温差蓄冷，即显热蓄冷；冰蓄冷和共晶盐蓄冷是利用潜热蓄冷及少量的显热蓄冷。水蓄冷与冰蓄冷相比，单位体积的蓄冷量小。例如 1kg 水，温差 10℃（5～15℃）可储存 41.87kJ 的冷量；而 1kg 冰，使用后的水温也为 15℃，则可储存 $335+15\times4.187=397.8$kJ 的冷量，相当于水的 9.5 倍。显然，蓄冰装置比水蓄冷的水槽要小得多，但是冰蓄冷系统制冰时蒸发温度低，制冷机的性能系数小，需多耗一些功率。共晶盐由无机盐、水和成核剂、稳定剂组成。用不同的配方使共晶盐在选择的温度下凝固或融解。如凝固温度为 5℃，则既有潜热蓄冷体积小的优点，而又不降低制冷机性能系数。目前国内外已研制成多种凝固温度的共晶盐。

蓄冷按系统蓄冷能力分，有全量蓄冷和部分蓄冷。全量蓄冷是非谷时段的冷负荷全部由蓄冷装置承担，在此时段制冷机不运行，如图 13-29（a）所示，图中 7：00～18：00 的冷负荷，全部由 23：00～次日 7：00 所蓄的冷量承担。部分蓄冷是非谷时段的冷负荷由蓄冷装置和制冷机联合承担，如图 13-29（b）所示，图中 7：00～18：00 的冷负荷由

23：00～次日 7：00 所蓄的冷量和制冷机的冷量（图中灰色面积）共同承担。不难看到，全量蓄冷的装机容量大，其制冷能力甚至大于冷负荷中最大的瞬时负荷，但运行费用较低。究竟采用全量蓄冷还是部分蓄冷，与当地的峰谷电差价、空调负荷的特点、机房面积等因素有关，应综合比较确定。

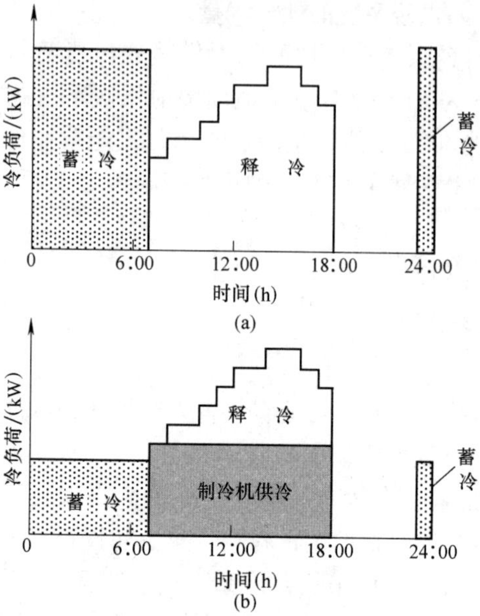

图 13-29　蓄冷负荷图

(a) 全量蓄冷；(b) 部分蓄冷

13.8.2　水蓄冷设备与水蓄冷系统

水蓄冷是最早发展起来的一种空调蓄冷技术。用冷水机组在电网谷时段制取低温水（如 5℃）储存在蓄冷水槽（水池）中；在峰时段把蓄冷水槽中的冷水供到空调系统中应用，回水（如 15℃，提高回水温度，可增加蓄冷量）返回蓄冷水槽中。蓄冷水槽的类型有以下几种：

（1）迷宫式蓄冷水槽

图 13-30 为迷宫式蓄冷水槽示意图。水槽采用混凝土结构，通常可以利用建筑的箱形基础的空间。各小水槽串联在一起。水槽隔墙上部埋有通气管，使水槽上部空间连通在一起。两小水槽间连通方式有：连通管式，如图 13-30（b）所示；柔性连通管式，如图 13-30（c）所示，随着水位的变化，连通管的上部水口可上下移动；堰式，如图 13-30（d）所示。充冷（向蓄冷水槽储存冷量）与释冷（蓄冷水槽向用户供冷）水流动的方向刚好相反。充冷时，冷水（例如 5℃）从小水槽底部进入，依靠重力的作用，冷水在槽下部，逐渐使上部水温较高的水（如 15℃）从上部水口流到下一小水槽；各小水槽沿水的流动方向依次充冷。15℃的水从最后一个小水槽

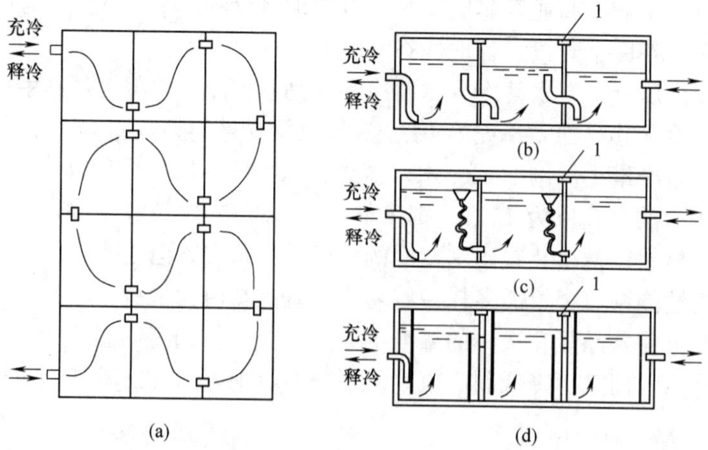

图 13-30　迷宫式蓄冷水槽示意图

(a) 蓄冷水槽平面布置图；(b) 连通管式水槽；(c) 柔性连通管式水槽；(d) 堰式水槽

1—通气管

上部水口流出，在冷水机组中进行冷却。根据负荷的需要，确定对多少个小水槽进行充冷。释冷时，5℃水从充冷侧下部水口流出，供给空调用户；15℃的回水从充冷时最后一个水槽的上部水口进入。这样各小水槽按充冷时的相反流向依次释冷。无论充冷还是释冷，相邻两个的小水槽间有水位差，以保证水的流动。因此，连通管的管径或设置数量应进行校核计算，避免水位差过大。

(2) 温度自然分层式蓄冷水槽

图 13-31 为温度自然分层式蓄冷水槽。水槽的断面为圆形、矩形或正方形。圆柱形的外表面积少，冷量损失少。在水槽的底部和上部均需设布水管，使水均匀、缓慢地流入或流出水槽，减少扰动和冷温水掺混。充冷时水从底部进入，从上部流出；释冷时，流向相反。这种蓄冷水槽在冷温水交界处由于冷温水掺混而形成一斜温层，设计合理的水槽，斜温层约 0.3～1.0m。为减少斜温层冷损失所占的比重，蓄冷水槽做得很高，钢筋混凝土水槽高度约为 7～14m，高径比（高度和直径比）一般为 0.25～0.33；钢板水槽高约 12～27m，高径比一般为 0.5～1.2[15]。

(3) 隔膜式蓄冷水槽

图 13-32 为隔膜式蓄冷水槽，在水槽内设有一可上下移动的柔性或刚性的隔膜，将冷、温水隔开，减少水掺混冷损失，但仍有膜的传热损失。这种蓄冷水槽结构复杂，一次投资及维护费用高。

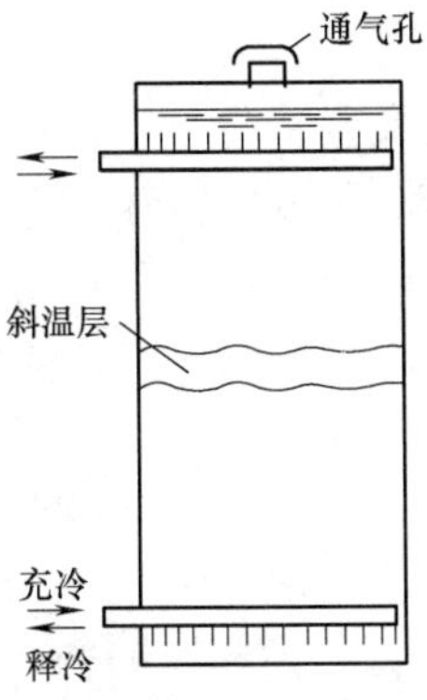

图 13-31 温度自然分层式蓄冷水槽

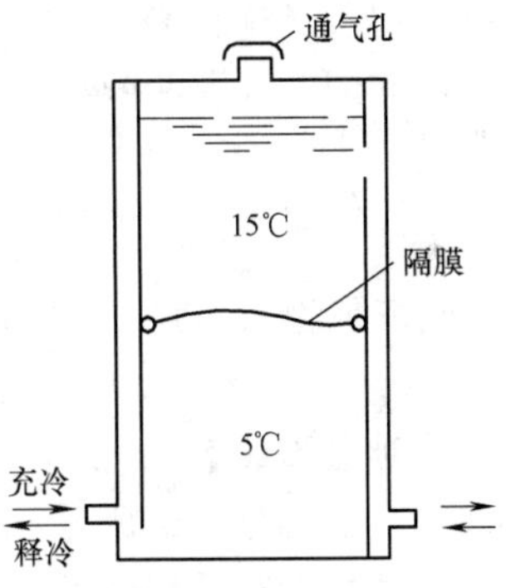

图 13-32 隔膜式蓄冷水槽

除了上述三种形式的蓄冷水槽外，还有其他形式，如空槽切换型、多槽并联式等。

蓄冷水池的容积按下式计算：

$$V=\frac{0.86kQ_{t,s}}{\eta\Delta t} \tag{13-3}$$

式中 V——蓄冷水池的容积，m^3；

$Q_{t,s}$——蓄冷量，kWh；

k——容积率，即水槽内留有的不能利用的空隙，一般取 1.08～1.3；

Δt——进出口温差，一般为 8～10℃；

η——蓄冷效率，考虑掺混、传热等损失，一般为 0.8～0.85。

水蓄冷的冷水系统应具有多种运行模式：冷水机组进行蓄冷运行或直接供冷；冷水机

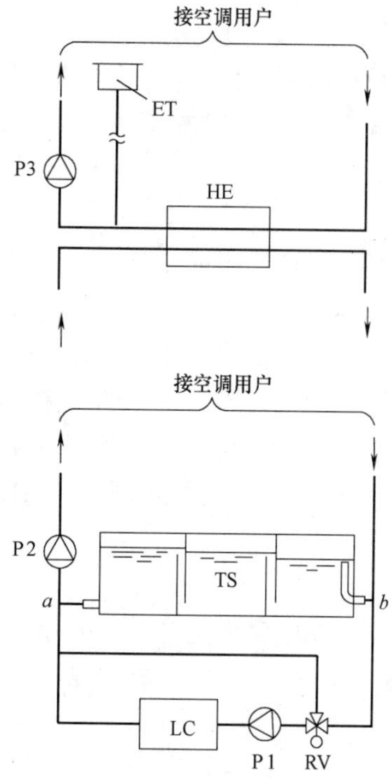

图 13-33　水蓄冷系统的冷水系统
TS—蓄冷水槽；RV—三通调节阀；P1、P2、P3—水泵；HE—板式换热器；ET—膨胀水箱

组与蓄冷水槽同时供冷（当采用部分蓄冷时）；蓄冷水槽独立供冷。图 13-33 为一水蓄冷系统的冷水系统。充冷运行时，水的循环线路是：蓄冷水槽 TS→*b* 点→三通调节阀 RV→水泵 P1→冷水机组 LC→*a* 点→蓄冷水槽 TS。由于常规的冷水机组是按温降为 5℃设计的，蓄冷系统中要求大温差（10℃左右），会使冷水机组性能降低。因此，利用三通调节阀混合一部分冷却后的水，以降低冷水机组的进口水温，减小冷水机组的温降。蓄冷水槽释冷运行时的冷水循环路线是：蓄冷水槽 TS→*a* 点→水泵 P2→空调用户→*b* 点→蓄冷水槽 TS。当采用部分蓄冷时，冷水机组与蓄冷水槽同时向空调用户供冷。冷水机组、蓄冷水槽的冷水系统都是开式的。当空调用户是高层建筑时，循环水泵 P2 还需额外消耗水提升高度的能量。另外，开式系统的管路、设备易腐蚀，水质易被污染和易生长藻类、菌类。为此，把空调用户的冷水系统改为闭式系统（如图中上部所示）。在系统中增加一板式换热器，将蓄冷水池的冷水与空调用户的冷水隔开，空调用户的冷水系统就成为闭式系统。

为了适应蓄冷水池大温差蓄冷，空调用户系统宜采用大温差，水泵 P2、P3 采用变转速调节，以适应空调负荷的变化。如果空调用户系统采用常规的温差（如 5℃），则在泵吸入口设三通调节阀，混合一部分回水，提高供水温度，使回水温度升高。

13.8.3　冰蓄冷装置

13.8.3.1　管外结冰式冰蓄冷装置

管外结冰式冰蓄冷装置的结构形式是在盛满水的水箱（水槽）内置冷却管簇，管簇内通以温度低于 0℃的冷媒（如乙二醇水溶液），使管外的水结冰。根据释冷时的融冰方式可分为外融冰和内融冰两种。外融冰是空调使用后的冷水进入水箱内，与冰直接接触使冰融化而被冷却。外融冰的系统是开式的，管路设备易腐蚀；管壁可能有剩余冰，再次冻结时增加了热阻；融冰不均匀，即管外结冰厚度不均。因此，外融冰式很少应用。内融冰是释冷后返回的温度较高的冷媒（如乙二醇水溶液）进入管簇内，使管外的冰融化，冷却后的冷媒再供给用户应用。内融冰式冰蓄冷装置按管簇不同有多种形式。图 13-34 为两种比较典型的内融冰式冰蓄冷装置结构示意图。图 13-34（a）为圆形盘管式蓄冰筒。盘管大多用表面粗糙的塑料管制成，为使结冰与融冰均匀，相邻两根管内冷媒流动相反（如图 13-34b 所示）。图 13-34（c）为 U 形管式蓄冰槽中的 U 形盘管单元，它在两根集管（进液和出液）上连接若干个 U 形管组成一个单元。蓄冰槽由钢板或钢筋混凝土制成的长方形水槽放置若干片 U 形盘管单元组成。内融冰式冰蓄冷装置有不同规格的产品供用户选用。U 形管式的蓄冷槽既有组装成的定型产品，也有 U 形盘管单元供用户选用，用户根据现

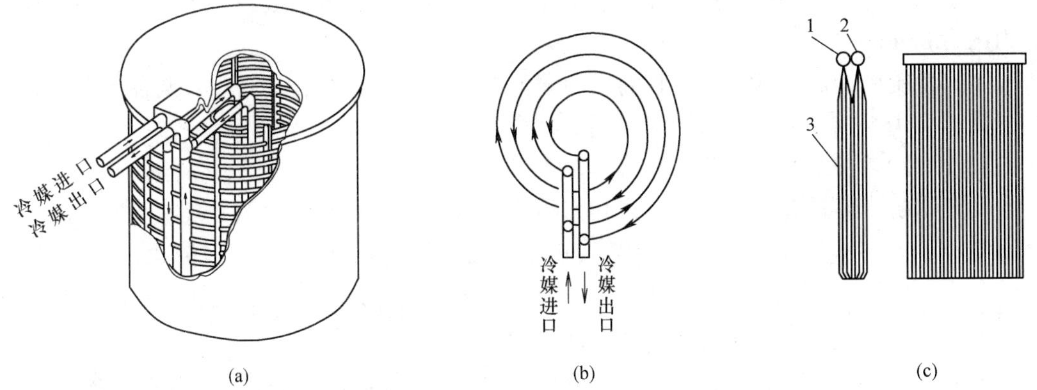

图 13-34 内融冰式冰蓄冷装置结构示意图

（a）圆形盘管式蓄冰筒；（b）圆形盘管布置示意图；（c）U 形盘管单元

1—进液集管；2—出液集管；3—U 形管

场情况自制水槽，组成蓄冰槽。市场上的圆形盘管式蓄冰筒的规格有 288～688kWh/台。U 形盘管式蓄冰槽的规格有 448～1758kWh/台；每片 U 形盘管单元的蓄冷能力为 30～74kWh。

内融冰式冰蓄冷装置充冷时冷媒进口温度的选择影响系统的能耗、充冷时间、经济性。冷媒进口温度低，制冷机的制冷量、性能系数下降，而进出口温差可增大，冷媒泵的能耗会减少；反之，温度高，制冷机的制冷量、性能系数增加，而泵的能耗会增大。一般来说，充冷时冷媒的进口温度取−5℃左右，建议不宜低于−6℃，不高于−4℃。

13.8.3.2 封装冰

封装冰蓄冷装置是把水密封在塑料容器内，并将这些容器放置在密闭的金属罐内或开式储槽内组成。充冷时，把低温的冷媒通过金属罐或储槽，使密封容器内的水冻结。封装冰的蓄冷装置也用在共晶盐蓄冷系统中，这时密闭容器内封装共晶盐蓄冷介质。按封装容器的形状分有：冰球、金属芯冰球、冰板，如图 13-35 所示。冰球是在直径约为 100mm 的塑料球内封装去离子水及少量的成核添加剂（留有冻冰膨胀空间），每立方米冰球的蓄冷能力约为 48kWh。金属芯冰球是在冰球内加装金属芯，以改善充冷和释冷时冰球与冷媒的换热，每立方米金属芯冰球的蓄冷能力约为 47kWh。冰板为扁平容器（板状）内封

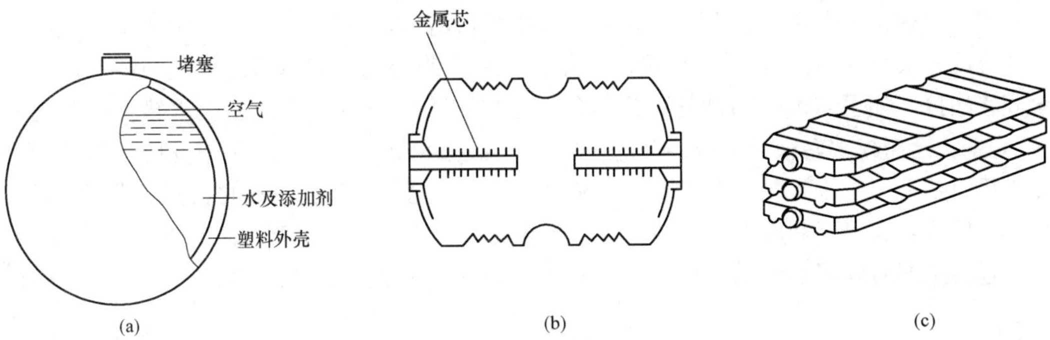

图 13-35 封装冰

（a）冰球；（b）金属芯冰球；（c）冰板

装去离子水，外部有凹槽，以增强冰板与冷媒的换热，每立方米放置冰板后的储槽的蓄冷能力约为 69kWh。

闭式系统中的储槽都是用钢板卷成圆筒形的压力容器，有卧式和立式两种。开式系统中的储槽可用钢板、玻璃钢、钢筋混凝土制成。

13.8.3.3 动态冰蓄冷装置

动态冰蓄冷装置有两种：冰片式和冰晶式。冰片式蓄冷装置如图 13-36 所示，制冷剂在板式蒸发器的流道内自下而上流动，蒸发吸热，水通过布水盘淋在板式蒸发器的外侧，水在板面上结冰；当冰厚度达到 3～6mm 时，电磁三通阀切换通路，压缩机的排气进入板式蒸发器内 20～60s，外侧的冰片滑落入下部的储槽内，因此也称为冰片滑落式蓄冰装置。储槽内是水与冰片的混合物，冰含量约 40%～50%，储槽内的冷水供空调用户使用后，回水返回布水盘，经板式蒸发器流入储槽内。

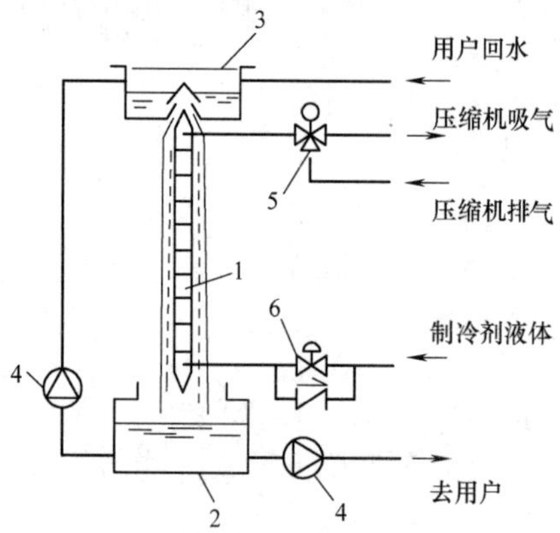

图 13-36 冰片式蓄冷装置原理图

1—板式蒸发器；2—储槽；3—布水盘；4—水泵；5—电磁三通阀；6—膨胀阀

冰晶式蓄冷的原理是用蒸发器把浓度为 8% 的乙二醇水溶液冷却到凝固点（约 −2.4℃）以下，溶液中形成直径约 100μm 的冰晶。冰晶与溶液的混合物像泥浆似的，可用泵输送。用储槽储存这种冰晶溶液混合物，含冰率一般约为 50%。制取冰晶的蒸发器是套管式的，制冷剂在套管夹层内，乙二醇水溶液从内管中流过。

动态冰蓄冷装置与内融冰式和封装冰式蓄冷相比，其优点是制冷机充冷运行时性能系数较高（蒸发温度高），释冷速率高，释冷时供出水温比较稳定（约 1～2℃）。缺点是需有特殊结构的制冰设备，费用高，制冰能力偏小，不宜用在大型系统中。

13.8.4 冰蓄冷的冷媒系统

冰蓄冷的冷媒系统有多种形式，它因冰蓄冷装置的类型、制冷机组与冰蓄冷装置的相对位置、多种功能泵的设置、与空调用户连接方式等的不同而不同。这里介绍几种内融冰式和封装冰式蓄冷装置的系统流程。图 13-37 为制冷机与冰蓄冷装置串联的冷媒系统。图 13-37（a）是制冷机在冰蓄冷装置上游的系统，图 13-37（b）是制冷机在冰蓄冷装置下游的系统。上述两个系统中的冷媒一般采用乙二醇水溶液，浓度为 20%～30%（与充冷时制冰温度有关）。冷媒通过板式换热器冷却空调系统的冷水，即冰蓄冷系统与空调冷水系统间接连接。如果冰球的储槽是开式的，则乙二醇水溶液系统不设膨胀水箱。阀门 V1、V2 是系统运行模式转换时起开或关的作用，可以是手动的，也可以是电动的。系统中的冷水机组是适于充冷工况和空调供冷工况运行的双工况制冷机。图示的系统可进行以下几种运行模式：充冷、制冷机直接供冷、冰蓄冷装置供冷、制冷机与冰蓄冷装置联合供冷。各种运行工况时阀门及设备工作状态如表 13-3 所示。图 13-37（a）各运行模式冷媒的流程如下：

充冷：泵 P1→冷水机组 LC→冰蓄冷装置 IS→V2→泵 P1。

制冷机直接供冷：泵 P1→冷水机组 LC→点 b→点 c→泵 P2→换热器 HE→V1→

泵 P1。

冰蓄冷装置供冷：泵 P1→冷水机组 LC（不运行)→冰蓄冷装置 IS→电动三通阀 V3→泵 P2→换热器 HE→V1→泵 P1。

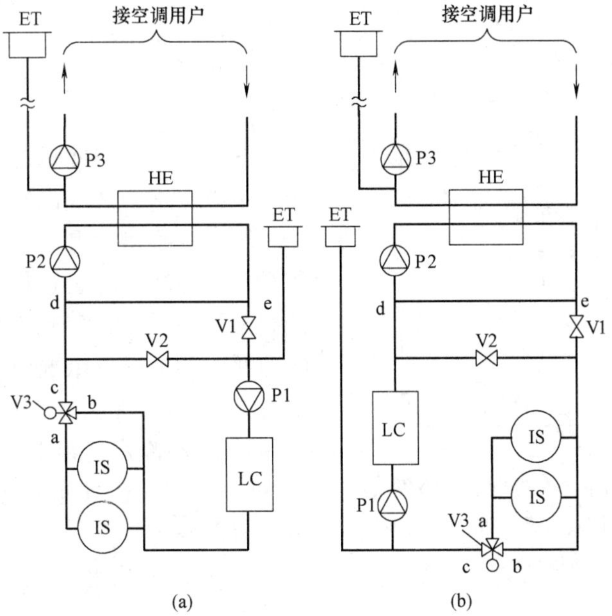

图 13-37　制冷机与冰蓄冷装置串联的冷媒系统

（a）制冷机在冰蓄冷装置上游的系统；（b）制冷机在冰蓄冷装置下游的系统

P1、P2、P3—水泵；V1、V2—阀门；V3—电动三通阀；

LC—冷水机组；IS—冰蓄冷装置；HE—板式换热器；ET—膨胀水箱

冰蓄冷装置供冷和联合供冷：泵 P1→冷水机组 LC→冰蓄冷装置 IS→电动三通阀 V3→泵 P2→换热器 HE→V1→泵 P1。

各种运行模式时阀门及设备的工作状态　　　　表 13-3

运行工况	阀 V1	阀 V2	阀 V3	泵 P1	泵 P2	泵 P3	制冷机
充冷	关	开	bc 断，ac 通	开	关	关	开
制冷机直接供冷	开	关	bc 通，ac 断	开	开	开	开
冰蓄冷装置供冷	开	关	调节	开	开	开	关
联合供冷	开	关	调节	开	开	开	开

图 13-37（b）所示系统的各工况运行时的流程与图 13-37（a）类似。制冷机与冰蓄冷装置联合供冷时，制冷机在上游系统的优点是温度较高的冷媒先经冷水机组冷却，再经冰蓄冷装置冷却，因此，冷水机组的制冷量和 *COP* 较大；而制冷机在下游的系统，由于冰蓄冷装置释冷温度高，同一容积冰蓄冷装置的蓄冷量大。

图 13-37 所示的系统中，泵 P1、泵 P2 各司其职，P2 是负荷侧冷媒循环泵，可采用变频泵，根据负荷的变化而变流量；泵 P1 是制冷侧冷媒循环泵，定流量运行。由于泵 P1 和泵 P2 的流量不相等，设连通管 d-e，使差额流量通过，系统循环流量得以平衡。小型系统可只设泵 P1（P2 和 d-e 管取消），系统按定流量运行，负荷侧设旁通管及调节阀调节

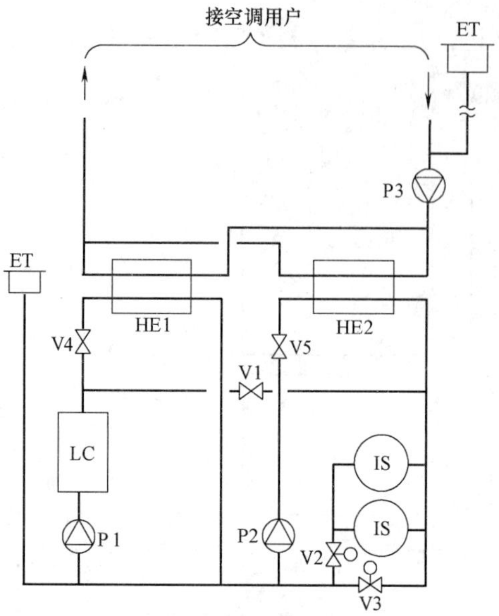

图 13-38　制冷机与蓄冷装置并联的冷媒系统
V1、V4、V5—关闭阀；V2、V3—电动阀；
其他符号同图 13-37

供冷量。图 13-37 所示的系统不能进行充冷并供冷运行，因为充冷运行时制冷机供液温度低于 0℃，换热器内冷水有冻结的危险。图 13-37（b）可改造成进行充冷并供冷运行的系统，需在泵 P2 吸入管和 d-e 管上加装调节阀，使供、回液混合，提高供液温度，运行时阀 V1、V2 均开启。

图 13-38 为制冷机与冰蓄冷装置并联的冷媒系统。这个系统的特点是制冷机与冰蓄冷装置在单独供冷和联合供冷时的冷媒系统相对独立，冰蓄冷装置供冷时可采用变流量控制（图中泵 P2 变频控制），从而可减少泵的功耗。各种运行工况时阀门及设备的工作状态如表 13-4 所示。蓄冷工况下冷媒的流程为：泵 P1→冷水机组 LC→V1→冰蓄冷装置 IS→V2→泵 P1。其他工况下的流程很容易看懂，不再赘述。

上述系统不能实现充冷并供冷的运行。如要求“并联系统”具有充冷并供冷的运行模式，需对上述系统进行改造或采用其他形式的系统。

各种运行工况时阀门及设备工作状态　　**表 13-4**

运行工况	阀 V1	阀 V2	阀 V3	阀 V4	阀 V5	泵 P1	泵 P2	泵 P3	制冷机
充冷	开	开	关	关	关	开	关	关	开
制冷机直接供冷	关	关	开	开	关	开	关	开	开
冰蓄冷装置供冷	关	调节	调节	关	开	关	开	开	关
联合供冷	关	调节	调节	开	开	开	开	开	开

13.8.5　蓄冷系统的设备配置

蓄冷系统中制冷机有多种功能——充冷、直接供冷、联合供冷。它的容量（制冷量）要求满足三种功能的需求，但不宜配置过大，否则不能充分发挥它的作用。尤其是冰蓄冷系统，制冷机组在两种工况下运行，其制冷量相差很大，必须进行核算。下面介绍计算方法：

首先计算设计工况下逐时冷负荷和日冷负荷（全天累计冷负荷），然后计算冷水机组名义工况的制冷量

$$\dot{Q}_n=\frac{kQ_d}{\tau_{c,s}c_{c,s}+\tau_d c_d} \tag{13-4}$$

式中　$\dot{Q}_n$——冷水机组名义工况下的制冷量，kW；

Q_d——日冷负荷，kWh；

$\tau_{c,s}$——充冷工况下冷水机组运行时间，h；

$c_{c,s}$——冷水机组充冷工况下容量修正系数；

τ_d——电力非谷段时冷水机组直接供冷时间，h；

c_d——冷水机组直接供冷下容量修正系数；

k——系统冷量损失系数，一般取1.05～1.10。

冷水机组的制冷量随着冷媒出口温度的降低或冷却介质温度的升高而减少。关于冷水机组在非名义工况下的性能资料应向生产企业索取。如无确切资料，可按冷水机组出口冷媒每降1℃制冷量约减少3%，冷却水进水温度每变化1℃制冷量变化1%～2%进行估算。制冷机直接供冷时间 τ_d 是指冷水机组满负荷工作的时间，它与蓄冷量有关。当 $\tau_d=0$ 时，即为全量蓄冷，如 τ_d 取电力非谷时段全部时间供冷，制冷机容量最小的部分蓄冷。充冷工况运行时间 $\tau_{c,s}$，其中一部分时间可能是充冷并供冷的时间，因为此时制冷机供冷也按充冷工况运行，故可以和充冷工况合并在一起计算。制冷机容量确定后，就可以计算蓄冷装置的容量。下面以实例说明计算过程。

[例13-1] 有一办公建筑设计工况下的逐时冷负荷如表13-5所示，采用冰蓄冷空调系统，电力谷时段为23:00到次日7:00，其他为非谷时段，试确定双工况冷水机组和蓄冷装置的容量。

某办公建筑设计日逐时冷负荷 **表13-5**

时刻	8	9	10	11	12	13	14	15	16	17	18
冷负荷(kW)	780	820	1110	1290	1460	1560	1670	1740	1670	1410	1220

注：8时的冷负荷指7:00～8:00的冷负荷，其余类推。

[解] (1) 计算日冷负荷

$Q_d=14730$kW。

(2) 计算全量蓄冷时的冷水机组名义制冷量

利用式(13-4)，其中 $\tau_d=0$，冷水机组充冷运行时间 $\tau_{c,s}=8$h (23:00～次日7:00)，冷媒出口温度−5℃，取容量修正系数 $c_{c,s}=0.65$，代入后得

$$\dot{Q}_{n,1}=\frac{1.07\times14730}{8\times0.65}=3031\text{kW}$$

若该建筑采用传统的空调系统(非蓄冷系统)，冷水机组的装机容量为1740×1.07=1861.8kW。全量蓄冷的冷水机组装机容量大了很多。

(3) 装机容量最小的冷水机组名义制冷量

电力非谷时段冷水机组运行时数 $\tau_d=11$h，直供时冷水机组冷媒出口温度为6℃，取容量修正系数 $c_d=0.97$。根据式(13-4)，得

$$\dot{Q}_{n,2}=\frac{1.07\times14730}{8\times0.65+11\times0.97}=993.1\text{kW}$$

实际运行时，其中有2个小时(8、9时刻)的负荷小于993.1×0.97=963.3kW，这表明制冷机是在部分负荷下运行。利用式(13-4)所计算出的名义工况下的制冷量是指满负荷条件下的所需的容量，但实际运行时并非全部时间都按全负荷运行，即是说制冷机容量配置不足，需重新计算。简单的办法是把部分负荷的时间用当量满负荷工作时间来取代，再按式(13-4)计算所需要的名义工况下制冷机装机容量。本例2h的负荷相当于制冷机当量满负荷时间为

$$\tau_e=1.07(780+820)/(0.97\times993.1)=1.78\text{h}。$$

将式（13-4）中的 2h 直供时间用 1.78h 代替，再按式（13-4）计算冷水机组的名义制冷量，即得

$$\dot{Q}_{n,2}=\frac{1.07\times14730}{8\times0.65+(11-2)\times0.97+1.78\times0.97}=1006.7\text{kW}$$

（4）设直供时间 $\tau_d=5$h 时冷水机组的名义制冷量

$$\dot{Q}_{n,3}=\frac{1.07\times14730}{8\times0.65+5\times0.97}=1568.3\text{kW}$$

还应该核对机组直供 5h 是否为全负荷运行。本例中 12、13、14、15、16 时刻的负荷（应乘以 1.07）均大于冷水机组的实际制冷量（1568.3×0.97=1521.3kW），即冷水机组直供时均全负荷运行。若有部分负荷运行时间，可用本例（3）的方法，加大冷水机组的装机容量。

（5）冰蓄冷装置容量

全量蓄冷时冰蓄冷装置容量

$$Q_{i,s,l}=8\times0.65\times3031=15761.2\text{kWh}$$

冷水机组装机容量最小时，冰蓄冷装置容量

$$Q_{i,s,2}=8\times0.65\times1006.7=5234.8\text{kWh}$$

冷水机组直接供冷 5h 时冰蓄冷装置容量

$$Q_{i,s,3}=8\times0.65\times1568.3=8155.2\text{kWh}$$

本例中充冷时段无冷负荷。如果有冷负荷，则蓄冷装置的容量应扣除充冷时段的冷负荷。

从上例可以看出，全量蓄冷时，制冷机组容量最大，蓄冷装置容量也最大；制冷机装机容量最小（但运行时间最长）时，蓄冷装置的容量也最小；其余部分蓄冷系统的制冷机与蓄冷装置配置的容量介于两者之间。究竟哪个方案更合理，应根据当地的峰谷电差价、设备价格、占有机房面积等因素综合比较确定。

用上述方法确定冷水机组和冰蓄冷装置容量时，假定了冷水机组冷媒出口温度、供冷温度。而这温度又影响了冰蓄冷装置的充冷率（单位时间的充冷量）和释冷率（单位时间的释冷量）。充冷和释冷的时间是固定的，一定的蓄冷量就要求所选设备有一定的充冷率和释冷率。因此，根据蓄冷量所确定的冰蓄冷装置台数，必须对其充冷量和释冷量进行核算。若不足或裕量很大，需进行调整，如调整充冷时温度、释冷时出口温度等。有关调整方法参阅其他文献［15］。

13.9　电热水锅炉蓄热式热水系统

电热水锅炉在空调、供暖系统中可以像燃气或燃油热水锅炉一样使用，有相同的热水系统，这里不再赘述。但是电热水锅炉提倡采用蓄热式热水系统，这样既可以利用夜间电力低谷时段的廉价电能，又平衡电网的峰谷负荷。蓄热式热水系统除了采用蓄热型电热水锅炉外，还可以用即热型电热水锅炉与蓄热设备组成的系统。本节将介绍蓄热设备及与电热水锅炉组成的蓄热式热水系统。

13.9.1　蓄热设备

蓄热设备有显热（温差）蓄热和潜热蓄热两类。在空调和供暖系统中通常采用水作为

介质的显热蓄热设备。水蓄热设备的优点是设备简单、价廉、清洁、比热大。按压力分，有常压的开式的蓄热水箱（蓄热槽）和有压的蓄热罐。前者的蓄热温度不能太高，一般<95℃，单位体积的蓄热能力相对较小；这类蓄热设备的结构形式与水蓄冷设备相同（见13.8.2节）。有压蓄热罐可储存高温水，单位体积的蓄热能力大。有压蓄热罐是一个压力容器，利用不同温度的水自然分层的原理进行蓄热。为减少冷热水交界面的传热和掺混热损失，蓄热罐应做成高的立式蓄热罐。在罐上下设布水管，使热水在断面上均匀地流入或流出，在罐内形成"活塞流"，蓄热时从上而下流，释热时从下而上流。蓄热罐上除进出水管的接口外，还有排污、安全阀等接口。蓄热罐需做保温，保温材料的热阻建议取1.7～3.1m^2·℃/W。表13-6为水蓄热设备的蓄热特性。表中给出了不同热水温度t和蓄热温差Δt时的饱和压力（绝对）、安全运行压力（绝对）、单位蓄热量水容积（L/kWh）和运行时由于温度变化引起的单位膨胀容积（L/m^3）。

表中的数值是按系统回水温度为40℃计算得到的。若回水温度高于40℃，则单位蓄热量水容积将增加，单位膨胀容积减少。近似地可按温差变化的比例进行修正。对于蓄热罐，其容积可按表13-6所给出的单位蓄热量水容积乘以系统的蓄热量（应考虑热损失裕量）确定。对于开式蓄热水箱或蓄热槽，按表13-6所确定的容积还应乘以1.08～1.3的系数，以考虑水箱或水槽不能利用的空隙。

水蓄热设备的蓄热特性　　　　**表13-6**

蓄热水温（℃）	蓄热温差（℃）	饱和压力（kPa）	安全运行压力（kPa）	单位水容积（L/kWh）	单位膨胀容积（L/m^3）
90	50	70.1	101.3	17.73	27.9
95	55	84.5	120.9	16.15	31.5
100	60	101.3	143.3	14.84	35.4
105	65	120.9	211.4	13.73	39.2
110	70	143.3	246.8	13.78	43.3
120	80	198.5	331.8	11.23	52.0
130	90	270.1	339.0	10.02	61.4
140	100	361.4	572.4	9.06	71.4
150	110	476.0	736.4	8.26	82.2

13.9.2　蓄热量与电锅炉的容量

蓄热式热水系统电锅炉的容量与负荷特点、蓄热模式、电网峰谷时段等因素有关。蓄热模式分全量蓄热和部分蓄热。全量蓄热是把全天的空调或供暖热负荷全部转移到低谷时段，显然这要求电锅炉的容量最大；部分蓄热只把一天的空调或供暖热负荷的部分转移到低谷时段。蓄热量多少为宜与空调或供暖热负荷的特点、当地分时电价政策、设备费用等因素有关。图13-39为寒冷地区某建筑热负荷和两种蓄热方案。图中纵坐标为瞬时热负荷$\dot{Q}$（kW），横坐标为时刻τ（h）。曲线为设计日的热负荷，曲线下的面积为设计日全天累计热负荷Q_d（kWh），即日热负荷。

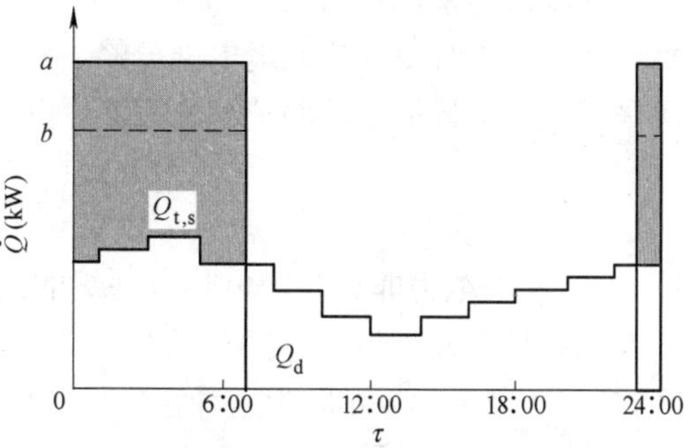

图13-39　寒冷地区某建筑热负荷和蓄热方案

如果采用全量蓄热，即把电力非谷时段的热负荷转移到谷时段储存起来，图中灰色面积即为蓄热量 $Q_{t,s}$(kWh)，0-a 即为要求电热水锅炉的供热量（锅炉容量）。如果采用部分蓄热，当地电网分峰、谷、平三个时段时，可以将峰时段的热负荷转移到谷时段，图中虚线以下的灰色面积为蓄热量，0-b 即为要求电热水锅炉的容量。对于部分蓄热的电热水锅炉容量（通常用输入功率表示）按下式计算：

$$\dot{W}_{e,b}=\frac{k(Q_d-Q_b)}{\tau_v\eta_{e,b}} \tag{13-5}$$

式中 $\dot{W}_{e,b}$——电热水锅炉的输入功率，kW；

Q_b——在电力非谷时段由锅炉直接供热的负荷，kWh；

Q_d——设计日热负荷，kWh；

k——系统（包括蓄热设备）的热损失系数，可取 1.10～1.15；

τ_v——电力谷时段的时间，h；

$\eta_{e,b}$——电热水锅炉的热效率，可取 0.97。

锅炉直接供热的负荷 Q_b 可取电力平时段的全部热负荷，即只把电力峰时段的热负荷转移到谷时段；或 Q_b 取平时段的部分热负荷，即把电力峰时段的热负荷和平时段的部分热负荷转移到谷时段；或取 $Q_b=0$，即为全量蓄热的系统。显然，全量蓄热系统（$Q_b=0$）与部分蓄热系统（$Q_b>0$）相比，前者的锅炉及蓄热设备的容量均比后者大，占用机房面积也大，但运行费比较低，哪种模式更合理，宜进行技术经济比较确定。

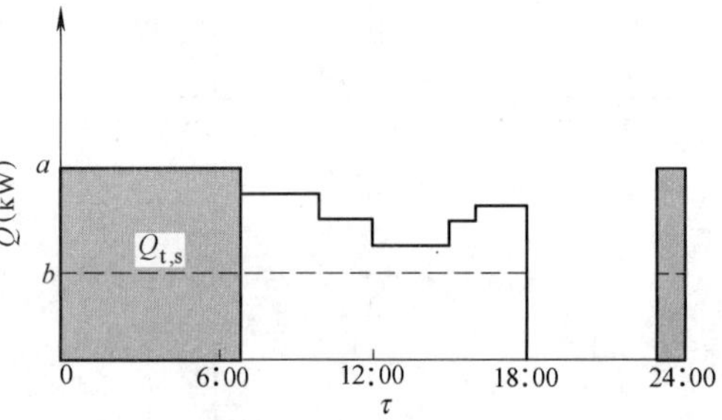

图 13-40　南方地区某办公建筑热负荷和蓄热方案

图 13-39 所示的热负荷图一般是寒冷地区或严寒地区建筑的供暖热负荷。通常是夜间（在电力谷时段）的热负荷最大，而白天由于有太阳辐射热和室外气温较高而热负荷较小。在长江以南地区的办公建筑的热负荷，工作时段有新风热负荷，而电力谷时段往往空调不运行，因此，白天热负荷大，夜间不运行而无负荷。图 13-40 为只在工作时段有热负荷的办公建筑的热负荷图和蓄热方案。若采用全量蓄热，图中灰色面积即为电力谷时段的蓄热量。电力谷时段的时间通常比工作时间段短，电热水锅炉的容量（0-a）一般会大于最大瞬时热负荷。电热水锅炉的输入功率也可用式（13-5）计算。若采用部分蓄热方案，可以只把电力峰时段的热负荷转移到谷时段（当该地电网分峰、谷、平三时段时）；在电网只分峰、谷两时段时，也可采用设备容量最小的部分蓄冷方案，其电热水锅炉的输入功率为：

$$\dot{W}_{e,b}=\frac{kQ_d}{(\tau_v+\tau_{o,v})\eta_{e,b}} \tag{13-6}$$

式中 $\tau_{o,v}$——电力非谷时段电热水锅炉的运行时间（直接供热时间），h；

其他符号同式（13-5）。

在图 13-40 中，0-b 即为这种蓄冷模式的电热水锅炉的容量，虚线下灰色面积即为系统的蓄热量。采用何种模式合理也宜进行技术经济比较。

系统的蓄热量确定后，还需选择蓄热设备的形式及计算蓄热罐或蓄热槽的容积。

13.9.3　系统形式

电热水锅炉与蓄热设备组成的热水系统应能实现以下部分或全部运行模式：蓄热、锅炉供热、蓄热设备供热（释热）、锅炉蓄热并供热、锅炉与蓄热设备联合供热，并且应能实现供热能力调节。在运行模式转换时保持蓄热设备中热水分层，蓄热设备中水的流向正确。采用开式蓄热槽的蓄热系统与水蓄冷的系统形式相同，这里不再介绍。下面只介绍采用有压蓄热罐的电热水锅炉蓄热式热水系统。

图 13-41 为电热水锅炉蓄热式热水系统。电热水锅炉与蓄热罐组成的热源系统与负荷侧系统（空调或供暖水系统）通过板式换热器间接连接。在这类系统中，为了减小蓄热罐的尺寸，蓄热罐的温度与温差比负荷侧系统的温度与温差均大很多，两者流量相差几倍，采用间接系统，也就避免了两者不一致的矛盾。图 13-41 所示的系统可实现蓄热、电锅炉供热、蓄热罐供热、电锅炉与蓄热罐联合供热、电锅炉供热并蓄热五种运行模式。运行模式转换通过阀门 V1、V2、V3、V4（以上阀门在自控系统中用电动阀）以及电动调节阀 V5、V6 的开或关来实现。各运行模式时阀门及锅炉的状态见表 13-7。

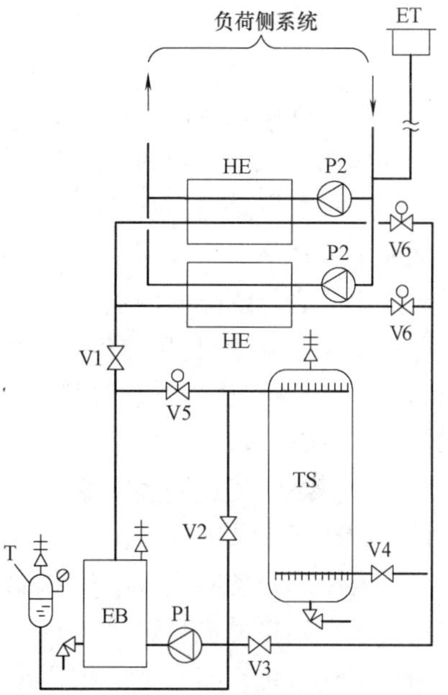

图 13-41　电热水锅炉蓄热式热水系统
EB—电热水锅炉；TS—蓄热罐；T—定压罐；
P1—热源侧水泵；P2—负荷侧水泵
V1、V2、V3、V4—关闭阀（或电动阀）
V5、V6—电动调节阀

蓄热运行流程为：泵 P1→锅炉 EB→阀 V5→蓄热罐 TS→阀 V4→阀 V3→泵 P1。

电热水锅炉供热运行的流程为：泵 P1→锅炉 EB→阀 V1→换热器 HE→阀 V6→阀 V3→泵 P1。

蓄热罐供热的流程为：泵 P1→锅炉 EB（锅炉不运行）→阀 V1→换热器 HE→阀 V6→阀 V4→蓄热罐 TS→阀 V2→泵 P1。

锅炉与蓄热罐联合供热的流程同蓄热罐供热流程一样，区别是电热锅炉此时投入运行。

锅炉供热并蓄热的流程如下：

泵 P1→锅炉 EB—┬→阀 V5 → 蓄热罐 TS → 阀 V4 —┬→阀 V3 → 泵 P1
　　　　　　　　└→阀 V1 → 换热器 HE → 阀 V6 —┘

各运行模式时阀门及锅炉的状态　　　　**表 13-7**

运行模式	V1	V2	V3	V4	V5	V6	锅炉
蓄热	关	关	开	开	开	任意	运行
锅炉供热	开	开	开	关	调节	调节	运行
蓄热罐供热	开	开	关	开	调节	调节	不运行
联合供热	开	开	关	开	调节	调节	运行
锅炉供热并蓄热	开	关	开	开	调节	调节	运行

供热量调节方法是，板式换热器上的电动调节阀 V6 根据负荷大小调节热水流量，而电动调节阀 V5 将根据热源侧的供回水干管的压差调节部分热水旁通返回水泵 P1。电热水锅炉在运行时根据要求的出口温度调节输入电功率。

定压罐的压力应根据蓄热罐的热水温度的饱和压力来确定，定压罐的容积根据系统中水的膨胀容积确定。蓄热罐的水流向始终保持温度高的热水在上部进出，而温度低的热水在罐的底部进出，以保持罐内水的分层。

13.10　制冷装置的冷却水系统

制冷过程就是从低温物体中把热量转移到周围环境中去。利用空气作冷却介质即可把热量释放到大气中去，利用水作介质（称冷却水），则通过不同途径将热量释放到环境中去。冷却水可以是地表水（江、河、湖、池塘、水库、海水等）、地下水、自来水等。利用地表水、地下水作冷却水，即是把热量释放到这些水体中去。然而大多数建筑的冷源都没有使用地表水或海水的条件，只有在江、河、湖畔、海滨、水库旁的建筑才有可能利用这些水作冷却水的可能。使用这些水体时，需有相应的取水设备与系统（详见13.6.1节），并且应取得当地管理部门的批准。地下水也是宝贵的淡水资源，它的应用原则与方法参阅13.6.2节。大多数建筑中冷源的冷却水都循环使用，它主要起热媒的作用，将制冷装置中的热量传递到蒸发冷却设备，并通过它把热量释放到周围空气中去。因此，这种循环式的冷却水系统由蒸发冷却设备、水泵、管路系统等组成。

蒸发冷却设备有喷水池和冷却塔。喷水池的水冷却原理是在水池上方将水喷入空中，水与空气直接接触进行热湿交换，很少一部分水蒸发，而把自身冷却，再落入水池中，其热量被空气带走。喷水池结构简单，可以与美化环境的喷泉结合在一起，但冷却效果较差，占地面积大，单位池面面积冷却水量约$0.3\sim1.2\mathrm{m^3/(h\cdot m^2)}$。

冷却塔种类很多，主要有两类：开式（冷却水与空气直接接触式）和闭式冷却塔。开式冷却塔（通常称冷却塔）有自然通风与机械通风两类，其中又因结构形式不同而分成若干种形式。图13-42给出了在空调中应用的几种冷却塔的示意图。图13-42（a）、（b）是自然通风式冷却塔，依靠水喷射诱导空气进入塔内，水与空气直接接触进行热湿交换。垂直式的进、出口风速都比较低，易受室外风的影响，设备运行费低，宜用在对温度要求不严格的冷源系统中。水平喷射式采用较大的喷水压力，诱导风量大，热湿交换较好。图13-42（c）、（d）、（e）为开式、机械通风冷却塔。其中图13-42（c）为逆流、吸入式冷却塔，是用得比较多的一种机型；水和空气的流动方向相反；吸入式是指风机位于空气出口端；塔内的填料层由压成一定形状（如斜波纹）的塑料厚板所组成，用于扩大水与空气的接触面积。图13-42（d）压出式冷却塔与图13-42（c）冷却塔的区别是风机位于空气入口端。图13-42（e）是横流式冷却塔，水与空气在填料层内呈交叉流，这种冷却塔也是应用比较多的一种机型。有一类横流式冷却塔做成模块机组，一台冷却塔可以由1个或多个同一规格的模块所组成，从而形成多种规格的冷却塔。例如，某生产商的产品，有11个不同冷却能力的模块，共组成了34个规格的冷却塔，最大的冷却塔由5个相同模块所组成，这种多模块组成的冷却塔，可以采用关闭其中几台风机来调节冷却塔的冷却能力。图13-42（f）是闭式冷却塔，冷却水在盘管内被冷却；在盘管外淋水，与空气逆流，进行热湿交换。图13-42（g）也是闭式冷却塔，与图13-42（f）的区别是增加了填料层，使淋在盘管上的水在填料层内进一步被冷却，因此，它比图13-42（f）所示的冷却塔性能要好。

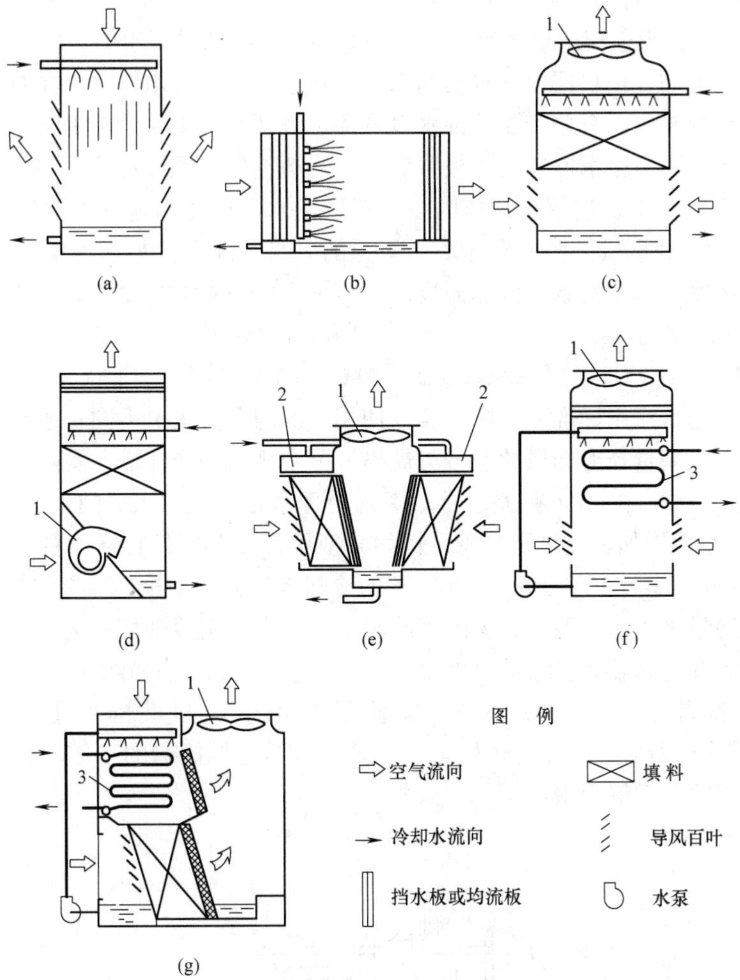

图 13-42 几种形式的冷却塔

(a) 垂直喷射式冷却塔；(b) 水平喷射式冷却塔；(c) 逆流式机械通风（吸入式）冷却塔；
(d) 逆流式机械通风（压出式）冷却塔；(e) 横流式机械通风冷却塔；(f) 闭式冷却塔；
(g) 盘管/填料复合式、闭式冷却塔
1—风机；2—配水盘；3—盘管

机械通风冷却塔与自然通风式相比的优点是设备紧凑，占地面积小；冷却效率高，在同样气象条件下可以得到较低的水温；不受室外风向的影响。缺点是风机消耗功率，且有振动与噪声；运行和维护费用相对较高。机械通风吸入式与压出式相比，其优点是可采用大型号风机，转速可降低，噪声相对较小；风机出口的风速高，排出的热湿空气不大可能再被吸入塔内；塔内气流通过填料比较均匀，换热性能好；风机安装在上部，设备更紧凑，占地面积更小。缺点是风机等机械部分处在热湿气流中，工作条件差；风机在上部，维修困难。开式冷却塔与闭式冷却塔相比的优点是结构相对简单，设备费用低。缺点是冷却水与空气直接接触，水质差，尤其在工厂区，若空气中含有腐蚀性气体，会对设备、管路等造成危害。

目前市场上的冷却塔产品外壳材料一般均为玻璃钢（玻璃纤维与不饱和聚酯树脂复合

材料)。因此，也经常称为玻璃钢冷却塔。

图 13-43 为一圆形逆流式玻璃钢冷却塔剖面图。布水器在喷水的反作用力作用下缓缓旋转，把水均匀地布在填料层上。水盘的水位由浮球阀自动补水保持；在对系统充水时可开启手动阀门快速补水。有些产品下部水盘分深、浅两种，由用户根据需要选用。

理论上冷却塔可以把水冷却到的极限温度为当地空气的湿球温度，实际上极限出水温度比湿球温度高 2～3℃。选用冷却塔时，一般取出水温度比当地夏季空调室外计算湿球温度高 3.5～5℃。我国机械通风冷却塔用规定的名义工况下冷却水流量来区分容量的大小。名义工况的室外气象参数为湿球温度 $t_{wb}=28$℃，干球温度 31.5℃，大气压力 10^5Pa；进塔水温 t_1、出塔水温 t_2 及 $\Delta t=t_1-t_2$ 分别为：标准型塔 $t_1=37$℃，$t_2=32$℃，$\Delta t=5$℃；中温型塔 $t_1=43$℃，$t_2=33$℃，$\Delta t=10$℃；高温型塔 $t_1=55$℃，$t_2=35$℃，$\Delta t=20$℃。在空调中通常应用标准冷却塔。实际使用工况与名义工况不同，通常可以根据生产商给出的性能图表来选择冷却塔的型号与规格。一定规格的冷却塔，实际所能处理的冷却水量一般与 t_{wb}、t_2-t_{wb}、Δt 有关。冷却塔的处理水量将随着 t_{wb} 的下降，t_2-t_{wb} 的增大，或 Δt 的减小而增加，反之则减少。例如某型号名义工况下 100t/h 的冷却塔，在实际运行工况 $t_1=36$℃、$t_2=30$℃、$t_{wb}=26$℃下的冷却水量为 78t/h。有些国家冷却塔的容量用制冷机的制冷量来表示。例如，美国用冷吨来表示空调用冷却塔的名义容量，冷却塔 1 标准冷吨定义为在湿球温度为 78℉(25.6℃）时，把 3 加仑/分（0.681t/h）的冷却水从 95°F（35℃）冷却到 85℉(29.4℃)。也就是相当于冷却塔排出了制冷机 1 冷吨 (3.516kW) 制冷量所对应的冷凝热量 4.395kW（相当于制冷量的 1.25 倍)。在选用这些设备时切忌把“吨”理解为水量。

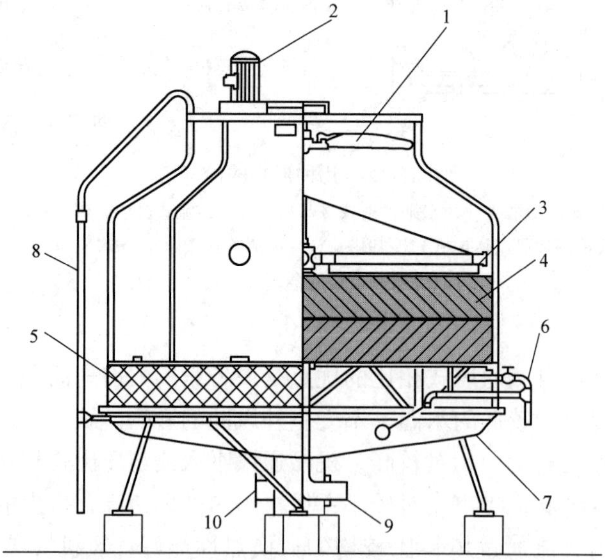

图 13-43　圆形逆流式玻璃钢冷却塔剖面图

1—风机；2—电机；3—布水器；4—填料；5—空气入口；6—浮球阀及手动补水阀；7—水盘；8—梯子；9—冷却水入口；10—冷却水出口

图 13-44 为一采用开式机械通风冷却塔的冷却水系统图。图中有 2 台冷却塔并联运行，其台数与冷水机组台数相对应。冷却塔运行台数也与冷水机组运行台数一致。当其中

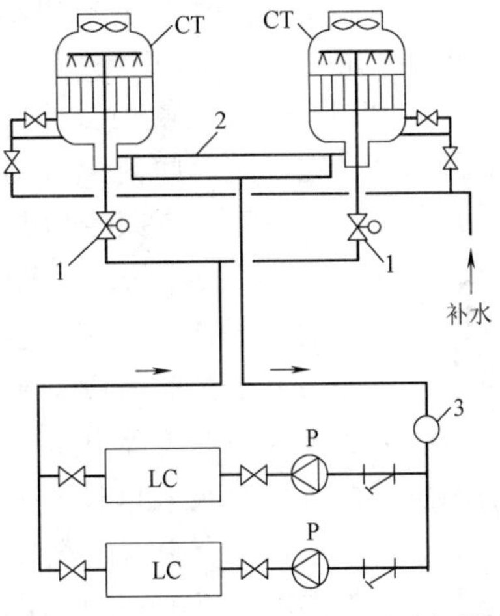

图 13-44 采用开式机械通风冷却塔的冷却水系统

CT—冷却塔；1—电动阀；2—连通管；3—水处理设备

一台冷却塔不运行时，冷却塔的风机关闭，冷却塔进水管上的电动阀自动关闭（由于冷却塔离制冷机较远，经常在屋面上，一般不宜用手动阀门）。当并联运行的冷却塔的冷却水阻力不均衡时，可能出现有的冷却塔水位过高而溢流，而有的冷却塔在自动补水。为防止上述现象出现，应设连通管，使各冷却塔的水位一致。冷却水在冷却过程中不断蒸发，水中的盐类不断浓缩，空气中的灰尘也不断进入水中，为防止水中盐类浓度过高及沉积污泥，需要定期排污（排掉一部分水）。为防止冷凝器中结垢及防止塔内藻类、微生物的生长，还需在水系统中设水处理设备（如设加药罐定期加药，或设物理水处理器），冷却塔在运行过程中不断失水，失水有蒸发水量、飘水损失、排污水量。蒸发水量与冷却水温差有关，5℃温差时，蒸发水量约 0.83%；飘水损失与冷却塔挡水效果、风量等有关，一般可控制在 0.2%；排污水量与水质有关，一般为 0.2%～0.8%。总补水量约为冷却水量的 1.2%～1.6%。补水通过浮球阀根据冷却塔水位自动补入。

当室外空气温度下降，空调负荷减少时，冷却塔出水温度也下降。冷却水温度下降，制冷机的性能系数将增加。但是冷却水温太低也有负面影响，例如，压缩式制冷机由于冷凝压力太低，导致蒸发器供液量不足，影响制冷机性能；溴化锂吸收式制冷机会因溶液温度过低而引起结晶现象发生。因此，冷却塔随着运行工况的变化也需进行调节。冷却塔最简单的调节方法是在进、出水管间加一旁通管和电动调节阀，根据要求的温度调节旁通流量。比较节能的调节方法是冷却塔风机采用变速电机，如双速电机、变频电机。多风机的冷却塔可用控制风机运行台数进行调节。从节能的角度，可以对制冷机、冷却水系统实现优化控制，空调系统中的压缩式制冷机的冷源系统能耗包括冷水机组的能耗、冷却塔风机的能耗（约为冷水机组能耗的 2%）、冷却水输送系统的能耗（约为冷水机组能耗的 10% 左右）、冷水输送系统的能耗。因此，在部分负荷时可以对冷却水的温度、流量进行控制，使总能耗（包括冷水机组、冷却塔、冷却水泵能耗）最小。

压缩式制冷机一般要求冷却水进出口温度差为 5℃，溴化锂吸收式制冷机要求冷却水进出口温差为 5.5～6℃。在系统设计时，采用多大的温差也是优化问题。采用较大的温差，可减少冷却水量，管路系统、水泵等投资会降低，冷却水输送能耗会降低，但制冷机的制冷量、性能系数有所下降，因此可以选择一合适的温差，使总能耗（包括制冷机、水泵、冷却塔能耗）最小。

冷却塔自带水盘时，一般在系统中不再另设水池。如因水盘过小或为防冻而设水池时，水池与冷却塔间高差愈小愈好，最好连成一体。尤其冷却塔在屋顶上，机房在底层或地下室时，不应在机房内设置水池，因为这样就无法利用冷却塔高水位所具有的势能，冷却水水泵的功耗将急剧增加。

对于在 0℃以下运行的冷却塔，设计和运行时都应注意防冻。首先必须有适宜的冷却塔容量控制手段，使冷却塔出水温度保持在 0℃以上，如采用变速风机调节出水温度。此外，应定时目测检查冷却塔是否正常工作。吸入式、逆流式冷却塔（见图 13-42（c）和图 13-43），定期使轴流风机反转，以除去空气入口处的冰霜。为不使冷却塔水盘中积存水，在供暖房间内设置辅助水箱或水池，使冷却塔冷却后的水直接排入室内水箱或水池。停机时，应把冷却塔的室外管路中的水泄出。

图 13-44 冷却塔的冷却水系统，水泵的出口连接到冷水机组冷凝器的冷却水入口端，这是常规的连接方式。这种连接方式应注意冷水机组入口处的压力要小于机组的承压能力。如果由于机房内设备布置的限制而把泵连接在冷水机组冷凝器冷却水出口侧，即水泵的吸入口与冷水机组冷却水出口端连接，这时应注意防止水泵出现汽蚀。所谓汽蚀是指水从水泵入口进入叶轮，压力下降，导致水汽化的现象，从而使水泵不能正常工作。水泵都有必需的汽蚀余量（$NPSH_r$），即为不发生汽蚀在水泵入口处预留的压力降，单位用 mH_2O；或是说在水泵入口必须保持一定的压力，以防水泵入口的压力降而发生汽蚀。若水汽化的饱和压力为 P_v（kPa）（为计算方便，单位改用 mH_2O，饱和压力符号用 h_v），则水泵入口最小压力（单位为 mH_2O）为 $h_{min}=NPSH_r+h_v$。由此可见，$NPSH_r$ 愈大，水泵入口处要求的最小压力愈大，也就容易发生汽蚀。水泵的 $NPSH_r$ 与水泵的结构、运行参数有关。同一水泵，流量愈大，$NPSH_r$ 愈大。水泵的 $NPSH_r$ 可从水泵的样本上查得。下面用一实例来说明如何判别水泵能否出现汽蚀。

设一冷水机组的冷却塔水系统，水泵接在冷水机组冷却水的出口端；冷却塔安装在单层机房的屋面上，冷却塔水面与水泵中心线高差 $z=6$m；冷水机组冷却水进口/出口的温度为 32/37℃；水泵的 $NPSH_r=4mH_2O$，水泵入口处的流速 $v_i=2$m/s；冷水机组冷凝器的冷却水阻力 $\Delta h_1=8mH_2O$，冷却塔到水泵入口管路的阻力 $\Delta h_2=3.5mH_2O$；当地大气压力 $p_a=9.8\times10^5$Pa。取水泵中心高度为基准，建立冷却塔水面与水泵入口断面的能量方程如下：

$$\frac{p_a}{\rho g}+z=\frac{p_i}{\rho g}+\frac{v_i^2}{2g}+\sum\Delta h$$

式中　p_i——水泵入口的压力，Pa；

$\sum\Delta h$——冷却塔到水泵入口的压力损失，mH_2O。

为便于计算，取水的密度 $\rho=1000kg/m^3$；并令 $h_a=\frac{p_a}{\rho g}$，$h_i=\frac{p_i}{\rho g}$，单位均为 mH_2O，代入上式，整理后得该系统水泵的入口压力为

$$\begin{aligned}h_i&=h_a+z-\frac{v_i^2}{2g}-\sum\Delta h\\&=10+6+\frac{2^2}{2g}-(8+3.5)\\&=4.3mH_2O\end{aligned}$$

水泵入口的水温为 37℃，其饱和压力 $p_v=6.2$kPa，即 $h_v=0.63mH_2O$。水泵不发生汽蚀的最小入口压力为

$$h_{min}=NPSH_r+h_v=4+0.63=4.63mH_2O$$

实际入口压力 $h_i < h_{min}$，因此，该系统的水泵有发生汽蚀的可能。为避免汽蚀的发生，应提高冷却塔安装高度，或把水泵移到冷水机组冷却水入口侧（如图 13-44 的系统形式）。在上述同等条件下，水泵入口的压力 $h_i = 10 + 6 - \frac{2^2}{2g} - 3.5 = 12.3\text{mH}_2\text{O}$，已大于当地大气压，水泵绝不可能发生汽蚀现象。

13.11 冷、热媒系统的水质要求

13.11.1 水中杂质的危害性

建筑冷热源的冷量、热量主要通过冷水、热水、蒸汽进行传递。因此，冷热源系统中使用的水主要是城市的自来水，只有很少一些场合直接使用天然水体中的水，如地源热泵中应用地下水、江河水、湖水、海水等作热源。自来水也来自天然水体，但在水厂中进行了混凝沉淀和过滤处理后，天然水体中含有的悬浮物（颗粒直径在 10^{-4}mm 以上的颗粒，主要是砂、黏土及动植物的腐败物）和胶体（颗粒直径在 $10^{-6} \sim 10^{-4}$mm 之间，主要是动植物腐败物腐烂和分解后生成的腐殖质，以及矿物质胶体）大部分被清除了，但仍含有溶解的盐类（主要是钙、镁盐类）和溶解的气体（主要有氧气和二氧化碳）。大多数金属盐类，其溶解度随着温度的升高而增加，而钙、镁盐类的溶解度随着温度的升高而减小。因此，当冷水进入锅炉等热源系统后，钙、镁盐类在水中的溶解度达到饱和而析出，并沉积在传热壁面上形成垢层（水垢）。尤其是蒸汽锅炉，水中的盐类浓度不断浓缩，更易形成水垢。水垢的导热系数小，使传热恶化，导致热源设备的出力和效率降低。同时，传热壁面温度增加，导致金属的机械强度下降，严重时会发生事故。另外，如在水管中结垢，会导致流通截面的减少，通过水量减少，严重时会完全堵塞水管。在锅炉中发生这种情况时，因水管中不能维持水的正常循环，水管会被烧坏。

对于蒸汽锅炉，由于水不断汽化，水中悬浮物、油脂、盐类浓度增加，当达到一定浓度后，锅筒中水表面上会产生大量泡沫，出现汽水共沸现象。这时水中所含的盐分会被带入排出的蒸汽中，使蒸汽质量下降；如果锅炉中有过热器，这些盐分会在过热器中结垢。

当金属表面上具有不同电位时，在阳极会发生金属溶解，产生电子，即

$$\text{Fe} \longrightarrow \text{Fe}^{2+} + 2\text{e}^-$$

电子在阴极被用来构成氢氧根离子，即

$$\text{H}_2\text{O} + \frac{1}{2}\text{O}_2 + 2\text{e}^- \longrightarrow 2\text{OH}^-$$

氢氧根和铁离子结合生成氢氧化亚铁，即

$$\text{Fe}^{2+} + 2\text{OH}^- \longrightarrow \text{Fe(OH)}_2$$

氢氧化亚铁进一步氧化成红色的氧化铁（铁锈）。因此，当水中有充足的氧存在时，会加剧铁锈的生成。

水中溶解的二氧化碳，它与水中的碳酸达成平衡，即

$$\text{H}_2\text{O} + \text{CO}_2 \rightleftharpoons \text{H}_2\text{CO}_3 \rightleftharpoons \text{H}^+ + \text{HCO}_3^-$$

上述的平衡式倾向于上式的左边。当压力高时，阻止 CO_2 逸出，平衡将朝向右边移动。溶液呈微酸性，金属会被腐蚀。

由此可见，对补入供热系统的水应降低钙、镁盐类的含量（通常称为软化），以防止产生水垢；降低水中溶解的氧气和二氧化碳（俗称除氧），以减轻对金属的腐蚀。

对于开式水系统（如冷却塔水系统）还有微生物生长的问题。暴露在空气中的水生长藻类，污染换热表面，堵塞管路；同时还有细菌繁殖，虽然不影响系统运行，但可能危害健康，如冷却塔内繁殖新革兰氏阴性杆菌，导致人体发生类似急性肺炎的病症（称为军团病）。因此，对这些水系统也需采取措施，抑制藻类和细菌的生长。

13.11.2　水质指标与要求

水质通过对水中杂质的种类和含量进行控制，以满足系统对水质的要求。工业锅炉中常用的水质控制指标有：

（1）浊度

浊度是指水中悬浮物对光线透过时所发生的阻碍程度。水中的悬浮物一般是泥土、砂粒、微细的有机物和无机物、浮游生物、微生物和胶体物质等。水的浊度不仅与水中悬浮物质的含量有关，而且与它们的大小、形状及折射系数等有关，单位为 FTU。

（2）溶解固形物含量

将分离悬浮物后的水，经蒸发、干燥后所得的残渣，单位为 mg/L。

（3）硬度

溶于水中可形成水垢的物质——钙、镁离子（Ca^{2+} 和 Mg^{2+}）的总含量，计量单位为 mmol/L（毫摩尔/升）。也有用 $CaCO_3$ 含量（mg/L）表示硬度，1mg/L（以 $CaCO_3$ 计）=0.02mmol/L。[1] 硬度包括碳酸盐硬度和非碳酸盐硬度。碳酸盐硬度是指水中重碳酸钙（$Ca(HCO_3)_2$）、重碳酸镁（$Mg(HCO_3)_2$）、碳酸钙（$CaCO_3$）和碳酸镁（$MgCO_3$）的含量；非碳酸盐硬度是指水中氯化钙（$CaCl_2$）、氯化镁（$MgCl_2$）、硫酸钙（$CaSO_4$）和硫酸镁（$MgSO_4$）等的含量。通常把碳酸盐硬度称为暂时硬度，非碳酸盐硬度称为永久硬度。

（4）总碱度

水中能接收氢离子物质的含量，单位为 mmol/L。氢氧根（OH^-）、碳酸根（CO_3^{2-}）、重碳酸根（HCO_3^-）、磷酸根（PO_4^{3-}）以及一些弱酸盐类（如硅酸盐、亚硫酸盐等）和氨等都是水中常见的碱性物质。

（5）相对碱度

水中游离的 NaOH 和溶解的固形物含量之比值。游离的 NaOH 是指水中氢氧根（OH^-）碱度折算到 NaOH 的含量。相对碱度是防止锅炉中金属发生苛性脆化的一项指标。

（6）pH 值

表示水的酸碱性指标，$pH<7$ 呈酸性，对金属有腐蚀作用，因此一般要 $pH>7$。

（7）溶解氧

水中溶解的氧的含量，单位为 mg/L。

（8）磷酸根（PO_4^{3-}）和亚硫酸根（SO_3^{2-}）

在对水进行化学处理时，加入了磷酸盐（软化用）或亚硫酸钠（化学除氧用），它们的含量过多会有沉淀物产生。因此它们也为控制指标，含量单位为 mg/L。

---

[1] 硬度单位 mmol/L 是以一价离子作为基本单元，对于二价离子（Ca^{2+}，Mg^{2+}）均以其 1/2 作为基本单元，因此，以 $CaCO_3$ 含量表示硬度时，1mmol/L=100.09÷2=50.045mg/L≈50mg/L（以 $CaCO_3$ 计的含量）。

（9）含油量

天然水中一般不含油，水中油类通常是在使用过程中混入的。如油附在金属壁面上时，会阻止缓蚀剂（为减缓对金属腐蚀加入水中的化学药品）与金属面接触；在换热器中增加热阻，影响传热。在蒸汽锅炉中水中含油会使水面产生泡沫层，影响蒸汽质量。含油量的单位为 mg/L。

不同的设备对水质的要求是不一样的。表 13-8、表 13-9 分别给出了蒸汽锅炉和汽水两用锅炉以及热水锅炉的水质要求。此两表摘自《工业锅炉水质》GB/T 1576—2018，其中硬度、碱度的计量单位为一价基本单元的质量浓度。

表 13-10 为冷却水的水质要求。表中为基本要求的项目，还有一些参考项目如铁离子、铜离子等，它们对金属有腐蚀倾向。开式冷却塔冷却水的水质还应控制细菌含量，《工业循环冷却水处理设计规范》GB 50050—2017 对循环冷却水系统中微生物规定“间冷开式系统的异养菌数不大于 1×10^5 个/mL，生物黏泥量不大于 $3mL/m^3$”。

采用锅外水处理的自然循环蒸汽锅炉和汽水两用锅炉水质标准　　**表 13-8**

区分	额定蒸汽压力(MPa)		P≤1.0		1.0<P≤1.6		1.6<P≤2.5		2.5<P<3.8	
	补给水类型		软化水	除盐水	软化水	除盐水	软化水	除盐水	软化水	除盐水
给水	浊度(FTU)		≤5.0	≤2.0	≤5.0	≤2.0	≤5.0	≤2.0	≤5.0	≤2.0
	硬度(mmol/L)		≤0.030	≤0.030	≤0.030	≤0.030	≤0.030	≤0.030	≤5.0×10^{-3}	≤5.0×10^{-3}
	pH 值(25℃)		7.0～9.0	8.0～9.5	7.0～9.0	8.0～9.5	7.0～9.0	8.0～9.5	7.5～9.0	8.0～9.5
	溶解氧[a](mg/L)		≤0.10	≤0.10	≤0.10	≤0.050	≤0.050	≤0.050	≤0.050	≤0.050
	油(mg/L)		≤2.0	≤2.0	≤2.0	≤2.0	≤2.0	≤2.0	≤2.0	≤2.0
	全铁(mg/L)		≤0.30	≤0.30	≤0.30	≤0.30	≤0.30	≤0.10	≤0.10	≤0.10
	电导率(25℃)(μS/cm)		—	—	≤5.5×10^2	≤1.1×10^2	≤5.5×10^2	≤1.0×10^2	≤3.5×10^2	≤80.0
锅水	全碱度[b](mmoL/L)	无过热器	6.0～26.0	≤10.0	6.0～24.0	≤10.0	6.0～16.0	≤8.0	≤12.0	≤4.0
		有过热器	—	—	≤14.0	≤10.0	≤12.0	≤8.0	≤12.0	≤4.0
	酚酞碱度(mmol/L)	无过热器	4.0～18.0	≤6.0	4.0～16.0	≤6.0	4.0～12.0	≤5.0	≤10.0	≤3.0
		有过热器	—	—	≤10.0	≤6.0	≤8.0	≤5.0	≤10.0	≤3.0
	pH 值(25℃)		10.0～12.0	10.0～12.0	10.0～12.0	10.0～12.0	10.0～12.0	10.0～12.0	9.0～12.0	9.0～11.0
	溶解固形物(mg/L)	无过热器	≤4.0×10^3	≤4.0×10^3	≤3.5×10^3	≤3.5×10^3	≤3.0×10^3	≤3.0×10^3	≤2.5×10^3	≤2.5×10^3
		有过热器	—	—	≤3.0×10^3	≤3.0×10^3	≤2.5×10^3	≤2.5×10^3	≤2.0×10^3	≤2.0×10^3
	磷酸根[c](mg/L)		—	—	10.0～30.0	10.0～30.0	10.0～30.0	10.0～30.0	5.0～20.0	5.0～20.0
	亚硫酸根[d](mg/L)		—	—	10.0～30.0	10.0～30.0	10.0～30.0	10.0～30.0	5.0～10.0	5.0～10.0
	相对碱度[e]		<0.20	<0.20	<0.20	<0.20	<0.20	<0.20	<0.20	<0.20

注：a. 溶解氧控制值适用于经过除氧器处理后的给水。蒸发量≥10t/h 的锅炉，给水应除氧。蒸发量<10t/h 的锅炉，如发现局部氧腐蚀，也应采取除氧措施。

b. 对蒸汽质量要求不高。并且不带过热器的锅炉，锅水全碱度上限值可适当放宽，但放宽后的 pH 值不应超过上限。

c. 适用于锅内加磷酸盐阻垢剂。采用其他阻垢剂时，阻垢剂残余量应符合药剂生产厂规定的指标。

d. 适用于给水加亚硫酸盐除氧剂。采用其他除氧剂时，药剂残余量应符合药剂生产厂规定的指标。

e. 全焊接结构锅炉，相对碱度可不控制。

采用锅外水处理的热水锅炉水质标准　　**表 13-9**

水样	项目	标准值
给水	浊度(FTU)	≤5.0
	硬度(mmol/L)	≤0.60
	pH 值(25℃)	7.0～11.0
	溶解氧[a](mg/L)	≤0.10
	油(mg/L)	≤2.0
	全铁(mg/L)	≤0.30
锅水	pH 值(25℃)[b]	9.0～11.0
	磷酸根[c](mg/L)	5.0～50.0

注：a. 溶解氧控制值适用于经过除氧装置处理后的给水。额定功率大于等于 7.0MW 的承压热水锅炉给水应除氧，额定功率小于 7.0MW 的承压热水锅炉如果发现局部氧腐蚀，也应采取除氧措施。

b. 通过补加药剂使锅水 pH 控制在 9.0～11.0。

c. 适用于锅内加磷酸盐阻垢剂。采用其他阻垢剂时，阻垢剂残余量应符合药剂生产厂规定的指标。

冷却水的水质要求　　**表 13-10**

冷却水种类	pH 值(25℃水)	导电率①(μS/L)	总硬度(mmol/L)	碳酸盐硬度(mmol/L)	氯离子(mg/L)	SO_3^{2-}(mg/L)	酸消耗量(mmol/L)	硅酸②(mg/L)
冷却塔循环水	6.5～8.0	≤800	≤4	≤3	≤200	≤200	≤2	≤50
冷却塔补给水	6.0～8.0	≤200	≤1.4	≤1	≤50	≤50	≤1	≤30
直流给水	6.8～8.0	≤400	≤1.4	≤1	≤50	≤50	≤1	≤30

注：① 单位 S（西）为电导单位，1S=1A/V，表中数值为 25℃水的导电率。

② 硅酸按 SiO_2 计。

直燃式溴化锂吸收式冷热水机组热水的水质要求参见表 13-11。冷源设备中的冷水，由于水温低，结垢的危害程度小很多，但对金属有腐蚀影响的水质指标（如 pH 值、导电率、氯离子等）也需进行控制，控制要求可参照热水的水质要求。

热水的水质要求　　**表 13-11**

	pH 值(25℃水)	导电率(μS/L)	总硬度(mmol/L)	碳酸盐硬度(mmol/L)	氯离子(mg/L)	SO_3^{2-}(mg/L)	酸消耗量(mmol/L)	硅酸(mg/L)
循环水	7.0～8.0	≤300	≤1.4	≤1.0	≤30	≤30	≤50	≤30
补给水	7.0～8.0	≤300	≤1.4	≤1.0	≤30	≤30	≤50	≤30

13.12　水质控制方法与设备

13.12.1　概述

冷热源水质控制通常采取两种措施：1）水质处理：除去水中的杂质，使其含量达到水质控制指标；2）排污：排去系统中一部分水，而补充杂质含量低的水，以降低系统内水的杂质含量。在系统中杂质含量高的地方排污，其效果更好。例如在蒸汽锅炉锅筒水面附近和水循环回路最低点排污；冷却塔水盘底部排污。

水质处理有化学方法和物理方法。按处理的目的不同，有水质软化处理（降低水的硬度），除碱处理，除氧（除气）处理，防腐处理等。按处理的对象不同，有对系统的补给水进行处理（在锅炉中称为炉外处理）和在系统内加药水处理（在锅炉中称为炉内加药处理）。本节只对建筑冷热源常用的处理方法进行介绍。

水中的悬浮物在冷热源系统中通常采用过滤器或除污器进行清除。过滤器或除污器有多种形式，详见本章参考文献 [1]。

13.12.2 离子交换工作原理

离子交换的水处理方法是空调冷热源中广泛采用的一种化学水处理方法。它可以降低系统补给水中的硬度和碱度，以达到水质要求。通常采用的是阳离子交换法，其离子交换剂由阳离子（可与水中的阳离子交换）和复合阴离子根（一种不溶于水的高分子化合物）组成。如果离子交换剂中的阳离子是钠离子（Na^+），则可以与水中形成硬度的钙离子（Ca^{2+}）、镁离子（Mg^{2+}）进行交换，则水中的 Ca^{2+}、Mg^{2+} 被吸收在交换剂上，而交换剂中的 Na^+ 进入水中，硬水变成了软水。交换剂种类很多，目前广泛应用的是化学合成的树脂，称离子交换树脂。它具有孔隙多、交换能力强、机械强度和工作稳定性都较好的优点。交换剂的阳离子有钠离子、氢离子、铵离子等。通常用 R 表示离子交换剂中的复合阴离子根，NaR 表示钠离子交换剂，HR 表示氢离子交换剂，NH_4R 表示铵离子交换剂。

钠离子交换剂软化水，即清除水中碳酸盐硬度和非碳酸盐硬度的化学反应如下：

对碳酸盐硬度 $2NaR+Ca(HCO_3)_2=CaR_2+2NaHCO_3$

$2NaR+Mg(HCO_3)_2=MgR_2+2NaHCO_3$

对非碳酸盐硬度 $2NaR+CaSO_4=CaR_2+Na_2SO_4$

$2NaR+CaCl_2=CaR_2+2NaCl$

$2NaR+MgSO_4=MgR_2+Na_2SO_4$

$2NaR+MgCl_2=MgR_2+NaCl$

由上述反应式看到，经离子交换后，水中的钙、镁盐类变成了钠盐，水中硬度降低了，通常还残留 0.03～0.05mmol/L 的硬度。但钠离子交换器只降低了硬度，而不能除去水中的碱度。另外，由于钠离子的当量值要比钙、镁离子的当量值大，离子交换后水中含盐量略有增加。当软化水中的总碱度超过水质要求的指标时，最简单方法是在经钠离子交换处理后的软水中加入适量的酸（一般为硫酸）进行中和，但应使软水中仍有残余碱度为 0.3～0.5mmol/L。

交换剂工作一段时间后，交换剂上的钠离子大部分转为钙、镁离子，交换剂就失效。这时可用质量浓度为 5%～8%的食盐水进行还原（或称再生），即用 Na^+ 把 Ca^{2+}、Mg^{2+} 置换出来，其反应式为

$$CaR_2+2NaCl=2NaR+CaCl_2$$

$$MgR_2+2NaCl=2NaR+MgCl_2$$

氢离子交换剂（HR）既可软化，又可除碱，其反应式如下：

对碳酸盐硬度 $2HR+Ca(HCO_3)_2=CaR_2+2H_2O+2CO_2\uparrow$

$2HR+Mg(HCO_3)_2=MgR_2+2H_2O+2CO_2\uparrow$

对非碳酸盐硬度　　$2HR+CaSO_4=CaR_2+H_2SO_4$

$$2HR+CaCl_2=CaR_2+2HCl$$

$$2HR+MgSO_4=MgR_2+H_2SO_4$$

$$2HR+MgCl_2=MgR_2+2HCl$$

从上述软化的反应式可以看到，在除碳酸盐硬度时产生 CO_2 和水，亦即同时进行了除碱。但在除非碳酸盐硬度时产生了酸，这种酸性水不能直接进入系统，必须用碱进行中和。因此，氢离子交换不单独使用，而与钠离子交换联合使用，称氢—钠离子交换。这样可利用钠离子交换器生成的 $NaHCO_3$ 与 H_2SO_4、HCl 进行中和反应生成 Na_2SO_4、NaCl、H_2O 和 CO_2。

氢离子交换剂使用一段时间后，会逐渐失效，这时需用 1%～2%的硫酸溶液进行还原，其化学反应式为

$$CaR_2+H_2SO_4=2HR+CaSO_4$$

$$MgR_2+H_2SO_4=2HR+MgSO_4$$

铵离子交换剂（NH_4R）既可软化，又可除碱。其生成物是铵盐（$(NH_4)_2SO_4$ 与 NH_4Cl）不具有酸性反应，对设备与管道没有腐蚀作用。其化学反应式如下：

对碳酸盐硬度　　$2NH_4R+Ca(HCO_3)_2=CaR_2+2NH_4HCO_3$

$$2NH_4R+Mg(HCO_3)_2=MgR_2+2NH_4HCO_3$$

反应生成的碳酸氨铵在汽锅中受热分解，生成氨气、二氧化碳和水，即

$$NH_4HCO_3=NH_4\uparrow+H_2O+CO_2\uparrow$$

对非碳酸盐硬度　　$2NH_4R+CaSO_4=CaR_2+(NH_4)_2SO_4$

$$2NH_4R+CaCl_2=CaR_2+2NH_4Cl$$

$$2NH_4R+MgSO_4=MgR_2+(NH_4)_2SO_4$$

$$2NH_4R+MgCl_2=MgR_2+2NH_4Cl$$

反应生成的硫酸铵和氯化铵在汽锅中受热分别分解成硫酸或盐酸和氨气，即

$$(NH_4)_2SO_4=H_2SO_4+NH_4\uparrow$$

$$NH_4Cl=HCl+NH_4\uparrow$$

硫酸和盐酸具有腐蚀作用，因此铵离子交换系统不单独使用，而与钠离子交换联合使用，组成铵—钠离子交换。这样当软化水进入系统后，铵盐受热分解生成的酸将被钠离子交换后带入的 NaHCO 所中和。铵离子交换产生的氨对钢铁不产生腐蚀作用，但对铜及铜合金（除磷青铜外）有腐蚀作用。因此当系统中换热器或其他部件的材料采用铜或铜合金时，不能采用铵离子交换制取软化水。铵离子交换剂使用失效后采用浓度为 2.5%～3%的 $(NH)_2SO_4$ 溶液进行还原，其反应式如下：

$$CaR_2+(NH_4)_2SO_4=2NH_4R+CaSO_4$$

$$MgR_2+(HN_4)_2SO_4=2NH_4R+MgSO_4$$

上述三种离子交换器可以进行不同的组合形成不同的离子交换系统。图 13-45 为几种常用的离子交换系统。图 13-45（a）为单级钠离子交换系统，适用于原水硬度＜8mmol/L 的场合。图 13-45（b）为双级钠离子交换系统，适用于原水硬度＞8mmol/L 的场合。图 13-45（c）为并联式氢—钠离子交换系统，可同时软化与除碱；应严格控制通过 H、Na 离子交换

器的流量，以避免软化水呈酸性。图 13-45（d）为串联式氢—钠离子交换系统，可同时软化与除碱，由于水最后通过钠离子交换器，减少了软水呈酸性的可能性，可靠性较高；但原水全部通过钠离子交换器，设备的容量比并联的大。图 13-45（e）为铵—钠离子交换系统，可同时软化与除碱。一般不用串联系统，因 NH_4^+ 和 Na^+ 的活性相近，串联时水中的 NH_4^+ 又会被 Na^+ 部分置换，达不到除碱效果。在图 13-45（c）和（d）中都设有除气器，用于除去在氢离子交换器中产生的 CO_2 气体，其作用原理是在除气器中送入空气与处理水接触，水中的 CO_2 会扩散到 CO_2 分压很小的空气中去，而随空气排出。

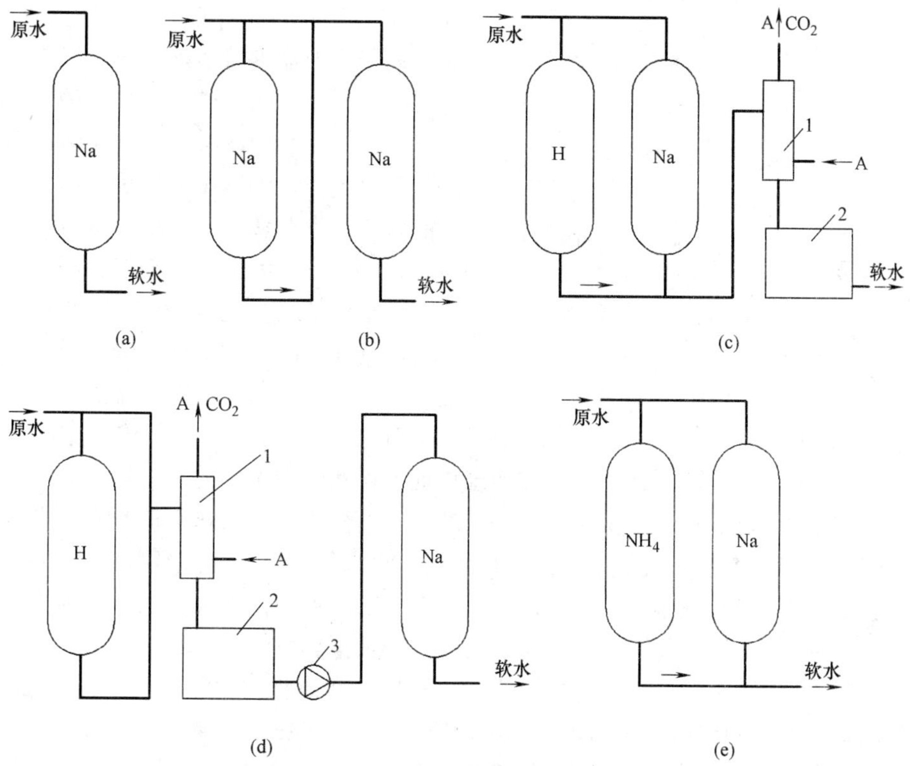

图 13-45 几种常用的离子交换系统

（a）单级钠离子交换系统；（b）双级钠离子交换系统；（c）并联式氢—钠离子交换系统；（d）串联式氢—钠离子交换系统；（e）铵—钠离子交换系统

1—除气器；2—水箱；3—水泵；Na—钠离子交换器；H—氢离子交换器；NH_4—铵离子交换器；CO_2—排出 CO_2 气体；A—空气

13.12.3 离子交换设备

根据离子交换剂在工作过程中的状态，离子交换设备有固定床、浮动床和流动床等几种形式。固定床离子交换设备中的离子交换剂在工作过程中是固定不动的；浮动床离子交换设备中离子交换剂颗粒在工作过程中被水流托起并压实；流动床离子交换设备中的下层失效的离子交换剂颗粒不断地被输送到再生清洗设备，而再生后的离子交换剂又返回离子交换设备中，因此它可连续生产软水。下面主要介绍在供热锅炉中用得比较多的固定床离子交换设备，其他形式的离子交换设备参阅本章参考文献［16］。

固定床离子交换设备按再生运行时再生液流向分为两种形式：1）顺流式：再生液的

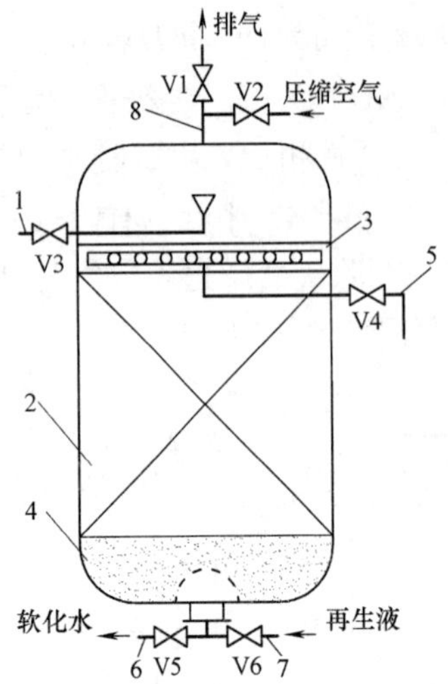

图 13-46　逆流再生离子交换器结构示意图
1—进水管；2—阳离子交换剂；3—压实层；4—石英砂；5—中间排液管；6—出水管；7—进再生液管；8—空气管；V1、V2、V3、V4、V5、V6—阀门

流向与软化时水的流向相同；2）逆流式：再生液的流向与软化时水的流向相反。图 13-46 为逆流再生离子交换器结构示意图。通过阀门切换，可以完成软化、反洗、再生、正洗等工况。正常软化水处理时，待处理水从上部进水管进入，下流经阳离子交换剂被软化后，从下部的出水管排出。此工况下除进、出水管上阀门开启外，其余阀门均关闭。当离子交换剂失效，软化水质达不到要求时，停止软化工况，需对离子交换器进行清洗、再生操作。在软化工况时，上层的离子交换剂接触的钙、镁离子含量高，交换剂中的钠离子损失多；而下层的离子交换剂中，钠离子损失少，因此离子交换剂的软化能力，从下而上依次递减。由于采用逆流再生，下层离子交换剂与新鲜的再生液接触，再生程度高。也就是该离子交换剂层经再生后，其软化能力从上而下依次递增，从而保证了出水的水质高。但在逆流再生时，若再生液流速较高，就会使上下层次被打乱（通常称为乱层），从而失去了逆流再生的优点。为防止乱层，设中间排液管，并在离子交换层表面上设均匀的中间排水装置，避免了再生液继续往上流动；设置 150～200mm 厚的压实层，可直接用离子交换剂作压实层（这层无软化能力）；控制上升流体的流速；逆流再生时，送入压缩空气（称顶压），与向上流的再生液一起从中间排液装置排出，不使液流上窜到上部，避免乱层。

有顶压的离子交换设备清洗、再生的操作步骤如下：

（1）小反洗　图 13-46 中的阀门 V3、V4 开启，其他阀门关闭，从中间排液管进水，进水管排出，以清洗压实层和中间排水装置中的污物，小反洗流速＜3mm/s。

（2）排水　小反洗后，待压实层颗粒下降后，打开阀门 V1 和 V4，将中间排水装置上部的水放掉。

（3）顶压　阀门 V2 开启，其余阀门关闭，使上部空间维持 0.03～0.05MPa 的压力。

（4）再生　阀门 V6、V4、V2 开启，其余阀门关闭，再生液自下而上流经离子交换层，流速控制在 0.8～1.6mm/s；再生液随同适量的空气从中间排液管排出。无顶压时，采用低流速。

（5）逆流冲洗　阀门 V5、V4、V2 开启，其余阀门关闭，用软化水进行逆流冲洗，流速与再生液流速一样。冲洗时间为 30～40min。

（6）小反洗　关闭阀门 V4、V2，打开阀门 V1，放出交换器上部的空气；然后按（1）的操作程序进行小反洗。

（7）正洗　阀门 V3、V5 开启，其余阀门关闭进行正洗；水从上而下流过离子交换层，直到水质达到要求为止。正洗流速为 4～5.5mm/s。

用单台离子交换器，只能进行间歇供应软化水。如要连续供水，可采用 2 台或多台离子交换器，即在离子交换器进行再生时由其他离子交换器生产软化水。

国内有成套的不同规格（小时软化水产量）软化水设备供用户选用。这种设备结构紧凑，占地小，安装方便，一般接上水、电即可应用。这类设备通常无顶压，不同企业所生产的设备，操作程序略有不同，但一般都有软化、再生、正洗、反洗。按控制方式分有手动和自动两类。全自动的软化水设备操作简单，一般只需定期人工加盐，而不需人工干预；工作可靠，不会发生误操作；运行经济。图 13-47 是一种全自动软水器的结构示意图，它由离子交换罐、控制器（含多路控制阀）和盐箱等组成。控制器通过对多路控制阀的切换可实现以下运行工况：软化、反洗、吸盐再生、慢冲洗和快冲洗。图示中箭头所示为软化运行时水的流程，软水从中间管送出。当离子交换剂软化能力下降，产出水达不到要求时，控制器自动切换清洗和再生运行。首先进行反洗，水流向与图示相反，污水从排水管排出。反洗将截留在树脂上部的污物冲走，并松动树脂层；反洗时间约 5～15min。然后进行吸盐再生运行，它是利用内置的喷射器将盐水从盐箱引入离子交换罐，以缓慢的速度通过树脂层，从排水管排出，流向与图示的箭头方向相反。约 30min 后切换到慢冲洗（反洗），原水以缓慢的速度将树脂中的盐冲走，这个过程实际也是再生过程。约 30min 后进行快冲洗（正洗），直到产出水达到合格为止，这个过程约 5～15min。这时软水器就可以投入正常软水运行了。

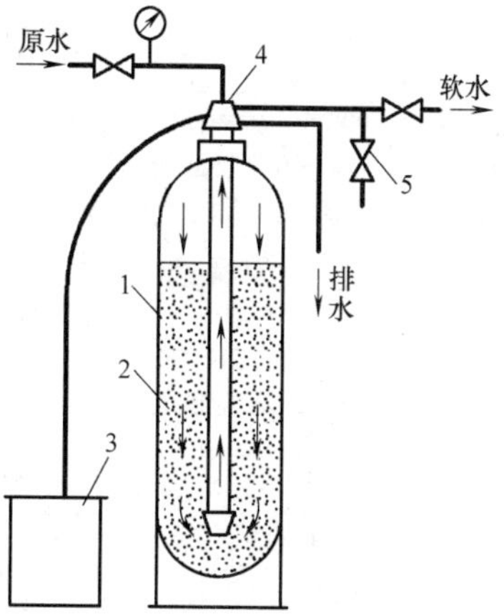

图 13-47　全自动软水器结构示意图
1—离子交换罐；2—阳离子交换树脂；3—盐箱；4—控制器；5—取样口

由于盐水抽吸不用盐水泵，因此，运行的能耗少，但要求原水有一定水压（0.2～0.6MPa）。软化运行与再生运行的切换有 2 种控制方式：时间控制，按额定的软化时间再生，通常适用于用水规律性强的场合；流量控制，按预定的软化总水量进行再生，通常适用于用水规律不强的场合。一般说，宜选用流量控制的自动软水器。

图 13-47 所示的软水器为一控制器（简称一阀）一罐一盐箱，不能连续产软水，如要连续供应软化水，可增大软化水箱。通常还可有以下几种组合：1）一阀双罐一盐箱，可两罐交替工作，连续供水；2）双阀双罐一盐箱（或双盐箱），可同时供水，交替再生；3）三阀三罐一盐箱，两罐供水，一罐再生。

13.12.4　系统内加药水处理

小型锅炉、冷热水机组的水系统，经常采用直接对系统中的水加药进行处理（对锅炉，称为炉内水处理）。选用不同的药剂，以使水质软化、阻垢、防腐或控制微生物生长。药剂的种类很多，表 13-12 只给出一部分药剂的性能与作用。更多的药剂品种、用药量的计算请参阅本章参考文献［16］。

系统内加药的方法如图 13-48 所示，图 13-48（a）只用于加药剂溶液（将所需加的药剂配成一定浓度的溶液）。加药时，将阀门 V1、V2 关闭，打开阀门 V3、V5（通空气），将罐内水放出；关闭阀门 V3，打开阀门 V4，将药液从加药口充入罐内；关闭阀门 V4、V5，打开阀门 V1、V2，药液将逐渐进入系统。如罐内有空气，可打开阀门 V5 排出。在

部分药剂的性能与作用　　　　**表 13-12**

药剂	性能与作用	备　注
碳酸钠（纯碱）	降低非碳酸盐硬度，生成松散的沉渣； 调整水的碱度和 pH 值	蒸汽压力＞1.5MPa 时，纯碱水解程度高； 适用于压力＜1.5MPa 的蒸汽锅炉
磷酸三钠	降低非碳酸盐硬度，生成易流动的泥渣； 调整水的碱度和 pH 值； 缓蚀，在金属表面形成保护膜	适用于任何压力的蒸汽锅炉； 生成的 $Mg_3(PO_4)_2$ 较黏，故 Mg 盐较大的水少用或不用
硫酸	降低碳酸盐硬度	适用于碳酸盐硬度大的冷却水系统； 有腐蚀性，控制水中的 pH＝7.2～7.8
栲胶	阻垢，在水垢质点外层形成隔离膜，使水垢呈细小分散状态； 除氧，在碱性水中有吸氧能力	栲胶为天然有机物，主要成分为单宁
腐殖酸钠	阻垢，使水垢晶体颗粒变小，易于流动	
磷酸盐	阻垢，与钙、镁生成络合物，干扰垢生成和降低硬度； 缓蚀，阴极型缓蚀剂（在阴极生成保护膜）	对铜及铜金属有腐蚀作用； 有三甲叉磷酸盐，乙二胺四甲叉磷酸盐和羟基乙叉二磷酸盐
亚硝酸钠	缓蚀，金属钝化剂，在金属表面生成氧化膜	用于闭式水系统中缓蚀； 不宜用于开式冷却水系统； 会促使水中硝化细菌繁殖
铬酸盐	缓蚀，阳极型缓蚀剂（在阳极生成保护膜）	铬酸盐有铬酸钠、铬酸钾、重铬酸钠和重铬酸钾； 有毒性
硫酸锌	缓蚀，阳极型缓蚀剂	对水生物有毒性
氯胺	杀菌，通过氧化作用杀菌	用于开式冷却水系统
季铵盐	杀菌，使微生物失去或削弱在管壁的附着力	水中加阴极型阻垢剂时，影响效果
洗必泰	杀菌，广谱杀菌，杀菌率＞99.7%	主要成分为双氯苯双胍己烷醋酸盐

一个加药周期内，加入系统的药液浓度不是均匀的，是逐渐减小的。对于蒸汽锅炉加药，图中的水泵是给水泵。图 13-48（b）可用于投放固体药剂。加药时关闭阀门 V1、V2，打

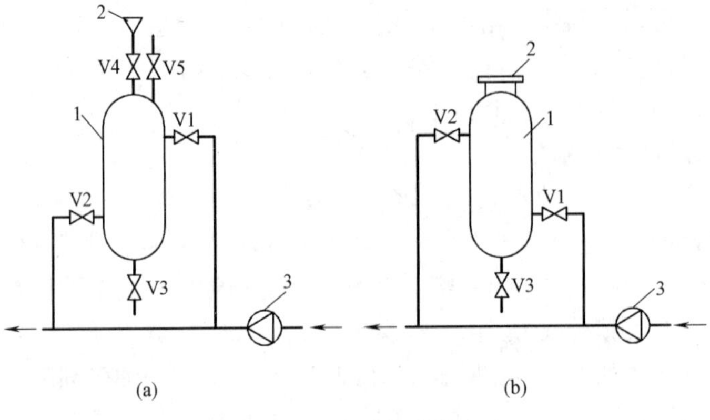

图 13-48　系统内加药的方法

（a）方式一；（b）方式二

1—加药罐；2—加药口；3—水泵；V1、V2、V3、V4、V5—阀门

开加药口的盖子，将药剂放入罐中，药剂溶于水中；封闭加药口，打开阀门 V1、V2，药剂将逐渐进入系统。检测循环水，当水质达到要求后，可关闭阀门 V1、V2，停止加药。方式一加药只需开关阀门，操作简单，密封性能好，适用于需连续加药的蒸汽锅炉的给水加药。方式二的加药，需开启密封的罐盖，不利于密封，适用于不需连续加药的循环水系统。为降低加药罐承压，加药罐可接在水泵的吸入管路上。

13.12.5 物理水处理

物理水处理是采用物理手段改变水质，目前有永磁除垢器（利用永久磁铁的磁场处理水）、离子式水处理器、电子式水处理器等；电子式水处理器根据电场的种类分为高频电磁场、高压静电场和低压电场三类。其中高频电磁场电子水处理器又根据其输出频率分为固定电磁场和可变电磁场两种。电子式水处理器在使用时需外接电源，而前两类水处理器不需外接电源。

物理水处理器软化水质的方法与化学水处理不同，化学方法是除去水中成垢因子（即水中的钙、镁离子），而物理方法是阻止成垢因子在受热面上结垢。上述各种物理水处理器工作原理各不相同。离子式水处理器是利用在电解质（被处理的水）中两种不同电位差材料（如碳和铝）产生的微小电压、使水离子化，离子化的水分子把 Ca^{2+} 、Mg^{2+} 等离子包裹，成为稳定的悬浮物，抑制水垢结晶；离子水还会将壁上的结晶硬垢软化成非结晶状的软质无定形物，而被水流带走；水中的氧分子还被 H^{+} 包围生成不具活性的 H_2O 分子；但它无杀菌灭藻功能。高频电子水处理器是利用高频电磁场，使通过的被处理水原来的缔合链状分子断裂成单个分子，水分子偶极距增大，带有极性的单个水分子包围在水中溶解盐的正、负离子周围，使盐离子运动速度降低、静电引力下降，碰撞结合的机会大大减少，无法形成水垢，而达到防垢的目的；极性水分子，对盐的正负离子吸引力增大，而使已形成的水垢变得松软、龟裂、脱落，达到除垢作用；单个水分子包围水中溶解的氧，防止了氧对金属的腐蚀，也破坏了微生物的生存环境；还利用特定频谱的高频电磁波，穿透微生物的细胞壁，破坏其生长繁殖的酶系统，达到杀菌灭藻的作用。其他的电子式水处理器也有类似的作用，阻止盐类正负离子结合成垢。

物理水处理器运行费用低；管理方便；设备尺寸小，直接安装在管路系统中，不占地或占地面积小；水系统只需加强过滤，而不需排污。电子水处理器具有防垢、除垢、防腐、杀菌灭藻多种功能，很适于在开式的冷却水系统中应用，也适于冷水、热水系统中。这类水处理器应安装在被保护设备前（换热器、锅炉、直燃机等）。当几台设备并联时，可在干管上共用一台除垢器；当几台设备串联时，每台设备的进水管前设 1 台除垢器。

13.12.6 水的除氧

水中的溶解氧、二氧化碳会导致金属的腐蚀（见 13.11.1 节），因此，应进行除气，习惯上称为除氧。尤其是蒸汽锅炉，不断给锅炉补入新水，也就不断地带入气体，给水的除氧更为重要。目前除氧的方法有：1）热力除氧，将水加热，使水中气体迁移到气空间，即降低了水中其他气体的溶解度。2）真空除氧，其除氧的原理与热力除氧相似，不过它是利用真空下使水达到沸腾，增大汽水界面上的蒸汽分压力，从而降低了水中其他气体的含量。3）解析除氧，用不含氧气的气体与水强烈混合，因气体中氧气分压力为零，使水中氧迁移到无氧的气体中。4）化学除氧，用药剂除氧，如水中加入亚硫酸钠（Na_2SO_3），与水中溶解氧化合成硫酸钠（Na_2SO_4）；或用钢屑除氧，水流经钢屑过滤层，使水中的氧与铁发生反应，生成氧化铁，而达到除氧的目的。各种除氧方法都有相应的设备，下面只介绍常用的热力除氧设备，其他除氧设备参阅文献 [16]。

图 13-49 为热力除氧器及系统原理图。待处理的水从脱气塔上部进入，经喷嘴成雾状，先被上升的蒸汽所加热，再经填料层（Ω 形不锈钢圈）继续被上升的蒸汽所加热，水中的气体泄出。蒸汽从脱气塔下部进入，加热被处理水后，残留一些蒸汽与气体一起被排出。为回收排气中的蒸汽，可设排气冷却器，加热待处理的水。排气也可直接排出，但应控制排气阀门的开度，以减少蒸汽的损失。

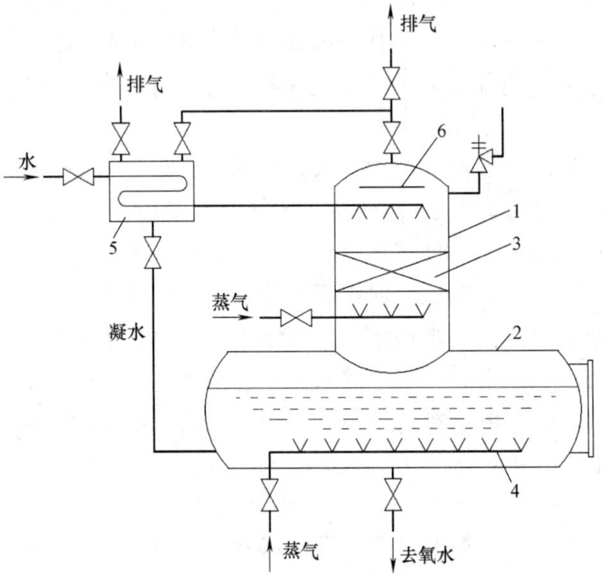

图 13-49　热力除氧器及系统原理图

1—脱气塔；2—水箱；3—填料层；4—再沸腾管；5—排气冷却器；6—挡板

为增加除气效果，可在水箱内设再沸腾管，喷入蒸汽，使水箱内水保持饱和状态，将残留气体进一步分离出来。

13.12.7　排污量计算

排污是控制水质的一种手段，蒸汽锅炉都设有排污系统（参见 13.2.3 节），有连续排污和定期排污。连续排污量根据水中溶解固形物含量或碱度的平衡关系式求得，即

$$(\dot{M}_s+\dot{M}_{b,w})C_w=\dot{M}_{b,w}C_b+\dot{M}_sC_s \tag{13-7}$$

式中　$\dot{M}_s$——锅炉蒸发量，kg/s；

$\dot{M}_{b,w}$——连续排污量，kg/s；

C_w——锅炉给水的溶解固形物含量或碱度，mg/L 或 mmol/L；

C_b——允许的锅炉水的溶解固形物含量或碱度，mg/L 或 mmol/L；

C_s——蒸汽的溶解固形物含量或碱度，mg/L 或 mmol/L。

通常认为蒸汽的 C_s 很小，通常忽略不计（即 $C_s=0$）。而给水由补给水和凝结水组成，若补给水占总水量的份额为 a，则给水的 C_w 应为：

$$C_w = aC_{m,w} + (1-a)C_c \tag{13-8}$$

式中　$C_{m,w}$、C_c——分别为补给水和凝结水的溶解固形物含量或碱度，mg/L 或 mmol/L。

凝结水的 C_c 很小，常被忽略，因此 $C_w = aC_{m,w}$，代入式（13-7），得

$$P = \frac{\dot{M}_{b,w}}{\dot{M}_s} \times 100\% = \frac{aC_{m,w}}{C_b - aC_{m,w}} \times 100\% \tag{13-9}$$

式中　P——连续排污率，%。

应分别按溶解固形物和碱度计算连续排污率，取其中数值较大者。

对于用炉水加药处理的锅炉，一般无连续排污。每次定期排污量 $V_{b,w}$（m^3）按下式计算：

$$V_{b,w} = \frac{V_w(C_{w,s}+g)}{C_{b,s}-(C_{w,s}+g)} \tag{13-10}$$

式中　V_w——排污间隔内的给水量，m^3；

$C_{b,s}$——允许的炉水溶解固形物含量，mg/L；

$C_{w,s}$——给水的溶解固形物含量，mg/L；

g——加入药剂量，mg/L。

冷却塔由于水分不断蒸发，循环水中含盐量将不断浓缩，通过排污降低含盐浓度。冷却水系统含盐量的平衡式为

$$\dot{M}_m C_m = (\dot{M}_c + \dot{M}_b) C_r \tag{13-11}$$

而

$$\dot{M}_m = \dot{M}_e + \dot{M}_c + \dot{M}_b \tag{13-12}$$

式中　$\dot{M}_m$、$\dot{M}_e$——分别为补充水量和蒸发损失水量，kg/s 或 kg/h；

$\dot{M}_c$、$\dot{M}_b$——分别为飘水量和排污量，kg/s 或 kg/h；

C_m、C_r——分别为补充水和循环水的含盐量，mmol/L。

令

$$N = \frac{C_r}{C_m} \tag{13-13}$$

称 N 为浓缩倍数。其中 C_r（允许的循环水的含盐量）和补充水的 C_m 为已知的，即冷却塔的冷却水系统的浓缩倍数是已知的。根据式（13-11）和式（13-12），可求得系统的补充水量为

$$\dot{M}_m = \frac{\dot{M}_e N}{N-1} \tag{13-14}$$

冷却塔的蒸发水量根据冷却水的温降可以计算得到，5℃温差约为冷却塔循环水水量的0.8%左右。计算得到补充水量后，根据式（13-12），就可以计算得到排污量，式中的飘水量可按循环水量的0.2%进行估计。

思考题与习题

13-1　负荷侧变流量、冷源侧定流量的单级泵冷水系统与负荷侧、冷源侧均为定流量的冷水系统的输送能耗哪个大？为什么？

13-2　负荷侧、冷源侧均为定流量的冷水系统，如何控制冷水机组和水泵的运行台数？

13-3　一栋 25 层建筑，层高 3.3m，机房设在地下室，所选用的冷水机组水侧承压能力为 1MPa，用图 13-7 或图 13-8 的冷水系统可行吗？如不行，如何改进？

13-4　同题 13-3，但建筑为 30 层。

13-5　图 13-7 或图 13-8 的水系统，设有冷水机组 3 台，设计工况下冷水供、回水温度为 6℃、13℃，采用回水温度控制冷水机组及相应的泵的停开，问停开冷水机组的温度应为多少？

13-6　负荷侧和冷源侧均为变流量的冷水系统与负荷侧变流量、冷源侧定流量的单级泵冷水系统的旁通管流量调节方法一样吗？

13-7　空气源热泵冷热水机组与辅助热源并联连接的冷热水系统，为什么不能进行空气源热泵冷热水机组与锅炉联合运行模式？

13-8　试画一水-水热泵与辅助热源串联连接的冷热水系统，其中水-水热泵机组有 2 台，燃气锅炉 1 台。

13-9　试绘一以地下水为热源的水环热泵系统原理图，地下水采用间接式系统。

13-10　试把题 13-9 的系统连接上地表水换热器水系统。

13-11　一南方地区建筑，采用土壤源热泵，已知空调系统夏季释热量为 43kW，该建筑前面有宽 30m 的空地，如采用图 13-25（c）的水平式土壤热交换器，估计需要多大土地面积？

13-12　同题 13-11，若采用 U 形管，井深 60m。

13-13　试比较全量蓄冷和部分蓄冷的优缺点。

13-14　试比较水蓄冷和冰蓄冷的优缺点。

13-15　蓄冷水槽有哪几种形式？

13-16　冰蓄冷装置有哪几种类型？

13-17　什么叫外融冰式和内融冰式冰蓄冷装置？常用的是哪种形式，为什么？

13-18　一办公楼 8 时～18 时的冷负荷分别为 920、980、1050、1250、1330、1380、1430、1430、1330、1280、1250kW，8 时冷负荷指 7：00～8：00 的冷负荷，其余类推；采用冰蓄冷空调系统，试确定设备容量，电力谷时段按当地规定或例 13-1 的规定。

13-19　一建筑冬季设计日热负荷如下：

时刻	2	4	6	8	10	12	14	16	18	20	22	24
热负荷(kW)	150	147	143	140	120	102	110	120	127	133	140	147

12 时热负荷指 10：00～12：00 的热负荷，其余类推；电力谷时段为 23：00 到次日 7：00，峰时段为 8：00～11：00 和 18：00～23：00，其余是平时段；该建筑的热源采用电热水锅炉和蓄热罐，蓄热罐的温度为 95～55℃，试确定设备的容量。

13-20　同题 13-19，如果蓄热罐的温度为 130～50℃，试确定其容积。

13-21　冷却塔有哪几种形式？常用哪几种冷却塔？

13-22　某铭牌规格为 200t/h 的冷却塔，若当地夏季湿球温度为 27℃，冷却水温度 $t_1=37$℃，$t_2=31$℃，问该冷却塔实际能够冷却的水量为多少？（可采用任一生产商的冷却塔样本进行核算）

13-23　同 13-22 题，但当地夏季湿球温度为 23℃，冷却水温度 $t_1=32$℃，$t_2=27$℃。

13-24　一冷水机组机房的冷却塔设在室外地坪上，冷却塔水位标高为 1.5m（机房地坪标高为 0），水泵中心标高 0.5m，冷却水温 30/35℃，水泵接在冷水机组冷却出口端。已知水泵的 NPSHr＝

$3.5mH_2O$，冷水机组冷凝器的压力损失为 $7.7mH_2O$，冷却塔到水泵的管路压力损失为 $4.8mH_2O$，水泵入口管段的流速 2.5m/s。问水泵能否出现汽蚀？

13-25 工业锅炉常用水质指标有哪几个？为什么控制这些指标？

13-26 原水的硬度 6.9mmol/L，试换算成 $CaCO_3$ 含量（mg/L）计的硬度。

13-27 试述逆流再生离子交换器的软化与再生的操作过程。

13-28 试述全自动软水器的软化和再生的工作过程。

13-29 水中除氧有哪几种方法？

13-30 某蒸汽锅炉要求炉水的碱度为 12mmol/L，补充的软水碱度为 3.8mmol/L，（未除碱），凝水回收率为 60%，试计算该锅炉的连续排污率。

13-31 上题中，若对软水进行除碱处理，除碱后的碱度为 1.2mmol/L，则锅炉的连续排污率为多少？

13-32 一空调用逆流式机械通风冷却塔，冷却水流量 2000t/h，温降为 5℃，补充水的含盐量 1.2mmol/L，要求循环水的含盐量为 4mmol/L。求补水量和排污量。

本章参考文献

[1] 陆亚俊，马最良，邹平华. 暖通空调（第三版）[M]. 北京：中国建筑工业出版社，2015.

[2] 汪善国. 空调与制冷技术手册 [M]. 李德英，译. 北京：机械工业出版社，2006.

[3] ASHRAE. 地源热泵工程技术指南 [M]. 徐伟，译. 北京：中国建筑工业出版社，2001.

[4] H. 基恩. A. 哈登费尔特. 热泵（第二卷）—电动热泵的应用 [M]. 耿惠彬，译. 北京：机械工业出版社，1987.

[5] 武晓峰，唐杰. 地下水人工回灌与再利用 [J]. 工程勘察，1998，4：37-39.

[6] 邬小波. 地下含水层储能和地下水源热泵系统中地下回路与回灌技术现状. 暖通空调 [J]. 2004，1：19-22.

[7] 于立强，张开黎，李芃. 直埋管地源热泵系统的实验研究 [M]//全国暖通空调制冷 2000 年学术年会文集. 北京：中国建筑工业出版社，2000.

[8] 李元旦，张旭. 土壤源热泵冬季工况启动特性研究 [J]. 暖通空调. 2001，1：17-20.

[9] 周清等. 垂直埋管式换热器及周围土壤温度场的实验研究. 全国暖通空调制冷 2002 年学术年会论文集. 806-809.

[10] 周亚素，张旭，陈沛霖. 土壤源热泵埋地换热器传热性能影响分析. 全国暖通空调制冷 2002 年学术年会论文集. 414-417.

[11] 方肇洪，刁乃仁. 地热换热器的传热分析 [J]. 建筑热能与通风空调. 2004，1：11-20.

[12] 刘宪英，胡鸣明. 地源热泵地下埋管换热器传热模型的综述 [J]. 重庆大学学报. 1999，4：20-26.

[13] H. 艾肯霍尔特. 热泵（第四卷）—电动热泵的安装、运转和保养 [M]. 耿惠彬，译. 北京：机械工业出版社，1990.

[14] 龚宇烈等. 浅层桩埋管换热器实验研究与工程应用. 全国暖通空调制冷 2002 年学术年会论文集. 802-805.

[15] 严德隆，张维君. 空调蓄冷应用技术 [M]. 北京：中国建筑工业出版社，1997.

[16] 解鲁生. 锅炉水处理原理与实践 [M]. 北京：中国建筑工业出版社，1997.

第14章 冷热源系统的监测、控制与运行

14.1 冷热源系统的监测与控制的基本知识

监测与控制的含义是：监测是指在系统运行时对多种参数（流体的温度、压力、流量、热量，电气的电压、电流、功率等）和设备的运行状态（如启、停、事故状态等）进行检测；控制是指对某些运行参数自动地保持规定值或按预定规律变化、设备或控制部件按程序启停、工况自动转换和自动安全保护。监测是操作人员管理系统运行、制定控制策略和实施调节与控制的依据。监测与控制通常又称为自动控制。

监测与控制可分为两类：集中监控系统和就地自动控制系统。集中监控系统是指以微型计算机为基础的中央监测、控制与管理系统，包括管理功能、监视功能、优化控制的多功能系统，它适用于系统规模大、设备台数多、系统各部分之间相距较远的场合。暖通空调系统中应用的集中监控系统主要有集散型控制系统和全分散控制系统，集散型控制系统是指在系统或设备的现场计算机控制器（又称下位机）完成对系统的检测、保护和控制，而由中央监控室的计算机系统实现集中优化管理与控制。这种系统既避免了过于集中带来的风险，又可避免因设备系统分散所造成的人机联系困难和无法统一管理的缺点。全分散控制系统是系统的末端（如传感器、执行器等）都具有通信及智能功能，集中到计算机进行管理与控制。全分散控制系统的中央主机的设置、功能与集散型系统一样，但比集散型系统灵活性大。

集中监控系统的优点有：由于有中央主机统一监控与管理的功能，且有功能强大的管理软件，因而可减少运行管理工作量，提高管理水平；比常规控制系统实现工况转换、调节更为容易；由于可实行优化运行，有利于提高设备或系统的运行效率，有利于节能运行；由于可以点到点通信连接，设备或系统之间的连锁保护、按程序动作更容易实现。当然集中监控系统初投资大，要求运行管理人员的素质高。

有关自动控制系统的组成、基本原理、控制元器件、监测仪表等已在《暖通空调系统自动化》《建筑环境测试技术》中进行系统论述。本章关于自动控制系统的内容主要从冷热源运行的特性对自动控制的要求进行论述。为便于理解以后所述的控制系统，下面简要介绍自动控制系统的基本知识。图14-1为自动控制系统的方框图。调节对象在冷热源系统中可能是锅炉、冷水机组、压缩机、冷却塔、水箱等。被调参数是表征被调对象特征的可以测量的物理量，在冷热源中可以指锅炉或冷水机中的供水温度、锅筒水位、蒸发器液位、压缩机油泵的油压差等。传感器又称变送器、敏感元件，它测量被调参数的大小并输出信号，输出的信号是被调参数的模拟量，如电压、电流、压力等。常用的传感器按被调参数分有温度传感器、压力传感器、压差传感器、流量传感器、冷热量传感器（由温度、流量传感器组成）、液位传感器等。扰动或称干扰、扰量，是指引起被调参数变化

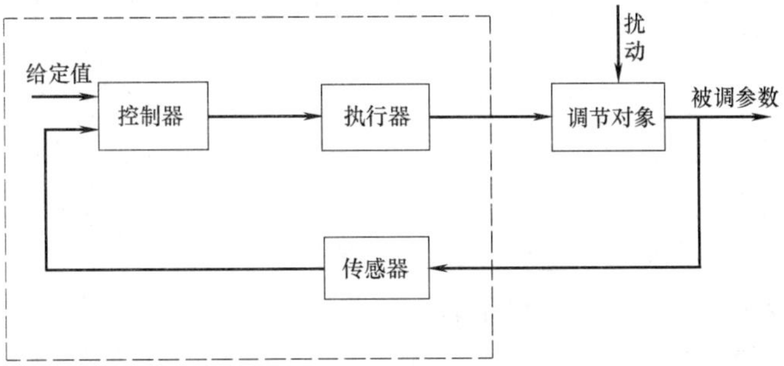

图 14-1　自动控制系统的方框图

的外界因素，如锅炉或冷水机组由于外界负荷的变化而导致出水温度（被调参数）的变化。控制器又称调节器，是自动控制系统中的重要部件，它根据被调参数的给定值与测量值的偏差，按预定的模式对偏差进行计算而给出调节量（输出信号），控制执行器的动作。常用的控制模式有——双位控制（开关控制）；比例（P）控制——调节量正比于偏差；比例积分（PI）控制——调节量正比于偏差与偏差对时间的积分之和；比例积分微分（PID）控制——调节量正比于偏差、偏差对时间的积分与偏差对时间的导数之和；除此外，还有三位控制、无定位控制、步进控制等。目前有多种参数（温度、压力、压差、液位等）不同控制模式的控制器供用户选用。其中一类控制器，它接收模拟量信号，给执行器输出模拟量信号，这类控制器广泛用于就地自控系统中。例如温度开关（双位控制的控制器），压差控制器（可用于单级泵变流量系统中调节旁通流量，参见 13.3.3 节），通用型的 PI 控制器（可供温度、压力等参数的控制）等。另一类控制器利用微处理技术的控制器，称直接数字式控制器，常写为 DDC 控制器（DDC 是 Direct Digital Control 的缩写）。DDC 控制器中有模拟量（A）与数字量（D）之间的转换器，即 A/D 转换器和 D/A 转换器。DDC 控制器输入和输出信号可以是模拟量或数字量，当输入量为模拟量时，用 A/D 转换器转换成数字量，然后进行运算和处理；当执行器接收信号是模拟量时，用 D/A 转换器将数字量转换成模拟量后再输出。一些自控设备制造商供应有暖通空调控制专用的 DDC 控制器。这些控制器中通常有多种控制模式（P、PI、PID、双位控制等），可以有联动控制、延时控制、运行模式切换、逻辑推理、冷热量计量、超限报警等功能，还有显示器、打印机接口等。上述的集中监控系统就必须用 DDC 控制来实现。执行器是接受控制器信号对调节对象实施调节，其调节量的作用与干扰相反，以使被调量趋向设定值。执行器由两部分组成：执行机构和调节机构。例如电动调节阀，由 24V 同步电机和阀门（二通或三通）组成，同步电机是执行机构，它接受控制器的信号而转动一个角度；使阀门（调节机构）开大或关小，实现了介质流量的调节。图 14-1 中虚线方框就表示了自控系统的基本组成，箭头表示了信号传递方向。

传感器、控制器、执行器可以是三个独立部件，也可以由 2 件或 3 件组成一个设备。传感器与控制器组合，仍称控制器。例如，制冷机中常用的高低压力控制器（也称高低压力继电器），它是由压力传感器和双位控制器所组成，当压缩机吸气压力过低或排气压力过高就发出信号使压缩机停机。浮球阀实际上就是一个比例控制的自控设备，浮球（传感器）感应水位的变化，它作用到杠杆的一端（控制器的输入）使另一端按比例升降（输出），使阀门的阀杆上下移动，改变阀孔的开启度，即调节了输入水箱的水量。浮球阀动作不需要外部动力（如电或压缩空气），是依靠浮球的浮力实现的，属于自力式控制设备。

14.2　冷源系统的监测与控制

14.2.1　蒸气压缩式制冷机主要设备的自动控制

压缩机是制冷机中的主机，控制压缩机的排气量，实质上调节了制冷机的制冷量。各种制冷压缩机排气量的调节方式不同（见 3.2 节～3.7 节），它们实现自动控制的方法也有所不同，下面介绍一些压缩机的自动控制原理。

小型往复式、滚动转子式、涡旋式压缩常用停/开的双位控制进行制冷量的调节。这种由小型压缩机所组成的制冷机（如空调器、冰箱、冷藏柜等），通常只有一机、一蒸发器、一冷凝器。因此，对压缩机进行的停/开控制实质上也是对整个制冷机的控制。通常是直接根据被冷却物或空间的温度（如房间温度、冷藏室温度）对压缩机进行控制，可采用带温度传感器的温度控制器（又称温度开关或温度继电器）直接控制压缩机电机的停开。容量稍大一些的制冷机，经常同时控制蒸发器供液管上的电磁阀的启闭。当压缩机停机时，电磁阀关闭，以防下次启动时蒸发器内液体过多而发生湿压缩。另外压缩机电机还设有短路保护（一般用熔断器）和过载保护（用热继电器）。

对于多缸往复式压缩机，采用气缸卸载调节制冷量，可以通过自动控制气缸的卸载实现对压缩机能量的自动调节。图 14-2 为 6 缸往复式压缩机自动控制原理图。为表示清楚，将在压缩机内部的油缸卸载系统画在压缩机外部。当油缸中不供压力油时，气缸的吸气阀片被顶起，气缸卸载；反之，给油缸供压力油，气缸工作（参见 3.2.1.5 节）。6 缸压缩机中有 2 个气缸是基本工作缸，它们的油缸始终与供油管接通；而其余 4 个缸是调节气缸，分 2 级，分别为油缸 2 和油缸 4。它们的供油分别由电磁滑阀 V1、V2 所控制。当电磁滑阀 V1 通电，c-d 成通路，由油泵供出的压力油经电磁滑阀供入油缸 2，气缸工作；当电磁滑阀 V1 失电，d-e 接通，油缸 2 内的油经电磁滑阀 V1 返回压缩机。两个电磁滑阀的供油通道和回油通道是连通的。当电磁阀 V2 通电，f-g 成通路，压力油供入油缸 4；V2 失电，g-e 接通，油缸 4 内油返回压缩机。当压缩机刚启动时，油压尚未建立，基本工作缸也呈卸载状态，因此，保证了启动时所有气缸都卸载。图 14-2 所示的压缩机能量调节（工作气缸数）根据吸气压力来控制。因为吸气压力反映了蒸发压力，

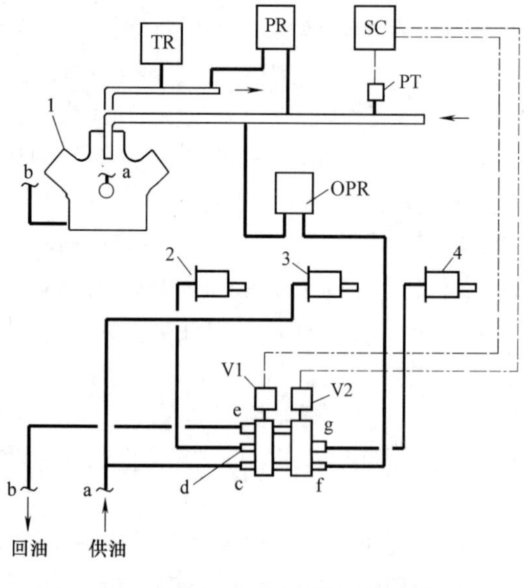

图 14-2　6 缸往复式压缩机自动控制原理图

1—压缩机；2、3、4—油缸；V1、V2—电磁滑阀；PT—压力传感器；TR—温度继电器；SC—步进控制器；PR—高低压继电器；OPR—油压继电器；点画线为信号线

当蒸发器负荷下降，吸气压力就下降；反之，蒸发器负荷增加，吸气压力就升高。当压缩机启动后并达到全速运转时，油压上升，使2个基本工作缸投入工作。若压力传感器测得吸气压力位于设定的上、下限值之间，即表示压缩机的容量与负荷相适应。若吸气压力上升到高于设定的上限值时，则步进控制器使电磁滑阀V1通电，投入一组气缸（2个）工作，容量增加33%；如果仍不满足负荷要求，吸气压力仍高于设定的上限值，步进控制器使电磁滑阀V2通电，又投入一组气缸（2个）工作。反之，当吸气压力低于设定的下限值时，则减少一组气缸（2个）工作。随着负荷的下降，最终使压缩机停机。为不使气缸频繁地卸载和加载，当吸气压力达到上限值或下限值时，延时（可设定）后再增加或减少一组气缸（2个）的工作。多缸往复式压缩机也可根据被冷却物的温度来调节气缸工作的缸数。

图14-2的压缩机自动控制系统中还有安全自动保护系统。压缩机排气压力过高、吸气压力过低、油压过低或排气温度过高都是运行不正常状态，有时会产生事故。例如油压过低，压缩机可能因润滑不好而损坏；吸气压力过低，可能会使被冷却的液体或水冻结。因此在压缩机上通常会设有高低压继电器PR（又称高低压控制器，双位控制）保护压缩机的排气压力不过高，吸气压力不过低；油压继电器OPR（又称压差控制器，双位控制）保护油泵供油压力（油泵出口压力与吸入口压力之差）不过低；温度继电器TR（又称温度控制器，双位控制）保护排气温度不过高。当排气压力或温度超过设定值、吸气压力或油压低于设定值时，继电器中开关断开，使交流接触器（控制压缩机电机主电路通断的设备）控制线路断开，压缩机停机。另外，电机还设有短路保护和过载保护。为监视运行中压缩机工作状态，通常在压缩机上设有检测仪表。如在吸、排气口设压力表，油泵出口设油压表，排气管上设温度计。

螺杆式压缩机的自动能量调节通常是由自动控制滑阀或柱塞阀来实现的。图14-3是三种滑阀控制方案。图14-3（a）为用4个电磁阀进行无级能量控制。当电磁阀V1、V2关闭，V3、V4开启，油活塞带动滑阀向右移动，旁通口开启，部分气体返回吸气端，压缩机卸载；当V1、V2开启，V3、V4关闭，油活塞带动滑阀向左移动，压缩机加载；当V1、V2、V3、V4都关闭，滑阀定位。图14-3（b）为用2个电磁阀进行无级能量控制。当电磁阀V1开启，V2关闭，油活塞带动滑阀向左移动，压缩机卸载；当电磁阀V1关闭，V2开启，滑阀在制冷机压差（滑阀的左边是高压排气侧，右侧是低压吸气侧）作用下向右移动，油活塞右侧的油经V2返回吸气口，压缩机加载；V1、V2都关闭时，滑阀

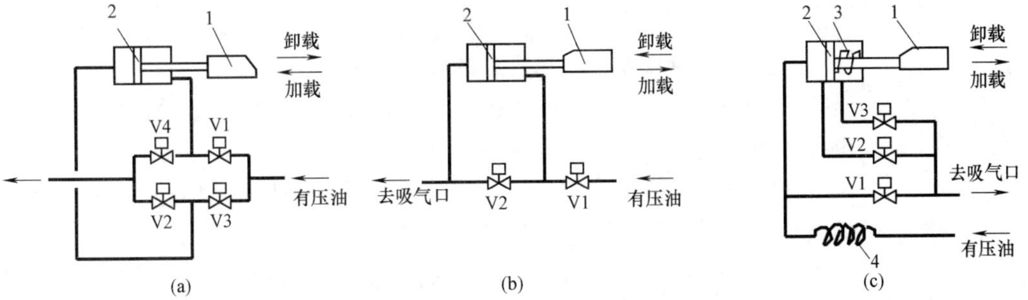

图14-3　螺杆式压缩机的滑阀控制方案

（a）4个电磁阀无级控制；（b）2个电磁阀无级控制；（c）分级控制

1—滑阀；2—油活塞；3—弹簧；4—毛细管；V1、V2、V3、V4—电磁阀

定位。图 14-3（c）为分级（例如把能量分成 4 级：20%、40%、70%、100%）控制。当电磁阀 V1、V2、V3 均关闭时，油压推动油活塞向右移动到极限位置，旁通口关闭，压缩机全负荷运行；当 V3 开启，V1、V2 关闭，油活塞在弹簧力作用下向左移动，油缸内的油经 V3 返回吸气口，直到油活塞把油缸上回油孔（该孔与装有 V3 的回油管相连）遮挡住为止，此时压缩机容量降到 70%；当 V2 开启，V1、V3 关闭，油活塞移动到回油管（装有阀 V2）与油缸连接处，压缩机容量降到 40%；当 V1 开启，V2、V3 关闭，有压油经 V1 返回吸气口，滑阀处于旁通口全开位置，压缩机容量降到 20%；油管上装毛细管的作用是，在油流动时，对有压油节流，以减小作用在油活塞上的压力。上述 3 个控制方案，都可采用温度控制器或 DDC 控制器根据被冷却物的温度对电磁阀的启闭进行自动控制。

离心式压缩机大多采用叶轮入口导叶开度调节能量。可以采用温度控制器或 DDC 控制器根据被冷却物温度控制导叶的伺服电机（执行机构），自动调节导叶（调节机构）的开度，实现自动调节压缩机的能量。

制冷剂中的蒸发器是传递制冷量的设备，蒸发器调节的主要任务是使蒸发器的制冷量适应负荷的变化。随着负荷的变化，压缩机卸载或加载，蒸发器要求供液量减少或增大，这时具有自动调节功能的节流机构（如热力膨胀阀、电子膨胀阀、浮球膨胀阀）满足了蒸发器对供液量变化的要求。

制冷机中冷凝器的工作应当与压缩机容量相匹配。系统设计时，冷凝器都是按压缩机最大容量及不利工况下选配的。在实际运行时，系统通常是在部分负荷下运行，而冷却条件也得到改善（冷凝器入口的冷却水温度或空气温度下降），冷凝器的能力将大于其冷凝负荷，导致冷凝压力（温度）降低。这对于制冷系统来说，性能将得到改善，但是冷凝压力过低时，会使膨胀阀通过能力下降，从而导致蒸发器供液量不足。因此，也需调节冷凝器的能力，使冷凝压力不低于设定值。对于水冷式冷凝器，可以通过对冷却水系统的水量和温度的控制来实现（参阅 13.10 节）。对于风冷式冷凝器，通过改变风量来调节。方法之一是冷凝器风机的电机采用变速电机，利用压力控制器根据冷凝压力控制电机的转速。冷凝器有多台风机时，可以停开部分风机来调节风量，如图 14-4 所示的调节方案，步进控制器根据压力传感器测得的冷凝压力分级停开冷凝器中的风机，使冷凝压力保持在一定范围内。

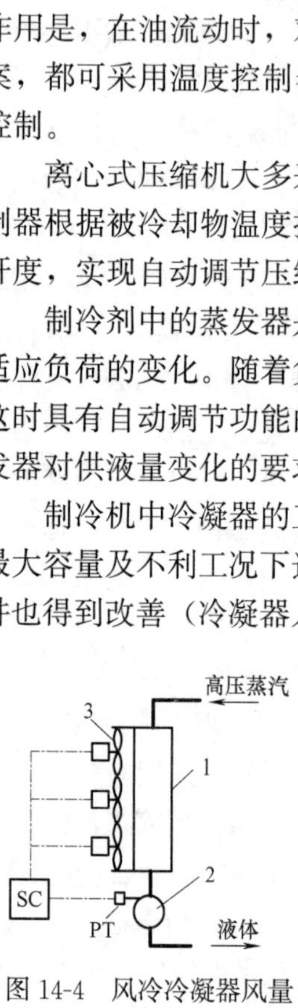

图 14-4　风冷冷凝器风量控制原理图

1—冷凝器盘管；2—储液器；3—风机；其他符号同图 14-2

14.2.2　冷水机组的监测与控制

冷水机组的种类很多，各企业所制造的机组的控制系统也都不完全相同，但也有很多共同点。这里作为例子介绍两个冷水机组的控制方案。

图 14-5 是水冷式单螺杆冷水机组的控制原理图。半封闭单螺杆式压缩机的排气端装有油分离器。压缩机的电机采用喷制冷剂液体冷却，由电磁阀 V4 控制；当压缩机启动时，电磁阀 V4 得电开启。压缩机的容量分 4 级进行控制，由温度控制器根据冷水温度（由热敏电阻传感器测量）控制电磁阀启闭，使滑阀处于不同位置，控制原理同图 14-3（c）。例如，在启动时，V1 得电开启，V2、V3 失电关闭，压缩机容量最小；V1、V2、V3 都关闭，压缩机全负荷运行。机组中还设有各种安全保护：高低压继电器保护高压不

过高，低压不过低；冷水管上的温度继电器保护水温不过低，以免发生冻结危险；压缩机排气管上的温度继电器防止排气温度过高；上述继电器所保护参数达到设定值时，将使压缩机电机启动器的控制线路失电而停机；冷凝器上设有易熔塞，当冷凝温度过高时，易熔金属熔化，制冷剂泄出。除此之外，电路中还设有过载保护、反相保护、短路保护（在图上未表示）等。机组控制系统中还有与冷水泵、冷却水泵连锁的接点，以使它们连锁运行。在压缩机的油槽内设有电加热器，在压缩机停机时，保持一定油温，减少润滑油溶入制冷剂。

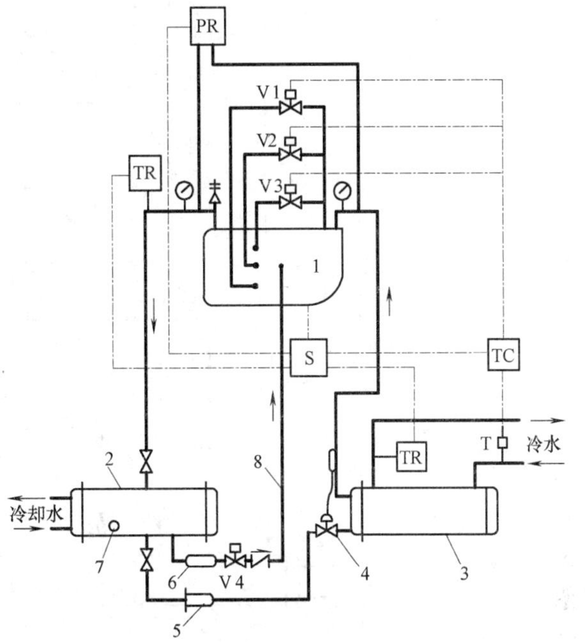

图 14-5 水冷式单螺杆冷水机组控制原理图

1—单螺杆压缩机；2—冷凝器；3—蒸发器；4—膨胀阀；5—干燥过滤器；6—过滤器；7—易熔塞；8—喷液管；PR—高低压继电器；TR—温度继电器；TC—温度控制器；T—温度传感器；S—启动器；V1、V2、V3、V4—电磁阀；点画线为信号线；粗线为管线

图 14-6 为一采用微处理控制器的水冷离心式冷水机组控制原理图。图中只表示了容量控制、部分安全保护控制的仪表及控制信号关系。半封闭离心式压缩机的电机采用喷制冷剂液体冷却，图中冷凝器到压缩机电机的喷液管上设有节流孔板，蒸发的蒸气由电机返回蒸发器（图中未表示）；喷液管上有一支路用于冷却润滑油（图中未表示）。压缩机启动时，必须与冷却水、冷水的水泵和冷却塔连锁，因此，启动柜控制线路分别与冷水泵、冷却水泵、冷却塔风机的启动器相连。压缩机启动时，按设定的延时，依次启动水泵（冷水和冷却水），冷却塔风机，油泵，然后是压缩机。停机时，压缩机先停，然后水泵、冷却塔风机和油泵一起停止。在冷水管和冷却水管上设有进出口水温的温度传感器和流量继电器（或称流量开关）。流量继电器在水断流时关闭压缩机。在制冷系统中设有冷凝压力、蒸发压力、油压的压力传感器，排气温度、蒸发温度、润滑油温度的温度传感器。电机中也埋有温度传感器。所有这些传感器的信号引到 DDC 控制器中。制冷量根据冷水温度控制入口导叶的电机调节导叶开度来实现。冷水温度通常维持在设定值的一定公差范围内，当超过这一公差时，DDC 控制器指令导叶电机开大或关小导叶开度；温度处于公差范围时，导叶保持原来的开度。控制系统中对机组有多种保护功能，如冷凝压力过高，蒸发压力过低，排气温度过高，蒸发温度过低，油压过低，油温过高，电机内温度过高，电机过载，电压过高或过低等。有些保护设有预警限值，达到此限值时，预报警，达到上限值时即关机。例如，油温过高先预警，管理人员可调节油冷却系统，使油温下降。其中有些保护，系统首先采取保护性调节，当无效时，才停机。例如，蒸发压力过低、冷凝压力过高、电机过载或温度过高时，首先限制导叶开大，不再给压缩机加载，如果所控制的参数继续恶化，指令导叶关小，给压缩机卸载。若能恢复正常，则指令导叶按负荷（冷水温度）的变化正常开大或关小。如

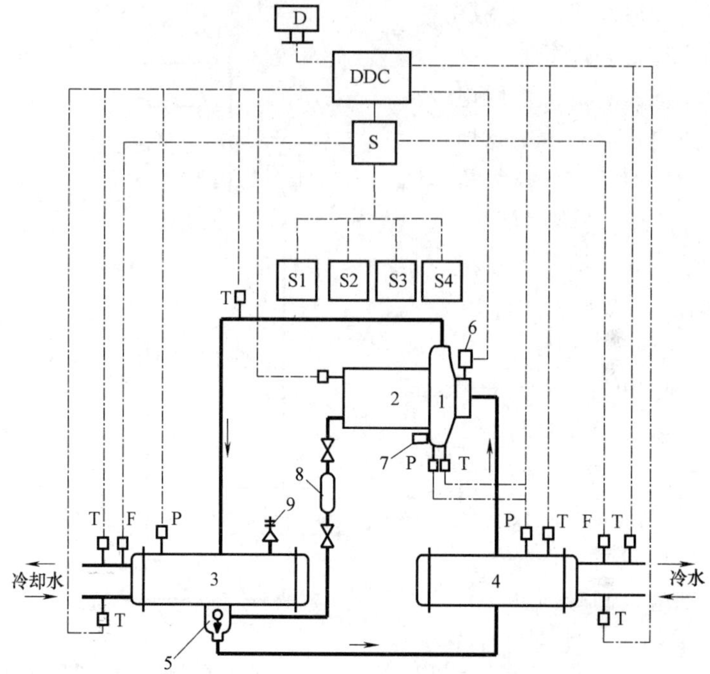

图 14-6　水冷离心式冷水机组控制原理图

1—离心式压缩机；2—电机；3—冷凝器；4—蒸发器；5—浮球阀；6—入口导叶电机；7—油泵及电机；8—干燥过滤器；9—安全阀；DDC—直接数字式控制器；D—显示屏；S—主机启动柜；S1—冷水泵启动器；S2—冷却水泵启动器；S3—冷却塔风机启动器；S4—油泵启动器；T—温度传感器；P—压力传感器；F—流量继电器

状况继续恶化，所控参数达到一定限值时指令压缩机停机。

控制系统中设有显示屏，显示机组运行时各检测点的参数，如冷水和冷却水进出口温度、蒸发温度、冷凝温度、油压和油温、电机电流、输入功率等。安全保护达到限值时，显示故障的信息。机组上的DDC控制器留有接口，可与空调系统的控制系统或楼宇中央监控系统连接。

14.2.3　冷水系统的监测与控制

冷水系统的形式不同，其监控方案也不同，这里介绍比较常用的负荷侧变流量的单级泵系统（参见图 14-7）和双级泵系统（参见图 14-8）的控制方案。

图 14-7 为负荷侧变流量、冷源侧定流量的单级泵系统的控制原理图。当负荷减小时，负荷侧盘管的两通阀关小或关闭，水系统供回水管间压差增大，压差控制器根据这压差信号，开启或开大供回水干管间的电动调节阀，使供回水管间的压差恢复到设定的压差值范围内。保持集水器与分水器之间的压差不变，就保持了泵的流量（即是冷水机组的流量）不变。冷水机组运行台数的控制有多种（参见 13.3 节）。这里介绍用回水温度控制的方法。由于旁通了部分冷水，使回水温度降低，回水温度的变化也表示了负荷的变化。假设图 14-7 所示系统的供回水温度为 7/13℃（温差 6℃），当回水温度为 11℃时，即表示负荷减少了 1/3。为防止冷水机组频繁启停，当负荷减小了 1 台冷水机组容量的 110%时才关闭冷水机组。温度传感设定值为 10.8℃，步进控制器按此温度关闭 1 台冷水机组、冷水泵、电动阀及相应的冷却塔和冷却水泵，这时 2 台机组均在 95%的负荷下运行。当 2 台

冷水机组运行时，负荷下降，回水温度降到9.7℃时，由步进控制器再关闭1台冷水机组、冷水泵、电动阀及相应的冷却塔和冷却水泵，这时1台冷水机组在90%的负荷下运行。反之，若只有一台冷水机组运行，当负荷增长，回水温度达到13.6℃时，表示1台冷水机组已超负荷(110%)运行，则增开一台冷水机组（在之前应先开电动阀、冷水泵和相应的冷却塔及冷却水泵，下同)。这时2台各在55%以下运行；如负荷继续增加，回水温度升到13.3℃，再增开1台冷水机组，每台冷水机组的负荷为70%。冷水机组自带的控制系统调节能量保持冷水供水温度恒定。

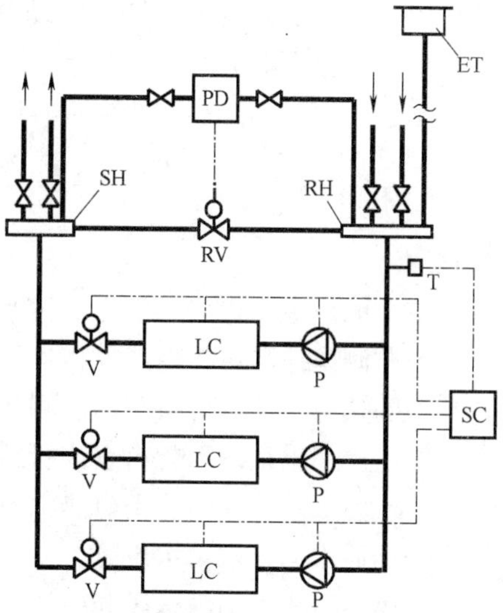

图14-7 负荷侧变流量、冷源侧定流量的单级泵系统的控制原理图

LC—冷水机组；P—冷水泵；RV—电动调节阀；PD—压差控制器；T—温度传感器；SC—步进控制器；V—电动阀；ET—膨胀水箱；SH—分水器；RH—集水器

图14-8为负荷侧变流量、冷源测定流量的双级泵系统的控制系统原理图。该系统分2个区，有2个子系统，分别由二次泵供应冷水。系统采用直接数字式控制器进行控制。二次泵变频调速控制供水量，根据每个子系统供回水干管末端的压差进行控制。末端的压差保持一定，以使子系统的各冷却盘管有足够的资用压力。当系统负荷变化时，各子系统末端的压差传感器把压差的变化信号传递到直接数字式控制器（DDC控制器），再指令变频调速器改变水泵电机的转速，使末端压差维持在设定值。若二次泵的出口又分出几个分支管时，则可根据二次泵出口干管与回水干管之间的压差控制流量，但所设定压差要大些。冷源侧冷水机组的增减，根据实测负荷来确定。在回水总管上设流量传感器和在供回水总管上各设一个温度传感器，其信号均传输到DDC控制上。DDC控制器计算系统的负荷，决定增减冷水机组。当负荷减少1台冷水机组容量的110%时，停开一台冷水机组，反之，当负荷增加1台冷水机组容量的110%时，增开一台冷水机组。若各冷水机组也由DDC控制器控制，则系统的DDC控制器指令冷水机组启、停，由冷水机组的DDC控制器按既定程序关闭或启动水泵、电动阀门、冷却塔风机等。如冷水机组为一般的控制系统，则DDC控制器按程序关闭或启动各设备。停机程序是：冷水机组先停，然后其他设

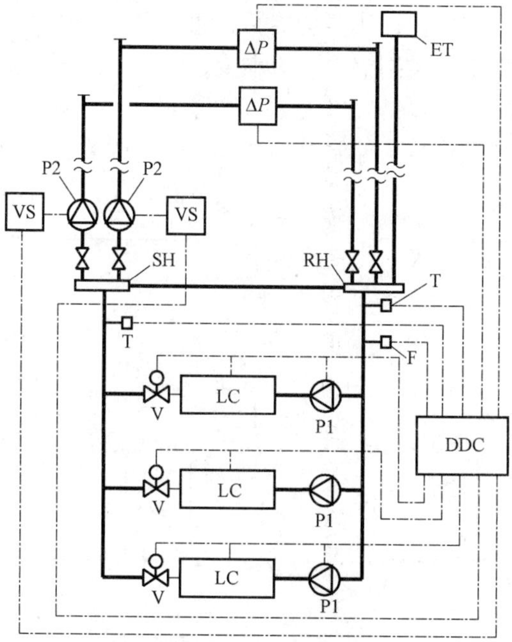

图14-8 负荷侧变流量、冷源侧定流量的双级泵系统的控制原理图

ΔP—压差传感器；P1—一次泵；P2—二次泵；VS—变频调速器；DDC—直接数字式控制器；其他符号同图14-6、图14-7

备停或关闭；启动程序是：打开电动阀门，启动冷水泵、冷却水泵，延时启动冷却塔风机，再延时启动冷水机组。

14.3　热源系统的监测与控制

14.3.1　概述

建筑中的热源有锅炉、热泵、直燃机、太阳能、余热等。其中热泵实质上是制冷系统，它的监测与控制与制冷系统相类似。各种热源的控制各有特点，本节主要介绍目前用得比较多的热源（锅炉机组）的监测与控制。

锅炉由汽、水系统和燃料系统所组成，它们需要监测与控制的参数如下：

（1）汽、水系统　锅炉出口热水或蒸汽的温度、压力和流量；锅炉进水温度、流量；蒸汽锅炉锅筒水位，水箱水位等。

（2）燃料系统　锅炉送风和引风的风量、风压；炉膛负压；排烟温度、含氧量和污染物浓度；燃煤锅炉的给煤量、炉排运行速度；燃油燃气锅炉的燃油或燃气量、压力，日用油箱油位，重油油温等。

下面分别讨论锅炉中某些主要参数的自动控制。

14.3.2　蒸汽锅炉给水量自动控制

蒸汽锅炉向外供出蒸汽，同时必须向锅炉给水。热用户的蒸汽用量是变化的，即负荷是变化的。应对锅炉的给水量进行调节，使它时时与供汽量相平衡。如果给水量不足，锅筒内的水位将不断下降，水位太低，会破坏汽、水正常循环，以致烧坏受热面。给水量过多，锅筒水位将升高，水位太高，供出的蒸汽带水，过热器会结垢。如何实现对给水量的自动控制呢？最简单的办法是根据锅筒水位的变化控制锅炉的给水量。因此，给水量调节也称锅筒水位调节。图 14-9 给出了 3 种给水量自动调节方案的原理图。图 14-9（a）为最简单的控制方案，水位控制器根据水位传感器的信号，控制电动调节阀开大或关小。当水位升高，电动调节阀关小，减少给水量；反之，当水位下降，电动调节阀开大，增大给水

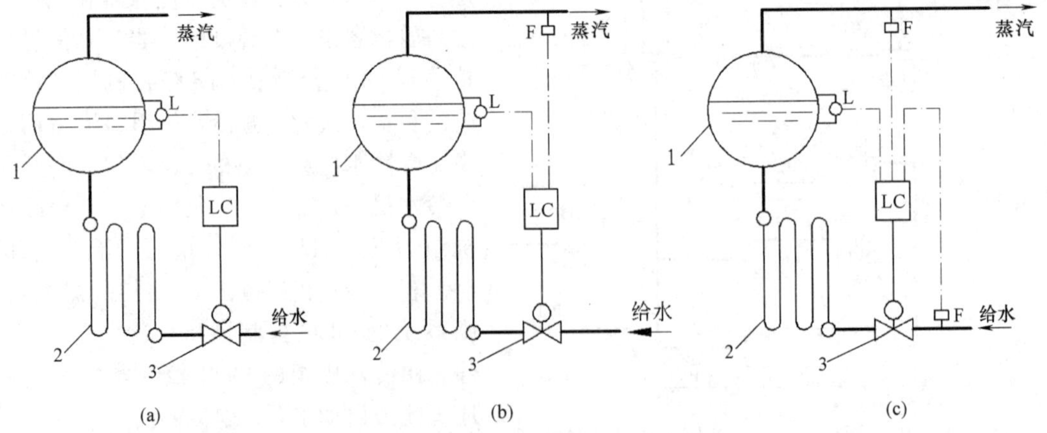

图 14-9　给水量自动调节原理图

（a）单冲量调节；（b）双冲量调节；（c）三冲量调节

1—锅筒；2—省煤器；3—电动调节阀；F—流量传感器；L—水位传感器；LC—水位控制器

量，从而使水位维持在一定的范围内。由于锅筒的水位不只受给水量与负荷的影响，因此，有时会出现误动作。例如当负荷突然增加，锅炉内汽水混合物中气泡增加很快，其容积增大，这时锅筒水位非但未降，反而有所上升，延迟一段时间后，水位才下降。这种暂时出现的“虚假水位”会导致负荷突然增加时，电动调节阀反而关小的误动作，扩大进、出口流量的不平衡。又例如，由于某种原因，锅炉的给水量突然增加了，理应水位上升，自动控制系统关小阀门，但进入的冷水增多，会使汽水混合物中的气泡减少，水位反而可能下降。这种“虚假水位”也会使自动系统产生误动作。图 14-9（a）的自动调节系统虽然简单，但对于“虚假水位”较严重的锅炉，调节质量不高。这种调节系统可用于负荷比较平稳、“虚假水位”不明显的小型锅炉。

图 14-9（b）为双冲量自动调节系统。水位控制器接收水位和蒸汽流量两个信号，再对电动调节阀发出调节信号，故称双冲量调节。蒸汽流量为前馈信号，当蒸汽流量增加时，就有一个与之相适应的使电动调节阀开大（给水量增加）的调节信号。这样就可以有效地减小或抵消由于“虚假水位”现象而使给水量与蒸发量向相反方向变化的误动作，使调节阀一开始就向正确的方向动作，从而减少了给水量和水位的波动，缩短了调节时间。双冲量给水自动调节系统可以使水位较稳定，调节质量好，在负荷变化较频繁时，能较好地完成调节任务。一般适用于有一定“虚假水位”现象的中、小型锅炉，容量宜在 30t/h 以下。

现代大、中型锅炉“虚假水位”现象比较严重。当几台锅炉并联运行时，极易发生水位调节的互相干扰，例如，某台锅炉的给水量改变时，可引起给水母管的压力波动，从而使其他锅炉的给水量受到扰动。双冲量给水自动调节系统不能很好地解决上述问题，因此，在双冲量给水自动调节系统的基础上，再引入给水流量信号。由水位、蒸汽流量和给水流量构成的给水调节系统，称为三冲量给水自动调节系统，如图 14-9（c）所示。蒸汽流量信号作为前馈信号，用来克服负荷变化引起的“虚假水位”所造成的调节器误动作，改善负荷扰动下的调节质量，给水流量信号作为反馈信号，用以迅速消除给水侧的扰动，稳定给水流量，水位信号作为主信号，用以消除各种内、外扰动对水位的影响，保证水位在允许的范围内。

三冲量给水自动调节系统比双冲量给水自动调节系统多了一个给水量信号，其优点在于能快速消除给水侧的扰动。当由于给水母管或锅筒压力变化而使给水量增加时，给水量的变化立即引起调节器动作，使给水量很快恢复到原来值。因此，三冲量给水自动调节系统有效地改善了调节质量。目前大、中型锅炉的给水自动调节普遍采用三冲量给水自动调节系统。

14.3.3 蒸汽过热度自动调节

建筑热源通常供应饱和蒸汽，但工业建筑中的热源，为满足某些工艺要求，需供应过热蒸气。锅炉供应的过热蒸汽如果温度太高，容易烧坏过热器；温度太低，可能不符合使用要求。因此，需对过热蒸汽温度进行调节。图 14-10 为两种比较简单的过热蒸汽温度自动调节原理图。图 14-10（a）是利用减温器调节过热蒸汽的出口温度，减温器设在两级过热器中间，用喷水的方法将进入第二级过热器（图中表示的过热器）的蒸汽温度降低。温度控制器（调节器）根据过热器出口的蒸汽温度控制电动调节阀的开度，改变喷水量，以控制进入第二级过热器的蒸汽温度，从而控制了过热器出口的蒸汽温度。这种调节系统简

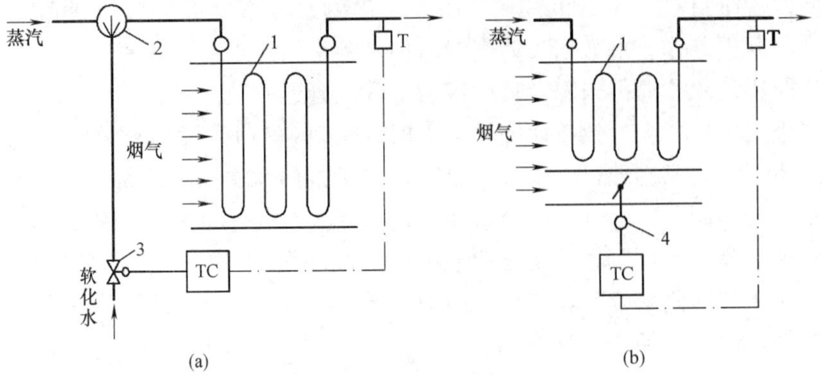

图 14-10　过热蒸汽温度自动调节原理图

(a) 减温器调节；(b) 烟气旁通调节

T—温度传感器；TC—温度控制器

1—过热器；2—减温器；3—电动调节阀；4—电动调节风门

单，但调节质量不理想，因为蒸汽出口温度是通过改变过热器入口温度实现的，滞后大，容易产生过度调节。

图 14-10（b）是烟气旁通调节蒸汽出口温度。温度控制器根据蒸汽出口温度调节过热器旁通道的电动风门，以改变通过过热器的烟气量，从而调节了过热器出口的蒸汽温度。这种调节方案的调节质量优于图 14-10（a）的调节方案。但电动风门长期在高温下工作，可靠性较差。

14.3.4　锅炉燃烧过程的自动控制

锅炉燃烧过程自动调节的基本任务是使燃料燃烧所提供的热量适应负荷的需要，同时保证经济燃烧和安全运行。蒸汽锅炉燃烧过程自动调节的具体任务可归纳为如下三个方面：

（1）维持气压恒定

锅炉在运行中蒸汽负荷是经常发生变化的，这样就必须随负荷的变化及时调节供给锅炉的燃料量，以适应负荷的需要。在蒸汽锅炉中，进出热量的平衡可用蒸汽压力来表征，所以负荷调节就是压力调节，而压力调节则是通过调节燃料量来保持压力恒定。

（2）保证燃烧的经济性

最经济的燃烧工况，应是燃料量和送风量之间有合适的比例。这个比例的指标就是过量空气系数，即保持过量空气系数为一定值，从而保证了燃料燃烧的经济性。

（3）维持炉膛负压恒定

锅炉的送风量和引风量是否适应是以炉膛出口的负压来衡量的。对负压锅炉，一般维持炉膛出口负压在 3～4mmH_2O。它是通过调节引风量保持被调量炉膛出口负压为一定值的。

对于每台锅炉，燃烧过程的这三项具体任务都是紧密联系的。通常可以用三个控制器来调节燃料量、送风量和引风量，以维持三个被调量：气压、过量空气系数（或最佳含氧量）和炉膛出口负压。炉膛出口负压一般采用压差传感器（变送器）测量；过量空气系数与烟气中的含氧量有比较恒定的关系，因此用含氧量传感器（氧化锆氧量计）测量烟气中的含氧量作为过量空气系数信号。锅炉燃烧过程的调节方案有燃料—风量调节、热量—风量调节、氧量信号调节等。燃料—风量调节是根据蒸汽压力控制燃料量，根据燃料量和过剩空气系数控制送风机的送风量；而由炉膛出口负压控制引风机的烟气量。这是比较简单的调节方案，但燃料量难于测量，一般都是由间接方法测量，如给料机的转速、挡板开度等，准确度低；而且只按理论上的过剩空气系数控制燃料量，未能真正保证燃烧的经济性。热量—风量调节系统是以测量锅炉的产热量作信号，它既直接测量了锅炉的负荷，又间接代表了燃料量，因燃料量与负荷成确定的比例关系。氧量信号调节实质上是在其他调节的基础利用氧量计校正过剩空气系数，以保证燃烧的经济性。图 14-11 为固体燃料蒸汽锅炉氧量计燃烧过程自动调节原理图。图中蒸汽锅炉是链条炉排炉。锅炉的燃料量通过链条的运动速度来控制。拖动链条运动的速度由电磁转差离合器控制器控制离合器实现。

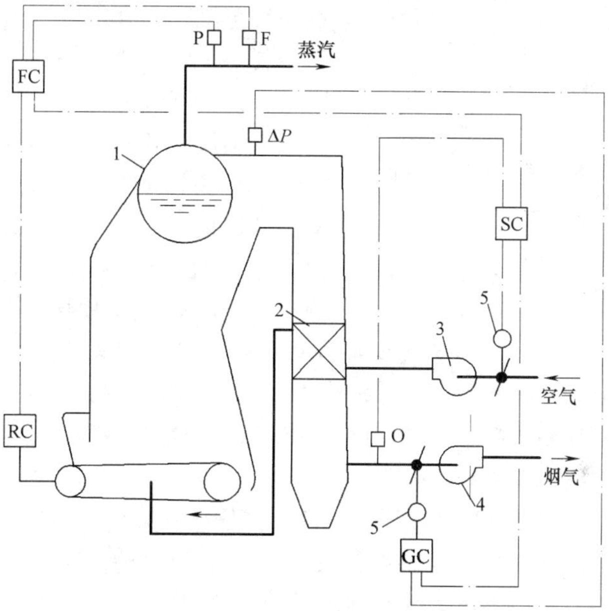

图 14-11　固体燃料蒸汽锅炉氧量计燃烧过程自动调节原理图

1—蒸汽锅炉锅筒；2—省煤器；3—送风机；4—引风机；5—电动调节风门；
ΔP—压差控制器；O—含氧量传感器；FC—燃料控制器；SC—送风控制器；GC—烟气控制器；
RC—电磁转差离合器控制器；其他符号同图 14-10

蒸汽出口管上装有流量和压力传感器。蒸汽流量也代表锅炉的出力（供热量）。燃料控制是根据压力和流量信号，通过转差控制器控制链条的运动速度，即控制燃料量。送风量的调节用送风控制器根据含氧量对电动调节风门进行调节实现的；但含氧量的变化滞后于燃料量的变化，因此，用燃料控制器的信号对送风量进行前馈控制。同理，烟气量的调节用烟气控制器根据压差传感器（炉膛负压）与送风控制器的信号对电动调节风门进行调节实现的。

上述分析了一台锅炉的控制方案。对于多台并联运行的蒸汽锅炉，应在母管上设压力与流量传感器，即测量系统总负荷的变化，然后对负荷进行分配。分配的原则上，通常是效率最高的锅炉满负荷工作，而剩余负荷分配给其他锅炉。这样需要主控制器，指挥变负荷的锅炉按各自的负荷调节燃料量、送风量和烟气量。

对于热水锅炉，通常要求锅炉热水出口温度保持一定值，而供热量可以测量热水流量与供回水温差确定。因此，热水锅炉的燃烧自动调节可以用类似的控制方案，根据热量、风量与含氧量进行控制。

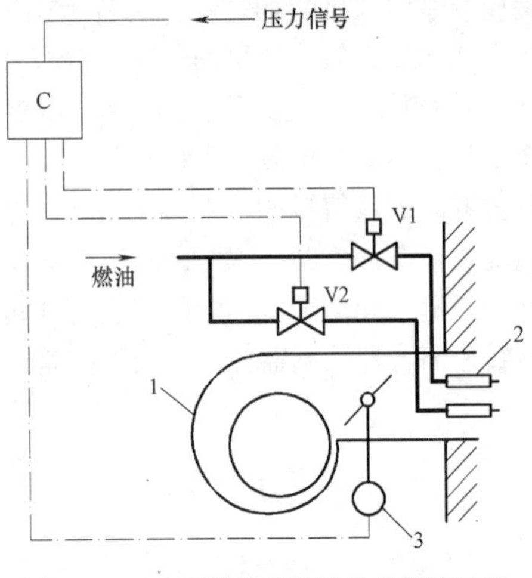

图 14-12　小型燃油蒸汽锅炉的燃烧过程自动调节原理图

1—风机；2—燃油喷嘴；3—电动风门
V1、V2—电磁阀；C—控制器

对于燃油或燃气锅炉，燃烧过程的控制主要是控制燃油量或燃气量、送风量和排烟量。对于蒸汽锅炉可以根据蒸汽压力控制燃油量和送风量。小型的燃油燃气锅炉可采用位式调节。图 14-12 为小型燃油蒸汽锅炉的燃烧过程自动调节原理图。锅炉的燃烧器中设有 2 个燃油喷嘴，其燃油供应分别由 2 个电磁阀控制。在锅炉蒸汽出口管上设压力传感器，其信号送到控制器中。控制器根据设定压力的上、下限，分别控制电磁阀 V1、V2 的启闭，并同时控制电动风门开启的大小。锅炉只能有两挡运行，当压力降到下限值时，V1、V2 均开启，风门开启最大，此时锅炉出力最大。当压力达到上限值时，V1 关闭，风门关小，锅炉出力减小。锅炉运行过程中，蒸汽压力在一定范围内波动。这种控制比较简单，但无法保证燃烧的经济性，因风门的开启度是事先设置好的，实际运行时，由于各种原因，如油管压力波动，供油量偏离设定值，这样就难于保证合理的风油比。为提高调节质量，可采用连续调节供油量，用燃油量前馈控制风门，再根据烟气的含氧量补充控制送风量。

图 14-13 为燃气热水锅炉的燃烧控制系统。燃烧控制系统主要完成两方面的任务，一是维持锅炉出水温度恒定，二是保证燃料和空气之间一个合适的比例，从而来确保锅炉能一直处于最优的燃烧状态，提高运行经济性。

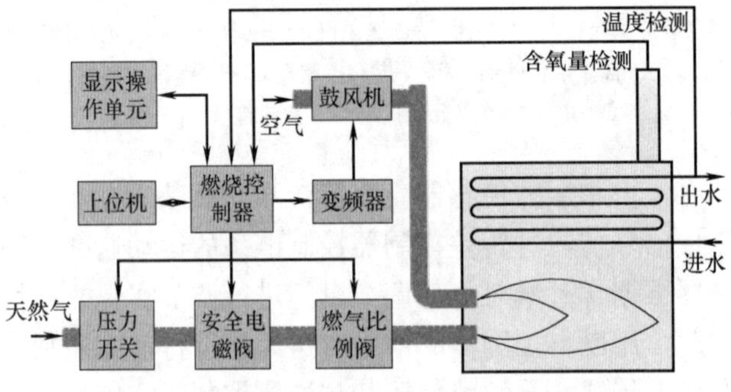

图 14-13　燃气热水锅炉燃烧控制系统示例

燃烧控制器作为燃气锅炉的核心部件，主要完成对锅炉出水温度、管道压力等模拟量和状态量进行采集，数据输入系统中嵌入的算法进行计算，继而实现对鼓风机的变频控制、调整燃气比例阀开度，此部分视为整个燃烧控制系统的核心。显示操作模块能够完成对采集装置数据的读取，然后在 LCD 显示出来，还可以对一些参数手动设定，如控制算法中的参数等。压力开关通过对管道内压力的判断，实现对天然气的通断功能。燃气比例阀开度控制燃料的输入量。鼓风机的作用主要是完成对进空气量的控制，并在点火之前进行预吹扫，停止工作之后进行吹扫。氧量检测传感器模块将检测到的烟气含氧量数据通过串口传送到燃烧控制器。

14.4　冷热源系统的运行管理

为实现建筑冷热源系统高效节能，优质供冷和供热，安全、可靠、经济运行的目标，不仅要求精心设计，而且要求有完善的日常运行管理。一个设计优良的系统，也只有善于对它进行操作、维护与管理，才能发挥它的优良品质。即使一个设计并不完善的系统，也可通过日常运行中发现问题进行改造，使系统不断完善。例如，运行时发现冷水系统供回水温差仅为2℃，可能的原因水泵选用过大，如更换水泵，则每年将会节省不少电能及运行费用。另外运行中总会出现一些不正常现象，要善于发现，及时处理，以免影响运行质量，甚至酿成事故。冷热源的运行管理是一门学问，内容丰富，有专门的书籍可参考。本节只介绍管理的主要内容以及运行中常见故障的分析。

14.4.1　冷热源系统管理的主要内容

冷热源系统的管理首先应建立各项简明的规章制度。如岗位责任制、交接班制、系统与多种设备的操作规程等。尤其是非自动控制的系统与设备，各种设备都有一定的启动程序和停机程序，以及中间的检查手段，必须有明确的操作规程，以使系统运行安全可靠。

建立日常的运行日志。对于微机控制的系统，通常可显示并存储系统运行时的状态参数。而非微机控制的系统，需要依靠管理人员及时监测并记录系统运行时的状态参数。对不正常的运行状态要及时分析，排除故障，使系统恢复到正常工作状态。这些日常运行的原始数据也是编制设备、系统维修计划的依据。

统计系统的消耗指标。如制冷机单位制冷量能耗、单位供热量燃料耗量、输送能效比(输送能耗与输送能量之比)、单位制冷量水耗、制冷剂和油的消耗等。并应订出指标，以便不断改进，保持运行的先进性。

制定维修计划。充分利用系统或设备停用期间或低负荷时进行小修或大修，以使系统或设备在运行时处于良好的状态。设备的维修需要由专业人员来进行，有时需请设备制造商协助。对系统中的监测仪表应定期校验，它们是监视系统运行是否正常的“眼睛”，不准确的仪表将会导致误控或误操作。系统或设备进行大修后，应进行试运转，并进行必要的调整。

对主要设备的性能应进行定期测试。如冷水机组运行一段时间后性能（制冷量、性能系数等）会下降，定期测试可发现问题并及时纠正。通过测试，可了解设备的状态，为确定大修时间和内容提供依据。

14.4.2　冷源系统的故障分析

在运行过程中，系统经常会出现一些不正常现象，管理人员要通过这些表象，分析原因，及时排除故障。可能出现的问题各种各样，要解决这些问题，不仅要求管理人员有运行管理经验，还应具有扎实的专业知识，对系统各部分之间的联系有深刻的了解。下面选择一些故障分析其原因，以说明故障的分析方法。更多的内容请参阅本章参考文献［1］。

14.4.2.1　蒸气压缩式冷水机组故障分析

（1）冷凝压力（温度）过高

冷凝压力基本等于压缩机的排气压力，显然它与压缩机的压缩过程和冷凝器的能力有关。冷凝器负荷（冷凝蒸气的能力）＝传热系数×传热面积×传热温差。压缩机的排气量与吸气压力、排气压力等因素有关。当由于某种原因，压缩机排气量＞冷凝器冷凝蒸气的能力时，冷凝压力必然升高。这时冷凝器冷凝能力将增加，而压缩机排气量将下降，最终在较高压力下达到平衡。由此可见，导致冷凝压力升高的原因可以从冷凝器的冷凝能力和压缩机排气量来寻找。可能的原因有：

1）冷却剂（水或空气）的流量过小或温度过高。这样冷凝器的冷凝能力下降，则冷凝压力升高。为此，应检查冷却水系统（包括冷却塔、水泵、管路及附件）的工作是否正常，风冷式冷凝器的风机运行是否正常，排出的热风有无回流。

2）冷凝器传热热阻增大，如水垢、翅片管积灰均可导致热阻增大，从而导致冷凝器冷凝能力下降，冷凝压力升高。

3）系统内制冷剂充注过多，这样导致部分制冷剂滞留在冷凝器内，使部分传热面积被液体所淹没，相当于减少了传热面积，降低了冷凝器的冷凝能力，导致冷凝压力升高。

4）系统内有空气等不凝性气体，这些气体积聚在冷凝器内，在传热面形成气膜，增加了热阻，同时使排气压力（制冷剂饱和压力＋不凝性气体分压力）升高。

5）蒸发压力过高。这时压缩机排气量过大，从而导致冷凝压力升高。

（2）蒸发压力（温度）过低

蒸发压力基本等于压缩机的吸气压力，它与蒸发器换热能力和压缩机的吸气量有关。蒸发器负荷（蒸发器蒸发的能力）＝传热系数×传热面积×传热温差。当由于某种原因，压缩机的吸气量（排气量）＞蒸发器蒸发能力时，则蒸发压力下降。这时蒸发器换热能力增加，而压缩机的吸气量将下降，最终在较低的蒸发压力下达到平衡。因此，导致蒸发压力降低的原因可能有：

1）蒸发器的负荷太小，如冷水回水温度下降或流量过小，则蒸发器的蒸发能力下降。如压缩机不作调节，则导致蒸发压力下降，压缩机吸气量下降，最终在低蒸发温度下达到平衡。

2）压缩机吸气量过大，如压缩机容量调节不当，投入工作的气缸数多，或导叶开得过大，都可能使吸气量大于蒸发器的蒸发能力，最终导致蒸发压力降低。

3）蒸发器传热面热阻大。蒸发器的蒸发能力下降，而小于压缩机的吸气量，导致蒸发压力降低。

4）系统内有过量润滑油，导致蒸发压力下降。

5）蒸发器供液量不足，如干燥过滤器或膨胀阀堵塞、膨胀阀调节失灵、冷凝压力过低都会造成供液量不足。对于干式蒸发器，供液量不足时传热面积中过热区增大；满液式蒸发器，供液量不足时部分传热管露出液面，这都导致蒸发器的蒸发能力下降，蒸发压力降低。

6）机组（系统）制冷剂充注量不足。其产生的后果与蒸发器供液不足相似，将使满液式蒸发器液面降低，干式蒸发器中过热区面积比例增大，最终导致蒸发压力降低。

7）冷凝压力过低。这时压缩机吸气量（排气量）过大，从而导致蒸发压力降低。

（3）排气温度过高

压缩机排气温度过高的原因应从压缩机的压缩过程中寻找，可能的原因有：

1）制冷系统中存在空气等不凝性气体。因为空气的绝热指数大，压缩后的终点温度高，而导致排气温度升高。

2）冷凝压力太高，排气温度也必然升高，因此冷凝温度过高的原因同样是排气温度高的原因。

3）吸气过热度大，近似地从理想气体的绝热压缩过程的压缩终了温度公式 $T_2=T_1(P_2/P_1)^{\frac{k-1}{k}}$ 可以看到，排气温度随着压缩的起始温度（吸气温度）的增大而升高；从 $\lg p$-h 图或 T-s 图上也可得到这结论。

4）压缩机高低压间发生泄漏，如因机件磨损、润滑不好，而导致高压高温的气体泄漏到低压侧，相当于吸气过热度增加，而引起排气温度升高。

（4）冷水温度降不下来

冷水温度降不下来，达不到空调用户的要求，实质上也是冷水机组的制冷量不足。冷凝压力高、蒸发温度低都会导致冷水机组冷水出水温度降不下来。因此（1）、（2）项分析的一些原因也是冷水机组制冷量偏低的原因。除此之外，还可能的原因有：

1）蒸发器负荷过大，如进入蒸发器的冷水流量偏大、温度偏高。

2）压缩机吸入液体，如因膨胀阀开得过大造成蒸发器未汽化的液滴吸入压缩机，导致容积效率急趋下降，这时出现蒸发压力升高，排气温度很低的现象。

3）压缩机高低压之间发生泄漏，导致实际排气量减少，即制冷量减少。

4）在部分负荷时，当其中某台冷水机组停机时，而冷水管路未关断，部分水旁通过未运行的冷水机组，导致供出水温偏高。

可能出现故障还很多，如冷凝压力过低、蒸发压力过高、压缩机电机过载、油温过高等，读者可自行分析其产生的原因。

14.4.2.2　蒸汽型溴化锂吸收式制冷机故障分析

一些大型企业生产的溴化锂吸收式冷水机组都采用 DDC 控制器控制，在运行中可显示主要的运行参数及安全保护的预警指示。管理人员通过这些信息，排除导致机组性能降低或产生安全事故的因素。下面选择几种不正常现象进行分析。

（1）冷凝温度过高

冷凝温度过高的原因可能有：

1）冷却水流量小或水温高，导致冷凝器冷凝能力下降，而使冷凝温度升高。

2）发生器负荷过大，如工作蒸汽调节阀失灵，蒸汽流量过大，发生量增大，使冷凝负荷增加，而使冷凝温度升高。

3）系统中有空气。溴化锂吸收式制冷机所有设备都在真空下运行，漏入空气的可能性很大；或内部因腐蚀产生氢气，这些不凝性气体会使冷凝器冷凝能力下降，冷凝温度高。

4）机组抽气装置有故障或抽气次数不够，致使不凝性气体在机组内积聚。

5）冷凝器传热面结垢，传热热阻增大，冷凝器冷凝能力下降。

（2）蒸发温度过低

引起蒸发温度过低的原因可能有：

1）冷水流量小或回水温度低，即蒸发器的蒸发能力减小，只有蒸发温度下降，增加蒸发器的能力，才可与吸收器的吸收能力相平衡。

2）蒸发器传热管内有污垢，传热热阻增加，蒸发器的蒸发能力减小，而使蒸发温度下降。

3）蒸发器内有空气等不凝性气体，同样使蒸发器的蒸发能力减小，而使蒸发温度下降。

4）冷却水温度低，吸收器吸收能力增强，而蒸发器承担的负荷并未增加，则会导致蒸发温度降低。

5）蒸发器泵有故障，喷淋流量偏小；或喷嘴或喷淋管有堵塞，导致蒸发器传热性能降低，蒸发量减小，蒸发温度下降。

（3）结晶

溴化锂吸收式制冷机中一般设有防结晶措施，但是由于各种原因，还会发生结晶事故。当浓溶液浓度高、温度低就有可能发生结晶。因此，结晶可能的原因有：

1）冷却水的水温低，稀溶液的温度很低，在溶液热交换器浓溶液出口处，可能因温度低而结晶。

2）工作蒸汽压力过高，导致浓溶液浓度升高。

3）机组内有空气，吸收器内吸收能力下降，吸收器出口（发生器入口）稀溶液浓度升高，从而使发生器出口的浓溶液浓度升高。

4）停机时溶液稀释不充分。溴化锂吸收式制冷机停机时，先关闭工作蒸气阀门，再继续运行，使机组内溶液稀释。如果稀释不充分，停机后因室温低而产生结晶。

（4）冷水温度降不下来

冷水温度降不下来，表明制冷机组的制冷量不足或偏低。冷凝压力高、蒸发压力过低、发生器发生能力下降、吸收器吸收能力下降等都可使溴化锂吸收式制冷机制冷量偏低。因此上述（1）、（2）项分析一些原因也是机组冷量偏低的原因。除此之外，还可能有：

1）发生器传热管结垢，发生器发生冷剂蒸气不足，导致制冷量下降。

2）工作蒸汽压力低，或阀门开度不足，或疏水器排水不畅，导致发生器发生量不足。

3）发生器泵、吸收器泵或蒸发器泵有故障，流量不足。发生器泵流量少，即溶液的循环量减少，制冷量下降。后两台泵流量不足将影响吸收器和蒸发器的性能，同样也使制冷量下降。

4）负荷过大，如冷水流量过大，回水温度过高。

5）辛醇含量不足。在溶液中通常都加入少量辛醇，可使冷凝器变为珠状凝结（放热系数最大）；使发生器中溶液沸点降低，对溶液发生有利；使溶液表面张力降低，在吸收器中传热管的湿润得到改善，喷淋溶液颗粒分散，提高吸收能力。因此，加入辛醇后会使机组制冷量增加 40%。在溶液中辛醇随着抽气而消耗，导致含量下降，制冷量下降。

6）在部分负荷时，当其中某台冷水机组停机时，而冷水管路未关断，部分水旁通至未运行的冷水机组，导致供水水温偏高。

14.4.2.3　水系统故障分析

(1) 冷凝器冷却水流量过小

冷却水流量过小，将影响冷水机组的性能，造成冷却水量过小的原因可能是：

1) 水泵流量不足。所选水泵流量扬程过小（如未考虑冷却塔塔身高度和预留淋水压头），导致流量过小。

2) 过滤器堵塞，导致冷却水流量过小。

3) 冷凝器并联设置的系统中，并联管路的阻力相差大，导致某台冷凝器流量过小；或当关闭1台机组时，并未把该台机组冷却水管上的阀门关闭。

(2) 冷却水温度过高

冷却水温度过高表明冷却塔冷却能力不足，可能的原因是：

1) 冷却塔有故障，如风机不转或反转；风机排风不畅，有热湿风回流入塔；布水器布水不均等。

2) 水系统并联的冷却塔，当其中一台冷却塔停机时，风机虽已停止运转，但水路并未关断。

3) 并联冷却塔分水不均，有的冷却塔流量过大，而有的冷却塔流量不足。

4) 冷却塔出塔水管与进塔水管间调节水温用的旁通阀未关闭。

5) 冷却塔选型有误，如未按当地湿球温度进行校核；或未根据要求的温差（>5℃时）进行校核。

(3) 冷却水或冷水流量过大

冷却水或冷水流量过大（温差小于设计值），通常的原因是设计时所选用水泵扬程过大，运行时导致流量偏大。

14.4.3　热源系统的故障分析

热源设备很多，这节主要分析锅炉及系统中常见的主要故障，更多的内容请参阅本章参考文献[2]。

(1) 水冷壁管或对流管爆裂

锅炉传热管爆裂的可能原因有：

1) 锅炉给水不符合水质要求，如水的硬度太高导致管壁结垢，传热系数下降，管壁温度过高，强度降低；或给水 pH<7 和有溶解氧，导致管壁腐蚀。

2) 烟灰对管壁磨损，而导致管壁变薄，强度降低。

3) 运行时升温过快或停炉过快，使管子热胀冷缩不均匀，造成焊口或薄弱处破裂。

4) 锅炉质量不合格，如材质低劣；或设计不合理，某些管流量过小，导致过热而破裂；或焊接质量不好；或管内在制造时有遗留物而被堵塞，等等。

5) 锅炉负荷过高，炉膛内燃烧不均匀或管外严重结焦，引起局部过热而破裂。

(2) 热水锅炉的热水超温或汽化

引起热水超温和锅炉内汽化可能的原因有：

1) 炉内燃料供应量超过负荷的要求，如自动控制的锅炉控制系统出现故障；人工操作的锅炉操作失误等。

2) 水循环过小或不流动，如因误操作导致阀门关闭或关小。

3）系统定压出现故障，导致锅内压力小于饱和压力而产生汽化。

（3）燃气锅炉燃烧回火、脱火或燃烧不稳定

导致燃气锅炉燃烧回火、脱火或燃烧不稳定的可能原因有：

1）燃气压力偏大，燃气出口流速过大，着火点远离燃烧器，容易产生脱火；尤其是低负荷时，炉膛温度偏低，燃气出口流速偏大，更易产生脱火。

2）燃气压力偏小，燃气出口流速过小，易产生回火；炉膛温度越高，火焰传播速度越快，出口流速偏小时更易发生回火。

3）送风量不稳定或烟囱抽力变化。

（4）燃油锅炉着火不稳定

燃油锅炉着火不稳定的可能原因有：

1）油喷嘴与调风器位置配合不当。

2）油喷嘴质量不好。

3）油质量不稳定或油中含水。

4）油压波动。

（5）热水系统温差偏小、供水温度偏高或偏低

1）热水系统温差偏小，即流量过大，通常是所选水泵偏大；或负荷减小时未减少锅炉和水泵的运行台数。

2）供出热水温度偏高或偏低可能是负荷变化时锅炉的燃料供应量不相适应，如因燃料控制系统失灵或操作失误；或锅炉运行台数与负荷不匹配。

思考题与习题

14-1　什么是集中监控系统？有何优点？适用于哪些场合？

14-2　集中监控系统有哪两种形式？各有什么优缺点？

14-3　什么是调节对象、被调参数和扰动？举例说明。

14-4　什么叫传感器？冷热源系统中常用的传感器有哪些？

14-5　常用的控制模式有哪几种？

14-6　什么是 DDC 控制器？DDC 控制器中 A/D、D/A 转换器有什么作用？

14-7　执行器由哪两部分组成？试用实例说明。

14-8　什么是自力式控制设备？

14-9　家用小型空调器、冰箱、冷藏柜等的压缩机如何实现制冷量的自动控制？

14-10　试利用电磁三通阀（电磁阀失电，直通成通路，旁通断路；电磁阀得电，直通成断路，旁通成通路）控制 8 缸往复式压缩机的有压油通往油缸的油路，实现对压缩机能量控制，画出其原理图。

14-11　如何对螺杆压缩机的滑阀进行自动控制？

14-12　如何实现对冷却塔供给冷凝器的水温进行自动控制？

14-13　收集几家企业的水冷式冷水机组样本，分析这些机组的自动控制系统，能量如何控制？有哪些自动安全保护？

14-14　负荷侧变流量的单级泵系统如何控制冷水机组的停开？能否提出一种不同于图 14-7 所述方法？

14-15　图 14-7 所示的控制系统，试改为 DDC 控制器控制的系统。

14-16　负荷侧变流量的双级泵系统中的二次泵流量根据供回水管末端压差进行控制，用二次泵出口与回水管压差进行控制行不行？两者有何区别？

14-17　图 14-7 所示的测控系统，用供回水管末端压差控制旁通流量行不行？为什么？

14-18　锅炉给水自动调节的目的是什么？

14-19　锅炉产生“虚假水位”的原因是什么？

14-20　有几种给水量自动调节方案？它们有何区别？

14-21　简述调节过热器出口蒸汽温度的方法，有什么优缺点？

14-22　锅炉燃烧过程自动调节的任务是什么？

14-23　把图 14-12 的控制系统用于小型燃油热水锅炉，应如何修改？试画其原理图。

14-24　试画一自动连续调节燃油量的控制方案，设燃烧器中采用回油式油喷嘴。

14-25　试分析冷凝压力过低的原因。

14-26　试分析蒸发压力过高的原因。

14-27　试分析排气温度过低的原因。

14-28　试分析冷水温度过低的原因。

14-29　冷却水温度过低，溴化锂吸收式制冷机可能出现什么故障？如何防止？

14-30　当溴化锂吸收式制冷机中有不凝性气体存在，可能出现哪些故障？

14-31　溴化锂吸收式制冷机中的发生器、吸收器、冷凝器、蒸发器换热表面有污垢，将产生什么故障？

14-32　试分析冷却水或冷水系统供回水温差过小的原因。

14-33　试分析蒸汽锅炉水位过低的原因。

14-34　试分析蒸汽锅炉蒸汽压力过高的原因。

本章参考文献

[1]　李援瑛．中央空调的运行管理与维护［M］．北京：中国电力出版社，2001.

[2]　温丽．锅炉供暖运行技术与管理［M］．北京：清华大学出版社，1995.

第 15 章　冷热源机房设计要点

15.1　冷热源机组的选择

15.1.1　冷热源选择的原则

建筑冷热源是空调系统或供暖系统中的核心设备，其初投资在整个系统总投资中占着相当大的比例，它的能耗及运行费用占着更大的比例。冷热源的选择需要考虑的因素很多，初投资、运行费用、设备寿命、运行安全可靠性、运行维护管理难易及费用、机房或场地占用面积、能耗、对环境影响等。其中初投资、运行费用、维修费用等经济性因素可以综合成某个指标（各种经济评价法有不同的指标）对方案进行评价。而对于其他因素就难以用一个统一的指标来评价。寻求一个完美的或是最优的方案，对于只有一个评价指标，那是比较容易的；而对于有多个独立的评价指标，就比较困难。因为它既不是，也不可能寻求各个指标最优，这需要进行综合、折中，求得最优方案。现在已有多种科学的综合评价法进行决策，如多目标模糊决策。不同立场的人所寻求的最优方案是不同的。对于建筑开发商往往就寻求初投资最小的方案；对于业主，可能寻求经济性指标最优，并兼顾运行安全可靠，管理容易等。但对于设计者，应当有全局观点，既要考虑委托人的利益，又要关注社会效益，例如对环境的影响、能耗指标等。能耗指标虽然在运行费用已有反映，但由于各种能源价格不一致，有可能能耗高的方案，运行费比能源消耗低的费用反而低。

冷热源选择，首先应当遵循国家的法规和地方性法规。例如，《民用建筑供暖通风与空气调节设计规范》GB 50736—2012[1]、《公共建筑节能设计标准》GB 50189—2015[2]、《严寒和寒冷地区居住建筑节能设计标准》JGJ 26—2018[3]、《夏热冬冷地区居住建筑节能设计标准》JGJ 134—2010[4]、《夏热冬暖地区居住建筑节能设计标准》JGJ 75—2012[5]等规范、标准中都有关于冷热源选择的规定。其中规定了“应优先”采用的冷热源，或规定了某些冷热源使用的条件。另外还有其他一些法规，如《环境空气质量标准》GB 3095—2012、《声环境质量标准》GB 3096—2008 等限制了某些冷热源的应用。

冷热源的选择还与建筑的用途、冷热负荷的特点、当地的气象条件、能源结构、政策、价格等因素有关。例如，一个既有供冷又有供热要求的公共建筑，如果在严寒地区，最冷月平均气温≤−10℃，供热时间长，热负荷大，则空气源热泵作冷热源的方案就并不合理；而在夏热冬冷地区，最冷月平均气温在 0～10℃，供热时间短，热负荷小，则空气源热泵可作为冷热源的待选方案之一。又例如，有天然气的地区，以天然气做能源的直燃型溴化锂吸收式冷热水机组做冷热源的方案就和燃气冷热电联供方案都是可供选用的方案。再例如，地级和地级以上城市，从环保的角度，已不允许新建＜14MW 燃煤锅炉房，因此就否决了燃煤锅炉作热源和与之相关的蒸汽型溴化锂吸收式制冷机作冷源的方案。

由此可见，虽然冷热源的种类很多（见 1.2 节），由此还派生出各种类型的机组与设备，由不同制冷机组、制热设备搭配而成建筑冷热源方案就更多了，但是对于在某一地区的某一建筑，剔除不可行或不合理的方案，实际上有竞争力的可供选择的方案可能也就几个。这时进行比较和评价相对就容易一些。

15.1.2 冷热源机组的选择

各种冷热源设备的选择方法基本相同，但各种机型有各自的特点，在选择上也有差异。例如，空气源热泵机组的容量与热负荷之间有平衡点的室外气温确定问题（参见 5.3.3 节）；蓄冷系统或蓄热系统有关于系统蓄冷量和蓄热量大小确定问题（见 13.8 节、13.9 节）。有关这类特殊性问题，有的已在以上章节进行了阐述，本节不再论述。本节将以目前普遍应用的冷热源（水冷式冷水机组和锅炉）为对象讨论机组的选择方法，其中一些原则也可用于其他冷热源设备的选择中。

制冷机组或锅炉的容量根据冷负荷和热负荷来确定。有关建筑的空调冷负荷、热负荷、供暖热负荷或通风系统热负荷的确定参阅《暖通空调》[6] 或其设计手册。《采暖通风与空气调节设计规范》（1987 年版）曾规定制冷机组的容量需比计算冷负荷增加 10%～15%，以考虑系统的冷量损失。但 2012 年颁布的新规范[1] 明确规定，电动压缩式冷水机组容量直接按照计算冷负荷确定；当机组的规格不能符合冷负荷的要求时，所选机组的总容量不得超过计算冷负荷的 10%。其原因是，几乎所有的舒适性空调建筑都不存在冷量不够的问题，而装机容量过大的建筑却有不少。而且目前设备制造质量提高，产品均可达到铭牌的冷、热量。

在确定热源容量时，还需要统筹考虑建筑中其他热负荷，如热水供应、洗衣房用热、工厂的工艺过程用热等。这些热负荷可以由单独的制热设备供应，也可以与建筑热负荷用共同的制热设备供应，在设计时进行规划。

机组台数一般不宜少于两台，当一台机组有故障时，尚可保证至少 50%的供冷或供热能力。小型建筑可以只选一台机组，但应具有较好的调节性能，因为机组大部分运行时间是在部分负荷下运行，以避免机组长期在“大马拉小车”的工况下运行。对于大型建筑，虽然冷热负荷很大，其台数也不宜过多。

多台机组并联的系统，宜选用同一型号的机组。其优点是机组零部件可互换，检修方便；它们水侧阻力相同，可配置同一型号的水泵，运行时可以互换；运行调节也比较容易。

选择机组时应注意它的性能系数，以及它的适用范围。例如，电力驱动的水冷式冷水机组，根据配置的主机不同分以下几种冷水机组：活塞式、涡旋式、螺杆式、离心式等。一般来说，活塞式、涡旋式适用于小型系统中，离心式适用于大型系统中，螺杆式介于两者之间。它们之间并无绝对的界限。当单机制冷量在 2000kW 以上时，宜选用离心式冷水机组；性能较好机组的 *COP*（名义工况下）一般在 5.5 以上，有的已超过 6.0。单机制冷量在 300kW 以下时，可选用活塞式或涡旋式冷水机组；单机制冷量在 500kW 以上时，不宜选用活塞式冷水机组，这类机组在名义工况的 *COP* 一般不超过 4，宜选用螺杆式机组。同一种机型，不同制造商生产的机组性能差异也很大。例如制冷量为 1100kW 左右的螺杆式冷水机组，制冷剂、工况均一样，A 品牌的 $COP=5.88$，B 品牌的 $COP=4.13$。这意味着 B 品牌机组消耗能量比 A 品牌机组多 42%。选择溴化锂吸收式冷热水机组时，其性能参数应符合国家标准《蒸汽和热水型溴化锂吸收式冷水机组》GB/T 18431—2014 和《直燃型溴化锂吸收式冷（温）水机组》GB/T 18362—2008 的规定值。

冷水机组铭牌制冷量是在规定的名义工况下的制冷量。实际使用时，工况与名义工况有差别，应根据实际工况对机组的性能进行修正。因此，在选用机组之前应确定下列参数：空调要求冷水供水温度，供回水温差，冷却水温度和温差，当地夏季空调室外计算干球温度（当选用风冷式冷水机组时）。目前大部分制造商生产的电力驱动的冷水机组铭牌冷量，冷水工况温度为 7℃，温差为 5℃；冷却水温度为 30℃，温差为 5℃；风冷式冷水机组的室外空气温度为 35℃。如果实际工况不同于铭牌的工况，可根据制造商给出的数据进行修正。尤其是冷水和冷却水采用大温差（>5℃）时，应向制造商咨询，取得在非名义运行工况下的性能参数。

与冷水机组相配套的冷却塔、冷水泵、冷却水泵的台数和冷水机组的台数一致，不需备用。对于供暖用的热水循环泵，一般不宜少于 2 台。这样可做到轮流检修；为确保严寒地区对可靠性的要求，当热水泵不超过 3 台时，其中 1 台宜为备用泵。

15.2　冷水机组和热泵机房设计

冷水机组有电力驱动和热力驱动两类。热力驱动中的直燃式冷热水机组的机房有燃气、燃油设备及排烟系统，因此机房设计时除了要满足对冷水机组的一般要求外，还应遵循燃气和燃油锅炉房的有关规定和要求。本节重点讨论电力驱动的冷水机组和热泵机组的机房设计。有些原则也适用于热力驱动的机组的设计。

15.2.1　冷水机组机房对建筑的要求

冷水机组是建筑中的噪声、振动源，也是污染源（例如它所配置的冷却塔排出热湿空气）。因此，机房的位置应尽量减少对周围的影响。为缩短冷热量的输送距离，机房的位置宜在负荷的中心区。当冷水机组为多栋建筑供冷时，机房宜设在相对中心位置的建筑中；也可设独立机房，其位置应使冷热量输送管路尽量短，其室外的辅助设备（如冷却塔）不影响观瞻，对周围环境影响小。机房在建筑内时，一般宜设在地下室，管理维修方便，对噪声、振动控制较容易；机房也可设在顶层，这种方案更适合于采用风冷式冷水机组或热泵机组的场合，这类机组通常放在室外，而其他设备（如水泵、分水器、集水器等）放在室内机房。机房在顶层时应考虑设备运行对建筑结构的影响和注意对噪声、振动的控制，并应考虑设备的搬运问题。层数超过 30 层的高层建筑，为防止冷水机组和低层的设备管路承压太大，可将机房设在中间设备层，并分成两个独立的系统；或在地下室和中间设备层分设两个机房。

冷水机组机房的位置还应考虑与其他相关设施的关系。当建筑中有独立热源时，如设有燃气、燃油锅炉房，由于建筑中的冷热量通常是同一套管路系统输送的，因此，两者之间宜相邻或接近。电力驱动的冷水机组或热泵机组，通常是建筑中用电大户，机房宜与变电室相近。

机房的层高应根据机组的高度和上部预留空间确定，机组上方预留空间应考虑设备的维修、设备安装起吊高度、管道安装空间（大型系统有 2～3 层管），一般来说，机组的上端距梁 1.5m 左右，机组与其上方的管道、电缆桥架净距不小于 1.0m。

机房中宜设控制室、维修间和卫生间。控制室宜与主机房用玻璃隔断，便于观察。机房的地面、设备机座应采用易于清洗的面层。机房内应采取吸声措施，以降低室内噪声。机房的门、窗、楼板应有隔声措施，以降低噪声对邻近房间的影响。

15.2.2 机房内设备布置

机房内设备的间距、与墙的距离应考虑操作、维修的需要。生产商提供的设备样本中通常都给出了机组主要操作面（有控制盘的一侧）、其他操作面的净宽度，壳管式换热器一端留有的检修距离，设计者可按此推荐值进行设计。无此类数据时，可按规范[1]或设计手册的推荐值设计，壳管式换热器（冷凝器、蒸发器等）的一端留有不小于换热器长度的检修距离。

冷水机组与水泵是否分室设置，应视水泵的噪声进行确定。若选用转速≤1450r/min或新型的低噪声水泵，可不另设水泵间。制取热水的水-水换热器可与冷水机组放置在同一房间内，但蒸汽-水换热器、凝结水箱等宜与电力驱动的冷水机组分室放置。

冷、热水管路布置在设备上方的梁下，根据管路种类的多少设置几层管，管路交叉尽量不宜有凸弯或凹弯。不要贴地或近地面布置管道，以免影响通行。为区分不同类型的管路，在保温外或管外刷不同颜色的漆。阀门手柄位置应便于操作，离地一般不宜高于1.8m；压力表、温度计等检测仪表应安在便于观察的地方，离地一般不宜低于0.6m，不高于1.5m。过滤器、除污器、冷却水的加药罐等需要经常清洗、维护或操作，其高度也应考虑操作方便。管路高点的手动放气阀，宜用管引到机房内水盆或排水点；蒸汽、制冷剂的安全阀出口用管引到室外，水路上的安全阀出口用管引到机房内水盆、排水点或水箱。

风冷式冷水机组或热泵机组、冷却塔等在室外安装时，其平面布置还应考虑排出的热、湿空气容易扩散，避免回流。冬季下雪的地区，需设遮雪棚，但不能影响空气流通。冷却塔冬天在0℃以下使用时，布置上应考虑防冻。可在室内设水箱，使冷却塔的水盘不存水，补水也在室内水箱中进行。如冷却塔在屋顶上时，水箱就设在顶层，不应设在底层的机房中，否则会增加冷却塔循环水泵的功耗。

15.2.3 机房内的其他设施

机房内有良好的通风设施，地下室机房应设机械通风；控制室、维修间宜设空调。机房内应有良好的照度，并应设事故照明，仪表集中处设局部照明。机房内应设给水与排水设施，如设洗手盆、地漏、污水池等，便于水系统的冲洗、排污和机房的清洗。另外应考虑机房内水系统补水等对给水的需求。

电力驱动制冷装置、水泵、风机等都是有振动的设备，需设置隔振台座，选用合适的隔振器。隔振台座的尺寸可参照产品样本或说明书的推荐值设计。有振动的设备进出口管宜采用软管连接。有关设备隔振基本原理参阅本章文献[6]，隔振器具的选用可参阅有关手册或产品样本。

15.3 锅炉房设计

15.3.1 锅炉房的布置和对建筑的要求

锅炉房属于丁类有明火的生产厂房，一般应是独立建筑，且与其他建筑有一定的防火间距，其间距应符合《建筑设计防火规范》[7]。燃油、燃气锅炉宜设在建筑外的专门房间内。如因条件限制，必须布置在民用建筑内时，不应布置在人员密集场所的上一层、下一层或贴邻，且应布置在首层或地下一层靠近外墙的部位；常压、负压锅炉可设在地下二层或屋顶上。

锅炉房应靠近主要负荷或负荷较大区域，以缩短热量输送距离、减少热损失。蒸汽锅炉房宜设在地势较低的地区，以利用自流或余压回凝结水。为减少烟尘、噪声、灰渣对环境的污染，全年运行的锅炉房宜位于全年最小频率风向的上风侧，季节性运行的锅炉房宜位于该季节主导风向的下风侧。

锅炉房固体燃料堆放、液体燃料的储罐的位置应考虑接收与供应的方便，还应与其他建筑有一定的防火间距，有关具体规定参见本章参考文献［7］、［8］。燃气调压站宜设置在地上单独建筑内或单独的调压箱内；当环境许可，可设在有围墙或护栏的露天场地。有关燃气调压站的设置的原则和规定参阅《城镇燃气设计规范》[9]、《燃油燃气锅炉房设计手册》[10]。

锅炉房一般由锅炉间（主厂房）、生产辅助间及生活间组成。生产辅助间有水泵及水处理间、除氧间、运输料廊及料仓间、鼓风机、引风机与除尘设备间、化验间、仪表控制间、换热器间等。生活间有值班室、办公室、更衣室、休息室、卫生间等。辅助间与生活间都应围绕锅炉间设置，通常有一定规律，如鼓风机、引风机和除尘间布置在锅炉间的后面；燃料运输层布置在锅炉间的前面；水泵及水处理间、变配电间、办公、值班、更衣、休息、卫生间等辅助生活用房布置在锅炉间的一端；另一端可预留新增锅炉的位置或扩建的位置（如由扩建增加容量的设计计划时）；仪表间、化验间通常在采光良好、监测取样方便、噪声振动小的部位。

锅炉间的层数主要取决于锅炉的容量和结构形式。30t/h 以下的燃油燃气锅炉和相当容量的热水锅炉采用单层布置。较大容量的锅炉配合本体结构的特点采用双层布置。锅炉间的净高（地面到梁底）应该根据锅炉的类型与型号确定。通常应保证锅炉最高的操作点距梁底不少于 2m；当不需要操作时，锅炉最高点距梁底应当留有管路通过的空间，一般不少于 0.7m。

燃油燃气锅炉房有发生爆炸的可能，为了减少爆炸的破坏程度和范围，机房应做成抗爆体，并在墙上开设面积足够大的泄压口（如玻璃窗、天窗等），以使爆炸释放的瞬时能量及时泄出。

15.3.2 锅炉房内设备和管路

锅炉、风机、水泵、水处理设备、除氧器、分水器（分气缸）、集水器等设备均需由人操作、维修，因此在设备之间、设备与墙之间均应留有一定的间距。一般的通道不小于 0.8m，主要的操作面的净距需宽一些。设备较大又重时，宜有安装手动吊车的条件，以利于设备维修时搬运。设备布置的要求详见本章参考文献［8］、［10］、［11］。

阀门、压力表、温度计、取样口等的位置应设置在便于操作和观察的地方。阀门离地一般不宜高于 1.8m。有些仪表（如水位计）或阀门必须设在高处，这时应设置宽度不小于 0.8m，且有护栏的操作平台。

管路布置应当有序，宜在设备的上方架空敷设。当架空敷设有困难时，可埋地或布置在地沟内。对于燃油（气）管路在地沟内时，地沟盖板应有通气孔，便于发现管路油（气）的泄漏。锅炉房内管路大部分是温度高的热媒管，必须进行保温，既为了减少热损失，又避免烫伤人。保温层外或管外应刷不同颜色的漆或标记，以区分管的类型（蒸汽管、凝结水管、给水管、软化水管、热水管、回水管、油管、燃气管等）。

烟道的材质有混凝土、砖和钢板。烟道的布置应尽量地短；多台锅炉合用同一水平烟道时应尽量对称。采用钢板烟道时，必须保温，防止烫伤人。保温层除了要求阻燃外，还必须耐温在350℃以上。

风机、水泵等有振动的设备，需设置隔振台座。选用合适的隔振器。有关隔振的基本原理参阅本章参考文献［6］，隔振台座的尺寸、隔振器的选择请参阅有关手册或产品的样本。

15.3.3 锅炉房内的其他设施

锅炉房内应有良好的自然采光和照明。在水位计、压力表、仪表控制盘和其他照明要求高的地方，均应设置局部照明。燃油燃气锅炉的燃油（气）系统的设备和管路，通风系统的设备和管路均应有导除静电的接地装置。燃油（气）锅炉间、油箱油泵间、燃气调压计量室等地点均应设置可燃气体浓度检测监控仪表和声光报警系统。燃油（气）系统中接到室外的放散管的管顶及其附近应设置避雷装置。

锅炉房内应有良好的自然通风条件。对于燃油燃气锅炉的锅炉间、燃气调压计量室、日用油箱间、油泵间的自然通风不能满足要求时，应设置机械通风。锅炉间、燃气调压计量室还应设置事故通风（即在发生事故时的排风装置）装置，并且与可燃气体浓度检测仪表进行连锁，当可燃气体浓度超标时，即开启事故通风的风机。

锅炉房一般采用一根给水管。但对于中断给水会造成重大损失的锅炉房，应采用两根给水管，两根给水管来自不同水源或室外环形管网的不同管段。对于贴近或在多层、高层民用建筑内的燃油燃气锅炉房，锅炉房除设灭火器和消火栓外，可设置自动喷水雾灭火系统。锅炉房给水入口处的水压应能满足水处理的要求，一般不应低于0.2～0.3MPa。锅炉房内设置生活和工作所需的给排水设施，机房地面设地漏、排水池或水沟。

思考题与习题

15-1 一建筑夏季计算冷负荷为4180kW，冷水供/回水温度7/12℃，室外计算湿球温度为28℃，试为该建筑选择水冷式冷水机组，采用不同企业的产品或压缩机类型，比较它们的能耗。

15-2 同题15-1，但夏季冷负荷为230kW。

15-3 一商店夏季计算冷负荷为230kW，冷水供/回水温度7/12℃，当地夏季空调室外计算湿球温度为22℃，试为该商店选择水冷式冷水机组。

本章参考文献

［1］ 中华人民共和国住房和城乡建设部. 民用建筑供暖通风与空气调节设计规范：GB 50736—2012［S］. 北京：中国建筑工业出版社，2012.

［2］ 中华人民共和国住房和城乡建设部. 公共建筑节能设计标准：GB 50189—2015［S］. 北京：中国建筑工业出版社，2015.

［3］ 中华人民共和国住房和城乡建设部. 严寒和寒冷地区居住建筑节能设计标准：JGJ 26—2018［S］. 北京：中国建筑工业出版社，2018.

［4］ 中华人民共和国住房和城乡建设部. 夏热冬冷地区居住建筑节能设计标准：JGJ 134—2010［S］. 北京：中国建筑工业出版社，2001.

［5］ 中华人民共和国住房和城乡建设部. 夏热冬暖地区居住建筑节能设计标准：JGJ 75—2012［S］. 北京：中国建筑工业出版社，2012.

［6］ 陆亚俊，马最良，邹平华. 暖通空调（第三版）［M］. 北京：中国建筑工业出版社，2015.

[7] 中华人民共和国住房和城乡建设部. 建筑设计防火规范：GB 50016—2014（2018 年版）[S]. 北京：中国计划出版社. 2018.
[8] 中华人民共和国住房和城乡建设部. 锅炉房设计标准：GB 50041—2020 [S]. 北京：中国计划出版社，2020.
[9] 中华人民共和国住房和城乡建设部. 城镇燃气设计规范：GB 50028—2006 [S]. 北京：中国建筑工业出版社，2006.
[10] 燃油燃气锅炉房设计手册编写组. 燃油燃气锅炉房设计手册 [M]. 北京：机械工业出版社，2001.
[11] 锅炉房实用设计手册编写组. 锅炉房实用设计手册 [M]. 北京：机械工业出版社，2001.

附　　录

附录 2-1　制冷剂编号及一般特性

编　号	名　称	分子式	分子量	标准沸点(℃)	凝固温度(℃)	临界温度(℃)	临界压力(kPa)
	卤代烃						
R12	二氟一氯甲烷	CCl_2F_2	120.93	−29.752	−157.05	111.97	4136.1
R22	二氟二氯甲烷	$CHClF_2$	86.468	−40.81	−157.42	96.15	4990
R23	三氟甲烷	CHF_3	70.014	−82.02	−155.13	26.14	4832
R32	二氟甲烷	CH_2F_2	52.024	−51.65	−136.81	78.11	5872
R123	三氟二氯乙烷	$CHCl_2CF_3$	152.93	27.82	−107.15	183.68	3661.8
R125	五氟乙烷	CHF_2CF_3	120.02	−48.09	−100.63	66.02	3617.7
R134a	四氟乙烷	CH_2FCF_3	102.03	−26.07	−103.3	101.06	4059.3
R143a	三氟乙烷	CH_3CF_3	84.04	−47.24	−111.81	72.71	3761
R152a	二氟乙烷	CHF_2CH_3	66.05	−24.02	−118.59	113.26	4516.8
	饱和碳氢化合物						
R50	甲烷	CH_4	16.04	−161.48	−182.46	−82.59	4599.2
R170	乙烷	C_2H_6	30.07	−88.6	−182.8	32.18	4871.8
R290	丙烷	C_3H_8	44.1	−42.09	−187.67	96.68	4247.1
R600	正丁烷	C_4H_{10}	58.12	−0.55	−138.28	151.98	3796
R600a	异丁烷	$CH(CH_3)_3$	58.12	−11.67	−159.59	134.67	3640
	环状有机化合物						
RC318	八氟环丁烷	C_4F_8	200.03	−5.98	−39.8	115.23	2777.5
	共沸混合制冷剂						
R507A	R125/143a(50/50)	—	98.86	−46.74	—	70.62	3705
R508A	R23/116(39/61)	—	100.1	−87.38	—	10.84	3668.2
R508B	R23/116(46/54)	—	95.39	−87.34	—	11.83	3789
	非共沸混合制冷剂						
R404A	R125/143a/134a (44/52/4)	—	97.6	−46.22	—	72.05	3728.9
R407C	R32/125/134a (23/25/52)	—	86.2	−43.63	—	86.03	4629.8
R410A	R32/125(50/50)	—	72.59	−51.44	—	71.36	4902.6
	无机化合物						
R717	氨	NH_3	17.03	−33.3	−77.7	132.25	11333
R718	水	H_2O	18.02	99.97	0.01	373.95	22064
R744	二氧化碳	CO_2	44.01	−78.4	−56.56	30.98	7377.3

注：本表数据摘自 2005ASHRAE Handbook-Fundamentals。

附录 2-2　R22 饱和状态下的热力性质表

温度 t(℃)	绝对压力 p(kPa)	比容		比焓		汽化潜热 h_{fg} (kJ/kg)	比熵	
		液体 v_f (L/kg)	蒸气 v_g (m^3/kg)	液体 h_f (kJ/kg)	蒸气 h_g (kJ/kg)		液体 s_f [kJ/(kg·K)]	蒸气 s_g [kJ/(kg·K)]
−70	20.524	0.66972	0.94094	124.807	374.232	249.425	0.68476	1.91248
−69	21.865	0.67092	0.88712	125.792	374.723	248.931	0.68960	1.90888
−68	23.276	0.67213	0.83693	126.780	375.213	248.433	0.69442	1.90533

续表

温度 t(℃)	绝对压力 p(kPa)	比容		比焓		汽化潜热 h_{fg} (kJ/kg)	比熵	
		液体 v_f (L/kg)	蒸气 v_g (m^3/kg)	液体 h_f (kJ/kg)	蒸气 h_g (kJ/kg)		液体 s_f [kJ/(kg·K)]	蒸气 s_g [kJ/(kg·K)]
−67	24.762	0.67335	0.79009	127.770	375.703	247.933	0.69922	1.90184
−66	26.324	0.67457	0.74635	128.762	376.192	247.430	0.70402	1.89841
−65	27.966	0.67581	0.70547	129.756	376.681	246.925	0.70880	1.89502
−64	29.691	0.67705	0.66725	130.753	377.169	246.416	0.71357	1.89169
−63	31.502	0.67829	0.63147	131.752	377.657	245.905	0.71833	1.88841
−62	33.402	0.67955	0.59797	132.753	378.144	245.391	0.72308	1.88518
−61	35.394	0.68081	0.56658	133.756	378.630	244.874	0.72781	1.88200
−60	37.482	0.68208	0.53715	134.762	379.116	244.354	0.73254	1.87887
−59	39.669	0.68336	0.50954	135.771	379.601	243.830	0.73725	1.87579
−58	41.958	0.68465	0.48361	136.782	380.085	243.303	0.74195	1.87275
−57	44.353	0.68595	0.45925	137.795	380.568	242.773	0.74664	1.86975
−56	46.858	0.68725	0.43636	138.811	381.050	242.239	0.75132	1.86681
−55	49.475	0.68856	0.41483	139.829	381.532	241.703	0.75599	1.86390
−54	52.209	0.68989	0.39456	140.850	382.012	241.162	0.76065	1.86104
−53	55.064	0.69122	0.37548	141.873	382.491	240.618	0.76530	1.85822
−52	58.043	0.69255	0.35750	142.899	382.970	240.071	0.76994	1.85544
−51	61.150	0.69390	0.34055	143.927	383.447	239.520	0.77457	1.85271
−50	64.389	0.69526	0.32456	144.958	383.923	238.965	0.77919	1.85001
−49	67.764	0.69663	0.30947	145.992	384.398	238.406	0.78380	1.84735
−48	71.279	0.69800	0.29522	147.028	384.871	237.843	0.78840	1.84473
−47	74.938	0.69939	0.28175	148.067	385.344	237.277	0.79300	1.84215
−46	78.746	0.70078	0.26903	149.108	385.815	236.707	0.79758	1.83960
−45	82.706	0.70219	0.25699	150.152	386.285	236.133	0.80215	1.83709
−44	86.823	0.70360	0.24560	151.199	386.753	235.554	0.80672	1.83461
−43	91.102	0.70502	0.23482	152.249	387.220	234.971	0.81127	1.83217
−42	95.546	0.70646	0.22460	153.301	387.685	234.384	0.81582	1.82977
−41	100.16	0.70790	0.21492	154.356	388.149	233.793	0.82036	1.82739
−40	104.95	0.70936	0.20575	155.413	388.611	233.198	0.82489	1.82505
−39	109.92	0.71082	0.19704	156.474	389.072	232.598	0.82942	1.82274
−38	115.07	0.71230	0.18878	157.537	389.531	231.994	0.83393	1.82046
−37	120.41	0.71379	0.18093	158.602	389.989	231.387	0.83844	1.81822
−36	125.94	0.71529	0.17348	159.671	390.444	230.773	0.84293	1.81600
−35	131.68	0.71680	0.16640	160.742	390.898	230.156	0.84742	1.81381
−34	137.61	0.71832	0.15967	161.816	391.350	229.534	0.85191	1.81165
−33	143.75	0.71985	0.15326	162.893	391.801	228.908	0.85638	1.80952
−32	150.11	0.72139	0.14717	163.972	392.249	228.277	0.86085	1.80742
−31	156.68	0.72295	0.14137	165.054	392.696	227.642	0.86530	1.80535
−30	163.48	0.72452	0.13584	166.139	393.140	227.001	0.86976	1.80330
−29	170.50	0.72610	0.13058	167.227	393.583	226.356	0.87420	1.80127

续表

温度 t(℃)	绝对压力 p(kPa)	比容		比焓		汽化潜热	比熵	
		液体 v_f (L/kg)	蒸气 v_g (m^3/kg)	液体 h_f (kJ/kg)	蒸气 h_g (kJ/kg)	h_{fg} (kJ/kg)	液体 s_f [kJ/(kg·K)]	蒸气 s_g [kJ/(kg·K)]
−28	177.76	0.72769	0.12556	168.317	394.023	225.706	0.87863	1.79928
−27	185.25	0.72930	0.12078	169.411	394.462	225.051	0.88306	1.79731
−26	192.99	0.73092	0.11621	170.507	394.898	224.391	0.88748	1.79536
−25	200.98	0.73255	0.11186	171.606	395.332	223.726	0.89190	1.79343
−24	209.22	0.73420	0.10770	172.707	395.764	223.057	0.89630	1.79153
−23	217.72	0.73585	0.10373	173.812	396.194	222.382	0.90070	1.78966
−22	226.48	0.73753	0.099936	174.919	396.621	221.702	0.90509	1.78780
−21	235.52	0.73921	0.096310	176.029	397.046	221.017	0.90948	1.78597
−20	244.83	0.74091	0.092843	177.142	397.469	220.327	0.91385	1.78416
−19	254.42	0.74263	0.089527	178.258	397.890	219.632	0.91822	1.78237
−18	264.29	0.74436	0.086354	179.376	398.308	218.932	0.92259	1.78060
−17	274.46	0.74610	0.083317	180.497	398.723	218.226	0.92694	1.77885
−16	284.93	0.74786	0.080410	181.621	399.136	217.515	0.93129	1.77712
−15	295.70	0.74964	0.077625	182.748	399.546	216.798	0.93564	1.77541
−14	306.78	0.75143	0.074957	183.878	399.954	216.076	0.93997	1.77372
−13	318.17	0.75324	0.072399	185.011	400.359	215.348	0.94430	1.77205
−12	329.89	0.75506	0.069947	186.147	400.761	214.614	0.94862	1.77040
−11	341.93	0.75690	0.067596	187.285	401.161	213.876	0.95294	1.76876
−10	354.30	0.75876	0.065339	188.426	401.558	213.132	0.95725	1.76714
−9	367.01	0.76063	0.063174	189.570	401.952	212.382	0.96155	1.76554
−8	380.06	0.76253	0.061095	190.718	402.343	211.625	0.96585	1.76395
−7	393.47	0.76444	0.059099	191.868	402.731	210.863	0.97014	1.76238
−6	407.23	0.76637	0.057181	193.020	403.117	210.097	0.97442	1.76083
−5	421.35	0.76831	0.055339	194.176	403.499	209.323	0.97870	1.75929
−4	435.84	0.77028	0.053568	195.335	403.878	208.543	0.98297	1.75776
−3	450.70	0.77226	0.051865	196.497	404.254	207.757	0.98724	1.75625
−2	465.94	0.77427	0.050227	197.662	404.627	206.965	0.99150	1.75476
−1	481.57	0.77629	0.048651	198.829	404.997	206.168	0.99575	1.75327
0	497.59	0.77834	0.047135	200.000	405.364	205.364	1.00000	1.75180
1	514.01	0.78041	0.045675	201.174	405.727	204.553	1.00424	1.75035
2	530.83	0.78249	0.044270	202.351	406.087	203.736	1.00848	1.74890
3	548.06	0.78460	0.042916	203.530	406.443	202.913	1.01271	1.74747
4	565.71	0.78673	0.041612	204.713	406.796	202.083	1.01694	1.74605
5	583.78	0.78889	0.040355	205.899	407.145	201.246	1.02116	1.74464
6	602.28	0.79107	0.039144	207.089	407.491	200.402	1.02537	1.74325
7	621.22	0.79327	0.037975	208.281	407.834	199.553	1.02958	1.74186
8	640.59	0.79549	0.036849	209.477	408.172	198.695	1.03379	1.74048
9	660.42	0.79775	0.035762	210.675	408.507	197.832	1.03799	1.73912
10	680.7	0.80002	0.034713	211.877	408.838	196.961	1.04218	1.73776

续表

温度 t(℃)	绝对压力 p(kPa)	比容		比焓		汽化潜热 h_{fg} (kJ/kg)	比熵	
		液体 v_f (L/kg)	蒸气 v_g (m^3/kg)	液体 h_f (kJ/kg)	蒸气 h_g (kJ/kg)		液体 s_f [kJ/(kg·K)]	蒸气 s_g [kJ/(kg·K)]
11	701.44	0.80232	0.033701	213.083	409.165	196.082	1.04637	1.73641
12	722.65	0.80465	0.032723	214.291	409.488	195.197	1.05056	1.73507
13	744.33	0.80701	0.031780	215.503	409.807	194.304	1.05474	1.73374
14	766.50	0.80939	0.030868	216.719	410.122	193.403	1.05892	1.73242
15	789.15	0.88180	0.029987	217.938	410.432	192.494	1.06309	1.73110
16	812.29	0.81424	0.029136	219.160	410.739	191.579	1.06726	1.72979
17	835.93	0.81617	0.028313	220.386	411.041	190.655	1.07142	1.72849
18	860.08	0.81922	0.027517	221.615	411.339	189.724	1.07559	1.72720
19	884.75	0.82175	0.026747	222.848	411.632	188.784	1.07974	1.72591
20	909.93	0.82431	0.026003	244.084	411.921	187.837	1.08390	1.72463
21	935.64	0.82691	0.025282	225.325	412.205	186.880	1.08805	1.72335
22	961.89	0.82954	0.024585	226.569	412.484	185.915	1.09220	1.72207
23	988.67	0.83221	0.023910	227.817	412.758	184.941	1.09634	1.72081
24	1016.0	0.83491	0.023257	229.068	413.027	183.959	1.10049	1.71954
25	1043.9	0.83765	0.022624	230.324	413.292	182.968	1.10463	1.71828
26	1072.3	0.84043	0.022011	231.584	413.551	181.967	1.10876	1.71702
27	1101.4	0.84324	0.021416	232.848	413.805	180.957	1.11290	1.71577
28	1130.9	0.84610	0.020841	234.115	414.053	179.938	1.11703	1.71451
29	1161.1	0.84899	0.020282	235.388	414.296	178.908	1.12117	1.71326
30	1191.9	0.85193	0.019741	236.664	414.533	177.869	1.12530	1.71201
31	1223.2	0.85491	0.019216	237.945	414.765	176.820	1.12943	1.71076
32	1255.2	0.85793	0.018707	239.230	414.990	175.760	1.13356	1.70951
33	1287.8	0.86101	0.018213	240.520	415.210	174.690	1.13768	1.70826
34	1321.0	0.86412	0.017734	241.815	415.423	173.608	1.14181	1.70702
35	1354.8	0.86729	0.017268	243.114	415.630	172.516	1.14594	1.70576
36	1389.2	0.87051	0.016816	244.418	415.830	171.412	1.15007	1.70451
37	1424.3	0.87378	0.016377	245.728	416.024	170.296	1.15420	1.70326
38	1460.1	0.87710	0.015951	247.042	416.211	169.169	1.15833	1.70200
39	1496.5	0.88048	0.015537	248.361	416.391	168.030	1.16246	1.70074
40	1533.5	0.88392	0.015135	249.686	416.563	166.877	1.16659	1.69947
41	1571.2	0.88741	0.014743	251.017	416.729	165.712	1.17073	1.69820
42	1609.7	0.89097	0.014363	252.353	416.886	164.533	1.17487	1.69693
43	1648.7	0.89459	0.013993	253.695	417.036	163.341	1.17901	1.69564
44	1688.5	0.89828	0.013634	255.043	417.177	162.134	1.18315	1.69436
45	1729.0	0.90203	0.013284	256.397	417.310	160.913	1.18730	1.69306
46	1770.2	0.90586	0.012943	257.757	417.435	159.678	1.19145	1.69176
47	1812.1	0.90976	0.012612	259.124	417.551	158.427	1.19561	1.69044
48	1854.8	0.91374	0.012289	260.497	417.657	157.160	1.19977	1.68912
49	1898.2	0.91779	0.011975	261.878	417.754	155.876	1.20394	1.68778

续表

温度 t(℃)	绝对压力 p(kPa)	比容		比焓		汽化潜热	比熵	
		液体 v_f (L/kg)	蒸气 v_g (m^3/kg)	液体 h_f (kJ/kg)	蒸气 h_g (kJ/kg)	h_{fg} (kJ/kg)	液体 s_f [kJ/(kg·K)]	蒸气 s_g [kJ/(kg·K)]
50	1942.3	0.92193	0.011669	263.265	417.842	154.577	1.20811	1.68644
51	1987.2	0.92616	0.011371	264.660	417.919	153.259	1.21229	1.68508
52	2032.8	0.93047	0.01108	266.063	417.986	151.923	1.21648	1.68371
53	2079.3	0.93488	0.010797	267.473	418.042	150.569	1.22068	1.68232
54	2126.5	0.93939	0.010521	268.892	418.086	149.194	1.22489	1.68091
55	2174.4	0.94400	0.010252	270.319	418.119	147.800	1.22911	1.67949
56	2223.2	0.94872	0.009989	271.755	418.140	146.385	1.23333	1.67806
57	2272.8	0.95355	0.009733	273.200	418.148	144.948	1.23758	1.67660
58	2323.2	0.95850	0.009483	274.655	418.143	143.488	1.24183	1.67512
59	2374.5	0.96357	0.009239	276.120	418.125	142.005	1.24610	1.67362
60	2426.6	0.96878	0.009000	277.595	418.092	140.497	1.25038	1.67209

附录 2-3　R123 饱和状态下的热力性质表

温度 t(℃)	绝对压力 p(kPa)	比容		比焓		汽化潜热	比熵	
		液体 v_f (L/kg)	蒸气 v_g (m^3/kg)	液体 h_f (kJ/kg)	蒸气 h_g (kJ/kg)	h_{fg} (kJ/kg)	液体 s_f [kJ/(kg·K)]	蒸气 s_g [kJ/(kg·K)]
−15	15.960	0.64141	0.87185	187.205	370.944	183.739	0.95188	1.66363
−14	16.794	0.64236	0.83143	188.031	371.548	183.517	0.95507	1.66322
−13	17.665	0.64331	0.79321	188.860	372.152	183.292	0.95826	1.66282
−12	18.573	0.64426	0.75705	189.694	372.757	183.063	0.96146	1.65245
−11	19.519	0.64522	0.72282	190.531	373.363	182.832	0.96466	1.66209
−10	20.505	0.64619	0.69041	191.372	373.970	182.597	0.96786	1.66175
−9	21.531	0.64715	0.65971	192.217	374.577	182.360	0.97106	1.66142
−8	22.600	0.64813	0.63061	193.067	375.185	182.119	0.97426	1.66112
−7	23.712	0.64911	0.60303	193.920	375.794	181.875	0.97747	1.66083
−6	24.869	0.65009	0.57687	194.776	376.404	181.627	0.98068	1.66055
−5	26.072	0.65108	0.55204	195.637	377.014	181.377	0.98390	1.66030
−4	27.323	0.65208	0.52848	196.502	377.625	181.123	0.98711	1.66006
−3	28.623	0.65308	0.50610	197.371	378.236	180.866	0.99033	1.65983
−2	29.973	0.65408	0.48484	198.243	378.848	180.605	0.99365	1.65962
−1	31.375	0.65509	0.46464	199.120	379.461	180.341	0.99677	1.65943
0	32.830	0.65611	0.44543	200.000	380.074	180.074	1.00000	1.65925
1	34.339	0.65713	0.42717	200.884	380.688	179.803	1.00323	1.65909
2	35.906	0.65816	0.40979	201.773	381.302	179.529	1.00646	1.65894
3	37.530	0.65919	0.39325	202.665	381.917	179.252	1.00969	1.65880
4	39.213	0.66023	0.37750	203.561	382.532	178.971	1.01293	1.65868
5	40.957	0.66127	0.36250	204.461	383.147	178.687	1.01616	1.65857
6	42.764	0.66232	0.34820	205.364	383.763	178.399	1.01940	1.65848
7	44.636	0.66338	0.33458	206.272	384.380	178.108	1.02264	1.65840

续表

温度 t(℃)	绝对压力 p(kPa)	比容		比焓		汽化潜热	比熵	
		液体 v_f (L/kg)	蒸气 v_g (m^3/kg)	液体 h_f (kJ/kg)	蒸气 h_g (kJ/kg)	h_{fg} (kJ/kg)	液体 s_f [kJ/(kg·K)]	蒸气 s_g [kJ/(kg·K)]
8	46.573	0.66444	0.32159	207.184	384.997	177.813	1.02589	1.65834
9	48.578	0.66551	0.30920	208.099	385.614	177.515	1.02913	1.65828
10	50.652	0.66658	0.29738	209.018	386.231	177.213	1.03238	1.65824
11	52.797	0.66766	0.28610	209.942	386.849	176.907	1.03563	1.65821
12	55.015	0.66874	0.27533	210.869	387.467	176.598	1.03888	1.65820
13	57.307	0.66984	0.26504	211.800	388.085	176.286	1.04213	1.65819
14	59.676	0.67093	0.25521	212.734	388.704	175.969	1.04539	1.65820
15	62.123	0.67204	0.24581	213.673	389.322	175.649	1.04865	1.65822
16	64.650	0.67315	0.23683	214.615	389.941	175.326	1.05191	1.65825
17	67.259	0.67427	0.22824	215.561	390.560	174.999	1.05517	1.65830
18	69.951	0.67539	0.22002	216.511	391.179	174.668	1.05843	1.65835
19	72.729	0.67652	0.21216	217.465	391.798	174.333	1.06169	1.65842
20	75.595	0.67766	0.20463	218.422	392.417	173.995	1.06496	1.65849
21	78.550	0.67881	0.19742	219.383	393.036	173.653	1.06822	1.65858
22	81.597	0.67996	0.19052	220.348	393.656	173.308	1.07149	1.65867
23	84.737	0.68112	0.18391	221.316	394.275	172.959	1.07476	1.65878
24	87.973	0.68228	0.17757	222.289	394.894	172.606	1.07803	1.65890
25	91.306	0.68345	0.17149	223.264	395.513	172.249	1.08130	1.65902
26	94.738	0.68463	0.16566	224.244	396.132	171.888	1.08457	1.65916
27	98.272	0.68582	0.16007	225.227	396.751	171.524	1.08784	1.65930
28	101.91	0.68702	0.15471	226.214	397.370	171.156	1.09112	1.65946
29	105.65	0.68822	0.14956	227.204	397.989	170.785	1.09439	1.65962
30	109.50	0.68943	0.14462	228.198	398.607	170.409	1.09766	1.65979
31	113.46	0.69065	0.13987	229.195	399.225	170.030	1.10094	1.65997
32	117.54	0.69187	0.13532	230.196	399.843	169.647	1.10422	1.66016
33	121.72	0.69311	0.13094	231.200	400.461	169.260	1.10749	1.66036
34	126.03	0.69435	0.12673	232.208	401.078	168.870	1.11077	1.66057
35	130.45	0.69560	0.12268	233.219	401.695	168.476	1.11405	1.66078
36	134.99	0.69686	0.11879	234.234	402.311	168.078	1.11732	1.66100
37	139.66	0.69812	0.11505	235.251	402.927	167.676	1.12060	1.66123
38	144.45	0.69940	0.11145	236.273	403.543	167.270	1.12388	1.66146
39	149.37	0.70068	0.10798	237.297	404.158	166.861	1.12715	1.66171
40	154.42	0.70197	0.10465	238.325	404.773	166.448	1.13043	1.66196
41	159.60	0.70327	0.10143	239.356	405.387	166.031	1.13371	1.66221
42	164.91	0.70459	0.098341	240.391	406.001	165.610	1.13698	1.66248
43	170.36	0.70590	0.095362	241.428	406.614	165.186	1.14026	1.66275
44	175.95	0.70723	0.092492	242.469	407.227	164.758	1.14353	1.66302
45	181.68	0.70857	0.089725	243.513	407.838	164.326	1.14680	1.66331
46	187.56	0.70992	0.087059	244.560	408.450	163.890	1.15008	1.66360

续表

温度 t(℃)	绝对压力 p(kPa)	比容		比焓		汽化潜热 h_{fg} (kJ/kg)	比熵	
		液体 v_f (L/kg)	蒸气 v_g (m^3/kg)	液体 h_f (kJ/kg)	蒸气 h_g (kJ/kg)		液体 s_f [kJ/(kg·K)]	蒸气 s_g [kJ/(kg·K)]
47	193.58	0.71127	0.084487	245.610	409.060	163.450	1.15335	1.66389
48	199.74	0.71264	0.082007	246.663	409.670	163.007	1.15662	1.66419
49	206.06	0.71402	0.079615	247.719	410.279	162.560	1.15989	1.66450
50	212.54	0.71540	0.077307	248.778	410.887	162.109	1.16316	1.66481
51	219.16	0.71680	0.075079	249.840	411.494	161.654	1.16642	1.66512
52	225.95	0.71821	0.072929	250.905	412.101	161.196	1.16969	1.66544
53	232.90	0.71962	0.070852	251.973	412.706	160.733	1.17295	1.66577
54	240.00	0.72105	0.068847	253.043	413.311	160.268	1.17621	1.66610
55	247.28	0.72249	0.066910	254.117	413.914	159.798	1.17947	1.66644
56	254.72	0.72394	0.065039	255.193	414.517	159.324	1.18273	1.66678
57	262.33	0.72540	0.063230	256.271	415.119	158.847	1.18599	1.66712
58	270.12	0.72687	0.061482	257.353	415.719	158.366	1.18924	1.66747
59	278.08	0.72835	0.059792	258.437	416.319	157.882	1.19249	1.66782
60	286.21	0.72985	0.058158	259.524	416.917	157.393	1.19574	1.66818
61	294.53	0.73136	0.056577	260.613	417.514	156.901	1.19899	1.66854
62	303.03	0.73287	0.055048	261.705	418.110	156.405	1.20223	1.66890
63	311.71	0.73441	0.053569	262.799	418.705	155.905	1.20547	1.66927
64	320.59	0.73595	0.052137	263.896	419.298	155.402	1.20871	1.66964
65	329.65	0.73750	0.050751	264.995	419.890	154.895	1.21195	1.67001
66	338.91	0.73907	0.049409	266.097	420.481	154.384	1.21518	1.67039
67	348.36	0.74065	0.048110	267.201	421.070	153.869	1.21841	1.67077
68	358.01	0.74225	0.046851	268.307	421.658	153.351	1.22164	1.67115
69	367.86	0.74386	0.045632	269.416	422.245	152.829	1.22486	1.67153
70	377.91	0.74548	0.044450	270.527	422.830	152.303	1.22808	1.67192
71	388.17	0.74711	0.043305	271.640	423.413	151.773	1.23130	1.67231
72	398.63	0.74876	0.042195	272.755	423.995	151.240	1.23451	1.67270
73	409.31	0.75043	0.041120	273.872	424.575	150.703	1.23772	1.67309
74	420.20	0.75211	0.040076	274.991	425.154	150.162	1.24092	1.67348
75	431.31	0.75380	0.039064	276.113	425.730	149.618	1.24412	1.67388
76	442.64	0.75551	0.038083	277.236	426.306	149.069	1.24732	1.67427
77	454.19	0.75723	0.037131	278.362	426.879	148.517	1.25052	1.67467
78	465.96	0.75897	0.036207	279.489	427.450	147.961	1.25371	1.67507
79	477.96	0.76073	0.035310	280.618	428.020	147.402	1.25689	1.67547
80	490.19	0.76250	0.034439	281.749	428.587	146.838	1.26007	1.67587
81	502.66	0.76429	0.033594	282.882	429.153	146.271	1.26325	1.67627
82	515.36	0.76610	0.032773	284.017	429.716	145.700	1.26642	1.67667
83	528.29	0.76792	0.031976	285.153	430.278	145.125	1.26959	1.67707
84	541.47	0.76976	0.031202	286.291	430.837	144.546	1.27275	1.67747
85	554.89	0.77162	0.030450	287.431	431.394	143.963	1.27591	1.67787

续表

温度 t(℃)	绝对压力 p(kPa)	比容		比焓		汽化潜热 h_{fg} (kJ/kg)	比熵	
		液体 v_f (L/kg)	蒸气 v_g (m^3/kg)	液体 h_f (kJ/kg)	蒸气 h_g (kJ/kg)		液体 s_f [kJ/(kg·K)]	蒸气 s_g [kJ/(kg·K)]
86	568.56	0.77350	0.029718	288.573	431.949	143.377	1.27906	1.67827
87	582.48	0.77539	0.029008	289.716	432.502	142.786	1.28221	1.67867
88	596.65	0.77731	0.028317	290.861	433.052	142.192	1.28535	1.67907
89	611.07	0.77924	0.027646	292.007	433.600	141.593	1.28849	1.67947
90	625.75	0.78119	0.026993	293.155	434.146	140.991	1.29163	1.67987
91	640.70	0.78317	0.026358	294.304	434.689	140.385	1.29475	1.68027
92	655.90	0.78516	0.025740	295.455	435.229	139.774	1.29788	1.68066
93	671.38	0.78718	0.025139	296.607	435.767	139.160	1.30100	1.68106
94	687.12	0.78921	0.024554	297.761	436.302	138.541	1.30411	1.68145
95	703.13	0.79127	0.023985	298.916	436.835	137.918	1.30722	1.68184

附录 2-4　R134a 饱和状态下的热力性质表

温度 t(℃)	绝对压力 p(kPa)	比容		比焓		汽化潜热 h_{fg} (kJ/kg)	比熵	
		液体 v_f (L/kg)	蒸气 v_g (m^3/kg)	液体 h_f (kJ/kg)	蒸气 h_g (kJ/kg)		液体 s_f [kJ/(kg·K)]	蒸气 s_g [kJ/(kg·K)]
−60	16.317	0.67873	1.05020	127.283	360.230	232.948	0.70139	1.79427
−59	17.386	0.67999	0.98961	128.380	360.862	232.482	0.70652	1.79212
−58	18.513	0.68126	0.93311	129.481	361.494	232.013	0.71165	1.79002
−57	19.700	0.68253	0.88038	130.586	362.127	231.540	0.71677	1.78797
−56	20.949	0.68382	0.83114	131.695	362.759	231.064	0.72188	1.78596
−55	22.263	0.68511	0.78512	132.808	363.392	230.583	0.72699	1.78399
−54	23.645	0.68641	0.74209	133.925	364.024	230.099	0.73210	1.78206
−53	25.097	0.68771	0.70183	135.046	364.657	229.611	0.73720	1.78017
−52	26.621	0.68903	0.66413	136.171	365.290	229.118	0.74229	1.77832
−51	28.221	0.69035	0.62881	137.300	365.922	228.622	0.74738	1.77651
−50	29.899	0.69168	0.59570	138.433	366.555	228.121	0.75246	1.77474
−49	31.658	0.69302	0.56465	139.570	367.187	227.617	0.75754	1.77301
−48	33.501	0.69437	0.53550	140.711	367.819	227.108	0.76261	1.77131
−47	35.431	0.69573	0.50812	141.856	368.451	226.595	0.76768	1.76965
−46	37.451	0.69710	0.48239	143.005	369.083	226.078	0.77274	1.76802
−45	39.564	0.69847	0.45821	144.158	369.714	225.557	0.77780	1.76643
−44	41.774	0.69985	0.43545	145.314	370.345	225.031	0.78285	1.76488
−43	44.083	0.70125	0.41403	146.475	370.976	224.501	0.78790	1.76335
−42	46.495	0.70265	0.39386	147.640	371.606	223.967	0.79294	1.76186
−41	49.013	0.70406	0.37485	148.808	372.236	223.428	0.79798	1.76041
−40	51.641	0.70548	0.35692	149.981	372.865	222.885	0.80301	1.75898
−39	54.382	0.70691	0.34001	151.157	373.494	222.337	0.80804	1.75759
−38	57.239	0.70835	0.32405	152.338	374.122	221.785	0.81306	1.75622
−37	60.217	0.70980	0.30898	153.522	374.750	221.228	0.81808	1.75489

续表

温度 t(℃)	绝对压力 p(kPa)	比容		比焓		汽化潜热 h_{fg} (kJ/kg)	比熵	
		液体 v_f (L/kg)	蒸气 v_g (m^3/kg)	液体 h_f (kJ/kg)	蒸气 h_g (kJ/kg)		液体 s_f [kJ/(kg·K)]	蒸气 s_g [kJ/(kg·K)]
−36	63.318	0.71126	0.29475	154.710	375.377	220.667	0.82309	1.75358
−35	66.547	0.71273	0.28129	155.902	376.003	220.101	0.82809	1.75231
−34	69.907	0.71421	0.26856	157.098	376.629	219.531	0.83309	1.75106
−33	73.403	0.71570	0.25651	158.298	377.253	218.956	0.83809	1.74984
−32	77.037	0.71721	0.24511	159.501	377.877	218.376	0.84308	1.74864
−31	80.815	0.71872	0.23432	160.709	378.501	217.792	0.84807	1.74748
−30	84.739	0.72024	0.22408	161.92	379.123	217.203	0.85305	1.74633
−29	88.815	0.72178	0.21438	163.135	379.744	216.609	0.85802	1.74522
−28	93.045	0.72332	0.20518	164.354	380.365	216.010	0.86299	1.74413
−27	97.435	0.72488	0.19646	165.577	380.984	215.407	0.86796	1.74306
−26	101.99	0.72645	0.18817	166.804	381.603	214.799	0.87292	1.74202
−25	106.71	0.72803	0.18030	168.034	382.220	214.186	0.87787	1.74100
−24	111.60	0.72963	0.17282	169.268	382.837	213.568	0.88282	1.74001
−23	116.67	0.73123	0.16572	170.506	383.452	212.946	0.88776	1.73904
−22	121.92	0.73285	0.15896	171.748	384.066	212.318	0.89270	1.73809
−21	127.36	0.73448	0.15253	172.993	384.679	211.685	0.89764	1.73716
−20	132.99	0.73612	0.14641	174.242	385.290	211.048	0.90256	1.73625
−19	138.81	0.73778	0.14059	175.495	385.901	210.406	0.90749	1.73537
−18	144.83	0.73945	0.13504	176.752	386.510	209.758	0.91240	1.73450
−17	151.05	0.74114	0.12976	178.012	387.118	209.106	0.91731	1.73366
−16	157.48	0.74283	0.12472	179.276	387.724	208.448	0.92222	1.73283
−15	164.13	0.74454	0.11991	180.544	388.329	207.786	0.92712	1.73203
−14	170.99	0.74627	0.11533	181.815	388.933	207.118	0.93202	1.73124
−13	178.08	0.74801	0.11096	183.090	389.535	206.445	0.93691	1.73047
−12	185.40	0.74977	0.10678	184.369	390.136	205.767	0.94179	1.72972
−11	192.95	0.75154	0.10279	185.652	390.735	205.084	0.94667	1.72899
−10	200.73	0.75332	0.098985	186.938	391.333	204.395	0.95155	1.72827
−9	208.76	0.75512	0.095344	188.227	391.929	203.702	0.95642	1.72758
−8	217.04	0.75694	0.091864	189.521	392.523	203.003	0.96128	1.72689
−7	225.57	0.75877	0.088535	190.818	393.116	202.298	0.96614	1.72623
−6	234.36	0.76062	0.085351	192.119	393.707	201.589	0.97099	1.72558
−5	243.41	0.76249	0.082303	193.423	394.296	200.873	0.97584	1.72495
−4	252.73	0.76437	0.079385	194.731	394.884	200.153	0.98068	1.72433
−3	262.33	0.76627	0.076591	196.043	395.470	199.427	0.98552	1.72373
−2	272.21	0.76819	0.073915	197.358	396.054	198.695	0.99035	1.72314
−1	282.37	0.77013	0.071350	198.677	396.636	197.958	0.99518	1.72256
0	292.82	0.77208	0.068891	200.000	397.216	197.216	1.00000	1.72200
1	303.57	0.77406	0.066533	201.326	397.794	196.467	1.00482	1.72146
2	314.62	0.77605	0.064272	202.656	398.370	195.713	1.00963	1.72092

续表

温度 t(℃)	绝对压力 p(kPa)	比容 液体 υ_f (L/kg)	比容 蒸气 υ_g (m^3/kg)	比焓 液体 h_f (kJ/kg)	比焓 蒸气 h_g (kJ/kg)	汽化潜热 h_{fg} (kJ/kg)	比熵 液体 s_f [kJ/(kg·K)]	比熵 蒸气 s_g [kJ/(kg·K)]
3	325.98	0.77806	0.062102	203.990	398.944	194.953	1.01444	1.72040
4	337.65	0.78009	0.060019	205.328	399.515	194.188	1.01924	1.71990
5	349.63	0.78215	0.058019	206.669	400.085	193.416	1.02403	1.71940
6	361.95	0.78422	0.056099	208.014	400.653	192.639	1.02883	1.71892
7	374.59	0.78632	0.054254	209.363	401.218	191.855	1.03361	1.71844
8	387.56	0.78843	0.052481	210.715	401.781	191.066	1.03840	1.71798
9	400.88	0.79057	0.050777	212.071	402.342	190.271	1.04317	1.71753
10	414.55	0.79273	0.049138	213.431	402.900	189.469	1.04795	1.71709
11	428.57	0.79492	0.047562	214.795	403.456	188.661	1.05272	1.71666
12	442.94	0.79713	0.046046	216.163	404.009	187.847	1.05748	1.71624
13	457.68	0.79936	0.044587	217.534	404.560	187.026	1.06224	1.71584
14	472.80	0.80162	0.043183	218.910	405.109	186.199	1.06700	1.71543
15	488.29	0.80390	0.041830	220.289	405.654	185.365	1.07175	1.71504
16	504.16	0.80621	0.040528	221.672	405.197	184.525	1.07650	1.71466
17	520.42	0.80855	0.039273	223.060	406.738	183.678	1.08124	1.71429
18	537.08	0.81091	0.038064	224.451	407.275	182.824	1.08598	1.71392
19	554.14	0.81330	0.036898	225.846	407.810	181.963	1.09072	1.71356
20	571.60	0.81572	0.035775	227.246	408.341	181.096	1.09545	1.71321
21	589.48	0.81817	0.034691	228.649	408.870	180.221	1.10018	1.71286
22	607.78	0.82065	0.033645	230.057	409.395	179.338	1.10491	1.71252
23	626.50	0.82316	0.032637	231.469	409.917	178.449	1.10963	1.71219
24	645.66	0.82570	0.031663	232.885	410.436	177.552	1.11435	1.71187
25	655.26	0.82827	0.030723	234.305	410.952	176.647	1.11907	1.71155
26	685.30	0.83088	0.029816	235.730	411.464	175.735	1.12378	1.71123
27	705.80	0.83352	0.028939	237.159	411.973	174.814	1.12850	1.71092
28	726.75	0.83620	0.028092	238.593	412.479	173.886	1.13321	1.71061
29	748.17	0.83891	0.027274	240.031	412.980	172.949	1.13791	1.71031
30	770.06	0.84166	0.026483	241.474	413.478	172.004	1.14262	1.71001
31	792.43	0.84445	0.025718	242.921	413.972	171.051	1.14733	1.70972
32	815.28	0.84727	0.024978	244.373	414.462	170.089	1.15203	1.70942
33	838.63	0.85014	0.024263	245.830	414.948	169.118	1.15673	1.70913
34	862.47	0.85305	0.023571	247.292	415.430	168.138	1.16143	1.70884
35	886.82	0.85600	0.022901	248.759	415.907	167.148	1.16613	1.70856
36	911.68	0.85899	0.022252	250.231	416.380	166.149	1.17083	1.70827
37	937.07	0.86203	0.021625	251.708	416.849	165.141	1.17553	1.70799
38	962.98	0.86512	0.021017	253.190	417.313	164.122	1.18023	1.70770
39	989.42	0.86825	0.020428	254.678	417.772	163.094	1.18493	1.70742
40	1016.4	0.87144	0.019857	256.171	418.226	162.054	1.18963	1.70713
41	1043.9	0.87467	0.019304	257.670	418.675	161.005	1.19433	1.70684

续表

温度 t(℃)	绝对压力 p(kPa)	比容		比焓		汽化潜热 h_{fg} (kJ/kg)	比熵	
		液体 v_f (L/kg)	蒸气 v_g (m^3/kg)	液体 h_f (kJ/kg)	蒸气 h_g (kJ/kg)		液体 s_f [kJ/(kg·K)]	蒸气 s_g [kJ/(kg·K)]
42	1072.0	0.87796	0.018769	259.174	419.118	159.944	1.19904	1.70665
43	1100.7	0.88131	0.018249	260.684	419.557	158.872	1.20374	1.70626
44	1129.9	0.88471	0.017745	262.200	419.989	157.789	1.20845	1.70597
45	1159.7	0.88817	0.017256	263.723	420.416	156.693	1.21316	1.70567
46	1190.1	0.89169	0.016782	265.251	420.837	155.586	1.21787	1.70537
47	1221.1	0.89527	0.016322	266.786	421.252	154.466	1.22258	1.70506
48	1252.6	0.89892	0.015875	268.327	421.660	153.333	1.22730	1.70475
49	1284.8	0.90263	0.015442	269.875	422.061	152.187	1.23202	1.70443
50	1317.6	0.90642	0.015021	271.429	422.456	151.027	1.23675	1.70411
51	1351.0	0.91028	0.014612	272.991	422.844	149.853	1.24148	1.70378
52	1385.1	0.91421	0.014214	274.560	423.224	148.665	1.24622	1.70344
53	1419.8	0.91823	0.013828	276.136	423.597	147.461	1.25096	1.70309
54	1455.2	0.92232	0.013453	277.720	423.962	146.242	1.25571	1.70273
55	1491.2	0.92650	0.013088	279.312	424.319	145.007	1.26047	1.70236
56	1527.8	0.93077	0.012733	280.912	424.667	143.755	1.26523	1.70198
57	1565.2	0.93514	0.012387	282.520	425.006	142.487	1.27000	1.70158
58	1603.2	0.93960	0.012051	284.136	425.336	141.200	1.27478	1.70118
59	1641.9	0.94416	0.011725	285.762	425.657	139.895	1.27958	1.70076
60	1681.3	0.94883	0.011406	287.397	425.967	138.571	1.28438	1.70032
61	1721.5	0.95361	0.011096	289.041	426.267	137.226	1.28919	1.69986
62	1762.3	0.95851	0.010795	290.695	426.556	135.862	1.29402	1.69939
63	1803.9	0.96353	0.010501	292.358	426.834	134.476	1.29885	1.69890
64	1846.2	0.96868	0.010214	294.033	427.100	133.067	1.30371	1.69839
65	1889.3	0.97396	0.0099346	295.718	427.353	131.635	1.30857	1.69786
66	1933.1	0.97939	0.0096622	297.415	427.593	130.178	1.31346	1.69729
67	1977.7	0.98497	0.0093965	299.124	427.820	128.696	1.31836	1.69671
68	2023.1	0.99071	0.0091373	300.844	428.032	127.187	1.32328	1.69610
69	2069.2	0.99662	0.0088843	302.578	428.229	125.651	1.32822	1.69546
70	2116.2	1.00271	0.0086373	304.325	428.410	124.085	1.33318	1.69479

附录 2-5　R717 饱和状态下的热力性质表

温度 t(℃)	绝对压力 p(kPa)	比容		比焓		汽化潜热 h_{fg} (kJ/kg)	比熵	
		液体 v_f (L/kg)	蒸气 v_g (m^3/kg)	液体 h_f (kJ/kg)	蒸气 h_g (kJ/kg)		液体 s_f [kJ/(kg·K)]	蒸气 s_g [kJ/(kg·K)]
−70	10.938	1.37861	9.0158	−189.119	1274.273	1463.392	−2.74401	4.45949
−69	11.763	1.38077	8.4227	−185.057	1276.196	1461.253	−2.72407	4.43367
−68	12.639	1.38294	7.8745	−180.968	1278.109	1459.078	−2.70410	4.40815
−67	13.570	1.38513	7.3673	−176.850	1280.012	1456.862	−2.68408	4.38292
−66	14.559	1.38733	6.8980	−172.766	1281.909	1454.675	−2.66432	4.35801

续表

温度 t(℃)	绝对压力 p(kPa)	比容		比焓		汽化潜热 h_{fg} (kJ/kg)	比熵	
		液体 v_f (L/kg)	蒸气 v_g (m^3/kg)	液体 h_f (kJ/kg)	蒸气 h_g (kJ/kg)		液体 s_f [kJ/(kg·K)]	蒸气 s_g [kJ/(kg·K)]
−65	15.608	1.38953	6.4632	−168.651	1283.797	1452.448	−2.64451	4.33338
−64	16.720	1.39176	6.0600	−164.527	1285.675	1450.202	−2.62476	4.30903
−63	17.898	1.39399	5.6859	−160.371	1287.541	1447.912	−2.60494	4.28496
−62	19.145	1.39623	5.3386	−156.252	1289.403	1445.655	−2.58539	4.26119
−61	20.464	1.39849	5.0159	−152.100	1291.253	1443.353	−2.56578	4.23767
−60	21.859	1.40076	4.7158	−147.938	1293.094	1441.032	−2.54622	4.21443
−59	23.333	1.40304	4.4366	−143.766	1294.925	1438.691	−2.52670	4.19144
−58	24.890	1.40534	4.1766	−139.583	1296.746	1436.329	−2.50722	4.16872
−57	26.533	1.40765	3.9343	−135.390	1298.558	1438.947	−2.48779	4.14625
−56	28.265	1.40997	3.7083	−131.186	1300.358	1431.544	−2.46840	4.12403
−55	30.091	1.41230	3.4975	−126.971	1302.149	1429.120	−2.44901	4.10205
−54	32.014	1.41465	3.3007	−122.745	1303.930	1426.675	−2.42973	4.08031
−53	34.038	1.41701	3.1167	−118.477	1305.697	1424.173	−2.41031	4.05880
−52	36.168	1.41938	2.9448	−114.259	1307.458	1421.718	−2.39121	4.03754
−51	38.408	1.42177	2.7840	−110.000	1309.206	1419.206	−2.37200	4.01650
−50	40.762	1.42417	2.6334	−105.728	1310.943	1416.671	−2.35283	3.99568
−49	43.234	1.42658	2.4924	−101.445	1312.668	1414.113	−2.33370	3.97508
−48	45.829	1.42901	2.3601	−97.116	1314.378	1411.494	−2.31444	3.95469
−47	48.551	1.43146	2.2361	−92.808	1316.080	1408.889	−2.29537	3.93452
−46	51.406	1.43392	2.1198	−88.489	1317.770	1406.260	−2.27633	3.91455
−45	54.398	1.43639	2.0106	−84.158	1319.448	1403.606	−2.25733	3.89480
−44	57.532	1.43888	1.9080	−79.816	1321.114	1400.929	−2.23835	3.87524
−43	60.813	1.44138	1.8115	−75.461	1322.766	1398.227	−2.21941	3.85588
−42	64.246	1.44390	1.7208	−71.094	1324.407	1395.501	−2.20050	3.83671
−41	67.837	1.44643	1.6354	−66.715	1326.034	1392.749	−2.18162	3.81773
−40	71.591	1.44898	1.5551	−62.325	1327.648	1389.973	−2.16277	3.79894
−39	75.513	1.45154	1.4794	−57.992	1329.249	1387.171	−2.14395	3.78033
−38	79.610	1.45412	1.4080	−53.507	1330.836	1384.344	−2.12516	3.76190
−37	83.886	1.45671	1.3407	−49.081	1332.410	1381.491	−2.10641	3.74365
−36	88.348	1.45933	1.2772	−44.643	1333.969	1378.612	−2.08768	3.72557
−35	93.002	1.46195	1.2173	−40.193	1335.515	1375.708	−2.06898	3.70766
−34	97.853	1.46460	1.1607	−35.731	1337.046	1372.777	−2.05032	3.68992
−33	102.91	1.46726	1.1072	−31.258	1338.563	1369.821	−2.03168	3.67234
−32	108.17	1.46994	1.0566	−26.773	1340.064	1366.838	−2.01308	3.65492
−31	113.65	1.47263	1.0088	−22.277	1341.551	1363.829	−1.99451	3.63766
−30	119.36	1.47534	0.96349	−17.770	1343.023	1360.793	−1.97597	3.62055
−29	125.29	1.47807	0.92063	−13.251	1344.479	1357.731	−1.95746	3.60360
−28	131.46	1.48082	0.88004	−8.722	1345.920	1354.642	−1.93898	3.58679
−27	137.87	1.48359	0.48157	−4.182	1347.345	1351.527	−1.92054	3.57013

续表

温度 t(℃)	绝对压力 p(kPa)	比容		比焓		汽化潜热 h_{fg} (kJ/kg)	比熵	
		液体 v_f (L/kg)	蒸气 v_g (m^3/kg)	液体 h_f (kJ/kg)	蒸气 h_g (kJ/kg)		液体 s_f [kJ/(kg·K)]	蒸气 s_g [kJ/(kg·K)]
−26	144.53	1.48637	0.80511	−0.369	1348.754	1348.385	−1.90212	3.55361
−25	151.45	1.48917	0.77052	4.931	1350.147	1345.216	−1.88375	3.53723
−24	158.63	1.49199	0.73770	9.503	1351.523	1342.020	−1.86540	3.52099
−23	166.09	1.49483	0.70655	14.085	1352.883	1338.798	−1.84709	3.50489
−22	173.82	1.49769	0.67697	18.677	1354.226	1335.549	−1.82882	3.48892
−21	181.84	1.50057	0.64886	23.279	1355.552	1332.273	−1.81058	3.47307
−20	190.15	1.50347	0.62214	27.891	1356.861	1328.970	−1.79237	3.45736
−19	198.76	1.50638	0.59673	32.512	1358.152	1325.641	−1.77421	3.44177
−18	207.67	1.50932	0.57257	37.142	1359.426	1322.284	−1.75608	3.42630
−17	216.91	1.51228	0.54957	41.781	1360.682	1318.901	−1.73799	3.41096
−16	226.47	1.51526	0.52768	46.429	1361.921	1315.492	−1.71993	3.39573
−15	236.36	1.51826	0.50682	51.085	1363.141	1312.056	−1.70192	3.38061
−14	246.59	1.52128	0.48696	55.749	1364.342	1308.593	−1.68395	3.36561
−13	257.16	1.52432	0.46802	60.421	1365.525	1305.104	−1.66601	3.35072
−12	268.10	1.52739	0.44997	65.102	1366.690	1301.588	−1.64812	3.33594
−11	279.39	1.53047	0.43275	69.789	1367.835	1298.046	−1.63027	3.32127
−10	291.06	1.53358	0.41632	74.484	1368.962	1294.478	−1.61247	3.30670
−9	303.12	1.53671	0.40063	79.185	1370.069	1290.884	−1.59471	3.29223
−8	315.56	1.53986	0.38565	83.893	1371.157	1287.264	−1.57699	3.27786
−7	328.40	1.54304	0.37135	88.607	1372.225	1283.618	−1.55932	3.26359
−6	341.64	1.54624	0.35768	98.328	1373.274	1279.946	−1.54169	3.24942
−5	355.31	1.54947	0.34461	98.054	1374.302	1276.248	−1.52411	3.23534
−4	369.39	1.55272	0.33212	102.786	1375.311	1272.525	−1.50658	3.22136
−3	383.91	1.55599	0.32017	107.522	1376.299	1268.776	−1.48910	3.20746
−2	398.88	1.55929	0.30874	112.264	1377.266	1265.002	−1.47166	3.19368
−1	414.29	1.56261	0.29779	112.010	1378.213	1261.203	−1.45428	3.17994
0	430.17	1.56596	0.28731	121.761	1379.140	1257.379	−1.43695	3.16631
1	446.52	1.56934	0.27728	126.515	1380.045	1253.530	−1.41967	3.15275
2	463.34	1.57274	0.26766	131.273	1380.929	1249.657	−1.40244	3.13929
3	480.66	1.57617	0.25845	136.034	1381.792	1245.758	−1.38527	3.12590
4	498.47	1.57963	0.24961	140.799	1382.634	1241.836	−1.36815	3.11259
5	516.79	1.58311	0.24114	145.566	1383.454	1237.889	−1.35108	3.09935
6	535.63	1.58663	0.23302	150.335	1384.253	1233.918	−1.33407	3.08619
7	554.99	1.59017	0.22522	155.107	1385.030	1229.923	−1.31712	3.07311
8	574.89	1.59374	0.21774	159.880	1385.784	1225.904	−1.30023	3.06010
9	595.34	1.59734	0.21055	164.655	1386.517	1221.862	−1.28339	3.04715
10	616.35	1.60097	0.20365	169.431	1387.227	1217.796	−1.26661	3.03428
11	637.92	1.60463	0.19702	174.208	1387.915	1213.707	−1.24989	3.02147
12	660.07	1.60832	0.19065	178.986	1388.581	1209.595	−1.23323	3.00873

续表

温度 t(℃)	绝对压力 p(kPa)	比容		比焓		汽化潜热 h_{fg} (kJ/kg)	比熵	
		液体 v_f (L/kg)	蒸气 v_g (m^3/kg)	液体 h_f (kJ/kg)	蒸气 h_g (kJ/kg)		液体 s_f [kJ/(kg·K)]	蒸气 s_g [kJ/(kg·K)]
13	682.80	1.61204	0.18453	183.764	1389.223	1205.460	−1.21663	2.99605
14	706.13	1.61579	0.17864	188.542	1389.843	1201.302	−1.20009	2.98344
15	730.07	1.61958	0.17298	193.320	1390.441	1197.121	−1.18362	2.97089
16	754.62	1.62340	0.16754	198.097	1391.015	1192.918	−1.16721	2.95839
17	779.80	1.62725	0.16230	202.874	1391.566	1188.692	−1.15086	2.94596
18	805.62	1.63114	0.15725	207.649	1392.093	1184.444	−1.13457	2.93359
19	832.09	1.63506	0.15240	212.423	1392.597	1180.174	−1.11035	2.92127
20	859.22	1.63902	0.14772	217.196	1393.078	1175.882	−1.10219	2.90900
21	887.01	1.64301	0.14322	221.967	1393.535	1171.568	−1.08610	2.89679
22	915.48	1.64704	0.13888	226.736	1393.968	1167.232	−1.07008	2.88463
23	944.65	1.65111	0.13469	231.502	1394.377	1162.875	−1.05412	2.87253
24	974.52	1.65522	0.13066	236.266	1394.762	1158.496	−1.03822	2.86047
25	1005.1	1.65936	0.12678	241.027	1395.123	1154.096	−1.02240	2.84846
26	1036.4	1.66354	0.12303	245.786	1395.460	1149.674	−1.00664	2.83650
27	1068.4	1.66776	0.11941	250.541	1395.772	1145.231	−0.99095	2.82458
28	1101.2	1.67203	0.11592	255.293	1396.060	1140.767	−0.97532	2.81271
29	1134.7	1.67633	0.11256	260.042	1396.323	1136.281	−0.95977	2.80089
30	1169.0	1.68068	0.10930	264.787	1396.562	1131.775	−0.94428	2.78910
31	1204.1	1.68507	0.10617	269.528	1396.775	1127.247	−0.92886	2.77736
32	1240.0	1.68950	0.10313	274.265	1396.963	1122.699	−0.91351	2.76566
33	1276.7	1.69398	0.10021	278.998	1397.127	1118.129	−0.89823	2.75400
34	1314.1	1.69850	0.097376	283.727	1397.265	1113.538	−0.88301	2.74237
35	1352.5	1.70307	0.094641	288.452	1397.377	1108.926	−0.86787	2.73079
36	1391.6	1.70769	0.091998	293.172	1397.464	1104.293	−0.85279	2.71924
37	1431.6	1.71235	0.089442	297.888	1397.526	1099.638	−0.83778	2.70772
38	1472.4	1.71707	0.086970	302.599	1397.561	1094.962	−0.82284	2.69624
39	1514.1	1.72183	0.084580	307.306	1397.571	1090.265	−0.80797	2.68479
40	1556.7	1.72665	0.082266	312.008	1397.554	1085.546	−0.79316	2.67337
41	1600.2	1.73152	0.080028	316.706	1397.511	1080.806	−0.77843	2.66199
42	1644.6	1.73644	0.077861	321.399	1397.442	1076.043	−0.76376	2.65063
43	1689.9	1.74142	0.075764	326.087	1397.347	1071.259	−0.74915	2.63930
44	1736.2	1.74645	0.073733	330.772	1397.224	1066.453	−0.73461	2.62800
45	1783.4	1.75154	0.071766	335.451	1397.075	1061.624	−0.72014	2.61672
46	1831.5	1.75668	0.069860	340.127	1396.898	1056.772	−0.70573	2.60547
47	1880.6	1.76189	0.068014	344.798	1396.695	1051.897	−0.69139	2.59426
48	1930.7	1.76716	0.066225	349.465	1396.464	1046.999	−0.67711	2.58304
49	1981.8	1.77249	0.064491	354.128	1396.205	1042.077	−0.66289	2.57186
50	2033.8	1.77788	0.062809	358.787	1395.918	1037.131	−0.64874	2.56070
51	2086.9	1.78334	0.061179	363.443	1395.604	1032.161	−0.63465	2.54956

续表

温度 t(℃)	绝对压力 p(kPa)	比容		比焓		汽化潜热	比熵	
		液体 v_f (L/kg)	蒸气 v_g (m^3/kg)	液体 h_f (kJ/kg)	蒸气 h_g (kJ/kg)	h_{fg} (kJ/kg)	液体 s_f [kJ/(kg·K)]	蒸气 s_g [kJ/(kg·K)]
52	2141.1	1.78887	0.059598	368.095	1395.261	1027.165	−0.62061	2.53844
53	2196.2	1.79446	0.068064	372.745	1394.890	1022.145	−0.60664	2.52733
54	2252.5	1.80013	0.056576	377.391	1394.489	1017.098	−0.59272	2.51624
55	2309.8	1.80586	0.055182	382.035	1394.060	1012.025	−0.57887	2.50517
56	2368.1	1.81167	0.053730	386.677	1393.602	1006.925	−0.56506	2.49410
57	2427.6	1.81755	0.052369	391.317	1393.114	1001.797	−0.55131	2.48305
58	2488.2	1.82352	0.051048	395.956	1892.596	996.640	−0.53762	2.47201
59	2549.9	1.82956	0.049764	400.594	1392.049	991.455	−0.52398	2.46099
60	2612.7	1.83568	0.048518	405.231	1391.470	986.239	−0.51038	2.44996

附录 2-6　R407C 沸腾状态液体与结露状态气体热力性质表

绝对压力 p(MPa)	温度 t(℃)		密度 ρ (kg/m^3)	比容 v (m^3/kg)	比焓 h(kJ/kg)		比熵 s[kJ/(kg·℃)]		质量比热 c_p [kJ/(kg·℃)]	
	泡点	露点	液体	气体	液体	气体	液体	气体	液体	气体
0.01000	−82.82	−74.96	1496.6	1.89611	91.52	365.89	0.5302	1.9437	1.246	0.667
0.02000	−72.81	−65.15	1468.1	0.98986	104.03	371.89	0.5942	1.9071	1.255	0.692
0.04000	−61.51	−54.07	1435.2	0.51699	118.30	378.64	0.6635	1.8730	1.268	0.725
0.06000	−54.18	−46.89	1413.5	0.35346	127.63	382.97	0.7068	1.8543	1.278	0.748
0.08000	−48.61	−41.44	1396.8	0.26976	134.78	386.21	0.7389	1.8416	1.287	0.767
0.10000	−44.06	−36.98	1382.9	0.21867	140.65	388.83	0.7648	1.8321	1.295	0.783
0.10132b	−43.79	−36.71	1382.1	0.21597	141.01	388.99	0.7663	1.8315	1.295	0.784
0.12000	−40.19	−33.19	1371.0	0.18413	145.69	391.04	0.7865	1.8245	1.302	0.798
0.14000	−36.80	−29.87	1360.4	0.15918	150.12	392.95	0.8053	1.8183	1.308	0.811
0.16000	−33.77	−26.90	1350.9	0.14027	154.10	394.64	0.8220	1.8130	1.314	0.823
0.18000	−31.02	−24.21	1342.2	0.12544	157.78	396.15	0.8370	1.8084	1.320	0.835
0.20000	−28.50	−21.74	1334.1	0.11348	161.07	397.52	0.8507	1.8043	1.326	0.845
0.22000	−26.17	−19.46	1326.6	0.10363	164.17	398.78	0.8632	1.8007	1.331	0.856
0.24000	−24.00	−17.34	1319.5	0.09537	167.07	399.94	0.8748	1.7974	1.336	0.865
0.26000	−21.96	−15.35	1312.8	0.08834	169.80	401.01	0.8857	1.7945	1.341	0.875
0.28000	−20.05	−13.47	1306.5	0.08228	172.38	402.01	0.8959	1.7918	1.346	0.684
0.30000	−18.23	−11.70	1300.4	0.07700	174.83	402.95	0.9055	1.7893	1.351	0.892
0.32000	−16.51	−10.01	1294.6	0.07236	177.17	403.83	0.9145	1.7869	1.355	0.901
0.34000	−14.86	−8.41	1289.0	0.06824	179.41	404.67	0.9232	1.7848	1.360	0.909
0.36000	−13.29	−6.87	1283.7	0.06457	181.55	405.45	0.9314	1.7827	1.364	0.917
0.38000	−11.79	−5.40	1278.5	0.06127	183.61	406.20	0.9392	1.7808	1.369	0.925
0.40000	−10.34	−3.99	1273.5	0.05829	185.60	406.91	0.9468	1.7790	1.373	0.932
0.42000	−8.95	−2.63	1268.7	0.05559	187.52	407.59	0.9540	1.7773	1.377	0.940
0.44000	−7.61	−1.32	1264.0	0.05312	189.37	408.24	0.9609	1.7757	1.382	0.947
0.46000	−6.31	−0.05	1259.4	0.05086	191.17	408.85	0.9676	1.7741	1.386	0.954

续表

绝对压力 p(MPa)	温度 t(℃)		密度 ρ (kg/m³)	比容 v (m³/kg)	比焓 h(kJ/kg)		比熵 s[kJ/(kg·℃)]		质量比热 c_p [kJ/(kg·℃)]	
	泡点	露点	液体	气体	液体	气体	液体	气体	液体	气体
0.48000	−5.06	1.17	1255.0	0.04878	192.91	409.44	0.9741	1.7726	1.390	0.961
0.50000	−3.84	2.36	1250.6	0.04687	194.61	410.01	0.9803	1.7712	1.394	0.968
0.55000	−0.96	5.17	1240.2	0.04266	198.65	411.33	0.9951	1.7679	1.404	0.985
0.60000	1.73	7.79	1230.4	0.03913	202.45	412.54	1.0088	1.7649	1.414	1.002
0.65000	4.26	10.25	1221.0	0.03613	206.04	413.64	1.0217	1.7622	1.423	1.018
0.70000	6.65	12.58	1212.0	0.03355	209.45	414.64	1.0338	1.7596	1.433	1.034
0.75000	8.91	14.78	1203.3	0.03129	212.71	415.57	1.0452	1.7572	1.443	1.050
0.80000	11.06	16.87	1195.0	0.02931	215.82	416.43	1.0561	1.7549	1.452	1.066
0.85000	13.11	18.86	1186.9	0.2755	218.81	417.23	1.0664	1.7528	1.462	1.081
0.90000	15.07	20.77	1179.1	0.02598	221.69	417.97	1.0763	1.7507	1.471	1.097
0.95000	16.95	22.59	1171.5	0.02457	224.47	418.65	1.0857	1.7488	1.481	1.112
1.00000	18.76	24.35	1164.1	0.2330	227.15	419.29	1.0948	1.7469	1.490	1.127
1.10000	22.19	27.67	1149.8	0.02109	232.28	420.44	1.1120	1.7433	1.510	1.158
1.20000	25.39	30.77	1136.0	0.01923	237.13	421.44	1.1281	1.7400	1.530	1.190
1.30000	28.40	33.68	1122.8	0.01765	241.74	422.30	1.1431	1.7367	1.550	1.222
1.40000	31.24	36.42	1109.9	0.01629	246.15	423.04	1.1574	1.7337	1.571	1.255
1.50000	33.94	39.02	1097.4	0.01510	250.38	423.68	1.1709	1.7307	1.592	1.289
1.60000	36.50	41.49	1085.1	0.01405	254.44	424.21	1.1838	1.7277	1.615	1.324
1.70000	38.95	43.84	1073.1	0.01312	258.38	424.66	1.1961	1.7248	1.638	1.360
1.80000	41.29	46.09	1061.3	0.01229	262.18	425.02	1.2080	1.7220	1.662	1.398
1.90000	43.54	48.25	1049.6	0.01154	265.88	425.31	1.2194	1.7191	1.688	1.438
2.00000	45.70	50.31	1038.1	0.01087	269.48	425.51	1.2304	1.7163	1.715	1.481
2.10000	47.79	52.30	1026.7	0.01025	273.00	425.65	1.2411	1.7135	1.743	1.526
2.20000	49.80	54.22	1015.3	0.00969	276.43	425.71	1.2515	1.7106	1.774	1.573
2.30000	51.74	56.07	1004.0	0.00917	279.80	425.70	1.2616	1.7077	1.806	1.624
2.40000	53.63	57.86	992.7	0.00869	283.10	425.63	1.2714	1.7048	1.841	1.679
2.50000	55.45	59.58	981.4	0.00825	286.35	425.48	1.2810	1.7018	1.878	1.738
2.60000	57.22	61.26	970.0	0.00784	289.55	425.27	1.2904	1.6988	1.918	1.802
2.70000	58.94	62.88	958.6	0.00746	292.71	425.00	1.2996	1.6957	1.962	1.872
2.80000	60.62	64.45	947.1	0.00710	295.83	424.65	1.3087	1.6925	2.009	1.948
2.90000	62.25	65.98	935.5	0.00676	298.92	424.23	1.3176	1.6892	2.062	2.032
3.00000	63.84	67.47	923.8	0.00644	301.99	423.74	1.3264	1.6858	2.120	2.125
3.20000	66.90	70.32	899.7	0.00586	308.08	422.52	1.3438	1.6786	2.258	2.345
3.40000	69.83	73.02	874.5	0.00533	314.14	420.96	1.3609	1.6709	2.435	2.628
3.60000	72.63	75.57	847.8	0.00484	320.25	419.00	1.3779	1.6623	2.673	3.007

续表

绝对压力 p(MPa)	温度 t(℃)		密度ρ (kg/m³)	比容 v (m³/kg)	比焓 h(kJ/kg)		比熵 s[kJ/(kg·℃)]		质量比热 c_p [kJ/(kg·℃)]	
	泡点	露点	液体	气体	液体	气体	液体	气体	液体	气体
3.80000	75.31	78.00	819.0	0.00439	326.49	416.54	1.3952	1.6526	3.013	3.543
4.00000	77.90	80.30	787.0	0.00396	332.98	413.42	1.4130	1.6414	3.544	4.363
4.20000	80.40	82.46	749.8	0.00354	339.95	409.31	1.4321	1.6277	4.497	5.782
4.635c	86.1	86.1	506.0	0.00198	375.0	375.0	1.528	1.528	—	—

注：b表示1个标准大气压下的泡点和露点，c表示临界点。

附录 2-7　R410A 沸腾状态液体与结露状态气体热力性质表

绝对压力 p(MPa)	温度 t(℃)		密度ρ (kg/m³)	比容 v (m³/kg)	比焓 h(kJ/kg)		比熵 s[kJ/(kg·℃)]		质量比热 c_p [kJ/(kg·℃)]	
	泡点	露点	液体	气体	液体	气体	液体	气体	液体	气体
0.01000	−88.54	−88.50	1462.0	2.09550	78.00	377.63	0.4650	2.0879	1.313	0.666
0.02000	−79.05	−79.01	1434.3	1.09540	90.48	383.18	0.5309	2.0388	1.317	0.695
0.04000	−68.33	−68.29	1402.4	0.57278	104.64	389.31	0.6018	1.9916	1.325	0.733
0.06000	−61.39	−61.35	1381.4	0.39184	113.86	393.17	0.6461	1.9650	1.333	0.761
0.08000	−56.13	−56.08	1365.1	0.29918	120.91	396.04	0.6789	1.9465	1.340	0.785
0.10000	−51.83	−51.78	1351.7	0.24259	126.69	398.33	0.7052	1.9324	1.347	0.805
0.10132b	−51.57	−51.52	1350.9	0.23961	127.04	398.47	0.7068	1.9316	1.348	0.806
0.12000	−48.17	−48.12	1340.1	0.20433	131.64	400.24	0.7273	1.9211	1.353	0.823
0.14000	−44.96	−44.91	1329.9	0.17668	136.00	401.89	0.7464	1.9116	1.359	0.839
0.16000	−42.10	−42.05	1320.7	0.15572	139.90	403.33	0.7634	1.9034	1.365	0.854
0.18000	−39.51	−39.45	1312.2	0.13928	143.46	404.62	0.7786	1.8963	1.371	0.868
0.20000	−37.13	−37.07	1304.4	0.12602	146.73	405.78	0.7925	1.8900	1.376	0.881
0.22000	−34.93	−34.87	1297.1	0.11510	149.76	406.84	0.8052	1.8843	1.381	0.894
0.24000	−32.89	−32.83	1290.3	0.10593	152.60	407.81	0.8170	1.8791	1.386	0.906
0.26000	−30.97	−30.90	1283.9	0.09813	155.27	408.71	0.8280	1.8744	1.391	0.917
0.28000	−29.16	−29.10	1277.7	0.09141	157.79	409.54	0.8383	1.8700	1.396	0.928
0.30000	−27.45	−27.38	1271.9	0.08556	160.19	410.31	0.8481	1.8659	1.401	0.938
0.32000	−25.83	−25.76	1266.3	0.08041	162.47	411.04	0.8573	1.8622	1.405	0.948
0.34000	−24.28	−24.21	1260.9	0.07584	164.66	411.72	0.8660	1.8586	1.410	0.958
0.36000	−22.80	−22.73	1255.8	0.07177	166.75	412.36	0.8743	1.8553	1.414	0.968
0.38000	−21.39	−21.31	1250.8	0.06811	168.76	412.96	0.8823	1.8521	1.419	0.977
0.40000	−20.03	−19.95	1246.0	0.06481	170.70	413.54	0.8899	1.8491	1.423	0.986
0.42000	−18.72	−18.64	1241.3	0.06180	172.57	414.08	0.8972	1.8463	1.427	0.995
0.44000	−17.45	−17.38	1236.8	0.05907	174.38	414.60	0.9042	1.8436	1.432	1.004
0.46000	−16.24	−16.16	1232.4	0.05656	176.13	415.09	0.9110	1.8410	1.436	1.012
0.48000	−15.06	−14.98	1228.1	0.05425	177.83	415.56	0.9175	1.8385	1.440	1.021
0.50000	−13.91	−13.83	1223.9	0.05212	179.48	416.00	0.9238	1.8361	1.444	1.028
0.55000	−22.20	−11.12	1214.0	0.04746	183.41	417.04	0.9388	1.8305	1.455	1.019
0.60000	−8.68	−8.59	1204.5	0.04354	187.11	417.96	0.9527	1.8254	1.465	1.088
0.65000	−6.30	−6.22	1195.5	0.04021	190.60	418.80	0.9657	1.8207	1.475	1.000

续表

绝对压力 p(MPa)	温度 t(℃)		密度 ρ (kg/m³)	比容 v (m³/kg)	比焓 h(kJ/kg)		比熵 s[kJ/(kg·℃)]		质量比热 c_p [kJ/(kg·℃)]	
	泡点	露点	液体	气体	液体	气体	液体	气体	液体	气体
0.70000	−4.07	−3.98	1186.9	0.03734	193.92	419.56	0.9779	1.8163	1.485	
0.75000	−1.95	−1.86	1178.6	0.03484	197.08	420.25	0.9894	1.8122	1.495	
0.80000	0.07	0.16	1170.6	0.03264	200.10	420.88	1.0004	1.8083	1.505	
0.85000	1.99	2.08	1162.9	0.03069	203.00	421.45	1.0108	1.8046	1.515	
0.90000	3.83	3.92	1155.5	0.02894	205.79	421.97	1.0207	1.8011	1.525	
0.95000	5.59	5.69	1148.2	0.02738	208.49	422.45	1.0303	1.7978	1.535	
1.00000	7.28	7.38	1141.2	0.02597	211.09	422.89	1.0394	1.7946	1.546	
1.10000	10.48	10.59	1127.6	0.02351	216.06	423.64	1.0568	1.7885	1.565	
1.20000	13.48	13.58	1114.5	0.02146	220.76	424.27	1.0729	1.7828	1.586	
1.30000	16.28	16.39	1102.0	0.01970	225.22	424.78	1.0881	1.7774	1.607	
1.40000	18.93	19.04	1089.8	0.01818	229.48	425.18	1.1024	1.7723		
1.50000	21.44	21.55	1078.0	0.01686	233.56	425.49	1.1160	1.7674		
1.60000	23.88	23.94	1068.5	0.01570	237.49	425.72	1.1290	1.7627		
1.70000	26.11	25.22	1055.3	0.01467	241.29	425.86	1.1414	1.7581		
1.80000	28.29	28.40	1044.2	0.01375	244.96	425.93	1.1533	1.7536		
1.90000	30.37	30.49	1033.3	0.01292	248.52	425.93	1.1648	1.7492	1.751	1.576
2.00000	32.38	32.49	1022.6	0.01217	251.99	425.87	1.1759	1.7448	1.779	1.625
2.10000	34.31	34.43	1012.0	0.01149	255.37	425.74	1.1866	1.7406	1.809	1.677
2.20000	36.18	36.29	1001.4	0.01087	258.68	425.54	1.1970	1.7363	1.840	1.732
2.30000	37.98	38.09	991.0	0.01030	261.91	425.29	1.2071	1.7321	1.874	1.790
2.40000	39.72	39.83	980.5	0.00977	265.08	424.98	1.2169	1.7279	1.909	1.853
2.50000	41.40	41.51	970.1	0.00928	268.20	424.61	1.2265	1.7237	1.947	1.920
2.60000	43.04	43.15	959.7	0.00883	271.27	424.18	1.2359	1.7194	1.988	1.993
2.70000	44.62	44.73	949.3	0.00840	274.29	423.69	1.2451	1.7152	2.032	2.072
2.80000	46.17	46.27	938.8	0.00801	277.27	423.14	1.2541	1.7109	2.080	2.158
2.90000	47.67	47.77	928.3	0.00764	280.23	422.53	1.2630	1.7065	2.133	2.252
3.00000	49.13	49.23	917.7	0.00729	283.15	421.85	1.2718	1.7021	2.190	2.356
3.20000	51.94	52.04	896.0	0.00665	288.94	420.30	1.2890	1.6930	2.323	2.598
3.40000	54.61	54.71	873.7	0.00607	294.67	418.47	1.3059	1.6835	2.490	2.904
3.60000	57.17	57.26	850.4	0.00555	300.41	416.29	1.3226	1.6734	2.707	3.305
3.80000	59.61	59.69	825.8	0.00506	306.20	413.72	1.3394	1.6624	3.002	3.855
4.00000	61.94	62.02	799.1	0.00461	312.13	410.64	1.3564	1.6503	3.431	4.661
4.20000	64.18	64.25	769.5	0.00417	318.33	406.86	1.3741	1.6365	4.129	5.970
4.790c	70.2	70.2	548.0	0.00183	352.5	352.5	1.472	1.472	—	—

注：b 表示 1 个标准大气压下的泡点和露点；c 表示临界点。

附录 2-8　R22 压-焓图

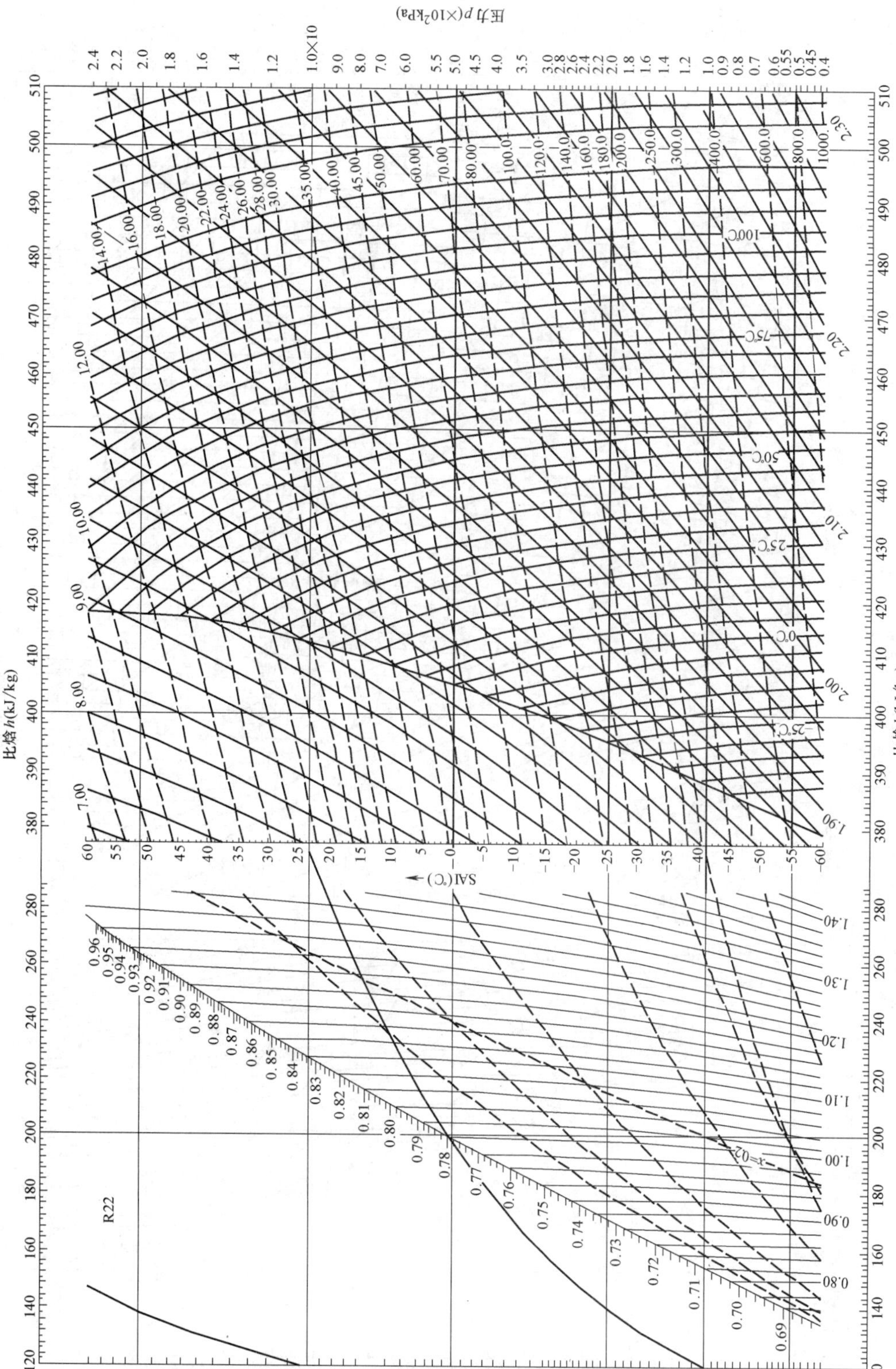

附录 2-9　R123 压-焓图

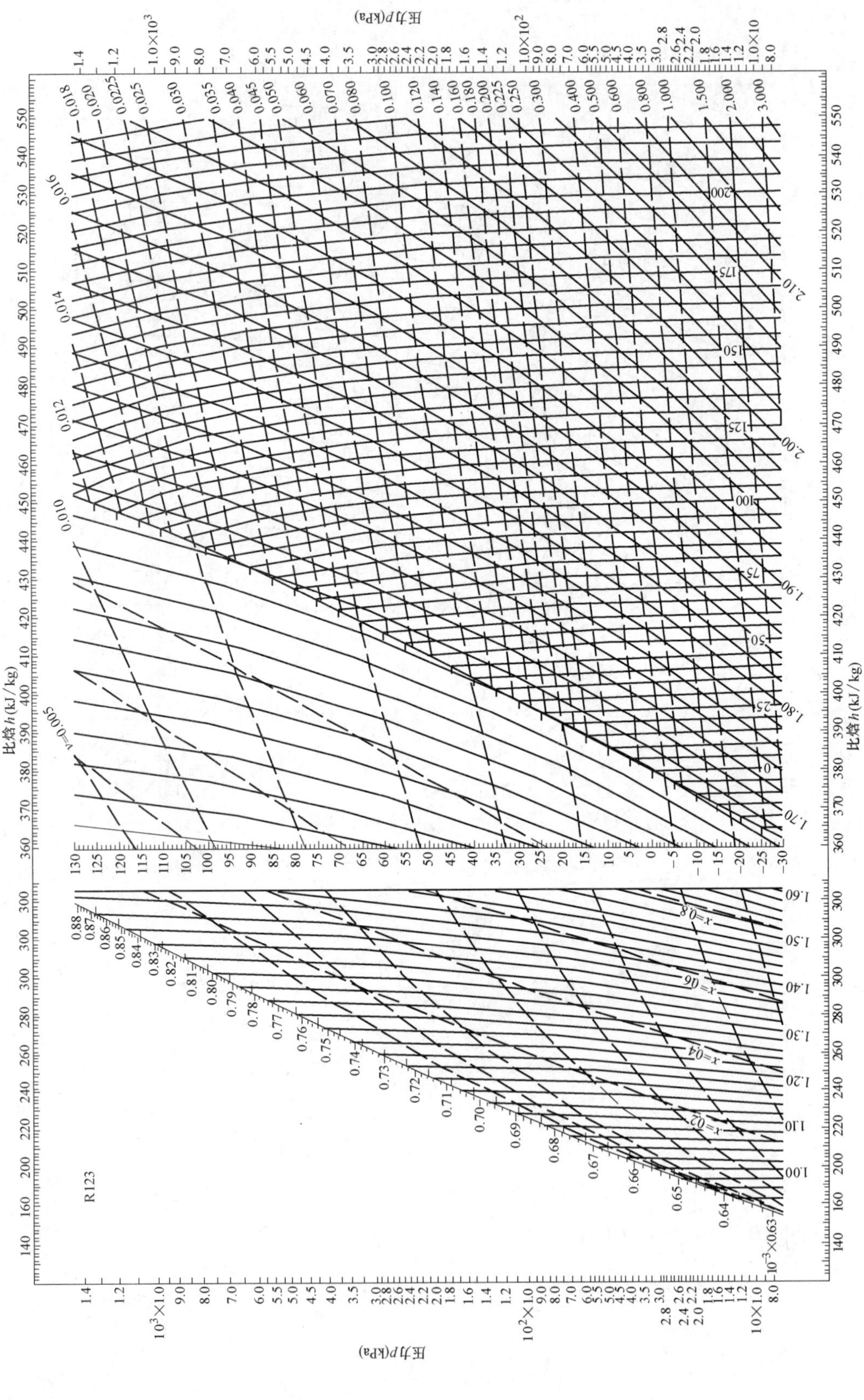

附录 2-10　R134a 压-焓图

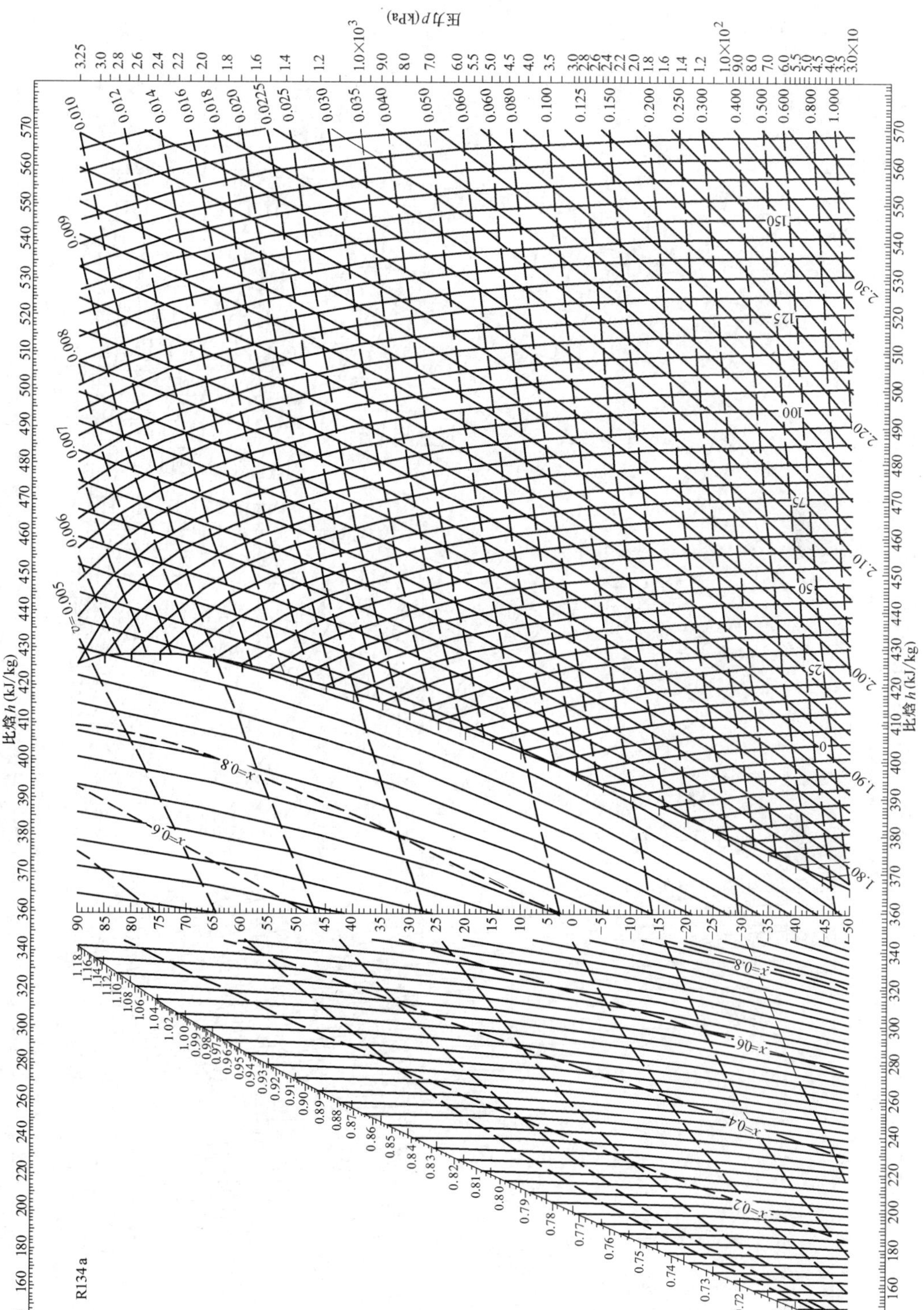

附录 2-11　R717 压-焓图

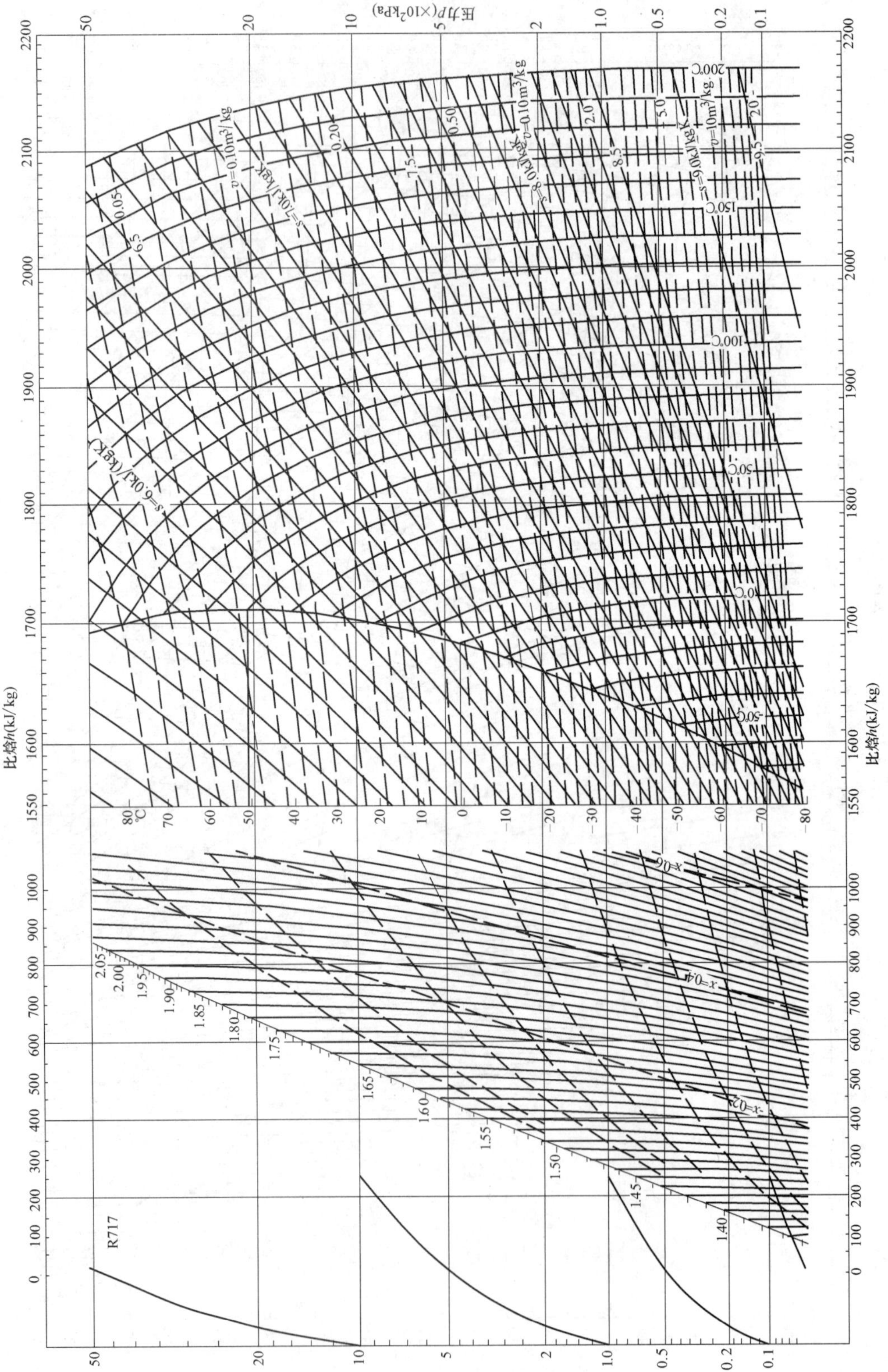

附录 2-12 R407C 的 lg*p*-*h* 图

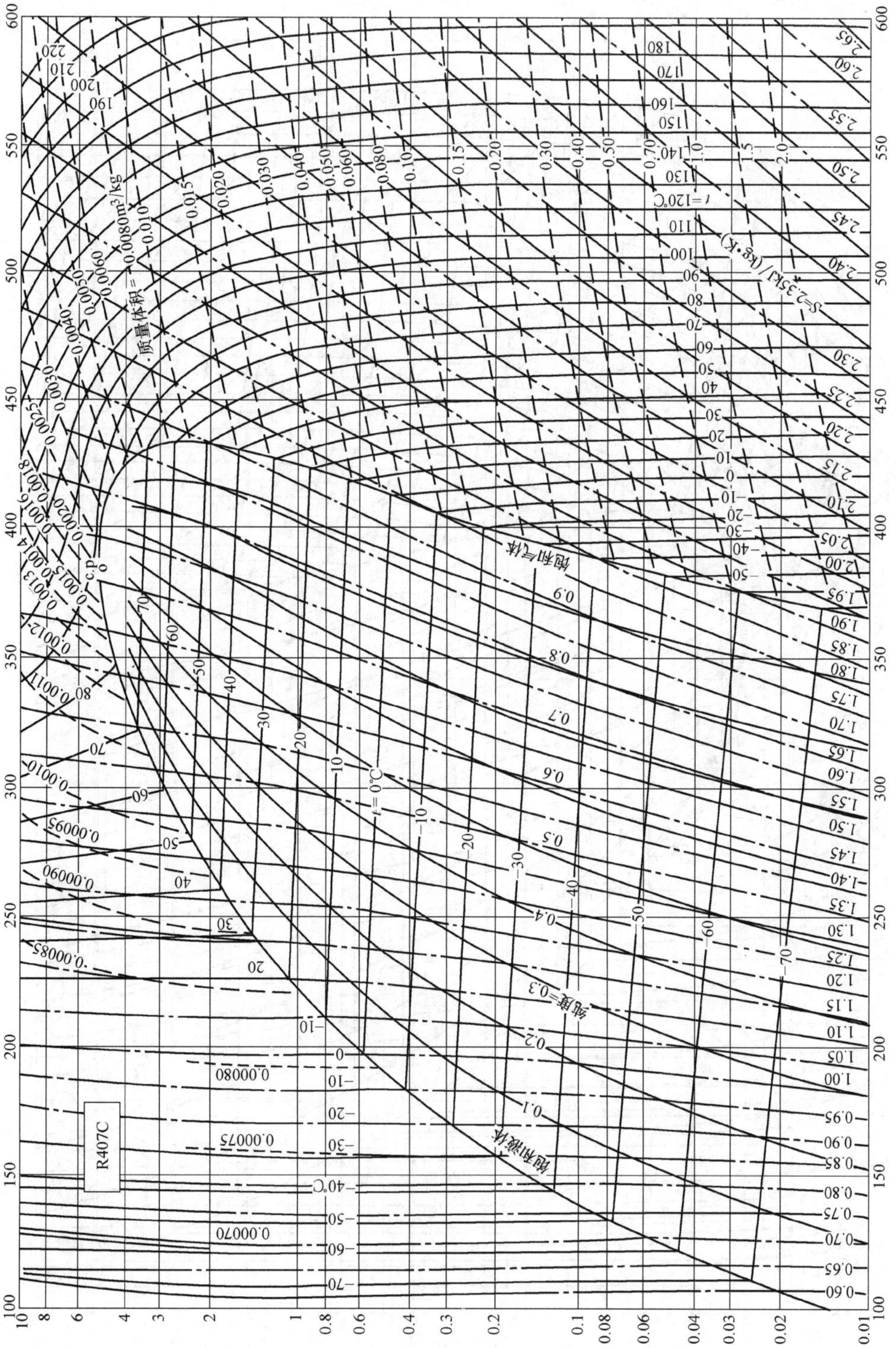

附录 2-13　R410A 的 lg*p*-*h* 图

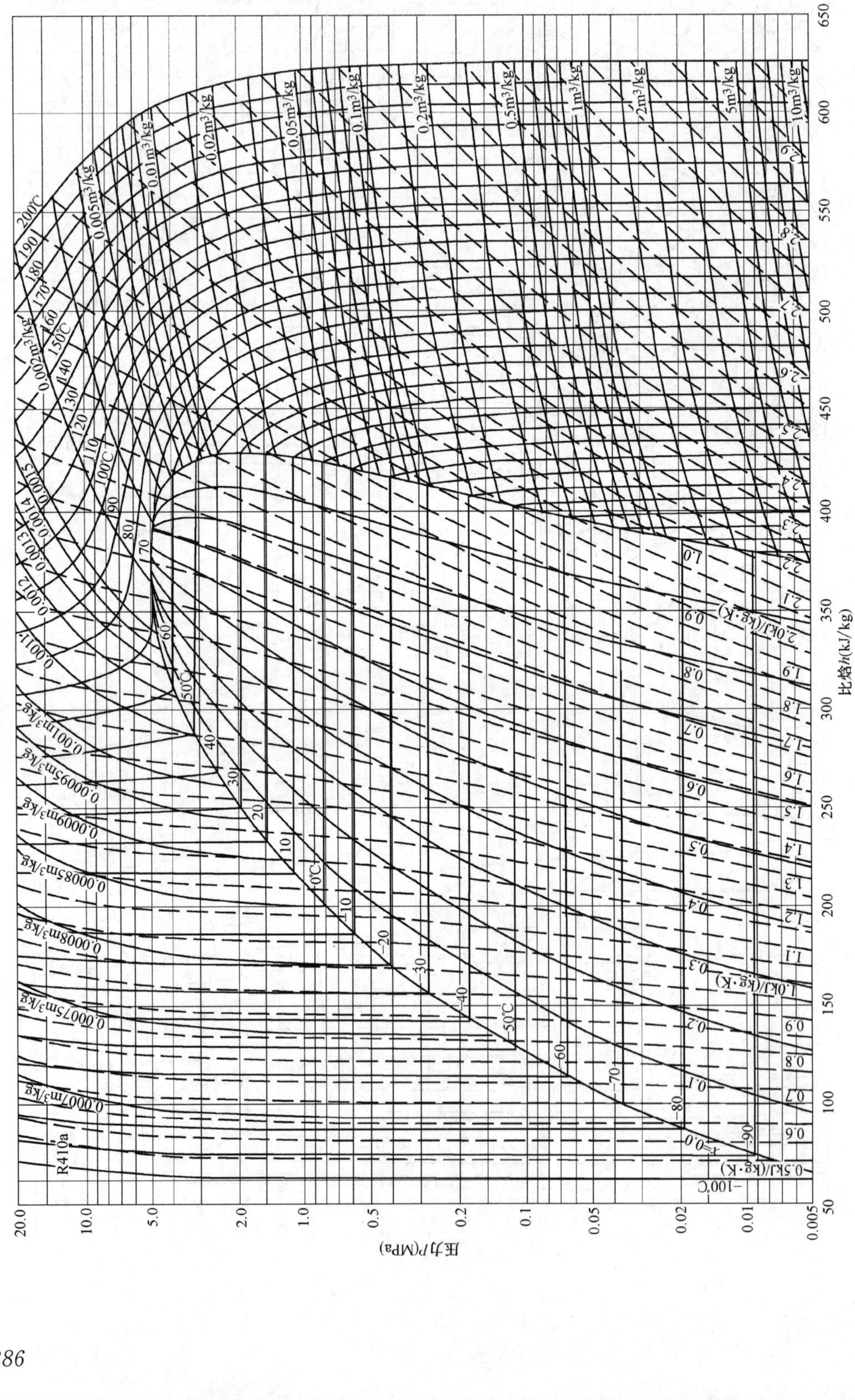

附录 6-1　溴化锂水溶液比焓-浓度图（一）

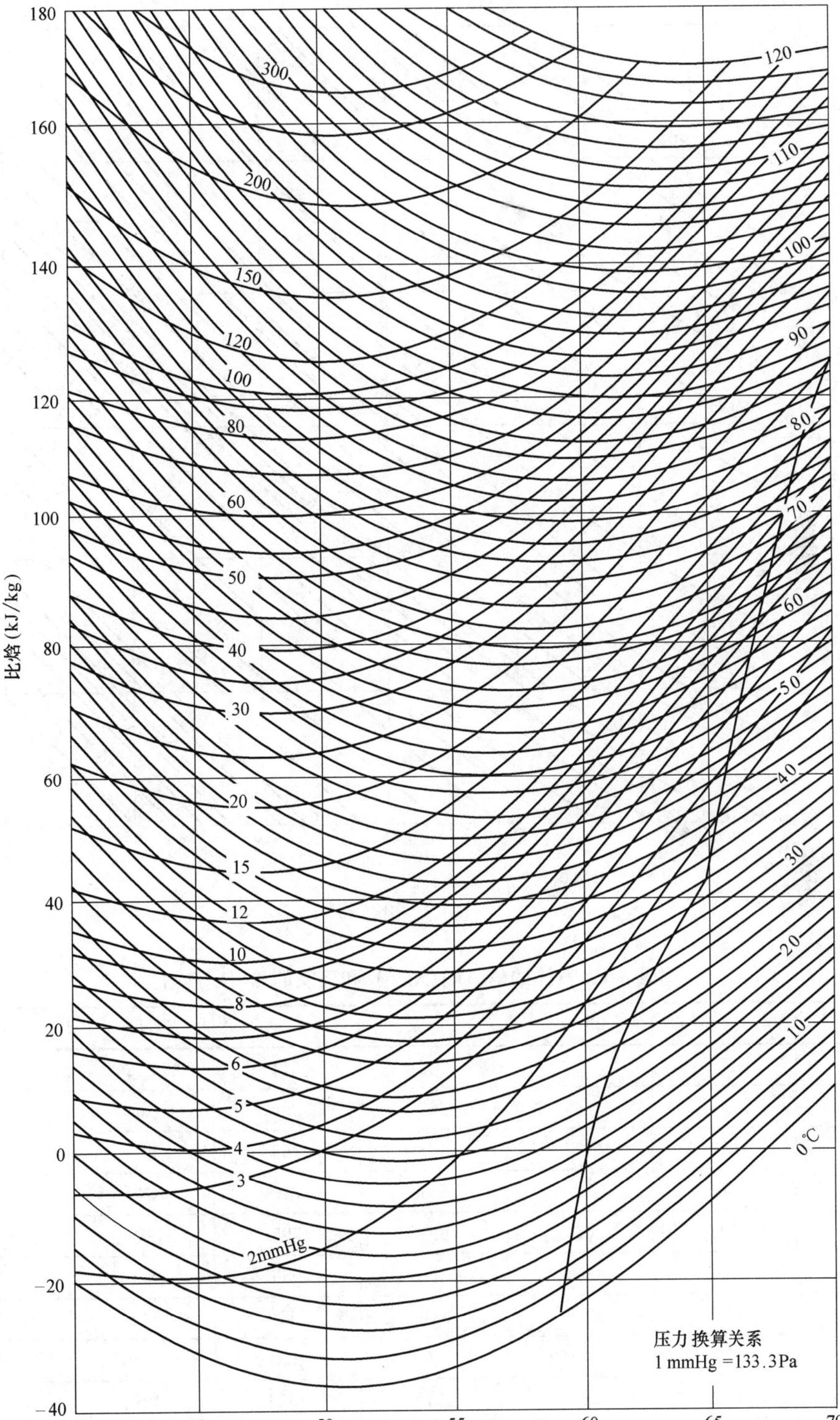

（a）液相区

附录 6-1　溴化锂水溶液比焓-浓度图（二）

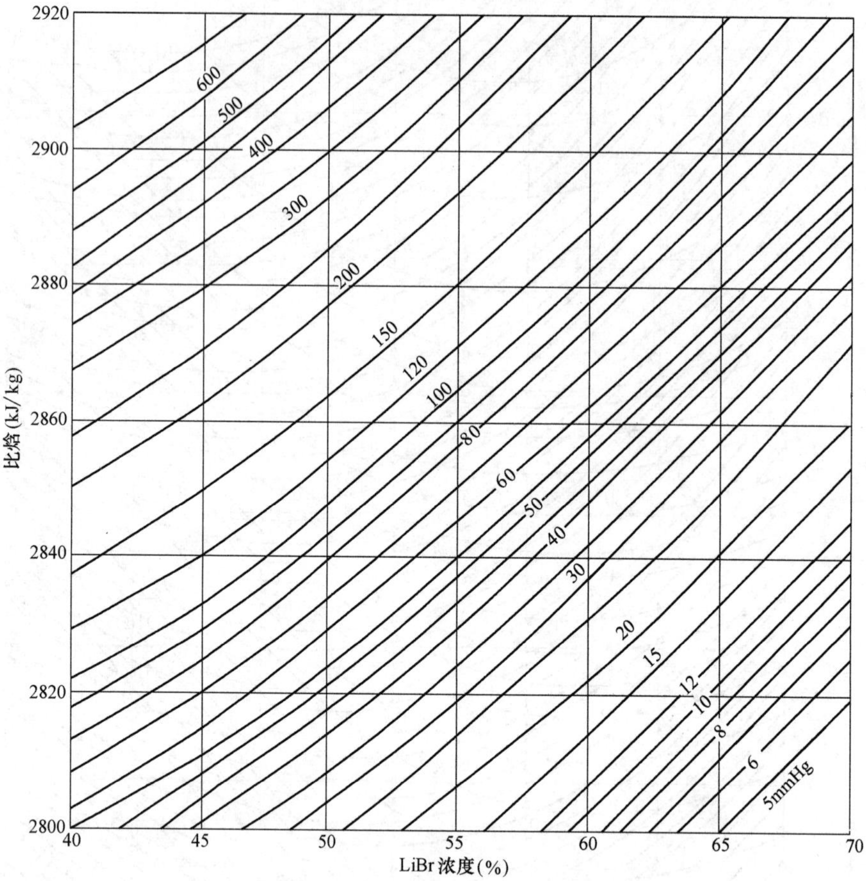

（b）汽相区

附录 8-1　气体的焓（kJ/Nm^3）和飞灰的焓（kJ/kg）

t(℃)	$(ct)_{RO_2}$	$(ct)_{N_2}$	$(ct)_{O_2}$	$(ct)_{H_2O}$	$(ct)_a$	$(ct)_d$
100	170	130	132	151	132	81
200	357	260	267	304	266	169
300	559	392	407	463	403	264
400	772	527	551	626	542	360
500	994	664	699	795	684	458
600	1225	804	850	969	830	560
700	1462	948	1004	1149	978	662
800	1705	1094	1160	1334	1129	761
900	1952	1242	1318	1526	1282	875
1000	2204	1392	1478	1723	1437	984
1100	2458	1544	1638	1925	1595	1097
1200	2717	1697	1801	2132	1753	1160

续表

t(℃)	$(ct)_{RO_2}$	$(ct)_{N_2}$	$(ct)_{O_2}$	$(ct)_{H_2O}$	$(ct)_a$	$(ct)_d$
1300	2977	1853	1964	2344	1914	1361
1400	3239	2009	2128	2559	2076	1583
1500	3503	2166	2294	2779	2239	1758
1600	3769	2325	2460	3002	2403	1876
1700	4036	2484	2629	3229	2567	2064
1800	4305	2644	2797	3458	2731	2186
1900	4574	2804	2967	3690	2899	2386
2000	4844	2965	3138	3926	3066	2512
2100	5115	3127	3309	4163	3234	2640
2200	5387	3289	3483	4402	3402	2760
2300	5659	3452	3656	4644	3571	
2400	5930	3615	3831	4887	3740	
2500	6203	3779	4007	5132	3910	

注：压燃式点火发动机没有火花塞，点火是通过活塞向上运动，压缩混合气，使混合气温度上升到着火点而燃烧。点燃式点火通过火花塞，在系统的控制下通电点燃混合气。

附录 9-1　工业蒸汽锅炉额定参数系列

额定蒸发量(t/h)	额定出口蒸汽压力(MPa)(表压)										
	0.4	0.7	1.0	1.25			1.6		2.5		
	饱和蒸汽出口温度(℃)										
	饱和	饱和	饱和	饱和	250	350	饱和	350	饱和	350	400
0.1	△										
0.2	△										
0.5	△	△									
1	△	△	△								
2		△	△	△			△				
4		△	△	△			△		△		
6			△	△	△	△	△	△	△		
8			△	△	△	△	△	△	△		
10			△	△	△	△	△	△	△	△	△
15				△	△	△	△	△	△	△	△
20				△		△	△	△	△	△	△
35				△			△	△	△	△	△
65										△	△

注：表中△表示优先选用的参数。

附录 9-2　热水锅炉额定参数系列

额定热功率(MW)	额定出口/进口温度(℃)									
	95/70			115/70		130/70		150/90		180/110
	允许工作压力(MPa)(表压)									
	0.4	0.7	1.0	0.7	1.0	1.0	1.25	1.25	1.6	2.5
0.1	△									
0.2	△									
0.35	△	△								
0.7	△	△		△						
1.4	△	△		△						
2.8	△	△	△	△	△	△	△	△		
4.2		△	△	△	△	△	△	△		
7.0		△	△	△	△	△	△	△		
10.5					△		△	△		
14.0					△		△	△	△	
29.0							△	△	△	△
46.0									△	△
58.0									△	△
116.0									△	△

注：表中△表示优先选用的参数。

教育部高等学校建筑环境与能源应用工程专业教学指导分委员会规划推荐教材

社书号	标准书号	书名	定价	作者	备注	样章试读
41319		高等学校建筑环境与能源应用工程本科专业指南	30.00	教育部高等学校建筑环境与能源应用工程专业教学指导分委员会		
25633	978-7-112-16845-3	建筑环境与能源应用工程专业概论（赠课件素材）	20.00	高等学校建筑环境与能源应用工程学科专业指导委员会		
41727	978-7-112-29134-2	工程热力学（第七版）（赠课件）	58.00	谭羽非 等	国家“十二五”规划教材 住建部“十四五”规划教材	
35779	978-7-112-25022-6	传热学（第七版）（赠课件素材）	58.00	朱彤 章熙民 等	国家“十二五”规划教材 住建部“十四五”规划教材	
42001	978-7-112-29360-5	流体力学（第四版）（赠课件）	59.00	龙天渝 蔡增基	国家“十二五”规划教材 住建部“十四五”规划教材	
34436	978-7-112-18759-1	建筑环境学（第四版）（赠课件素材）	49.00	朱颖心 等	国家“十二五”规划教材	
31599	978-7-112-21774-8	流体输配管网（第四版）（附网络下载、赠课件素材）	46.00	付祥钊 等	国家“十二五”规划教材	
32005	978-7-112-22224-7	热质交换原理与设备（第四版）（赠课件素材）	39.00	连之伟 等	国家“十二五”规划教材	
28802	978-7-112-19691-3	建筑环境测试技术（第三版）（赠课件素材）	48.00	方修睦 等	国家“十二五”规划教材	
21927	978-7-112-13907-1	自动控制原理（赠课件素材）	32.00	任庆昌	土建学科“十一五”规划教材	
29972	978-7-112-20434-2	建筑设备自动化（第二版）（赠课件素材）	29.00	江亿 等	国家“十二五”规划教材	
27729	978-7-112-18516-0	暖通空调（第三版）（赠课件素材）	49.00	陆亚俊 等	国家“十二五”规划教材	

社书号	标准书号	书名	定价	作者	备注	样章试读
34439	978-7-112-11026-1	暖通空调系统自动化(赠课件素材)	43.00	安大伟 等	国家"十二五"规划教材	
40281	978-7-112-28155-8	建筑冷热源(第三版)(赠课件素材)	65.00	姚杨 等	国家"十二五"规划教材	
34438	978-7-112-18904-5	空气调节用制冷技术(第五版)(赠课件素材)	40.00	石文星 等	国家"十二五"规划教材	
31637	978-7-112-22089-2	供热工程(第二版)(赠课件素材)	46.00	李德英 等	国家"十二五"规划教材	
27640	978-7-112-18411-8	燃气输配(第五版)(赠课件素材)	38.00	段常贵 等	国家"十二五"规划教材	
29954	978-7-112-20433-5	人工环境学(第二版)(赠课件素材)	39.00	李先庭 等	国家"十二五"规划教材	
21022	978-7-112-06160-0	暖通空调工程设计方法与系统分析(赠课件素材)	23.00	杨昌智 等	国家"十二五"规划教材	
41121	978-7-112-28765-9	燃气供应(第三版)(赠课件素材)	55.00	詹淑慧 徐　鹏	国家"十二五"规划教材 住建部"十四五"规划教材	
20660	978-7-112-13238-6	燃气燃烧与应用(第四版)(赠课件素材)	49.00	同济大学 等	土建学科"十一五"规划教材	
38811	978-7-112-27019-4	建筑设备工程施工技术与管理(第三版)(赠课件素材)	58.00	丁云飞 等	国家"十二五"规划教材 住建部"十四五"	
34898	978-7-112-24415-7	建筑设备安装工程经济与管理(第三版)(赠课件素材)	49.00	王智伟 等	国家"十二五"规划教材	
20678	978-7-112-13292-8	锅炉与锅炉房工艺	46.00	同济大学 等	土建学科"十一五"规划教材	

欲了解更多信息，请登录中国建筑工业出版社网站：www.cabp.com.cn 查询。在使用本套教材的过程中，若有何意见或建议以及免费索取电子素材，可发 Email 至：jiangongshe@163.com。